DELIUS KLASING

MIX
Papier aus verantwortungsvollen Quellen
Paper from responsible sources
FSC® C105338

Dr. Etzold
Diplom-Ingenieur für Fahrzeugtechnik

So wird's gemacht

pflegen – warten – reparieren

Band 113

OPEL ASTRA G
Schrägheck/Stufenheck/
Caravan/Coupé
OPEL ZAFIRA A

Benziner

1,2 l/	48 kW	(65 PS)	3/98 –	9/00
1,2 l/	55 kW	(75 PS)	10/00 –	1/03
1,6 l/	55 kW	(75 PS)	3/98 –	9/00
1,6 l/	62 kW	(85 PS)	10/00 –	2/04
1,6 l/	74 kW	(100 PS)	3/98 –	6/05
1,6 l/	76 kW	(103 PS)	1/03 –	2/04
1,8 l/	85 kW	(115 PS)	3/98 –	9/00
1,8 l/	92 kW	(125 PS)	10/00 –	6/05
2,0 l/	100 kW	(136 PS)	3/98 –	9/00
2,2 l/	108 kW	(147 PS)	10/00 –	6/05

Diesel

1,7 l/	50 kW	(68 PS)	3/98 –	9/99
1,7 l/	55 kW	(75 PS)	10/99 –	1/03
1,7 l/	59 kW	(80 PS)	2/03 –	2/04
2,0 l/	60 kW	(82 PS)	3/98 –	10/00
2,0 l/	74 kW	(100 PS)	10/99 –	6/05
2,2 l/	92 kW	(125 PS)	1/02 –	6/05

Delius Klasing Verlag

Redaktion: Günter Skrobanek (Text)
Christine Etzold (Bild)

Bibliografische Information der Deutschen Nationalbibliothek

Die Deutsche Nationalbibliothek verzeichnet diese Publikation in der Deutschen Nationalbibliografie; detaillierte bibliografische Daten sind im Internet über http://dnb.dnb.de abrufbar.

13. Auflage
ISBN 978-3-667-13041-9

Druck: Books on Demand, Norderstedt
Printed in Germany

Delius Klasing Verlag, Siekerwall 21, D-33602 Bielefeld
Tel.: 0521/559-0
E-mail: info@delius-klasing.de
www.delius-klasing.de
http://sowirdsgemacht.com

Lieber Leser,

obwohl die Automobile von Modellgeneration zu Modellgeneration technisch wesentlich aufwendiger und komplizierter werden, greifen von Jahr zu Jahr immer mehr Heimwerker zum »So wird´s gemacht«-Handbuch. Die Erklärung dafür ist einfach: Weil die Technik des Automobils komplizierter geworden ist, kommt man selbst als Fachmann bei Wartungs- und Reparaturarbeiten am Fahrzeug ohne eine spezielle Anleitung nicht mehr aus.

Auch der fachkundige Hobbymonteur, der sein Fahrzeug selbst wartet und repariert, sollte bedenken, daß der Fachmann viel Erfahrung hat und durch die Weiterschulung und seinen Erfahrungsaustausch über den neuesten Technikstand verfügt. Mithin kann es für die Überwachung und Erhaltung der Betriebs- und Verkehrssicherheit des eigenen Fahrzeugs sinnvoll sein, in regelmäßigen Abständen eine Fachwerkstatt aufzusuchen.

Grundsätzlich muß sich der Heimwerker natürlich darüber im klaren sein, daß man mit Hilfe eines Handbuches nicht automatisch zum Kfz-Mechaniker wird. Auch deshalb sollte man nur solche Arbeiten durchführen, die man sich selbst zutraut. Das gilt insbesondere für jene Arbeiten, die die Verkehrssicherheit des Fahrzeugs beeinträchtigen können. Gerade in diesem Punkt sorgt das »So wird´s gemacht«-Handbuch jedoch für praktizierte Verkehrssicherheit. Durch die Beschreibung der Arbeitsschritte und den Hinweis, die Sicherheitsaspekte nicht außer acht zu lassen, wird der Heimwerker vor der Arbeit entsprechend sensibilisiert und informiert. Auch wird darauf hingewiesen, im Zweifelsfall die Arbeit lieber einem Fachmann zu überlassen.

Sicherheitshinweis
Auf verschiedenen Seiten dieses Buches stehen »Sicherheitshinweise«. Bevor Sie mit der Arbeit anfangen, lesen Sie bitte diese Sicherheitshinweise aufmerksam durch und halten Sie sich strikt an die dort beschriebenen Empfehlungen.

Vor jedem Arbeitsgang empfiehlt sich ein Blick in das vorliegende Buch. Dadurch werden Umfang und Schwierigkeitsgrad der Reparatur offenbar. Außerdem wird deutlich, welche Ersatz- oder Verschleißteile eingekauft werden müssen und ob unter Umständen die Arbeit nur mit Hilfe von Spezialwerkzeug durchgeführt werden kann.

Für die meisten Schraubverbindungen ist das Anzugsmoment angegeben. Bei Schraubverbindungen, die in jedem Fall mit einem Drehmomentschlüssel angezogen werden müssen (Zylinderkopf, Achsverbindungen usw.), ist der Wert **f e t t** gedruckt. Nach Möglichkeit sollte man generell jede Schraubverbindung mit einem Drehmomentschlüssel anziehen. Übrigens: Für viele Schraubverbindungen sind Innen- oder Außen-Torxschlüssel erforderlich.

Als ich Anfang der siebziger Jahre den ersten Band der »So wird´s gemacht«-Buchreihe auf den Markt brachte, wurden im Automobilbau nur ganz wenige elektronische Bauteile eingesetzt. Inzwischen ist das elektronische Management allgegenwärtig; ob bei der Steuerung der Zündung, des Fahrwerks oder der Gemischaufbereitung. Die Elektronik sorgt auch dafür, daß es in verschiedenen Bereichen keine Verschleißteile mehr gibt, wie zum Beispiel der früher für den Zündfunken unentbehrliche Unterbrecherkontakt im Zündverteiler. Das Überprüfen elektronischer Bauteile ist wiederum nur noch mit teuren und speziell auf das Fahrzeugmodell abgestimmten Prüfgeräten möglich, die dem Heimwerker in der Regel nicht zur Verfügung stehen. Wenn also verschiedene Reparaturschritte nicht mehr beschrieben werden, so liegt das ganz einfach am vermehrten Einsatz von elektronischen Bauteilen.

Das vorliegende Buch kann natürlich auch nicht auf jede aktuelle, technische Frage eingehen. Dennoch hoffe ich, daß die getroffene Auswahl an Reparatur-, Wartungs- und Pflegehinweisen in den meisten Fällen die auftretenden Probleme zufriedenstellend löst. Eines sollten Sie bei Ihren Arbeiten am eigenen Auto allerdings beachten: Ein Buch ist keine Tageszeitung. Ständig werden an der laufenden Autoproduktion technische Änderungen durchgeführt, so daß es vorkommen kann, daß sich die im Buch veröffentlichten Arbeitsanweisungen und Einstelldaten für Ihr spezielles Modell geändert haben. Sollten Zweifel auftreten, erfragen Sie bitte den aktuellen Stand beim Kundendienst des Automobilherstellers.

Hinweis: In dem vorliegenden Band werden die Modelle OPEL ASTRA G (Limousine, Coupé, Caravan) und OPEL ZAFIRA behandelt. Die beschriebenen Arbeiten gelten für beide Fahrzeugmodelle (ASTRA + ZAFIRA), allerdings beziehen sich die meisten verwendeten Abbildungen auf den ASTRA. Beim ZAFIRA ist dann entsprechend vorzugehen. Sollten größere Unterschiede vorhanden sein, wird im Text darauf hingewiesen. Bei den Bezeichnungen »Limousine, Coupé, Caravan« sind die unterschiedlichen Karosserieversionen des ASTRA gemeint. Beim ZAFIRA gibt es keine unterschiedlichen Karosserieversionen.

Rüdiger Etzold

Inhaltsverzeichnis

OPEL ASTRA G / ZAFIRA

Aus dem Inhalt:

- **Modellvarianten**
- **Fahrzeugidentifizierung**
- **Motordaten**

Im September 1991 wurde der OPEL ASTRA erstmals der deutschen Öffentlichkeit präsentiert und damit die erfolgreiche Baureihe des OPEL KADETT unter dem Namen ASTRA fortgeführt. Die Kennzeichnung der Modell-Generationen in alphabetischer Reihenfolge wurde beibehalten. Auf den KADETT E folgte der ASTRA F, und im März 1998 kam mit dem ASTRA G die 7. Modell-Generation auf den Markt.

Der ASTRA G bietet gegenüber dem Vorgängermodell einige Vorteile. Dazu zählen unter anderem der verbesserte Fahrkomfort sowie der hohe passive Sicherheitsstandard. Dank der Vollverzinkung der kompletten Karosserie gibt es eine zwölfjährige Garantie gegen Durchrostung, und durch den Einsatz von Großblechteilen und moderner Schweißverfahren konnte die Karosserie wesentlich steifer gefertigt werden. Das wirkt sich positiv auf Komfort und Fahrstabilität aus. Wesentliche Stilelemente der neuen ASTRA-Karosserie sind die bis zum Stoßfänger heruntergezogene Motorhaube mit integriertem Kühlergrill und die markanten Scheinwerfer mit den klaren Streuscheiben.

Gegenüber dem Vorgängermodell sind die Außenabmessungen nur unwesentlich gewachsen. Allerdings bietet der um 10 cm vergrößerte Radstand (2,61 m) insbesondere im Fond verbesserte Sitzverhältnisse. Der Gepäckraum der Limousine hat jetzt ein Fassungsvermögen von 370 Liter beziehungsweise 1.180 Liter bei umgeklappter Rücksitzbank; beim Caravan: 480 l beziehungsweise 1.500 l.

Der OPEL ASTRA G verfügt über umfangreiche Sicherheitseinrichtungen. Dazu zählen Fahrer- und Beifahrerairbag sowie Seitenairbags und Gurtstraffer für die vorderen Sitze. Seitliche Karosserieverstärkungen in den Türen erhöhen zusätzlich die passive Sicherheit.

Zum gesteigerten Fahrkomfort trägt nunmehr ein Fahrschemel bei, an dem die Vorderachse befestigt ist. Der Fahrschemel ist über Gummilager von der Karosserie entkoppelt und dämpft dadurch die Schwingungen, die sonst auf den Innenraum übertragen werden. Für die hintere Radaufhängung werden zur besseren Raumausnutzung Schraubenfeder und Stoßdämpfer getrennt voneinander positioniert (beim Vorgängermodell waren Federbeine eingebaut). Dadurch konnte die Durchladebreite im Gepäckraum vergrößert werden.

Für den ASTRA stehen in Leistung, Hubraum und Bauart recht unterschiedliche Benzin- und Dieselmotoren zur Verfügung, so daß je nach persönlicher Anforderung zwischen sehr wirtschaftlicher und sportlicher Motorisierung ausgewählt werden kann. Die querliegenden Motoren sind in einer sogenannten Pendellagerung aufgehängt, welche vor allem die Übertragung von Motor-Vibrationen im Leerlaufbetrieb vermindert.

Im April 1999 erschien der OPEL ZAFIRA. Beim ZAFIRA wurde auf die Motorisierungen des ASTRA G, sowie auf dessen Fahrwerkskomponenten einschließlich der Bremsanlage zurückgegriffen. Auch konnten beispielsweise zahlreiche Teile der Innenausstattung und weitere Fahrzeugkomponenten für den ZAFIRA übernommen werden. Der Mini-Van ZAFIRA unterscheidet sich vom ASTRA hauptsächlich durch die geräumiger gestaltete Karosserie.

O-6603

O-6604

Fahrzeug- und Motoridentifizierung

Anhand der Fahrzeug-Identifizierungsnummer (Fahrgestellnummer) kann das Fahrzeugmodell identifiziert werden. In der Fahrgestellnummer sind Modellreihe und Karosserievariante verschlüsselt aufgeführt.

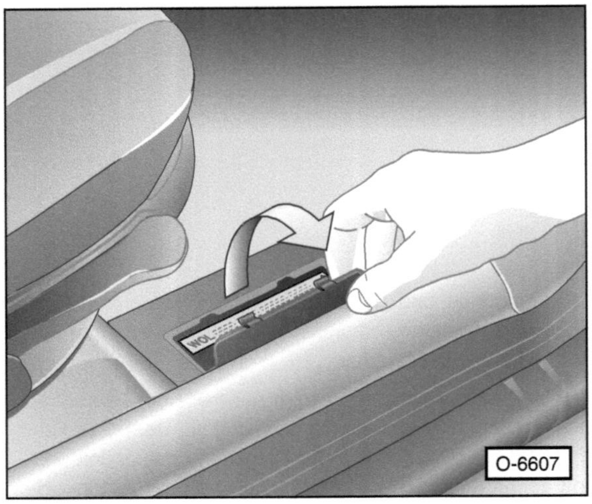

Die Fahrzeug-Identifizierungsnummer ist neben dem rechten Vordersitz in das Karosserie-Bodenblech eingeprägt und durch eine Abdeckklappe verdeckt.

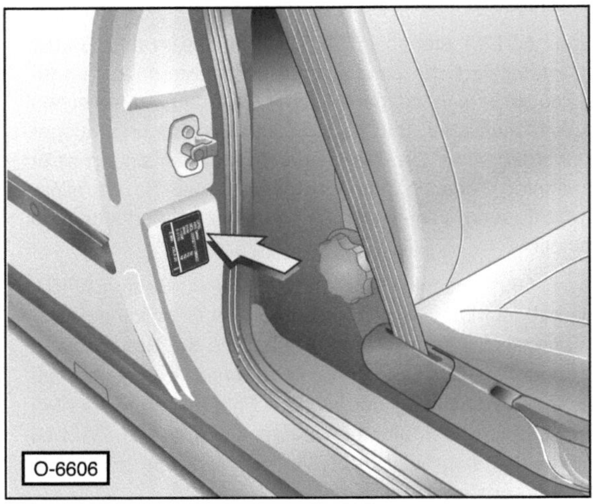

Das Typschild befindet sich am rechten Vordertürrahmen, es kann es auch im Motorraum rechts vor dem Kühler angebracht sein. Außer der Fahrzeug-Identifizierungsnummer enthält es weitere Daten, wie beispielsweise die Farbnummer.

Aufschlüsselung der Fahrzeug-Identifizierungsnummer

WOL	O	T	G	F	35	2	1	123 456
①	②	③	④	⑤	⑥	⑦	⑧	⑨

① Weltherstellercode: WOL = Adam Opel AG.

② Sonderausführung: O = kein Sonderfahrzeug.

③ GM-Code: T = Astra, J = Vectra, V = Omega.

④ Modell: G = Astra-G.

⑤ Ausstattung.

⑥ Karosserie: 35 = 4-Türer Kombi.

⑦ Modelljahr: W = 1998, X = 1999, Y = 2000, 1 = 2001, 2 = 2002, 3 = 2003 usw.

⑧ Herstellerwerk: 1 = Rüsselsheim, 2 = Bochum.

⑨ Fortlaufende Seriennummer.

Aufschlüsselung der Motorkennzeichnung

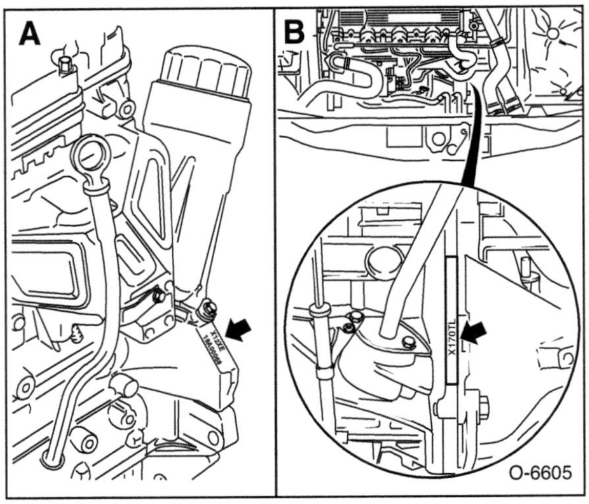

Motorkennzeichnung und Motornummer sind beim Benzinmotor –A– unterhalb des Ölfiltergehäuses im Motorblock eingeschlagen. Beim 1,7-l-Dieselmotor –B– befindet sich die Motorkennzeichnung auf der Abflachung am Motorblock an der Schwungradseite, beim 2,0-l-Motor unterhalb des Ölfiltergehäuses in der Nähe der Trennfläche zur Ölwanne.

Beispiel:

X	16	X	E	L	–
X	17	–	D	T	L
①	②	③	④	⑤	⑤

① **Abgasgrenzwerte: X** = Erfüllt Abgas-Grenzwerte (A-G) ab '96; Benziner: D3, D4; Diesel: Euro 2. **Y** = A-G ab '98; Benziner: D4, Euro 3; Diesel: Euro 3, Stufe A. **Z** = A-G ab '98; Benziner: Euro 4, Stufe B.

② **Hubraum:** 16 = 1,6 l; 17 = 1,7 l.

③ **Verdichtungsverhältnis:** G ≤ 8,5; L = 8,5 – 9,0; N = 9,0 – 9,5; S = 9,5 – 10,0; X = 10,0 – 11,5; Y > 11,5. **Hinweis:** Beim Dieselmotor wird der Buchstabe »Y« in der aktuellen Bezeichnung weggelassen.

④ **Gemischsystem:** E = Mehrfacheinspritzung; Z = Zentraleinspritzung; D = Diesel.

⑤ **Ausführung:** R = Höhere Leistung; L = Niedrigere Leistung; T = Turboaufladung; V = Volumenmodell; 1 = Familie-I-Motor.
Hinweis: Die Buchstaben »R« und »L« beziehen sich auf Basismotoren, deren Leistung erhöht beziehungsweise vermindert wurde. Beispielsweise wurde der ASTRA-Motor X16XE**L** mit 100 PS vom CORSA-Motor C16XE mit 109 PS abgeleitet.
Familie-I-Motor bedeutet, daß die Grundkonstruktion des Motorblocks dem der 1,4-/1,6-l-Motoren entspricht.

Motorenübersicht und Motordaten

Motor/Modell	1.2 16V	1.2 16V	1.6	1.6	1.6 CNG [1]	1.6 16V	1.6 16V	1.8 16V	1.8 16V	2.0 16V
Motorbezeichnung	**X 12 XE**	**Z 12 XE**	**X 16 SZR**	**Z 16 SE**	**Z 16 YNG**	**Z 16 XE** [2]	**Z 16 XEP**	**X 18 XE1**	**Z 18 XE**	**X 20 XEV**
Fertigung von - bis	3/98 – 9/00	10/00 – 1/03	3/98 – 9/00	10/00 – 2/04	8/01 – 6/05	3/98 – 6/05	1/03 – 2/04	3/98 – 9/00	10/00 – 6/05	3/98 – 9/00
Hubraum cm^3	1199	1199	1598	1598	1598	1598	1598	1796	1796	1998
Leistung kW bei 1/min PS bei 1/min	48/5600 65/5600	55/5600 75/5600	55/5200 75/5200	62/5400 85/5400	71/6200 97/6200	74/6000 100/6000	76/6000 103/6000	85/5400 115/5400	92/5600 125/5600	100/5600 136/5600
Drehmoment Nm bei 1/min	110/4000	110/4000	128/2800	138/2600	140/4200	150/3600	147/3600	170/3400	170/3800	188/3400
Bohrung ∅ mm	72,5	72,5	79	79,0	79,0	79,0	79,0	80,5	80,5	86,0
Hub mm	72,6	72,6	81,5	81,5	81,5	81,5	81,5	88,2	88,2	86,0
Verdichtung	10,1	10,1	9,6	9,6	12,5	10,5	10,5	10,5	10,5	10,8
Ventile pro Zylinder	4	4	2	2	4	4	4	4	4	4
Motormanagement	Motronic	Motronic	Multec	Multec-S	Multec-S	Multec-S	Multec-S	Simtec	Simtec	Simtec
Kraftstoff bleifrei/ROZ	Super/95	Super/95	Super/95	Super/95	S-95/CNG	Super/95	Super/95	Super/95	Super/95	Super/95
Füllmengen: Motoröl Liter Kühlflüssigkeit * Liter	 3,5 5,2	 3,5 5,2	 3,5 5,9	 3,5 5,9	 3,5 6,7	 3,5 6,3	 4,0 7,0	 4,25 6,5	 4,25 6,8	 4,25 7,1

Motor/Modell	2.0 OPC	2.0 turbo	2.2 16V	1.7 TD	1,7 DTI	1,7 CDTI	2.0 DI 16V	2.0 DTI 16V	2.2 DTI 16V
Motorbezeichnung	**X 20 XER**	**Z 20 LET**	**Z 22 SE**	**X 17 DTL**	**Y 17 DT**	**Z 17 DTL**	**Y 20 DTL**	**Y 20 DTH**	**Y22DTR**
Fertigung von - bis	10/99 – 9/00	10/00 – 9/02	10/00 – 6/05	3/98 – 9/99	10/99 – 1/03	2/03 – 2/04	3/98 –10/00	10/99 – 6/05	1/02 – 6/05
Hubraum cm^3	1998	1998	2198	1700	1686	1686	1995	1995	2171
Leistung kW bei 1/min PS bei 1/min	118/6500 160/6500	141/5400 [3] 192/5400 [3]	108/5800 147/5800	50/4500 68/4500	55/4400 75/4400	59/4400 80/4400	60/4300 82/4300	74/4300 [4] 100/4300 [4]	92/4000 125/4000
Drehmoment Nm bei 1/min	188/4300	250/1950	203/4000	132/1800	165/1800	170/1800	185/1500	230/1500	280/1500
Bohrung ∅ mm	86,0	86,0	86,0	82,5	79,0	79,0	84,0	84,0	84,0
Hub mm	86,0	86,0	94,6	79,5	86,0	86,0	90,0	90,0	98,0
Verdichtung	10,8	8,8	10,0	22,0	18,4	18,4	18,5	18,5	18,5
Ventile pro Zylinder	4	4	4	2	4	4	4	4	4
Motormanagement	Simtec	Motronic	GM-PT	EDC	HDRC	EDC 15C7	EDC 15M	EDC 15M [5]	PSG 16
Kraftstoff bleifrei/ROZ	Super/98	Super/95	Super/95	Diesel	Diesel	Diesel	Diesel	Diesel	Diesel
Füllmengen: Motoröl Liter Kühlflüssigkeit * Liter	 5,25 6,7	 4,25 7,9 [3]	 5,0 6,9	 5,5 8,7	 4,5 7,1	 4,5 8,1	 5,5 7,9	 5,5 7,7	 5,5 7,9

*) Die Kühlmittelmenge kann je nach Ausstattung, zum Beispiel bei Fahrzeugen mit Klimaanlage, von den angegebenen Werten abweichen.

[1]) CNG = Compressed Natural Gas. Der Motor kann sowohl mit Erdgas als auch mit Benzin betrieben werden. Technisch entspricht der Motor Z16YNG weitgehend dem Motor Z16XE.

[2]) Bis 9/00: Motorbezeichnung X 16 XEL.

[3]) Seit 10/02: Leistung = 147 (200) / 5600 U/min; Kühlmittelmenge = 7,4 Liter.

[4]) Seit 10/02: Leistung = 74 (100) / 4000 U/min.

[5]) Seit 10/02: Motormanagement PSG 16.

Wartung

Aus dem Inhalt:

- ■ Wartungsplan
- ■ Wartungsarbeiten
- ■ Serviceanzeige nach der Wartung zurückstellen
- ■ Werkzeugausrüstung
- ■ Motorstarthilfe

Die Wartungsintervalle beim ASTRA sind von der Zeitdauer seit der letzten Wartung und den gefahrenen Kilometern abhängig. Als Maßstab für die Berechnung der Wartungszyklen werden die Zeit und die gefahrenen Kilometer seit dem letzten Zurücksetzen der Service-Intervallanzeige herangezogen. Zusätzliche Faktoren werden nicht berücksichtigt.

O-6280

Wenn eine Wartung erforderlich ist, erscheint die Service-Intervallanzeige »InSP« nach Einschalten der Zündung anstelle der Tageskilometeranzeige im Tachometer.

Nachdem die Wartung durchgeführt wurde, muß die Service-Intervallanzeige zurückgesetzt werden.

Hinweis: Standzeiten, bei denen die Fahrzeugbatterie abgeklemmt ist, bleiben von der Service-Intervallanzeige unberücksichtigt.

Service-Intervallanzeige zurücksetzen

Die Service-Intervallanzeige muß nach jeder Wartung zurückgesetzt werden.

Zurücksetzen

- Zündung ausschalten, Zündschlüssel steht in Nullstellung.
- Rückstellknopf für Tageskilometerzähler drücken und festhalten.
- Zündung einschalten und den Rückstellknopf noch für mindestens 2 Sekunden gedrückt halten. Nach Einschalten der Zündung blinkt die Anzeige »InSP« für ca. 2 Sekunden.
- Nach erfolgreicher Rücksetzung wird »----« angezeigt, bis der Stellknopf losgelassen wird. Danach erscheint wieder die Tageskilometer- oder Zeituhr-Anzeige.

Wartungsplan

Die Wartung ist nach der Service-Intervallanzeige durchzuführen. Auf jeden Fall aber nach 12 Monaten oder, wenn innerhalb dieser Zeit mehr als 15.000 km (ab 10/00: 30.000 km) gefahren werden, bereits nach 15.000 km (ab 10/00: 30.000 km). Die mit ● gekennzeichneten Positionen sind bei jeder Wartung, die mit ■ gekennzeichneten Positionen bei jeder 2. Wartung zusätzlich auszuführen.

Im Rahmen der Wartung sind ebenfalls die zusätzlichen, mit ◆ gekennzeichneten Wartungspunkte nach den angegebenen Intervallen durchzuführen.

Nach erfolgter Wartung sollte die Service-Intervallanzeige im Kombiinstrument zurückgesetzt werden, siehe Seite 14.

Achtung: Bei häufigen Kaltstarts und überwiegend Stadt- und Kurzstreckenverkehr ist der Motor-Ölwechsel in kürzeren Abständen erforderlich. Bei häufigen Fahrten in staubiger Umgebung Wechselintervall für Motor-Luftfilter und Pollenfilter halbieren.

Motor

- ● Keilriemen/Keilrippenriemen: Zustand/Spannung prüfen.
- ● Dieselmotor: Kraftstoffilter entwässern (einmal pro Jahr).
- ● Kühl- und Heizsystem: Flüssigkeitsstand prüfen, Konzentration des Frostschutzmittels prüfen. Sichtprüfung auf Undichtigkeiten und äußere Verschmutzung des Kühlers.
- ● Motor: Ölstand prüfen, Sichtprüfung auf Ölundichtigkeiten.
- ● Motor: Öl wechseln, Ölfilter ersetzen.
- ● Kraftstoffanlage: Dichtheit prüfen.

- ● Abgasanlage: Auf Beschädigungen prüfen.
- ■ Dieselmotor bis 9/00: Luftfiltereinsatz ersetzen.

Getriebe, Achsantrieb

- ● Schaltgetriebe/Automatikgetriebe: Sichtprüfung auf Undichtigkeiten.
- ● Gummimanschetten der Gelenkwellen: Auf Undichtigkeiten und Beschädigungen prüfen.
- ● Automatisches Getriebe bis 9/00: Ölstand prüfen. Fehlerspeicher auslesen lassen (Werkstattarbeit).

Vorderachse und Lenkung

- ● Radaufhängung und Federung vorn und hinten: Sichtprüfen auf Beschädigungen.
- ● Airbag: Sichtprüfen auf Beschädigungen.
- ● Servolenkung: Auf Dichtheit sichtprüfen, gegebenenfalls Flüssigkeitsstand prüfen.
- ● Lenkgetriebe: Manschetten prüfen.
- ● Spurstangenköpfe: Staubkappen prüfen.
- ● Achsgelenke: Staubkappen prüfen.

Bremsen, Reifen, Räder

- ● Scheibenbremsen vorn/hinten: Belagstärke prüfen.
- ● Bremsanlage: Flüssigkeitsstand prüfen.
- ● Bremsanlage: Leitungen, Schläuche und Anschlüsse auf Undichtigkeiten und Beschädigungen prüfen.
- ● Handbremse: Handbremshebelweg und Funktion prüfen.
- ● Bereifung: Reifenfülldruck und Profiltiefe prüfen (einschließlich Reserverad); Reifen auf Verschleiß und Beschädigungen prüfen.
- ● ASTRA Caravan/Lieferwagen: Luftdruck der Niveauregulierung prüfen.
- ● Räder: Radschrauben lösen und über Kreuz wieder mit **110 Nm** festziehen.

Elektrische Anlage

- ● Alle Stromverbraucher: Funktion prüfen.
- ● Signalhorn: Prüfen.
- ● Beleuchtungsanlage/Kontrollampen: Funktion prüfen.
- ● Scheinwerfereinstellung: Prüfen (Werkstattarbeit).
- ● Scheibenwischer: Wischergummis auf Verschleiß prüfen.
- ● Scheibenwaschanlage: Funktion prüfen, Düsenstellung kontrollieren, Flüssigkeit nachfüllen, Scheinwerfer-Waschanlage prüfen.
- ● Batterie: Ruhespannung prüfen. Batterieklemmen und Batteriehalter auf festen Sitz prüfen. Säurestand prüfen (nur wenn nachträglich eine nicht wartungsfreie Batterie eingebaut wurde).
- ● Service-Intervallanzeige: Zurücksetzen.
- ■ Fernbedienung für Zentralverriegelung: Batterien wechseln.

Aufbau, Heizung

- ● Karosserie: Lackierung auf Beschädigung prüfen.
- ● Unterbodenschutz: Prüfen.
- ● Klimakompressor auf Dichtheit sichtprüfen.
- ● Türfeststeller, Türscharniere, Motorhaubenschloß, Heckklappenscharniere: Schmieren.

Zusätzliche Wartungsarbeiten

Alle 2 Jahre unabhängig von den gefahrenen Kilometern

- ◆ Bremsflüssigkeit für Bremssystem und Kupplungshydraulik wechseln.
- ◆ Abgasuntersuchung (AU) erstmalig nach 3 Jahren, dann alle 2 Jahre (Werkstattarbeit).

Alle 2 Jahre / 30.000 km

- ◆ Pollenfilter: Filtereinsatz ersetzen.
- ◆ Dieselmotor: Kraftstoffilter ersetzen.
- ◆ Motor Z20LET/Z16YNG: Zündkerzen ersetzen.

Alle 4 Jahre / 60.000 km

- ◆ Dieselmotor seit 10/00, Benzinmotor: Luftfiltereinsatz ersetzen.
- ◆ Benzinmotor außer Z20LET und Z16YNG: Zündkerzen ersetzen.
- ◆ Benzinmotor: Kraftstoffilter ersetzen.
- ◆ Motor X16XEL, X18XE1, X20XER und Z20LET sowie Motor Z16XE, Z16YNG und Z18XE bis 9/02: Zahnriemen und Zahnriemenspannrolle ersetzen. Dabei Antriebsrad sowie Umlenkrolle, falls vorhanden, prüfen.
- ◆ Automatisches Getriebe: Getriebeöl wechseln, nur **bei erschwerten Fahrbedingungen** wie Taxibetrieb, häufigen Fahrten mit Anhänger oder Fahrten im Gebirge.

Alle 6 Jahre / 90.000 km

- ◆ Motor Z16XE, Z16YNG und Z18XE ab 10/02: Zahnriemen und Zahnriemenspannrolle ersetzen. Dabei Antriebsrad sowie Umlenkrolle, falls vorhanden, prüfen.

Alle 8 Jahre / 120.000 km

- ◆ Motor X16SZR, Z16SE, Z16XEP und X20XEV: Zahnriemen und Zahnriemenspannrolle ersetzen. Dabei Antriebsrad sowie Umlenkrolle, falls vorhanden, prüfen.

Alle 10 Jahre / 150.000 km

- ◆ 1,7-l-Dieselmotor: Zahnriemen ersetzen, Zahnriemenspannrolle prüfen. Dabei Antriebsrad sowie Umlenkrolle prüfen.
- ◆ 1,7-l-Dieselmotor: Keilrippenriemen ersetzen.
- ◆ 1,7-l-Dieselmotor: Ventilspiel prüfen beziehungsweise einstellen.
- ◆ Benzinmotor Z16XEP: Ventilspiel prüfen beziehungsweise einstellen.

Wartungsarbeiten

Hier werden, nach den verschiedenen Baugruppen des Fahrzeugs aufgeteilt, alle Wartungsarbeiten beschrieben, die gemäß dem Wartungsplan durchgeführt werden müssen. Auf die erforderlichen Verschleißteile sowie das möglicherweise benötigte Sonderwerkzeug wird jeweils hingewiesen.

Es empfiehlt sich, Reifendruck, Motorölstand und Flüssigkeitsstände für Kühlung, Wisch-/Wasch-Anlage etc. mindestens alle 4 bis 6 Wochen zu prüfen und gegebenenfalls zu ergänzen.

Achtung: Beim **Einkauf von Ersatzteilen** ist zur Identifizierung des Fahrzeuges unbedingt der **KFZ-Schein** mitzunehmen. Sonst ist oftmals eine genaue Zuordnung der Ersatzteile nicht möglich.

Um ganz sicher zu sein, dass man die richtigen Ersatzteile erhalten hat, empfiehlt es sich nach Möglichkeit, das Altteil auszubauen und zum Ersatzteilhändler mitzunehmen, um es dort mit dem Neuteil vergleichen zu können.

Motor und Abgasanlage

Folgende Wartungspunkte müssen nach dem Wartungsplan durchgeführt werden:

- ● Keilriemen/Keilrippenriemen: Zustand/Spannung prüfen.
- ● Dieselmotor: Kraftstoffilter entwässern, ersetzen.
- ● Kühl- und Heizsystem: Flüssigkeitsstand prüfen, Konzentration des Frostschutzmittels prüfen. Sichtprüfung auf Undichtigkeiten und äußere Verschmutzung des Kühlers.
- ● Motor: Ölstand prüfen, Sichtprüfung auf Ölundichtigkeiten.
- ● Motor: Öl wechseln, Ölfilter ersetzen.
- ● Kraftstoffanlage: Dichtheit prüfen. Kraftstoffleitungen auf Verlegung, Scheuerstellen und festen Anschluß prüfen.
- ● Abgasanlage: Auf Beschädigungen prüfen.
- ■ Dieselmotor: Kraftstoffilter ersetzen.
- ■ Luftfiltereinsatz ersetzen.
- ◆ Benzinmotor: Zündkerzen ersetzen.
- ◆ Benzinmotor: Kraftstoffilter ersetzen.
- ◆ Zahnriemen: Ersetzen. Spann-/Umlenkrolle prüfen/ersetzen.
- ◆ 1,7-l-Dieselmotor: Keilrippenriemen ersetzen, siehe Seite 191.
- ◆ 1,7-l-Dieselmotor: Ventilspiel prüfen/einstellen (Werkstattarbeit). Sollwert Einlaß/Auslaß: 0,4 mm.
- ◆ Benzinmotor Z16XEP: Ventilspiel prüfen/einstellen (Werkstattarbeit). Sollwerte Einlaß: 0,25 ± 0,04 mm, Auslaß: 0,30 ± 0,04 mm.

Keilrippenriemen prüfen

Für die Prüfung werden weder Spezialwerkzeug noch Verschleißteile benötigt.

Der Keilrippenriemen wird durch eine automatische Spannvorrichtung gespannt. Die Riemenspannung muß daher in der Wartung nicht geprüft werden.

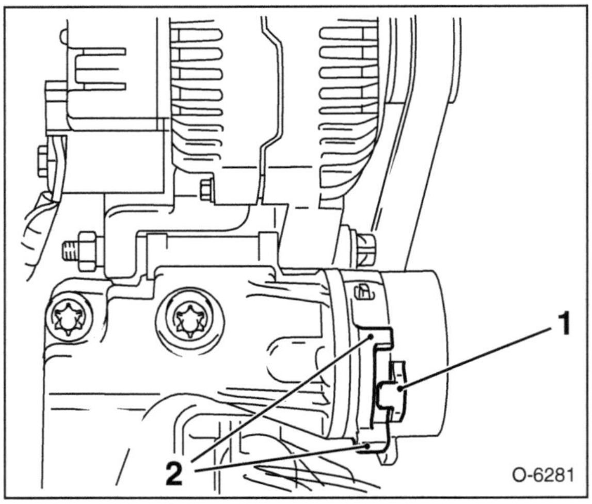

- ● **1,6-/1,8-/2,0-l-Benzinmotor:** Position des beweglichen Spannarms –1– der Keilrippenriemen-Spannvorrichtung prüfen. Der Spannarm sollte zwischen den Anschlägen –2– liegen. Falls der Spannarm an einem der Anschläge anliegt, müssen Keilrippenriemen und Spannvorrichtung ersetzt werden. **Hinweis:** In der Abbildung ist die Ausführung ohne Klimaanlage dargestellt.

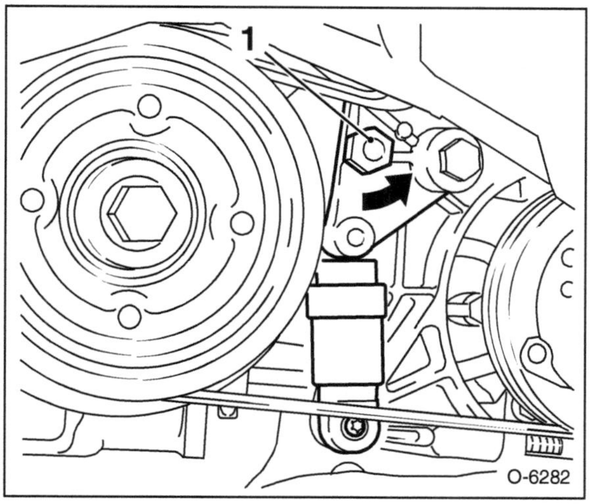

- **2,0-l-Dieselmotor:** Keilrippenriemen-Spannvorrichtung über Sechskant-Anguß –1– in Pfeilrichtung, also entgegen dem Uhrzeigersinn, spannen und langsam zurückgleiten lassen. Die Keilrippenriemen-Spannvorrichtung muß in die Ausgangsposition zurückgleiten, andernfalls ersetzen.

Zustand prüfen

- Zündung ausschalten.
- Riemen an gut sichtbarer Stelle mit einem Kreidestrich markieren.
- Motor stückweise langsam durchdrehen und dabei Zustand des Keilrippenriemens sichtprüfen. Motor durchdrehen, siehe Seite 173.

Achtung: Motor nicht rückwärts drehen.

- Keilrippenriemen auf folgende Beschädigungen prüfen:
- Öl- und Fettspuren.

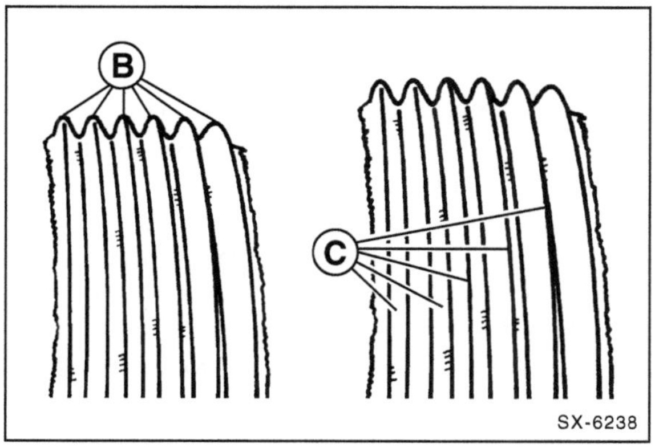

- Flankenverschleiß: Rippen laufen spitz zu –B–, neu sind sie trapezförmig. Der Zugstrang ist im Rippengrund sichtbar, erkenntlich an den helleren Stellen –C–.
- Flankenverhärtungen, glasige Flanken.

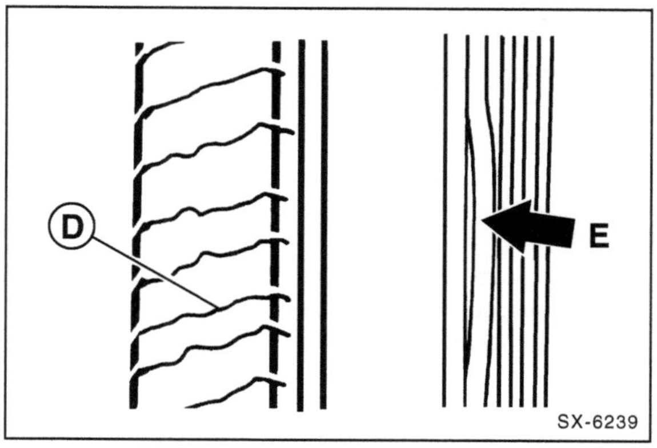

- Querrisse –D– auf der Rückseite des Riemens.
- Einzelne Rippen lösen sich ab –E–.

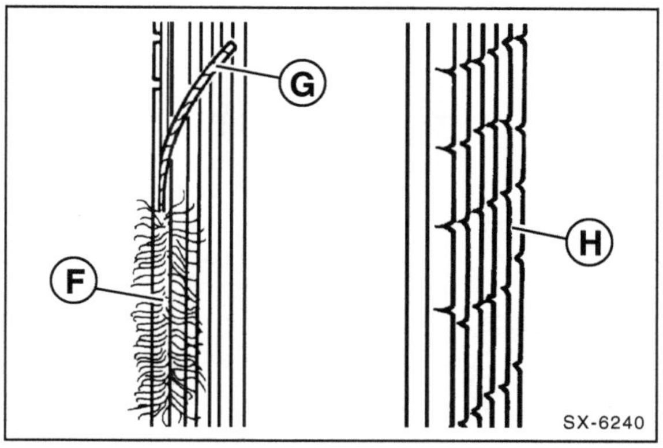

- Ausfransungen der äußeren Zugstränge –F–.
- Zugstrang seitlich herausgerissen –G–.
- Querrisse –H– in mehreren Rippen.

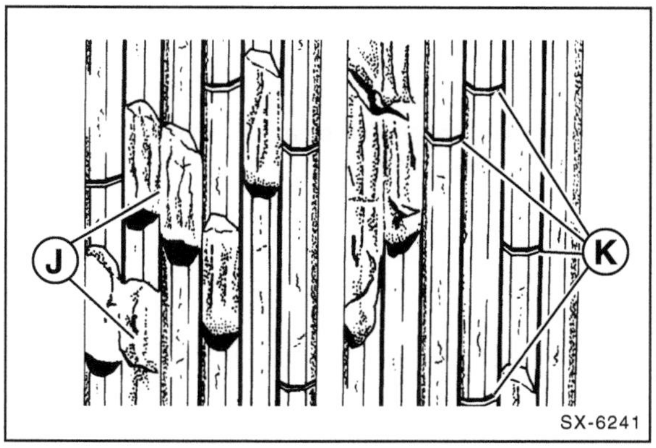

- Rippenbrüche –J–.
- Einzelne Rippenquerrisse –K–.
- Einlagerung von Schmutz und Steinen zwischen den Rippen.
- Gummiknollen im Rippengrund.
- Wenn eine oder mehrere dieser Beschädigungen vorhanden sind, Keilrippenriemen ersetzen, siehe Seite 191.

Keilriemen prüfen/spannen

1,7-l-Dieselmotor ohne Klimaanlage

Für die Prüfung werden weder Spezialwerkzeuge noch Verschleißteile benötigt.

Zustand prüfen

- Ein Keilriemen muß ersetzt werden bei übermäßiger Abnutzung, ausgefransten Flanken, Ölspuren, Porosität, Querschnittbrüchen.

Spannung prüfen

Zu niedrige Keilriemenspannung führt zum erhöhten Verschleiß oder Ausfall des Keilriemens. Bei zu hoher Spannung können Lagerschäden an den betreffenden Aggregaten auftreten.

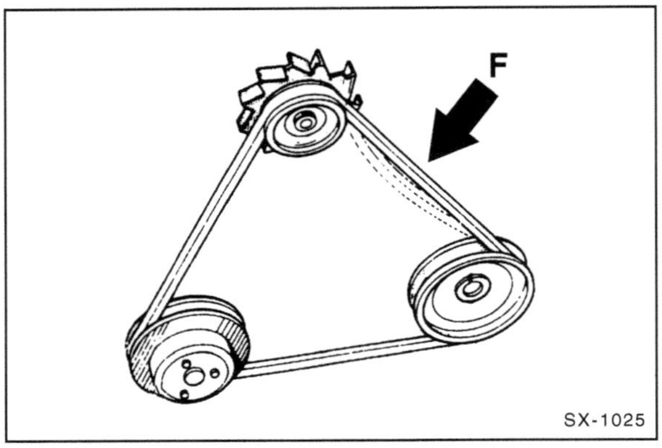

- Spannung des Keilriemens an der Stelle –F– prüfen, und zwar durch kräftigen Daumendruck in der Mitte zwischen den beiden Riemenscheiben, die den größten Abstand voneinander haben. Der Keilriemen darf sich um ca. 10 mm durchdrücken lassen.
- Falls erforderlich, Keilriemen spannen oder ersetzen, siehe Seite 195.

Achtung: Bei einem neuen Keilriemen Spannung erst nach ca. 10 Minuten Laufzeit prüfen.

Kraftstoffilter für Dieselmotor entwässern/ersetzen

Erforderliches Spezialwerkzeug, um den Filter zu ersetzen:

- **2,0-/2,2-l-Dieselmotor:** Entlüftungsgerät, zum Beispiel OPEL-KM-948.
- Spezialzange zum Öffnen von Schnellverschlüssen der Kraftstoffleitungen, zum Beispiel HAZET 4501-1.

Erforderliche Verschleißteile, um den Filter zu ersetzen:

- Kraftstoffiltereinsatz.
- Dichtungen für Filterdeckel.

Zum Auffangen des Wassersatzes ist ein geeignetes Auffanggefäß erforderlich. **Achtung:** Auslaufender Dieselkraftstoff muß besonders von Gummiteilen, zum Beispiel Kühlmittelschläuche, sofort abgewischt werden, sonst werden die Gummiteile im Lauf der Zeit zerstört.

Entwässern

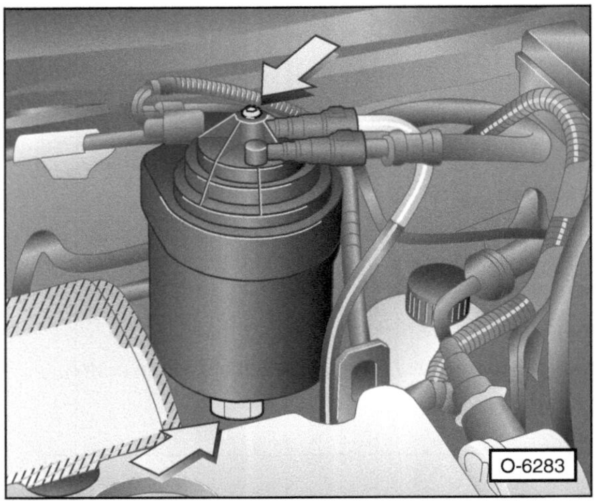

- Geeignete Auffangwanne unter das Filtergehäuse stellen.
- Zentralschraube am Filterdeckel –Pfeil oben– mit Torx-Schraubendreher T30 etwas lösen.
- Ablaßschraube unten am Filter –Pfeil unten– ca. 1 Umdrehung öffnen und Wassersatz (ca. 100 cm^3) in das Auffanggefäß ablaufen lassen. Sobald reiner Kraftstoff austritt, Ablaßschraube festziehen.
- Zentralschraube am Filterdeckel mit **8 Nm** festziehen. **Achtung:** Schraube **nicht zu stark anziehen,** sonst können Undichtigkeiten auftreten.

Achtung: Die Kraftstoffanlage braucht nach dem Entwässern nicht entlüftet zu werden.

Allerdings darf beim **2,0-l-Dieselmotor** der Filter nicht ganz leerlaufen, sonst muß das Kraftstoffsystem mit einem Entlüftergerät entlüftet werden. Daher nur ca. 100 cm^3 Flüssigkeit ablaufen lassen.

Ersetzen

- Gesamte Flüssigkeit aus dem Kraftstoffilter ablaufen lassen, siehe unter »Entwässern«

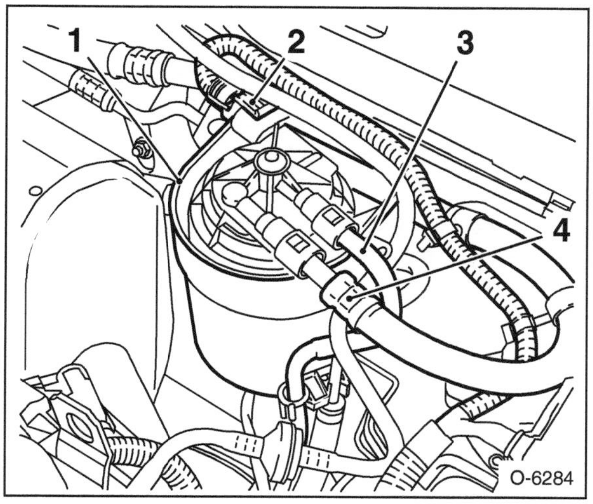

- Stecker für Filterheizung –2– abziehen.
- Kraftstoffvorlaufleitung –4– und Kraftstoffrücklaufleitung –3– vom Anschluß am Filterdeckel trennen. Dazu die Schnellverschlüsse mit Spezialzange öffnen, zum Beispiel HAZET 4501-1.
- Kraftstoffilter nach oben aus dem Halter –1– herausziehen.

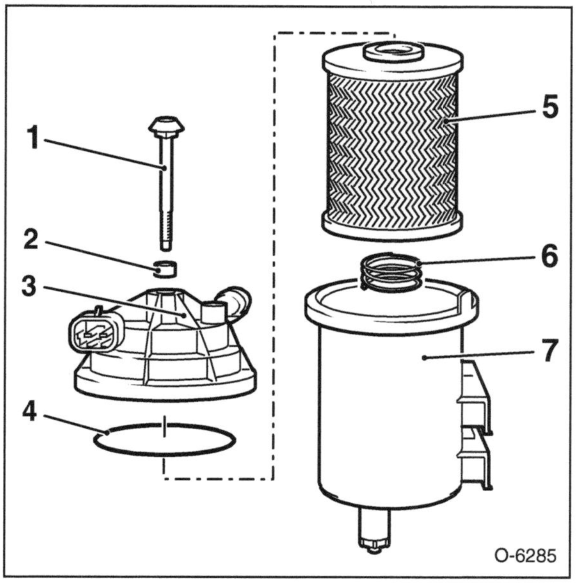

1 – Zentralschraube
2 – Dichtung
3 – Deckel
4 – Deckeldichtung
5 – Filtereinsatz
6 – Feder
7 – Filtergehäuse

- Zentralschraube –1– lösen und Filterdeckel –3– vom Gehäuse –7– abnehmen.
- Filtereinsatz –5– aus dem Gehäuse herausnehmen und in einem geeigneten Behälter ablegen.
- Feder –6– aus dem Gehäuse herausnehmen.
- Filtergehäuse vollständig entleeren.
- Deckel und Filtergehäuse mit fusselfreiem Tuch sauber auswischen.
- Feder in das Filtergehäuse einsetzen.
- Neues Filterelement in das Filtergehäuse einsetzen.
- Filtergehäuse bis kurz unterhalb vom Rand mit neuem Dieselkraftstoff füllen.
- Deckel mit neuen Dichtungen –2– und –4– aufsetzen.
- Zentralschraube mit **8 Nm** festziehen. **Achtung:** Schraube **nicht zu stark anziehen,** sonst können Undichtigkeiten auftreten.
- Kraftstoffilter in den Halter einsetzen.
- Stecker für Filterheizung aufstecken.
- Kraftstoffleitungen am Filterdeckel aufstecken, die Schnellverschlüsse müssen spürbar einrasten.
- **2,0-/2,2-l-Dieselmotor:** Kraftstoffanlage entlüften.

2,0-/2,2-l-Dieselmotor: Kraftstoffanlage entlüften

Hinweis: Beim 2,0-/2,2-l-Dieselmotor muss die Kraftstoffanlage nach dem Wechsel des Kraftstofffilters, oder nachdem der Kraftstoffbehälter (Tank) leergefahren wurde, mit einer externen Kraftstoffpumpe entlüftet werden. Dieses Entlüftungsgerät, zum Beispiel OPEL-KM948, muss auch beim ersten Motorstart angeschlossen sein.

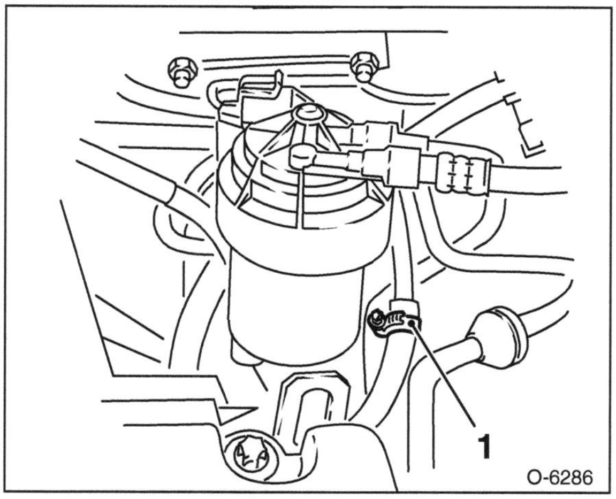

Achtung: Austretenden Kraftstoff in geeignetem Behälter auffangen.

- Schlauchschelle –1– vom Kraftstoffrücklaufschlauch lösen und Schlauch abziehen.
- Entlüftungsgerät anschließen. Dabei Saugleitung des Entlüftungsgerätes an die vom Kraftstoffilter kommende Kraftstoffrücklaufleitung anschließen, Druckleitung des Entlüftungsgeräts an die zum Tank führende Rücklaufleitung anschließen.
- Kraftstoffanlage vorentlüften. Dazu Entlüftergerät ca. 3 Minuten laufen lassen. Anlasser dabei nicht betätigen.
- Anschließend zusätzlich den Anlasser betätigen, bis der Motor anspringt. Das Entlüftungsgerät läuft während dieser Zeit weiter.

Achtung: Der Anlasser darf maximal 40 Sekunden laufen. Wenn der Motor während dieser Zeitspanne nicht anspringt, eine Pause von ca. 20 Sekunden einlegen, damit Batterie und Anlasser abkühlen können. Anschließend Startvorgang wiederholen.

- Nach erfolgtem Start den Motor kurze Zeit im Leerlauf drehen lassen. Das angeschlossene Entlüftungsgerät läuft dabei weiter.
- Motor abstellen.
- Entlüftungsgerät abbauen, dabei auslaufenden Kraftstoff in geeignetem Gefäß auffangen.
- Kraftstoffrücklaufschlauch auf Rücklaufleitung stecken und mit neuer Schlauchschelle befestigen.
- Motor starten und im Leerlauf drehen lassen. Kraftstoffsystem auf Dichtheit sichtprüfen.

Kühlmittelstand prüfen

Für die Prüfung werden weder Spezialwerkzeug noch Verschleißteile benötigt.

Zum Nachfüllen erforderliche Verschleißteile:

- Von OPEL freigegebenes, silikathaltiges Kühlerfrostschutzmittel.
- Sauberes, kalkarmes Wasser in Trinkwasserqualität.

Der Kühlmittelstand sollte in regelmäßigen Abständen – etwa alle vier Wochen – geprüft werden, zumindest aber vor jeder größeren Fahrt.

Zum Nachfüllen – auch in der warmen Jahreszeit – nur eine Mischung aus Kühlerfrostschutzmittel und kalkarmem, sauberem Wasser verwenden.

Achtung: Um die Weiterfahrt zu ermöglichen, kann auch, insbesondere im Sommer, reines Wasser nachgefüllt werden. Der Kühlerfrostschutz muß dann jedoch baldmöglichst korrigiert werden.

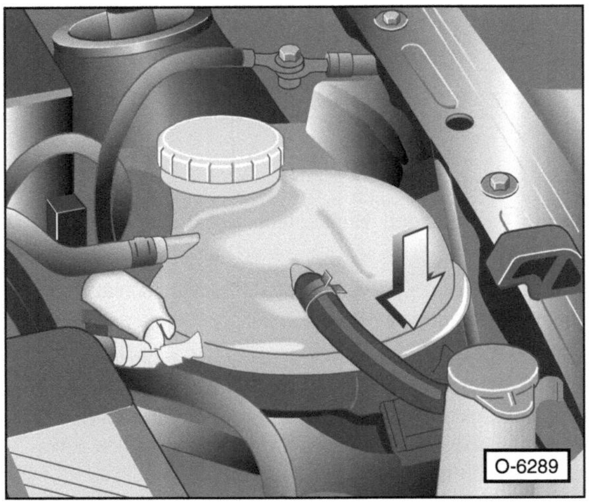

- Der Kühlmittelstand soll bei kaltem Motor (Kühlmitteltemperatur ca. +20° C) etwas über der Markierung »KALT« -Pfeil- am Ausgleichbehälter liegen.
- Wenn der Kühlmittelstand bei kaltem Motor die Markierung »KALT« unterschreitet, Kühlmittel nachfüllen.
- **Kaltes** Kühlmittel nur bei **kaltem Motor** nachfüllen, um Motorschäden zu vermeiden.

Sicherheitshinweis:
Verschlußdeckel bei heißem Motor vorsichtig öffnen. **Verbrühungsgefahr!** Beim Öffnen Lappen über den Verschlußdeckel legen. Verschlußdeckel nur bei einer Kühlmittel-Temperatur unter +90° C öffnen.

- Verschlußdeckel beim Öffnen zuerst etwas aufdrehen und Überdruck entweichen lassen. Danach Deckel weiterdrehen und abnehmen.
- Sichtprüfung auf Dichtheit durchführen, wenn der Kühlmittelstand in kurzer Zeit absinkt.

Frostschutz prüfen

Erforderliches Spezialwerkzeug:

- Prüfspindel zum Messen des Frostschutzanteils.

Erforderliche Verschleißteile:

- Von OPEL freigegebenes, silikathaltiges Kühlerfrostschutzmittel.

Regelmäßig vor Winterbeginn sollte sicherheitshalber die Konzentration des Frostschutzmittels geprüft werden, insbesondere wenn zwischendurch reines Wasser nachgefüllt wurde. **Hinweis:** Eventuell ist es erforderlich, die **Prüfspindel zu eichen**. Dabei ist folgendermaßen vorzugehen: 50 ml Kühlkonzentrat mit 50 ml Wasser mischen. Diese Mischung hat einen Frostschutz von –35° C. Frostschutz mit der Prüfspindel messen und eventuelle Abweichung zum Sollwert von –35° C notieren. **Beispiel:** Die Prüfspindel zeigt –31° C an. Die Abweichung beträgt also –4° C. Wird dann am Fahrzeug ein Wert von –16° C gemessen, dann beträgt der tatsächliche Frostschutz (–16°) + (–4°) = –20° C.

- Motor warmfahren, bis der obere Kühlmittelschlauch zum Kühler etwa handwarm ist.
- Verschlußdeckel am Ausgleichbehälter vorsichtig öffnen. **Achtung:** Nicht bei heißem Motor öffnen, siehe unter »Kühlmittelstand prüfen«.

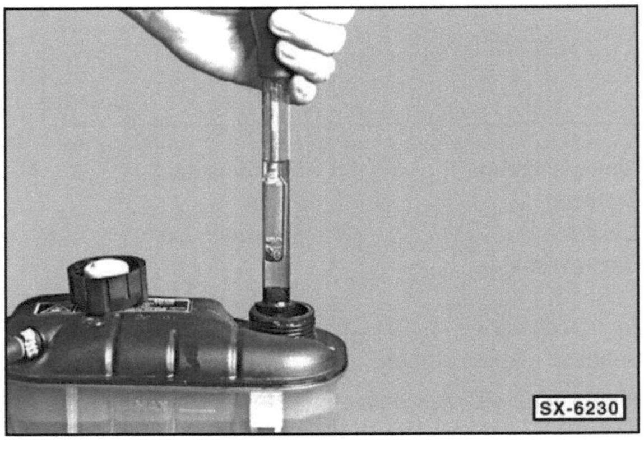

- Mit Meßspindel Kühlflüssigkeit ansaugen und am Schwimmer die Kühlmitteldichte ablesen. Der Frostschutz soll in unseren Breiten bis –35° C reichen.

OPEL-Kühlkonzentrat ergänzen

Achtung: Da Kühler und Wärmetauscher aus Aluminium gefertigt sind, darf nur ein dafür geeignetes und von OPEL freigegebenes Frost- und Korrosionsschutzmittel verwendet werden. **Achtung:** Beim Nachfüllen **Farbe des Frostschutzmittels** beachten, siehe Seite 206.

Beispiel: Die Frostschutz-Messung mit der Spindel ergibt beim 1,8-l-Motor ohne Klimaanlage einen Frostschutz bis – 10° C. In diesem Fall aus dem Kühlsystem 2,4 l Kühlflüssigkeit ablassen und dafür 2,4 l reines Frostschutzkonzentrat auffüllen. Dadurch wird ein Frostschutz bis –35° C erreicht.

Fahrzeuge ohne Klimaanlage:

Gemess. Wert in °C		0	–5	–10	–15	–20	–30	Füll-menge
Motor	Sollwert	Differenzmenge in Liter						
1,2-l	–35°	2,6	2,2	1,9	1,5	1,2	0,5	5,2
1,6-l/75/85PS	–35°	3,0	2,5	2,1	1,7	1,3	0,6	5,9
1,6-l/100 PS 1,8-/2,0-/2,2-l Benziner	–35°	3,4	2,9	2,4	2,0	1,5	0,6	6,5-6,8
1,7-l/68 PS	–35°	4,4	3,7	3,2	2,6	2,0	0,8	8,7
1,7-l/75 PS	–35°	3,6	3,1	2,6	2,1	1,6	0,7	7,1
2,0-l Diesel	–35°	4,0	3,4	2,9	2,3	1,8	0,8	7,7-7,9

Fahrzeuge mit Klimaanlage:

Gemess. Wert in °C		0	–5	–10	–15	–20	–30	Füll-menge
Motor	Sollwert	Differenzmenge in Liter						
1,2-l	–35°	2,8	2,4	2,0	1,6	1,3	0,5	5,5
1,6-l/75/85PS	–35°	3,1	2,6	2,2	1,8	1,4	0,6	6,2
1,6-l/100 PS 1,8-/2,0-/2,2-l 1,7-l Diesel	–35°	3,6	3,1	2,6	2,1	1,7	0,7	6,9-7,1
2,0-l Diesel	–35°	4,0	3,4	2,9	2,3	1,8	0,8	7,9

Achtung: Die in der Tabelle angegebenen Werte gelten bei einer Kühlflüssigkeitstemperatur von ca. +20° C.

- Verschlußdeckel am Kühler verschließen und nach Probefahrt Frostschutz erneut überprüfen.

Achtung: Eine zu hohe Konzentration des Frostschutzmittels führt zu einer Verschlechterung von Kühleigenschaften und Frostschutz. Dies ist der Fall ab einem Frostschutzanteil von ca. 55 %.

Kühlsystem-Sichtprüfung auf Dichtheit

- Kühlmittelschläuche durch Zusammendrücken und Verbiegen auf poröse Stellen untersuchen, hartgewordene Schläuche ersetzen.
- Die Schläuche dürfen nicht zu kurz auf den Anschlußstutzen sitzen.
- Festen Sitz der Schlauchschellen kontrollieren. Gegebenenfalls neue Schraubschellen anstelle der bisherigen Klemmschellen einbauen.
- Kühler und Kühlmittelpumpe auf Dichtheit sichtprüfen.

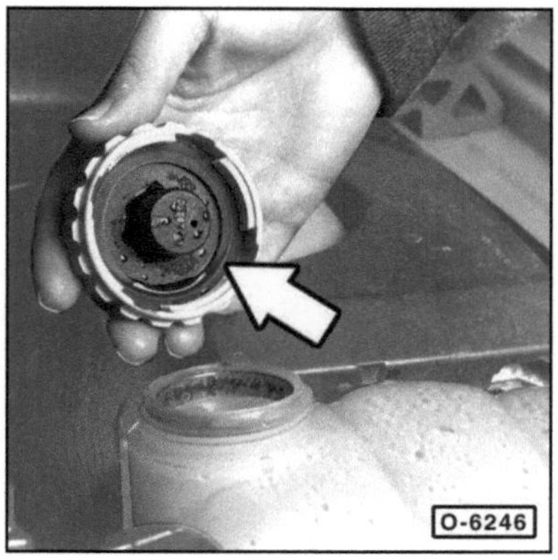

- Dichtung –Pfeil– des Verschlußdeckels für den Ausgleichbehälter auf Beschädigungen überprüfen.

Achtung: Ein zu niedriger Kühlmittelstand kann auch von einem nicht richtig aufgeschraubten Verschlußdeckel herrühren.

- Wenn der Kühlmittelstand häufig absinkt, ohne daß eine undichte Stelle lokalisiert werden kann, Kühlsystem bei warmem Motor prüfen. Dazu Motor warmfahren und im Leerlauf so lange drehen lassen, bis der Lüfter einschaltet. Darauf achten, ob Kühlflüssigkeit im Bereich der Kühlmittelpumpe austritt.
- Deutlicher Kühlmittelverlust und/oder Öl in der Kühlflüssigkeit sowie weiße Abgaswolken bei warmem Motor deuten auf eine defekte Zylinderkopfdichtung hin.

Achtung: Mitunter ist es schwierig, die Leckstelle ausfindig zu machen. Dann empfiehlt sich eine Druckprüfung. Hierbei kann ebenfalls das Überdruckventil des Verschlußdeckels geprüft werden, siehe Seite 210.

Hinweis: Tropfenbildung an der Entlüftungsbohrung der Kühlmittelpumpe beziehungsweise Verdampfungsspuren von Kühlmittel im Motorraum sind unbedenklich, wenn nicht ein deutlich meßbarer Kühlmittelverlust im Ausgleichbehälter auftritt.

Motorölstand prüfen

Etwa alle 1.000 km sollte der Ölstand des Motors überprüft und gegebenenfalls ergänzt werden. Auf 1.000 Kilometer soll der Motor nicht mehr als 1,0 Liter Öl verbrauchen. Mehrverbrauch ist ein Anzeichen für verschlissene Ventilschaftabdichtungen und/oder Kolbenringe oder Öldichtungen.

- Das Fahrzeug muß auf einer waagerechten Fläche stehen.
- Der Motor muß betriebswarm sein.
- Nach Abstellen des Motors mindestens 2 Minuten lang warten, damit sich das Öl in der Ölwanne sammelt.

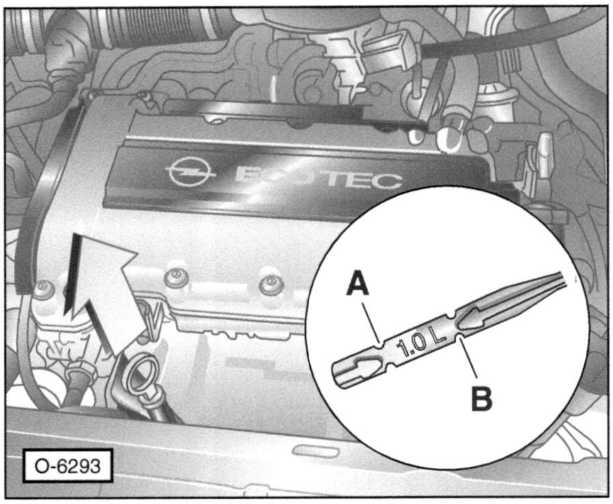

- Ölpeilstab herausziehen –Pfeil– und mit sauberem Lappen abwischen.
- Anschließend Meßstab bis zum Anschlag in das Führungsrohr einführen und wieder herausziehen. Der Ölstand muß zwischen den beiden Markierungen –A– und –B– liegen.
- Neues Öl erst nachfüllen, wenn sich der Ölstand der »MIN«-Marke –A– nähert. Die Ölmenge von der »MIN«- bis zur »MAX«-Markierung beträgt **1,0 l**.

- Nachgefüllt wird am Verschluß des Zylinderkopf- oder Nockenwellengehäusedeckels. Beim Nachfüllen richtige Ölsorte verwenden, keine Ölzusätze verwenden, siehe Seite 199/200.

Sichtprüfung auf Ölundichtigkeiten

Bei ölverschmiertem Motor und hohem Ölverbrauch überprüfen, wo das Öl austritt. Dazu folgende Stellen überprüfen:

- Öleinfülldeckel öffnen und Dichtung auf Porosität oder Beschädigung prüfen.
- Kurbelgehäuse-Entlüftung: Zum Beispiel Belüftungsschläuche vom Zylinderkopfdeckel/Nockenwellengehäuse zum Drosselklappenstutzen.
- Zylinderkopfdeckel-Dichtung.
- Zylinderkopf-Dichtung.
- Ölfilterdichtung: Ölfilterdeckel, Ölfilter am Ölfilterflansch.
- Ölablaßschraube (Dichtring).
- Öldruckschalter (Dichtring).
- Ölwannendichtungen.
- Wellendichtringe vorn und hinten für Nockenwelle und Kurbelwelle.

Da sich bei Undichtigkeiten das Öl meistens über eine größere Motorfläche verteilt, ist der Austritt des Öls nicht auf den ersten Blick zu erkennen. Bei der Suche geht man zweckmäßigerweise wie folgt vor:

- Motorwäsche durchführen. Motor mit handelsüblichem Kaltreiniger einsprühen und nach einer kurzen Einwirkungszeit mit Wasser abspritzen. Vorher Zündmodul und Generator mit Plastiktüte abdecken.
- Trennstellen und Dichtungen am Motor von außen mit Kalk oder Talkumpuder bestäuben.
- Ölstand kontrollieren, gegebenenfalls auffüllen.
- Probefahrt durchführen. Da das Öl bei heißem Motor dünnflüssig wird und dadurch schneller an den Leckstellen austreten kann, sollte die Probefahrt über eine Strecke von ca. 30 km auf einer Schnellstraße durchgeführt werden.
- Anschließend Motor mit Lampe absuchen, undichte Stelle lokalisieren und Fehler beheben.

Motorölwechsel

Um die Betriebsverhältnisse des Motors besser überwachen zu können, soll beim Ölwechsel immer ein Öl gleichen Typs und möglichst auch gleicher Marke verwendet werden. Daher ist es zweckmäßig, bei jedem Ölwechsel ein Hinweisschild am Motor zu befestigen, auf dem Marke und Viskosität des Öles vermerkt sind.

Wahllos abwechselnder Gebrauch verschiedener Öltypen ist ungünstig. Motorenöle gleichen Typs, aber verschiedener Marken sollen möglichst nicht gemischt werden. Motorenöle gleichen Typs und gleicher Marke, aber verschiedener Viskosität, können im Bedarfsfall während jahreszeitlicher Überschneidung ohne weiteres nachgefüllt werden.

Achtung: Die Öl-Verkaufsstellen nehmen die entsprechende Menge Altöl kostenlos entgegen, daher beim Ölkauf Quittung und Ölkanister für spätere Altölrückgabe aufbewahren! **Um Umweltschäden zu vermeiden, keinesfalls Altöl einfach wegschütten oder dem Hausmüll mitgeben.**

Erforderliches Spezialwerkzeug:

- Ölabsaugegerät, wenn das Motoröl abgesaugt werden soll. Das Motoröl darf nur bei den folgenden Motoren abgesaugt werden: X/Z12XE, X/Z18XE, Y17DT, X17DTL, Y20DTL, Y20DTH, Y22DTR. **Achtung:** Beim 2,2,-l-Benzinmotor Z22SE darf das Motoröl **auf keinen Fall** abgesaugt werden.
- Eine Grube oder ein hydraulischer Wagenheber mit Unterstellböcken, wenn das Motoröl abgelassen wird.
- **1,6-/2,0-l-Benzinmotor/1,7-l-Dieselmotor X17DTL:** Spezialwerkzeug zum Lösen des Ölfilters (Ölfilterzange, Spannbandschlüssel oder HAZET-Werkzeug 2172).
- **1,2-/1,8-/2,2-l-Benzinmotor** und **2,0-/2,2-/1,7-l-Dieselmotor Y17DT/Z17DTL:** Stecknuß zum Abschrauben des Ölfilterdeckels.
- Eine Stecknuß zum Lösen der Ölablaßschraube.
- Eine Ölauffangschale (wenn Öl nicht abgesaugt wird), die mindestens 8 Liter Öl faßt.

Erforderliche Verschleißteile:

- Nur wenn das Öl nicht abgesaugt wird: Kupfer-Dichtring für die Sechskant-Ölablaßschraube (wird manchmal mit dem Ölfilter mitgeliefert) oder O-Ring für Innentorxschraube.
- Öl-Filterpatrone.
- Je nach Motor 3,25 bis 5,5 Liter Motoröl. Nur von OPEL freigegebenes Motoröl verwenden, siehe Seite 199.

Ölwechselmenge (mit Filterwechsel), siehe Tabelle auf Seite 13.

Ölwechsel 1,2-/1,8-/2,2-l-Benzinmotor, 2,0-/2,2-l-Dieselmotor,1,7-l-Dieselmotor Y17DT/Z17DTL

Spezielle Hinweise für die anderen Motoren stehen am Kapitelende.

In den Abbildungen ist der 1,2-l-Motor dargestellt.

- Motor auf Betriebstemperatur bringen. Dazu Motor warmfahren, bis die Kühlmittel-Temperaturanzeige normale Betriebstemperatur des Kühlmittels signalisiert. Anschließend noch mindestens 5 km weiterfahren, damit auch eine ausreichende Motoröltemperatur sichergestellt ist.
- Je nach Motor obere Motorabdeckung ausbauen beziehungsweise Service-Abdeckung in der Motorabdeckung öffnen.

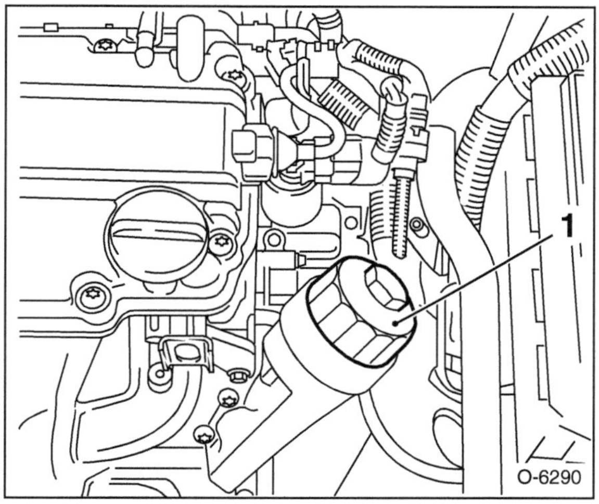

- Deckel –1– vom Ölfiltergehäuse mit geeigneter Stecknuß abschrauben. **Achtung:** Durch Abschrauben des Filterdeckels wird ein Ventil geöffnet, wodurch das Öl aus dem Filter in die Ölwanne zurücklaufen kann.
- Nachdem das Öl aus dem Filter abgelaufen ist, Ölfiltereinsatz herausnehmen.

Sicherheitshinweis:
Beim Aufbocken des Fahrzeugs besteht Unfallgefahr! Deshalb vorher das Kapitel »Fahrzeug aufbocken« durchlesen.

- Fahrzeug waagerecht aufbocken.
- Gefäß zum Auffangen des Altöls unter die Ölwanne stellen.

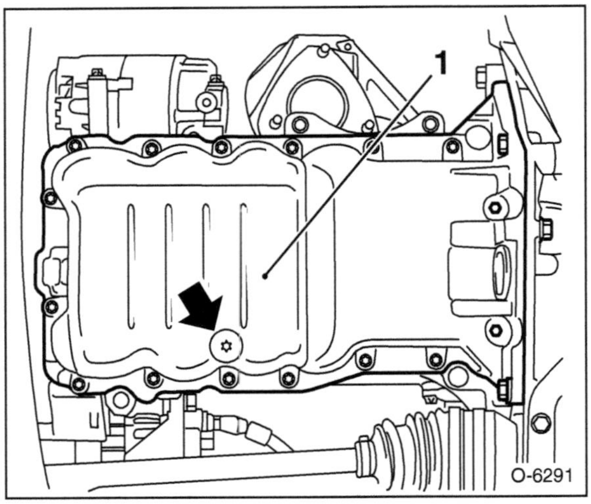

- Ölablaßschraube –Pfeil– mit Innentorxschlüssel aus der Ölwanne –1– herausdrehen und Altöl ganz ablassen.
- Ölablaßschraube mit **neuem** Dichtring anschrauben.

Anzugsdrehmomente:

1,2-l-Motor	**10 Nm**
1,8-l-Motor – Innentorxschraube	**14 Nm**
– Sechskantschraube	**45 Nm**
1,7-l-Dieselmotor Y17DT/Z17DTL	**80 Nm**
2,0-/2,2-l-Dieselmotor	**10 Nm**
2,2-l-Benzinmotor Z22SE	**25 Nm**

Achtung: Werden im Motoröl Metallspäne und Abrieb in größeren Mengen festgestellt, deutet dies auf Freßschäden hin, zum Beispiel Kurbelwellen- oder Pleuellagerschäden. Um Folgeschäden nach erfolgter Reparatur zu vermeiden, ist die sorgfältige Reinigung von Ölkanälen und Ölschläuchen unerläßlich. Zusätzlich soll der Ölkühler, falls vorhanden, erneuert werden.

- Fahrzeug ablassen.

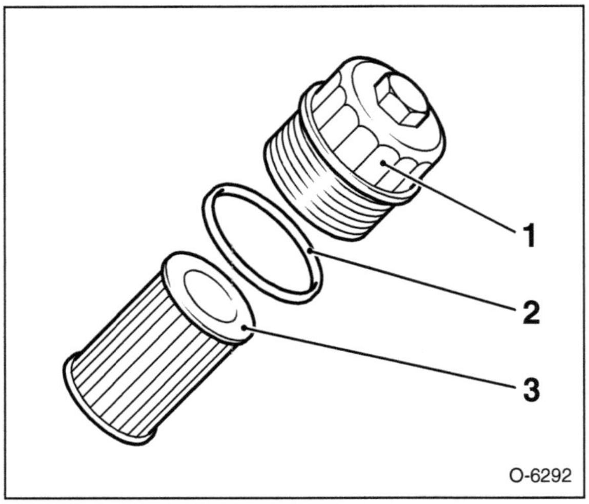

- Ölfilterdeckel –1– mit **neuem** Filtereinsatz –3– und **neuem** Dichtring –2– am Ölfiltergehäuse anschrauben und mit **25 Nm** (1,2-l-Motor: **15 Nm**) festziehen.

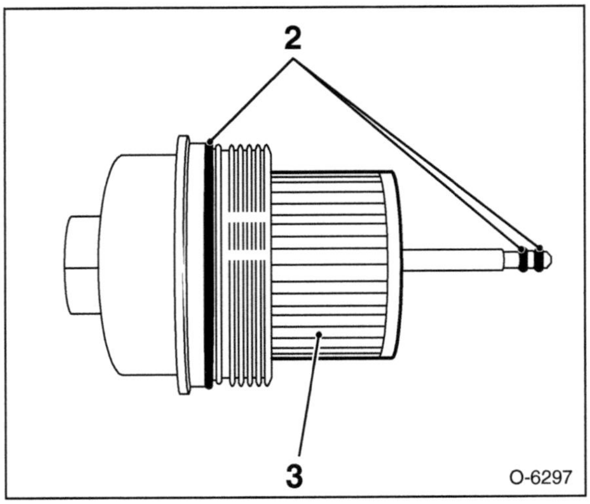

- **1,7-/2,0-/2,2-l-Dieselmotor:** Ölfilterdeckel mit **neuem** Filtereinsatz –3– und **neuen** Dichtringen –2– am Ölfiltergehäuse anschrauben und mit **25 Nm** festziehen. Bei Undichtigkeiten Deckel mit **30 Nm** nachziehen.

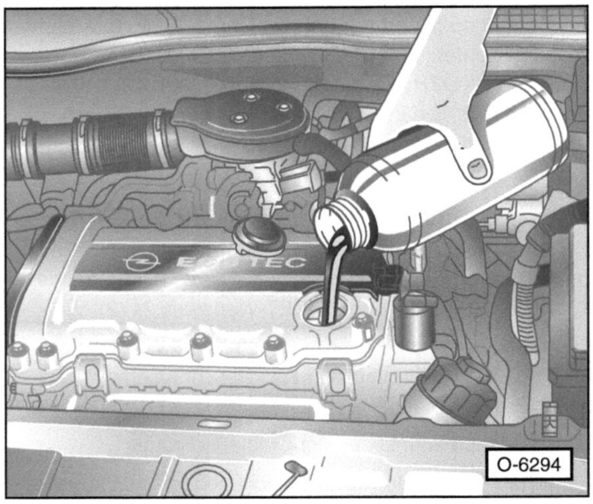

- Verschlußdeckel am Einfüllstutzen des Zylinderkopfdeckels öffnen und neues Öl einfüllen.

Achtung: Grundsätzlich empfiehlt es sich, zunächst ½ Liter Motoröl weniger einzufüllen, den Motor warmlaufen zu lassen und nach einigen Minuten den Ölstand mit dem Meßstab zu kontrollieren und gegebenenfalls zu ergänzen. Zuviel eingefülltes Motoröl muß wieder abgesaugt werden, da sonst die Motordichtungen beziehungsweise der Katalysator beschädigt werden können.

- Nach Probefahrt Dichtigkeit der Ablaßschraube und des Ölfilters überprüfen, gegebenenfalls vorsichtig nachziehen.
- Je nach Motor obere Motorabdeckung einbauen beziehungsweise Service-Abdeckung in der Motorabdeckung schließen.

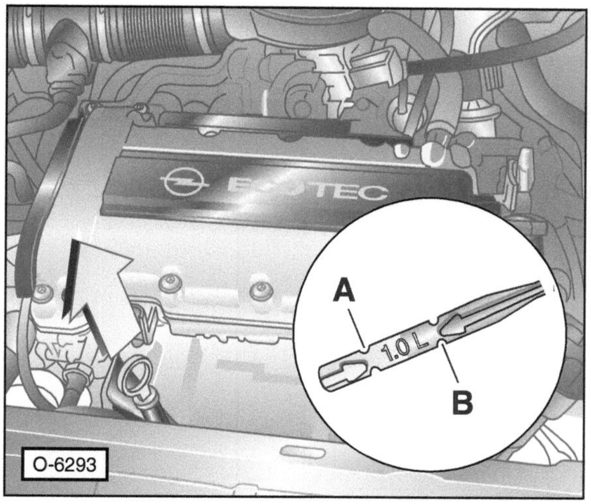

- Betriebswarmen Motor abstellen und Ölstand nach ca. 2 Minuten prüfen. Dazu Ölmeßstab in Pfeilrichtung herausziehen.
- Neues Öl bis zur »MAX«-Markierung –B– nachfüllen. Die Ölmenge von der »MIN«- bis zur »MAX«-Markierung beträgt **1,0 l**.

Speziell 1,6-/2,0-l-Benzinmotor und 1,7-l-Dieselmotor X17DTL

Achtung: Hier werden nur die Abweichungen zur Beschreibung für die anderen Motoren aufgeführt.

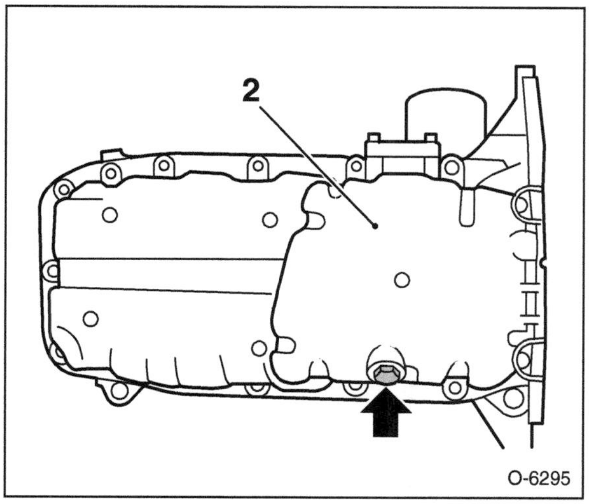

- Ölablaßschraube –Pfeil– aus der Ölwanne –2– herausdrehen und Altöl ganz ablassen.
- Ölablaßschraube mit **neuem** Dichtring anschrauben.
  Anzugsdrehmomente:
  1,6-l-Motor X16SZR/Z16SE . . . . **55 Nm**
  1,6-l-Motor X16XEL/Z16XE/Z16YNG/Z16XEP
  –Torxschraube– . . . . **14 Nm**
  –Sechskantschraube– . . . . **45 Nm**
  1,7-l-Dieselmotor X17DTL . . . . **10 Nm**
  2,0-l-Benzinmotor . . . . **10 Nm**
- Ölauffangwanne unter den Ölfilter stellen.

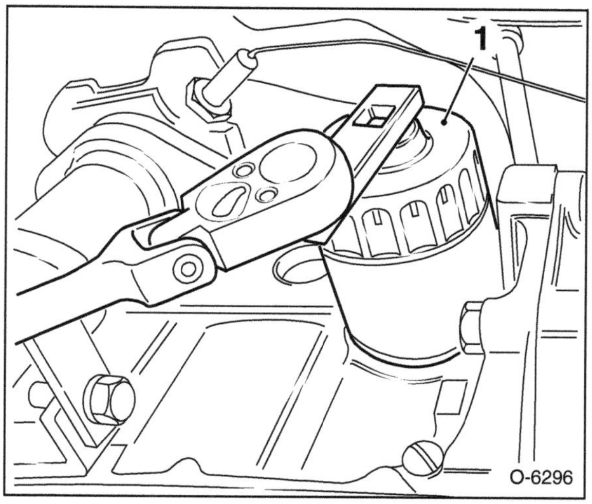

- Ölfilter ausbauen. Für den Ausbau des Ölfilters benutzen die Werkstätten ein spezielles Werkzeug –1–. Steht dieses nicht zur Verfügung, kann auch ein Lederriemen genommen werden. Man kann auch einen spitzen Schraubendreher seitlich in den Ölfilter eintreiben. Beim Drehen läuft dann allerdings Öl aus – Gefäß unterstellen. Altöl aus dem Ölfilter in das Auffanggefäß ablaufen lassen.
- Ölfilterflansch mit Kraftstoff reinigen. Eventuell dort verbliebene Filterdichtung abnehmen.
- Gummidichtring am neuen Ölfilter mit sauberem Motoröl bestreichen.
- Neuen Ölfilter nur mit der Hand festschrauben. Wenn die Filterdichtung am Motorblock anliegt, Filter noch um ½ Umdrehung weiterdrehen. Hinweise auf dem Ölfilter beachten. **Anzugsdrehmoment: 15 Nm.**

Sichtprüfung der Abgasanlage

Sicherheitshinweis:
Beim Aufbocken des Fahrzeugs besteht Unfallgefahr! Deshalb vorher das Kapitel »Fahrzeug aufbocken« durchlesen.

- Fahrzeug aufbocken.
- Befestigungsschellen und -flansche auf festen Sitz prüfen.
- Abgasanlage auf Löcher, durchgerostete Teile sowie Scheuerstellen absuchen.
- Stark gequetschte Abgasrohre ersetzen.
- Gummihalterungen durch Drehen und Dehnen auf Porosität überprüfen und gegebenenfalls austauschen.
- Benziner: Elektrischen Anschluß und festen Sitz der Lambdasonde prüfen.
- Fahrzeug ablassen.

Luftfiltereinsatz wechseln

Es wird kein Spezialwerkzeug benötigt.

Erforderliche Verschleißteile:

■ Luftfiltereinsatz.

Ausbau

O-6247

● 4 Halteklammern für Filterdeckel abdrücken.

Hinweis: Je nach Modelljahr kann der Filterdeckel mit selbstschneidenden Schrauben angeschraubt sein. Diese Schrauben können mehrmals verwendet werden. Falls sich der Filterdeckel mit den Schrauben nicht mehr befestigen läßt, Gewinde aufbohren und Deckel mit handelsüblichen Schrauben und Muttern befestigen.

● Luftfilterdeckel ringsum etwas anheben und seitlich unter dem vorderen Querträger hervorziehen.

O-6248

● Luftfilterdeckel hochschwenken und Filtereinsatz herausnehmen.

● Filtergehäuse aussaugen und mit einem Lappen auswischen.

Einbau

● Neuen Filtereinsatz in das Luftfiltergehäuse einlegen.

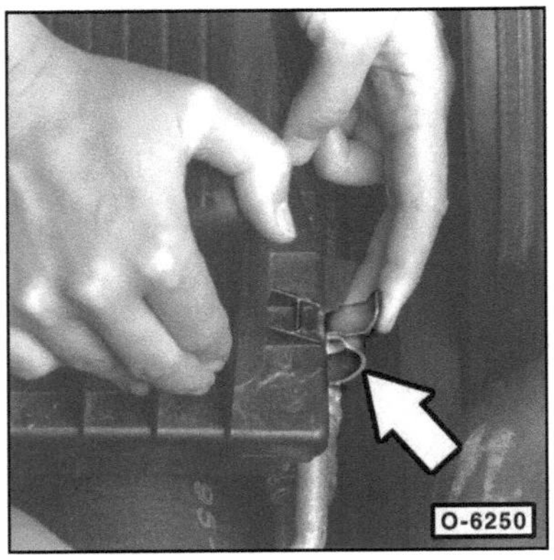

O-6250

● Deckel ansetzen und Halteklammern aufdrücken. Dazu mit dem Finger gegen den Bogen der Halteklammer drücken.

Zündkerzen aus- und einbauen/prüfen

Erforderliches Spezialwerkzeug:

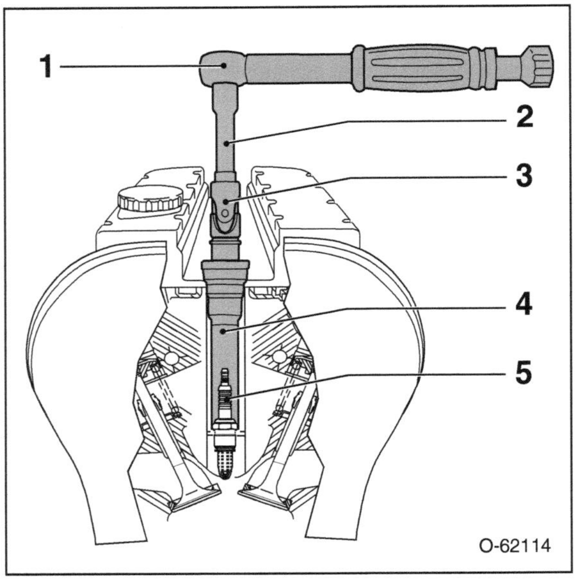

O-62114

■ Ein 16 mm-Zündkerzenschlüssel, zum Beispiel HAZET 4766-1. **Achtung:** Für die DOHC-Motoren darf nur ein Schlüssel verwendet werden, dessen Gehäuse –4– sich **nicht** an den Isolator –5– der Zündkerze anlegen (verkanten) kann. Außerdem wird eine Verlängerung –2– mit Gelenk –3– benötigt. 1 – Drehmomentschlüssel.

Achtung: Es kann sein, daß für einzelne Motoren andere Zündkerzenwerte gelten, so daß unsere Tabelle nicht auf dem neuesten Stand ist. Um die aktuelle Zündkerze für Ihren Fahrzeugmotor zu ermitteln, benötigt der Fachhandel die **Fahrzeug-Ident.-** und die **3 Schlüsselnummern**. Diese Nummern sind im Fahrzeugschein aufgeführt. Sie sollten beim Kauf von Zündkerzen angegeben werden.

Erforderliche Verschleißteile:

- 4 Zündkerzen.

Motor	BOSCH	CHAMPION	AC/NGK
Z 16 XEP	FGR 8 KQEO	–	–
Z 22 SE	–	–	AC: 41-954
Alle anderen	FLR 8 LDCU	RC 10 DMC	NGK:BKR 5 EK
Elektroden-abstand	1,0 mm	0,8 mm	0,8 mm

Ausbau

Achtung: Zündkerzen nur bei kaltem oder handwarmem Motor wechseln. Wenn die Kerzen bei heißem Motor herausgedreht werden, kann das Kerzengewinde des Leichtmetall-Zylinderkopfes ausreißen.

1,2-/1,6-/1,8-/2,2-l-Motor Z(X)12XE/X16XEL/Z16XE(P)/X18XE1/Z22SE

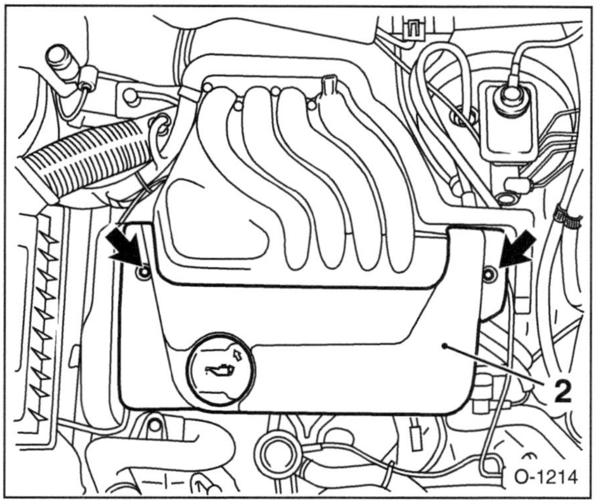

- **1,6-/1,8-l-Motor X16XEL / Z16XE / X18XE1:** Motorabdeckung –2– abschrauben –Pfeile–.
- **1,6-l-Motor Z16XEP:** Motorkabelkanal auf der linken Seite, in Fahrtrichtung gesehen, vom Zylinderkopf abclipsen und zur Seite legen.

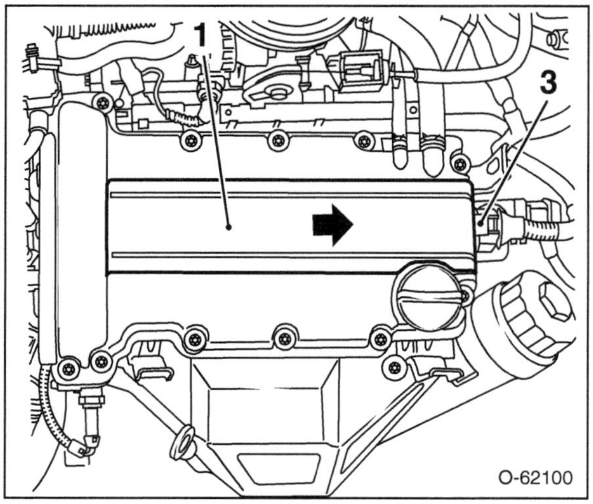

- **1,2-/1,6-l-Motor X12XE/Z16XEP:** Abdeckung für Zündmodul –1– in Pfeilrichtung vom Zylinderkopfdeckel abziehen. Dabei beim 1,6-l-Motor Pfeilrichtung auf der Abdeckung beachten. Mehrfachstecker –3– für Zündmodul abziehen.

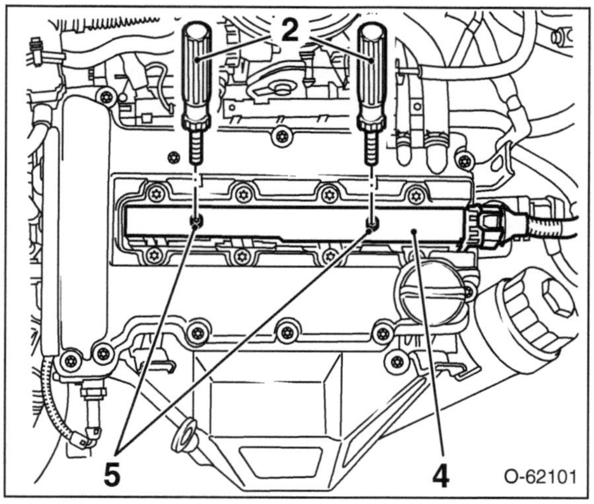

- Schrauben –5– für Zündmodul herausdrehen.
- Zündmodul –4– nach oben aus dem Zylinderkopf herausziehen. Die Werkstatt schraubt dazu die Spezialgriffe KM-6009 –2– in das Zündmodul ein. Steht das Spezialwerkzeug nicht zur Verfügung, geeignete Schrauben eindrehen und Schrauben mit Zündmodul herausziehen.

Achtung: Zündmodul beim Abziehen von den Zündkerzen nicht verkanten, sonst können die Zündkerzenstecker beschädigt werden.

1,6-l-Motor X16SZR

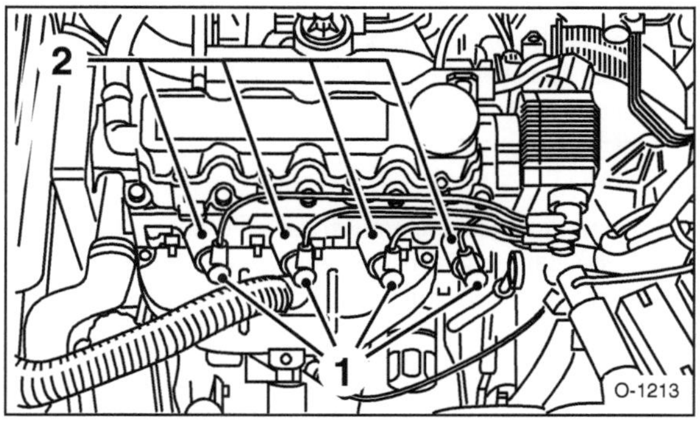

- Zündkerzenstecker –1– abziehen. Dabei nur an den Steckern, nicht an den Kabeln ziehen.
- Zündkerzenhülsen –2–, wenn möglich, mit Preßluft ausblasen.
- Zündkerzen mit geeignetem Kerzenschlüssel herausdrehen. Dabei darauf achten, daß der Kerzenschlüssel nicht verkantet wird, was zum Bruch des Keramikisolators führen kann. Es ist ein Steckschlüsseleinsatz mit Schlüsselweite (SW) **16 mm** erforderlich, z. B. HAZET 900AKF.

2,0-l-Motor X20XEV

- Zündkabelabdeckung –1– abschrauben –Pfeile–.

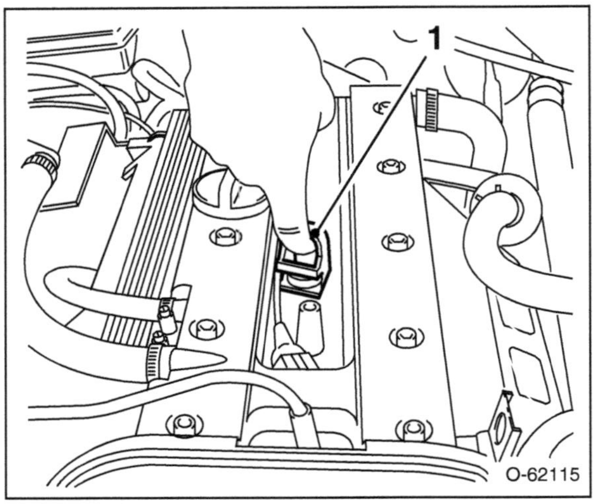

- Zündkerzenstecker mit Abziehwerkzeug –1– herausziehen. Das Abziehwerkzeug befindet sich auf einem der Zündkerzenstecker.

Alle Motoren

- Zündkerzen mit geeignetem Kerzenschlüssel herausdrehen. Dabei darauf achten, daß der Kerzenschlüssel nicht verkantet wird, was zum Bruch des Keramikisolators führen kann.

Prüfen

- Zustand der Kerze (sogenanntes »Kerzengesicht«) prüfen. Eine verölte Kerze deutet auf Aussetzen der betreffenden Zündkerze oder schlecht abdichtende Kolbenringe hin (Kompression prüfen).

Einbau

- Zündkerzen mit Kerzenschlüssel von Hand bis zur Anlage am Zylinderkopf einschrauben. **Achtung:** Dabei Kerzen nicht verkanten.
- Zündkerzen mit **25 Nm** (2,2-l-Motor: **20 Nm**) festziehen. **Achtung:** Dabei Zündkerzenschlüssel nicht verkanten, damit der Keramikisolator nicht beschädigt wird.
- **1,6-/2,0-l-Motor X16SZR/X20XEV:** Zündkerzenstecker aufschieben.
- **2,0-l-Motor X20XEV:** Zündkabelabdeckung anschrauben.

1,2-/1,6-/1,8-/2,2-l-Motor Z(X)12XE/X16XEL/Z16XE(P)/X18XE1/Z22SE

- Zündmodul mit **neuen** Dichtringen auf die Zündkerzen aufstecken und mit **8 Nm** festziehen.
- Mehrfachstecker am Zündmodul aufstecken.
- Abdeckung auf Zylinderkopfdeckel aufschieben beziehungsweise anschrauben.
- **1,6-l-Motor Z16XEP:** Motorkabelstrang am Zylinderkopf anclipsen.

Alle Motoren:

Zündkerzengewinde erneuern

Hinweis: Falls festgestellt wird, daß das Zündkerzengewinde defekt ist, muß dieses erneuert werden. Dazu gibt es unter anderem von BERU einen entsprechenden Werkzeug- und Reparatursatz. Mit einem Spezialbohrer wird das alte Gewinde herausgeschält; der Zylinderkopf muß dazu nicht ausgebaut werden. Anschließend wird ein neues Gewinde in den Zylinderkopf geschnitten und die Zündkerze mit einem speziellen Gewindeeinsatz reingedreht. Nachträglich eingebaute Zündkerzengewindeeinsätze sitzen sicher und sind kompressionsdicht.

Zahnriemen ersetzen/ Zahnriemenrollen prüfen

Das Ersetzen des Zahnriemens ist im Kapitel »Motor-Mechanik« beschrieben. **Achtung:** Wird die Arbeit falsch ausgeführt, können schwere Motorschäden die Folge sein. Daher bei unzureichender Erfahrung Fachwerkstatt aufsuchen.

Zahnriemenrollen prüfen und bei Auftreten der folgenden Punkte **austauschen.**

Dieselmotor

- Deutliche Lagergeräusche der Spann-/Umlenkrolle bei aufgelegtem Zahnriemen.
- Bei abgenommenem Zahnriemen drehen die Rollen bei leichtem Anstoßen mehrere Umdrehungen nach.
- Defekte Lager-Dichtlippe, dadurch extremer Fettverlust mit langem Nachlaufen der Rollen.
- Zahnriemen-Lauffläche auf der Spann-/Umlenkrolle weist Beschädigungen durch beispielsweise Sand, Staub, oder Salzwasser auf.

Benzinmotor

- Zahnriemen-Lauffläche auf der Spann-/Umlenkrolle weist Beschädigungen durch beispielsweise Sand, Staub, oder Salzwasser auf.
- Rauhe Oberfläche der Spann-/Umlenkrolle beziehungsweise Stufenbildung zwischen verschlissenem und nicht verschlissenem Bereich > als 0,1 mm (Papierdicke).

Kraftstoffilter für Benzinmotor ersetzen

Der Kraftstoffilter sitzt am Fahrzeugunterboden neben dem Kraftstofftank.

Erforderliches Spezialwerkzeug:

- Eine Grube oder ein hydraulischer Wagenheber mit Unterstellböcken.
- Spezialzange zum Öffnen von Schnellverschlüssen der Kraftstoffleitungen, zum Beispiel HAZET 4501-1.

Erforderliche Verschleißteile:

- Kraftstoffilter.

Ausbau

Achtung: Kein offenes Feuer, Brandgefahr! Feuerlöscher bereitstellen.

- Kraftstoffdruck in der Leitung abbauen, siehe Seite 218.

Sicherheitshinweis:
Beim Aufbocken des Fahrzeugs besteht Unfallgefahr! Deshalb vorher das Kapitel »Fahrzeug aufbocken« durchlesen.

- Fahrzeug aufbocken.
- Geeigneten Auffangbehälter unter den Kraftstoffilter halten.
- Zufluß- und Ablaufleitung mit Tesaband kennzeichnen. Die Zuordnung der Leitungen ist an der Pfeilrichtung auf dem Filter zu erkennen, der Pfeil zeigt in Durchflußrichtung.

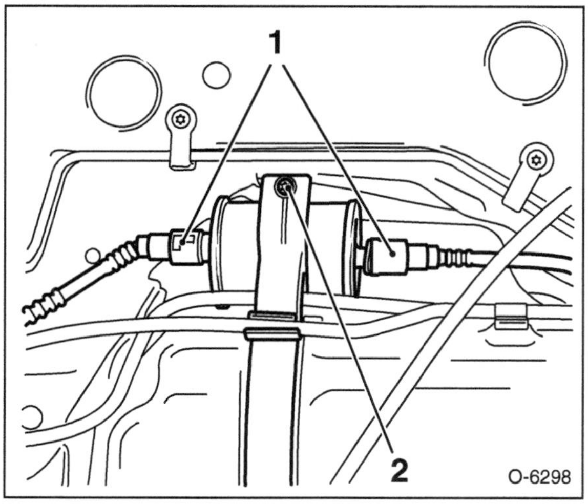

- Schnellverschlüsse –1– der Kraftstoffleitungen mit Spezialzange entriegeln und beide Leitungen abziehen. Lappen um die Anschlüsse legen und herauslaufenden Kraftstoff auffangen.
- Befestigungsschraube –2– lösen und Filter herausziehen.

Achtung: Der Kraftstoffilter ist auch nach dem Lösen der Leitungen mit Benzin gefüllt.

Einbau

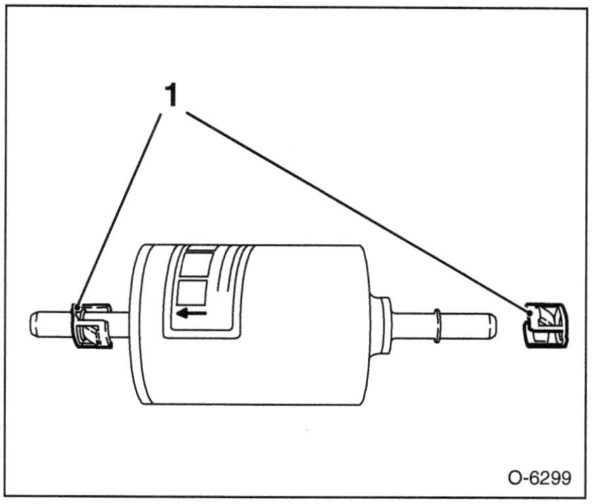

- Verbindungsclips –1– vom alten auf den neuen Filter umbauen.

Achtung: Kraftstoffilter so einbauen, daß der Pfeil auf dem Gehäuse in Durchflußrichtung zeigt, also vom Tank zum Motorraum.

- Kraftstoffilter in den Halter einsetzen und Befestigungsschraube festziehen.
- Kraftstoffleitungen am Filter aufschieben, bis die Schnellverschlüsse spürbar einrasten.
- Fahrzeug ablassen.
- Nach Probelauf des Motors Dichtheit der Kraftstoffanschlüsse kontrollieren.

Getriebe/Achsantrieb

Folgende Wartungspunkte müssen nach dem Wartungsplan durchgeführt werden:

- Schaltgetriebe/Automatikgetriebe: Sichtprüfung auf Undichtigkeiten.
- Gummimanschetten der Gelenkwellen: Auf Undichtigkeiten und Beschädigungen prüfen.
- Automatisches Getriebe: Ölstand prüfen. Fehlerspeicher auslesen lassen (Werkstattarbeit).

Achtung: Getriebe-Altöl **keinesfalls einfach wegschütten oder dem Hausmüll mitgeben**. Die Öl-Verkaufsstellen nehmen die entsprechende Menge Altöl kostenlos entgegen, daher beim Ölkauf Quittung und Ölkanister für spätere Altölrückgabe aufbewahren!

Sichtprüfung auf Undichtigkeiten

Für die Prüfung werden weder Spezialwerkzeuge noch Verschleißteile benötigt.

Folgende Leckstellen sind möglich:

- Trennstelle zwischen Motorblock und Getriebe (Schwungraddichtung/Wellendichtung-Getriebe).
- Öleinfüllschraube.
- Gelenkwelle an Getriebe.

Bei der Suche nach der Leckstelle folgendermaßen vorgehen:

- Getriebegehäuse mit Kaltreiniger reinigen.
- Ölstand kontrollieren, gegebenenfalls auffüllen.
- Mögliche Leckstellen mit Kalk oder Talkumpuder bestäuben.
- Probefahrt durchführen. Damit das Öl besonders dünnflüssig wird, sollte die Probefahrt auf einer Schnellstraße über eine Entfernung von ca. 30 km durchgeführt werden.

Sicherheitshinweis:
Beim Aufbocken des Fahrzeugs besteht Unfallgefahr! Deshalb vorher das Kapitel »Fahrzeug aufbocken« durchlesen.

- Anschließend Fahrzeug aufbocken und Getriebe mit einer Lampe nach der Leckstelle absuchen.
- Leckstellen umgehend beseitigen.

Gummimanschetten der Gelenkwellen prüfen

Für die Prüfung werden weder Spezialwerkzeuge noch Verschleißteile benötigt.

Sicherheitshinweis:
Beim Aufbocken des Fahrzeugs besteht Unfallgefahr! Deshalb vorher das Kapitel »Fahrzeug aufbocken« durchlesen.

- Fahrzeug aufbocken.

- Gummi der Manschetten –1– mit Lampe anstrahlen und auf Porosität und Risse untersuchen. Eingerissene Gelenkschutzhüllen umgehend erneuern.
- Sollte eine Manschette durch Unterdruck im Gelenk nach innen gezogen oder defekt sein, so ist sie umgehend auszutauschen.
- Auf sichtbare Fettspuren an den Manschetten und in deren Umgebung achten.
- Festen Sitz der Manschettenbänder –2– prüfen.

Automatikgetriebe: Ölstand prüfen

Der vorgeschriebene Ölstand ist für die einwandfreie Funktion des automatischen Getriebes äußerst wichtig. Darum ist die Prüfung mit großer Sorgfalt durchzuführen.

Der Peilstab für die Prüfung befindet sich im Motorraum. Hier wird auch das ATF eingefüllt. **Achtung:** Bei allen Arbeiten am automatischen Getriebe ist auf peinliche Sauberkeit zu achten.

Erforderliches Spezialwerkzeug:

- Trichter mit feinmaschigem Sieb.

Erforderliche Verschleißteile:

- ■ Spezial-Getriebeöl **OPEL-19 40 767**, ET-Nr. 09 117 946.

Achtung: Das Automatik-Getriebeöl **ATF-Dexron II** oder **Dexron III** darf **nicht** verwendet werden (ATF = Automatic Transmission Fluid).

Prüfen

- Fehlerspeicher auslesen lassen (Werkstattarbeit).
- Fahrzeug unbeladen auf ebener Fläche abstellen.
- Handbremse anziehen.
- Wählhebel bei laufendem Motor nacheinander kurz in alle Fahrstufen von P bis 1 und von 1 bis P einlegen.
- Wählhebel in die Stellung »P« (Parkstellung) bringen und Motor weiter mit Leerlaufdrehzahl laufen lassen.

Achtung: Der Motor muß während der Prüfung im Leerlauf laufen, damit sich der Drehmomentwandler füllen kann.

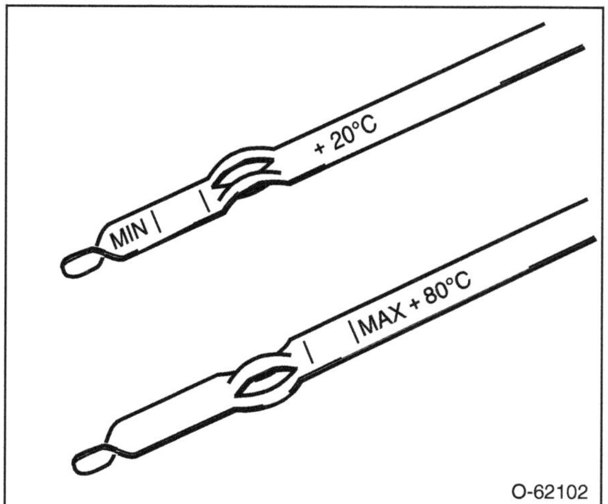

O-62102

- Die Prüfung kann bei kaltem oder warmem Getriebe erfolgen. Da der Ölstand bei kaltem oder warmem Öl unterschiedlich ist, hat der Meßstab 2 Meßskalen. Auf der einen Seite wird bei einer Öltemperatur von +80° C und auf der anderen Seite bei einer Öltemperatur von +20° C abgelesen.

Achtung: Zum Abwischen des Peilstabes darf nur ein sauberer, nicht fasernder Lappen verwendet werden.

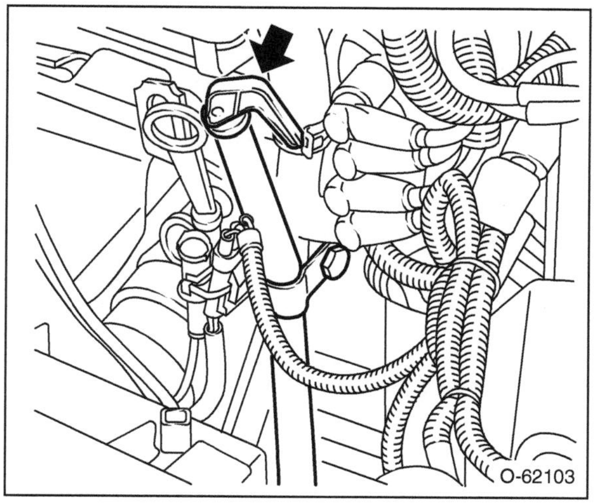

O-62103

- Bei kaltem Getriebe (Umgebungstemperatur unter +35° C) muß die Prüfung nach einer Minute Motorleerlauf abgeschlossen sein. Ölmeßstab –Pfeil– herausziehen und mit einem sauberen, nicht fasernden Lappen abwischen. Anschließend Meßstab voll eintauchen, wieder herausziehen und Ölstand ablesen. Der korrekte Ölstand muß auf der mit »+20° C« bezeichneten Seite des Ölmeßstabes an der »MAX«-Markierung stehen.
- Bei betriebswarmem Getriebe wird der Ölstand auf der anderen mit »+80° C« bezeichneten Seite des Ölmeßstabes abgelesen. Der korrekte Ölstand liegt zwischen der »MIN«- und der »MAX«-Markierung. Die Betriebstemperatur wird nach einer Fahrt auf einer Schnellstraße von mindestens 20 km Länge erreicht.
- Das Nachfüllen erfolgt durch das Ölstandskontrollrohr. Muß Getriebeöl nachgefüllt werden, sauberen Trichter, möglichst mit feinmaschigem Sieb, verwenden.

Achtung: Nicht zuviel Öl einfüllen. Zuviel Öl kann Störungen im Automatikgetriebe hervorrufen. In jedem Fall muß zuviel eingefülltes Öl wieder abgelassen oder mit einer Spritze abgesaugt werden.

- Altes Öl gleichzeitig am Peilstab auf Aussehen und Geruch prüfen. Verbrannte Reibbeläge verursachen Brandgeruch. Durch verschmutztes Öl können Störungen in der Getriebesteuerung auftreten.

Achtung: Es darf nur das OPEL-Spezialöl verwendet werden. **Kein** ATF-Öl »Dexron II« oder »Dexron III« verwenden.

Ohne Ölfüllung im Drehmomentwandler und automatischen Getriebe darf weder der Motor laufen noch darf der Wagen abgeschleppt werden.

- Nach erfolgter Prüfung oder Korrektur des Ölstandes Meßstab wieder ganz einstecken und festklemmen.
- Fußbremse betätigen und sämtliche Wählhebelstellungen langsam durchschalten. Anschließend Ölstand nochmals kontrollieren.
- Motor abstellen.

Vorderachse/Lenkung

Folgende Wartungspunkte müssen nach dem Wartungsplan durchgeführt werden:

- Radaufhängung sichtprüfen: Federn auf Bruch, Stoßdämpfer auf deutliche Ölspuren prüfen – etwas Feuchtigkeit ist unbedenklich.
- Lenkgetriebe: Manschetten prüfen.
- Spurstangenköpfe: Staubkappen prüfen.
- Achsgelenke: Staubkappen prüfen.
- Servolenkung: Auf Dichtheit sichtprüfen, Flüssigkeitsstand prüfen.

Lenkmanschetten prüfen

Für die Prüfung werden weder Spezialwerkzeuge noch Verschleißteile benötigt.

Sicherheitshinweis:
Beim Aufbocken des Fahrzeugs besteht Unfallgefahr! Deshalb vorher das Kapitel »Fahrzeug aufbocken« durchlesen.

- Fahrzeug vorn aufbocken.

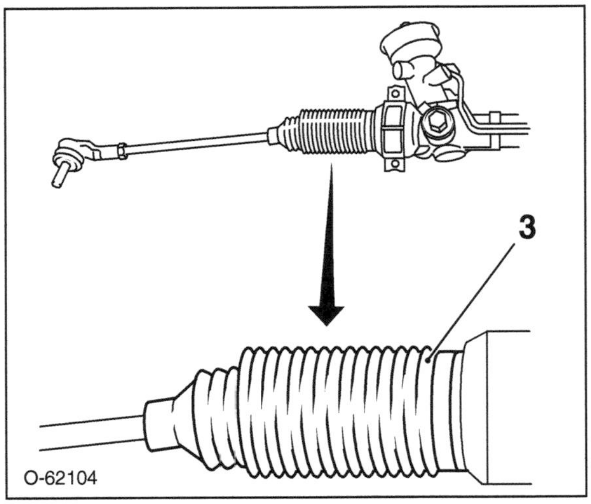

- Gummimanschetten –3– links und rechts mit Lampe anstrahlen und auf Beschädigungen überprüfen, dabei auf Fettspuren an den Manschetten und in deren Umgebung achten.
- Manschetten auf Risse, Einschnitte oder Marderbisse prüfen.
- Festen Sitz der Manschettenbänder prüfen.
- Fahrzeug ablassen.

Staubkappen für Spurstangen-/ Achsgelenke prüfen

Für die Prüfung werden weder Spezialwerkzeuge noch Verschleißteile benötigt.

Sicherheitshinweis:
Beim Aufbocken des Fahrzeugs besteht Unfallgefahr! Deshalb vorher das Kapitel »Fahrzeug aufbocken« durchlesen.

- Fahrzeug vorn aufbocken.

Spurstangengelenk

Achsgelenk

- Staubkappen links und rechts mit Lampe anstrahlen und auf Beschädigungen überprüfen, dabei auf Fettspuren an den Manschetten und in deren Umgebung achten.
- Manschetten auf Risse, Einschnitte und festen Sitz prüfen.
- Bei beschädigter Staubkappe sicherheitshalber entsprechendes Gelenk mit Schutzkappe auswechseln. Eingedrungener Schmutz zerstört das Gelenk.

- Befestigungsmuttern für die Gelenke auf festen Sitz prüfen, dabei Mutter jedoch nicht verdrehen.
- Fahrzeug ablassen.

Ölstand für Servolenkung prüfen

Erforderliches Spezialwerkzeug:

- Trichter mit flexiblem Rohr.

Erforderliche Verschleißteile:

- ■ Spezial-Hydrauliköl **OPEL-19 40 766**, ET-Nr. 09 544 116.

Hinweis: Es sind 2 unterschiedliche Vorratsbehälter eingebaut.

Ausführung 1:

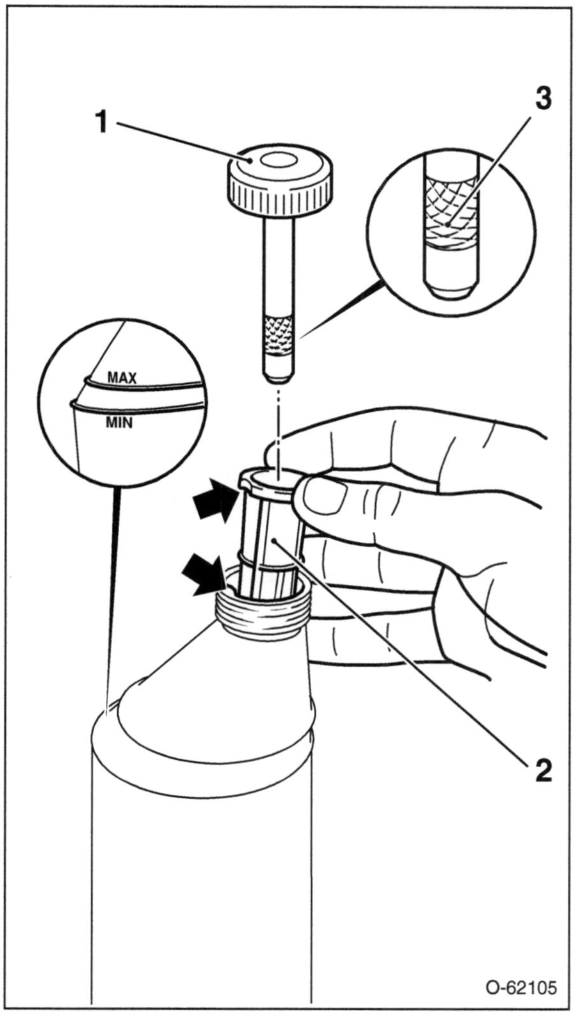

1 – Verschlußdeckel
2 – Ölsieb
3 – Rändelung

Ausführung 2:

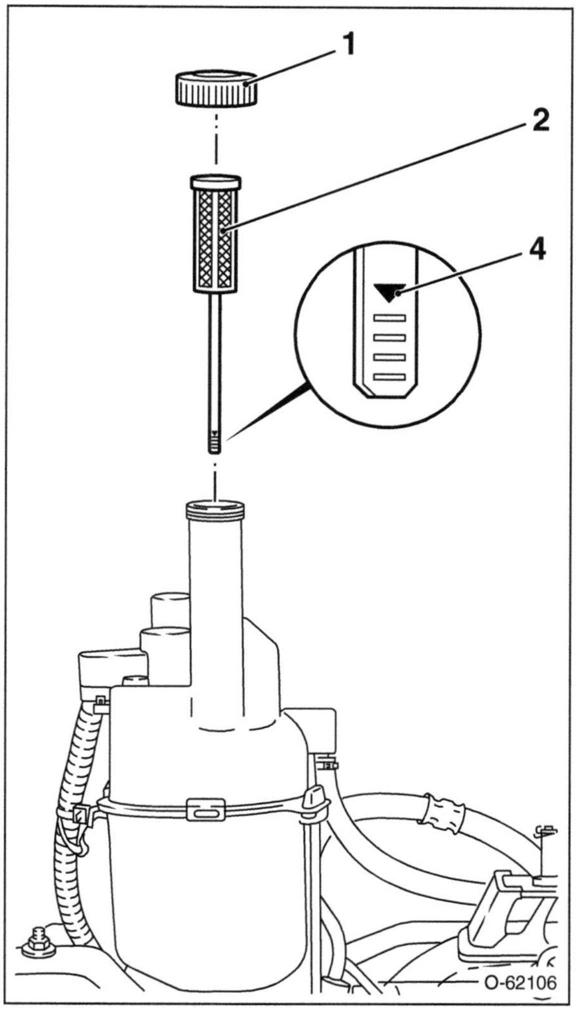

1 – Verschlußdeckel
2 – Ölsieb
4 – Dreieck als MAX-Markierung

- Ölstand für die Lenkhilfe im Vorratsbehälter bei abgestelltem Motor (Umgebungstemperatur ca. +20° C) prüfen.
- Deckel –1– vom Vorratsbehälter abschrauben.
- Ölsieb –2– herausnehmen und auf Verunreinigungen sichtprüfen, gegebenenfalls sorgfältig reinigen.
- **Ausführung 1:** Ölsieb so in den Behälter einsetzen, daß die Aussparungen fluchten –Pfeile–.
- Der Ölstand muß zwischen der MAX- und MIN-Markierung am Behälter liegen beziehungsweise im Bereich der Rändelung –3– oder der Striche des Ölmeßstabes.
- Andernfalls Hydrauliköl bis zur MAX-Markierung beziehungsweise Oberkante der Rändelung oder bis zur Dreiecksmarkierung –4– nachfüllen. Dabei nur OPEL-Spezialöl verwenden. Um eine Überfüllung zu vermeiden, nur geringe Mengen nachfüllen.
- Grundsätzlich nur **neues Öl** nachfüllen.
- Falls Hydrauliköl nachgefüllt wurde, Motor starten und Lenksystem entlüften sowie Lenksystem auf Dichtheit prüfen, siehe Seite 148.

Bremsen/Reifen/Räder

Folgende Wartungspunkte müssen nach dem Wartungsplan durchgeführt werden:

- Bremsflüssigkeitsstand prüfen.
- Scheibenbremsen vorn/hinten: Belagstärke prüfen.
- Bremsanlage: Leitungen, Schläuche und Anschlüsse auf Undichtigkeiten und Beschädigungen prüfen.
- Handbremse: Handbremshebelweg und Funktion prüfen.
- Bereifung: Reifenfülldruck und Profiltiefe prüfen (einschließlich Reserverad); Reifen auf Verschleiß und Beschädigungen prüfen.
- Luftdruck der Niveauregulierung prüfen, siehe Seite 132.
- Räder: Radschrauben lösen und über Kreuz mit **110 Nm** festziehen.

◆ Bremsflüssigkeit für Bremssystem und Kupplungshydraulik wechseln.

Bremsflüssigkeitsstand prüfen

Für die Prüfung wird kein Spezialwerkzeug benötigt.

Erforderliche Verschleißteile:

■ Bremsflüssigkeit der Spezifikation **DOT 4**.

Der Vorratsbehälter für die Bremsflüssigkeit befindet sich im Motorraum. Der Schraubverschluß hat eine Belüftungsbohrung, die nicht verstopft sein darf.

Der Vorratsbehälter ist durchscheinend, so daß der Bremsflüssigkeitsstand von außen überprüft werden kann. Außerdem wird ein zu niedriger Bremsflüssigkeitsstand durch eine Warnleuchte im Kombiinstrument signalisiert. Dennoch ist es ratsam, bei der regelmäßigen Motorölkontrolle auch einen Blick auf den Vorratsbehälter zu werfen.

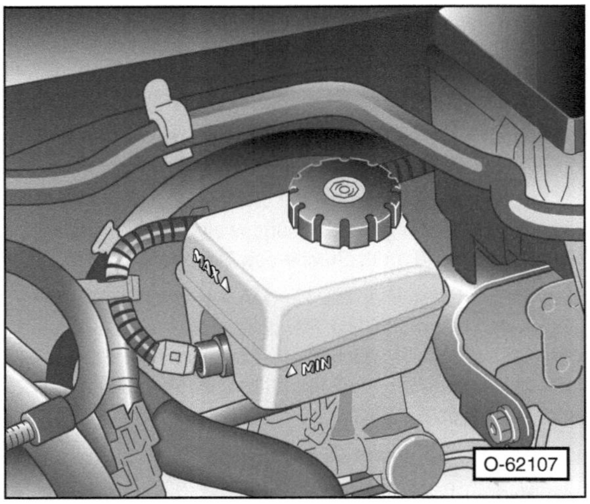

O-62107

- Der Flüssigkeitsstand soll zwischen der MAX.- und der MIN.-Marke liegen.
- Falls nachgefüllt werden muß, nur **neue** Bremsflüssigkeit einfüllen.

Hinweis: Durch Abnutzung der Scheibenbremsbeläge entsteht ein geringfügiges Absinken der Bremsflüssigkeit. Das ist normal. Es muß keine Bremsflüssigkeit nachgefüllt werden.

Achtung: Sinkt die Bremsflüssigkeit jedoch innerhalb kurzer Zeit stark ab oder liegt der Flüssigkeitsspiegel unter der MIN.-Marke, ist das ein Zeichen für Bremsflüssigkeitsverlust.

Die Leckstelle muß dann sofort ausfindig gemacht werden. Sicherheitshalber sollte die Überprüfung der Anlage von einer Fachwerkstatt durchgeführt werden.

Bremsbelagdicke prüfen

Für die Prüfung werden weder Spezialwerkzeuge noch Verschleißteile benötigt.

Sicherheitshinweis:
Beim Aufbocken des Fahrzeugs besteht Unfallgefahr! Deshalb vorher das Kapitel »Fahrzeug aufbocken« durchlesen.

- Stellung der Räder zur Radnabe mit Farbe kennzeichnen. Dadurch kann das ausgewuchtete Rad wieder in derselben Position montiert werden. Radschrauben lösen, dabei muß das Fahrzeug auf dem Boden stehen. Fahrzeug aufbocken und Räder abnehmen.
- Bremsscheibendicke prüfen, siehe Seite 160.
- Dicke der Bremsbeläge ohne Rückenplatte sichtprüfen. Die Dicke des Belags muß mindestens **2 mm** betragen.
- Im Zweifelsfall Bremsbeläge ausbauen und Belagdicke mit einer Schieblehre messen.
- Ist die Verschleißgrenze der Bremsbeläge erreicht, Bremsbeläge wechseln. Dabei müssen immer alle vier Beläge einer Achse ersetzt werden. Auch dann, wenn nur ein Belag die Verschleißgrenze erreicht hat.

Hinweis: Nach einer Faustregel entspricht bei den vorderen Scheibenbremsen 1 mm Bremsbelag einer Fahrleistung von mindestens 1.000 km. Diese Faustregel gilt unter ungünstigen Bedingungen. Im Normalfall halten die Beläge viel länger. Bei einer Belagdicke der Scheibenbremsbeläge von 5,0 mm (ohne Rückenplatte) beträgt die Restnutzbarkeit der Bremsbeläge also noch mindestens 3.000 km.

- Räder so ansetzen, daß die beim Ausbau angebrachten Markierungen übereinstimmen. Vorher Zentriersitz der Felge an der Radnabe mit Wälzlagerfett dünn einfetten. Radschrauben nur an der Kopf-Anlagefläche zur Felge, nicht am Gewinde fetten. Korrodierte Radschrauben erneuern. Räder anschrauben. Fahrzeug ablassen und Radschrauben über Kreuz mit **110 Nm** festziehen.

Bremsleitungen sichtprüfen

Für die Prüfung werden weder Spezialwerkzeug noch Verschleißteile benötigt.

Sicherheitshinweis:
Beim Aufbocken des Fahrzeugs besteht Unfallgefahr! Deshalb vorher das Kapitel »Fahrzeug aufbocken« durchlesen.

- Fahrzeug aufbocken.
- Bremsleitungen mit Kaltreiniger reinigen.

Achtung: Die Bremsleitungen sind zum Schutz gegen Korrosion mit einer Kunststoffschicht überzogen. Wird diese Schutzschicht beschädigt, kann es zur Korrosion der Leitungen kommen. Aus diesem Grund dürfen Bremsleitungen nicht mit Drahtbürste, Schmirgelleinen oder Schraubendreher gereinigt werden.

- Bremsleitungen vom Hauptbremszylinder zu den einzelnen Radbremszylindern mit Lampe anstrahlen und überprüfen. Der Hauptbremszylinder sitzt im Motorraum unter dem Vorratsbehälter für Bremsflüssigkeit.
- Bremsleitungen dürfen weder geknickt noch gequetscht sein. Auch dürfen sie keine Rostnarben oder Scheuerstellen aufweisen. Andernfalls Leitung bis zur nächsten Trennstelle ersetzen.
- Bremsschläuche verbinden die Bremsleitungen mit den Radbremszylindern an den beweglichen Teilen des Fahrzeugs. Sie bestehen aus hochdruckfestem Material, können aber mit der Zeit porös werden, aufquellen oder durch scharfe Gegenstände angeschnitten werden. In einem solchen Fall sind sie sofort zu ersetzen.

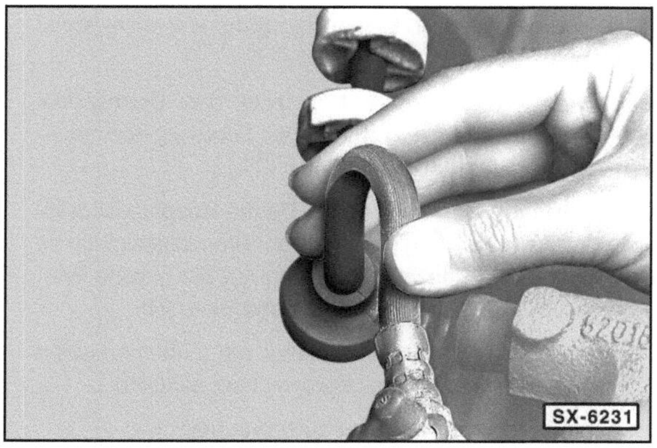

SX-6231

- Bremsschläuche mit der Hand hin- und herbiegen, um Beschädigungen festzustellen. Schläuche dürfen nicht verdreht sein, farbige Kennlinie beachten, falls vorhanden!
- Lenkrad nach links und rechts bis zum Anschlag drehen. Die Bremsschläuche dürfen dabei in keiner Stellung Fahrzeugteile berühren.
- Anschlußstellen von Bremsleitungen und -schläuchen dürfen nicht durch ausgetretene Flüssigkeit feucht sein.

Achtung: Wenn der Vorratsbehälter und die Dichtungen durch ausgetretene Bremsflüssigkeit feucht sind, so ist das nicht unbedingt ein Hinweis auf einen defekten Hauptbremszylinder. Vielmehr dürfte die Bremsflüssigkeit durch die Belüftungsbohrung im Deckel oder durch die Deckeldichtung ausgetreten sein.

- Fahrzeug ablassen.

Bremsflüssigkeit wechseln

Erforderliches Spezialwerkzeug:

- Ringschlüssel SW 9 für Entlüfterschrauben.
- Durchsichtiger Kunststoffschlauch mit 6 mm Innen-∅.

Erforderliche Verschleißteile:

- Ca. 1,0 l Bremsflüssigkeit der Spezifikation **DOT 4**.

Achtung: Die Füllmenge des Bremssystems beträgt 0,5 l. Gebrauchte Bremsflüssigkeit nicht mehr einfüllen.

Bei **hydraulischer Kupplungsbetätigung** ebenfalls die Flüssigkeit der Kupplungshydraulik erneuern.

Sicherheitshinweis:
Vorsichtsmaßregeln beim Umgang mit Bremsflüssigkeit beachten, siehe Seite 163.

Achtung: Alte Bremsflüssigkeit ist ein Problemstoff und darf auf keinen Fall einfach weggeschüttet oder dem Hausmüll mitgegeben werden. Gemeinde- und Stadtverwaltungen informieren darüber, wo sich die nächste Problemstoff-Sammelstelle befindet.

Die Bremsflüssigkeit nimmt durch die Poren der Bremsschläuche sowie durch die Entlüftungsöffnung des Vorratsbehälters Luftfeuchtigkeit auf. Dadurch sinkt im Laufe der Betriebszeit der Siedepunkt der Bremsflüssigkeit. Bei starker Beanspruchung der Bremse kann es deshalb zu Dampfblasenbildung in den Bremsleitungen kommen, wodurch die Funktion der Bremsanlage stark beeinträchtigt wird.

Bremsflüssigkeit alle 2 Jahre unabhängig von den gefahrenen Kilometern, möglichst im Frühjahr, erneuern.

- Vorsichtsmaßregeln beim Umgang mit Bremsflüssigkeit beachten, siehe Seite 163.

In der Werkstatt wird die Bremse in der Regel mit einem Bremsenfüll- und Entlüftungsgerät entlüftet. Das Gerät füllt unter Druck (2,0 – 2,5 bar) neue Bremsflüssigkeit in den Vorratsbehälter ein, dabei muß das Bremspedal ständig betätigt sein. Es geht aber auch ohne das Entlüftungsgerät. Die Bremsanlage wird dann durch Pumpen mit dem Bremspedal entlüftet, dazu ist eine zweite Person notwendig.

Sicherheitshinweis
Ist eine Kammer des Bremsflüssigkeit-Ausgleichbehälters komplett leergelaufen, zum Beispiel wenn vergessen wurde Bremsflüssigkeit nachzufüllen, wird Luft angesaugt, die in die ABS-Hydraulikpumpe gelangt. Die Bremsanlage muß dann in der Werkstatt mit dem Entlüftergerät entlüftet werden.

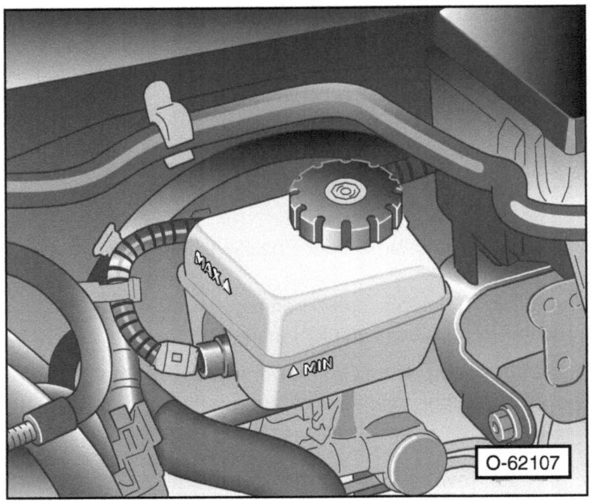

O-62107

- Bremsflüssigkeitsstand auf dem Vorratsbehälter mit Filzstift markieren. Nach Erneuern der Bremsflüssigkeit ursprünglichen Flüssigkeitsstand wieder herstellen. Dadurch wird ein Überlaufen des Bremsflüssigkeitsbehälters beim Wechsel der Bremsbeläge vermieden.
- Mit einer Absaugflasche aus dem Bremsflüssigkeitsbehälter Bremsflüssigkeit bis zu einem Stand von ca. 10 mm absaugen.

Achtung: Vorratsbehälter nicht ganz entleeren, damit keine Luft in das Bremssystem gelangt.

- Vorratsbehälter bis zur „MAX"-Marke mit **neuer** Bremsflüssigkeit füllen.

SX-6208

Achtung: Entlüftungsventile vorsichtig öffnen, damit sie nicht abgedreht werden. Es empfiehlt sich, die Ventile ca. 2 Stunden vor dem Entlüften mit Rostlöser einzusprühen. Bei festsitzenden Ventilen das Entlüften von einer Werkstatt vornehmen lassen.

- Am rechten hinteren Bremssattel sauberen Schlauch auf das Entlüfterventil aufschieben, geeignetes Gefäß unterstellen.

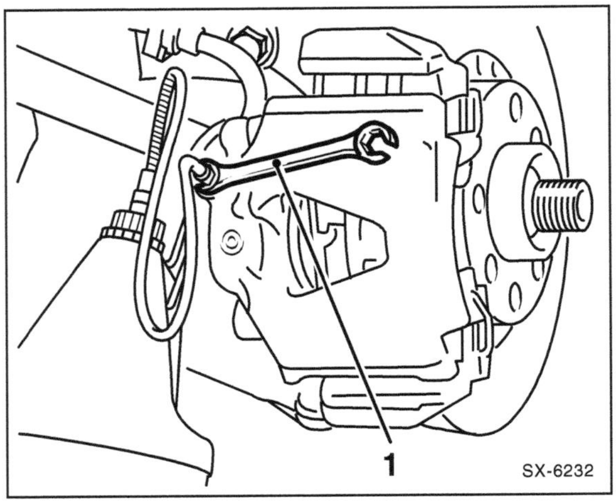

SX-6232

- Von Helfer das Bremspedal langsam durchtreten lassen, bis sich ein Gegendruck aufgebaut hat. Bremspedal getreten lassen, Entlüfterventil am rechten hinteren Bremssattel mit Ringschlüssel –1– öffnen. Entlüfterschraube schließen, wenn das Pedal am Bodenblech anstößt. Fuß vom Bremspedal nehmen lassen.
- Diesen Vorgang so oft wiederholen (ca. 10 mal), bis nur noch neue Bremsflüssigkeit heraustritt. Neue Bremsflüssigkeit ist an der helleren Farbe zu erkennen.
- Entlüfterventil leicht, mit etwa **6 Nm** festziehen.
- Alte Bremsflüssigkeit aus den anderen Bremssätteln auf die gleiche Weise herauspumpen, und zwar in der Reihenfolge – hinten links, vorne rechts, vorne links – .

Achtung: Vorratsbehälter zwischendurch immer mit **neuer** Bremsflüssigkeit auffüllen. Er darf nie ganz leer sein, sonst gelangt Luft in das Bremssystem.

- Nach dem Bremsflüssigkeitswechsel das Bremspedal betätigen und Leerweg prüfen. Der Leerweg darf maximal ⅓ des Pedalwegs betragen.
- **Fahrzeuge mit Schaltgetriebe:** Da die Kupplungsbetätigung mit Bremsflüssigkeit arbeitet, Bremsflüssigkeit im dem Hydrauliksystem der Kupplung auf die gleiche Weise ersetzen. Kupplung entlüften, siehe Seite 246.
- Bremsflüssigkeit im Vorratsbehälter bis zum markierten Stand vor dem Bremsflüssigkeitswechsel auffüllen.
- Verschlußdeckel am Behälter aufschrauben.

Achtung, Sicherheitskontrolle durchführen:
- ◆ Sind die Bremsschläuche festgezogen?
- ◆ Befindet sich der Bremsschlauch in der Halterung?
- ◆ Sind die Entlüftungsschrauben angezogen?
- ◆ Ist genügend Bremsflüssigkeit eingefüllt?
- ◆ Bei laufendem Motor Dichtheitskontrolle durchführen. Hierzu Bremspedal mit 200 bis 300 N (entspricht 20 bis 30 kg) etwa 10 sec. betätigen. Das Bremspedal darf nicht nachgeben. Sämtliche Anschlüsse auf Dichtheit kontrollieren.

● Anschließend einige Bremsungen auf einer Straße mit geringem Verkehr durchführen. Dabei auch mindestens eine Vollbremsung vornehmen, bei der die ABS-Regelung einsetzt, beispielsweise auf losem Untergrund. Die ABS-Regelung ist am Pulsieren des Bremspedals spürbar. **Achtung: Dabei besonders auf nachfolgenden Verkehr achten.**

Handbremshebelweg prüfen

Erforderliches Spezialwerkzeug:

■ Eine Grube oder ein hydraulischer Wagenheber mit Unterstellböcken.

Verschleißteile werden nicht benötigt.

Sicherheitshinweis:
Beim Aufbocken des Fahrzeugs besteht Unfallgefahr! Deshalb vorher das Kapitel »Fahrzeug aufbocken« durchlesen.

● Fahrzeug hinten aufbocken und durch Unterstellböcke sichern. Die Räder sollen sich mindestens 5 cm über dem Boden befinden.

● Handbremse lösen und Hinterräder drehen. Die Räder müssen frei drehbar sein, die Bremsen dürfen nicht schleifen.

● Handbremshebel um 3 Zähne anziehen und Hinterräder drehen.

● Die Bremswirkung auf die Hinterräder muß gerade einsetzen. Die Hinterräder dürfen sich nicht mehr drehen lassen.

● Andernfalls Handbremse einstellen, siehe Seite 163.

● Fahrzeug ablassen.

● Handbremse anziehen. Der Handbremshebel darf sich nicht weiter als 7 Zähne anziehen lassen.

● Andernfalls Handbremse einstellen, siehe Seite 163.

Reifenfülldruck prüfen

Für die Prüfung werden weder Spezialwerkzeug noch Verschleißteile benötigt.

Reifenfülldruck einmal im Monat an der Tankstelle prüfen. Vor längeren Autobahnfahrten Fülldruck zusätzlich kontrollieren, da hierbei die Temperaturbelastung für den Reifen am größten ist.

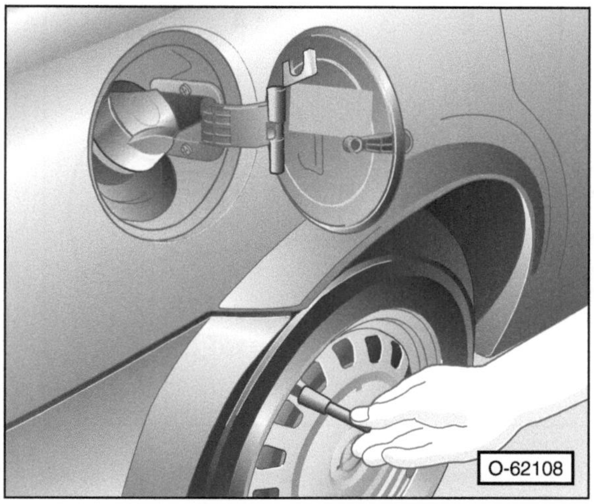

● Ventilkappe abschrauben. Damit dabei die Finger nicht verschmutzt werden, Kunststoffröhrchen innen an der Tankklappe abnehmen und auf die Ventilkappe aufsetzen.

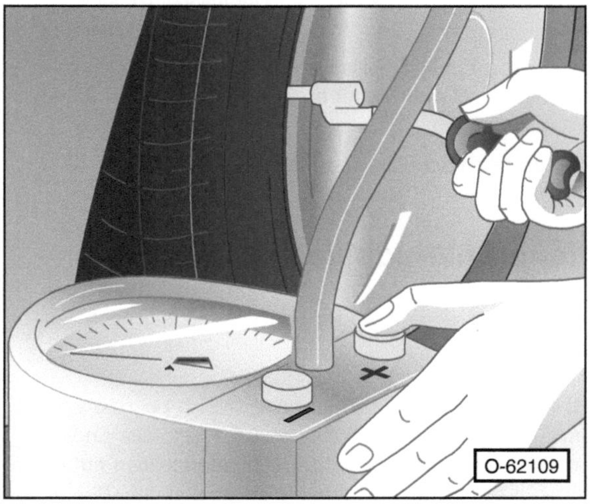

● Reifenfülldruck grundsätzlich am kalten Reifen prüfen. Höherer Druck infolge Reifenerwärmung durch längere Fahrt darf nicht reduziert werden. Der richtige Reifenfülldruck steht auf der Innenseite der Tankklappe. Anhaltswerte für den Reifenfülldruck, siehe Seite 137.

● Bei der Druckprüfung im Rahmen der Wartung ebenfalls das Reserverad prüfen. Der richtige Fülldruck entspricht dem höchsten angegebenen Druck bei voller Beladung.

● Ventilkappe mit Hilfswerkzeug fest aufschrauben.

● Fahrzeuge mit **manueller Niveauregulierung:** Mindestluftdruck von 0,8 bar prüfen. Dazu im Kofferraum die Seitenklappe öffnen.

Reifenventil prüfen

Erforderliches Spezialwerkzeug:

- Metallschutzkappe für Reifenventil oder HAZET 666-1.

- Staubschutzkappe vom Ventil abschrauben.

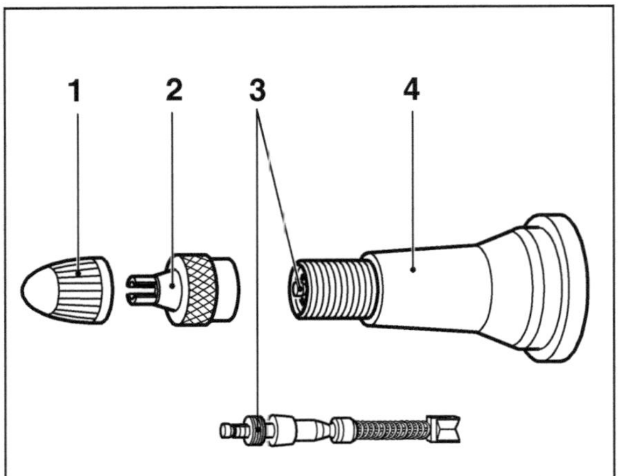

SX-6235

- Etwas Seifenwasser oder Speichel auf das Ventil geben. Wenn sich eine Blase bildet, Ventileinsatz –3– mit umgedrehter Schutzkappe –2– oder HAZET 666-1 festdrehen.

Achtung: Zum Anziehen des Ventils kann nur eine Metallschutzkappe –2– verwendet werden. Metallschutzkappen sind an der Tankstelle erhältlich. 1 – Gummischutzkappe, 4 – Ventil.

- Ventil erneut prüfen. Falls sich wieder Blasen bilden oder sich das Ventil nicht weiter anziehen läßt, Ventil erneuern (Werkstattarbeit).
- Grundsätzlich Schutzkappe wieder befestigen.

Reifenprofil/Radbefestigung prüfen

Für die Prüfung werden weder Spezialwerkzeug noch Verschleißteile benötigt.

Die Reifen ausgewuchteter Räder nutzen sich bei gewissenhaftem Einhalten des vorgeschriebenen Fülldrucks und bei fehlerfreier Radeinstellung und Stoßdämpferfunktion auf der gesamten Lauffläche annähernd gleichmäßig ab. Bei ungleichmäßiger Abnutzung, siehe Störungsdiagnose im Kapitel »Reifen«. Im übrigen läßt sich keine generelle Aussage über die Lebensdauer bestimmter Reifenfabrikate machen, denn die Lebensdauer hängt von unterschiedlichen Faktoren ab:

- Fahrbahnoberfläche
- Reifenfülldruck
- Fahrweise
- Witterung

Vor allem sportliche Fahrweise, scharfes Anfahren und starkes Bremsen fördern den schnellen Reifenverschleiß.

Achtung: Die Rechtsprechung verlangt, daß Reifen lediglich bis zu einer Profiltiefe von 1,6 mm abgefahren werden dürfen, und zwar müssen die Profilrillen auf der gesamten Lauffläche noch mindestens 1,6 mm Tiefe aufweisen. Es empfiehlt sich jedoch, sicherheitshalber die Reifen bereits bei einer Mindestprofiltiefe von 2 mm auszutauschen.

SX-6233

Nähert sich die Profiltiefe der gesetzlich zulässigen Mindestprofiltiefe, das heißt, weist der mehrmals am Reifenumfang angeordnete 1,6 mm hohe Verschleißanzeiger kein Profil mehr auf, müssen die Reifen gewechselt werden.

Achtung: M + S-Reifen haben auf Matsch und Schnee nur den gewünschten Grip, wenn ihr Profil noch mindestens 4 mm tief ist.

Achtung: Reifen auf Schnittstellen untersuchen und mit kleinem Schraubendreher Tiefe der Schnitte feststellen. Wenn die Schnitte bis zur Karkasse reichen, korrodiert durch eindringendes Wasser der Stahlgürtel. Dadurch löst sich unter Umständen die Lauffläche von der Karkasse, der Reifen platzt. Deshalb: Bei tiefen Einschnitten im Profil aus Sicherheitsgründen Reifen austauschen.

- Sämtliche Radschrauben lösen und über Kreuz mit **110 Nm** festziehen.

Karosserie/Innenausstattung/Heizung

Folgende Wartungspunkte müssen nach dem Wartungsplan durchgeführt werden:

- Karosserie: Lackierung auf Beschädigung sichtprüfen.
- Unterbodenschutz und Hohlraumkonservierung: Sichtprüfen, Beschädigungen ausbessern.
- Klimakompressor auf Dichtheit sichtprüfen.
- Pollenfilter: Filtereinsatz ersetzen.
- Türfeststeller, Türscharniere, Motorhaubenschloß, Heckklappenscharniere: Mit MoS_2-Hochdruckfett schmieren.
- Sicherheitsgurte: Auf Beschädigungen prüfen.

Pollenfilter ersetzen

Spezialwerkzeug wird nicht benötigt.

Erforderliche Verschleißteile:

- Filtereinsatz.
- Klimaanlage: Dichtung zwischen Gehäuse und Deckel des Pollenfilters.

Der Filter befindet sich im Luftverteilergehäuse hinter dem Handschuhkasten. Er reinigt die von außen eintretende Luft von Staub, Ruß, Pollen und Sporen. Bei häufigen Fahrten in staubiger Umgebung Filter in kürzeren Abständen wechseln.

Hinweis: Es gibt 2 unterschiedliche Filter-Ausführungen und von jeder Ausführung 2 Varianten.

Ausführung 1

Ausbau

- Handschuhkasten ausbauen, siehe Seite 261.
- Fußraumverkleidung auf der Beifahrerseite ausbauen, siehe Seite 266.
- Luftkanal im Fußraum ausbauen, siehe Seite 112.

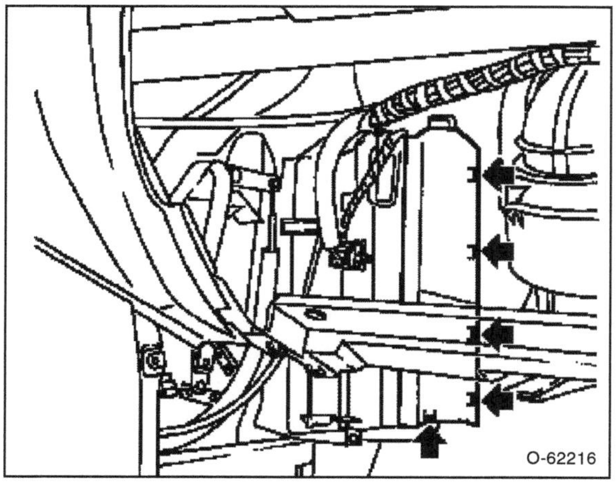

- **Variante 1:** 5 Klammern –Pfeile– lösen und Deckel für Pollenfilter aufklappen.

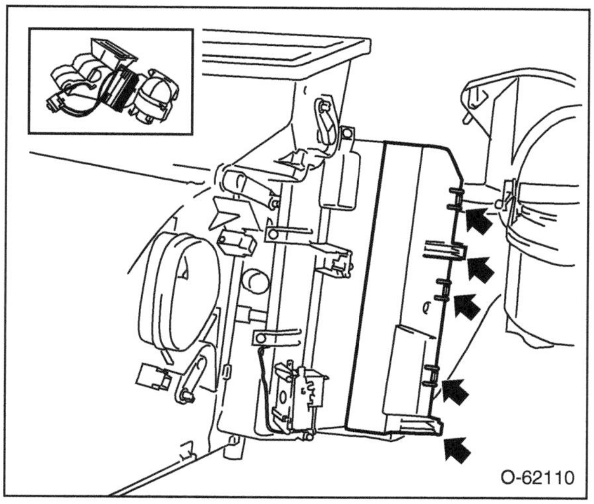

- **Variante 2:** 2 Riegel und 3 Klammern –Pfeile– lösen und Deckel für Pollenfilter aufklappen.

Einbau

- **Variante 1: Neuen** Filtereinsatz einschieben, Deckel schließen und am Gehäuse einclipsen.

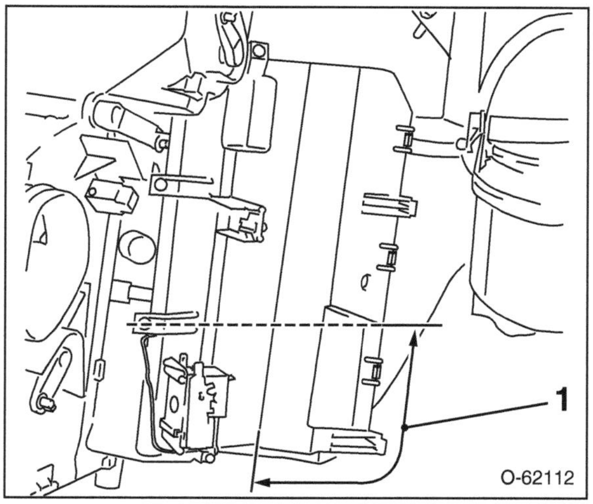

Achtung Variante 2: Der Übergangsbereich von Pollenfilter und Verdampfer muß besonders sorgfältig abgedichtet werden. Undichtigkeiten im Bereich des Filterdeckels führen zu Wassereintritt im Beifahrerfußraum. Die folgenden Arbeitsschritte zum Abdichten beziehen sich auf **Variante 2.**

- Dichtmasse auf Gehäusenut und Deckellippe im abgebildeten Bereich –1– so entfernen, daß der Deckel dicht schließen kann.
- **Neuen** Filtereinsatz einschieben.
- Klebedichtmasse im abgebildeten Bereich auf die Gehäusenut auftragen. Die Fachwerkstatt verwendet dazu die Dichtmasse OPEL-90543748, Kat-Nr. 1503297.

- Filterdeckel schließen und verriegeln.
- Dichtmasse im abgebildeten Bereich an der Kante vom Gehäuse zum Deckel auftragen.
- **Beide Varianten:** Der weitere Einbau erfolgt in umgekehrter Ausbaureihenfolge.

Ausführung 2

Ausbau

- Handschuhkasten ausbauen, siehe Seite 261.

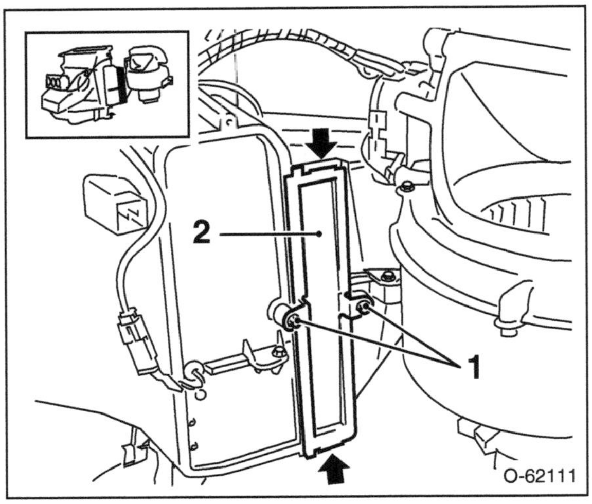

- **Variante 1:** Schrauben –1– herausdrehen, Klammern –Pfeile– lösen und Deckel für Pollenfilter –2– abnehmen.

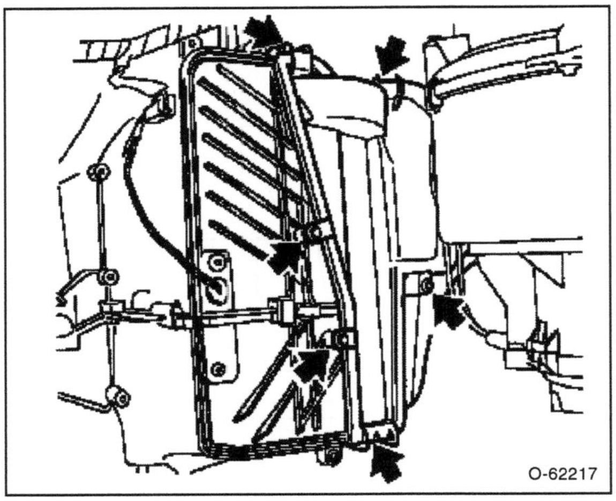

- **Variante 2:** 3 Schrauben und 3 Klammern –Pfeile– lösen und Deckel für Pollenfilter abnehmen.
- Filtereinsatz herausziehen.

Einbau

- Neuen Filtereinsatz einschieben.
- Filterdeckel aufdrücken und einclipsen. Je nach Variante Filterdeckel mit 2 oder 3 Schrauben anschrauben.
- Handschuhkasten einbauen, siehe Seite 261.

Sicherheitsgurte sichtprüfen

Für die Prüfung werden weder Spezialwerkzeug noch Verschleißteile benötigt.

Achtung: Geräusche, die beim Aufrollen des Gurtbandes entstehen, sind funktionsbedingt. Auf keinen Fall darf zur Behebung von Geräuschen Öl oder Fett verwendet werden. Der Aufroll- und Gurtstrafferautomat darf aus Sicherheitsgründen nicht zerlegt werden.

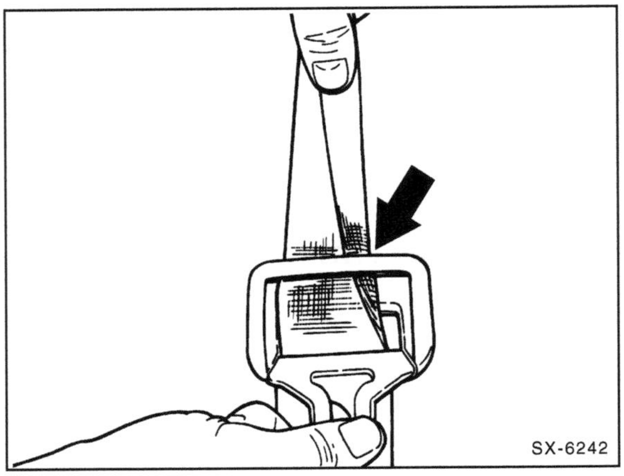

- Sicherheitsgurt ganz herausziehen und Gurtband auf durchtrennte Fasern prüfen.
- Beschädigungen können zum Beispiel durch Einklemmen des Gurtes oder durch brennende Zigaretten entstehen. In diesem Fall Gurt austauschen.
- Sind Scheuerstellen vorhanden, ohne daß Fasern durchtrennt sind, braucht der Gurt nicht ausgewechselt zu werden.
- Schwergängigen Gurt auf Verdrehungen prüfen, gegebenenfalls Verkleidung an der Mittelsäule ausbauen.
- Wenn die Aufrollautomatik nicht mehr funktioniert, Gurt auswechseln (Werkstattarbeit).
- Gurtbänder nur mit Seife und Wasser reinigen, keinesfalls Lösungsmittel oder chemische Reinigungsmittel verwenden.

Elektrische Anlage

Folgende Wartungspunkte müssen nach dem Wartungsplan durchgeführt werden:

- Alle Stromverbraucher: Funktion prüfen.
- Signalhorn: Prüfen.
- Beleuchtungsanlage: Funktion prüfen.
- Scheinwerfereinstellung prüfen (Werkstattarbeit), siehe Seite 96.
- Scheibenwischer: Wischergummis auf Verschleiß prüfen.
- Scheibenwaschanlage: Funktion prüfen, Düsenstellung kontrollieren, Flüssigkeit nachfüllen, Scheinwerfer-Waschanlage prüfen, siehe Kapitel »Scheibenwischeranlage«.
- Batterie: Ruhespannung prüfen. Batterieklemmen und Batteriehalter auf festen Sitz prüfen. Säurestand prüfen (nur wenn nachträglich eine nicht wartungsfreie Batterie eingebaut wurde).
- Service-Intervallanzeige zurücksetzen, siehe Seite 14.
- ◆ Fernbedienung für Zentralverriegelung: Batterien wechseln.

Stromverbraucher prüfen

Für die Prüfung werden weder Spezialwerkzeug noch Verschleißteile benötigt.

Folgende Funktionen prüfen, gegebenenfalls Fehler beheben. Je nach Ausstattung sind nicht alle Verbraucher vorhanden:

- ■ Beleuchtung: Abblendlicht, Fernlicht, Standlicht, Nebellicht vorn, Blinkleuchten, Warnblinkanlage, Schlußlicht, Nebelschlußlicht, Rückfahrlicht, Bremslicht.
- ■ Leuchtweitenregulierung.
- ■ Innen- und Leseleuchten (Abschaltautomatik für Innenleuchten vorn), Handschuhkastenbeleuchtung, beleuchteter Ascher, Sonnenblendenbeleuchtung, Einstiegsleuchten, Kofferraumbeleuchtung, beleuchteter Zündschlüssel.
- ■ Check-Control: Prüfen, ob »Check« innerhalb von ca. 4 Sekunden erlischt, nachdem die Zündung eingeschaltet wurde.
- ■ Warnsummer für nicht ausgeschaltetes Licht und/oder Radio.
- ■ Alle Schalter in der Konsole.
- ■ Bordcomputer.
- ■ Kombiinstrument mit allen Anzeigen, Leuchten und Beleuchtung.
- ■ Doppeltonfanfare.
- ■ Scheibenwisch-/Scheibenwaschanlage, Scheinwerferreinigungsanlage.
- ■ Zigarrenanzünder.
- ■ Elektrische Außenspiegel, Beheizung und Verstellung.
- ■ Elektrische Fensterheber.
- ■ Elektrisches Schiebe-/Ausstelldach.
- ■ Zentralverriegelung, Funkfernbedienung, Komfortschließung.
- ■ Beheizbare Sitze.
- ■ Radio.

Wischergummis prüfen

Für die Prüfung werden weder Spezialwerkzeug noch Verschleißteile benötigt.

- Wischerarme hochklappen und Wischerarme abwinkeln.
- Wischlippen mit einem weichen Tuch sowie Scheibenreinigungs- und Frostschutzmittel reinigen.
- Wischlippen auf Verhärtungen oder Risse prüfen, gegebenenfalls Wischergummis/Wischerblätter ersetzen, siehe Kapitel »Scheibenwischeranlage«.

Funk-Fernbedienung: Batterie wechseln

Spezialwerkzeug wird nicht benötigt.

Erforderliche Verschleißteile:

- ■ Batterie für Fernbedienung

Achtung: Die Batterie enthält Problemstoffe und darf auf keinen Fall dem Hausmüll mitgegeben werden. Verbrauchte Batterie bei der Verkaufsstelle der neuen Batterie abgeben.

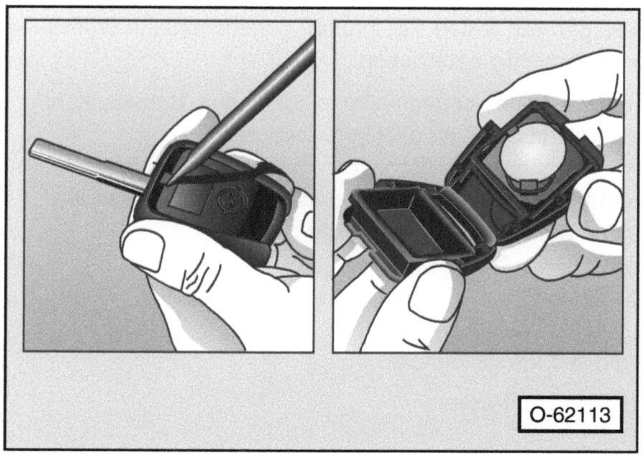

- Schraubendreher, wie in der Abbildung gezeigt, ansetzen. Schraubendrehergriff schwenken und dadurch Fernbedienung vom Schlüsselteil trennen.

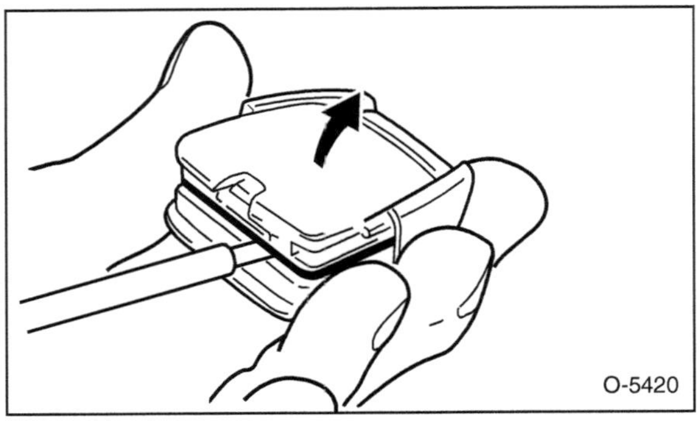

O-5420

● Fernbedienung aufklappen.

Achtung: Prüfen, ob die Polarität auf den Batterien eingeprägt ist, andernfalls Einbaulage notieren. Batteriewechsel **innerhalb von 3 Minuten** durchführen, sonst muß man die Fernbedienung neu synchronisieren, siehe Seite 55.

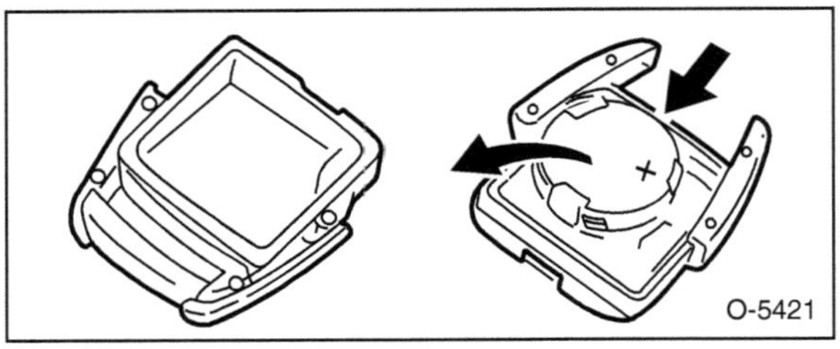

O-5421

● Batterie herausnehmen und durch eine neue gleicher Ausführung ersetzen. Neue Batterie in gleicher Lage wie die ausgebaute einsetzen, dabei auf richtige Polarität (+/–) achten.

● Fernbedienteil in das Schlüsselteil einsetzen und hörbar einrasten.

Fahrzeugbatterie prüfen

● Ruhespannung prüfen, siehe Kapitel »Elektrische Anlage«.

● Batterieklemmen und Batteriehalter durch Hin- und Herbewegen auf festen Sitz prüfen, gegebenenfalls Befestigung vorsichtig nachziehen.

Achtung: Bei der serienmäßig eingebauten Batterie kann kein destilliertes Wasser nachgefüllt werden.

Säurestand prüfen, nur wenn nachträglich eine nicht wartungsfreie Batterie eingebaut wurde

Für die Prüfung wird kein Spezialwerkzeug.benötigt.

Erforderliche Verschleißteile:

■ Destilliertes Wasser.

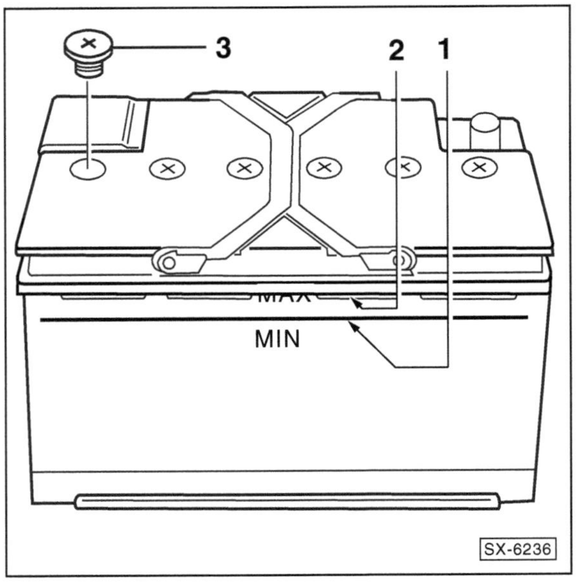

SX-6236

● Säurestand im durchsichtigen Batteriegehäuse von außen sichtprüfen.

● Nur wenn der Säurestand in einer Zelle unter die MIN-Markierung –1– abgesunken ist, Batteriestopfen –3– ausschrauben.

Achtung: Ist der Säurestand nicht erkennbar, Batteriestopfen ausschrauben und in die Zellen schauen. **Nicht mit offener Flamme in die Batterie leuchten. Explosionsgefahr!**

● Jede Zelle einzeln mit destilliertem Wasser bis zur MAX-Markierung –2– auffüllen. Der Säurestand muß etwa 5 mm oberhalb der Bleiplatten liegen.

● Stopfen einschrauben und festziehen. Vorher O-Dichtring am Stopfen kontrollieren, bei Beschädigung erneuern.

● Anschließend Batterie laden, siehe Seite 67.

Wagenpflege

Aus dem Inhalt:

- Fahrzeug waschen
- Lackierung pflegen
- Unterbodenschutz
- Hohlraumkonservierung
- Polster reinigen
- Lackschäden ausbessern
- Werkzeugausrüstung
- Motorstarthilfe
- Fahrzeug abschleppen

Fahrzeug waschen

Aus Umweltschutzgründen ist es in den meisten Gemeinden verboten, Fahrzeuge auf öffentlichen Plätzen zu waschen. Wird das Auto sehr oft in einer automatischen Waschanlage gewaschen, hinterlassen die rotierenden Waschbürsten Schleifspuren auf dem Lack. Diese lassen sich verhindern, wenn man den Wagen von Hand in einer entsprechenden Waschanlage wäscht.

- Vogelkot, tote Insekten, Baumharze, Teerflecken, Streusalze und andere aggressive Ablagerungen sofort abwaschen, da sie ätzende Bestandteile enthalten, die Lackschäden verursachen.
- Beim Waschen reichlich Wasser verwenden. Lackierung nicht scharf abspritzen. Mit einem weichen Schwamm oder Waschhandschuh beziehungsweise einer weichen Bürste auf dem Dach beginnend von oben nach unten mit geringem Druck reinigen; Schwamm oft ausspülen.
- Waschmittel nur bei hartnäckiger Verschmutzung verwenden. Mit klarem Wasser gründlich nachspülen, um die Reste des Waschmittels zu entfernen. Bei regelmäßiger Benutzung von Waschmitteln muß öfter konserviert werden. Dem Waschwasser kann ein Konservierungsmittel beigegeben werden.
- In die Eintrittsöffnungen der Belüftungsanlage nur mit einem schwachen Strahl sprühen.
- Zum Abtrocknen sauberes Leder verwenden. Verschiedene Leder für Lack- und Fensterflächen verwenden, da Konservierungsmittelrückstände auf den Scheiben zu Sichtbehinderungen führen.
- Durch Streusalze besonders gefährdet sind alle innenliegenden Falze, Flansche und Fugen an Türen und Hauben. Diese Stellen müssen deshalb bei jedem Wagenwaschen – auch nach der Wäsche in automatischen Waschstraßen – mit einem Schwamm gründlich gereinigt und anschließend abgespült und abgeledert werden.
- Wagen niemals in der Sonne waschen oder trocknen. Wasserflecken sind sonst unvermeidlich.

Achtung: Nach der Wagenwäsche Bremsscheiben kurz trockenbremsen, da sich durch Nässe eine verringerte Bremswirkung ergibt.

Lackierung pflegen

Konservieren: So oft wie nötig soll die sauber gewaschene und getrocknete Lackierung mit einem Konservierungsmittel behandelt werden, um die Oberfläche durch eine porenschließende und wasserabweisende Wachsschicht gegen Witterungseinflüsse zu schützen. Auch wenn regelmäßig Waschkonservierer verwendet wird, empfiehlt es sich, den Lack mindestens zweimal im Jahr mit Hartwachs zu schützen.

Übergelaufenen Kraftstoff, übergelaufenes Öl oder Fett, beziehungsweise übergelaufene Bremsflüssigkeit **sofort entfernen,** sonst kommt es zu Lackverfärbungen.

Spätestens, wenn Wasser nicht mehr deutlich vom Lack abperlt, muß konserviert werden. Der Lack trocknet sonst aus.

Eine weitere Möglichkeit, den Lack zu konservieren, bieten Waschkonservierer. Waschkonservierer schützen die Lackierung jedoch nur ausreichend, wenn sie bei **jeder** Wagenwäsche verwendet werden und der zeitliche Abstand zwischen 2 Wäschen nicht mehr als 2 bis 3 Wochen beträgt. Nur Lackkonservierer verwenden, die Carnauba- oder synthetische Wachse enthalten.

Polieren: Polieren ist nur dann erforderlich, wenn der Lack infolge mangelhafter Pflege beziehungsweise unter der Einwirkung von Umwelteinflüssen unansehnlich geworden ist und sich durch eine Behandlung mit Konservierungsmitteln kein Glanz mehr erzielen läßt. Zu warnen ist vor stark schleifenden oder chemisch stark angreifenden Poliermitteln, auch wenn der erste Versuch damit noch so sehr zu überzeugen scheint.

Vor jedem Polieren muß der Wagen sauber gewaschen und sorgfältig abgetrocknet werden. Im übrigen ist nach der Gebrauchsanweisung für das Poliermittel zu verfahren.

Die Bearbeitung soll in nicht zu großen Flächen erfolgen, um ein vorzeitiges Eintrocknen der Politur zu vermeiden. Bei manchen Poliermitteln muß anschließend noch konserviert werden. Nicht in der prallen Sonne polieren!

Kunststoffteile und matt lackierte Teile dürfen nicht mit Konservierungs- oder Poliermitteln behandelt werden, da sich sonst Flecken bilden.

Teerflecke entfernen: Frische Teerflecke können mit einem in Waschbenzin getränkten weichen Lappen entfernt werden. Notfalls kann auch Tankstellenbenzin, Petroleum oder Terpentinöl verwendet werden. Sehr gut gegen Teerflecke eignet sich auch ein Lackkonservierer. Bei Verwendung dieses Mittels kann auf ein Nachwaschen verzichtet werden.

Insekten entfernen: Insekten enthalten aggressive Stoffe, die den Lackfilm beschädigen können. Deshalb sofort mit lauwarmer Seifen- oder Waschmittellösung abwaschen. Es gibt auch spezielle Insekten-Entferner.

Außenbeleuchtung: Leuchten- und Scheinwerferabdeckungen sind aus Kunststoff. Keine scheuernden oder ätzenden Mittel, keine Eiskratzer verwenden und nicht trocken säubern.

Kunststoffteile pflegen: Kunststoffteile, Kunstledersitze, Himmel, Leuchtengläser sowie mattschwarz gespritzte Teile mit Wasser und eventuell einem Shampoo-Zusatz säubern, Himmel nicht durchfeuchten. Kunststoffteile gegebenenfalls mit Kunststoffreiniger behandeln.

Scheiben reinigen: Schnee und Eis von Scheiben und Spiegeln nur mit einem Kunststoffschaber entfernen. Um Kratzer durch Schmutz zu vermeiden, sollte der Schaber nicht vor- und zurückbewegt, sondern nur geschoben werden. Fensterscheiben innen und außen mit sauberem, weichem Lappen abreiben. Bei starker Verschmutzung helfen Spiritus oder Salmiakgeist und lauwarmes Wasser oder auch ein spezieller Scheibenreiniger. Beim Reinigen der Windschutzscheibe Scheibenwischerarm nach vorn klappen.

Bei der Reinigung der Windschutzscheibe sind auch die Wischerblätter zu säubern.

Achtung: Bei Verwendung silikonhaltiger Mittel dürfen die zur Reinigung der Lackierung verwendeten Waschbürsten, Schwämme, Lederlappen und Tücher nicht für die Scheiben verwendet werden. Beim Einsprühen der Lackierung mit silikonhaltigen Pflegemitteln sollten die Scheiben mit Pappe oder anderem Material abgedeckt werden.

Gummidichtungen pflegen: Gummidichtungen durch Einpudern der Dicht- und Gleitflächen mit Talkum oder Besprühen mit Silikonspray geschmeidig halten. So werden auch quietschende oder knarrende Geräusche beim Türenschließen vermieden. Auch das Einreiben der betreffenden Flächen mit Schmierseife beseitigt die Geräusche.

Reifen reinigen: Reifen nicht mit einem Dampfstrahlgerät reinigen. Wird die Düse des Dampfstrahlers zu nahe an den Reifen gehalten, wird dessen Gummischicht innerhalb weniger Sekunden irreparabel zerstört, selbst bei Verwendung von kaltem Wasser. Ein auf diese Weise gereinigter Reifen sollte sicherheitshalber ersetzt werden.

Leichtmetall-Scheibenräder mit Felgenreiniger und Bürste reinigen, jedoch keine aggressiven, säurehaltigen, stark alkalischen und rauhen Reinigungsmittel oder Dampfstrahler über +60° C verwenden.

Sicherheitsgurte nur mit milder Seifenlauge in eingebautem Zustand säubern, nicht chemisch reinigen, da dadurch das Gewebe zerstört werden kann. Automatikgurte nur in trockenem Zustand aufrollen.

Unterbodenschutz/ Hohlraumkonservierung

Die Fahrzeugunterseite einschließlich der Radkästen ist mit Unterbodenschutz beschichtet. Die besonders stark gefährdeten Bereiche in den Radläufen sind mit Kunststoffschalen gegen Steinschlag geschützt. Darüber hinaus wurden korrosionsgefährdete Karosserieteile aus verzinktem Blech hergestellt. Vor der kalten Jahreszeit und nach einer Unterbodenwäsche sollte der Unterbodenschutz kontrolliert und gegebenenfalls ausgebessert werden.

Im Schleuderbereich des Unterbaues können sich Staub, Lehm und Sand ablagern. Den angesammelten Schmutz entfernen, zumal er während der Winterzeit auch noch mit Streusalz angereichert sein kann.

Motorwäsche/Motorraum konservieren: Eine Motorraumwäsche sollte nach Möglichkeit vermieden werden. Falls es doch notwendig ist, Motorwäsche nur bei ausgeschalteter Zündung durchführen. Vor der Motorwäsche, die zum Beispiel mit Kaltreiniger und einem Hochdruckreiniger durchgeführt werden kann, Lichtmaschine, Sicherungskasten und Bremsflüssigkeitsbehälter mit Plastikhüllen abdecken. **Achtung:** Nur einen Hochdruckreiniger mit Flachstrahldüse und einem maximalen Druck von 80 bar verwenden. Bei höherem Druck mindestens 40 cm Abstand zu den Bauteilen einhalten. Keinen direkten Strahl auf die Kühlmittelpumpe und den Keilrippenriemen-Spanner richten, sonst können der Gleitdichtring und das Lager beschädigt werden.

Nach jeder Motorwäsche die Gelenkbereiche der Motorregulierung schmieren und den Motorraum einschließlich der im Motorraum befindlichen Teile der Bremsanlage, Achselemente mit Lenkung sowie Karosserieteile und Hohlräume mit einem hochwertigen Konservierungswachs einsprühen. Dabei den Keil- und Zahnriementrieb vor Wachs schützen.

Polsterbezüge pflegen/reinigen

Textilbezüge: Polsterbezüge mit Staubsauger und Bürste reinigen. Bei starker Verschmutzung Textilbezüge mit Trockenschaum reinigen.

Fett- und Ölflecke mit Reinigungsbenzin oder Fleckenwasser behandeln. Das Reinigungsmittel darf aber nicht unmittelbar auf den Stoff gegossen werden, da sich sonst unweigerlich Ränder bilden. Fleck durch kreisförmiges Reiben von außen nach innen bearbeiten. Andere Verschmutzungen lassen sich meistens mit lauwarmem Seifenwasser entfernen.

Lederbezüge: Bei starker Sonneneinstrahlung und längerer Standzeit Sitze abdecken, damit sie nicht ausbleichen.

Baumwoll- oder Wollappen mit Wasser leicht anfeuchten und Lederflächen säubern, ohne das Leder oder die Nahtstellen zu durchfeuchten. Stärker verschmutzte Lederflächen mit einem milden Feinwaschmittel ohne Aufheller (2 Eßlöffel auf 1 Liter Wasser) reinigen. Fett- und Ölflecke vorsichtig ohne Reiben mit Reinigungsbenzin abtupfen. Anschließend mit einem trockenen, weichen Tuch nachwischen.

Die gereinigten (lackierten) Lederpolster sollten anschließend mit einem handelsüblichen Pflegemittel für Lederflächen behandelt werden. Solche Mittel sind bei den Fachwerkstätten und im Autofachhandel erhältlich. Das Mittel vor Gebrauch gut schütteln und mit einem weichen Lappen dünn auftragen. Nach dem Eintrocknen mit einem sauberen und weichen Tuch nachreiben. Diese Behandlung empfiehlt sich bei normaler Beanspruchung alle 6 Monate.

Steinschlagschäden ausbessern

Ausbeul- und Lackierarbeiten an der Autokarosserie setzen Erfahrung über den Werkstoff und dessen Bearbeitung voraus. Derartige Fertigkeiten werden in der Regel erst durch eine langjährige Praxis erreicht. Aus diesem Grund wird hier nur das Ausbessern von kleineren Lackschäden erläutert.

Zum Nachlackieren wird unbedingt dieselbe Lackfarbe benötigt, denn selbst kleinste Farbunterschiede fallen nach Abschluß der Arbeiten sofort ins Auge. Der jeweilige Fahrzeug-Farbton wird vom Hersteller durch die Lacknummer auf dem Fahrzeugdatenträger vermerkt, siehe Seite 12.

Treten dennoch Differenzen zwischen dem Originallack und dem Reparaturlack auf, dann liegt das daran, daß Fahrzeug-Lackierungen sich durch Alterung, ultraviolette Sonnenbestrahlung, extreme Temperaturdifferenzen, Witterungsbedingungen und chemische Einflüsse wie beispielsweise Industrieabgase mit der Zeit verändern. Außerdem können Oberflächenschäden, Farbveränderungen und Ausbleichen des Lackes eintreten, wenn Reinigung und Lackpflege mit ungeeigneten Mitteln durchgeführt wurden.

Die Metallic-Lackierung besteht aus 2 Schichten, dem Metallic-Grundlack und der farblosen Decklackierung. Beim Lackieren wird der Klarlack über den feuchten Grundlack gespritzt. Die Gefahr von Farbdifferenzen bei der nachträglichen Metallic-Lackierung ist besonders groß, da hier schon die unterschiedliche Viskosität des Reparaturlackes gegenüber dem Originallack zu Farbverschiebungen führt.

Es lohnt sich, auch kleinste Lackschäden regelmäßig zu beseitigen, da auf diese Weise Rostschäden und größere Reparaturen vermieden werden.

Für kleine Kratzer und Steinschläge, die lediglich den Decklack abgesplittert haben, also nicht bis aufs blanke Blech vorgedrungen sind, genügt im allgemeinen der Lackstift.

- Tiefere Steinschlagschäden, die schon kleine Rostnarben gebildet haben, mit einem »Rostradierer« beziehungsweise einem Messer oder einem kleinen Schraubendreher auskratzen, bis das blanke Blech erscheint. Wichtig ist, daß keine auch noch so kleine Roststelle mehr sichtbar ist. Bei »Rostradierern« handelt es sich um kleine Kunststoffhülsen, die zum Auskratzen des Rostes kurze Drahtborsten besitzen.
- Die blanken Stellen müssen einwandfrei trocken und fettfrei sein. Dazu Reparaturstelle sowie umgebenden Lack mit Silikonentferner reinigen.
- Auf die blanke Metallfläche mit einem dünnen Pinsel etwas Lackgrundierung (»Primer«) auftragen. Da das Grundiermittel meist in Sprühdosen erhältlich ist, etwas Grundiermittel in den Deckel der Dose sprühen und Pinsel dort eintauchen.
- Nachdem die Grundierung trocken ist, Stelle mit Tupflack ausbessern. Bei den Tupflackdosen ist der Pinsel bereits im Deckel integriert. Falls nur eine Spraydose mit der entsprechenden Farbe zur Verfügung steht, etwas Farbe in den Deckel der Dose sprühen und anschließend Lack mit einem dünnen Wasserfarbenpinsel auftragen. Dabei in einem Arbeitsgang immer nur eine dünne Lackschicht anbringen, damit der Lack nicht herunterlaufen kann. Anschließend Farbe gut trocknen lassen. Vorgang so oft wiederholen, bis der Krater ausgefüllt ist und die ausgebesserte Stelle gegenüber der umgebenden Lackfläche keine Vertiefung mehr bildet.

Werkzeugausrüstung

Langfristig zahlt es sich immer aus, wenn man qualitativ hochwertiges Werkzeug kauft. Neben einer Grundausstattung mit Maul- und Ringschlüsseln in den gängigen Größen und verschiedenen Torxschraubendrehern sowie einem Satz Steckschlüssel empfiehlt sich auch der Kauf eines Drehmomentschlüssels. Darüber hinaus ist bei manchen Arbeitsgängen der Einsatz von Spezialwerkzeug zwingend erforderlich.

Gutes und stabiles Werkzeug wird von der Firma HAZET (42804 Remscheid, Postfach 100461) angeboten. In den Tabellen sind die Werkzeuge mit der HAZET-Bestellnummer aufgeführt. Vertrieben wird das Werkzeug über den Fachhandel.

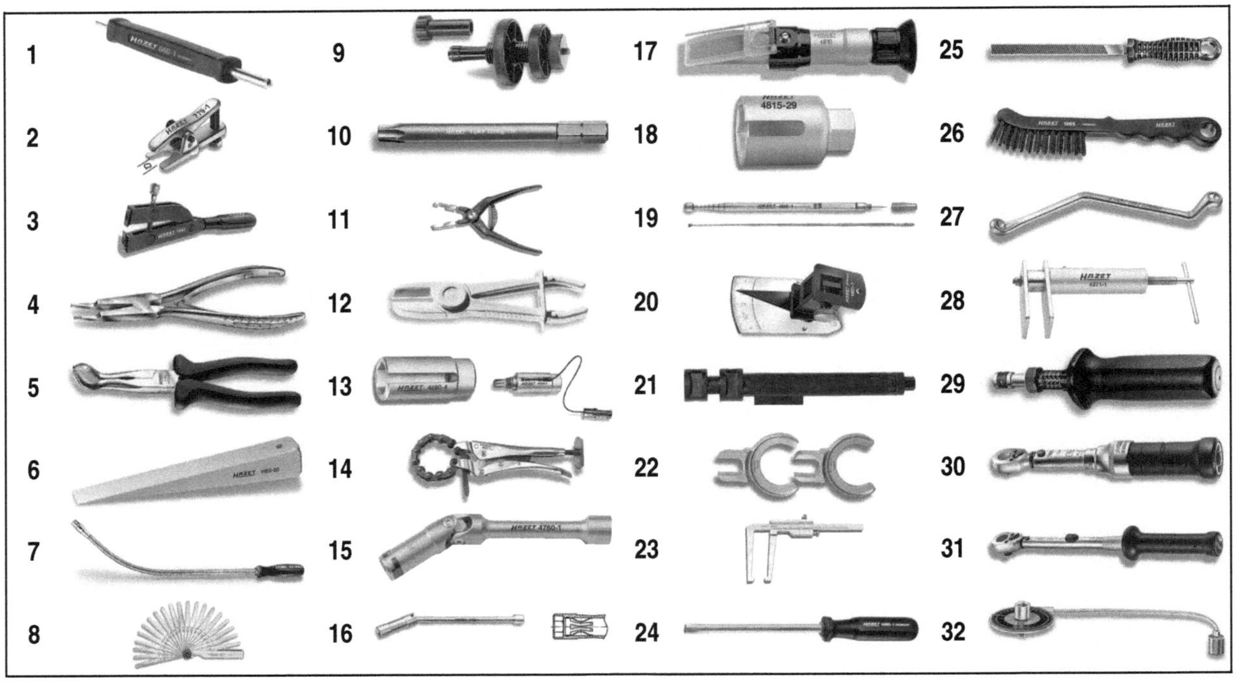

Abb.	Werkzeug	Hazet-Nr.
1	Ventildreher für Reifenventile	666-1
2	Kugelgelenk-Abzieher, Maulweite 20 – 22 mm, 2-stufig	1790-7
3	Klemmzange für Edelstahlhaltebänder der Gelenkwellenmanschetten	1847
4	Zange für Sicherungsring im Gleichlaufgelenk	1847-3
5	Zündkerzenstecker-Zange	1849
6	Montagekeil	1965-20
7	Magnet-Sucher	1976
8	Fühlerblattlehre 0,05 - 1,0 mm	2147
9	Kupplungs-Zentrierwerkzeug	2174
10	Innentorx-Einsatz für für Airbagsensor-Schraube	2223Lg-T30
11	Zange für Verriegelung Kraftstoffleitungen	4501-1
12	Abklemmzangen-Satz	4590/2
13	Steckschlüssel für Lambdasondenausbau (1,6-l-Motor)	4680-4
14	Ketten-Abgasrohrschneider	4682
15	Gelenkschlüssel für Glühkerzen	4760-1
16	Zündkerzenschlüssel	4766-1

Abb.	Werkzeug	Hazet-Nr.
17	Meßgerät für Säuredichte und Frostschutzanteil	4810 B
18	Steckschlüssel für Thermoschalter	4815-29
19	Spritzdüseneinsteller für Scheibenwaschanlage	4850-1
20	Winkeleinsteller für Scheibenwischerarme	4851-1
21	Spanngerät für Schraubenfedern der Federbeine	4900-2A
22	Federspanner-Spannplatten-Paar für den ASTRA	4900-11/2
23	Bremsscheiben-Meßschieber	4956-1
24	Handbrems-Einstellschlüssel	4965-1
25	Bremssattelfeile	4968-1
26	Bremssatteldrahtbürste	4968-2
27	Entlüftungsschlüssel Bremse	4968-9
28	Rücksetzvorrichtung für vordere Scheibenbremsen	4971-1
29	Drehmomentschlüssel 1 – 6 Nm	6003 CT
30	Drehmomentschlüssel 4 – 40 Nm	6109-2 CT
31	Drehmomentschlüssel 40 – 200 Nm	6122–1CT
32	Winkelscheibe für drehwinkelgesteuerten Schraubenanzug	6690

Motorstarthilfe

Sicherheitshinweise:
Werden die vorgeschriebenen Anschlußhinweise nicht genau eingehalten, besteht die Gefahr der Verätzung durch austretende Batteriesäure. Außerdem können Verletzungen oder Schäden durch eine Batterieexplosion entstehen oder Defekte an der Fahrzeugelektrik auftreten.

- Batterieflüssigkeit von Augen, Haut, Gewebe und lackierten Flächen fernhalten. Die Flüssigkeit ist ätzend. Säurespritzer sofort mit klarem Wasser gründlich abspülen. Gegebenenfalls einen Arzt aufsuchen.
- Keine Funken oder offenen Flammen in Batterienähe, da aus der Batterie brennbare Gase austreten können.
- Augenschutz tragen.
- Darauf achten, daß die Starthilfekabel nicht durch drehende Teile wie z. B. Kühlerventilator beschädigt werden.

- Die Starthilfekabel sollten einen Leitungsquerschnitt von 25 mm^2 aufweisen und mit isolierten Kabelzangen ausgestattet sein. In der Regel ist der Leitungsquerschnitt auf der Packung der Starthilfekabel angegeben.
- Bei beiden Batterien muss die Spannung 12 Volt betragen. Die Kapazität der stromgebenden Batterie darf nicht unter der Kapazität der entladenen Batterie liegen.
- Eine entladene Batterie kann bereits bei –10° C gefrieren. Vor Anschluß der Starthilfekabel muß eine gefrorene Batterie unbedingt aufgetaut werden.
- Die entladene Batterie muß ordnungsgemäß am Bordnetz angeklemmt sein.
- Wenn möglich, Säurestand der entladenen Batterie prüfen, gegebenenfalls destilliertes Wasser auffüllen und Batterie verschließen.
- Fahrzeuge so weit auseinanderstellen, daß kein metallischer Kontakt besteht. Andernfalls könnte bereits beim Verbinden der Pluspole ein Strom fließen.
- Bei beiden Fahrzeugen Handbremse anziehen. Schaltgetriebe in Leerlaufstellung, automatisches Getriebe zusätzlich in Parkstellung »P« schalten.
- Alle Stromverbraucher ausschalten.
- Grundsätzlich Motor des Spenderfahrzeuges ca. 1 Minute vor dem Startvorgang und während des Startvorganges mit Leerlaufdrehzahl drehen lassen. Dadurch wird eine Beschädigung des Generators durch Spannungsspitzen beim Startvorgang vermieden.
- Starthilfekabel in folgender Reihenfolge anschließen:
  1. Rotes Kabel –1– an den Pluspol (+) der entladenen Batterie –A– anklemmen.
  2. Das andere Ende des roten Kabels an den Pluspol (+) der stromgebenden Batterie –B– anklemmen.
  3. Schwarzes Kabel –2– an den Minuspol (–) der stromgebenden Batterie anklemmen.

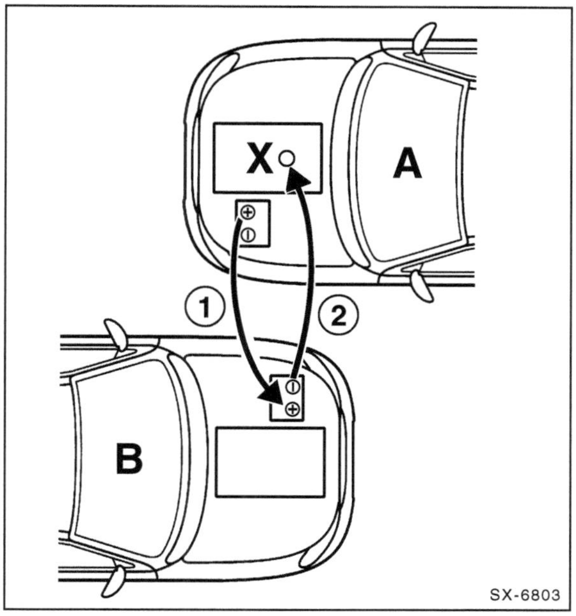

4. Das andere Ende des schwarzen Kabels an eine gute Massestelle –X– des Empfängerfahrzeuges anschließen. **Achtung: Nicht an den Minuspol (–) der leeren Batterie.** Am besten eignet sich ein mit dem Motorblock verschraubtes Metallteil. Unter ungünstigen Umständen könnte beim Anschließen des Kabels an den Minuspol der leeren Batterie, durch Funkenbildung und Knallgasentwicklung, die Batterie explodieren.

Achtung: Die Klemmen der Starthilfekabel dürfen bei angeschlossenen Kabeln nicht in Kontakt miteinander kommen, beziehungsweise die Plusklemmen dürfen keine Massestellen (Karosserie oder Rahmen) berühren – Kurzschlußgefahr!

- Motor des Empfängerfahrzeuges (leere Batterie) starten und laufen lassen. Beim Starten Anlasser nicht länger als 10 Sekunden ununterbrochen betätigen, da sich durch die hohe Stromaufnahme Polzangen und Kabel erwärmen. Deshalb zwischendurch eine »Abkühlpause« von mindestens ½ Minute einlegen.
- Bei Startschwierigkeiten nicht unnötig lange den Anlasser betätigen. Während des Anlassens wird permanent Kraftstoff eingespritzt. Fehlerursache ermitteln und beseitigen.
- Nach erfolgreichem Start beide Fahrzeuge mit der »Strombrücke« noch 3 Minuten laufen lassen.
- Um Spannungsspitzen beim Trennen abzubauen, im Fahrzeug mit der leeren Batterie Gebläse und Heckscheibenheizung einschalten. Nicht das Fahrlicht einschalten. Glühlampen brennen bei Überspannung durch.
- **Nach der Starthilfe** Kabel in **umgekehrter** Reihenfolge abklemmen: Zuerst schwarzes Kabel –2– (–) am Empfängerfahrzeug, dann am stromgebenden Fahrzeug abklemmen. Rotes Kabel –1– zuerst am stromgebenden und dann am Empfängerfahrzeug abklemmen.

Fahrzeug abschleppen

Das Fahrzeug darf nur an den dafür vorgesehenen Abschleppösen abgeschleppt werden.

Abschleppseil/Abschleppstange anbringen

- Abdeckkappe für die Aufnahme der Abschleppöse vorn rechts öffnen: Abdeckkappe nach unten ausrasten und nach unten abziehen.
- **Coupé:** Runde Abdeckung für Abschleppöse im Stoßfänger mit einem Schraubendreher vorsichtig heraushebeln.
- Die Abschleppöse befindet sich in der Tasche für Wagenheber und Wagenwerkzeug im Gepäck- beziehungsweise Laderaum unter dem Reserverad. Abschlepppöse entgegen Uhrzeigersinn mit Radschlüssel bis zum Anschlag in waagerechte Stellung festziehen.

Achtung: Nach Gebrauch Abschleppöse in Werkzeugtasche legen. Abschleppöse immer im Fahrzeug mitführen.

- Die hintere Abschleppöse ist rechts am Wagenunterbau.

Regeln beim Abschleppen

- Zündung einschalten, damit das Lenkrad nicht blockiert ist und Blinkleuchten, Signalhorn, Scheibenwischer und Scheibenwischanlage betätigt werden können.
- Getriebe in Leerlaufstellung bringen.
- Warnblinkanlage bei beiden Fahrzeug einschalten.
- Da der Bremskraftverstärker und die Servolenkung nur bei laufendem Motor arbeiten, müssen bei nicht laufendem Motor das Bremspedal und das Lenkrad entsprechend kräftiger betätigt werden!
- Bei der Verwendung eines Abschleppseils muß der Fahrer des ziehenden Wagens beim Schalten weich einkuppeln. Der Fahrer des gezogenen Wagens hat darauf zu achten, daß das Seil stets straff ist.
- Ohne Öl im Schaltgetriebe beziehungsweise Automatikgetriebe darf der Wagen nur mit angehobenen Antriebsrädern abgeschleppt werden.
- **Empfehlenswert ist die Verwendung einer Abschleppstange.** Die Gefahr des Auffahrens ist bei Verwendung eines Abschleppseils groß. Ein Abschleppseil soll elastisch sein, damit das schleppende und das gezogene Fahrzeug geschont werden. Nur Kunstfaserseile oder Seile mit elastischen Zwischengliedern verwenden.

Fahrzeuge mit Automatikgetriebe

Wählhebelstellung: **»N«**
Maximale Schleppgeschwindigkeit: **80 km/h!**
Maximale Schleppentfernung: **100 Kilometer!**

- Über große Entfernungen das Fahrzeug mit einem Abschleppwagen vorn anheben oder aufladen.

Achtung: Zur Vermeidung von Getriebeschäden, Fahrzeug niemals rückwärts mit drehenden Antriebsrädern abschleppen.

Fahrzeug anschleppen (Notstart)

Bevor der Motor durch Anschleppen des Fahrzeuges (Starten des Motors durch das rollende Fahrzeug) gestartet wird, Starthilfe durch Batterie eines anderen Fahrzeugs durchführen.

Fahrzeuge mit Automatikgetriebe können nicht angeschleppt werden.

Achtung: Bei betriebswarmem Benzinmotor mit Schaltgetriebe darf nur über eine Strecke von maximal 50 Metern angeschleppt werden, da sonst die Gefahr von Katalysatorschäden besteht.

- Vor dem Anschleppen den 2. oder 3. Gang einlegen, Kupplungspedal treten und halten.
- Zündung einschalten.
- Langsam einkuppeln, wenn beide Fahrzeuge in Bewegung sind.
- Sobald der Motor angesprungen ist, Kupplung treten und Gang herausnehmen, um nicht auf das ziehende Fahrzeug aufzufahren.

Elektrische Anlage

Aus dem Inhalt:

- Relais/Schalter prüfen
- Elektromotoren prüfen
- Sicherungen ersetzen
- Batterie ausbauen
- Anlasser prüfen
- Generator prüfen
- Scheibenwischer
- Radio
- Beleuchtungsanlage

Bei der Überprüfung der elektrischen Anlage stößt der Heimwerker in den technischen Unterlagen immer wieder auf die Begriffe Spannung, Stromstärke und Widerstand.

Die Spannung wird in Volt (V) angegeben, die Stromstärke in Ampere (A) und der Widerstand in Ohm (Ω). Mit dem Begriff Spannung ist beim Auto in der Regel die Batteriespannung gemeint. Es handelt sich dabei um eine Gleichspannung von ca. 12 Volt. Die Höhe der Batteriespannung hängt vom Ladezustand der Batterie und von der Außentemperatur ab. Sie kann zwischen 10 und 13 Volt betragen. Demgegenüber wird die Bordspannung vom Generator (Lichtmaschine) erzeugt, die bei mittleren Drehzahlen ca. 14 Volt beträgt.

Der Begriff Stromstärke taucht im Bereich der Automobil-Elektrik relativ selten auf. Die Stromstärke ist beispielsweise auf der Rückseite von Sicherungen angegeben und weist auf den maximalen Strom hin, der fließen kann, ohne daß die Sicherung durchbrennt und damit den Stromkreis unterbricht.

Überall wo Strom fließt, muß er einen Widerstand überbrücken. Der Widerstand ist unter anderem von folgenden Faktoren abhängig: Leitungsquerschnitt, Leitungsmaterial, Stromaufnahme usw. Ist der Widerstand zu groß, treten Funktionsstörungen auf. Beispielsweise darf der Widerstand in den Zündleitungen nicht zu hoch sein, sonst fehlt ein ausreichend starker Zündfunke an den Zündkerzen, der das Kraftstoff-Luftgemisch entzündet und damit den Motor zum Laufen bringt.

Achtung: Vor Arbeiten an der elektrischen Anlage grundsätzlich das Batterie-Massekabel abklemmen. Dazu Hinweise im Kapitel »Batterie aus- und einbauen« durchlesen. Als Arbeit an der elektrischen Anlage ist dabei schon zu betrachten, wenn eine elektrischen Leitung vom Anschluß abgezogen beziehungsweise abgeklemmt wird.

Meßgeräte

Zum Messen der Bord-Elektrik gibt es im Handel sogenannte Mehrfach-Meßgeräte. Sie vereinen in einem Gerät das Voltmeter, um Spannungen zu messen, das Amperemeter, um die Stromstärke zu messen und das Ohmmeter, um den Widerstand zu messen. Die im Handel befindlichen Meßgeräte unterscheiden sich hauptsächlich im Meßbereich und in der Meßgenauigkeit. Durch den Meßbereich wird festgelegt, in welchem Bereich Spannungen oder Widerstände liegen müssen, damit sie überhaupt vom Gerät erfaßt werden können.

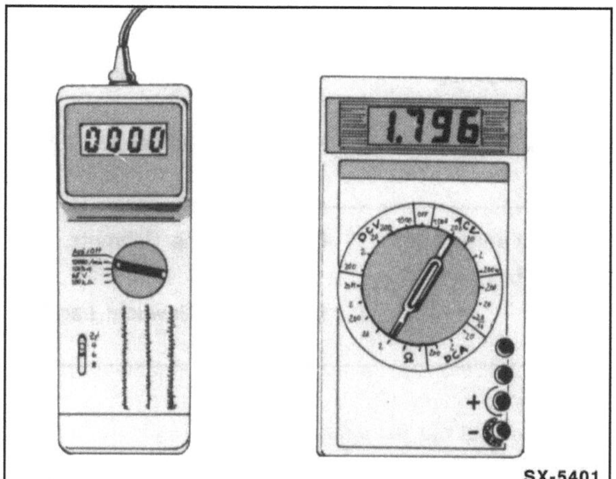

SX-5401

Für den Heimwerker gibt es Vielfach-Meßgeräte, die speziell für Prüfarbeiten am Auto abgestimmt sind. Mit solch einem Gerät können Motordrehzahl, Zünd-Schließwinkel und Spannungen bis zu 20 Volt gemessen werden. Bei Widerstandsmessungen beschränkt sich das Gerät in der Regel auf den Kilo-Ohm-Bereich, also etwa 1–1000 kΩ.

Darüber hinaus werden Meßgeräte zur Überprüfung von elektrischen und elektronischen Bauteilen angeboten. Sie erlauben eine umfassende Messung von kleinen Widerständen in Ohm (Ω) bis zu großen Widerständen im Mega-Ohm-Bereich (MΩ). Spannungen (in Volt) können sehr exakt gemessen werden, was vor allem bei elektronischen Bauteilen erforderlich ist.

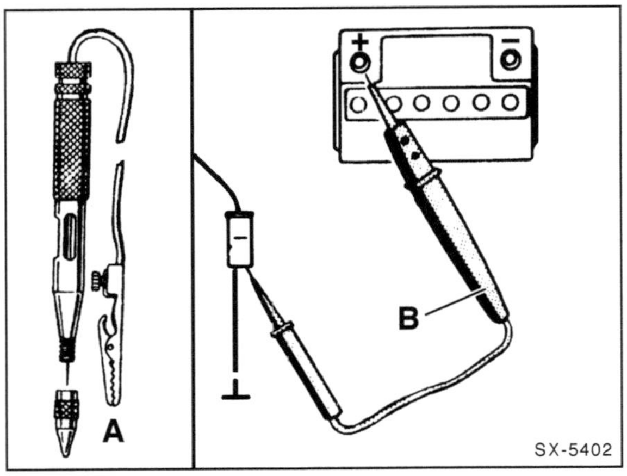

Wenn nur geprüft werden soll, ob überhaupt Spannung (V) anliegt, eignet sich hierzu eine einfache Prüflampe –A–. Dies gilt allerdings nur für Stromkreise, in denen sich keine elektronischen Bauteile befinden. Denn Elektronikteile reagieren äußerst empfindlich auf zu hohe Ströme. Unter Umständen können sie bereits durch Anschließen einer Prüflampe zerstört werden. **Achtung:** Bei der Prüfung elektronischer Bauteile (Transistoren, Dioden, und Steuergeräte) ist ein hochohmiger Spannungsprüfer –B– erforderlich. Er arbeitet wie eine Prüflampe, jedoch ohne daß elektronische Bauteile geschädigt werden, und eignet sich für sämtliche Prüfarbeiten.

Meßtechnik

Spannung messen

Spannung kann schon mit einer einfachen Prüflampe oder einem Spannungsprüfer nachgewiesen werden. Allerdings erkennt man dann nur, ob überhaupt Spannung anliegt. Um die Höhe der anliegenden Spannung zu prüfen, muß ein Voltmeter (Spannungs-Meßgerät) angeschlossen werden.

Zunächst ist beim Voltmeter der Meßbereich einzustellen, in dem sich die zu messende Spannung voraussichtlich befindet. Spannungen am Fahrzeug sind in der Regel nicht höher als ca. 14 Volt. Eine Ausnahme bildet die Zündanlage; hier kann die Zündspannung bis zu 30.000 Volt betragen. Diese hohe Spannung ist nur mit einem speziellen Meßgerät oder einem Oszilloskop meßbar.

Während man bei Meßgeräten, die speziell auf das Auto abgestimmt sind, am Wählschalter nur das Voltmeter einschalten muß, sind bei einem allgemeinen Vielfachmeßgerät erst eine Reihe von Entscheidungen zu fällen. Zunächst wird mit dem Wählschalter der Bereich Gleichspannung (DCV im Gegensatz zu ACV=Wechselspannung) eingestellt. Dann wird der Meßbereich gewählt. Da beim Auto außer an der Zündanlage keine höheren Spannungen als ca. 14 Volt auftreten, sollte die Obergrenze des einzustellenden Meßbereiches etwas höher liegen (ca. 15 bis 20 Volt). Falls sicher ist, daß die gemessene Spannung wesentlich niedriger ist, zum Beispiel im Bereich von 2 Volt, kann der Meßbereich heruntergeschaltet werden, um eine größere Anzeigegenauigkeit zu erreichen. Liegen höhere Spannungen an, als sie vom Meßbereich des Gerätes erfaßt werden, kann das Meßgerät zerstört werden.

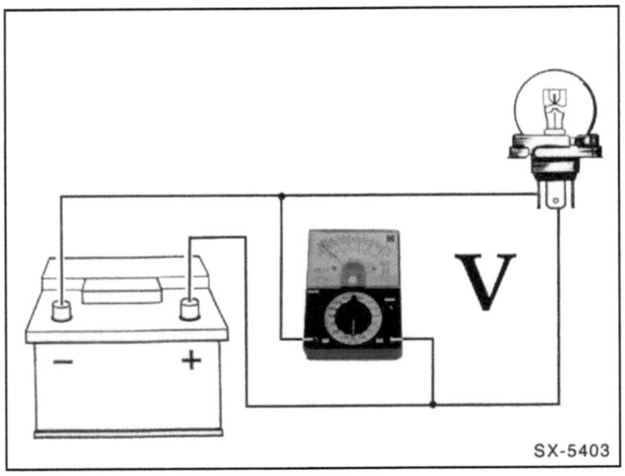

Die Kabel des Meßgerätes entsprechend der Zeichnung parallel zum Verbraucher anschließen. Dabei wird das rote Meßkabel an die vom Batterie-Pluspol kommende Leitung angelegt, das schwarze Meßkabel an die Masse-Leitung oder an Fahrzeugmasse, wie zum Beispiel den Motorblock.

Prüfbeispiel: Wenn der Motor nicht richtig anspringt, weil der Anlasser zu langsam dreht, ist es zweckmäßig, die Batteriespannung zu prüfen, während der Anlasser betätigt wird. Dazu das Voltmeter mit dem roten Kabel (+) an den Batterie-Pluspol und mit dem schwarzen Kabel an Fahrzeugmasse (–) anklemmen. Anschließend durch einen Helfer den Anlasser betätigen lassen und den Spannungswert ablesen. Liegt die Spannung unter ca. 10 Volt (bei einer Batterie-Temperatur von +20° C), muß die Batterie überprüft und eventuell vor den nächsten Startversuchen geladen werden.

Stromstärke messen

Am Auto ist es relativ selten erforderlich, die Stromstärke zu messen. Beispiel, siehe Kapitel »Batterie entlädt sich selbständig«. Benötigt wird hierzu ein Amperemeter, welches ebenfalls in einem Vielfachmeßgerät integriert ist.

Vor der Strommessung wird das Meßgerät auf den Meßbereich eingestellt, in dem sich die zu messende Stromstärke voraussichtlich befindet. Falls das nicht bekannt ist, höchsten Meßbereich einstellen und, falls keine Anzeige erfolgt, nacheinander in die nächstniedrigeren Meßbereiche schalten.

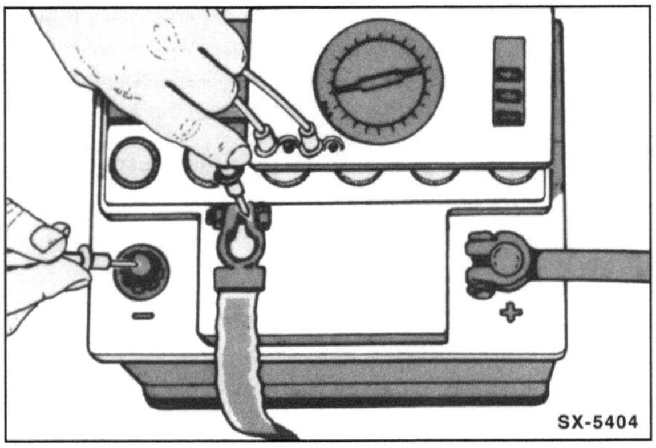

Für die Messung der Stromstärke muß der Stromkreis aufgetrennt werden, das Meßgerät (Amperemeter) wird dazwischengeschaltet. Dazu wird beispielsweise der Stecker abgezogen und das rote Kabel (+) des Amperemeters an die stromführende Leitung angeschlossen. Das schwarze Kabel (–) wird an den Kontakt angelegt, an dem normalerweise die unterbrochene Leitung angeschlossen ist. Die Massekontakte zwischen Verbraucher und Stecker müssen dann mit einem Hilfskabel verbunden werden.

Achtung: Keinesfalls sollte mit einem normalen Amperemeter die Stromstärke in der Leitung zum Anlasser (ca. 150 A) oder zu den Glühkerzen beim Dieselmotor (bis 60 A) gemessen werden. Durch die hierbei auftretenden hohen Ströme kann das Meßgerät zerstört werden. Die Werkstatt benutzt für diese Messungen ein Amperemeter mit Gleichstromzange. Dabei wird eine Stromzange über das isolierte Stromkabel geklemmt und der Stromwert durch Induktion gemessen.

Widerstand messen

Vor der Prüfung des Widerstandes ist grundsätzlich sicherzustellen, daß am Bauteil, an welches das Ohmmeter angeschlossen wird, keine Spannung anliegt. Also immer vorher Stecker abziehen, Zündung ausschalten, Leitung beziehungsweise Aggregat ausbauen oder Batterie abklemmen. Andernfalls kann das Meßgerät beschädigt werden.

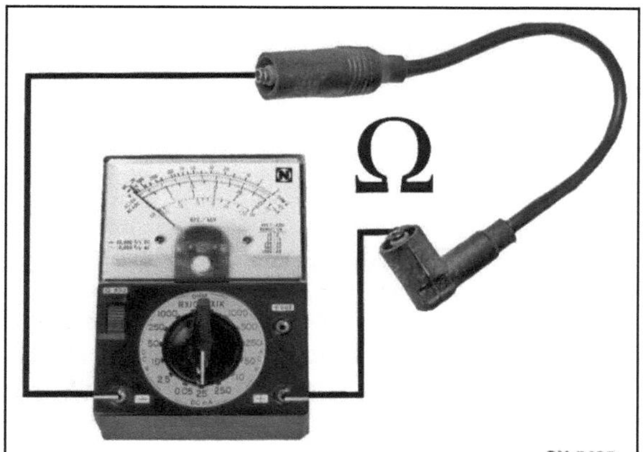

SX-5405

Das Ohmmeter wird an die 2 Anschlüsse eines Verbrauchers oder an die 2 Enden einer elektrischen Leitung angeschlossen. Dabei spielt es keine Rolle, welches Kabel (+/–) des Meßgerätes an welchen Kontakt angeklemmt wird. Ausnahme: Widerstandsmessungen an Bauteilen, die Dioden enthalten. Um eine Diode auf Durchgang zu prüfen, muß sie in Durchlaßrichtung an das Ohmmeter angeschlossen werden.

Die Widerstandsmessung am Auto erstreckt sich weitgehend auf 2 Bereiche:

1. Kontrolle eines in den Stromkreis integrierten Widerstandes oder Bauteils.

2. »Durchgangsprüfung« einer elektrischen Leitung, eines Schalters oder einer Heizwendel. Dabei wird geprüft, ob eine elektrische Leitung im Fahrzeug unterbrochen ist und deshalb das angeschlossene elektrische Gerät nicht funktionieren kann. Zur Messung wird das Ohmmeter an die beiden Enden der betreffenden elektrischen Leitung angeschlossen. Beträgt der Widerstand 0 Ω, dann ist »Durchgang« vorhanden. Das heißt, die elektrische Leitung ist in Ordnung. Bei unterbrochener Leitung zeigt das Meßgerät ∞ (unendlich) Ω an.

Elektrisches Zubehör nachträglich einbauen

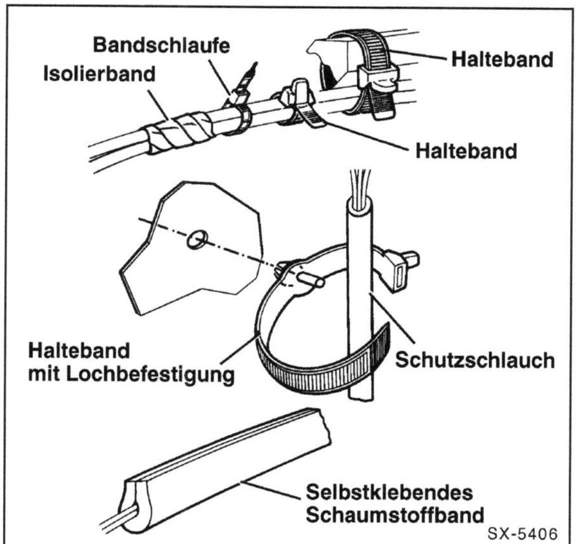

SX-5406

Kabel, die beim Einbau von Zubehör zusätzlich zu dem serienmäßig eingebauten Kabelsatz im Fahrzeug verlegt werden müssen, sind nach Möglichkeit immer entlang der einzelnen Kabelstränge unter Verwendung der vorhandenen Kabelschellen und Gummitüllen zu verlegen.

Falls erforderlich, sind die neu verlegten Kabel, um Geräuschen während der Fahrt vorzubeugen und das Scheuern von Kabeln zu vermeiden, mit Isolierband, plastischer Masse, Kabelbändern und dergleichen zusätzlich festzulegen. Hierbei ist besonders darauf zu achten, daß zwischen den Bremsleitungen und den festverlegten Kabeln ein Mindestabstand von 10 mm sowie zwischen den Bremsleitungen und den Kabeln, die mit dem Motor oder anderen Teilen des Fahrzeuges schwingen, ein Mindestabstand von 25 mm vorliegt.

Beim Bohren von Karosserie-Löchern müssen die Lochränder anschließend entgratet, grundiert und lackiert werden. Die beim Bohren zwangsläufig anfallenden Späne sind restlos aus der Karosserie zu entfernen.

Bei allen Einbauarbeiten, die das elektrische Leitungssystem berühren, ist, um der Gefahr von Kurzschlüssen im elektrischen Leitungssystem vorzubeugen, grundsätzlich das Massekabel (–) von der Fahrzeugbatterie abzuklemmen und zur Seite zu hängen.

Achtung: Wird die Batterie abgeklemmt, werden unter Umständen der Fehlerspeicher für Motor- und Getriebesteuerung, Antiblockiersystem sowie andere elektrische Geräte wie zum Beispiel das Radio und die Zeituhr stillgelegt, beziehungsweise Speicherwerte gelöscht. Spezielle Hinweise zu diesem Thema stehen im Kapitel »Batterie-Ausbau«.

Sofern zusätzliche elektrische Verbraucher eingebaut werden, ist in jedem Fall zu überprüfen, ob die erhöhte Belastung noch von dem vorhandenen Drehstromgenerator mit übernommen werden kann. Falls erforderlich, sollte ein Generator mit größerer Leistung vorgesehen werden.

Fehlersuche in der elektrischen Anlage

Beim Aufspüren eines Defekts in der elektrischen Anlage ist es wichtig, systematisch vorzugehen. Dies gilt sowohl beim Überprüfen von ausgefallenen Glühlampen wie auch bei nicht laufenden Elektromotoren.

Der **erste Schritt** ist immer die Überprüfung der Sicherung, sofern das elektrische Bauteil abgesichert ist. Das Numerierungsschema der Sicherungen ist auf der Rückseite des Ablagefachhalters angegeben, siehe auch unter Kapitel »Sicherungen auswechseln«.

Defekte Sicherung gegebenenfalls auswechseln und nach Einschalten des elektrischen Verbrauchers kontrollieren, ob diese nicht unmittelbar wieder durchbrennt. In diesem Fall muß zuerst der Fehler aufgespürt und behoben werden, in der Regel handelt es sich um einen Kurzschluß. Das bedeutet, an irgend einer Stelle, mitunter auch intern im elektrischen Verbraucher, sind Masse- und Plusanschluß miteinander verbunden.

Zweiter Prüfschritt: Wenn bei intakter Sicherung die Glühlampe nicht leuchtet beziehungsweise der Elektromotor nicht anläuft, ist die Stromversorgung zu überprüfen.

Glühlampe prüfen

- Lampe ausbauen und sichtprüfen. Ist der Glühfaden durchgebrannt oder sitzt der Glaskolben locker im Sockel, Lampe erneuern.
- Um einwandfrei festzustellen, ob die Glühlampe intakt ist, geht man folgendermaßen vor: Eine Plusleitung (+) und eine Masseleitung (–) direkt an die Pole der Batterie anschließen und mit der Lampe verbinden. Dabei ist es unwichtig, wie die Kabel an die Lampe angeschlossen werden. Ein Kabel an den Stromanschluß, das andere an das Glühlampengehäuse. Wenn jetzt die Lampe nicht leuchtet, Lampe erneuern. **Hinweis:** Es muß sichergestellt sein, daß die Kontakte an der Lampe und in der Lampenfassung nicht korrodiert sind. Gegebenenfalls korrodierte Anschlüsse abschmirgeln und bei verbogenen Anschlüssen einwandfreien Kontakt herstellen.
- Ist die Lampe intakt, Lampe einsetzen und einschalten. Leuchtet die Lampe nicht, mit Prüflampe Stromzuführung überprüfen. Dazu Prüflampe an Masse anlegen. Das bedeutet: Das eine Kabel der Prüflampe muß an eine gute Massestelle am Motor (blankes Metall) oder direkt am Batterie-Minuspol angeschlossen werden. Die andere Prüflampen-Prüfspitze (+) entweder an den stromführenden Stecker halten oder mit der Prüfspitze in das stromführende Kabel einstechen. Wenn die Prüflampe jetzt aufleuchtet und die Lampe dennoch nicht brennt, ist die Massezuführung zur Lampe unterbrochen. Um dies zu überprüfen, Massehilfsleitung an die Lampenfassung anlegen. Die Lampe muß jetzt leuchten.
- Wenn das stromführende Kabel zur Lampe keine Spannung aufweist, die Prüflampe also nicht aufleuchtet, ist sehr wahrscheinlich der Schalter defekt. Schalter auf Durchgang prüfen.

Elektromotoren prüfen

Im Auto werden immer mehr Funktionen von kleinen Elektromotoren übernommen, deren Stromkreis in der Regel von einer Sicherung abgesichert ist. Diese Motoren, wie beispielsweise der Motor für die Leuchtweitenregulierung oder für das Heizungsgebläse, werden bei Bedarf über einen Schalter zugeschaltet, und zwar automatisch oder von Hand.

Achtung: Scheibenwischermotor prüfen, siehe entsprechendes Kapitel.

- Sicherung des betreffenden Elektromotors prüfen, gegebenenfalls ersetzen.
- Brennt die Sicherung gleich wieder durch, liegt ein Kurzschluß vor.
- Um eindeutig zu klären, ob der Defekt im Motor liegt, 2 Hilfskabel (∅ ca. 2 mm) direkt von der Fahrzeugbatterie an den Motor anlegen. Pluskabel an den Pluspol, Massekabel an Massepol des Motors. Die Pol-Belegung ergibt sich im Zweifelsfall aus dem Stromlaufplan. Dazu muß der Motor gegebenenfalls ausgebaut werden. Alle elektrischen Motoren im Fahrzeug werden mit Bordspannung (12 bis 14 Volt) versorgt. Funktioniert der Motor jetzt ordnungsgemäß, war die Stromversorgung defekt. **Hinweis:** Ein zu langsam laufender oder aussetzender Elektromotor kann auf abgenutzte Schleifkohlen hinweisen. In diesem Fall Schleifkohlen (Bürsten) ersetzen.
- Funktioniert der Motor, anhand des Stromlaufplans feststellen, welche Zuleitung am Elektromotor Spannung führt, wenn der Schalter betätigt wird und zuvor die Zündung eingeschaltet wurde.
- Spannungsführendes Kabel am Elektromotor mit Prüflampe prüfen. Da bei Elektromotoren ein großer Strom fließt, kann eine herkömmliche Prüflampe mit Glühlampe genommen werden. Diese haben spitze Prüfnadeln, mit denen die Isolierung des Anschlußkabels durchstochen werden kann. So läßt sich auf einfache Weise die Spannung prüfen.
- Liegt keine Spannung am Elektromotor an, ist die Stromversorgung defekt. Fehler in der Zuleitung nach Stromlaufplan suchen und beheben. Elektromotoren haben in der Regel aufgrund des hohen Strombedarfs zusätzliche Schaltrelais. Prüfung, siehe entsprechendes Kapitel.
- Wurde kein Fehler gefunden, Schalter prüfen.
- Ist ein Kabel defekt, ist es oft sinnvoller, man legt ein neues Kabel, da es schwierig ist, einen Defekt im Kabel zu lokalisieren.

Schalter auf Durchgang prüfen

Die meisten elektrischen Verbraucher werden über einen von Hand betätigten Schalter ein- und ausgeschaltet. Darüber hinaus gibt es auch Schalter, die automatisch betätigt werden. Zu diesen Schaltern zählen zum Beispiel der Öldruckschalter und der Geber für Bremsflüssigkeitsstand.

Grundsätzlich hat ein Schalter die Aufgabe, den Stromkreis zu schließen oder zu unterbrechen. Es gibt Schalter, die die Masseleitung unterbrechen, und Schalter, die den Plusstrom unterbrechen.

Schalter für Lampen und Elektromotoren prüfen

- Betreffenden Schalter ausbauen.
- Einfache Schalter haben nur 2 Anschlüsse für die Kabel. In diesem Fall muß an einem Anschluß immer Spannung (+) anliegen und nach dem Einschalten an der anderen Klemme auch. Es gibt auch Schalter mit mehreren Klemmen. Bei diesen Schaltern anhand des Stromlaufplans klären, an welcher Klemme Spannung anliegen muß, gegebenenfalls vorher Zündung einschalten.
- Mit Prüflampe prüfen, ob am Schalter Spannung anliegt. Leuchtet die Prüflampe auf, Schalter betätigen und an der Ausgangsklemme prüfen, ob dort auch Spannung anliegt. Ist das der Fall, ist sichergestellt, daß der Schalter funktioniert.
- Wenn an der Eingangsklemme keine Spannung anliegt, liegt eine Unterbrechung in der Leitungszuführung vor. Anhand des Stromlaufplans muß die Spannungszuführung kontrolliert und gegebenenfalls eine neue Leitung gelegt werden.

Geberschalter prüfen

Geberschalter sind beispielsweise: Öldruckschalter, Geber für Bremsflüssigkeits- und Kühlmittelstand.

- Durchgangsprüfer (Prüflampe oder Ohmmeter) an der Zu- und Ableitung des Schalters anschließen, dazu Kabel am Schalter abziehen. **Achtung:** Schalter, die im Motorblock eingeschraubt sind, haben in der Regel kein Massekabel, da das Schaltergehäuse über den Motorblock als Massepol dient.
- Bei geschlossenem Schalter muß der Durchgangsprüfer Durchgang anzeigen. Am besten ist ein Ohmmeter als Durchgangsprüfer: Bei geschlossenem Schalter muß es 0 Ω, bei geöffnetem Schalter ∞ Ω (unendlich) anzeigen.
- Die Funktionsfähigkeit etwa der Kühlmittel- oder Bremsflüssigkeitsstand-Warnschalter läßt sich am schnellsten prüfen, indem bei eingeschalteter Zündung die Zuleitung am Schalter abgezogen wird und an eine gute Massestelle, zum Beispiel gegen den Motorblock, gehalten wird. Spricht die Warnlampe im Instrumenteneinsatz jetzt an, liegt der Fehler am Schalter.
- Ein Sonderfall ist der Öldruckschalter: Bei stehendem Motor ist der Kontakt geschlossen (Warnlampe brennt), erst bei einem gewissen Öldruck öffnet der Schalter.

Relais prüfen

In vielen Stromkreisen ist ein Relais integriert. Ein Schaltrelais arbeitet wie ein Schalter. Beispiel: Wenn die Hupe über die Hupentaste eingeschaltet wird, bekommt das Relais den Befehl, den Strom zur Hupe durchzuschalten. Man könnte natürlich den Strom auch direkt über den Hupenschalter von der Batterie zur Hupe legen. Bei Verbrauchern mit hoher Stromaufnahme (Hupe, Nebelscheinwerfer, Kühlerlüfter etc.) schaltet man jedoch ein Relais dazwischen, um den Schalter nicht zu überlasten beziehungsweise um kurze Stromwege sicherzustellen. Neben diesen Schaltrelais gibt es auch Funktionsrelais, zum Beispiel für die Wisch-Wasch-Intervallautomatik.

Schaltrelais prüfen

Beim Einschalten des betreffenden Verbrauchers wird das Relais angesteuert, das heißt durch den Schaltstrom zieht eine Magnetspule im Relaisinnern einen Kontakt an und schließt so den Stromkreis für den »Arbeitsstrom«. Der Arbeitsstrom läuft über das Relais zum Stromverbraucher weiter.

Am einfachsten läßt sich die Funktionsfähigkeit eines Relais prüfen, wenn man es gegen ein intaktes auswechselt. So macht man es auch in der Werkstatt. Da dem Heimwerker jedoch in den seltensten Fällen ein neues Relais sofort zur Verfügung steht, empfiehlt sich folgender Arbeitsschritt bei den sogenannten Schaltrelais, wie sie unter anderem zum Schalten von Nebelscheinwerfer und Signalhorn verwendet werden. Die hier angegebenen Klemmenbezeichnungen können vor allem bei den serienmäßig eingebauten Relais auch anders lauten.

- Relais aus der Halterung herausziehen.
- Zündung und entsprechenden Schalter einschalten.
- Zuerst mit Spannungsprüfer feststellen, ob an Klemme 30 (+) im Relaishalter Spannung anliegt. Dazu Spannungsprüfer an Masse (–) anschließen und die andere Kontaktspitze vorsichtig in Klemme 30 einführen. Wenn die Leuchtdiode des Spannungsprüfers aufleuchtet, ist Spannung vorhanden. Zeigt der Spannungsprüfer keine Spannung an, Unterbrechung zwischen Batterie-Pluspol (+) und Klemme 30 anhand des Schaltplanes aufspüren.
- Leitungsbrücke aus einem Stück isoliertem Draht herstellen, die Enden müssen blank sein.
- Mit dieser Brücke im Relaishalter die Klemme 30 (Batterie +, führt immer Spannung) mit dem Ausgang des Relais-Schließers Klemme 87 verbinden. Mit diesem Arbeitsschritt wird praktisch genau das getan, was ein intaktes Relais auch vornimmt. Wo sich die Klemmen im Relaishalter befinden, ist auf dem Relais beziehungsweise am Steckkontakt aufgeführt.
- Wenn bei eingesetzter Brücke zum Beispiel die Hupe ertönt, kann man davon ausgehen, daß das Relais defekt ist.
- Wenn die Hupe nicht ertönt, klären, ob die Masseverbindung zur Hupe intakt ist. Dann Unterbrechung in der Leitungsführung von Klemme 87 zur Hupe anhand des Stromlaufplanes aufspüren und beheben.

● Falls erforderlich, neues Relais einsetzen.

Achtung: Falls ein Fehler nur zeitweise in einem Stromkreis auftritt, der mit einem Relais bestückt ist, dann liegt der Defekt in der Regel im Relais. Und zwar bleibt dann ein Kontakt im Relais ab und zu kleben, während das Relais in der übrigen Zeit einwandfrei funktioniert. Bei Auftreten des Fehlers leicht gegen das Relaisgehäuse klopfen. Wenn das Relais daraufhin durchschaltet, Relais ersetzen.

Multitimer aus- und einbauen

Der Multitimer steuert in Abhängigkeit von der Zeit verschiedene elektrische Funktionen. Dazu zählen:
- elektrische Fensterheber
- Zentralverriegelung
- Innenraumleuchte
- heizbare Heckscheibe
- Blinklicht

Der Multitimer ist ähnlich einer Schublade seitlich in den Sicherungskasten eingeschoben.

Ausbau

● Kombiinstrument ausbauen, siehe Seite 99.

● Gehäuse für Mischluftdüse auf der Fahrerseite ausbauen, siehe Seite 110.

● Massekabel hinter dem Kombiinstrument und Stecker für Lichtschalter vom Gehäuse für Mischluftdüse lösen.

● Ablagefach links neben der Lenksäule ausbauen, siehe Seite 61.

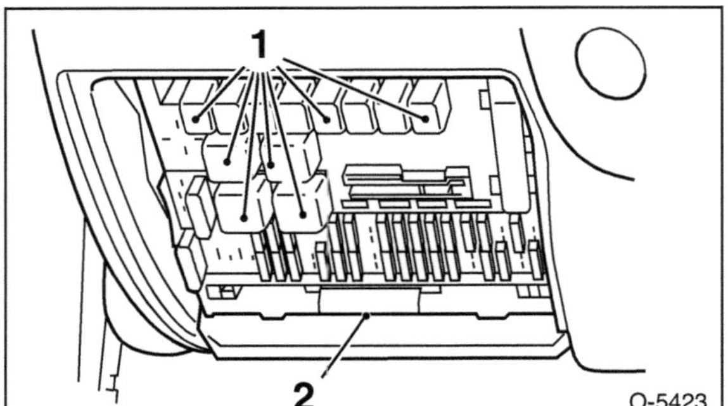

O-5423

● Sicherungskasten unten entriegeln –2– und oben mit 2 Schrauben abschrauben.

● Befestigungslasche –5–, Abbildung O-5425, zuerst über den Metallrahmen nach oben führen.

● Sicherungskasten vorsichtig etwas aus der Armaturentafel herausziehen.

● Sämtliche Relais –1– abziehen. **Hinweis:** Die Abbildung zeigt die Anordnung der Relais beim ASTRA. Beim ZAFIRA ist entsprechend vorzugehen.

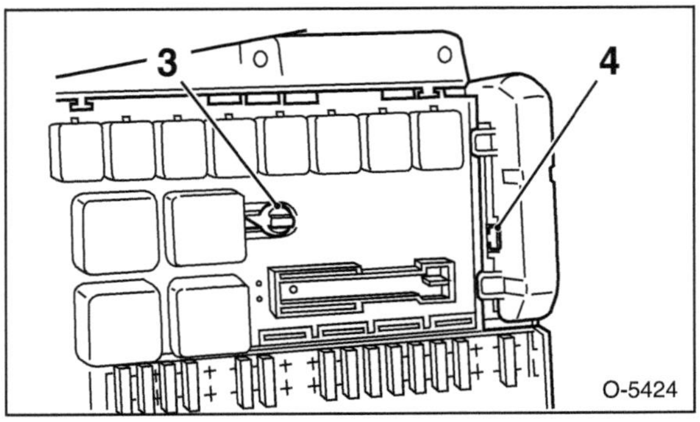

O-5424

● Mehrfachstecker entriegeln –4– und abziehen.

● Sicherungsstift –3– herausziehen.

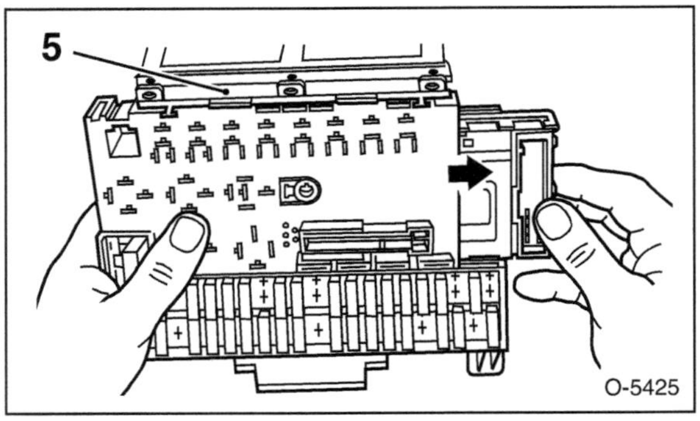

O-5425

● Multitimer seitlich aus dem Sicherungskasten herausziehen –Pfeil–.

Einbau

● Der Einbau erfolgt in umgekehrter Ausbaureihenfolge.

Blinkanlage prüfen

Der Multitimer steuert für die Blink- und Warnblinkanlage zwei Schaltrelais an, eins für die linken Blinkleuchten, das andere für die rechten Blinkleuchten.

- Ist der Blinker-Rhythmus auf einer Seite schneller als auf der anderen Seite, ist auf der »schnellen« Seite eine Glühlampe defekt oder eine Leitung unterbrochen. Deshalb zuerst Sicherung und anschließend die betreffende Glühlampe prüfen.
- Bei allen anderen Störungen ist meistens ein Blinkrelais defekt.
- Steht kein neues Relais zur Verfügung, dünnen Draht vorsichtig zwischen Klemme 3 (30) und Klemme 5 (87) am Steckplatz der Relaisplatte einstecken. **Achtung:** Dabei dürfen die empfindlichen Relaiskontakte nicht beschädigt werden. Drahtenden vor dem Einstecken umbiegen, damit keine scharfen Kanten vorhanden sind.
- Blinklicht einschalten. Leuchtet das Blinklicht trotz Überbrückung der Relaiskontakte nicht, liegt ein Defekt im Blinkerschalter oder im Multitimer vor.

Fernbedienung für Zentralverriegelung synchronisieren

Die Funk-Fernbedienung der Zentralverriegelung muß beispielsweise synchronisiert werden, wenn der Batteriewechsel länger als 3 Minuten gedauert hat oder der Sender aufgrund zu häufiger Betätigung außerhalb der Empfangsreichweite automatisch gesperrt wurde.

- Zündung einschalten, Schlüssel mindestens 30 Sekunden im Zündschloß lassen, damit das Steuergerät in den Synchronisiermodus umschalten kann.
- Während sich der Zündschlüssel im Zündschloß befindet, eine der beiden Tasten der Fernbedienung kurz drücken. Die Programmierung wird durch einmaliges Entriegeln und Verriegeln der Zentralverriegelung bestätigt.

Scheibenwischermotor prüfen

Der Scheibenwischermotor sitzt im Wasserkasten unterhalb der Windschutzscheibe. Zum Prüfen muß die Abdeckung demontiert werden.

Klemmenbezeichnungen

Die Klemmen am Motor sind genormt:

- Klemme **31** ist der Masseanschluß (allgemein in der Fahrzeugelektrik).
- Klemme **53** (A) erhält Spannung für die erste Wischergeschwindigkeit.
- Klemme **53 a** (D) liefert Plusstrom (+) für die Wischer-Endabstellung: Der Motor erhält über einen Schleifkontakt so lange Spannung, bis die Wischer in Ruhestellung gelaufen sind, wenn der Fahrer den Scheibenwischer ausschaltet.
- Klemme **53 b** (E) führt die Spannung für die zweite Wischergeschwindigkeit (Nebenschlußwicklung).
- Über Klemme **53 e** (C) wird der Wischermotor beim Zurücklaufen nach dem Abschalten abgebremst, damit die Wischer nicht über ihre Parkstellung hinauslaufen.

Wischermotor prüfen

Zunächst klären, ob der Wischermotor oder die Stromversorgung defekt ist. Dazu folgendermaßen vorgehen:

- Mehrfachstecker am Wischermotor abziehen.
- Mit 2 Hilfskabeln Spannung (+) und Masse (–) von der Fahrzeugbatterie an den Wischermotor anlegen:
- Ein Kabel vom Batterie-Pluspol zu Klemme **53** oder **53 b** verlegen.
- Das zweite vom Batterie-Minuspol zu Motor-Klemme **31** führen.
- Der Scheibenwischermotor muß jetzt je nach benutzter Klemme auf Stufe I oder II laufen. Wenn nicht, ist der Motor oder die entsprechende Stufe defekt. Wischermotor ausbauen, siehe Seite 84.

Heizbare Heckscheibe prüfen

Bei eingeschalteter Heckscheibenheizung muß das Feld mit den sichtbaren Leiterbahnen nach einiger Zeit frei von Beschlag oder Eis sein.

- Bei Störungen zuerst Sicherung im Sicherungskasten überprüfen.
- Ist die Sicherung in Ordnung, Heckfensterverkleidung ausbauen und festen Sitz der Kabelstecker links und rechts an der Heckscheibe überprüfen, gegebenenfalls von Korrosion reinigen.
- Funktioniert die Heckscheibenheizung immer noch nicht, Relais für heizbare Heckscheibe prüfen, siehe Seite 53/295.

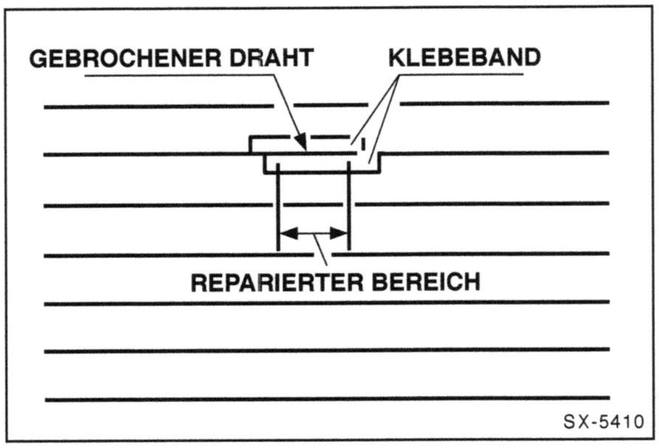

- Sind Heizfäden unterbrochen, hilft handelsüblicher Leitsilberlack zur Wiederherstellung der Verbindung. Dazu beschädigten Bereich mit Verdünner oder Ethylen reinigen.
- Unterbrochene Stelle von beiden Seiten mit Klebeband abkleben und mit einem kleinen Pinsel Leitsilberlack auftragen.
- Farbe bei ca. +25° C ca. 24 Stunden trocknen lassen. Es kann auch ein Heißluftfön verwendet werden. Bei +150° C trocknet die Farbe in ca. 30 Minuten.

Achtung: Heckscheibenheizung nicht einschalten, bevor die Farbe ganz trocken ist. Kein Benzin oder andere Lösungsmittel zum Reinigen des beschädigten Teils verwenden.

Leuchtweitenregulierung

Die Leuchtweitenregulierung besteht aus dem Regulierschalter (Einstellrad) im Innenraum unter dem Lichtschalter und den beiden Stellmotoren an den Scheinwerfern. Bei eingeschaltetem Abblendlicht kann durch entsprechende Stellung des Einstellrades die Leuchtweite der Scheinwerfer der Fahrzeugbelastung angepaßt werden.

Stellung Einstellrad	Fahrzeugbelastung
0	Fahrersitz/Beifahrersitz besetzt
1	Alle Sitze besetzt
2	Fahrersitz besetzt, Gepäckraum beladen
3	Alle Sitze besetzt und Gepäckraum beladen

Hupe aus- und einbauen/prüfen

Hinter dem vorderen Stoßfänger sind auf der rechten Seite je ein Hoch- und ein Tieftonhorn angebracht. Zur Schonung der Hupkontakte ist zwischen Betätigungsknopf und Hupe ein Relais zwischengeschaltet. Beim Betätigen der Hupe wird der Steuerstromkreis des Relais geschlossen, woraufhin dieses den Arbeitsstrom für das Signalhorn schaltet.

Ausbau

- Hupe mit Halter abschrauben –Pfeil–.
- Mehrfachstecker entriegeln und abziehen.

Prüfen

- Hupe mit Hilfsleitungen direkt an die Fahrzeugbatterie anschließen. Dabei Anschluß für rot/braunes Kabel mit Batterie-Plus (+) und Anschluß für braunes Kabel mit Batterie-Masse (–) verbinden. Die Hupe muß ertönen.

Einbau

- Hupe einsetzen und anschrauben.
- Mehrfachstecker verriegeln.

Steuergerät für Zentralverriegelung ausbauen

Die Zentralverriegelung des OPEL ASTRA/ZAFIRA verriegelt beziehungsweise entriegelt über Servomotoren alle Türen, den Kofferraumdeckel beziehungsweise die Heckklappe sowie die Tankklappe. Das elektronische Steuergerät mit Empfangsteil ist hinter der Seitenverkleidung im rechten Fußraum untergebracht.

- Zum Ausbau des Steuergerätes für die Zentralverriegelung muß die Innenverkleidung der rechten A-Säule ausgebaut werden, siehe Seite 264.

- Mehrfachstecker –1– und –2– entriegeln und abziehen.
- 2 Muttern –Pfeile– abschrauben, Steuergerät herausnehmen.

Die Ver- und Entriegelung der Türen erfolgt durch Ab- und Aufschließen der Fahrertür beziehungsweise durch Betätigung der Funk-Fernbedienung. Bei Überlastung durch häufige Betätigung in kurzen Abständen wird die Stromversorgung für ca. 30 Sekunden unterbrochen.

Durch Halten des Schlüssels in »Türschließposition« (mind. 1 Sekunde) können auch das elektrisch betätigte Schiebedach und elektrisch betätigte Fenster geschlossen werden. Falls diese Funktion nicht ausgeführt wird, Steuergerät für Fensterheber entsprechend programmieren. Jedes Fenster schließen und jeweilige Wipptaste bei geschlossenem Fenster mindestens weitere 5 Sekunden gedrückt halten.

Falls das Steuergerät kurz nach der Verriegelung sämtliche Schlösser wieder entriegelt, deutet dies auf den Defekt eines Stellgliedes (Motor) hin. Nach 5 Schließversuchen wird der defekte Motor vom Steuergerät ignoriert und das Schloß kann manuell verriegelt werden.

Das Steuergerät erkennt auftretende Fehler in der Zentralverriegelung (und, wo vorhanden, in der Diebstahlwarnanlage) und speichert sie ab. Die OPEL-Werkstatt kann den Fehler mit einem Auslesegerät abfragen und gezielt beheben.

Stellmotor für Zentralverriegelung aus- und einbauen

Stellmotor Tür

Türschloß und Stellmotor für die Zentralverriegelung bilden eine Einheit. Türschloß mit Stellmotor ausbauen, siehe Seite 290.

Stellmotor Tankklappe/Limousine und ZAFIRA

Ausbau

- Kofferraum-Seitenabdeckung ausbauen.
- Mehrfachstecker am Stellmotor entriegeln und abziehen.
- Tankklappe öffnen.

- Halter mit 2 Schrauben –Pfeile– abschrauben und zusammen mit Stellmotor herausziehen.

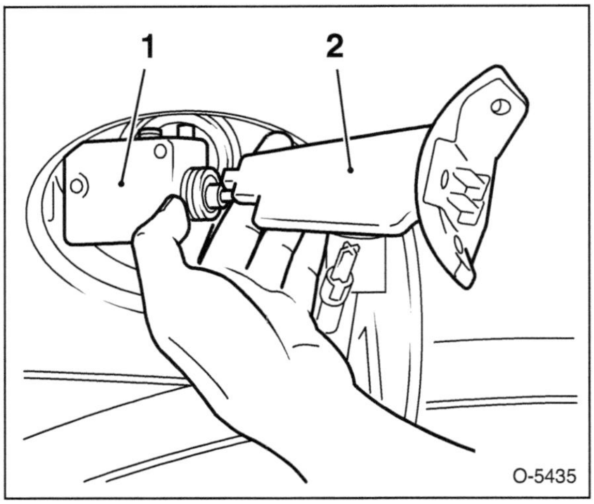

- Stellmotor –1– von Halter –2– abziehen.

Einbau

- Stellmotor am Halter einsetzen und zusammen in die Öffnung neben dem Tankeinfüllstutzen hineinschieben. Halter festschrauben.
- Tankklappe schließen.
- Vom Kofferraum her Mehrfachstecker aufstecken und verriegeln.
- Kofferraum-Seitenabdeckung einbauen.

Stellmotor Tankklappe/Caravan

Ausbau

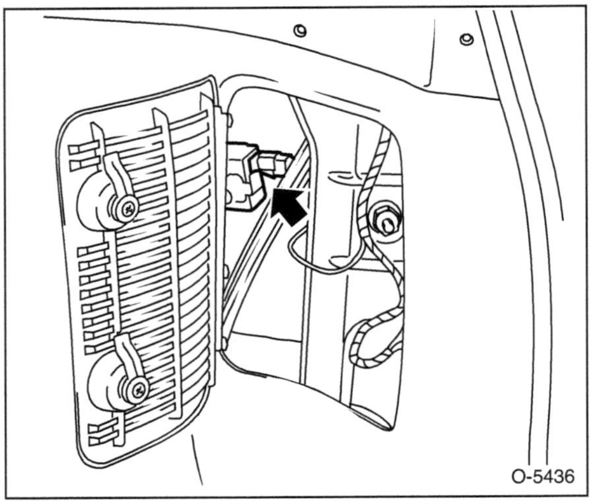

- Abdeckung im Gepäckraum entriegeln und öffnen.
- Stellmotor –Pfeil– entriegeln und abziehen.
- Mehrfachstecker entriegeln und abziehen.

Einbau

- Mehrfachstecker am Stellmotor ansetzen und verriegeln.
- Stellmotor einsetzen und verriegeln.
- Abdeckung im Gepäckraum schließen und verriegeln.

Stellmotor Kofferraumdeckel/Limousine

Ausbau

- Innenverkleidung für Kofferraumdeckel ausbauen, siehe Seite 268.

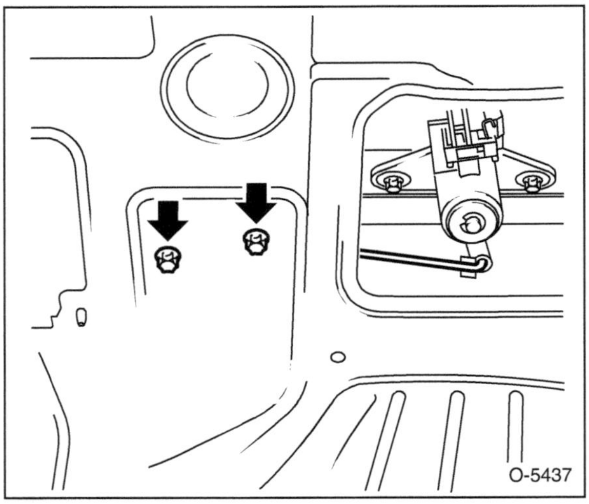

- Betätigungsstange entriegeln und aus Schloß herausziehen.
- Mehrfachstecker entriegeln und abziehen.
- Stellmotor abschrauben –Pfeile–.

Einbau

- Stellmotor anschrauben.
- Mehrfachstecker am Stellmotor ansetzen und verriegeln.
- Betätigungsstange am Schloß einhängen und verriegeln.
- Innenverkleidung für Kofferraumdeckel einbauen.

Stellmotor Heckklappe/Caravan

Ausbau

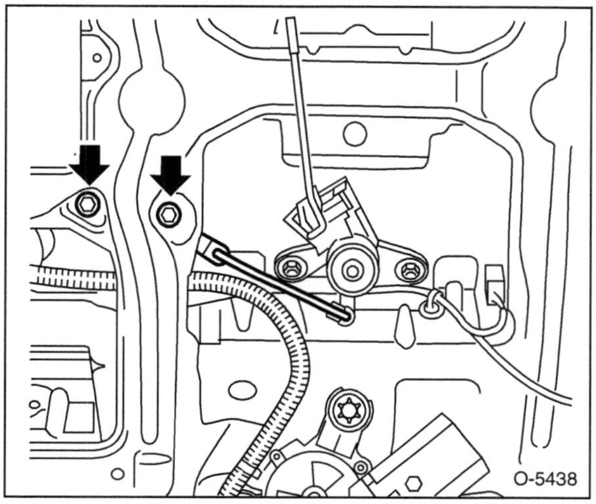

- Innenverkleidung für Heckklappe ausbauen, siehe Seite 268.
- Betätigungsstange entriegeln und aus Schloß herausziehen.
- Mehrfachstecker entriegeln und abziehen.
- Stellmotor abschrauben –Pfeile–.

Einbau

- Stellmotor anschrauben.
- Mehrfachstecker am Stellmotor ansetzen und verriegeln.
- Betätigungsstange einhängen und verriegeln.
- Innenverkleidung für Heckklappe einbauen.

Stellmotor Heckklappe/ZAFIRA

- Der Stellmotor für die Heckklappe wird beim ZAFIRA prinzipiell auf die gleiche Weise aus- und eingebaut, wie beim ASTRA Caravan. Der Unterschied besteht hauptsächlich im Verlauf der Betätigungsstange für das Heckklappenschloß. Enstprechend vorgehen.

Wegfahrsperre

Der OPEL ASTRA/ZAFIRA verfügt über eine elektronische Wegfahrsperre mit Transponderansteuerung. Zur Identifikation des korrekten Schlüssels arbeitet die Wegfahrsperre mit einem Festcode und einem zusätzlichen Wechselcode. Aktiviert wird die Wegfahrsperre durch Abziehen des Schlüssels aus dem Zündschloß. Die Wegfahrsperre verhindert das Anspringen des Motors, solange das System nicht mit dem richtig codierten Zündschlüssel gestartet wird.

Beim Einschalten der Zündung übermittelt ein Sender (Transponder) im Schlüsselgriff den Identifikationscode an das Steuergerät der Wegfahrsperre. Das Steuergerät befindet sich neben dem Zündschloß. Der Sender im Schlüsselgriff benötigt keine Batterie, da die Spannungsversorgung drahtlos durch das Steuergerät erfolgt.

- Dreht der Motor durch, ohne zu starten und die Motorkontrolleuchte im Schalttafeleinsatz blinkt, dann ist das System aktiviert und der Empfänger am Zündschloß hat den Schlüsselcode nicht erkannt. Das kann folgende Ursachen haben:
  - Lesevorgang durch zusätzliche Schlüssel am Schlüsselbund behindert,
  - Schlüsselcode defekt.
- Liegt ein Defekt in der Wegfahrsperre vor, kann dieser nur von einer OPEL-Werkstatt behoben werden.

Diebstahlwarnanlage

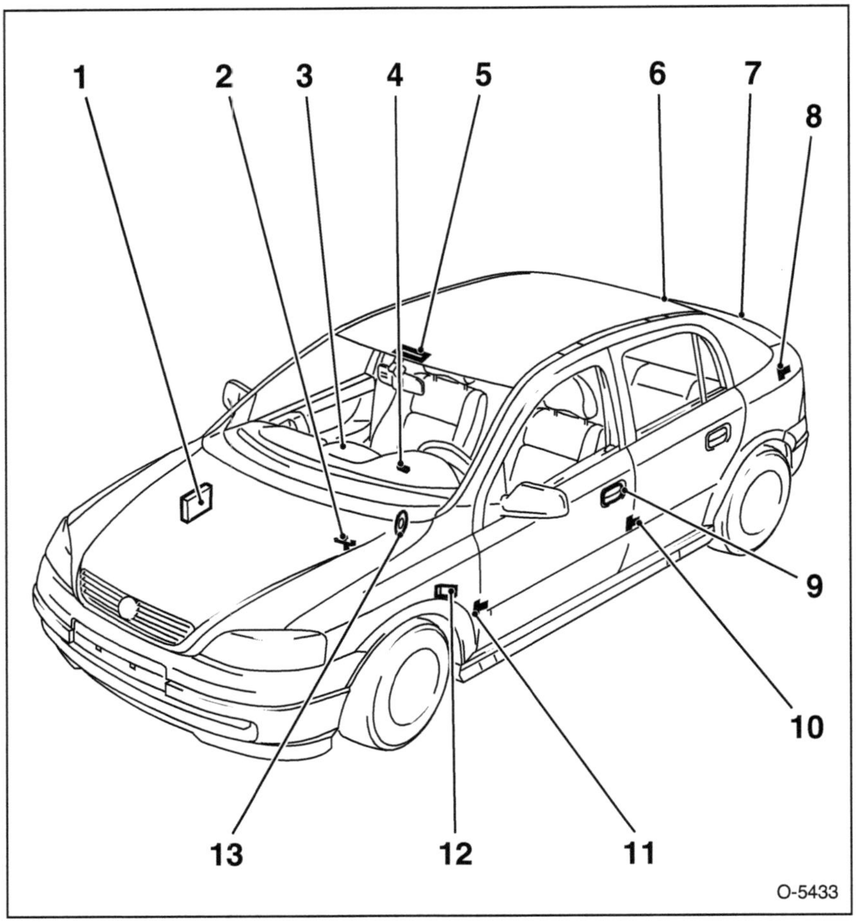

OPEL ASTRA

1 – **Steuergerät Diebstahlwarnanlage (DWA) und Zentralverriegelung**

2 – **Motorhaubenkontakt**

3 – **LED im Warnblinkschalter**

4 – **Zündschloß**

5 – **Ultraschallsensoren in der Innenraumleuchte**

6 – **Heckscheibenheizung-Glasbruchmelder/DWA**

7 – **Schalter Kofferraumdeckel/ Rückwandklappe**

8 – **Schalter Lade-/Gepäckraumleuchte**

9 – **Schalter Schließzylinder Fahrertür**

10 – **Türkontaktschalter hinten links**

11 – **Türkontaktschalter vorne links**

12 – **Power-Sounder (nur Vauxhall/ England)**

13 – **Signalhorn für Diebstahlwarnanlage**

Die Diebstahlwarnanlage (DWA) überwacht alle Hauben, Türen und den Innenraum auf unbefugtes Eindringen in das Fahrzeug. Die DWA-Steuerung ist in das Steuergerät der Zentralverriegelung integriert.

Aktiviert wird die DWA durch Verschließen des Fahrzeugs und anschließendes Scharfschalten mit dem Schlüssel an der Fahrertür oder durch die Funk-Fernbedienung.

Türen und Kofferraumdeckel/Heckklappe werden über das Steuergerät der Zentralverriegelung und die jeweiligen Türkontakte überwacht. Bereits ein geringes Anheben der Motorhaube genügt dem zusätzlich installierten Motorhaubenkontakt für eine Mitteilung an das DWA-Steuergerät. Zur Glasbruchüberwachung der Heckscheibe dienen die Kontaktschleifen der Scheibenheizung.

Zwei Ultraschallsensoren in der Innenraumleuchte erkennen Bewegungen innerhalb des Fahrzeugs. Die Ultraschall-Innenraumüberwachung kann bei Bedarf separat deaktiviert werden, zum Beispiel wenn Tiere im Fahrzeug bleiben sollen. Dazu bei ausgeschalteter Zündung Tastschalter für Innenraumüberwachung im Armaturenbrett drücken und anschließend DWA mit Schlüssel oder Fernbedienung aktivieren. Überwacht wird auch die »relative Neigung« des Fahrzeugs. Wird zum Beispiel das Fahrzeug angehoben, löst dies bei aktivierter DWA einen Alarm aus.

Sicherungen auswechseln

Um Kurzschluß- und Überlastungsschäden an den Leitungen und Verbrauchern der elektrischen Anlage zu verhindern, sind viele Stromkreise durch Schmelzsicherungen mit Messerkontakten geschützt.

- Vor dem Auswechseln einer Sicherung immer zuerst den beziehungsweise die betroffenen Verbraucher und die Zündung ausschalten.

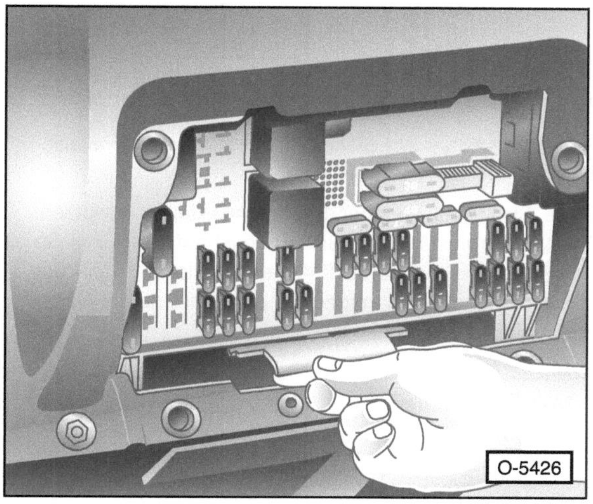
O-5426

- Die Sicherungen befinden sich in einem Sicherungskasten links neben der Lenksäule hinter dem Ablagefach.

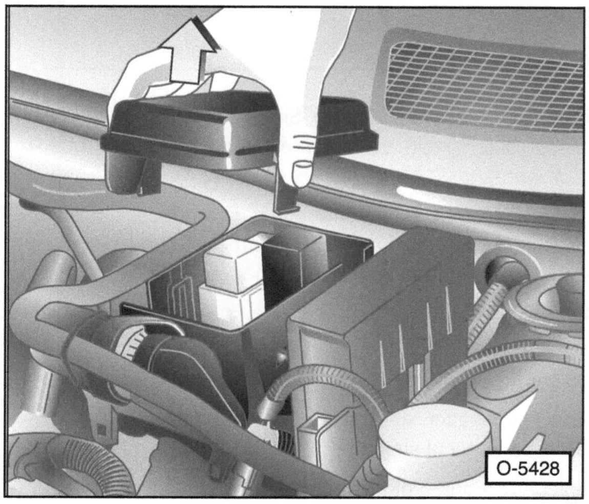
O-5428

- Zusätzliche Sicherungen befinden sich im Motorraum: Diesel-Vorglühanlage und Diesel-Filterheizung.

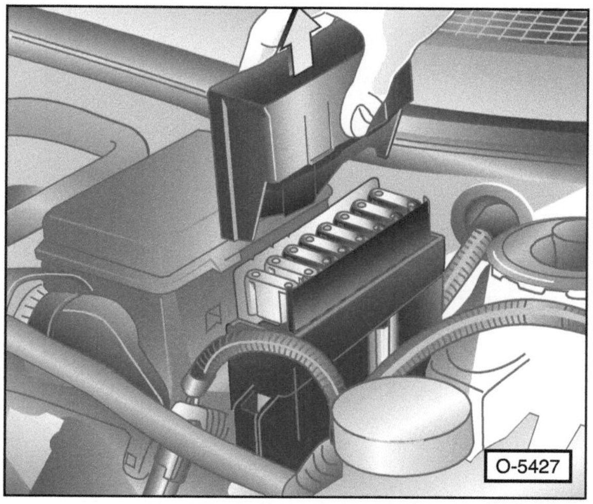
O-5427

- Vor dem Sicherungskasten für die Diesel-Vorglühanlage befindet sich der Hauptsicherungskasten mit bis zu 8 Sicherungen. Deckel für Hauptsicherungskasten nach oben abnehmen. Bei Defekt einer dieser Sicherungen, fallen größere Bereiche der elektrischen Anlage aus. Gegebenenfalls Fachwerkstatt aufsuchen.

Sicherungen im Sicherungskasten neben der Lenksäule auswechseln

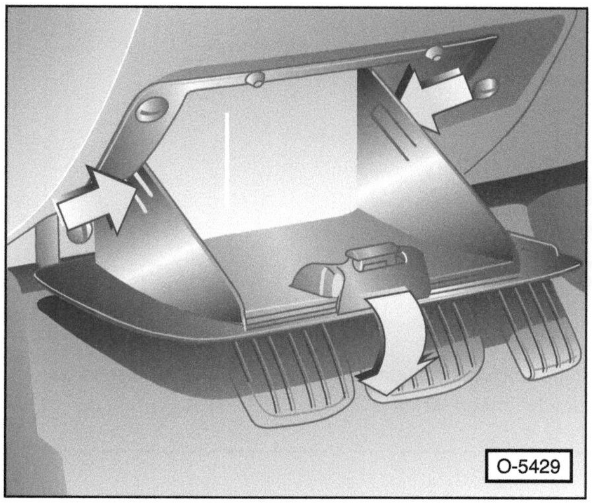
O-5429

- Ablagefach neben der Lenksäule aushängen. Dazu Ablagefach öffnen, seitliche Laschen eindrücken –obere Pfeile–, dann Ablagefach ganz nach unten schwenken und aushängen. Darauf achten, daß die Dämpfungsgummis an den seitlichen Rasthaken nicht herausfallen. Gegebenenfalls wieder in die entsprechenden Bohrungen einsetzen. Wenn die Gummis fehlen, dann klappert das Ablagefach beim Öffnen.

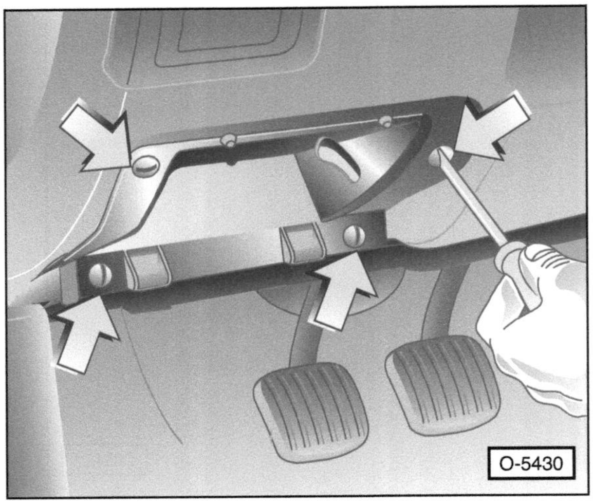

- Befestigungsclips –Pfeile– um 90° (1/4 Umdrehung) drehen und Ablagefachhalter herausnehmen. Auf der Rückseite befinden sich Symbole für die Sicherungsbelegung.

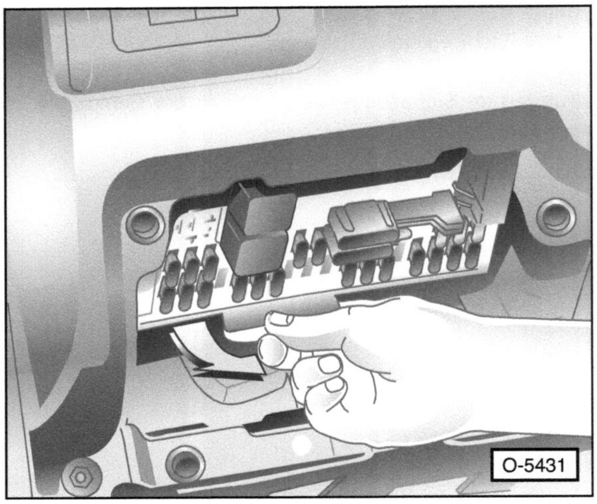

- Sicherungskasten von unten her mit Griff ausrasten und vorschwenken –Pfeil–.

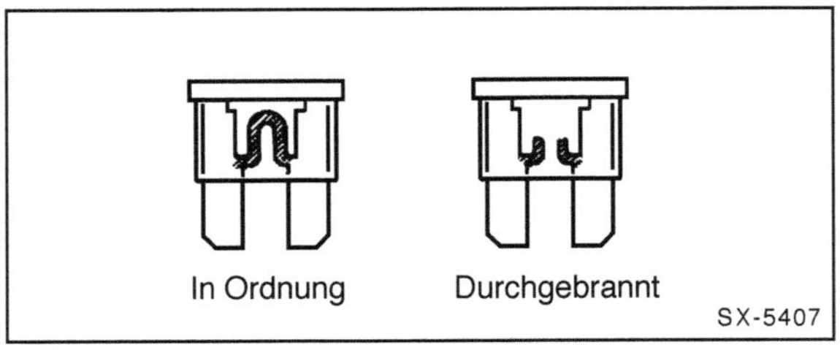

- Eine durchgebrannte Sicherung erkennt man am durchgeschmolzenen Metallstreifen.
- Zum Sicherungswechsel befindet sich rechts im Sicherungskasten ein Sicherungszieher.

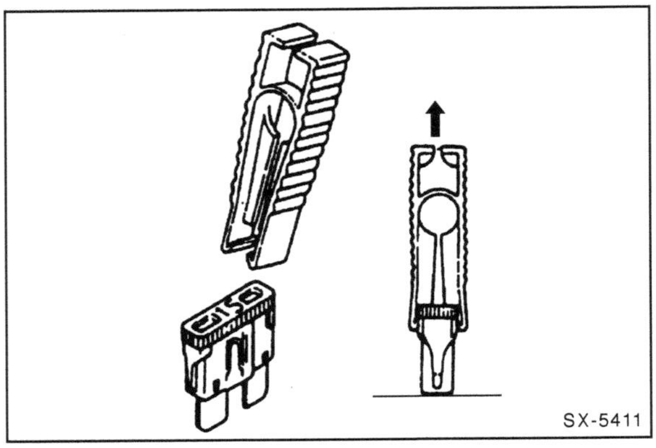

- Sicherungszieher auf Sicherung stecken und herausziehen.
- Neue Sicherung **gleicher Sicherungsstärke** einsetzen. Die Nennstromstärke der Sicherung ist auf der Rückseite der Sicherung aufgedruckt. Außerdem hat der Griff der Sicherungen eine Kennfarbe, an der ebenfalls die Nennstromstärke zu erkennen ist.

Nennstromstärke in Ampere	Kennfarbe
7,5	braun
10	rot
15	blau
20	gelb
30	grün
40	orange

- Brennt eine neu eingesetzte Sicherung nach kurzer Zeit wieder durch, muß der entsprechende Stromkreis überprüft werden.
- Auf keinen Fall Sicherung durch Draht oder ähnliche Hilfsmittel ersetzen, weil dadurch ernste Schäden an der elektrischen Anlage auftreten können.
- Es ist empfehlenswert, stets einige Ersatzsicherungen im Wagen mitzuführen.
- Sicherungskasten zurückschwenken und einrasten.
- Ablagefachhalter einsetzen, Clips so drehen, daß die Schlitz senkrecht stehen.
- Ablagefach unten einhängen, nach oben schwenken und seitliche Führung einrasten.

Sicherungsbelegung

Die Sicherungsbelegung ist abhängig von der Ausstattung und vom Baujahr des Fahrzeuges. Das Numerierungsschema der Sicherungen ist auf der Rückseite des Ablagefachhalters angegeben, siehe Seite 61.

Nr.	Amp.	Verbraucher
1		nicht belegt
2	30 A	Gebläse, beheizte Vordersitze
3	40 A	heizbare Heckscheibe
4		nicht belegt
5		nicht belegt
6	10 A	Abblendlicht rechts, Leuchtweitenregulierung
7	10 A	Standlicht rechts, Rücklicht rechts, Kennzeichenleuchte
8	10 A	Fernlicht rechts
9	30 A	Scheinwerferwaschanlage
10	15 A	Hupe
11	20 A	Zentralverriegelung
12	15 A	Nebelscheinwerfer
13	7,5 A	Info-Display
14	30 A	Scheibenwischer, Schiebedach (Coupé)
15	7,5 A	Fensterbetätigung, Schiebedach, Diebstahlwarnanlage, elektrisch verstellbare Außenspiegel
16	10 A	Nebelschlußleuchte
17	30 A	Fensterbetätigung
18	7,5 A	Kennzeichenleuchte, Leuchtweitenregulierung
19		nicht belegt
20	30 A	Fensterbetätigung
21	7,5 A	Zündschloß, Diebstahlwarnanlage, Radio, Infotainment-System, Navigationssystem
22	15 A	Warnblinker, Info-Display, Bordcomputer, Kontrolleuchten, Infotainment-System
23	10 A	ABS, Servolenkung
24	10 A	Abblendlicht links, Leuchtweitenregulierung
25	10 A	Standlicht links, Rücklicht links, Kennzeichenleuchte
26	10 A	Fernlicht links
27		nicht belegt
28	7,5 A	Innenraumbeleuchtung
29	10 A	Warnblinker, Innenraumbeleuchtung, Automatisches Getriebe
30	30 A	Schiebedach
31		nicht belegt
32	10 A	Tagesfahrlicht (Skandinavien), Scheinwerfer-Einschaltkontrolle, Diebstahlwarnanlage
33	20 A	Klemme 30: Anhängerdauerstrom, Zubehörsteckdose (ZAFIRA)
34	20 A	CD-Wechsler, Info-Display, Radio, Infotainment-System, Navigationssystem
35	10 A	Automatikgetriebe, Motorkühlung, Klimaanlage
36	20 A	Beheizte Vordersitze, Zigarettenanzünder
37		nicht belegt
38	10 A	Bremslicht, Automatikgetriebe, Info-Display, Geschwindigkeitsregler
39	7,5 A	Automatikgetriebe, Motorkühlung, Klimaanlage
40	7,5 A	Motorkühlung, Klimaanlage
41	10 A	Heizbare Außenspiegel

Hinweis: Im Motorraum befinden sich 2 zusätzliche Sicherungskästen, die größere Teilbereiche der elektrischen Anlage absichern. Die Relaisbelegung ist im Kapitel »Stromlaufpläne« aufgeführt.

Batterie/Batterieträger aus- und einbauen

Die Batterie befindet sich auf der linken Seite im Motorraum.

Achtung: Durch das Abklemmen der Batterie können im Fahrzeug elektronische Speicher gelöscht werden:

- Einige serienmäßig eingebaute Radios verfügen über eine Anti-Diebstahl-Codierung. Wurde die Stromversorgung zum Radiogerät unterbrochen, kann dieses erst dann wieder in Betrieb genommen werden, wenn zuvor der Code eingegeben wurde. Die Stromversorgung ist beispielsweise unterbrochen beim Abklemmen der Batterie, beim Ausbau des Radios oder wenn die Radiosicherung durchgebrannt ist. Falls das Radio codiert ist, Radiocode vor Abklemmen der Batterie feststellen. Ist der Code von einem OPEL-Radio nicht bekannt, kann nur die OPEL-Werkstatt das Autoradio wieder in Betrieb nehmen, siehe auch Seite 103.
- Die gespeicherten Radiosender bleiben in der Regel erhalten, wenn die Batterie ersetzt wird. Falls die Batterie länger ausgebaut bleibt, müssen anschließend die Sender neu programmiert werden.
- Elektronische Fensterheber müssen nach dem Einbau der Batterie neu programmiert werden.

Hinweis: Wird die Autobatterie ersetzt, unbedingt die Altbatterie zum Händler mitnehmen und zurückgeben. Sonst muß Pfand für die neue Batterie bezahlt werden.

Ausbau

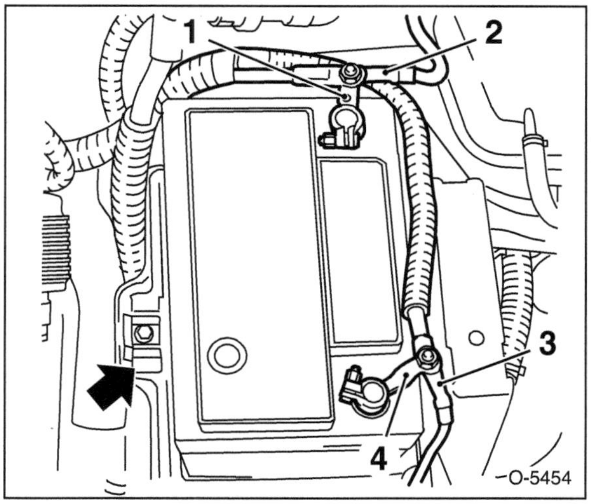

- Batteriekabel abklemmen. Zuerst Massekabel (–) –3– von der Masseklemme –4–, dann Masseklemme –4– vom Minuspol.
- Anschließend Pluskabel (+) –2– von der Plusklemme –1–, dann Plusklemme –1– vom Pluspol. Der Anschluß für das Pluskabel ist mit einer Lasche abgedeckt, diese hochklappen.

- Halteplatte –Pfeil– am Batteriefuß abschrauben und herausnehmen.
- Batterie herausheben.

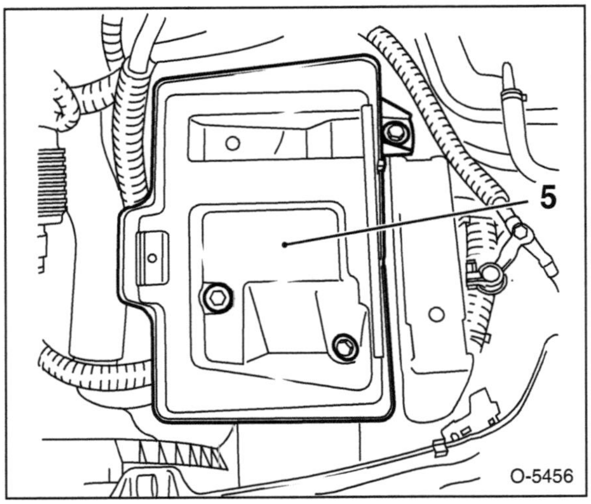

- Batterieträger –5– von der Karosserie abschrauben und herausnehmen.

Einbau

- Batterieträger einsetzen und mit **15 Nm** an die Karosserie anschrauben.
- Batterie gleicher oder höherer Kapazität einbauen: 36 Ah bis 70 Ah.
- Vor dem Einbau Batterie-Pole blank kratzen, geeignet ist dazu eine Messingdrahtbürste.
- Batterie einsetzen.
- Halteplatte ansetzen und festschrauben.
- Pluskabel am Pluspol (+), dann Massekabel am Minuspol (–) anklemmen. **Achtung:** Batterie nur bei **ausgeschalteter Zündung** anklemmen, sonst können elektronische Steuergeräte beschädigt werden. Durch eine falsch angeschlossene Batterie können erhebliche Schäden am Generator und an der elektrischen Anlage entstehen.

Achtung: Auf einwandfreie Masseanschlüsse und saubere Kontakte achten. Hohe Übergangswiderstände führen, insbesondere beim Starten, zu einer Überlastung der elektronischen Steuergeräte und können diese im Extremfall sogar zerstören.

- Zeituhr einstellen.
- Diebstahlcode für Radio eingeben, siehe Kapitel »Radio-Codierung eingeben«.
- Fensterheberelektronik einstellen. Dazu alle Türen schließen und die Zündung einschalten. Fenster über Schalter schließen. Schalter in Fensterschließstellung weiterhin mindestens 5 Sekunden gedrückt halten. Diesen Vorgang an allen Fenstern durchführen.

Hinweise zur wartungsfreien Batterie

Achtung: Im Handel gibt es auch »wartungsarme« Batterien. Wird nachträglich eine solche, nicht serienmäßige Batterie eingebaut, muß regelmäßig der Säurestand kontrolliert und gegebenenfalls destilliertes Wasser aufgefüllt werden. Anschließend Batterie laden, siehe Seite 67.

Der OPEL ASTRA/ZAFIRA ist serienmäßig mit einer wartungsfreien Batterie ausgestattet. Bei dieser Batterie muß nicht mehr wie bisher destilliertes Wasser nachgefüllt werden, dennoch sind einige Wartungspunkte zu beachten.

- Der Deckel hat eine Entlüftungsöffnung, über die die Batterie atmen kann. Damit keine Batteriesäure austreten kann, darf die Batterie nicht mehr als 45° geneigt werden.
- Zum Laden können die normalen Ladegeräte verwendet werden. Die Batterie darf auch mit einem Schnellladegerät geladen werden.
- Ein spezieller, temperaturkompensierter Säuredichteprüfer im Batteriedeckel ermöglicht es, bei Batterieprüfungen und vor dem Nachladen der Batterie mit einem Blick den Ladezustand zu beurteilen. **Achtung:** Der integrierte Säuredichteprüfer ist nicht immer vorhanden.

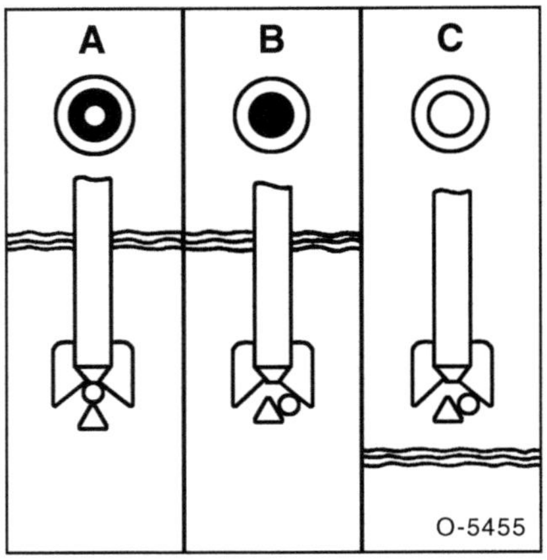

A – Grüner Punkt im Zentrum des Säuredichteprüfers. Die Kugel liegt im Käfig direkt vor dem Kunststoffstab. Das bedeutet, die Batterie ist zu mindestens 65% geladen.

B – Dunkles Zentrum. Die Kugel liegt nicht vor dem Kunststoffstab. Die Ladung beträgt weniger als 65%.

C – Helles oder hellgelbes Zentrum. Die Kugel liegt nicht vor dem Kunststoffstab. Der Batteriesäurespiegel ist unter dem Kunststoffstab abgesunken. Bei Startschwierigkeiten Batterie ersetzen.

- Vor dem Laden Batterie kurz schütteln. Nur Batterien laden, bei denen die Farbanzeige nach kurzem Schütteln der Batterie dunkel bleibt.
- Die günstigste Lagertemperatur liegt zwischen 0° C und +27° C. In diesem Temperaturbereich hat die Batterie die geringste Selbstentladungsrate.

Batterie prüfen

Der Batterie-Zustand wird durch Messen der Spannung mit einem Voltmeter zwischen den Batteriepolen überprüft.

Hinweis: Da der Ausfall der Fahrzeug-Batterie oftmals schlagartig ohne Vorankündigung erfolgt, empfiehlt es sich, eine Batterie, die **älter als 5 Jahre** ist, grundsätzlich zu ersetzen. Bei den heutigen Batterien wird ein baldiger Ausfall nicht mehr unbedingt durch eine schlechte Startfähigkeit der Batterie angekündigt.

Ruhespannung prüfen

- Batteriepole abklemmen, siehe Seite 63.
- Vor der Prüfung muß die Batterie mindestens 2 Stunden abgeklemmt sein.

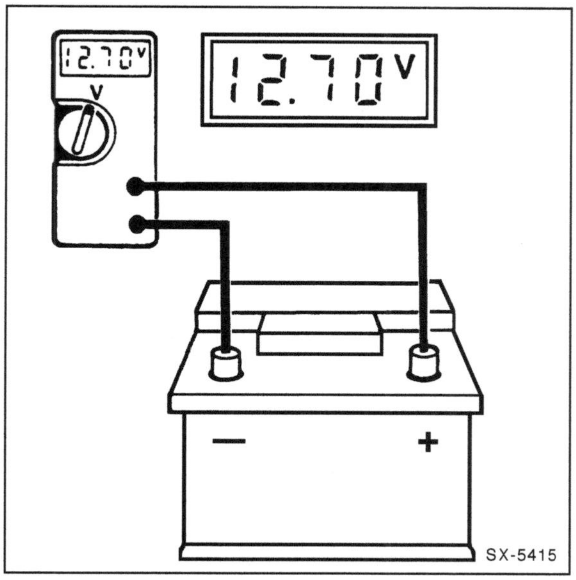

SX-5415

- Voltmeter an die Batteriepole anschließen und Spannung messen.
  Beurteilung:
  12,6 Volt oder darüber = Batterie in gutem Zustand
  12,4 Volt = normal
  12,3 Volt oder darunter = Batterie in schlechtem Zustand, Batterie laden oder ersetzen
- Batterie anklemmen, siehe Seite 63.

Batterie unter Belastung prüfen

- Voltmeter an den Polen der Batterie anschließen.
- Motor starten und Spannung ablesen.
- Während des Startvorganges darf bei einer vollen Batterie die Spannung nicht unter 10 Volt (bei einer Säuretemperatur von ca. +20° C) abfallen.
- Bricht die Spannung sofort zusammen und wurde in den Zellen eine unterschiedliche Säuredichte festgestellt, so ist auf eine defekte Batterie zu schließen.

Säuredichte prüfen. Das ist nur bei Batterien möglich, bei denen sich noch die Batteriestopfen herausdrehen lassen.

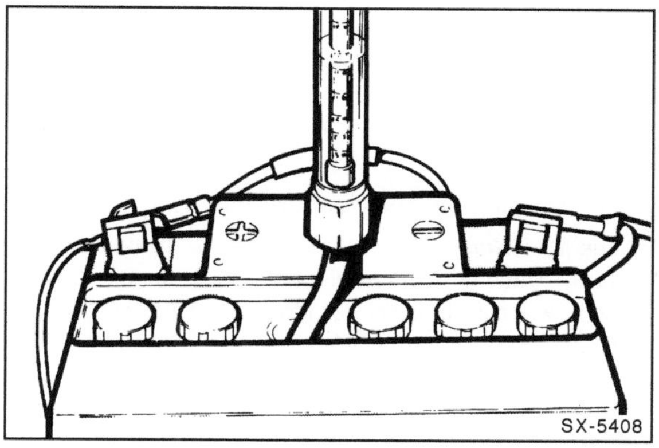
SX-5408

- Die Säuredichte ergibt in Verbindung mit der Spannungsmessung genauen Aufschluß über den Ladezustand der Batterie. Zur Prüfung dient ein Säureheber, der recht preiswert in Fachgeschäften angeboten wird. Je größer das spezifische Gewicht (Säuredichte) der angesaugten Batteriesäure ist, desto mehr taucht der Schwimmer auf. An der Skala kann man die Säuredichte in spezifischem Gewicht (g/ml) oder Baumégrad (+°Bé) ablesen. Folgende Werte müssen erreicht werden (bei einer Säuretemperatur von ca. +20° C):

Ladezustand	+°Bé	g/ml
entladen	16	1,15
halb entladen	24	1,22
gut geladen	30	1,26

- Nacheinander alle Batteriezellen prüfen. Die Säuredichte muß in allen Zellen gleich groß sein. Bei Differenzen von mehr als 0,04 g/ml kann auf eine defekte Batterie geschlossen werden.

Batterie entlädt sich selbständig

Je nach Fahrzeugausstattung addiert sich zur natürlichen Selbstentladung der Batterie auch die Stromaufnahme der verschiedenen Steuergeräte im Ruhezustand. Daher sollte die Batterie eines stehenden Fahrzeugs spätestens alle 4 Wochen nachgeladen werden. Wenn der Verdacht auf Kriechströme besteht, Bordnetz nach folgender Anleitung prüfen:

- Zur Prüfung geladene Batterie verwenden.
- Batterie-Massekabel (–) von der Batterie abklemmen. **Achtung:** Dadurch werden die elektronischen Speicher gelöscht, wie zum Beispiel der Motorfehlerspeicher oder der Radiocode. Vor dem Abklemmen der Batterie sollten auch die Hinweise im Kapitel »Batterie aus- und einbauen« durchgelesen werden.

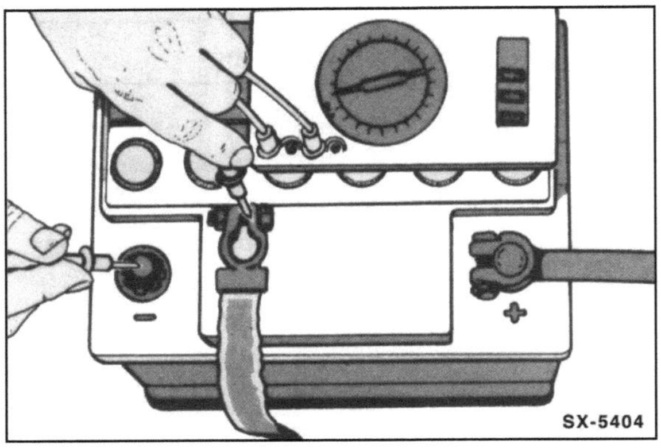

- Am Amperemeter (Meßbereich von 0–5 mA bis 5 A) den höchsten Meßbereich einstellen. Amperemeter zwischen Batterie-Minuspol und Massekabel schalten.

Achtung: Die Prüfung kann auch mit einer Prüflampe durchgeführt werden. Leuchtet die Lampe zwischen Masseband und Minuspol der Batterie jedoch nicht auf, ist auf jeden Fall ein Amperemeter zu verwenden.

- Alle Verbraucher ausschalten, vorhandene Zeituhr (Dauerverbraucher) abklemmen, Türen schließen.
- Vom Amperebereich solange auf den Milliamperebereich zurückschalten, bis eine ablesbare Anzeige erfolgt (1–3 mA sind zulässig).
- Durch Herausnehmen der Sicherungen nacheinander die verschiedenen Stromkreise unterbrechen. Wenn bei einem der unterbrochenen Stromkreise die Anzeige auf Null zurückgeht, ist hier die Fehlerquelle zu suchen. Fehler können sein: korrodierte und verschmutzte Kontakte, durchgescheuerte Leitungen, interner Kurzschluß in Aggregaten.
- Wird in den abgesicherten Stromkreisen kein Fehler gefunden, so sind die Leitungen an den nicht abgesicherten Aggregaten abzuziehen. Diese sind: Zündanlage, Generator und Anlasser.
- Geht beim Abklemmen von einem der ungesicherten Aggregate die Anzeige auf Null zurück, betreffendes Bauteil überholen oder austauschen. Bei Stromverlust in Anlasser oder Zündanlage immer auch den Zündschalter nach Stromlaufplan prüfen.
- Batterie-Massekabel (–) anklemmen.
- Falls vorhanden, Zeituhr einstellen sowie Diebstahlcode für das Radio eingeben.
- Fensterheberelektronik einstellen. Dazu alle Türen schließen und die Zündung einschalten. Fenster über Schalter schließen. Schalter in Fensterschließstellung mindestens 5 Sekunden gedrückt halten.

Batterie laden

Die mit ■ gekennzeichneten Positionen entfallen bei der wartungsfreien Batterie, die serienmäßig eingebaut ist. Hinweise zur wartungsfreien Batterie beachten. Wurde nachträglich eine nicht wartungsfreie Batterie eingebaut, sämtliche Positionen beachten.

■ Vor dem Laden Säurestand prüfen, gegebenenfalls destilliertes Wasser nachfüllen. Der Säurestand soll etwa 5 mm über die in den Zellen sichtbaren Bleiplatten reichen.

● Batterie niemals kurzschließen. Bei Kurzschluß erhitzt sich die Batterie und kann platzen. Nicht mit offener Flamme in die Batterie leuchten. Batteriesäure ist ätzend und darf nicht in die Augen, auf die Haut oder die Kleidung gelangen, gegebenenfalls mit viel Wasser abspülen.

● Plus- und Massekabel von Batterie abklemmen, Massekabel zuerst. Beim An- und Abklemmen darauf achten, daß keine Funken entstehen. Deshalb vorher alle Verbraucher abschalten.

● Gefrorene Batterie vor dem Laden auftauen. Eine geladene Batterie gefriert bei ca. –65° C, eine halbentladene bei ca. –30° C und eine entladene bei ca. –12° C.

■ Stopfen aus der Batterie herausschrauben und leicht auf die Öffnungen legen. Dadurch werden Säurespritzer auf dem Lack vermieden, während die beim Laden entstehenden Gase entweichen können.

● Batterie nur in gut belüftetem Raum laden. Beim Laden der eingebauten Batterie Motorhaube geöffnet lassen.

● Bei der Normalladung beträgt der Ladestrom ca. 10 % der Kapazität. (Bei einer 55-Ah-Batterie also etwa 5,5 Ampere.

● Die Batterie darf auch mit einem Schnell-Ladegerät geladen werden.

Achtung: Das Schnelladen einer Batterie sollte nicht zur Gewohnheit werden! Batterien, die lange unbenutzt gestanden haben oder neu sind, dürfen nicht schnellgeladen werden.

● Pluspol der Batterie mit Pluspol, Minuspol der Batterie mit Minuspol des Ladegerätes verbinden.

● Die Säuretemperatur darf während des Ladens +55° C nicht überschreiten, gegebenenfalls Ladung unterbrechen oder Ladestrom herabsetzen.

■ So lange laden, bis alle Zellen lebhaft gasen und bei drei im Abstand von je einer Stunde aufeinanderfolgenden Messungen das spezifische Gewicht der Säure und die Spannung nicht mehr angestiegen sind.

■ Nach der Ladung Säurestand prüfen, gegebenenfalls destilliertes Wasser nachfüllen.

■ Säuredichte prüfen. Liegt der Wert in einer Zelle deutlich unterhalb der anderen Werte (z. B. 5 Zellen zeigen 1,26 g/ml und eine Zelle 1,18 g/ml), so ist die Batterie defekt und sollte erneuert werden.

■ Batterie ca. 20 Minuten ausgasen lassen, dann Verschlußstopfen aufschrauben.

Achtung: Der Motor darf nicht bei abgeklemmter Batterie laufen, da sonst die elektrische Anlage beschädigt wird.

Batterie lagern

Batterien, die längere Zeit unbenutzt waren (zum Beispiel Fahrzeug stillgelegt), entladen sich selbst und können darüber hinaus sulfatiert sein. Wenn diese Batterien mit einem Schnelladegerät geladen werden, nehmen sie keinen Ladestrom auf oder werden durch sogenannte Oberflächenladung zu früh als »voll« ausgewiesen. Sie sind anscheinend defekt.

Bevor diese Batterien als defekt angesehen werden, sind sie zu prüfen:

● Um die Alterung der Batterie zu vermeiden, gelagerte Batterie daher etwa alle 2 Monate nachladen.

● Säuredichte prüfen. Weicht die Säuredichte in allen Zellen nicht mehr als 0,04 g/ml voneinander ab, so ist die Batterie mit einem Normalladegerät zu laden.

● Batterie nach der Ladung durch eine Belastungsprüfung testen. Wenn sie die Sollwerte nicht erreicht, ist sie defekt.

Störungsdiagnose Batterie

Störung	Ursache	Abhilfe
Abgegebene Leistung ist zu gering, Spannung fällt stark ab.	Batterie entladen.	■ Batterie nachladen.
	Ladespannung zu niedrig.	■ Spannungsregler prüfen, gegebenenfalls aus tauschen.
	Anschlußklemmen lose oder oxydiert.	■ Anschlußklemmen reinigen, Befestigungsschrauben anziehen.
	Masseverbindungen Batterie-Motor-Karosserie sind schlecht.	■ Masseverbindung überprüfen, gegebenenfalls metallische Verbindungen herstellen oder Schraubverbindungen festziehen. Korrodierte durch neue, verzinnte Schrauben ersetzen.
	Zu große Selbstentladung der Batterie durch Verunreinigung der Batteriesäure.	■ Batterie austauschen.
	Batterie sulfatiert.	■ Batterie mit geringer Stromstärke laden. Falls nach wiederholter Ladung und Entladung die abgegebene Leistung immer noch zu gering ist, Batterie austauschen.
	Batterie verbraucht, aktive Masse der Platten ausgefallen.	■ Batterie austauschen.
Nicht ausreichende Ladung der Batterie.	Fehler an Generator, Spannungsregler oder Leitungsanschlüssen.	■ Generator und Spannungsregler überprüfen, instand setzen beziehungsweise austauschen.
	Keilrippenriemen locker, Spannvorrichtung defekt.	■ Spannvorrichtung prüfen, gegebenenfalls Keil rippenriemen ersetzen.
	Zu viele Verbraucher angeschlossen.	■ Batterie mit größerer Kapazität einbauen; eventuell auch stärkeren Generator verwenden.
Säurestand zu niedrig.	Überladung, Verdunstung (besonders im Sommer).	■ Destilliertes Wasser bis zur vorgeschriebenen Höhe nachfüllen (bei geladener Batterie).
Säuredichte zu niedrig.	Batterie entladen.	■ Batterie laden.
	Säuredichte in einer Zelle deutlich niedriger als in den übrigen Zellen.	■ Kurzschluß in einer Zelle. Batterie erneuern.
	Säuredichte in zwei benachbarten Zellen deutlich niedriger als in den übrigen Zellen.	■ Trennwand undicht, dadurch entsteht eine leitende Verbindung zwischen den Zellen, wodurch die Zellen entladen werden. Batterie erneuern.
	Kurzschluß im Leitungsnetz.	■ Elektrische Anlage überprüfen.
Batterie gast nach Abstellen des Motors sehr stark. Geruch nach faulen Eiern.	Spannungsregler am Generator defekt. Batterie wird zu stark geladen und beginnt zu gasen. Dabei bildet sich Schwefelwasserstoff (H_2S).	■ Ladespannung bzw. Spannungsregler des Generators prüfen, ggf. Spannungsregler ersetzen.

Der Generator

In den ASTRA/ZAFIRA-Modellen sind Drehstrom-Generatoren (Lichtmaschine) mit unterschiedlichen Leistungen und von verschiedenen Herstellern eingebaut. Die Leistung steht auf dem Typschild am Generator. **Achtung:** Wenn nachträglich elektrisches Zubehör eingebaut wird, sollte überprüft werden, ob die bisherige Generatorleistung noch ausreicht, gegebenenfalls stärkeren Generator einbauen.

Der Generator wird von der Kurbelwelle über den Keilriemen beziehungsweise den Keilrippenriemen angetrieben.

Da die Batterie nur mit Gleichstrom geladen werden kann, wird der Drehstrom durch Gleichrichter in der Diodenplatte in Gleichstrom umgewandelt. Der Spannungsregler verändert den Ladestrom durch Ein- und Ausschalten des Erregerstromes entsprechend dem Ladezustand der Batterie. Gleichzeitig hält der Regler die Betriebsspannung konstant bei ca. 14 Volt, unabhängig von der Drehzahl.

Hinweis: Beim Kauf eines überholten oder neuen Generators wird der alte in Zahlung genommen; daher Altteil zum Händler mitnehmen.

Sicherheitshinweise bei Arbeiten am Drehstromgenerator

Bei Arbeiten am Drehstromgenerator sind verschiedene Punkte zu beachten, um Schäden an der Anlage zu vermeiden. Das komplette Zerlegen und Überholen des Drehstromgenerators sollte von einer Fachwerkstatt durchgeführt werden.

- Wenn eine zusätzliche Batterie (z. B. als Starthilfe) angeschlossen wird, unbedingt darauf achten, daß die gleichen Batteriepole miteinander verbunden werden.
- Beim Anschließen eines Ladegerätes Leitungen des Laders mit richtigen Batterieklemmen verbinden. Masseband- und Pluskabel während des Ladevorganges von Batterie abklemmen.
- Motor nicht ohne Batterie laufen lassen.
- Klemmen am Drehstromgenerator und am Regler niemals kurzschließen.
- Drehstromgenerator nicht umpolen.

Generatorspannung prüfen

- Voltmeter zwischen Plus- und Minuspol der Batterie anschließen.
- Motor starten. Die Spannung darf beim Startvorgang bis 9,5 Volt absinken.
- Bei Motordrehzahl von 4.000/min soll die Spannung 14,2–15,2 Volt betragen. Dies ist ein Beweis, daß Generator und Regler intakt sind.

Generator aus- und einbauen

- **Wichtig:** Batterie-Massekabel (–) bei ausgeschalteter Zündung abklemmen. **Achtung:** Dadurch werden elektronische Speicher gelöscht, wie zum Beispiel der Radiocode. Ohne Code kann das Radio nur vom Radiohersteller freigeschaltet werden, beziehungsweise beim OPEL-Radio von einer OPEL-Werkstatt. Deshalb Hinweise im Kapitel »Batterie aus- und einbauen« durchlesen.
- Laufrichtung des Keilrippenriemens beim Ausbau mit Farbstift kennzeichnen.

1,6-l-Motor X16SZR/Z16SE

Ausbau

- Luftfiltergehäuse mit Luftansaughaube ausbauen, siehe Seite 223.
- Keilrippenriemen ausbauen, siehe Seite 191.

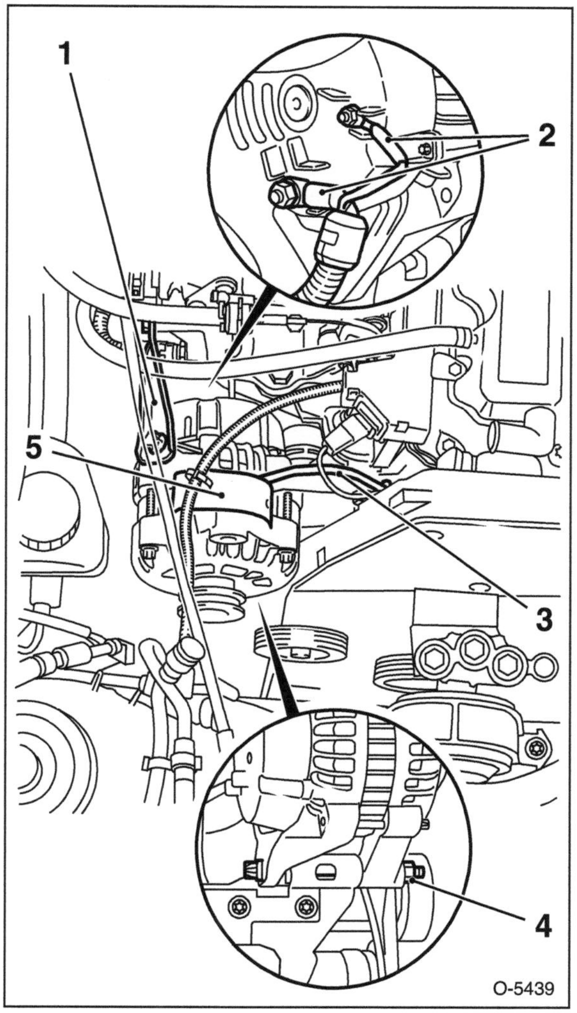

- Stütze –1– von Generator und Einlaßkrümmer abbauen.
- Generator von Lasche –3– mit Kabelstrang-Halter –5– lösen und nach hinten schwenken.

- Kabelstrang aus Kabelstrang-Halter ausclipsen und Kabelstrang-Halter abnehmen.
- Elektrische Leitungen –2– vom Generator abklemmen.
- Untere Generatorbefestigungsschraube –4– abschrauben und aus Haltebock Generator herausnehmen.

Einbau

- Generator in Haltebock-Generator einsetzen und untere Generatorbefestigungsschraube handfest anziehen.
- Elektrische Leitungen am Generator anklemmen.
- Generator und Kabelstrang-Halter an Lasche mit **20 Nm** festschrauben.
- Kabelstrang in Kabelstrang-Halter einclipsen.
- Stütze an Generator und Einlaßkrümmer mit **20 Nm** anschrauben.
- Untere Generatorbefestigungsschraube mit **35 Nm** festziehen.
- Keilrippenriemen einbauen, siehe Seite 191.
- Luftfiltergehäuse mit Luftansaughaube einbauen, siehe Seite 223.
- Batterie-Massekabel (–) anklemmen. **Achtung:** Hoch-/Tieflaufautomatik für elektrische Fensterheber aktivieren sowie Zeituhr stellen und Radiocode eingeben, siehe Kapitel »Batterie aus- und einbauen«.

1,6-/1,8-l-Motor X16XEL/Z16XE/X18XE1:

Ausbau

- Luftfiltergehäuse ausbauen, siehe Seite 223.
- Keilrippenriemen ausbauen, siehe Seite 191.

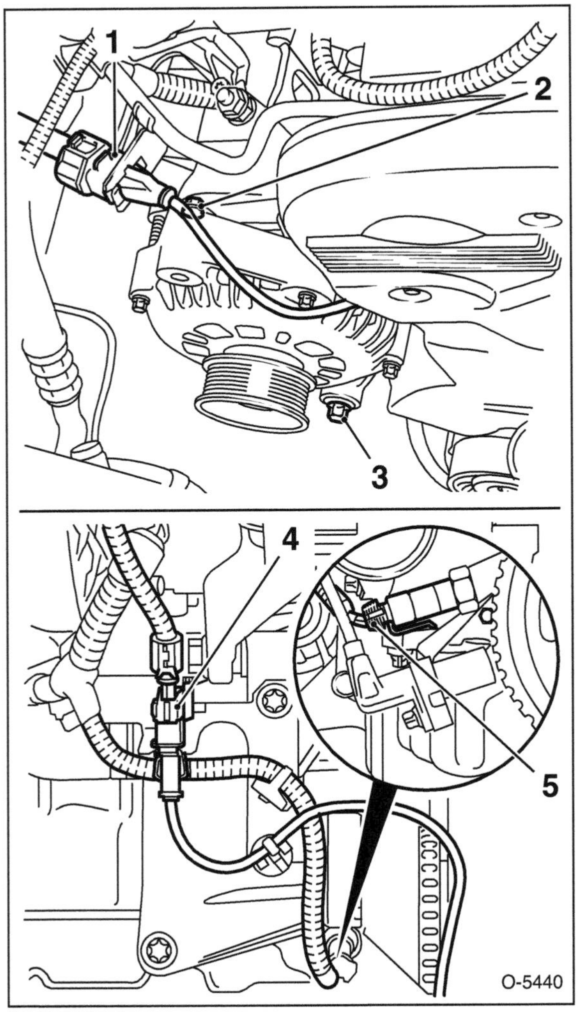

- **1,8-l-Motor:** Steckverbindung für Nockenwellensensor –1– trennen und aus Halter ausclipsen.
- Obere Generatorschraube –2– abschrauben.
- Untere Generatorschraube –3– lösen und Generator nach hinten schwenken.
- Keilrippenriemen-Spannvorrichtung ausbauen, siehe Seite 193.
- **1,8-l-Motor:** Steckverbindung für Impulsgeber-Kurbelwelle –4– trennen. Stecker Öldruckschalter –5– abziehen. Kabelstrang freilegen.
- Elektrische Leitungen hinten vom Generator abklemmen.

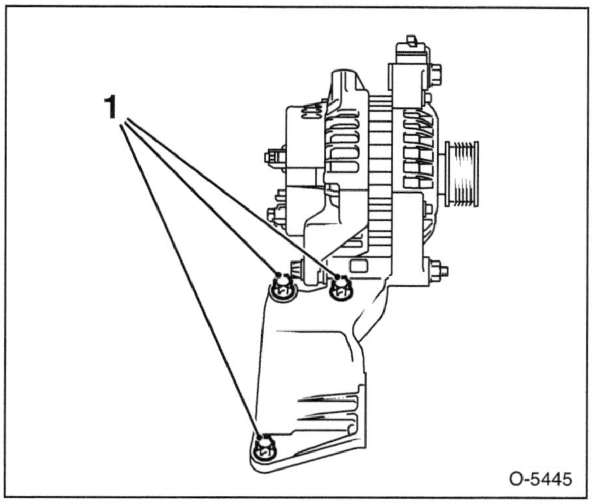

- Schrauben –1– herausdrehen.
- **Klimaanlage:** Damit der Generator herausgenommen werden kann, Kältemittelleitung aus der Halterung ausclipsen.
- Generator mit Haltebock nach oben entnehmen.

Einbau

- Generator mit Haltebock einsetzen und am Motorblock mit **35 Nm** festschrauben. Bei Fahrzeugen mit Klimaanlage Kältemittelleitung in Halterung einclipsen.
- Elektrische Leitungen am Generator anklemmen.
- **1,8-l-Motor:** Steckverbindung für Impulsgeber-Kurbelwelle zusammenstecken und Stecker am Öldruckschalter aufstecken; auf Kabelverlegung achten.
- Keilrippenriemen-Spannvorrichtung einbauen, siehe Seite 193.
- Generator mit oberer Befestigungsschraube und **20 Nm** an die Generator-Lasche anschrauben.
- Untere Generatorschraube mit **35 Nm** anziehen.
- **1,8-l-Motor:** Steckverbindung für Nockenwellensensor zusammenstecken und in Halter einclipsen.
- Keilrippenriemen einbauen, siehe Seite 191.
- Luftfiltergehäuse einbauen, siehe Seite 223.
- Batterie-Massekabel (–) anklemmen. **Achtung:** Hoch-/Tieflaufautomatik für elektrische Fensterheber aktivieren sowie Zeituhr stellen und Radiocode eingeben, siehe Kapitel »Batterie aus- und einbauen«.

1,7-l-Motor X17DTL:

Ausbau

- Luftfiltergehäuse mit Heißfilm-Luftmassenmesser und Luftansaugschlauch ausbauen, siehe Seite 223.
- Fahrzeuge mit Klimaanlage: Keilrippenriemen ausbauen, siehe Seite 191.

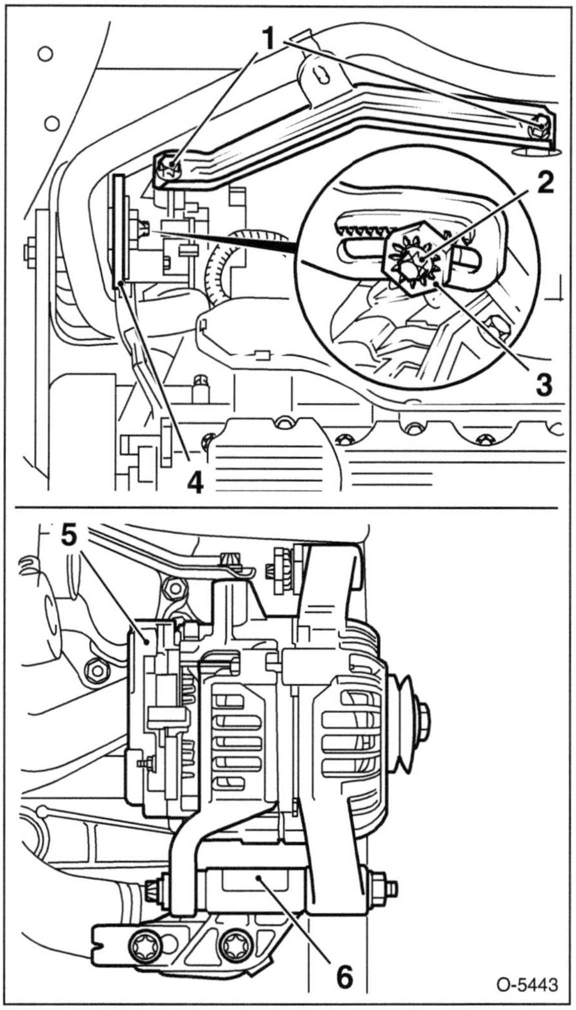

- Befestigungsschrauben –1– abschrauben und Generator-Halter abnehmen.
- Feststellschraube –2– lösen und Keilriemen über Stellmutter –3– entspannen.
- Keilriemen von Riemenscheibe Generator abnehmen.
- Feststellschraube von Generator abschrauben und mit Stellmutter abnehmen.
- Spannschiene Generator –4– von Zylinderkopf abbauen.
- Kabelverbindungen von Generator trennen.
- Haltebock-Generator –6– von Zylinderkopf abbauen und Generator mit Haltebock-Generator nach oben entnehmen.
- Bei Ersatz des Generators: Generator –5– von Haltebock-Generator abbauen.

Einbau

- Generator an Haltebock-Generator handfest anbauen.
- Generator mit Haltebock-Generator einsetzen und Haltebock-Generator an Zylinderbock mit **40 Nm** festschrauben.
- Kabelverbindungen an Generator anklemmen.
- Spannschiene mit **25 Nm** an Zylinderkopf festschrauben.
- Generator an Spannschiene befestigen.
- Keilriemen auf Drehschwingungsdämpfer und Riemenscheibe-Generator auflegen.
- Keilriemen mit Keilriemenspannvorrichtung spannen.
- Feststellschraube für Keilriemen mit **35 Nm** festziehen.
- Keilriemenspannung prüfen, siehe Seite 195.
- Untere Generatorbefestigungsschraube mit **25 Nm** anziehen.
- Generator-Halter an Generator und an Turbolader mit **18 Nm** anschrauben.
- Fahrzeuge mit Klimaanlage: Keilrippenriemen einbauen, siehe Seite 193.
- Luftfiltergehäuse mit Heißfilm-Luftmassenmesser und Luftansaugschlauch einbauen, siehe Seite 223.
- Batterie-Massekabel (–) anklemmen. **Achtung:** Hoch-/Tieflaufautomatik für elektrische Fensterheber aktivieren sowie Zeituhr stellen und Radiocode eingeben, siehe Kapitel »Batterie aus- und einbauen«.

2,0-l-Motor X20XEV/X20DTL/X20DTH

Ausbau

- Luftfiltergehäuse mit Heißfilm-Luftmassenmesser und Luftansaugschlauch ausbauen, siehe Seite 223.
- Untere Motorraumabdeckung ausbauen.

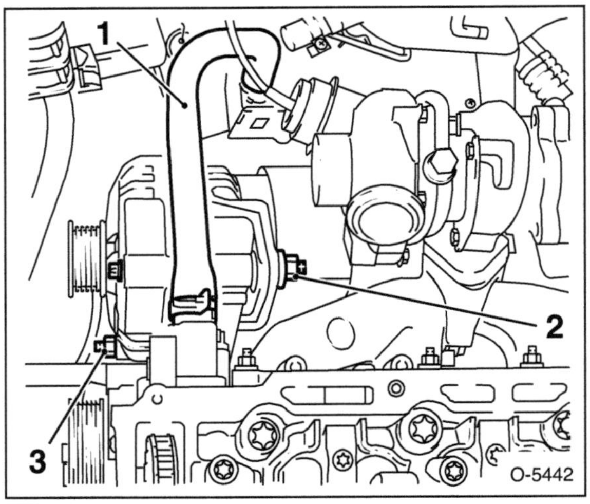

- Keilrippenriemen-Spannrolle entspannen und Keilrippenriemen von der Riemenscheibe des Generators abnehmen, siehe Seite 191.
- 3 Befestigungsschrauben vom Kabelkanal hinten abschrauben und Kabelkanal ausbauen.
- Elektrische Leitungen vom Generator abklemmen.
- Hitzeschutzbleche Turbolader und Anlasser ausbauen.
- Untere Befestigungsschraube –3– vom Generator lösen.
- Mehrfachstecker und Unterdruckleitung vom Magnetventil-Ladedruckregler abbauen und Magnetventil-Ladedruckregler ausbauen.
- Obere Befestigungsschraube –2– vom Generator abschrauben und Generator nach hinten schwenken.
- Kühlmittelschlauch –1– abbauen. Kühlmittelflansch von Zylinderblock abbauen, Kühlmittel auffangen.
- Untere Befestigungsschraube abschrauben und Generator nach oben entnehmen.

Einbau

- Generator von oben in unteren Halter einsetzen und Befestigungsschraube handfest anziehen.
- Kühlmittelflansch mit neuer Dichtung an Zylinderblock anbauen.
- Generator in oberen Halter einsetzen und Befestigungsschraube anschrauben.
- Magnetventil-Ladedruckregler einbauen, Unterdruckleitungen und Kabelsatzstecker aufstecken.
- Untere Befestigungsschraube mit **35 Nm** an Generator anschrauben.
- Elektrische Leitungen am Generator anklemmen. Kabelkanal an Motorblock befestigen.

- Hitzeschutzbleche Turbolader und Anlasser einbauen.
- Keilrippenriemen einbauen, siehe Seite 191.
- Untere Motorraumabdeckung einbauen.
- Luftfiltergehäuse mit Heißfilm-Luftmassenmesser und Luftansaugschlauch einbauen, siehe Seite 223.
- Kühlsystem auffüllen, siehe Seite 206.
- Batterie-Massekabel (–) anklemmen. **Achtung:** Hoch-/Tieflaufautomatik für elektrische Fensterheber aktivieren sowie Zeituhr stellen und Radiocode eingeben, siehe Kapitel »Batterie aus- und einbauen«.

Schleifkohlen für Generator/ Spannungsregler ersetzen/prüfen

BOSCH-Generator

Hinweis: Beim DELCO-REMY-Generator wird der Kohlebürstenhalter mitsamt den Schleifkohlen ersetzt.

Ausbau

- Batterie-Massekabel (–) bei ausgeschalteter Zündung abklemmen. **Achtung:** Dadurch werden elektronische Speicher gelöscht, wie zum Beispiel der Radiocode. Ohne Code kann das Radio nur vom Radiohersteller freigeschaltet werden, beziehungsweise beim OPEL-Radio von einer OPEL-Werkstatt. Deshalb Hinweise im Kapitel »Batterie aus- und einbauen« durchlesen.

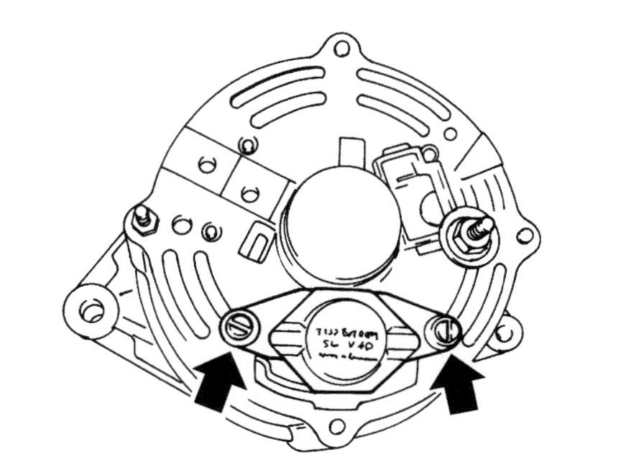

O-5452

- Regler komplett mit Schleifkohlenhalter hinten am Generator abschrauben –Pfeile– und herausnehmen.

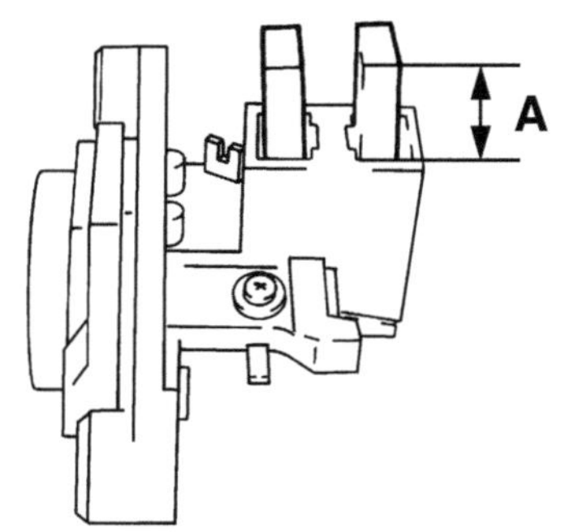

O-5453

- Schleifkohlen ersetzen, wenn die Länge der Schleifkohlen weniger als A = 5 mm beträgt. Dazu Anschlußlitze auslöten.
- Schleifringe auf Verschleiß prüfen, gegebenenfalls feinstüberdrehen und polieren (Werkstattarbeit).

Einbau

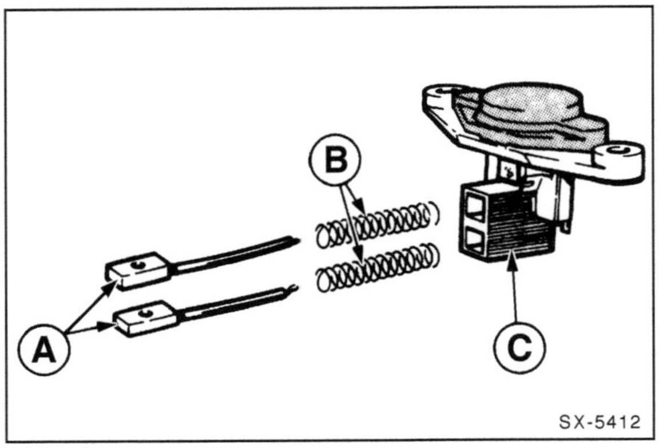

- Kohlebürsten –A– und Federn –B– in den Bürstenhalter –C– einsetzen und Anschlüsse verlöten.
- Damit beim Anlöten der neuen Bürsten kein Lötzinn in der Litze hochsteigen kann, Anschlußlitze der Bürsten mit einer Flachzange fassen. **Achtung:** Durch hochsteigendes Lötzinn würden die Litzen steif und die Kohlebürsten unbrauchbar werden.
- Der Isolierschlauch über der Litze muß neben der Lötstelle mit der vorhandenen Öse festgeklemmt werden.
- Nach dem Einbau neue Kohlebürsten auf leichten Lauf in den Bürstenhaltern prüfen.
- Spannungsregler einsetzen und festschrauben.
- Batterie-Massekabel (–) anklemmen. **Achtung:** Hoch-/Tieflaufautomatik für elektrische Fensterheber aktivieren sowie Zeituhr stellen und Radiocode eingeben, siehe Kapitel »Batterie aus- und einbauen«.

Störungsdiagnose Generator

Störung	Ursache	Abhilfe
Ladekontrollampe brennt nicht bei eingeschalteter Zündung.	Batterie leer.	■ Laden.
	Kabel am Generator locker oder korrodiert.	■ Kabel auf einwandfreien Kontakt prüfen, Schraube festziehen.
	Ladekontrollampe durchgebrannt.	■ Ersetzen.
	Regler defekt.	■ Regler prüfen, gegebenenfalls austauschen
	Unterbrechung in der Leitungsführung zwischen Generator, Zündschloß und Kontrollampe.	■ Mit Ohmmeter nach Stromlaufplan untersuchen.
	Kohlebürsten liegen nicht auf dem Schleifring auf.	■ Freigängigkeit der Kohlebürsten und Mindestlänge (5 mm) prüfen.
	Erregerwicklung im Generator durchgebrannt.	■ Läufer austauschen.
Ladekontrollampe erlischt nicht bei Drehzahlsteigerung.	Keilrippenriemen locker.	■ Keilrippenriemen spannen.
	Kohlebürsten abgenutzt.	■ Kohlebürsten sichtprüfen, gegebenenfalls austauschen.
	Regler defekt.	■ Regler prüfen, gegebenenfalls austauschen.
	Leitung zwischen Drehstromgenerator und Regler defekt.	■ Leitung und Kontakte prüfen, gegebenenfalls Leitungsstrang ersetzen.
Ladekontrollampe brennt bei ausgeschalteter Zündung.	Plusdiode hat Kurzschluß.	■ Dioden prüfen, gegebenenfalls Diodenplatte austauschen.
Batterie gast nach Abstellen des Motors sehr stark. Geruch nach faulen Eiern.	Spannungsregler am Generator defekt. Batterie wird zu stark geladen und beginnt zu gasen. Dabei bildet sich Schwefelwasserstoff (H_2S).	■ Ladespannung bzw. Spannungsregler des Generators prüfen, ggf. Spannungsregler ersetzen.

Anlasser aus- und einbauen

Der Anlasser besteht aus einem Antriebs-, Pol- und Kollektorgehäuse. In dem Pol- und Kollektorgehäuse sind Anker und Kollektor gelagert sowie der Bürstenhalter. Im Bürstenhalter befinden sich Kohlebürsten, die sich zwar langsam, aber stetig abnutzen. Bei hoher Abnutzung der Kohlebürsten kann der Anlasser nicht mehr einwandfrei arbeiten.

In dem vorderen Antriebsgehäuse ist der Ritzelantrieb untergebracht. Wenn der Anlasser über den Zündanlaßschalter Spannung erhält, wird über den Magnetschalter, der auf dem Anlassergehäuse sitzt, das Ritzel auf einem Steilgewinde gegen den Zahnkranz des Motor-Schwungrades geschoben. Sobald das Ritzel bis zum Anschlag auf der Spindel vorgelaufen ist, ist es formschlüssig mit dem Schwungrad verbunden. Nun kann der Anlasser den Motor auf die erforderliche Anlaßdrehzahl bringen. Wenn der Verbrennungsmotor anläuft, wird das Ritzel vom Motor her beschleunigt, es läuft also kurzzeitig schneller als der Anlassermotor und spurt aus, wodurch die Verbindung zum Verbrennungsmotor aufgehoben ist.

Da zum Starten eine hohe Stromaufnahme erforderlich ist, ist im Rahmen der Wartung auf einwandfreie Kabelverbindungen zu achten. Korrodierte Anschlüsse säubern und mit Polschutzfett einstreichen.

Achtung: Den Anlasser gibt es auch als Austauschteil. Das bedeutet, daß ein defekter Anlasser unter Umständen beim Kauf eines überholten oder neuen Anlassers vom Hersteller in Zahlung genommen wird, daher Altteil zum Händler mitnehmen.

Alle Motoren

Der Anlasser sitzt hinten am Motorblock und wird nach unten ausgebaut.

- Batterie-Massekabel (–) bei ausgeschalteter Zündung abklemmen. **Achtung:** Dadurch werden elektronische Speicher gelöscht, wie zum Beispiel der Radiocode. Ohne Code kann das Radio nur vom Radiohersteller freigeschaltet werden, beziehungsweise beim OPEL-Radio von einer OPEL-Werkstatt. Deshalb Hinweise im Kapitel »Batterie aus- und einbauen« durchlesen.

Sicherheitshinweis
Beim Aufbocken des Fahrzeugs besteht Unfallgefahr! Deshalb vorher das Kapitel »Fahrzeug aufbocken« durchlesen.

- Fahrzeug aufbocken.

1,6-/1,8-l-Motor X16XEL/Z16XE/X18XE:

Ausbau

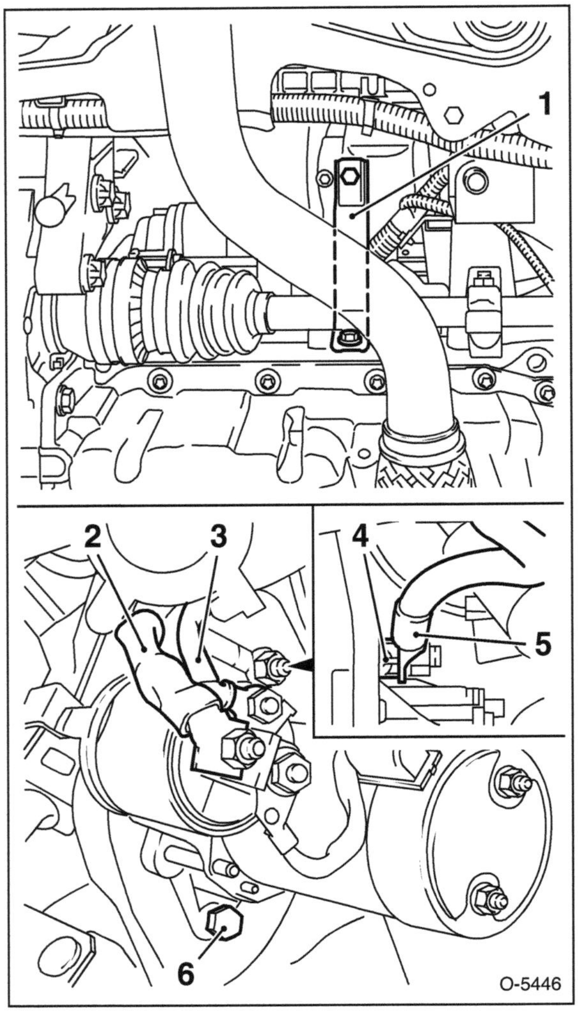

- Stütze für Einlaßkrümmer –1– ausbauen.
- Kabel –2– und –3– vom Anlasser abschrauben.
- Massekabel –5– oben abschrauben.
- Befestigungsmutter –4– und Befestigungsschraube –6– abbauen und Anlasser nach unten herausnehmen.

Einbau

- Anlasser an Zylinderblock anbauen.
- Befestigungsmutter –4– mit **40 Nm** anziehen, siehe Abbildung O-5446.
- Befestigungsschraube –6– mit **25 Nm** anziehen.
- Massekabel an obere Befestigungsschraube anbauen.
- Elektrische Leitungen an Anlasser anklemmen.
- Stütze für Einlaßkrümmer an Einlaßkrümmer mit **20 Nm** anschrauben.

- Stütze für Einlaßkrümmer an Zylinderblock mit **35 Nm** anschrauben.
- Batterie-Massekabel (–) anklemmen. **Achtung:** Hoch-/Tieflaufautomatik für elektrische Fensterheber aktivieren sowie Zeituhr stellen und Radiocode eingeben, siehe Kapitel »Batterie aus- und einbauen«.

2,0-l-Motor X20DTL/X20DTH:

Ausbau

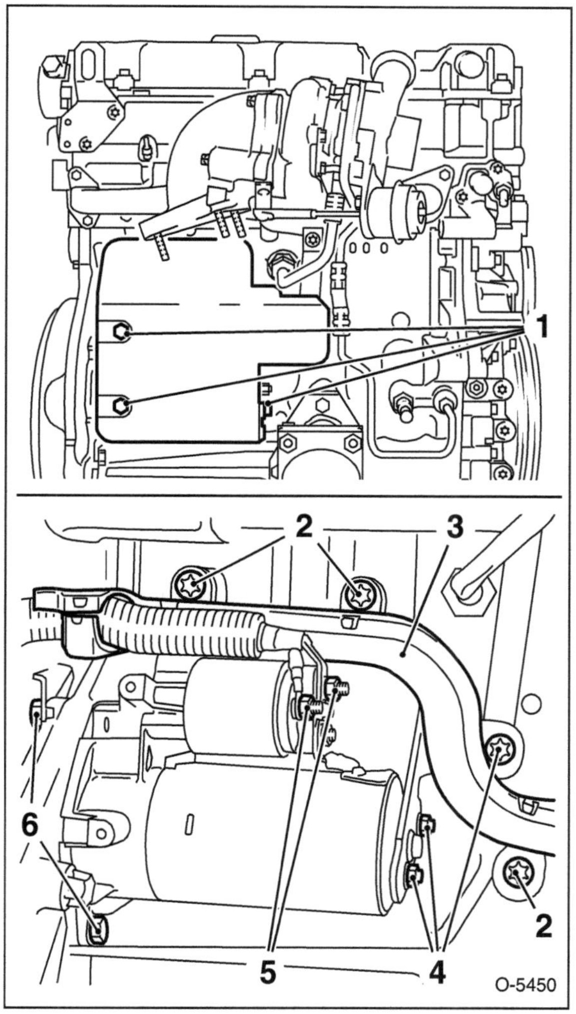

- Untere Motorraumabdeckung ausbauen.
- Befestigungsschrauben Hitzeschutzblech –1– abschrauben und Hitzeschutzblech vom Anlasser entnehmen.
- Befestigungsschrauben –2– vom Kabelkanal –3– und Masseband hinten abschrauben.
- Befestigungsschraube für Halter/Anlasser in Verbindung mit Auslaßkrümmer-Stütze –4– ausbauen.
- Befestigungsmuttern Kabel –5– am Anlasser abschrauben.
- Mittleres Hitzeschutzblech-Turbolader abbauen.
- Kabel am Anlasser von oben abbauen. Befestigungsschrauben Anlasser –6– abschrauben und Anlasser nach oben herausnehmen.

Einbau

- Anlasser von oben einsetzen und Befestigungsschrauben mit **45 Nm** anziehen.
- Kabel an Anlasser anschließen.
- Mittleres Hitzeschutzblech für Turbolader anbauen.
- Kabelverbindung am Anlasser anbauen.
- Befestigungsschraube für Halter/Anlasser in Verbindung mit Auslaßkrümmer-Stütze anschrauben.
- Kabelkanal und Masseband hinten am Generator anschrauben.
- Hitzeschutzblech einbauen.
- Untere Motorraumabdeckung einbauen.
- Batterie-Massekabel (–) anklemmen. **Achtung:** Hoch-/Tieflaufautomatik für elektrische Fensterheber aktivieren sowie Zeituhr stellen und Radiocode eingeben, siehe Kapitel »Batterie aus- und einbauen«.

2,0-l-Motor X20XEV:

Ausbau

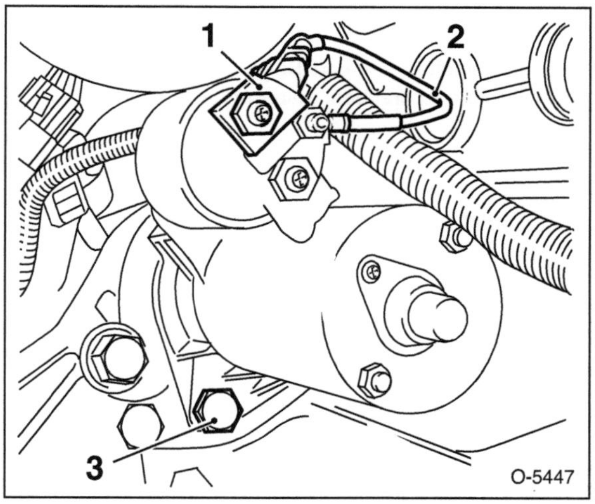

- Stütze für Einlaßkrümmer von Einlaßkrümmer und Zylinderblock abbauen.
- Kabel –1– und –2– vom Anlasser trennen.
- Obere Befestigungsschraube vom Getriebe abbauen.
- Untere Befestigungsschraube –3– vom Anlasser abschrauben und Anlasser nach unten herausnehmen.

Einbau

- Anlasser an Getriebe mit **60 Nm** anschrauben; auf unterschiedliche Schraubenlänge achten.
- Kabel an Anlasser anbauen; auf einwandfreie Kabelverlegung achten.
- Stütze an Einlaßkrümmer und Zylinderblock mit **25 Nm** anschrauben.
- Batterie-Massekabel (–) anklemmen. **Achtung:** Hoch-/Tieflaufautomatik für elektrische Fensterheber aktivieren sowie Zeituhr stellen und Radiocode eingeben, siehe Kapitel »Batterie aus- und einbauen«.

1,6-l-Motor X16SZR/Z16SE

Ausbau

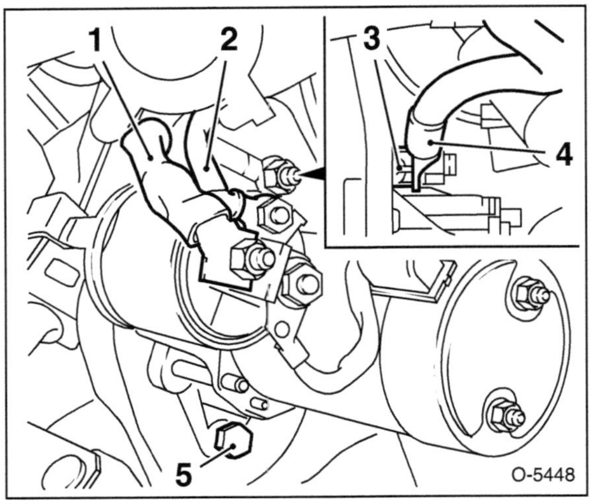

- Kabel –1– und –2– vom Anlasser trennen.
- Massekabel –4– abbauen.
- Befestigungsmutter –3– und Befestigungsschraube –5– vom Anlasser abschrauben; Anlasser nach unten herausnehmen.

Einbau

- Anlasser an Getriebe mit **40 Nm** anschrauben.
- Befestigungsschraube –5– mit **25 Nm** anziehen.
- Massekabel anbauen.
- Kabel an Anlasser anschließen; auf einwandfreie Kabelverlegung achten.
- Batterie-Massekabel (–) anklemmen. **Achtung:** Hoch-/Tieflaufautomatik für elektrische Fensterheber aktivieren sowie Zeituhr stellen und Radiocode eingeben, siehe Kapitel »Batterie aus- und einbauen«.

1,7-l-Dieselmotor X17DTL:

Ausbau

Hinweis: Zum Ausbau des Anlassers ist es erforderlich, zuvor den Abgaskrümmer auszubauen. Beim Einbau Dichtungen erneuern: Zylinderkopf/Abgaskrümmer sowie Turbolader/vorderes Abgasrohr.

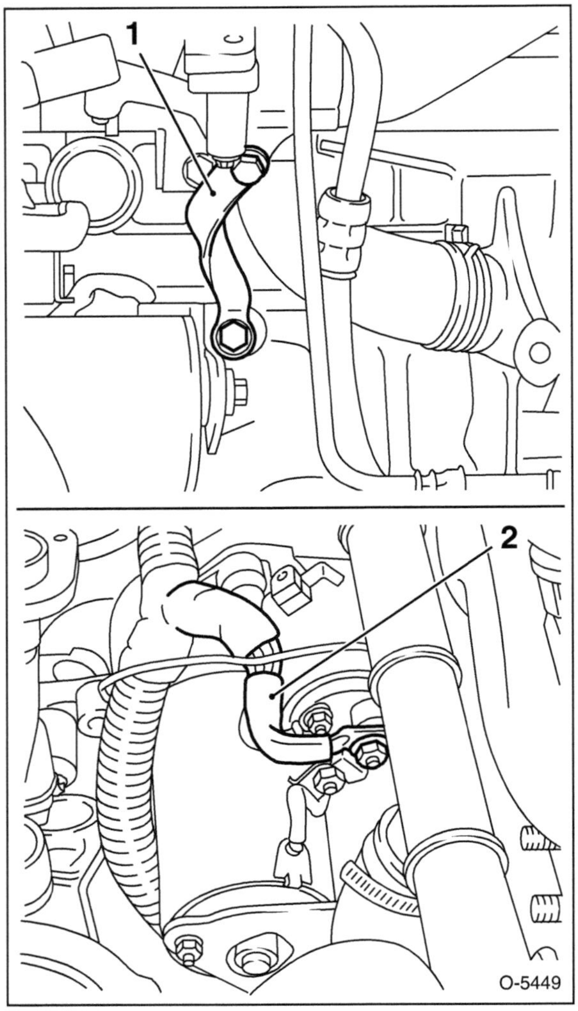

- Luftfiltergehäuse mit Luftansaugschlauch und Heißfilm-Luftmassenmesser ausbauen, siehe Seite 223.
- Fahrzeuge mit Klimaanlage: Keilrippenriemen ausbauen, siehe Seite 191.
- Keilriemen ausbauen, siehe Seite 195.
- Auslaßkrümmer ausbauen.
- Stütze Auslaßkrümmer –1– ausbauen.
- Kabel –2– vom Anlasser abschrauben.

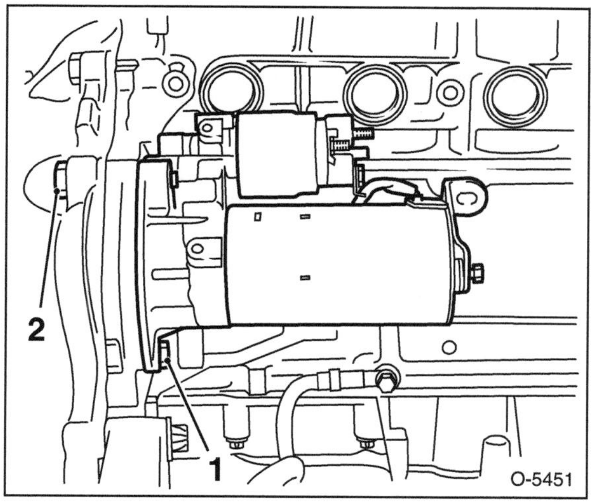

- Untere Befestigungsschraube –1– vom Zylinderblock abschrauben.
- Obere Befestigungsschraube –2– vom Anlasser abschrauben und Anlasser nach oben entnehmen.

Einbau

- Anlasser einsetzen und befestigen.
- Obere Anlasserbefestigungsschraube mit **60 Nm** anziehen.
- Untere Anlasserbefestigungsschraube mit **45 Nm** anziehen.
- Kabel an Anlasser anschließen.
- Stütze Auslaßkrümmer an Zylinderblock anbauen.
- Auslaßkrümmer mit neuer Dichtung und neuen Muttern anschrauben; Anzugsdrehmoment: **22 Nm**.
- Keilriemen einbauen, siehe Seite 195.
- Fahrzeuge mit Klimaanlage: Keilrippenriemen einbauen, siehe Seite 191.
- Luftfiltergehäuse mit Luftansaugschlauch und Heißfilm-Luftmassenmesser einbauen, siehe Seite 223.
- Batterie-Massekabel (–) anklemmen. **Achtung:** Hoch-/Tieflaufautomatik für elektrische Fensterheber aktivieren sowie Zeituhr stellen und Radiocode eingeben, siehe Kapitel »Batterie aus- und einbauen«.

Störungsdiagnose Anlasser

Wenn ein Anlasser nicht durchdreht, ist zunächst zu prüfen, ob beim Starten des Motors an der Klemme 50 des Magnetschalters die zum Einziehen benötigte Spannung von mindestens 10 Volt vorhanden ist. Liegt die Spannung unter dem genannten Wert, dann müssen die Leitungen, die zum Anlasserstromkreis gehören, nach dem Stromlaufplan überprüft werden. Ob der Anlasser bei voller Batteriespannung einzieht, kann folgendermaßen geprüft werden:

Prüfvoraussetzung: Leitungsanschlüsse müssen festsitzen und dürfen nicht oxydiert sein.

- Fahrzeug aufbocken. Keinen Gang einlegen, Zündung eingeschaltet.
- Mit einer Leitung (Querschnitt mindestens 4 mm^2) die Klemmen 30 und 50 am Anlasser überbrücken, siehe auch Stromlaufplan.

Spurt der Anlasser dabei einwandfrei ein, so liegt der Fehler in der Leitungsführung vom Zündschloß zum Anlasser. Wenn der Anlasser nicht einspurt, Anlasser in ausgebautem Zustand überprüfen.

Störung	Ursache	Abhilfe
Anlasser dreht sich nicht beim Betätigen des Zündanlaßschalters.	Batterie entladen.	■ Batterie laden.
	Klemmen 30 und 50 am Anlasser überbrücken: Anlasser läuft an. Leitung 50 zum Zündanlaßschalter unterbrochen, Anlaßschalter defekt.	■ Unterbrechung beseitigen, defekte Teile ersetzen.
	Kabel oder Masseanschluss ist unterbrochen, oder die Batterie ist entladen.	■ Batteriekabel und Anschlüsse prüfen. Batteriespannung messen, ggf. laden.
	Ungenügender Stromdurchgang infolge lockerer oder oxydierter Anschlüsse.	■ Batteriepole und -klemmen reinigen. Stromsichere Verbindungen zwischen Batterie, Anlasser und Masse herstellen.
	Keine Spannung an Klemme 50 (Magnetschalter).	■ Leitung unterbrochen Zündanlaßschalter defekt.
Anlasser dreht sich zu langsam und zieht den Motor nicht durch.	Batterie entladen.	■ Batterie laden.
	Ungenügender Stromdurchgang infolge lockerer oder oxydierter Anschlüsse.	■ Batteriepole und -klemmen und Anschlüsse am Anlasser reinigen, Anschlüsse festziehen.
	Kohlebürsten liegen nicht auf dem Kollektor auf, klemmen in ihren Führungen, sind abgenutzt, gebrochen, verölt oder verschmutzt.	■ Kohlebürsten überprüfen, reinigen beziehungsweise auswechseln. Führungen prüfen.
	Ungenügender Abstand zwischen Kohlebürsten und Kollektor.	■ Kohlebürsten ersetzen und Führungen für Kohlebürsten reinigen.
	Kollektor riefig oder verbrannt und verschmutzt.	■ Kollektor abdrehen oder Anker ersetzen.
	Spannung an Klemme 50 fehlt (mind. 10 Volt).	■ Zündanlaßschalter oder Magnetschalter überprüfen.
	Magnetschalter defekt.	■ Schalter auswechseln.
Anlasser spurt ein und zieht an, Motor dreht nicht oder nur ruckweise.	Ritzelgetriebe defekt.	■ Ritzelgetriebe ersetzen.
	Ritzel verschmutzt.	■ Ritzel reinigen.
	Zahnkranz am Schwungrad defekt.	■ Zahnkranz nacharbeiten, falls erforderlich, Schwungrad erneuern.
Ritzelgetriebe spurt nicht aus.	Ritzelgetriebe oder Steilgewinde verschmutzt beziehungsweise beschädigt.	■ Ritzelgetriebe reinigen, gegebenenfalls ersetzen.
	Magnetschalter defekt.	■ Magnetschalter ersetzen.
	Rückzugfeder schwach oder gebrochen.	■ Rückzugfeder erneuern.
Anlasser läuft weiter, nachdem der Zündschlüssel losgelassen wurde.	Magnetschalter hängt, schaltet nicht ab.	■ Zündung sofort ausschalten, Magnetschalter ersetzen.
	Zündschloß schaltet nicht ab.	■ Sofort Batterie abklemmen, Zündschloß ersetzen.

Scheibenwischanlage

Scheibenwischergummi ersetzen

Scheibenwischergummis bei schlechtem Wischbild ersetzen. Im Handel werden sowohl komplette Scheibenwischerblätter (Wischergummi mit Träger) als auch einzelne Wischergummis angeboten. Wird nur das Wischergummi ersetzt, darauf achten, daß der Träger nicht verbogen wird.

Achtung: Wenn die Scheibenwischerblätter rubbeln, genügt es in der Regel nicht, Wischerblätter oder Wischergummis zu ersetzen. Das Wischerblatt muß senkrecht auf der Scheibe stehen, gegebenenfalls Wischerarm vorsichtig verdrehen. Zur Kontrolle des Anstellwinkels gibt es das Werkzeug 4851-1 von HAZET, siehe Kapitel »Werkzeug«.

Ausbau

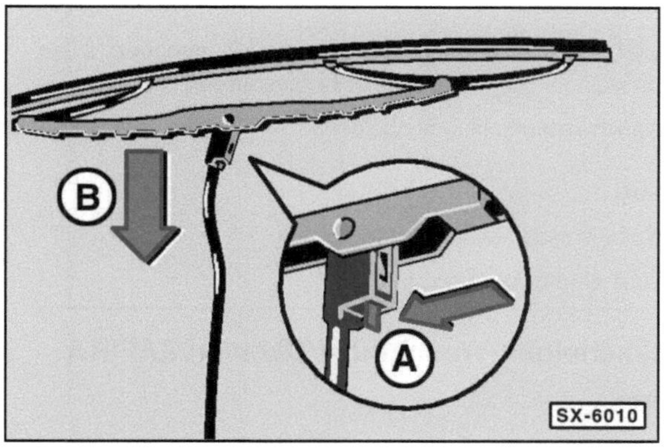

- Wischerarm hochklappen, Wischerblatt rechtwinklig zum Wischerarm stellen.
- Federklammer –A– niederdrücken –Pfeilrichtung– und Wischerblatt nach unten –B– aus dem Haken am Wischerarm schieben. Wischerblatt vom Haken des Wischerarmes abnehmen.

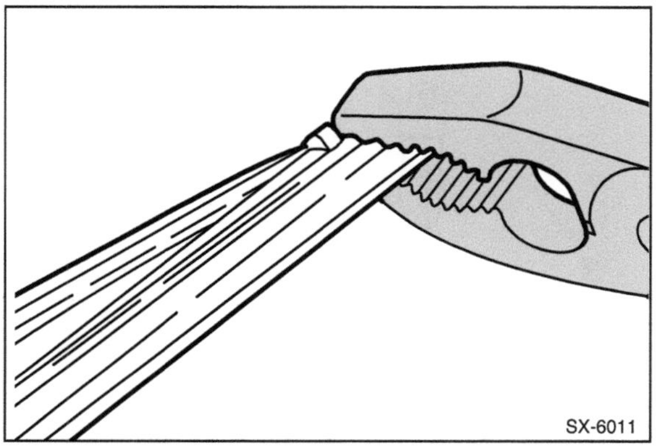

- An der geschlossenen Seite des Wischergummis beide Stahlschienen mit Kombizange zusammendrücken und diese seitlich aus der oberen Klammer herausnehmen. Anschließend Gummi komplett mit Schienen aus den restlichen Klammern des Wischerblattes herausziehen.

Einbau

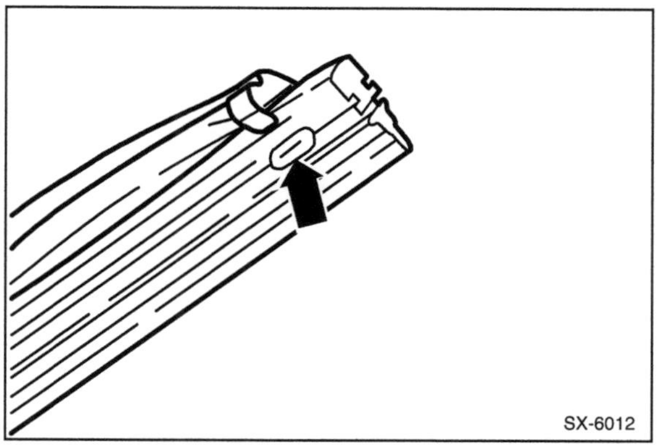

- Neues Wischergummi ohne Halteschienen in die unteren Klammern des Wischerblattes lose einlegen.
- Beide Schienen so in die erste Rille des Wischergummis einführen, dass die Aussparungen zum Gummi zeigen und in die Gumminasen der Rille einrasten. **Achtung:** Die Schienen sind leicht gebogen. Schienen so einsetzen, dass der Bauch des Bogens vom Wischerblatt weg gerichtet ist.
- Wischergummi an der geschlossenen Seite mit Seifenwasser bestreichen, damit es besser in die Haltebügel gleitet.
- Beide Stahlschienen und Gummi mit Kombizange zusammendrücken und so in die obere Klammer einsetzen, daß die Klammernasen beidseitig in die Haltenuten –Pfeil– des Wischergummis einrasten.
- Wischerblatt über den Wischerarm schieben und Federklammer in den Haken des Wischerarms einclipsen. Die Windleitschaufel am Wischerblatt, falls vorhanden, muß nach unten zeigen.
- Wischerarm zurückklappen. Darauf achten, daß das Wischergummi überall an der Scheibe anliegt, gegebenenfalls Träger vorsichtig nachbiegen.

Scheibenwaschdüsen aus- und einbauen/einstellen

Frontscheiben-Waschdüsen

Ausbau

- Windlaufabdeckung ausbauen, siehe Seite 272.

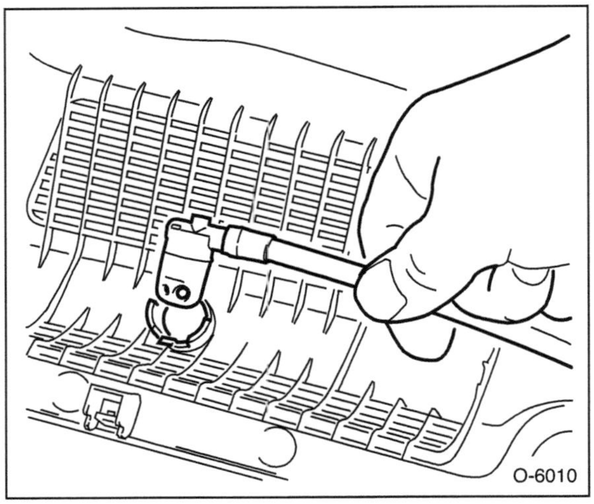

O-6010

- Waschwasserschlauch abziehen.
- Falls vorhanden, Kabelstecker abziehen.
- Haltenasen zusammendrücken und Düse aus der Windlaufabdeckung herausziehen.

Einbau

- Kabelstecker aufstecken.
- Waschwasserschlauch aufschieben.
- Düse in die Windlaufabdeckung eindrücken und einrasten.
- Windlaufabdeckung einbauen, siehe Seite 272.

Einstellen

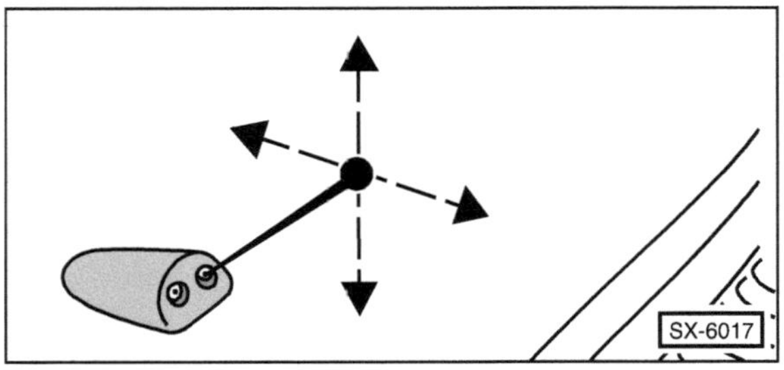

SX-6017

- Die Spritzrichtungen der Düsen können gegebenenfalls mit einer Nadel oder mit dem Spezialwerkzeug HAZET 4850-1 korrigiert werden. Bei stehendem Fahrzeug soll der Spritzstrahl für die Windschutzscheibe an der Oberkante des Wischfelds auftreffen.

Heckscheiben-Waschdüse/Schrägheck

Ausbau

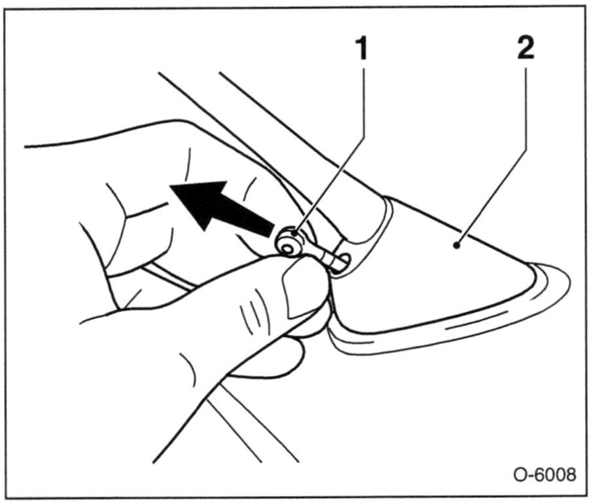

O-6008

- Die Düse –1– ist in die Dachantenne –2– integriert. Düse mit kleinem Schraubendreher heraushebeln.
- Waschwasserschlauch abziehen.

Einbau

- Waschwasserschlauch aufschieben.
- Düse eindrücken und einrasten.

Heckscheiben-Waschdüse/Caravan/ZAFIRA

Ausbau

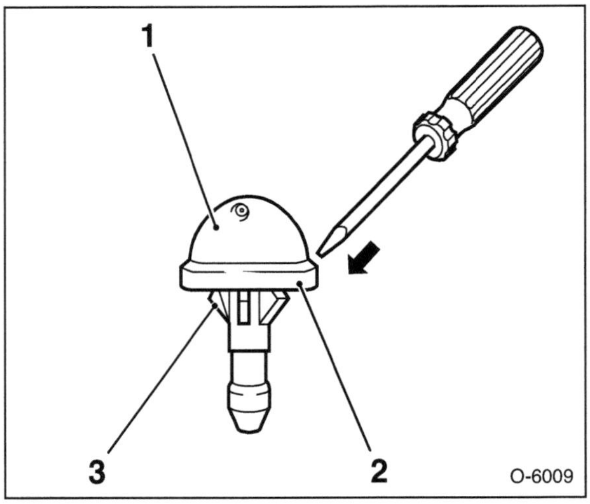

O-6009

- Düse vorsichtig aus der Heckklappe heraushebeln –Pfeil–. Dazu kleinen Schraubendreher seitlich zwischen Düse –1– und Dichtgummi –2– stecken. Rastnase –3– entriegeln. Düse herausziehen.
- Waschwasserschlauch abziehen.

Einbau

- Waschwasserschlauch aufschieben.
- Düse eindrücken und einrasten.

Scheinwerfer-Waschdüse

Ausbau

- Frontverkleidung ausbauen, siehe Seite 273.
- Schlauchschelle aufschrauben und Waschwasserschlauch abziehen.
- Hinter die Frontverkleidung greifen und den Halteclip der Düse seitlich abziehen.
- Düse von Frontverkleidung abnehmen.

Einbau

- Düse einsetzen und mit Halteclip befestigen.
- Waschwasserschlauch aufschieben und mit Schlauchschelle befestigen.
- Frontverkleidung einbauen, siehe Seite 273.

Waschwasserpumpe aus- und einbauen

Je nach Drehrichtung der Scheibenwaschpumpe wird das Waschwasser entweder zur Windschutzscheibe oder zur Heckscheibe gefördert. **Hinweis:** Neben der Scheibenwaschpumpe sitzt bei Mehrausstattung die Scheinwerferwaschpumpe. Der Ausbau erfolgt in gleicher Weise.

Ausbau

- Frontverkleidung ausbauen, siehe Seite 273.
- Innenkotflügel vorn links ausbauen, siehe Seite 275.

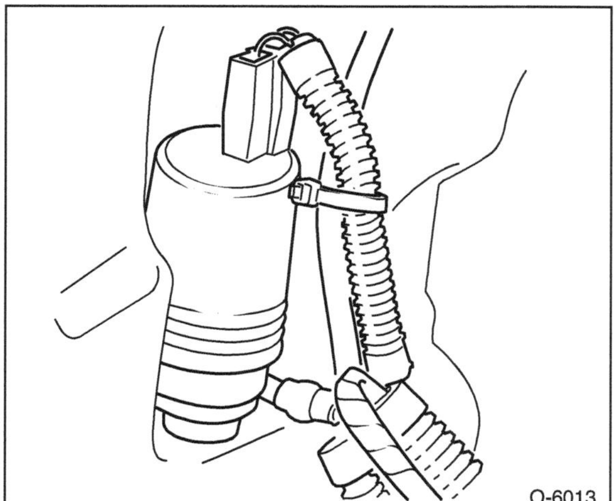
O-6013

- Stecker von der Scheibenwaschpumpe abziehen. Die Pumpe ist in den Scheibenwaschbehälter eingesteckt.

Achtung: Auslaufende Waschflüssigkeit in sauberem Behälter auffangen.

- Federbandschellen entfernen, Schläuche von der Waschpumpe abziehen. Werden die Schellen beim Ausbau zerstört, können zum Einbau handelsübliche Schlauchschellen zum Schrauben verwendet werden.
- Pumpe etwas zur Seite ziehen und aus dem Behälter herausziehen.
- Falls beschädigt, Gummimuffe für Pumpe am Behälter abnehmen und erneuern.
- Pumpe (Elektromotor) prüfen, siehe Kapitel »Elektrische Anlage«.

Einbau

- Neue Waschpumpe hineinstecken.
- Schläuche aufstecken, mit Schellen sichern.
- Mehrfachstecker aufschieben und einrasten.
- Frontverkleidung einbauen, siehe Seite 273.
- Innenkotflügel vorn links einbauen, siehe Seite 275.
- Scheibenwaschbehälter auffüllen.
- Scheibenwaschpumpe auf Funktion prüfen.

Scheibenwaschbehälter aus- und einbauen

Ausbau

- Pumpe für Scheibenwaschanlage ausbauen, siehe entsprechendes Kapitel.
- Kabelstecker am Geber für Flüssigkeitsstand abziehen. Geber am Behälter herausziehen.

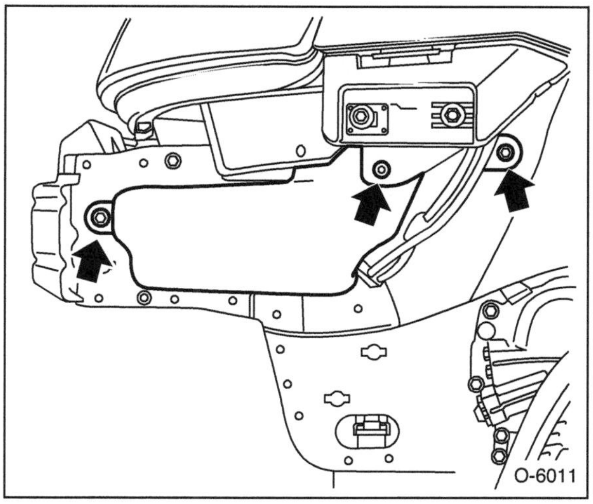
O-6011

- Scheibenwaschbehälter abschrauben –Pfeile– und herausnehmen.

Einbau

- Scheibenwaschbehälter anschrauben –Pfeile–.
- Geber für Flüssigkeitsstand am Behälter einstecken. Kabelstecker am Geber aufstecken.
- Pumpe für Scheibenwaschanlage einbauen und Fahrzeug komplettieren, siehe entsprechendes Kapitel.

Scheibenwischerarme aus- und einbauen

Ausbau

- Fensterscheibe mit Wasser benetzen. Scheibenwischeranlage laufen lassen und mit dem Scheibenwischerschalter abschalten. Dadurch läuft der Wischer in die Endstellung.
- Ruhestellung der Wischerblätter auf der Windschutzscheibe mit Abdeck-Klebeband markieren. Dazu einen Streifen Klebeband direkt neben das Wischerblatt auf die Windschutzscheibe kleben. Beim Einbau wird der Wischerarm wieder in gleicher Stellung auf die Verzahnung des Tandemlagers gesetzt.
- Bei Frontscheibenwischer: Motorhaube öffnen.

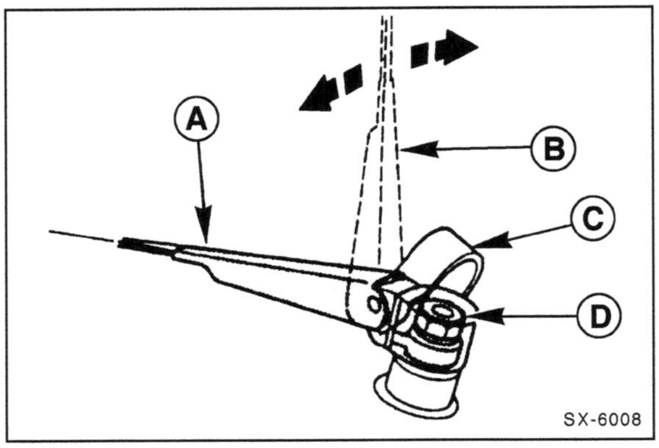

- Abdeckkappe –C– hochklappen. Sechskantmutter –D– lösen, aber nicht ganz abschrauben.
- Wischerarm –A– in Stellung –B– hochklappen und durch leichtes Bewegen von der Verzahnung der Kurbelachse lösen.
- Sechskantmutter ganz abschrauben und mit Unterlegscheibe abnehmen. Wischerarm abnehmen.
- Zweiten Wischerarm auf die gleiche Weise ausbauen.

Einbau

Achtung: Wischerarme nicht vertauschen. Der rechte Wischerarm ist länger als der linke und außerdem anders abgewinkelt.

- Wischerarm entsprechend den vor dem Ausbau angebrachten Markierungen auf die Wischerlager schieben.
- Unterlegscheibe aufsetzen. Mutter für Frontscheiben-Wischerarm mit **15 Nm,** für Heckwischer mit **10 Nm** festziehen. Kunststoffabdeckung auf die Mutter aufdrücken.
- Scheibe mit Wasser benetzen.
- Scheibenwischermotor laufen lassen und Stellung der Wischerarme kontrollieren, gegebenenfalls Wischerarme umsetzen.

Scheibenwischermotor vorn aus- und einbauen

Ausbau

- Batterie-Massekabel (–) bei ausgeschalteter Zündung abklemmen. **Achtung:** Dadurch werden elektronische Speicher gelöscht, wie zum Beispiel der Radiocode. Ohne Code kann das Radio nur vom Radiohersteller freigeschaltet werden, beziehungsweise beim OPEL-Radio von einer OPEL-Werkstatt. Deshalb Hinweise im Kapitel »Batterie aus- und einbauen« durchlesen.
- Scheibenwischerarme ausbauen.
- Windlauf-Abdeckung abbauen, siehe Seite 272.
- Mehrfachstecker am Wischermotor entriegeln und abziehen. Dazu Rastnasen am Stecker mit kleinem Schraubendreher anheben.

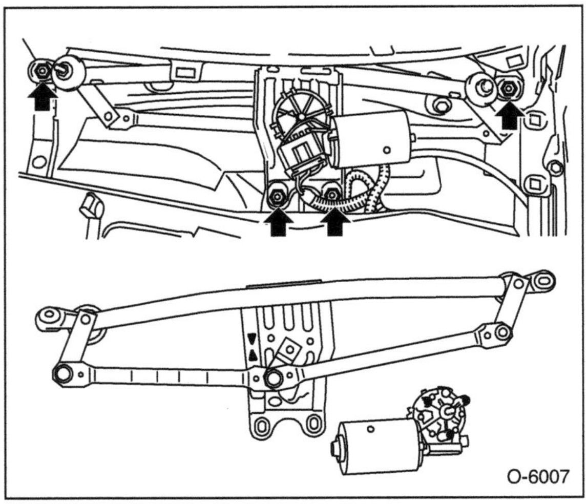

Hinweis: Die Abbildungen zeigen den Scheibenwischermotor des ASTRA. Beim ZAFIRA entsprechend vorgehen.

- Wischermotor mit Gestänge abschrauben –Pfeile– und herausnehmen.

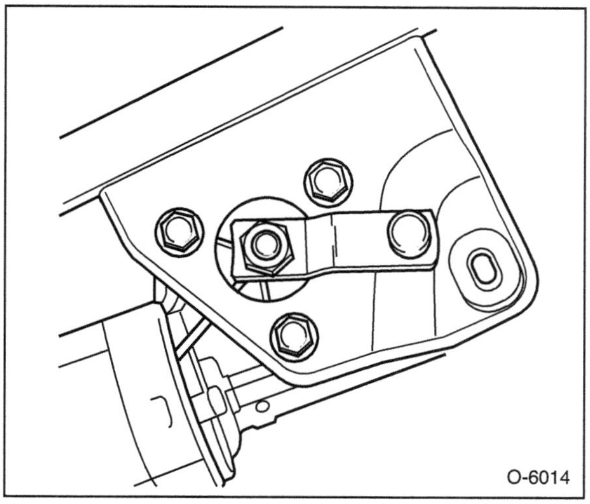

- Stellung der Kurbel zur Montageplatte markieren. Dazu mit Filzstift entlang der Kurbel einen Strich auf der Montageplatte anbringen.
- 3 Befestigungsschrauben für Wischermotor herausdrehen und Wischermotor von der Montageplatte abnehmen.
- Mutter von der Antriebswelle abschrauben und Kurbel vom Konus abziehen.

Einbau

Achtung: Vor dem Einbau prüfen, ob sich der Wischermotor in Endstellung befindet. Dazu kurzzeitig Mehrfachstecker aufschieben und Batterie-Massekabel anschließen. Wischermotor kurz laufen lassen und anschließend Wischerschalter ausschalten, damit der Motor in Endstellung stehenbleibt.

- Wischermotor an der Montageplatte anschrauben.
- Kurbel entsprechend der beim Ausbau angebrachten Markierung ansetzen, gegenhalten und mit **25 Nm** festschrauben.
- Mehrfachstecker anschließen, Stecker verriegeln.
- Motor mit Wischergestänge einsetzen und die Schrauben mit **15 Nm** festziehen.
- Windlauf-Abdeckung einbauen, siehe Seite 272.
- Wischerarme entsprechend den vor dem Ausbau angebrachten Markierungen auf die Wischerlager schieben.
- Unterlegscheibe für Wischerarme aufsetzen. Mutter für Wischerarme mit **15 Nm** festziehen. Kunststoffabdeckung auf die Muttern aufdrücken.
- Batterie-Massekabel (–) anklemmen.
- Scheibe mit Wasser benetzen.
- Scheibenwischermotor laufen lassen und Stellung der Wischerarme kontrollieren, gegebenenfalls Wischerarme umsetzen.
- Hoch-/Tieflaufautomatik für elektrische Fensterheber aktivieren sowie Zeituhr stellen und Radiocode eingeben, siehe Kapitel »Batterie aus- und einbauen«.

Scheibenwischermotor hinten aus- und einbauen

Ausbau

- Heckscheibe mit Wasser benetzen.
- Heckscheiben-Wischeranlage laufen lassen und sobald der Wischer durch die Intervallschaltung stehenbleibt, Heckwischer mit dem Wischerschalter abschalten. Dadurch läuft der Wischer in die Endstellung.
- Verkleidung für Heckklappe ausbauen, siehe Seite 268.
- Ruhestellung des Wischerblattes auf der Heckscheibe mit Abdeck-Klebeband markieren. Dazu einen Streifen Klebeband neben das Wischerblatt auf die Heckscheibe kleben. Beim Einbau wird der Wischerarm wieder so auf die Verzahnung der Antriebswelle gesetzt, daß sich das Wischerblatt direkt neben dem Klebestreifen befindet.
- Wischerarm ausbauen, siehe entsprechendes Kapitel.

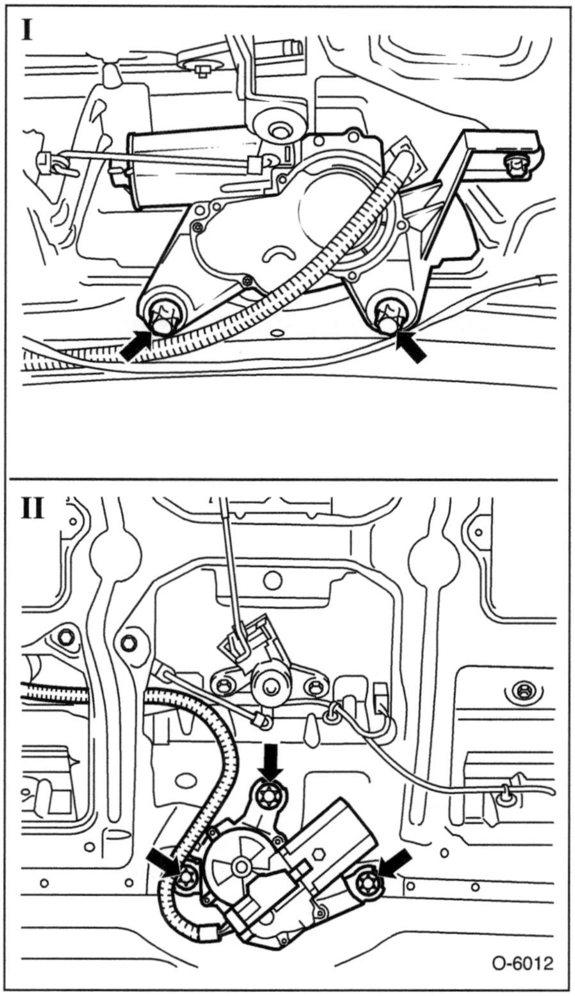

Hinweis: Die Abbildungen zeigen den Scheibenwischermotor des ASTRA. Beim ZAFIRA entsprechend vorgehen.

- Mehrfachstecker entriegeln und abziehen. Wischermotor abschrauben und aus der Heckklappe herausziehen.

Hinweis: Der obere Teil –I– der Abbildung zeigt den Heckwischermotor des Schrägheckmodells, –II– zeigt den Caravan.

Einbau

- Wischermotor in die Heckklappe einsetzen und mit **10 Nm** anschrauben. Dabei mit der oberen Schraube ebenfalls das Massekabel anschrauben.
- Mehrfachstecker anschließen. Elektrische Leitung gegebenenfalls mit neuem Kabelbinder sichern.
- Verkleidung für Heckklappe einbauen, siehe Seite 268.
- Wischerarm einbauen. Dazu Wischerarm auf den Konus der Antriebswelle auflegen, nach den Klebe-Markierungen auf der Heckscheibe ausrichten und aufdrücken.
- Falls keine Markierungen vorhanden sind, Scheibenwischerarm parallel zum Siebdruck der Scheibe ausrichten.
- Federscheibe auflegen und Wischerarm mit Mutter und **15 Nm** festschrauben. Abdeckung aufdrücken.
- Batterie-Massekabel (–) anklemmen. **Achtung:** Hoch-/Tieflaufautomatik für elektrische Fensterheber aktivieren sowie Zeituhr stellen und Radiocode eingeben, siehe Kapitel »Batterie aus- und einbauen«.
- Wischer laufen lassen und sicherstellen, daß er nicht am Scheibenrand anschlägt. Gegebenenfalls Wischerarm umsetzen.

Störungsdiagnose Scheibenwischergummi

Wischbild	Ursache	Abhilfe
Schlieren.	Wischergummi verschmutzt.	■ Wischergummi mit harter Nylonbürste und einer Waschmittellösung oder Spiritus reinigen.
	Ausgefranste Wischlippe, Gummi ausgerissen oder abgenutzt.	■ Wischergummi erneuern.
	Wischergummi gealtert, rissige Oberfläche.	■ Wischergummi erneuern.
Im Wischfeld verbleibende Wasserreste ziehen sich sofort zu Perlen zusammen.	Windschutzscheibe durch Lackpolitur oder Öl verschmutzt.	■ Windschutzscheibe mit sauberem Putzlappen und einem Fett-Öl-Silikonentferner reinigen.
Wischerblatt wischt einseitig gut - einseitig schlecht, rattert.	Wischergummi einseitig verformt, »kippt nicht mehr«.	■ Neues Wischergummi einbauen.
	Wischerarm verdreht, Blatt steht schief auf der Scheibe.	■ Wischerarm vorsichtig verdrehen, bis senkrechte Stellung erreicht ist.
Nicht gewischte Flächen.	Wischergummi aus der Fassung herausgerissen.	■ Wischergummi vorsichtig in die Fassung einsetzen.
	Wischerblatt liegt nicht mehr gleichmäßig an der Scheibe an, da Federschienen oder Bleche verbogen.	■ Wischerblatt ersetzen. Dieser Fehler tritt vor allem bei unsachgemäßem Montieren eines Ersatzblattes auf.
	Anpreßdruck durch Wischerarm zu gering.	■ Wischerarmgelenke und Feder leicht einölen oder neuen Arm einbauen.

Beleuchtungsanlage

Zur Beleuchtungsanlage zählen: Hauptscheinwerfer, Heckleuchten, Bremsleuchten, Rückfahrscheinwerfer, Blinkleuchten, Nebelschlußleuchten, Kennzeichenleuchten und Innenleuchten. Die Instrumentenbeleuchtung wird im Kapitel »Armaturen« abgehandelt.

Glühlampen verschleißen mit der Zeit. Etwa alle 2 Jahre sollten sie deshalb ausgewechselt werden, auch wenn sie noch intakt sind. Dies gilt nicht für Halogenlampen, wie sie beispielsweise in den Hauptscheinwerfern verwendet werden. Sie halten normalerweise wesentlich länger und müssen erst bei einem Defekt gewechselt werden. Eine Glühlampe mit verminderter Leuchtkraft erkennt man auch an schwarzen Ablagerungen auf dem Glaskolben.

Vor dem Auswechseln einer Glühlampe Schalter des betreffenden Verbrauchers ausschalten. **Achtung: Glaskolben nicht mit bloßen Fingern anfassen.** Der Fingerabdruck würde verdunsten und sich – aufgrund der Wärme – auf dem Reflektor niederschlagen und diesen erblinden lassen. Glühlampe nur durch eine Glühlampe gleicher Ausführung ersetzen. Versehentlich entstandene Berührungsflecken mit sauberem, nicht faserndem Tuch und Spiritus entfernen.

Lampentabelle

Um jederzeit eine Lampe auswechseln zu können, sollte stets ein Kasten mit den wichtigsten Ersatzlampen im Fahrzeug mitgeführt werden.

12-Volt-Glühlampe für:	Typ	Leistung
Abblendlicht	H7	55 W
Fernlicht	HB3	60 W
Standlicht	Glassockel	5 W
Blinklicht vorn (gelbe Lampe)	Bajonett	21 W
Nebelscheinwerfer	H3	55 W
Blinklicht seitlich	Glassockel	5 W
Brems-/Schlußlicht	Bajonett	21/5 W
Nebelschlußlicht/Rückfahrlicht	Bajonett	21 W
Blinklicht hinten	Bajonett	21 W
Kennzeichenleuchte	Bajonett	10 W
Innenleuchte	Soffitte	10 W
Kofferraumleuchte	Soffitte	10 W

Glühlampen für Außenleuchten auswechseln

- Schalter der betreffenden Lampe ausschalten.
- Zündung ausschalten.

Abblendlicht

- Motorhaube öffnen.

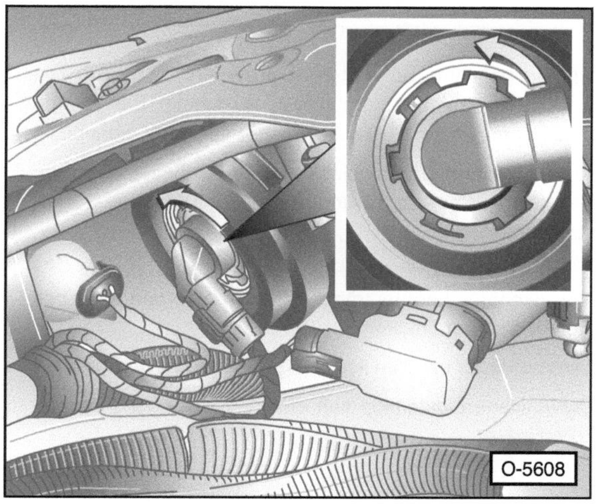

- Lampenträger am Stecker fassen und nach links drehen.

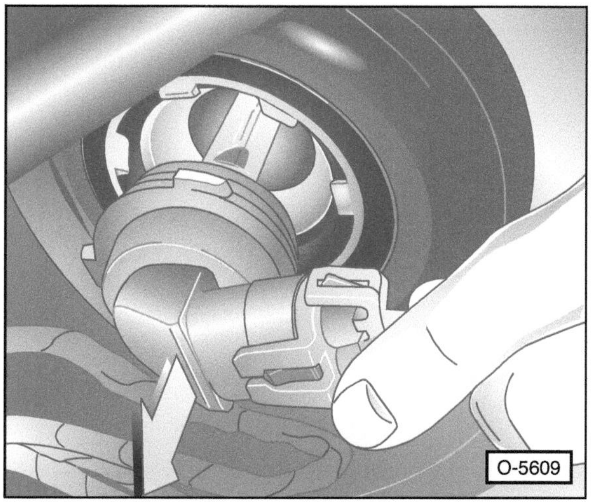

- Lampenträger aus Reflektor nehmen.

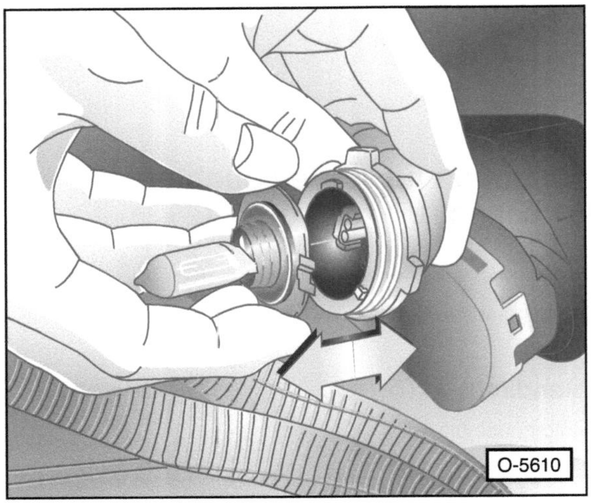

O-5610

- Glühlampe vom Lampenträger abziehen. **Achtung:** Die Lampe sitzt mitunter recht fest, in diesem Fall Lampe ringsum mit einem Schraubendreher vorsichtig abhebeln.
- Neue Glühlampe so einstecken, daß die Fixiernasen der Lampe mit den Aussparungen des Lampenträgers übereinstimmen.
- Lampenträger so in den Reflektor einführen, daß die Fixiernasen des Lampenträgers mit den Aussparungen des Reflektors übereinstimmen.
- Lampenträger bis zum Anschlag nach rechts drehen.
- Scheinwerfereinstellung von einer Fachwerkstatt kontrollieren lassen.

Fernlicht

- Motorhaube öffnen.

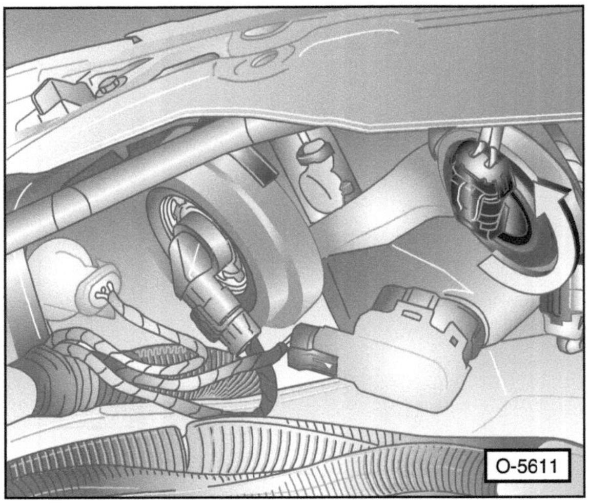

O-5611

- Lampenträger am Stecker fassen und nach links drehen.
- Lampenträger aus Reflektor nehmen.

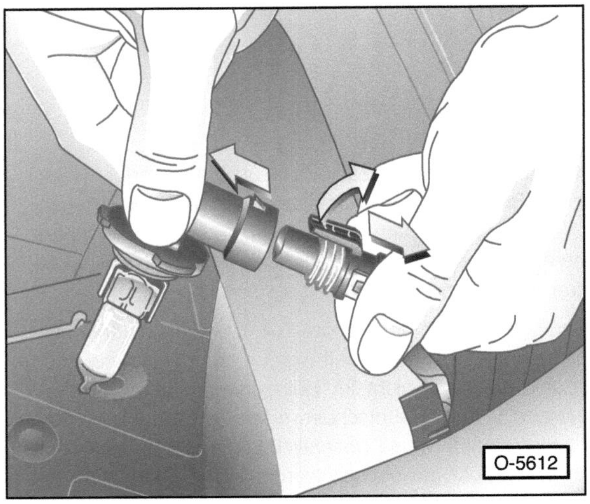

O-5612

- Lasche anheben und Stecker von Lampenträger abziehen.
- Glühlampe komplett mit Lampenträger ersetzen.
- Stecker am Lampenträger aufstecken und einrasten.
- Lampenträger so einsetzen, daß die Fixiernasen in die entsprechenden Aussparungen des Reflektors passen.
- Lampenträger bis zum Anschlag nach rechts drehen.
- Scheinwerfereinstellung von einer Fachwerkstatt kontrollieren lassen.

Standlicht

- Motorhaube öffnen.

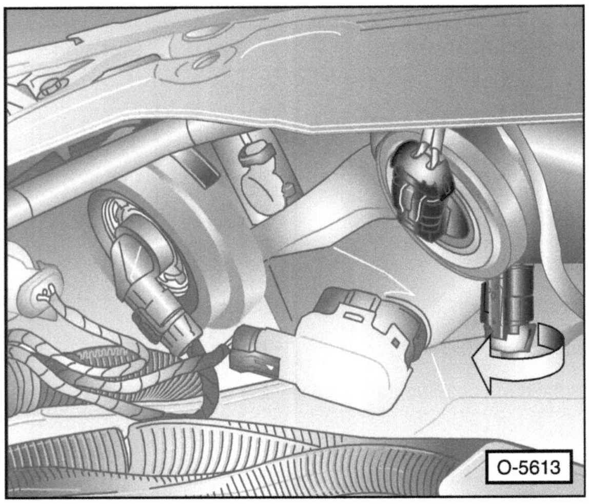

O-5613

- Lampenfassung um 90° (¼ Umdrehung) nach links drehen und ausrasten.
- Glühlampe aus der Fassung herausziehen.
- Neue Glühlampe in die Fassung einsetzen.
- Lampenfassung in Reflektor einsetzen und durch Rechtsdrehen einrasten.

Blinklicht vorn

- Motorhaube öffnen.

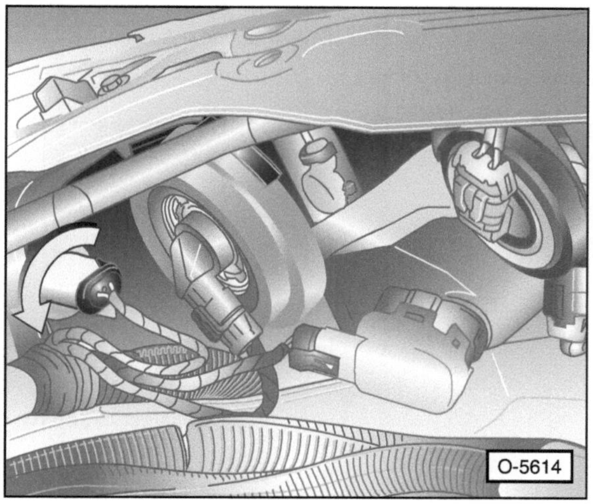

- Lampenfassung –Pfeil– nach links drehen und ausrasten.
- Lampe leicht in die Fassung hineindrücken, nach links drehen und Glühlampe herausnehmen.
- Neue Glühlampe in die Fassung einsetzen, etwas hineindrücken und nach rechts drehen.
- Lampenfassung in den Reflektor einsetzen und durch Rechtsdrehen einrasten.

Nebelscheinwerfer

- An der Rückseite des Nebelscheinwerfers die Lampenabdeckkappe –1– nach unten abziehen.

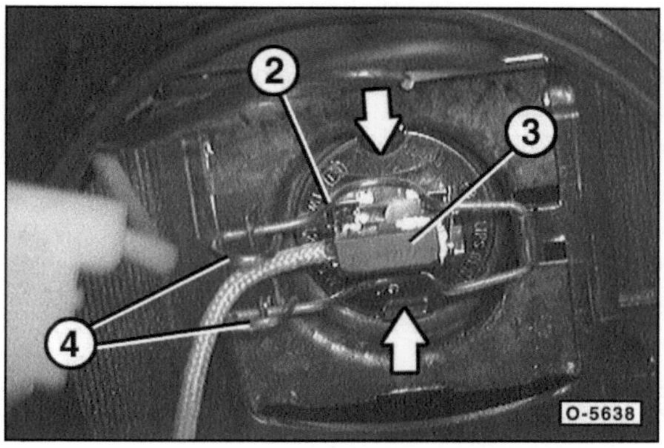

- Federdrahtbügel –2– aus den Rastnasen aushängen und nach unten klappen.
- Steckverbindung trennen und Glühlampe herausnehmen.
- Neue Glühlampe in die Fassung am Nebelscheinwerfer so einsetzen, daß die Nasen der Fassung in die Aussparungen am Lampensockel eingreifen –Pfeile–.
- Lampensockel –3– mit dem Finger in Einbaulage halten und gleichzeitig mit der anderen Hand die Ösen –4– des Federdrahtbügels einhaken.
- Stecker verbinden.
- Abdeckkappe sorgfältig aufdrücken.

Blinklicht seitlich

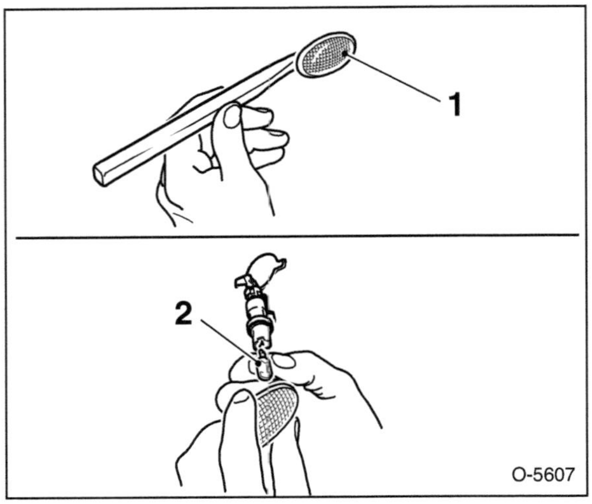

- Blinkleuchte –1– mit den Fingern oder mit einem Kunststoffkeil nach hinten drücken, in Fahrtrichtung gesehen, und herausnehmen.
- Lampenfassung um 90° (¼ Umdrehung) nach links drehen und abziehen.
- Glühlampe –2– aus der Fassung herausziehen.
- Neue Glühlampe in die Fassung einstecken.
- Fassung in die Leuchte einsetzen und durch Rechtsdrehen arretieren.
- Blinkleuchte zuerst vorn, in Fahrtrichtung gesehen, in die Öffnung am Kotflügel einsetzen, dann hinten andrücken, bis die Kunststoffeder einrastet.

Heckleuchte

Limousine/Coupé

Die Arbeitsschritte sind für Schrägheck- und Stufenheckmodelle gleich. Abgebildet ist die Schrägheck-Version.

- Kofferraumdeckel öffnen.

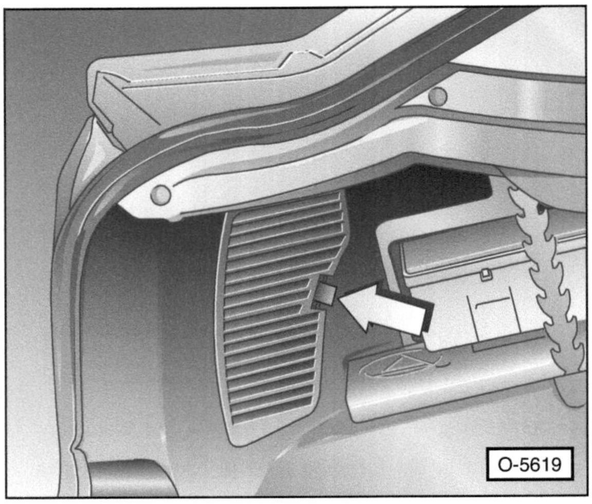

- Abdeckklappe ausrasten –Pfeil– und abnehmen.

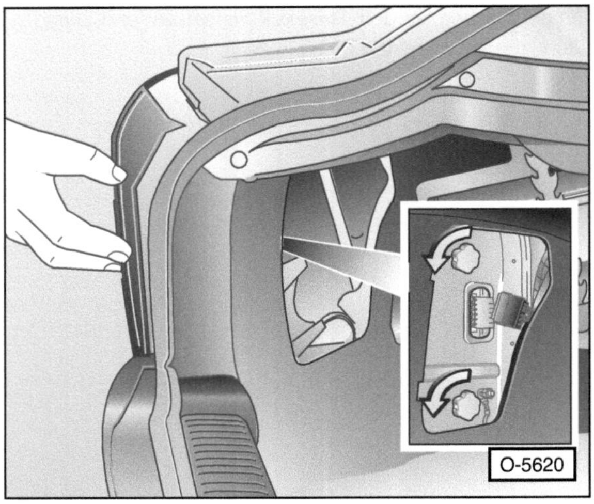

- Stecker vom Lampenträger abziehen.
- Lampengehäuse von außen festhalten, beide Rändelmuttern in Pfeilrichtung abschrauben.
- Lampengehäuse nach außen abnehmen.

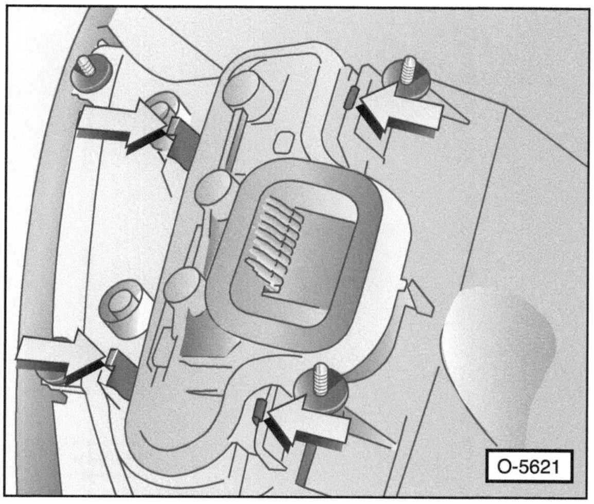

- Sperrzungen –Pfeile– zusammendrücken und Lampenträger herausnehmen.
- **Anordnung der Lampen:** von oben nach unten: Nebelschlußlampe, Blinklampe, Rückfahrlampe, Rücklichtlampe/Bremslampe (Zweifadenlampe).
- Defekte Lampe etwas in die Fassung drücken, nach links drehen und herausnehmen.
- Neue Glühlampe so einsetzen, daß die Nasen am Lampensockel in die Aussparungen der Fassung eingreifen. Lampe etwas hineindrücken und durch Rechtsdrehen arretieren.
- Lampenträger in das Lampengehäuse einrasten.
- Lampengehäuse in die Karosserie einsetzen.
- Rändelmuttern auf Gewindestifte schrauben. Kabelstecker einrasten, Klappe ansetzen und schließen.

Caravan/ZAFIRA

- Heckklappe öffnen.

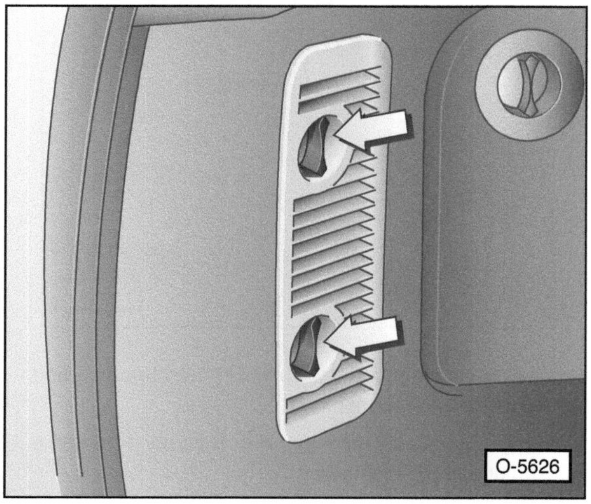

- Klappe durch Drehen der Knöpfe –Pfeile– öffnen.

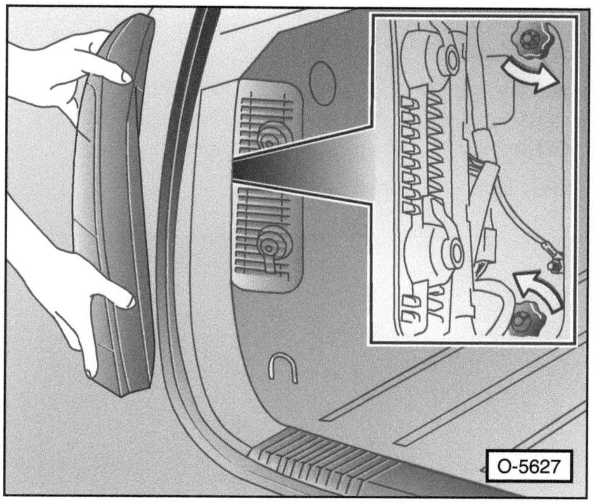

- Lampengehäuse von außen festhalten, beide Rändelmuttern in Pfeilrichtung abschrauben.
- Lampengehäuse nach hinten abnehmen.

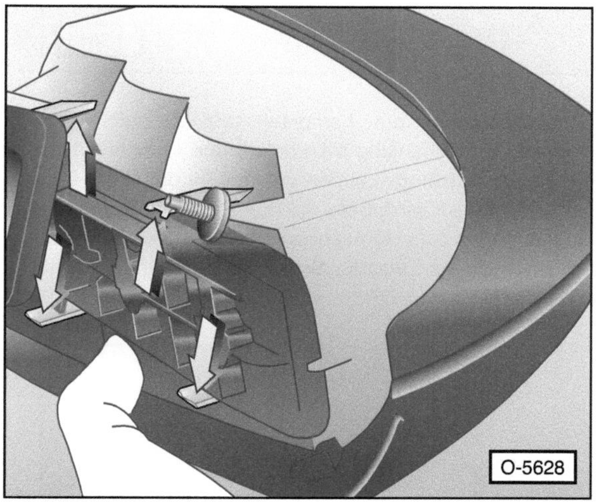

- Sperrzungen am Lampenträger nach außen drücken –Pfeile–, Lampenträger herausnehmen.
- **Anordnung der Lampen:** von oben nach unten: Nebelschlußlampe, Blinklampe, Rückfahrlampe, Rücklichtlampe/Bremslampe (Zweifadenlampe).
- Defekte Lampe etwas in die Fassung drücken, nach links drehen und herausnehmen.
- Neue Glühlampe so einsetzen, daß die Nasen am Lampensockel in die Aussparungen der Fassung eingreifen. Lampe etwas hineindrücken und durch Rechtsdrehen arretieren.
- Lampenträger in das Lampengehäuse einrasten.
- Lampengehäuse in die Karosserie einsetzen.
- Rändelmuttern auf Gewindestifte schrauben. Kabelstecker einrasten, Klappe ansetzen und schließen.

Kennzeichenbeleuchtung

Limousine/Coupé

Hinweis: Die Abbildungen zeigen die Kennzeichenleuchte der Limousine. Beim Ausbau der ovalen Kennzeichenleuchte des ASTRA Coupé ist entsprechend vorzugehen.

- Kofferraumdeckel öffnen.

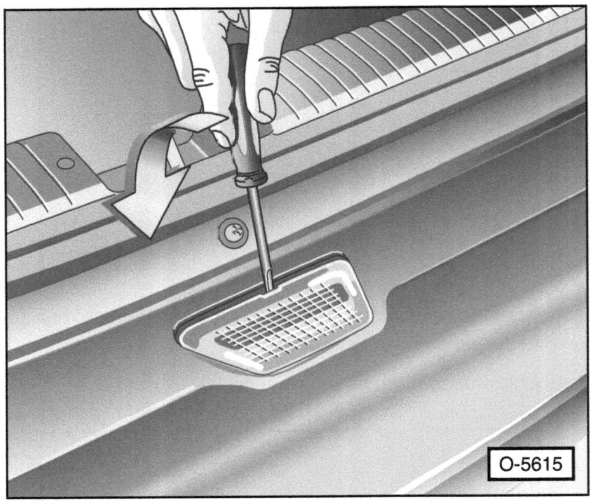

O-5615

- Schraubendreher am Lampeneinsatz senkrecht einstecken, in Pfeilrichtung schwenken und Lampeneinsatz entriegeln. **Achtung:** Lappen unterlegen, damit der Lack nicht beschädigt wird. Beim ASTRA Coupé befinden sich die Öffnungen zum Heraushebeln der Kennzeichenleuchte seitlich an der Leuchte. Schraubendreher nach rechts schwenken.

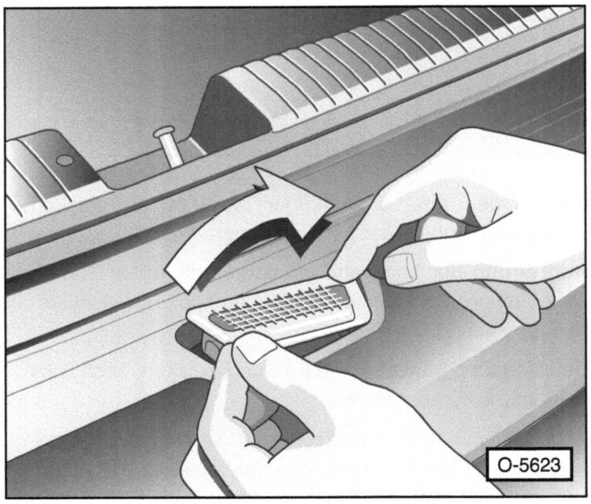

O-5623

- **Limousine:** Lampeneinsatz vorn, in Fahrtrichtung gesehen, hochschwenken und herausnehmen. Gegebenenfalls Lampeneinsatz rechts herunterdrücken und links anheben, siehe Abbildung. Einsatz nach oben herausnehmen.

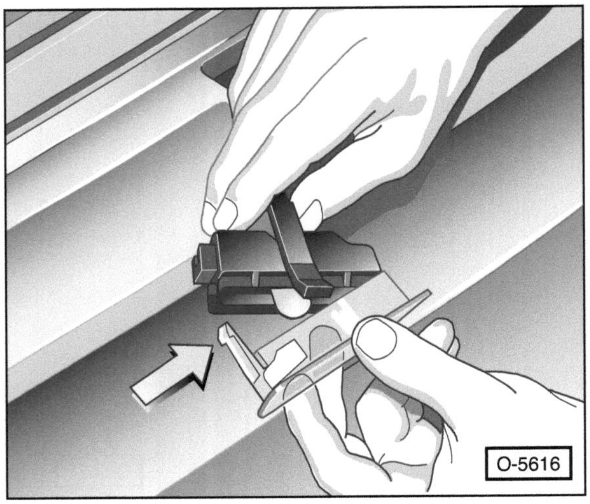

O-5616

- Vorstehende Zunge –Pfeil– eindrücken und Streuscheibe abnehmen.
- Glühlampe eindrücken, etwas nach links drehen und aus Fassung herausnehmen.
- Neue Glühlampe einsetzen, etwas hineindrücken und durch Rechtsdrehen arretieren.
- Streuscheibe auf die Lampenfassung aufdrücken und einrasten.
- Kennzeichenleuchte in den Stoßfänger eindrücken und einrasten.

Caravan/ZAFIRA

- Heckklappe öffnen.

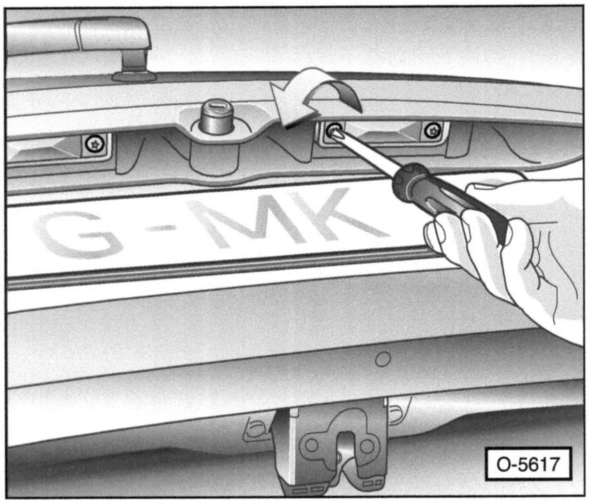

O-5617

- Kennzeichenleuchte von der Griffleiste abschrauben und Lampeneinsatz herausnehmen.
- Glühlampe leicht in Richtung der federnden Klemme drücken und herausnehmen.
- Neue Glühlampe einsetzen.
- Kennzeichenleuchte in die Griffleiste einsetzen und festschrauben.

Zusatzbremsleuchte

Schrägheck-Limousine

- Innenverkleidung für Heckfenster ausbauen, siehe Seite 268.

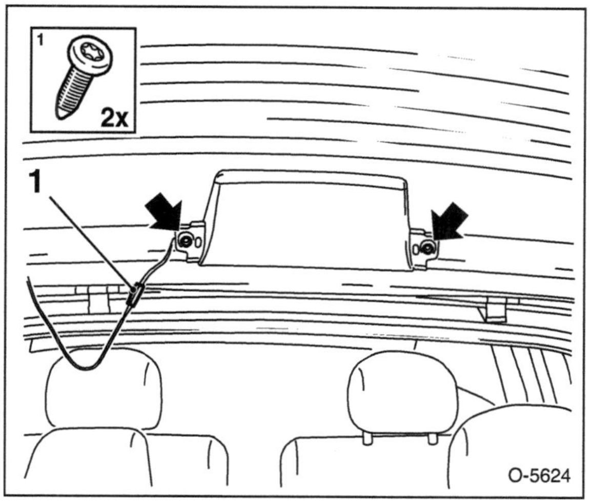

- Bremslicht-Gehäuse abschrauben –Pfeile–.
- Steckverbindung –1– trennen.
- Lampenträger entriegeln und abziehen, dazu die beiden schwarzen Rastnasen gegeneinander drücken. Elektrische Leitung aus den Haltern ausclipsen.
- Lampenträger komplett ersetzen.
- Lampenträger in die Verkleidung einschieben und einrasten.
- Elektrische Leitung an der Verkleidung einclipsen.
- Stecker verbinden.
- Bremslicht-Gehäuse mit 2 Schrauben anschrauben.
- Innenverkleidung für Heckfenster einbauen, siehe Seite 268.

Stufenheck-Limousine

- Innenverkleidung für mittleres Bremslicht vom Dachrahmen abclipsen.
- Steckverbindung trennen.
- Lampenträger entriegeln und von der Verkleidung abziehen, dazu die drei schwarzen Rastnasen zur Seite drücken.
- Lampenträger komplett ersetzen.
- Lampenträger in die Verkleidung einschieben und einrasten.
- Stecker verbinden.
- Innenverkleidung für mittleres Bremslicht am Dachrahmen andrücken und einclipsen.

Caravan

- Innenverkleidung für die Heckklappe ausbauen, siehe Seite 268.

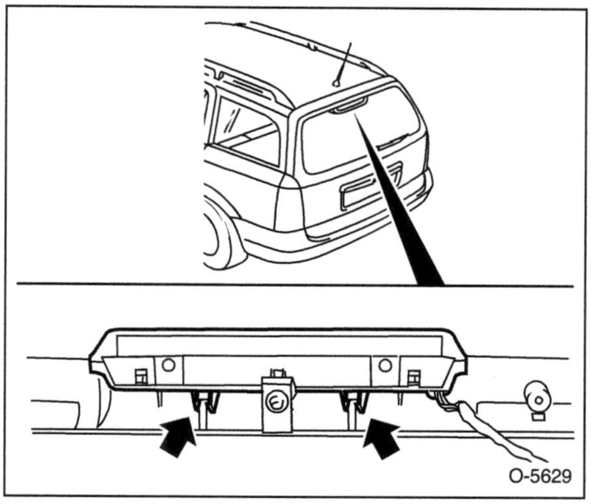

- Mehrfachstecker entriegeln und abziehen.
- Bremslicht ausclipsen –Pfeile– und abziehen.
- Glühlampe ersetzen.
- Bremslicht einclipsen.
- Mehrfachstecker aufschieben und verriegeln. Anschließend durch Ziehen am Mehrfachstecker prüfen, ob Verriegelung eingerastet ist.
- Innenverkleidung für die Heckklappe einbauen, siehe Seite 268.

Glühlampen für Innenleuchten auswechseln

Innenraumleuchte

Achtung: Vor dem Ausbau Türen schließen beziehungsweise Kontaktschalter gedrückt halten, damit die Leuchte nicht unter Strom steht.

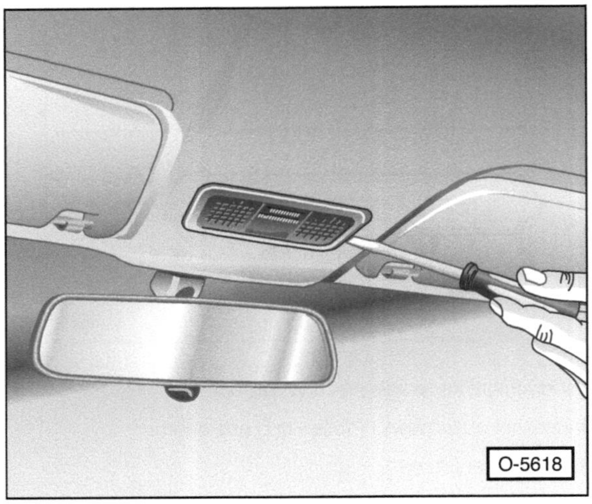

- Leuchte mit Schraubendreher abdrücken und herausnehmen.
- Glühlampe leicht in Richtung der federnden Klemme drücken und herausnehmen.
- Neue Glühlampe einsetzen.
- Leuchte in Aussparung einrasten.

Leseleuchte hinten

- Leseleuchte ausschalten.

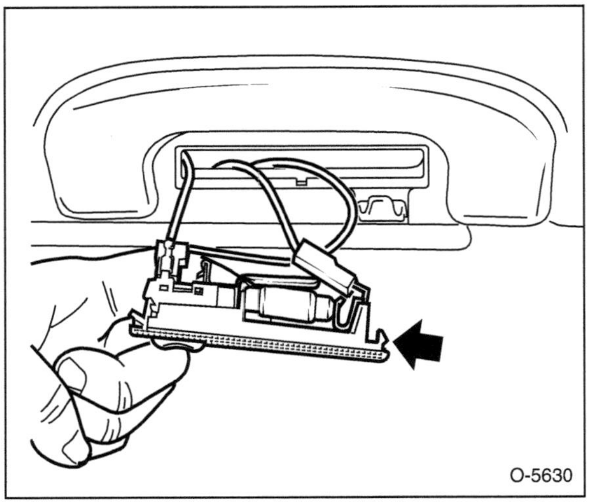

- Haltegriff herunterklappen und Leseleuchte mit kleinem Schraubendreher an der Stirnseite, die gegenüber vom Schalter liegt, aus dem Haltegriff heraushebeln.
- Mehrfachstecker entriegeln und abziehen.
- Glühlampe leicht in Richtung der federnden Klemme drücken und herausnehmen.
- Neue Glühlampe einsetzen.
- Mehrfachstecker aufschieben und verriegeln. Anschließend durch Ziehen am Mehrfachstecker prüfen, ob Verriegelung eingerastet ist.
- Leuchte mit der Steckerseite zuerst in die Aussparung am Haltegriff einsetzen. Anschließend Leuchte einschwenken und mit Haltefeder einrasten –Pfeil– einrasten.

Kofferraum-/Laderaumleuchte

Limousine

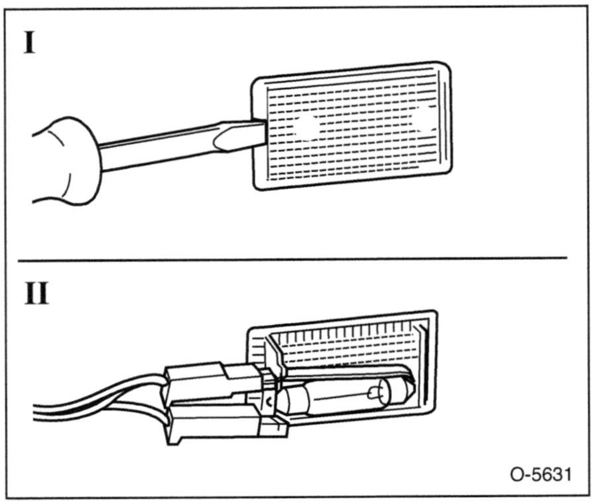

- Kofferraumleuchte mit einem Schraubendreher vorsichtig aus der Seitenwandverkleidung links heraushebeln –I–.
- Stecker abziehen –II–.
- Glühlampe ersetzen.
- Stecker an der Leuchte aufschieben.
- Leuchte in die Seitenwandverkleidung einclipsen.

Caravan

- Laderaumleuchte vorsichtig mit einem Schraubendreher aus dem Formhimmel heraushebeln.
- Stecker abziehen.
- Glühlampe ersetzen.
- Stecker aufschieben.
- Leuchte in den Formhimmel einclipsen.

Handschuhkastenleuchte

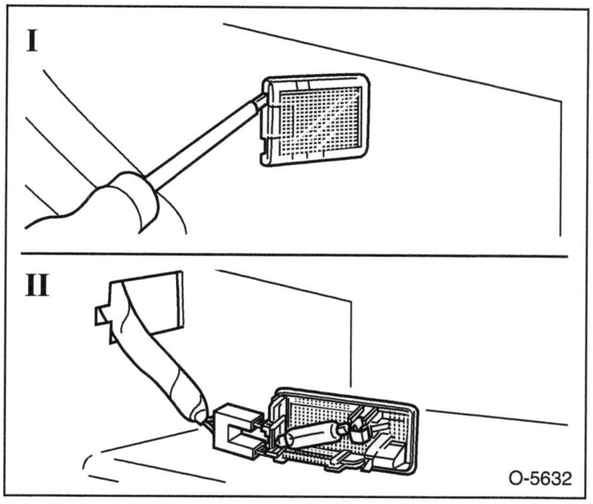

- Handschuhkastenleuchte mit einem Schraubendreher aus Handschuhkasten heraushebeln –I–.
- Stecker abziehen –II–.
- Glühlampe ersetzen.
- Stecker aufschieben.
- Leuchte in den Handschuhkasten einclipsen.

Scheinwerfer aus- und einbauen

Ausbau

- Batterie-Massekabel (–) abklemmen. **Achtung:** Dadurch werden elektronische Speicher gelöscht, wie zum Beispiel der Radiocode. Hinweise im Kapitel »Batterie aus- und einbauen« beachten.
- Frontverkleidung ausbauen, siehe Seite 273.

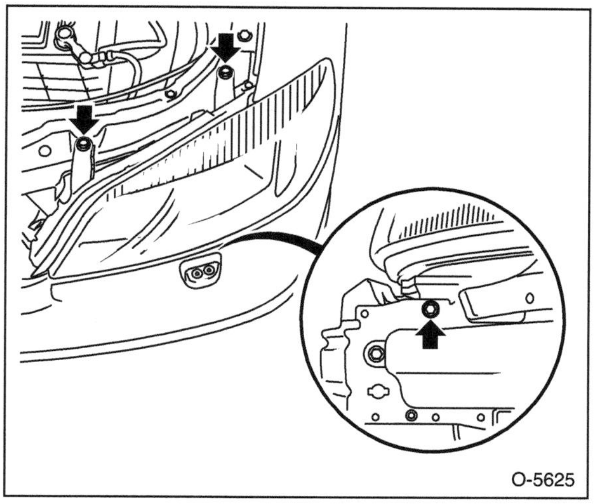

- Befestigungsschrauben –Pfeile– herausdrehen und Scheinwerfergehäuse etwas nach vorn herausziehen.
- Mehrfachstecker am Scheinwerfer entriegeln und abziehen.
- Scheinwerfergehäuse abnehmen.

Einbau

- Scheinwerfer ansetzen und Mehrfachstecker aufschieben und einrasten. Anschließend durch Ziehen am Mehrfachstecker prüfen, ob die Verriegelung eingerastet ist.
- Scheinwerfer in die Öffnung einsetzen und anschrauben.
- Frontverkleidung einbauen, siehe Seite 273.
- Scheinwerfereinstellung von einer Fachwerkstatt kontrollieren lassen.

Stellmotor für Leuchtweitenregelung aus- und einbauen

Ausbau

Der Stellmotor kann nur bei ausgebautem Scheinwerfer ausgebaut werden.

- Scheinwerfer ausbauen, siehe Seite 95.

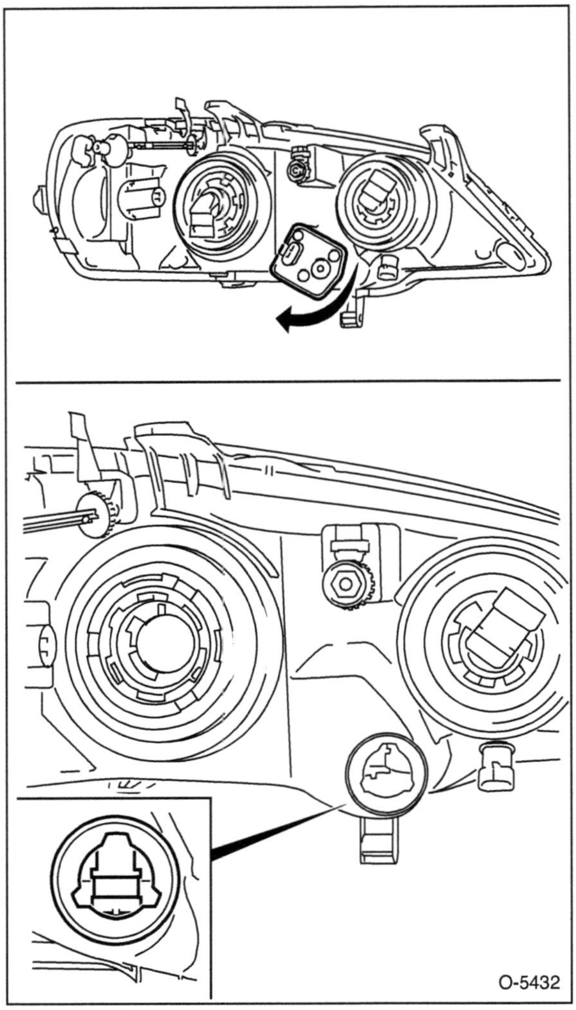

O-5432

- Mehrfachstecker am Stellmotor entriegeln und abziehen.
- Stellmotor durch ¼ Umdrehung –Pfeil– nach links entriegeln und aus dem Scheinwerfer herausnehmen.

Einbau

- Stellmotor in den Scheinwerfer einsetzen und durch Rechtsdrehen verriegeln. Falls erforderlich, vorher Glühlampe für Abblendlicht ausbauen und Reflektor etwas gegenhalten.
- Mehrfachstecker am Stellmotor aufstecken und verriegeln. Anschließend durch Ziehen am Mehrfachstecker prüfen, ob die Verriegelung eingerastet ist.
- Scheinwerfer einbauen, siehe Seite 95.
- Scheinwerfereinstellung von einer Fachwerkstatt kontrollieren lassen.

Scheinwerfer einstellen

Für die Verkehrssicherheit ist die richtige Einstellung der Scheinwerfer von großer Bedeutung. Die exakte Einstellung der Scheinwerfer ist nur mit einem Spezialeinstellgerät möglich. Es wird deshalb nur gezeigt, wo sich die Einstellschrauben befinden und welche Bedingungen zum richtigen Einstellen der Scheinwerfer erfüllt sein müssen.

- ■ Reifen müssen den vorgeschriebenen Reifenfülldruck haben.
- ■ Defekte Gläser und Spiegel von Scheinwerfern sowie geschwärzte Glülampen müssen vor dem Einstellen erneuert werden.
- ■ Das unbeladene Fahrzeug muß mit 75 kg (eine Person) auf dem Fahrersitz belastet sein.
- ■ Kraftstofftank vollständig füllen.
- ■ Fahrzeug auf ebene Fläche stellen.
- Vorderwagen mehrmals kräftig nach unten drücken, damit die Federung der Vorderradaufhängung sich setzt.
- Leuchtweitenregulierung am Armaturenbrett auf »0« stellen.
- Bei Fahrzeugen mit Niveauregulierung Zündung einschalten, damit die Anlage das Fahrzeug in Normallage bringt.
- ■ Fahrzeuge mit manueller Niveauregulierung sind auf den vorgeschriebenen Grunddruck (0,8 bar bei Leergewicht) einzustellen.

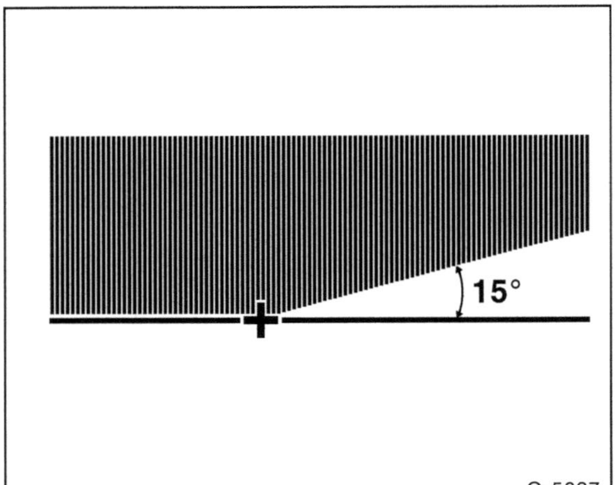

O-5637

- Die Scheinwerfer werden bei eingeschaltetem Abblendlicht eingestellt. Das Neigungsmaß beträgt für Normalscheinwerfer 1,2 %, also 12 cm auf 10 m Entfernung. Die Hell- Dunkel-Grenze links vom Einstellkreuz muß waagerecht auf der Einstellinie verlaufen.
- Seiteneinstellung: Die Hell-Dunkel-Grenze muß waagerecht bis zum Einstellkreuz verlaufen und ab hier bis zu einem Winkel von ca. 15° nach rechts oben verlaufen.

- Zuerst Höheneinstellung, dann Seiteneinstellung vornehmen. Nach der Seiteneinstellung muß die Höheneinstellung nochmals kontrolliert werden. Beim Einstellen der Nebelscheinwerfer kann nur die Höhenverstellung vorgenommen werden.

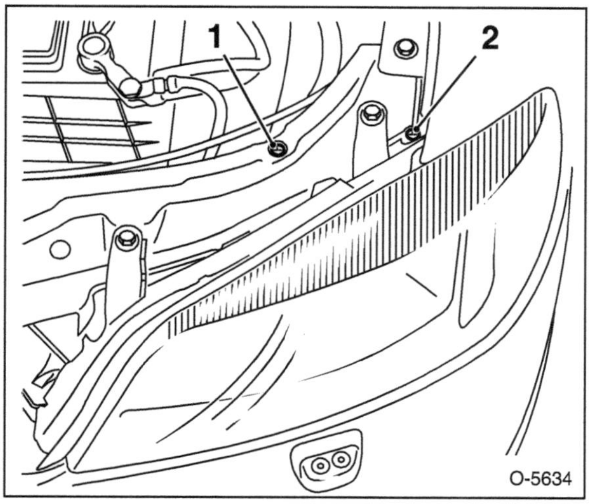

1 = Seitenverstellung, 2 = Höhenverstellung.

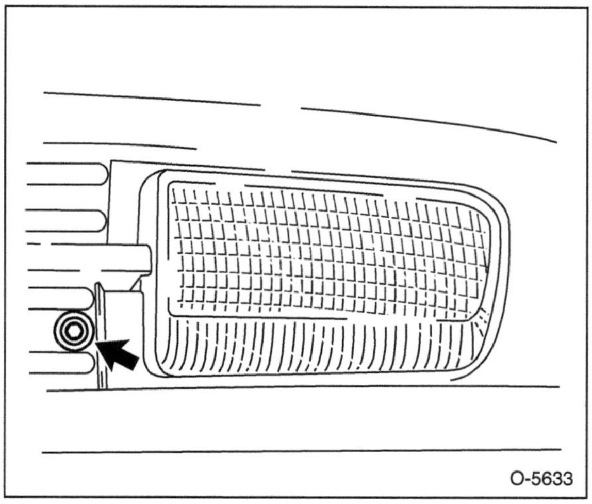

- **Nebelscheinwerfer**: Das Neigungsmaß des Lichtstrahls beträgt 2 % oder 20 cm auf 10 m Entfernung. Die Einstellung erfolgt durch Verdrehen der Einstellschraube –Pfeil–. Die Einstellschraube ist durch das Zusatzgitter der Frontverkleidung zugänglich. Die Nebelscheinwerfer verfügen nicht über eine Seitenverstellung.

Nebelscheinwerfer aus- und einbauen

Ausbau

- An der Rückseite des Nebelscheinwerfers von unten Stecker abziehen.
- Frontverkleidung ausbauen, siehe Seite 273.
- Nebelscheinwerfer mit 3 Schrauben von der Frontverkleidung abschrauben.

Einbau

- Nebelscheinwerfer an die Frontverkleidung anschrauben.
- Frontverkleidung einbauen, siehe Seite 273.
- Stecker aufstecken.
- Nebelscheinwerfer einstellen lassen.

Heckleuchte aus- und einbauen

Limousine/Coupé

Die Arbeitsschritte sind für Schrägheck- und Stufenheckmodelle gleich.

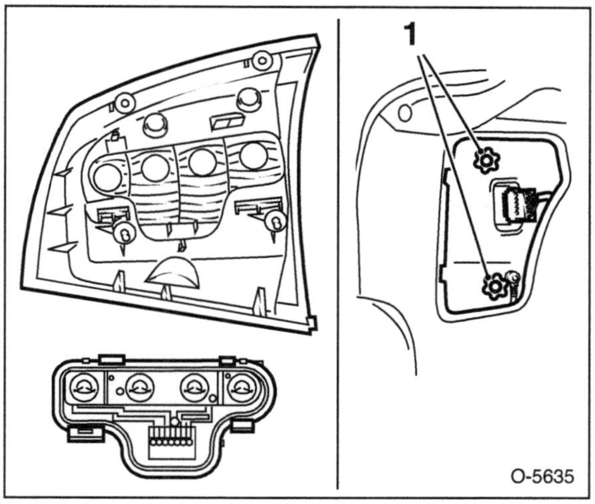

- Abdeckung abnehmen, siehe »Glühlampen für Heckleuchte ausbauen«.
- Mehrfachstecker entriegeln und abziehen.
- Heckleuchte von außen festhalten, 2 Rändelmuttern –1– abschrauben und Heckleuchte abnehmen.
- Dichtung der Heckleuchte auf Beschädigung prüfen, gegebenenfalls ersetzen.
- Falls erforderlich, Dichtung in den Führungen der Heckleuchte einsetzen.
- Heckleuchte einsetzen und anschrauben.
- Mehrfachstecker aufschieben und verriegeln. Anschließend durch Ziehen am Mehrfachstecker prüfen, ob die Verriegelung eingerastet ist.
- Abdeckung befestigen.

Caravan/ZAFIRA

Hinweis: Die Abbildung zeigt die Heckleuchte des ASTRA Caravan. Beim ZAFIRA ist enstprechend vorzugehen.

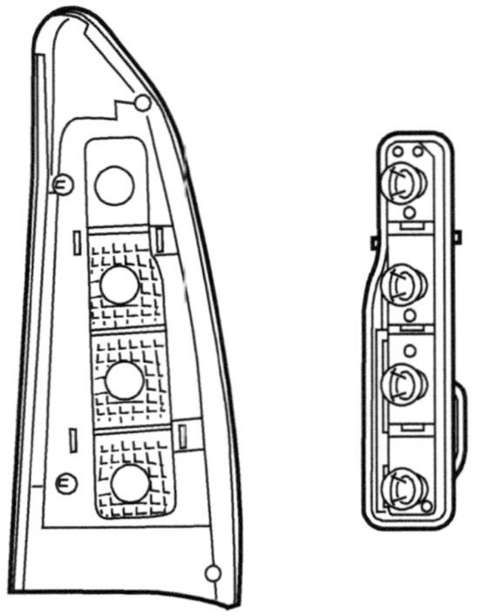
O-5636

- Abdeckung abnehmen, siehe »Glühlampen für Heckleuchte ausbauen«.
- Mehrfachstecker entriegeln und abziehen.
- Lampengehäuse von außen festhalten, beide Rändelmuttern in Pfeilrichtung abschrauben.
- Heckleuchte abnehmen.
- Heckleuchte einsetzen und anschrauben.
- Mehrfachstecker aufschieben und verriegeln. Anschließend durch Ziehen am Mehrfachstecker prüfen, ob die Verriegelung eingerastet ist.
- Abdeckung befestigen.

Armaturen

Die Instrumente wie beispielsweise Tachometer und Drehzahlmesser sind in einem Kombiinstrument zusammengefaßt. Sie werden von einem Mikroprozessor gesteuert und verfügen über eine Eigendiagnose. Treten Störungen an Bauteilen auf, werden Fehlercodes im Fehlerspeicher des Steuergerätes abgelegt. Die Fehlercodes können mit dem OPEL-Diagnosegerät ausgelesen werden.

In diesem Kapitel werden ebenfalls der Aus- und Einbau verschiedener Schalter und des Radios beschrieben.

Kombiinstrument aus- und einbauen/ Glühlampen erneuern

Im Kombiinstrument können nur Kontrollampen ausgetauscht werden, die als Glühlampen ausgelegt sind. Sind einzelne Instrumente defekt, muß das gesamte Kombiinstrument ersetzt werden, da es nicht zerlegbar ist.

Falls das Kombiinstrument erneuert werden soll, vor dem Ausbau Fehlerspeicher abfragen lassen. Außerdem die Werte der Service-Intervall-Anzeige und den Stand des Wegstreckenzählers über das OPEL-Diagnosegerät auslesen lassen und notieren (Werkstattarbeit).

Hinweis: Für den Ausbau des Kombiinstruments ist der Ausbau des Lenkrades nicht erforderlich. In den nachfolgenden Abbildungen ist das Lenkrad wegen der besseren Übersichtlichkeit nicht dargestellt.

Ausbau

- Bei Ausstattung mit verstellbarem Lenkrad: Lenkrad nach unten verstellen und ganz herausziehen.
- Zündung ausschalten.

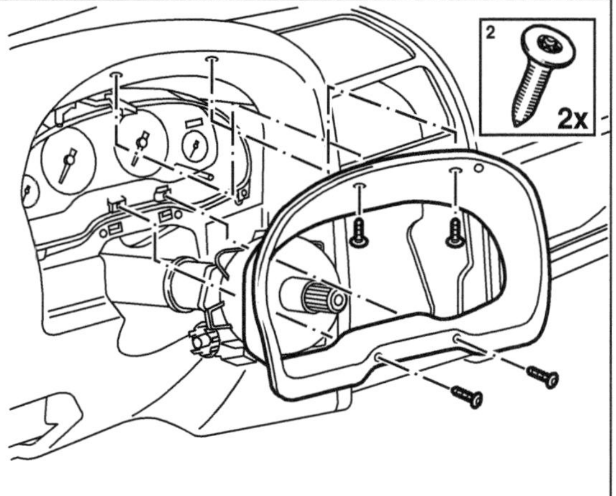

O-5811

- **ASTRA:** Abdeckung mit 4 Schrauben abschrauben.
- **ZAFIRA:** Luftführung an der Frontscheibe, sowie obere A-Säulenverkleidung ausbauen. Verkleidung für Kombiinstrument ausclipsen und abnehmen.

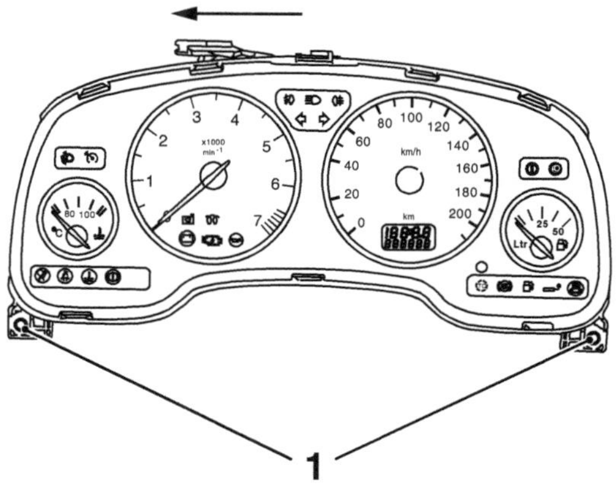

O-5815

- 2 Schrauben –1– herausdrehen.
- Kombiinstrument etwas herausziehen.
- Kabelstecker auf der Rückseite vom Kombiinstrument in –Pfeilrichtung– entriegeln und abziehen.

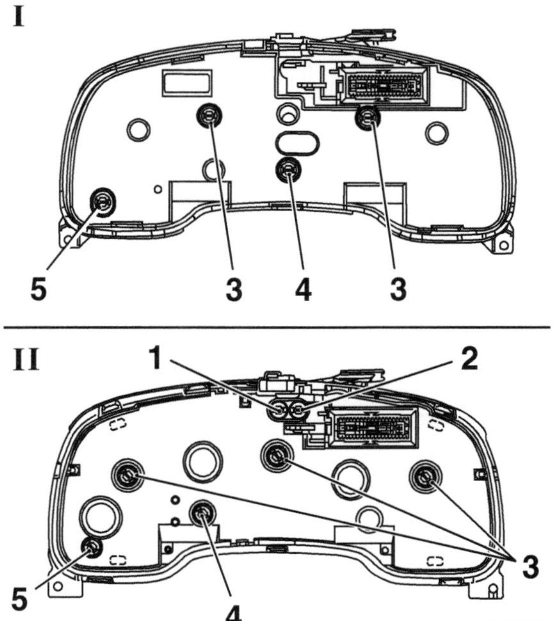

O-5812

I – Instrument ohne Drehzahlmesser

II – Instrument mit Drehzahlmesser

1 – Kontrollampe für eingeschaltetes Fernlicht 12V/1,1W

2 – Kontrollampe für eingeschaltete Nebelscheinwerfer 12V/1,1W

3 – Instrumentenbeleuchtung 12V/1,5W

4 – LCD-Beleuchtung 12V/1,5W

5 – Kontrollampe für Anhänger-Blinklicht 12V/1,1W

- Glühlampen für Beleuchtung/Kontrolleuchten wechseln.

Einbau

- Der Einbau erfolgt in umgekehrter Ausbaureihenfolge. Beim ZAFIRA auf richtigen Sitz der Haltenasen für die Verkleidung des Kombiinstruments achten.
- Wurde das Kombiinstrument erneuert, Service-Intervall-Anzeige und Wegstreckenzähler anpassen lassen (Werkstattarbeit).

Lichtschalter aus- und einbauen/ Glühlampe ersetzen

Ausbau

- Batterie-Massekabel (–) bei ausgeschalteter Zündung abklemmen. **Achtung:** Dadurch werden elektronische Speicher gelöscht, wie zum Beispiel der Radiocode. Ohne Code kann das Radio nur vom Radiohersteller freigeschaltet werden, beziehungsweise beim OPEL-Radio von einer OPEL-Werkstatt. Deshalb Hinweise im Kapitel »Batterie aus- und einbauen« durchlesen.

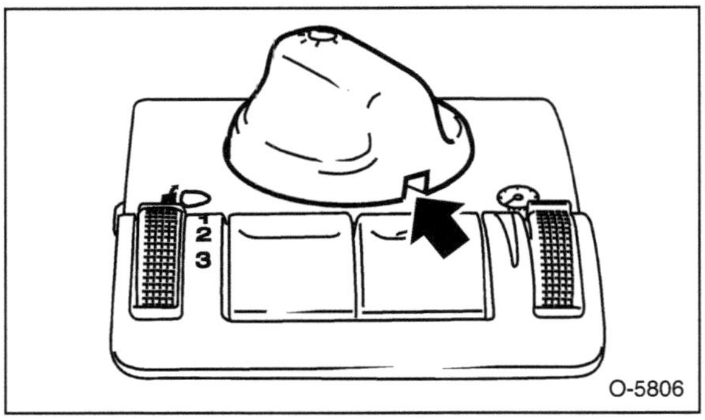

- Drehknopf in Stellung »AUS« stellen. Mit kleinem Schraubendreher oder Draht durch die Aussparung –Pfeil– am Drehknopf die Rastnase an der Schalterstange eindrücken und gleichzeitig den Knopf abziehen.

- Rasthebel mit 2 kleinen Schraubendrehern nach innen drücken und gleichzeitig Lichtschalter herausziehen.

Einbau

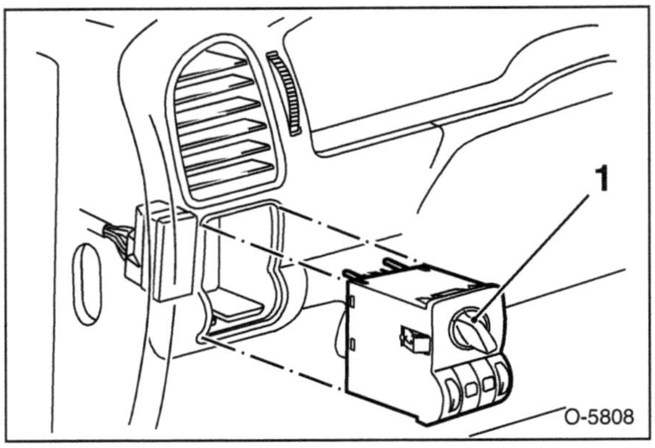

- Lichtschalter aufdrücken, bis er hörbar einrastet.
- Schalterknopf –1– auf die Schalterstange aufdrücken.
- Batterie-Massekabel (–) anklemmen. **Achtung:** Hoch-/Tieflaufautomatik für elektrische Fensterheber aktivieren sowie Zeituhr stellen und Radiocode eingeben, siehe Kapitel »Batterie aus- und einbauen«.

Lenkstockschalter aus- und einbauen

Ausbau

- Batterie-Massekabel (–) bei ausgeschalteter Zündung abklemmen. **Achtung:** Dadurch werden elektronische Speicher gelöscht, wie zum Beispiel der Radiocode. Ohne Code kann das Radio nur vom Radiohersteller freigeschaltet werden, beziehungsweise beim OPEL-Radio von einer OPEL-Werkstatt. Deshalb Hinweise im Kapitel »Batterie aus- und einbauen« durchlesen.

ASTRA

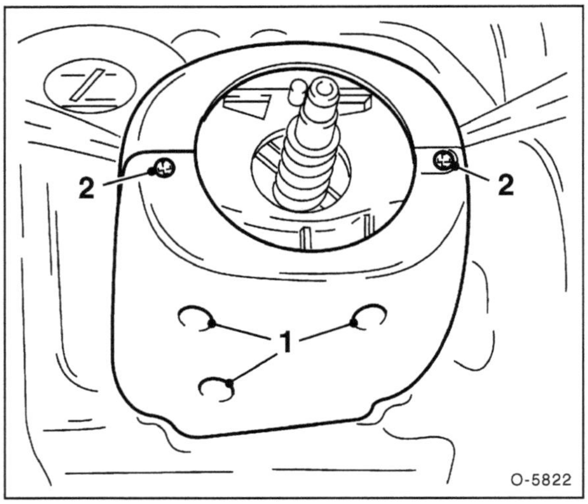

- Lenksäulenverkleidung abschrauben. Dazu 3 Schrauben –1– von unten und 2 Schrauben –2– von vorn herausdrehen. Um die Schrauben –2– an der Frontseite herausdrehen zu können, Lenkrad um 90° drehen.In der Abbildung ist zur besseren Darstellung das Lenkrad ausgebaut.

ZAFIRA

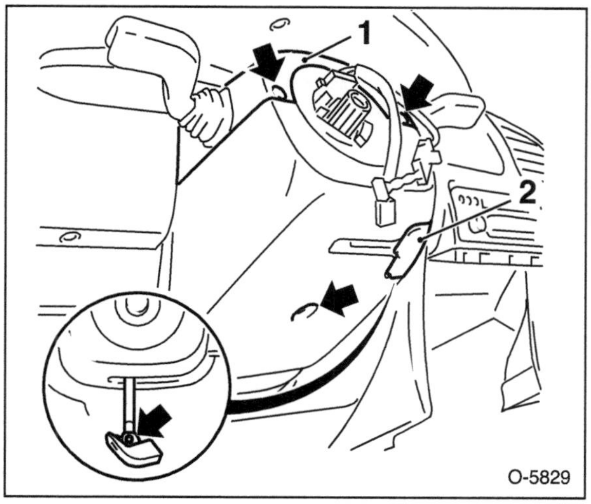

- 1 Schraube –1– von unten und 2 Schrauben –2– von vorn aus der Lenkstockschalterverkleidung herausdrehen. Lenkrad-Höhenverstellung –3– herunterklappen.

- Verkleidung für Lenkstockschalter abnehmen.

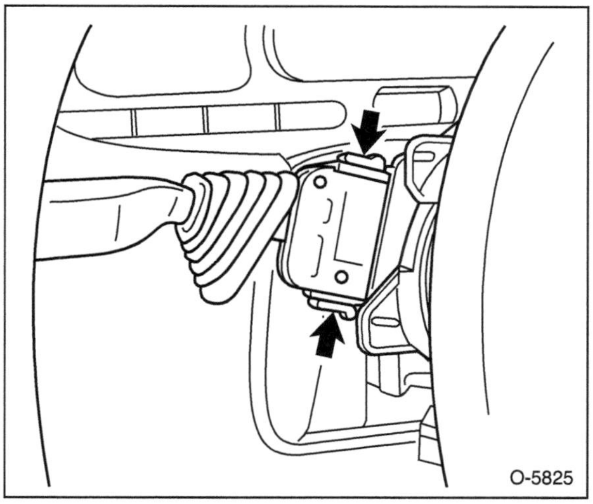

- Rasthebel beidseitig am Blinkerschalter zusammendrücken und Schalter abnehmen.
- Am Scheibenwischerschalter Rasthebel zusammendrücken und Schalter abnehmen.

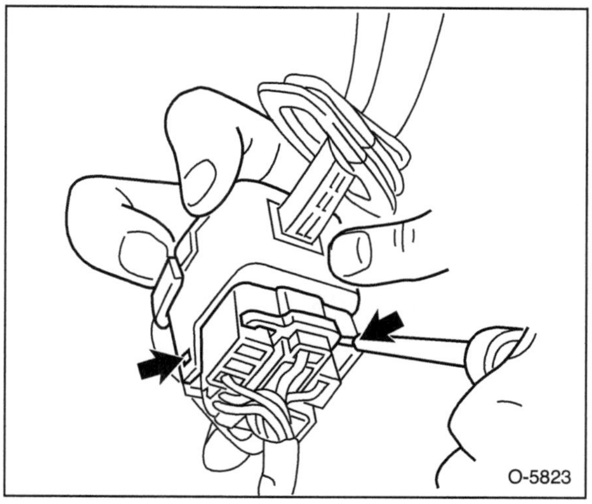

- Mehrfachstecker am Schalter abziehen. Vorher Sicherheitsrasten mit Schraubendreher entriegeln.

Einbau

- Mehrfachstecker aufschieben und einrasten.
- Jeweiligen Schalter in die Führungen einsetzen und einrasten lassen.
- Lenksäulenverkleidung einsetzen und anschrauben.
- Batterie-Massekabel (–) anklemmen. **Achtung:** Hoch-/Tieflaufautomatik für elektrische Fensterheber aktivieren sowie Zeituhr stellen und Radiocode eingeben, siehe Kapitel »Batterie aus- und einbauen«.

Warnblinkschalter aus- und einbauen

ASTRA

Ausbau

- Abdeckkappe mit der Hand vom Warnblinkschalter abziehen.

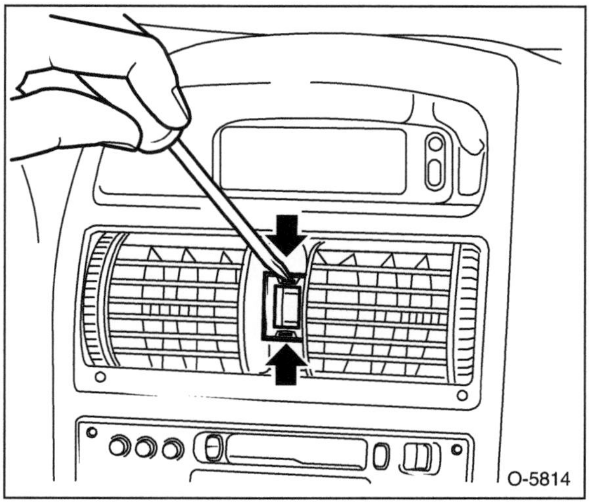

- Warnblinkschalter am Sockel mit kleinem Schraubendreher entriegeln und herausziehen.

- Kabelstecker abziehen.

Einbau

- Kabelstecker aufstecken, Schalter einrasten.
- Abdeckkappe auf den Schalter aufdrücken.
- Warnblinkschalter auf Funktion prüfen.

Schalter für Sitzheizung/ Traction Control aus- und einbauen

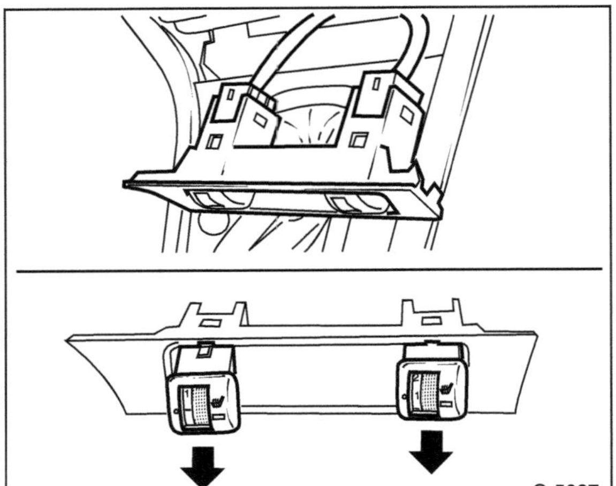

O-5827

- Schalterblende mit kleinem Schraubendreher aushebeln, Kabelstecker abziehen.
- Vor dem Einbau Kabelstecker aufstecken und dann Schalter eindrücken.

Zigarettenanzünder aus- und einbauen/Glühlampe ersetzen

Ausbau

Hinweis: Die Abbildungen zeigen den Zigarettenanzünder des ASTRA. Beim ZAFIRA entsprechend vorgehen.

- Aschenbecher herausnehmen, Zigarettenanzünder herausziehen.

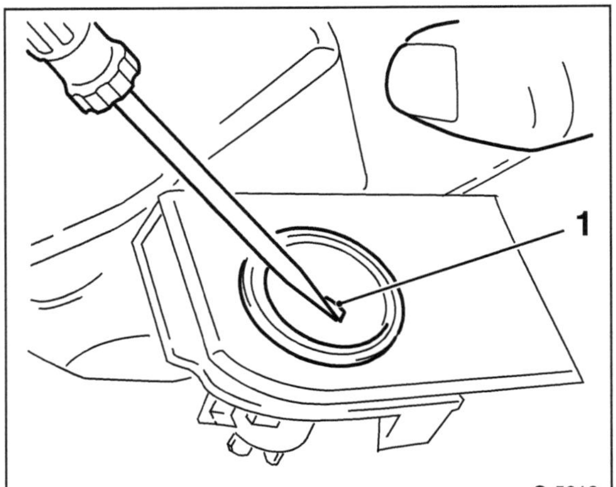

O-5819

- Halterung und Leuchtring mit kleinem Schraubendreher entriegeln –1– und aus Aschenbecher herausziehen.

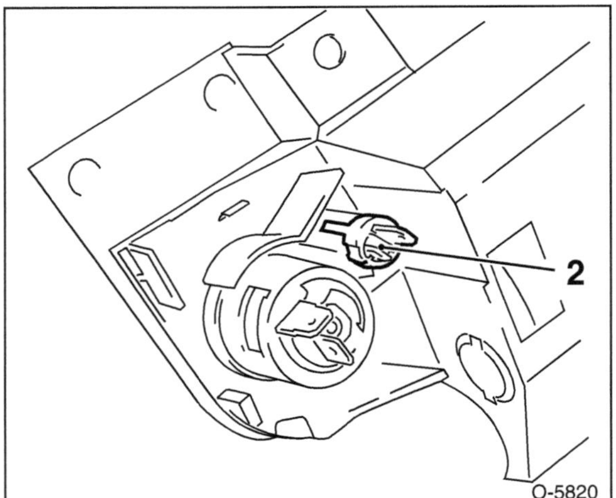

O-5820

- Zum Ersetzen der Glühlampe Stecker abziehen, Glühlampe mit Fassung –2– herausziehen.

Einbau

- Der Einbau erfolgt in umgekehrter Reihenfolge, wie unter »Ausbau« beschrieben.

Türkontaktschalter aus- und einbauen

Hinweis: Der Kontaktschalter für die Gepäckraumleuchte wird in gleicher Weise ausgebaut wie die Türkontaktschalter. Er befindet sich neben dem Heckklappenschloß.

Ausbau

- Tür öffnen. Schalter abschrauben –Pfeil– und herausziehen.
- Stecker abziehen.

Einbau

- Stecker am Schalter aufstecken, Schalter einsetzen und anschrauben.

Schalter für Handbremskontrolle aus- und einbauen

Ausbau

- Abdeckung für Mittelkonsole und Handbremshebel ausbauen, siehe Seite 259.

- Stecker abziehen. Schalter abschrauben –Pfeil– und herausziehen.

Einbau

- Schalter einsetzen und anschrauben, Stecker am Schalter aufstecken.
- Abdeckung für Mittelkonsole einbauen.

Radio aus- und einbauen

Die vom Werk eingebauten Radiogeräte sind mit einer Einschubhalterung ausgestattet, die den schnellen Ein- und Ausbau des Radios ermöglicht. Allerdings gelingt das nur mit einem Spezialwerkzeug, welches beim Kauf des Radios beigelegt oder im Fachhandel erhältlich ist. Ob ein Radio mit Einschubhalterung eingebaut ist, erkennt man in der Regel an den 4 Verschlußschrauben in der Frontplatte.

Ausbau

- Batterie-Massekabel (–) bei ausgeschalteter Zündung abklemmen. **Achtung:** Dadurch werden elektronische Speicher gelöscht, wie zum Beispiel der Radiocode. Ohne Code kann das Radio nur vom Radiohersteller freigeschaltet werden, beziehungsweise beim OPEL-Radio von einer OPEL-Werkstatt. Deshalb Hinweise im Kapitel »Batterie aus- und einbauen« durchlesen.

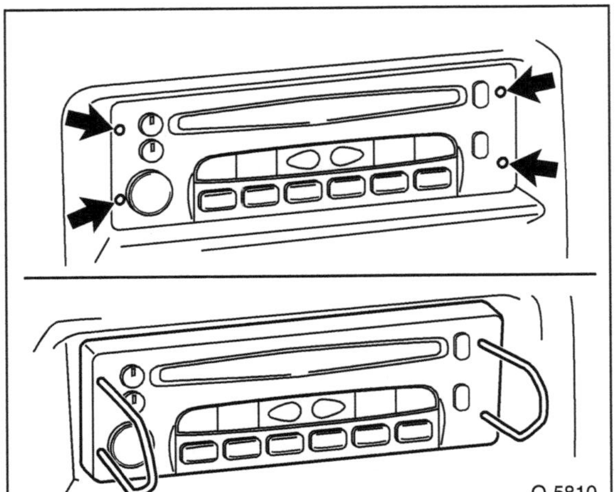
O-5810

- 4 Verschlußschrauben –Pfeile– mit einem 1,5 mm-Innensechskantschlüssel aus der Radioblende herausdrehen. Sind keine Öffnungen vorhanden, Bedienungsknöpfe und Blende abziehen.
- Beide Auszieher links und rechts in die Öffnungen der Frontplatte einführen. Auszieher eindrücken, bis es deutlich hörbar knackt. Die Haltelaschen sind dann ausgerastet.
- Radio gleichmäßig herausziehen. Das Radio wird dadurch auch aus den Steckersockeln gezogen, die sich hinten im Einbaurahmen befinden. Radio beim Herausziehen nicht verkanten.

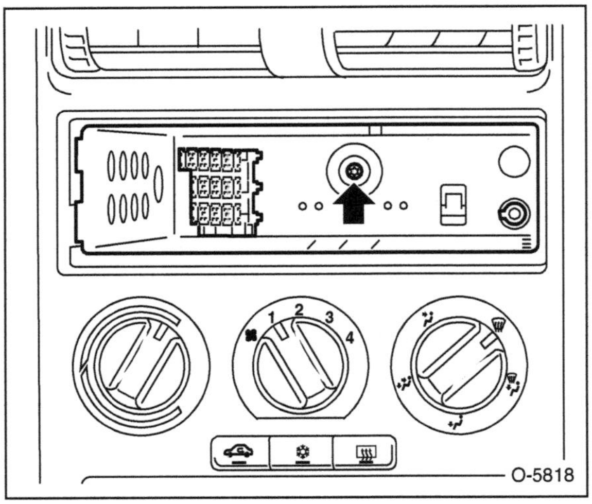

O-5818

- Um den Einbaurahmen auszubauen beziehungsweise Zugang zu den Steckern zu erhalten, Schraube –Pfeil– lösen und Einbaurahmen herausziehen.

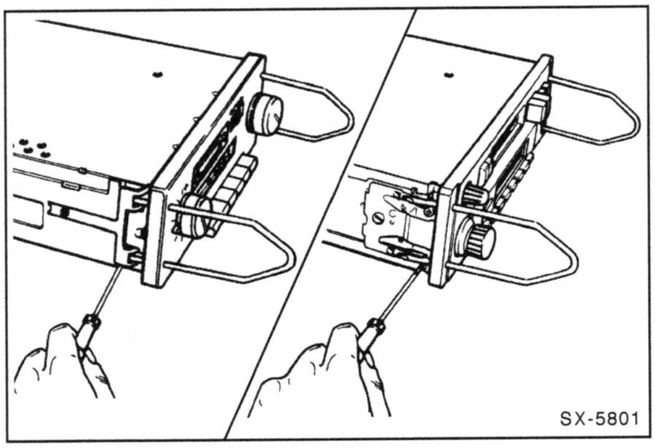
SX-5801

- Auszieher abnehmen. Dazu Halteclips mit kleinem Schraubendreher zusammendrücken.

Einbau

- Radio in das Einschubfach eindrücken, bis die Haltefedern einrasten.
- Batterie-Massekabel (–) anklemmen. **Achtung:** Hoch-/Tieflaufautomatik für elektrische Fensterheber aktivieren sowie Zeituhr stellen und Radiocode eingeben, siehe Kapitel »Batterie aus- und einbauen«.
- Radio einschalten und Funktion überprüfen.

Hinweise für den nachträglichen Radioeinbau

Achtung: Unbedingt darauf achten, daß keine unisolierten Kabel frei herumliegen. Ein sonst möglicher Kurzschluß kann zu einem Kabelbrand führen.

Serienmäßig ist beim Schrägheck-Modell eine Antenne mit integrierter Scheibenwaschdüse oberhalb der Heckklappe vorhanden. Beim Stufenheck-Modell beinhaltet die serienmäßige Radio-Vorinstallation die Antenne und Lautsprecher in den Vordertüren mit zugehörigen Kabeln.

- Darauf achten, daß nur typgeprüfte Entstörsätze (mit allgemeiner Betriebserlaubnis, ABE) verwendet werden, sonst kann die Zulassung des Fahrzeuges erlöschen. Im Handel gibt es speziell auf den OPEL ASTRA/ZAFIRA abgestimmte Entstörsätze mit Einbauanleitung.
- Bei Ausstattung mit Radiovorbereitung (Mehrausstattung) sind Anschlußkabel, Lautsprecher, Antenne und Funkentstörung bereits im Fahrzeug eingebaut.

Radio-Codierung eingeben

Gilt nur für OPEL-Radio mit Codierung

Die Anti-Diebstahl-Codierung verhindert die unbefugte Inbetriebnahme des Gerätes, wenn die Stromversorgung unterbrochen wurde. Die Stromversorgung ist beispielsweise unterbrochen beim Abklemmen der Batterie, beim Ausbau des Radios oder wenn die Radiosicherung durchgebrannt ist.

Falls das Radio codiert ist, Radiocode vor Abklemmen der Batterie oder Ausbau des Radios feststellen. Ist der Code nicht bekannt, kann nur die OPEL-Werkstatt das Autoradio wieder in Betrieb nehmen.

Die individuelle Code-Nummer ist auf dem mitgelieferten Autoradio-Paß angegeben. Sie sollte nicht im Fahrzeug aufbewahrt werden.

Elektronische Sperre aufheben

- Stromversorgung herstellen.
- Zündung einschalten.
- Radio einschalten. Es erscheint am Radio die Anzeige »SAFE« und nach ca. 3 Sekunden »10 - - - -«. Die »10« weist darauf hin, daß maximal 10 Code-Eingaben möglich sind. Die 4 Striche stehen als Platzhalter für die 4-stellige Code-Nummer.
- Mit Hilfe der Stationstasten 1 bis 4 die geheime Code-Nummer eingeben.
- Um die erste Ziffer einzugeben, muß die Stationstaste 1 so oft gedrückt werden, bis die richtige Ziffer auf der Anzeige erscheint.
- Um die zweite Ziffer einzugeben, muß die Stationstaste 2 so oft gedrückt werden, bis die richtige Ziffer auf der Anzeige erscheint.
- Auf die gleiche Weise die weiteren Ziffern eingeben.
- Wenn die richtige Code-Nummer in der Anzeige lesbar ist, Eingabe der Code-Nr. bestätigen. Dazu die »AS«-Taste ca. 3 Sekunden drücken, bis ein Kontrollton ertönt und das Gerät automatisch in den normalen Betriebszustand schaltet.

Achtung: Wurde ein falsche Eingabe bestätigt, erscheint im Display »9 SAFE« und nach 10 Sekunden »9 - - - -«. Es sind jetzt also noch 9 Code-Eingaben möglich. Zwischen den Versuchen 1 bis 3 ist eine Wartezeit von ca. 10 Sekunden erforderlich, bis zu Versuch 4 erhöht sich die Wartezeit auf 10 Minuten und verdoppelt sich bei jeder weiteren Falscheingabe. Nach dem 10 Versuch läßt sich das Gerät dann nicht mehr durch Eingabe eines Codes in Betrieb nehmen und muß ins Werk eingeschickt werden.

CD-Wechsler aus- und einbauen

Ausbau

- Handschuhkasten ausbauen, siehe Seite 261.

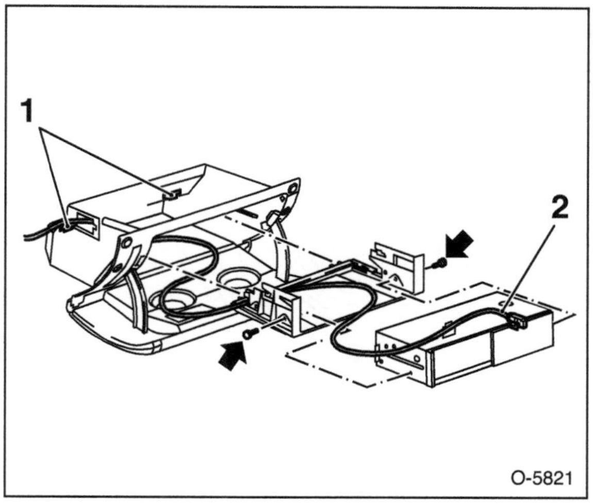

O-5821

- CD-Wechsler aus dem Handschuhkasten ausclipsen –1– und herausziehen.
- Kabelstecker –2– abziehen.
- CD-Wechsler vom Halter abschrauben –Pfeile–.

Einbau

- Der Einbau erfolgt in umgekehrter Ausbaureihenfolge.

Türlautsprecher vorn/hinten aus- und einbauen

Ausbau

- Türverkleidung ausbauen, siehe Seite 281.

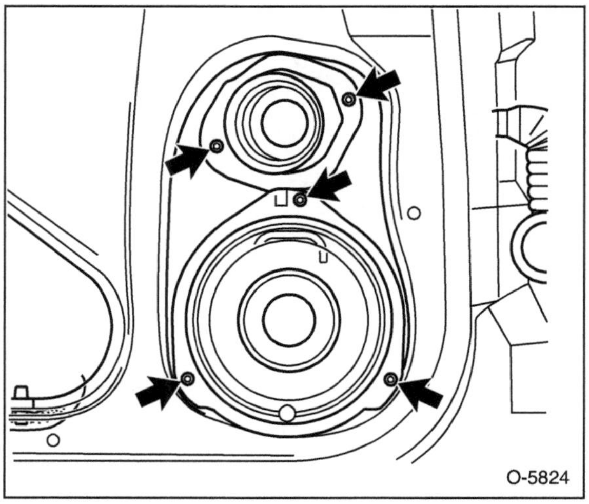
O-5824

- Schrauben herausdrehen –Pfeile–.
- Lautsprecher vorziehen, Stecker abziehen und Lautsprecher herausnehmen.

Hochton-Lautsprecher

- Vordertür: Innenverkleidung im Spiegeldreieck abziehen.
- Hintertür: Türverkleidung ausbauen, siehe Seite 281.

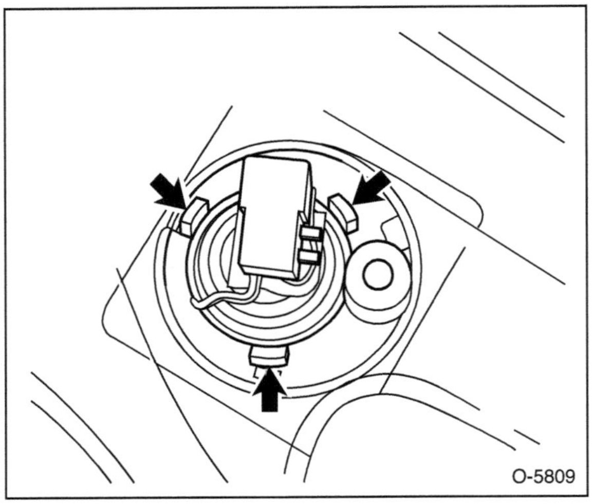

O-5809

- Stecker abziehen und Hochtöner entriegeln –Pfeile–. Abbildung zeigt Vordertür-Hochtöner; beim Hochtöner der Hintertür sind 4 Klammern zu entriegeln.

Einbau

- Der Einbau erfolgt in umgekehrter Ausbaureihenfolge.

Telefoneinbau-Hinweise

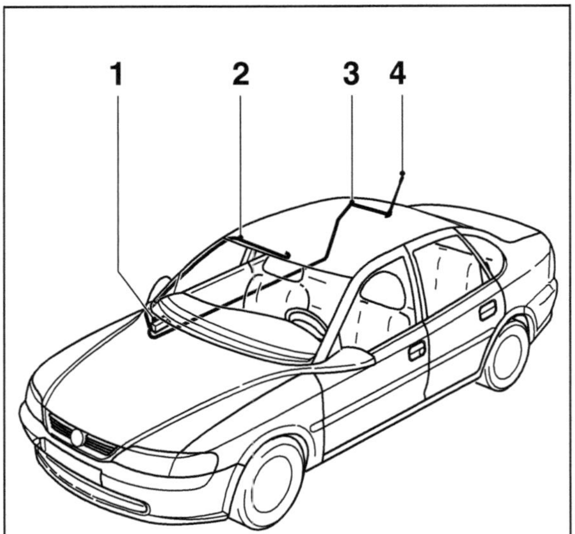

O-5826

In Verbindung mit den OPEL-Radios CAR 400, CDR 500 und CCR 600 kann für den nachträglichen Einbau eines D-Netz-Handys ein Telefon-Nachrüstsatz eingebaut werden. Der Nachrüstsatz besteht aus einem vorbereiteten Kabelsatz –3– mit genormtem Anschluß –1–, einer Dachantenne –4– für Radio-/Telefonbetrieb mit integriertem Verstärker und einer Leitung –2– zum Freisprechmikrofon in der Innenleuchte.

Für den Handy-Betrieb müssen dann nur noch die Handy-Konsole und das Freisprechmikrofon eingebaut werden. **Hinweis:** Die Abbildung zeigt nicht den OPEL ASTRA.

Dachantenne aus- und einbauen

Ausbau

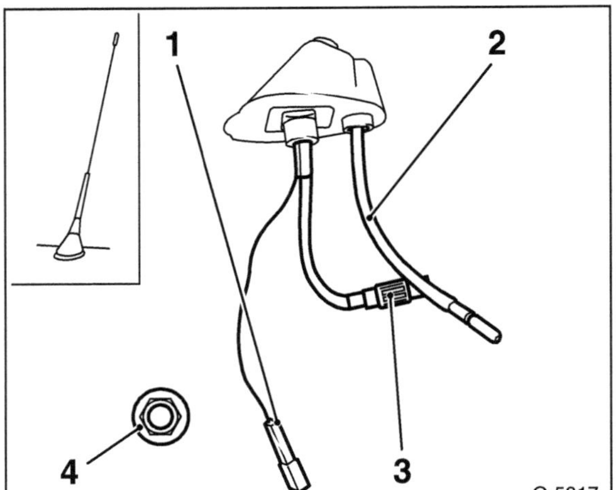

O-5817

- Clips vom Dachhimmel hinten lösen und Dachhimmel etwas nach unten ziehen. Kabelstecker –1– entriegeln und trennen.
- Schrägheck-Modell: Schlauch für Heckscheiben-Waschdüse –2– abziehen. Die Düse ist im Antennenfuß integriert.
- Antennenkabel –3– trennen.
- Mutter –4– vom Antennenfuß abschrauben.

Einbau

- Antennenfuß von oben in das Dach einsetzen und von unten mit Mutter festschrauben.
- Kabelstecker –1– verbinden, Antennenkabel –3– aufstecken.
- Schrägheck-Modell: Schlauch für Heckscheiben-Waschanlage verbinden.
- Dachhimmel einclipsen.

Heizung/Klimatisierung

Aus dem Inhalt:

- **Frischluft-/Heizgebläse**
- **Vorwiderstand**
- **Heizungsregulierung**
- **Wärmetauscher**
- **Heizungszüge**
- **Luftausströmer**
- **Klimakompressor**

Die Frischluft für den Innenraum und die Heizung gelangt über einen Pollenfilter in das Fahrzeug. Auf dem Weg in den Fahrzeuginnenraum durchströmt die Luft das Heizungsgehäuse und wird durch verschiedene Klappen auf die einzelnen Luftaustrittsdüsen verteilt.

Wird die Heizung auf »warm« gestellt, so wird die kühle Luft über den Wärmetauscher geleitet. Der Wärmetauscher befindet sich im Heizungsgehäuse und wird durch das heiße Kühlmittel aufgeheizt. Die vorbeistreichende Frischluft erwärmt sich an den heißen Lamellen des Wärmetauschers und gelangt dann in den Fahrzeuginnenraum.

Die Heizung wird luftseitig beeinflußt, das heißt, die Temperatur wird durch das Mischungsverhältnis von kalter und warmer Luft mit Hilfe der Temperaturmischklappe gesteuert.

Die verbrauchte Luft entweicht durch Entlüftungsöffnungen, die sich unter dem hinteren Stoßfänger befinden.

Zur Erhöhung des Luftdurchsatzes dient ein vierstufiges Frischluftgebläse. Damit das Gebläse in den einzelnen Stu-

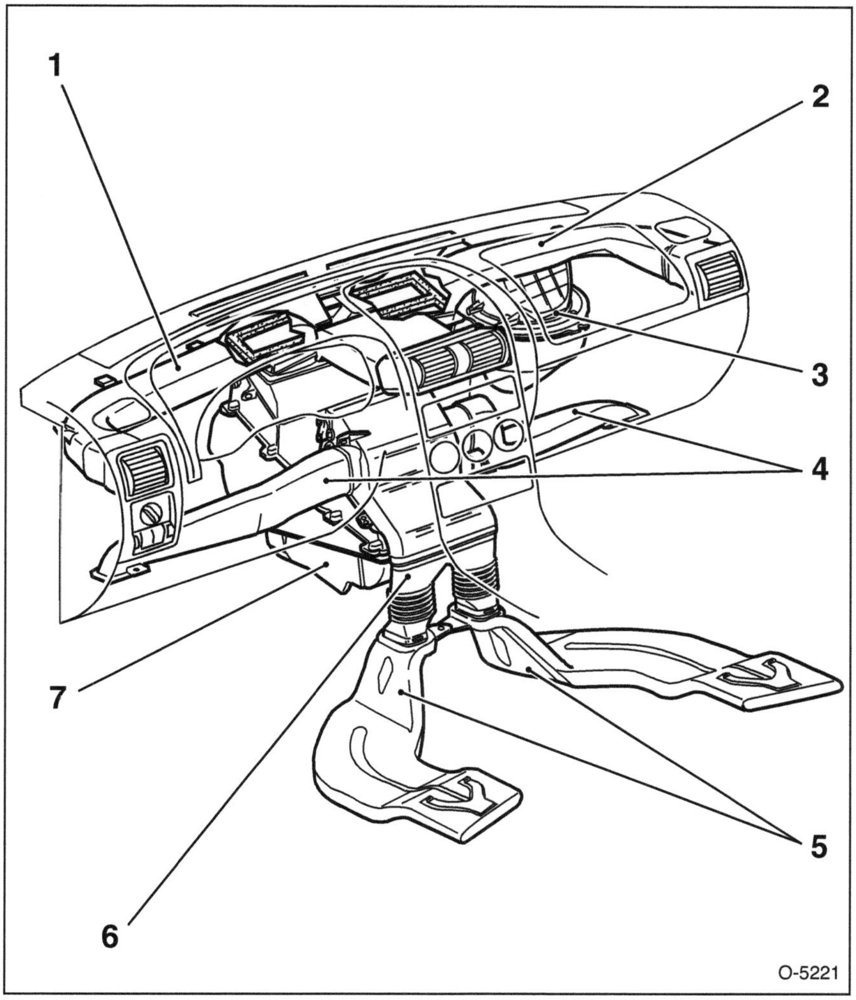

1 – Luftführung Fahrerseite
2 – Luftführung Beifahrerseite
3 – Gebläse mit Motor und Umluftklappe
4 – Luftführung Fußraum vorn
5 – Luftführung Fußraum hinten
6 – Luftverteilung Fußraum hinten
7 – Wärmetauscher-Abdeckung

fen mit unterschiedlicher Geschwindigkeit läuft, werden Widerstände vorgeschaltet. Die Widerstände befinden sich in der Anschlußplatte am Gebläse. Bei einem Defekt ist die komplette Anschlußplatte zu ersetzen.

Soll keine Frischluft angesaugt werden, zum Beispiel bei schlechter Außenluft, wird durch Drücken der Umlufttaste auf Umluftbetrieb geschaltet. Es wird dann nur die Luft im Fahrzeuginnenraum umgewälzt. Die Umluftklappe wird über einen kleinen Stellmotor verstellt.

Achtung: Es gibt 2 unterschiedliche Heizungs-Ausführungen: **Ausführung A** (Fa. BEHR) und **Ausführung B** (Fa. DELPHI). Daher vor Beginn der Arbeiten anhand der Abbildungen identifizieren, welche Ausführung im Fahrzeug eingebaut ist.

Achtung: Reparaturen an der **Klimaanlage** werden nicht beschrieben. Arbeiten an der Klimaanlage sollten von einer Fachwerkstatt durchgeführt werden.

Sicherheitshinweis:
Der **Kältemittelkreislauf der Klimaanlage darf nicht geöffnet** werden, da das Kältemittel bei Hautberührung Erfrierungen hervorrufen kann.
Bei versehentlichem Hautkontakt, die Stelle sofort mindestens 15 Minuten lang mit kaltem Wasser spülen. Kältemittel ist farb- und geruchlos sowie schwerer als Luft. Bei austretendem Kältemittel besteht am Boden beziehungsweise in unteren Räumen Erstickungsgefahr (nicht wahrnehmbar).

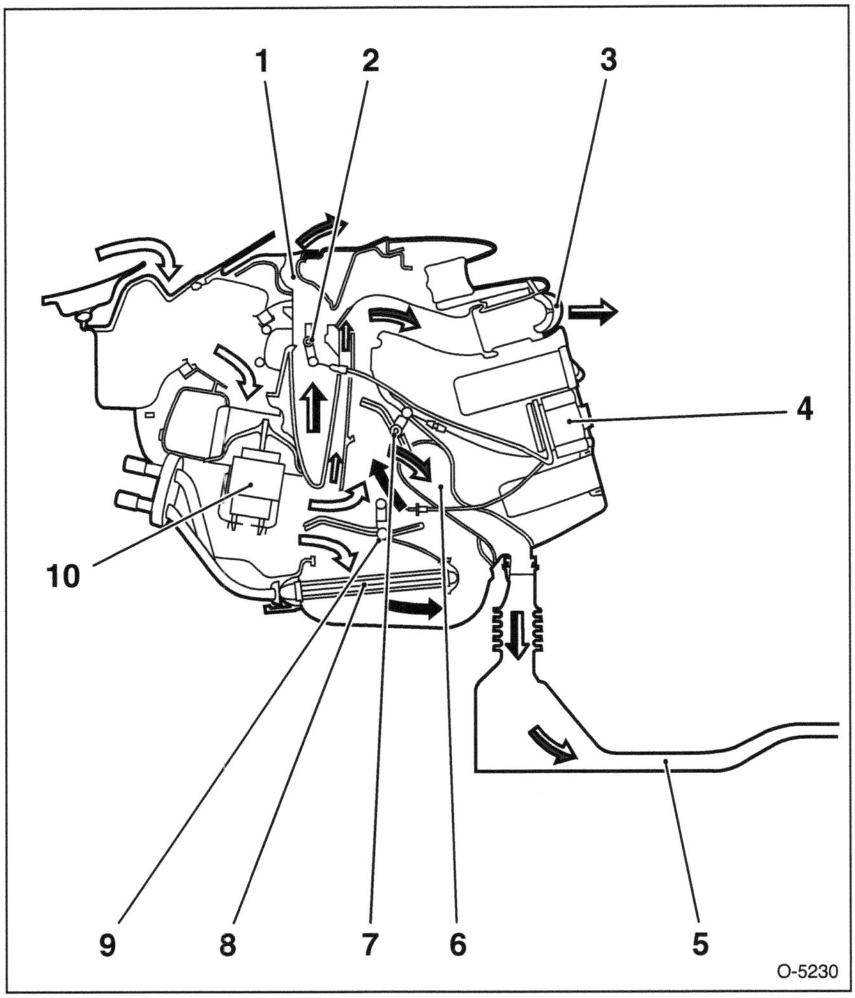

Querschnitt Luftverteilergehäuse

1 – **Luftführung Frontscheibe**
2 – **Klappe Luftverteilung oben**
3 – **Mischluftdüsen**
4 – **Bediengerät Heizung**
5 – **Luftverteilung Fußraum hinten**
6 – **Luftverteilung Fußraum vorn**
7 – **Klappe Luftverteilung unten**
8 – **Wärmetauscher (Heizkörper)**
9 – **Mischluftklappe**
10 – **Gebläsemotor**

Verkleidung für Heizung aus- und einbauen

ASTRA

Ausbau

- Batterie-Massekabel (–) bei ausgeschalteter Zündung abklemmen. **Achtung:** Dadurch werden elektronische Speicher gelöscht, wie zum Beispiel der Radiocode. Ohne Code kann das Radio nur vom Radiohersteller freigeschaltet werden, beziehungsweise beim OPEL-Radio von einer OPEL-Werkstatt. Deshalb Hinweise im Kapitel »Batterie aus- und einbauen« durchlesen.
- Aschenbecher herausnehmen.
- Ablagefach unterhalb der Heizungsbedienung ausclipsen.
- Radio und Radiohalterung ausbauen, siehe Seite 103.

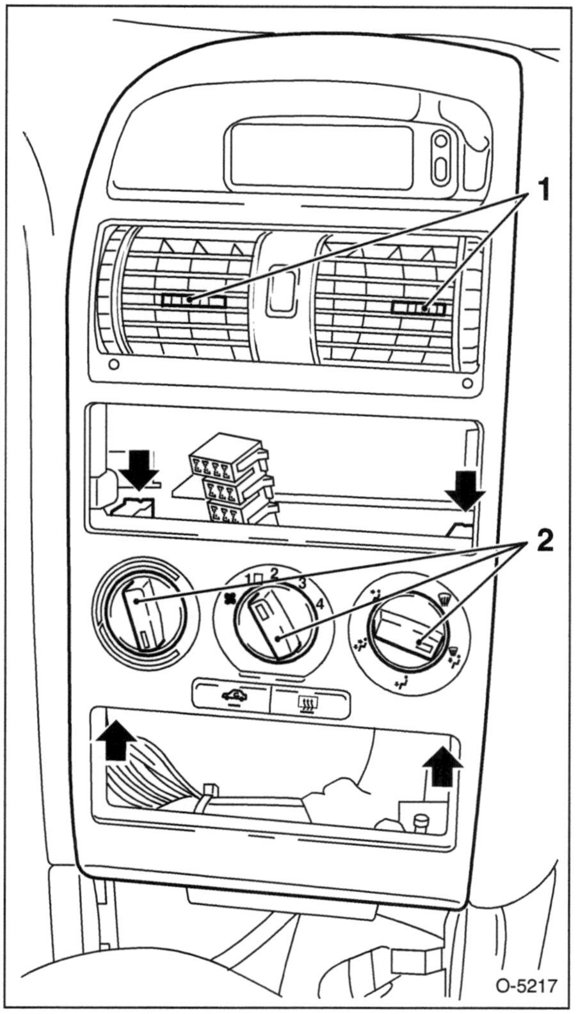

- Verkleidung abschrauben –Pfeile– und etwas nach vorn ziehen.
- Drehknöpfe –2– nach hinten aus der Blende drücken.
- Schalter für Warnblinkanlage ausbauen, siehe Seite 101.
- Gehäuse für Mischluftdüse –1– nach hinten aus der Blende drücken.
- Multi-Info-Display hinten von der Verkleidung abschrauben.

Einbau

- Der Einbau erfolgt in umgekehrter Ausbaureihenfolge.
- Radio und Radiohalterung einbauen, siehe Seite 103.
- Batterie-Massekabel (–) anklemmen. **Achtung:** Hoch-/Tieflaufautomatik für elektrische Fensterheber aktivieren sowie Zeituhr stellen und Radiocode eingeben, siehe Kapitel »Batterie aus- und einbauen«.

ZAFIRA

Ausbau

- Batterie-Massekabel (–) bei ausgeschalteter Zündung abklemmen. **Achtung:** Dadurch werden elektronische Speicher gelöscht, wie zum Beispiel der Radiocode. Ohne Code kann das Radio nur vom Radiohersteller freigeschaltet werden, beziehungsweise beim OPEL-Radio von einer OPEL-Werkstatt. Deshalb Hinweise im Kapitel »Batterie aus- und einbauen« durchlesen.

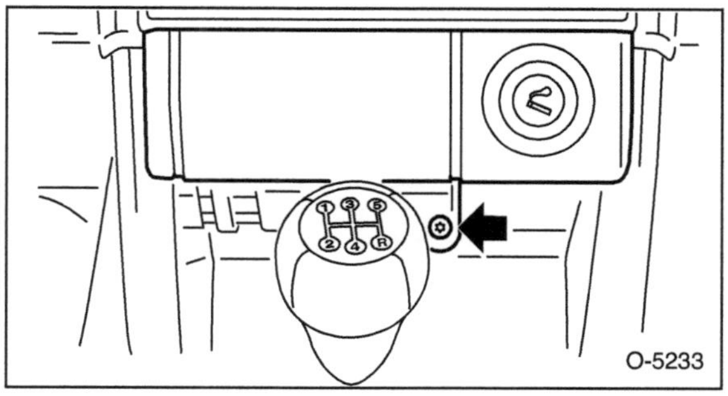

- Aschenbecher herausnehmen. Einsatz für Aschenbecher und Zigarettenanzünder abschrauben –Pfeil–.
- Stecker für Zigarettenanzünder abziehen.

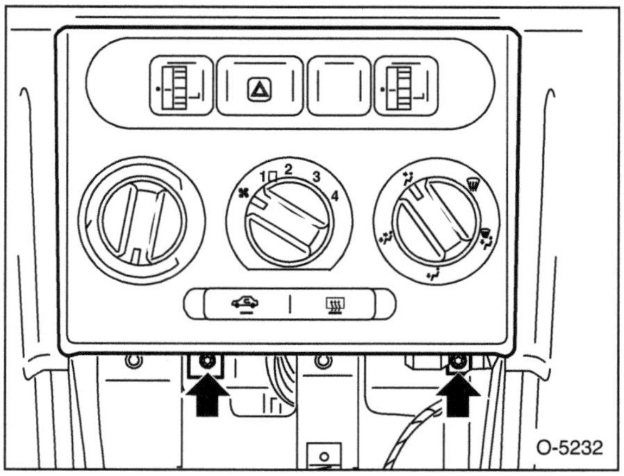

- Verkleidung unten abschrauben –Pfeile– und oben ausclipsen.
- Verkleidung nach vorn ziehen. Stecker an den Schaltern für Warnblinker, Traction-Control und Sitzheizung abziehen.
- Verkleidung abnehmen.

Einbau

- Der Einbau erfolgt sinngemäß in umgekehrter Ausbaureihenfolge.

Einsatz für Mischluftdüse aus- und einbauen

Ausbau, mittlere Düse

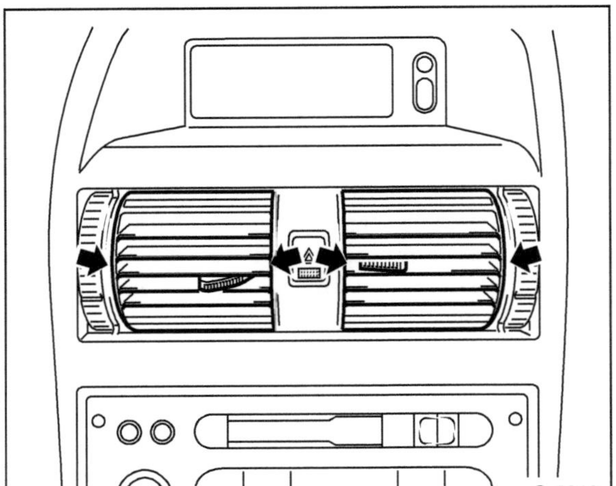

O-5219

- Einsatz für Mischluftdüse mit Schraubendreher vorsichtig heraushebeln.

Ausbau, Düse Fahrerseite

- Lichtschalter ausbauen, siehe Seite 100.
- Untere Schrauben für Düse im Bereich des Lichtschalters ausschrauben.
- Düseneinsatz über den Anschlag hinaus nach unten schwenken, dabei werden im Gehäuse oben 2 Schrauben sichtbar. Schrauben ausschrauben, Düse abnehmen.

Ausbau, Düse Beifahrerseite

- Handschuhfach öffnen.
- Untere Schrauben für Düse im Bereich des Handschuhfachdeckels ausschrauben.
- Düseneinsatz über den Anschlag hinaus nach unten schwenken, dabei werden oben im Gehäuse 2 Schrauben sichtbar. Schrauben ausschrauben, Düse abnehmen.

Einbau

- Düseneinsatz einsetzen und einrasten. Befestigungsschrauben einschrauben.

Glühlampe für Bediengerät auswechseln

Achtung: Es gibt 2 unterschiedliche Heizungs-Ausführungen. Deshalb anhand der Abbildungen identifizieren, welche Ausführung im Fahrzeug eingebaut ist.

Ausbau, Ausführung A

- Drehknopf vom Gebläseschalter abziehen.

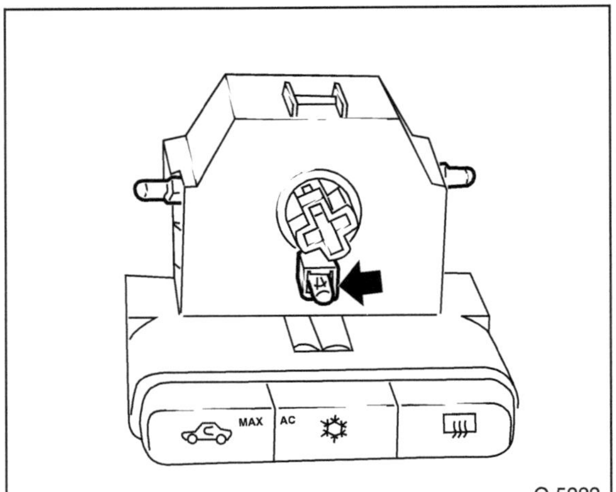

O-5222

- Glühlampe –Pfeil– herausziehen, zum Beispiel mit Spezialzange HAZET 4659-1. **Hinweis:** Die Abbildung zeigt zur Verdeutlichung den ausgebauten Schalter-Zusammenbau.

Ausbau, Ausführung B

- Bediengerät für Heizung ausbauen, siehe entsprechendes Kapitel.

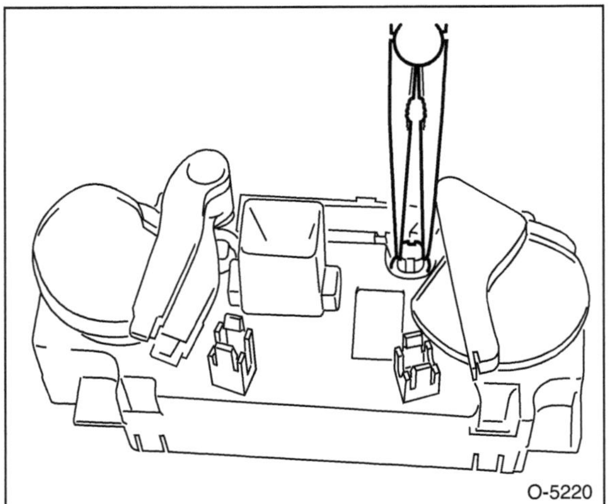

O-5220

- Glühlampenfassung mit Spitzzange nach unten drücken und gegen den Uhrzeigersinn verdrehen, dann herausziehen.
- Glühlampe aus der Fassung ziehen und erneuern.

Einbau

- Der Einbau erfolgt in umgekehrter Ausbaureihenfolge.

Bediengerät aus- und einbauen

Ausbau

- Verkleidung für Heizung ausbauen, siehe entsprechendes Kapitel.

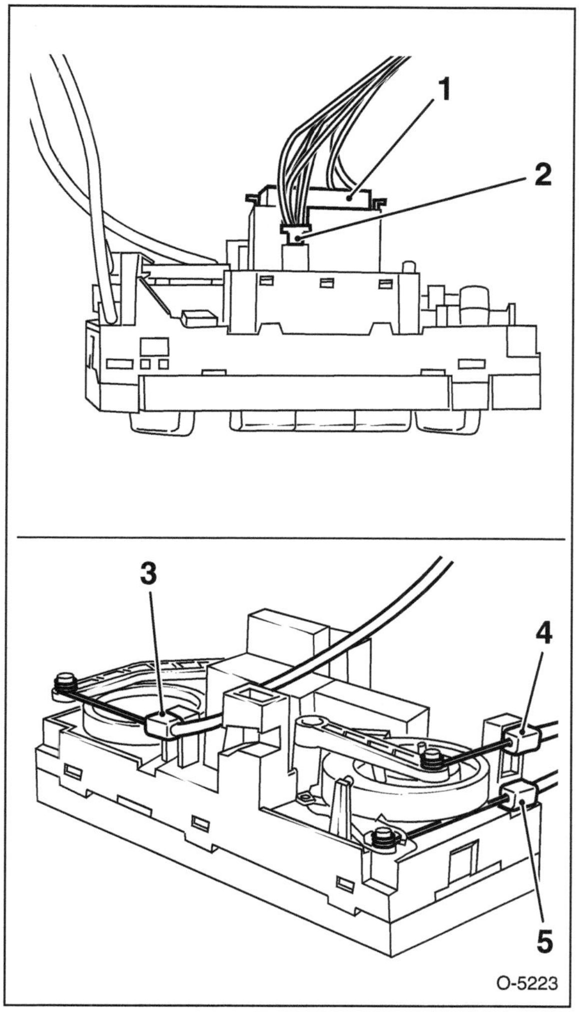

O-5223

Achtung: Es gibt 2 unterschiedliche Ausführungen der Heizung. Die Abbildung zeigt die Ausführung A. Bei Ausführung B die Arbeitsschritte entsprechend gleich durchführen, siehe auch Kapitel »Bowdenzüge ersetzen«.

- Kabelstecker –1– entriegeln und abziehen. Bei Ausstattung mit Klimaanlage Stecker –2– für Schalter Klimaanlage abziehen.
- Bowdenzüge –3, 4, 5– am Widerlager ausclipsen und aushängen.

Einbau

- Der Einbau erfolgt in umgekehrter Ausbaureihenfolge.

Bowdenzüge aus- und einbauen

Achtung: Es gibt 2 unterschiedliche Heizungs-Ausführungen. Deshalb anhand der Abbildungen identifizieren, welche Ausführung im Fahrzeug eingebaut ist.

Ausbau

- Bediengerät der Heizung ausbauen, siehe Seite 111.
- Handschuhkasten ausbauen, siehe Seite 261.

Ausführung A

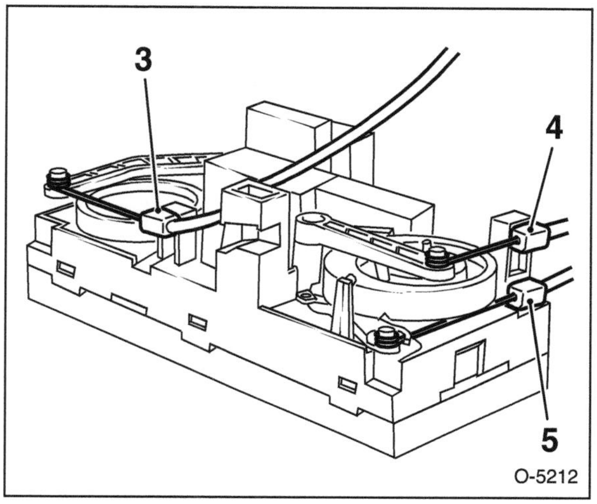

O-5212

- Drehknöpfe in folgende Stellung bringen:
  Drehknopf Warm-/Kaltluft auf Stellung »Kalt« (senkrecht), Bowdenzug mit grauem Clip –3–;
  Drehknopf Luftverteilung auf Stellung »Defrost«, Bowdenzug mit weißem Clip –4–;
  Drehknopf Luftverteilung auf Stellung »Kopfraum«, Bowdenzug mit grünem Clip –5–.
- Betreffenden Bowdenzug am Bediengerät aushängen.

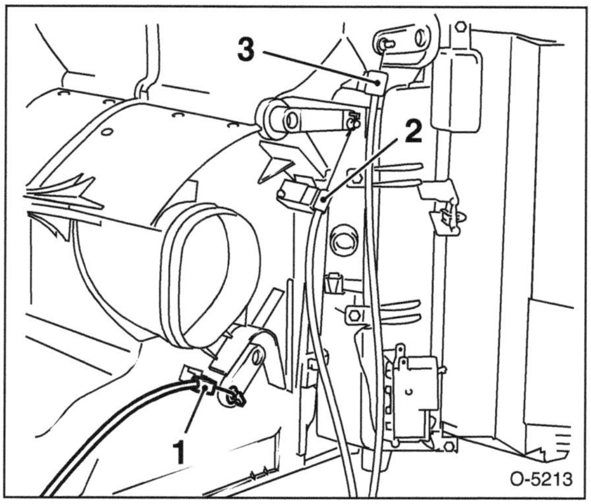

O-5213

- Am Heizungskasten das betreffende Bowdenzug-Widerlager aufclipsen und Drahtöse am Hebel aushängen.
  1 – Bowdenzug für Mischluftklappe (kalt/warm).
  2 – Bowdenzug für Luftverteilung unten.
  3 – Bowdenzug für Luftverteilung oben.

Ausführung B

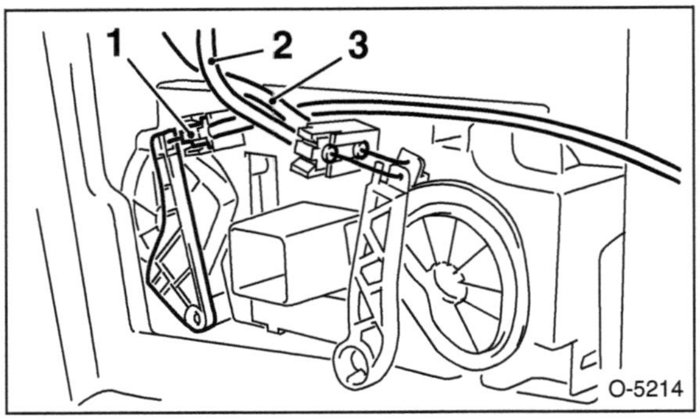

- Drehknöpfe in folgende Stellung bringen:

  Drehknopf Warm-/Kaltluft auf Stellung »Kalt« (senkrecht), grauer Bowdenzug –1–;

  Drehknopf Luftverteilung auf Stellung »Defrost«, weißer Bowdenzug –2–;

  Drehknopf Luftverteilung auf Stellung »Kopfraum«, schwarzer Bowdenzug –3–.
- Betreffenden Bowdenzug am Bediengerät aushängen.

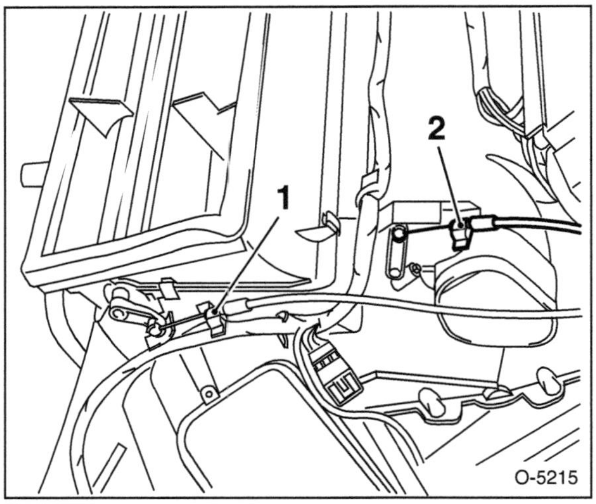

- Am Heizungskasten das betreffende Bowdenzug-Widerlager aufclipsen und Drahtöse am Hebel aushängen.
  1 – Bowdenzug für Luftverteilung oben.
  2 – Bowdenzug für Mischluftklappe (kalt/warm).

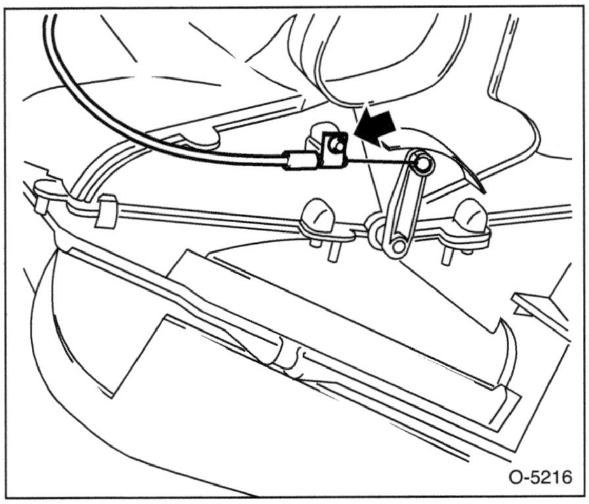

- Der Bowdenzug für Luftverteilung unten –Pfeil– befindet sich auf der Fahrerseite, vorher Fußraumverkleidung auf Fahrerseite ausbauen, siehe Seite 266.

Einbau

- Bowdenzug am Heizungskasten und am Bediengerät einhängen. Funktion prüfen, der Bedienknopf muß sich von Anschlag zu Anschlag drehen lassen.
- Handschuhkasten einbauen, siehe Seite 261.
- Fußraumverkleidung Fahrerseite einbauen, siehe Seite 266.
- Bediengerät für Heizung einbauen, siehe entsprechendes Kapitel.

Luftkanal Fußraum aus- und einbauen

Ausbau

- Fußraumverkleidung auf Fahrer- beziehungsweise Beifahrerseite ausbauen, siehe Seite 266.

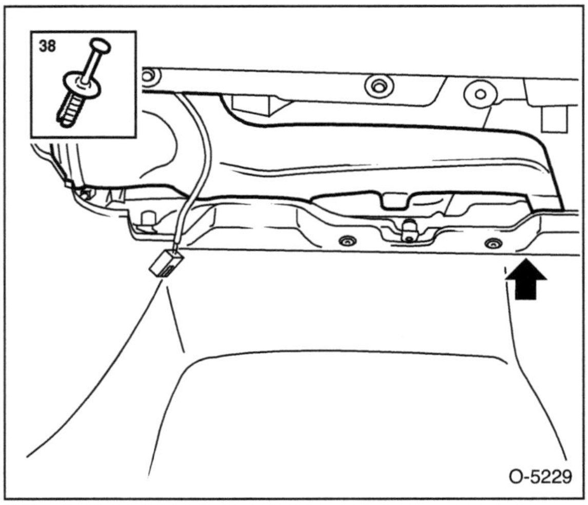

- Kern für Spreizniet –Pfeil– am Luftkanal herausziehen.

- Luftkanal vom Heizungsgehäuse wegziehen und nach unten entnehmen. Die Abbildung zeigt den Luftkanal der Beifahrerseite, auf der Fahrerseite ebenso verfahren.

Einbau

- Luftkanal auf Heizungsgehäuse aufstecken und mit Spreizniet befestigen. Dazu Spreizniet einsetzen und Nietkern eindrücken.
- Fußraumverkleidung einbauen.

Stellmotor für Frischluft-/Umluftklappe aus- und einbauen

Achtung: Es gibt 2 unterschiedliche Heizungs-Ausführungen. Deshalb anhand der Abbildungen identifizieren, welche Ausführung im Fahrzeug eingebaut ist.

Ausbau

- Zündung einschalten und Heizung auf Umluftbetrieb stellen.
- Zündung ausschalten.
- Handschuhkasten ausbauen, siehe Seite 261.

Ausführung A

- Luftkanal Fußraum auf Beifahrerseite ausbauen, siehe entsprechendes Kapitel.

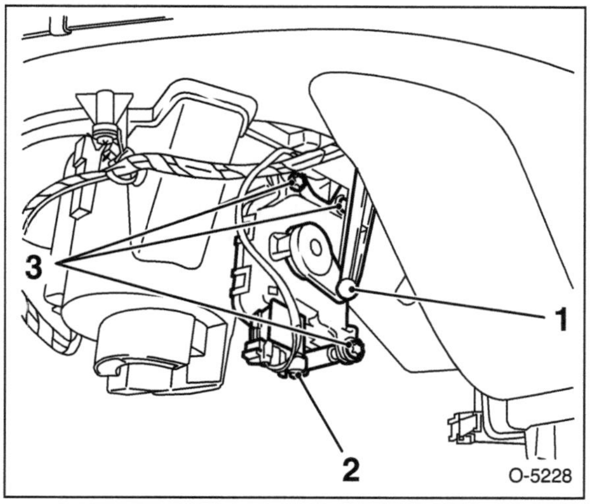

- Stange –1– vom Stellmotor abclipsen.

Beide Ausführungen

- Stecker –2– entriegeln und abziehen.
- Schrauben –3– herausdrehen.
- Stellmotor vom Hebel der Frischluft-/Umluftklappe abziehen.

Einbau

- Stellmotor auf den Hebel der Frischluft-/Umluftklappe aufstecken. Dabei muß die Frischluft-/Umluftklappe von Hand gegen den Anschlag gedrückt werden.
- Stellmotor anschrauben, Stecker aufschieben und verriegeln.
- Ausführung A: Stange –1– am Stellmotor aufclipsen.
- Ausführung A: Luftkanal Fußraum auf Beifahrerseite einbauen, siehe entsprechendes Kapitel.
- Handschuhkasten einbauen, siehe Seite 261.

Gebläsemotor aus- und einbauen

Achtung: Es gibt 2 unterschiedliche Heizungs-Ausführungen. Deshalb anhand der Abbildungen identifizieren, welche Ausführung im Fahrzeug eingebaut ist.

Ausbau

- Batterie-Massekabel (–) bei ausgeschalteter Zündung abklemmen. **Achtung:** Dadurch werden elektronische Speicher gelöscht, wie zum Beispiel der Radiocode. Ohne Code kann das Radio nur vom Radiohersteller freigeschaltet werden, beziehungsweise beim OPEL-Radio von einer OPEL-Werkstatt. Deshalb Hinweise im Kapitel »Batterie aus- und einbauen« durchlesen.
- Handschuhkasten ausbauen, siehe Seite 261.

Ausführung A

- Stellmotor für Frischluft-/Umluftklappe ausbauen, siehe entsprechendes Kapitel.

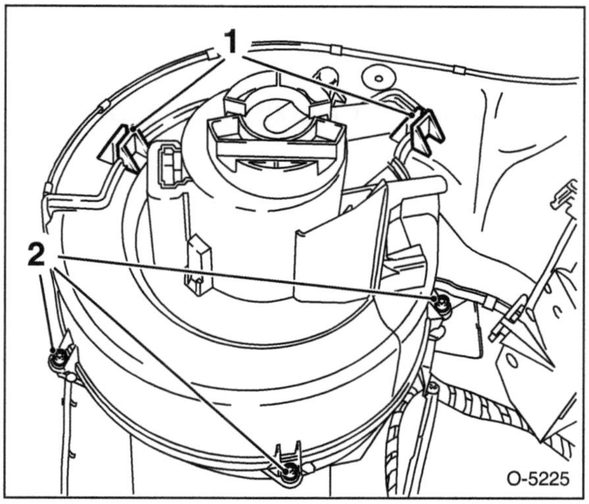

- Kabelstecker vom Gebläsemotor abziehen.
- Gebläsemotor abschrauben –2– und ausclipsen –1– und nach vorn herausheben.

Ausführung B

- Luftkanal Fußraum auf Beifahrerseite ausbauen, siehe entsprechendes Kapitel.
- Pollenfilter ausbauen, siehe Seite 39.
- Vorwiderstand ausbauen, siehe entsprechendes Kapitel.

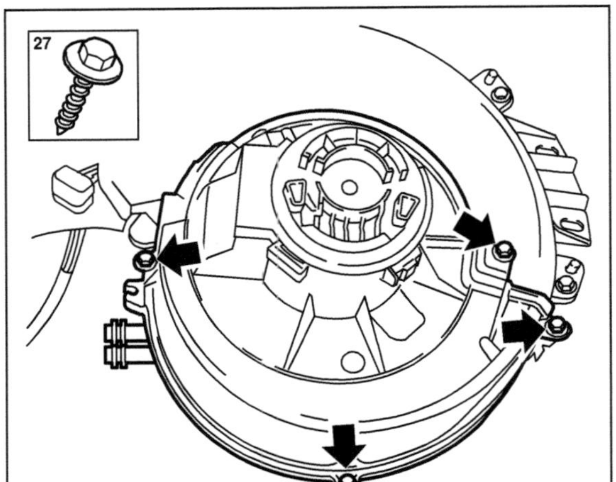

O-5224

- Kabelstecker vom Gebläsemotor abziehen.
- Gebläsemotor abschrauben –Pfeile– und herausheben.

Einbau

- Der Einbau erfolgt in umgekehrter Ausbaureihenfolge.
- Batterie-Massekabel (–) anklemmen. **Achtung:** Hoch-/Tieflaufautomatik für elektrische Fensterheber aktivieren sowie Zeituhr stellen und Radiocode eingeben, siehe Kapitel »Batterie aus- und einbauen«.

Vorwiderstand für Heizungsgebläse ersetzen

Läuft das Gebläse auf nur einer Geschwindigkeitsstufe nicht, ist meist ein Vorwiderstand defekt. In diesem Fall die Vorwiderstände komplett ersetzen.

Achtung: Es gibt 2 unterschiedliche Heizungs-Ausführungen. Deshalb anhand der Abbildungen identifizieren, welche Ausführung im Fahrzeug eingebaut ist.

Ausbau

- Luftkanal im Fußraum auf der Beifahrerseite ausbauen, siehe entsprechendes Kapitel.

Hinweis: Der Vorwiderstand läßt sich nur nach oben durch die Öffnung im Pollenfiltergehäuse ausbauen.

- Pollenfilter ausbauen, siehe Seite 39.

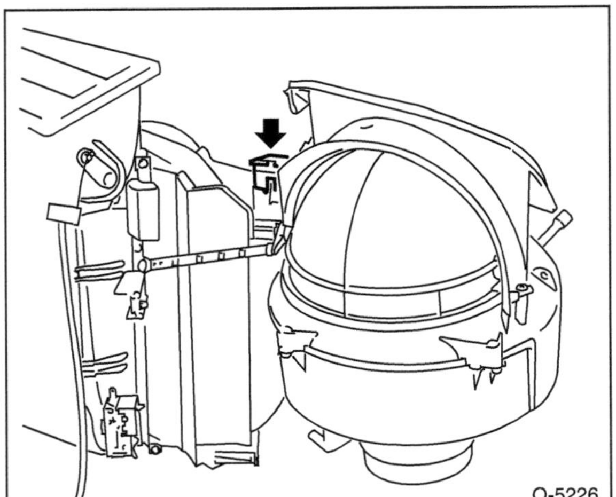

O-5226

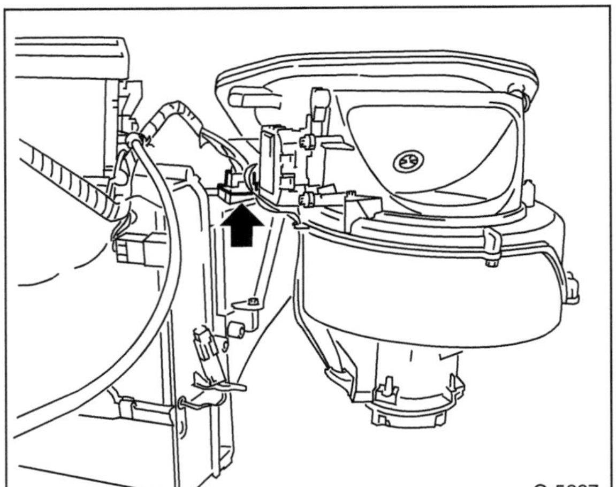

O-5227

- Vorwiderstand –Pfeil– durch das Pollenfiltergehäuse von unten nach oben herausdrücken. Die Abbildung O-5226 zeigt Ausführung A, O-5227 die Ausführung B.
- Kabelstecker entriegeln und trennen.

Einbau

- Kabel am Vorwiderstand aufstecken und verriegeln. Vorwiderstand einsetzen.
- Pollenfilter einbauen, siehe Seite 39.
- Luftkanal Fußraum auf Beifahrerseite einbauen, siehe entsprechendes Kapitel.

Klimaanlage

Achtung: Reparaturen an der **Klimaanlage** werden nicht beschrieben. Arbeiten an der Klimaanlage sollten von einer Fachwerkstatt durchgeführt werden. Auftretende Fehler im Steuergerät oder an Sensoren und Stellgliedern werden in einem Fehlerspeicher des Steuergerätes abgelegt. Zur Fehlersuche kann die OPEL-Werkstatt den Fehler durch ein spezielles Prüfgerät abrufen.

Sicherheitshinweis

Der **Kältemittelkreislauf darf nicht geöffnet** werden, da das Kältemittel bei Hautberührung Erfrierungen hervorrufen kann.

Bei versehentlichem Hautkontakt sofort mindestens 15 Minuten lang mit kaltem Wasser spülen. Kältemittel ist farb- und geruchlos sowie schwerer als Luft. Bei austretendem Kältemittel besteht am Boden beziehungsweise in einer Montagegrube Erstickungsgefahr (nicht wahrnehmbar).

Funktion der Klimaanlage

Die Klimaanlage arbeitet wie ein Kühlschrank: Der Kompressor, vom Motor angetrieben, verdichtet das dampfförmige, umweltverträgliche, FCKW-freie Kältemittel (R 134 a). Dieses erhitzt sich dabei und wird in den Kondensator geleitet. Dort wird das Medium abgekühlt und verflüssigt sich. Über ein Expansionsventil wird das Kältemittel entspannt und in den Verdampfer eingespritzt, wo es aufgrund seines niedrigen Druckes verdampft. Durch diesen Verdampfungsprozess wird der von außen über das Röhren- oder Wabensystem vorbeistreichenden Luft Wärme entzogen.

Die Luft kühlt also ab, und mitgeführte Luftfeuchtigkeit wird zu Kondenswasser, das ins Freie geleitet wird.

Bei laufendem Motor und eingeschaltetem Gebläse kann dem Innenraum gekühlte Luft zugeführt werden. Die Intensität der Kühlung ist abhängig von der eingestellten Temperatur und von der Gebläseschalterstellung.

Gebläseschalter, Temperaturschalter und Luftverteilungsschalter haben die gleichen Funktionen wie bei der herkömmlichen Heizung ohne Klimaanlage.

Hinweis: Ist die Klimaanlage in Betrieb, erhöht sich der Kraftstoffverbrauch um ca. 0,5 Liter auf 100 Kilometer, außerdem steht weniger Motorleistung für den Vortrieb zur Verfügung. Dennoch sollte die Klimaanlage mindestens einmal monatlich für kurze Zeit eingeschaltet werden, damit alle Dichtungen ausreichend geschmiert werden.

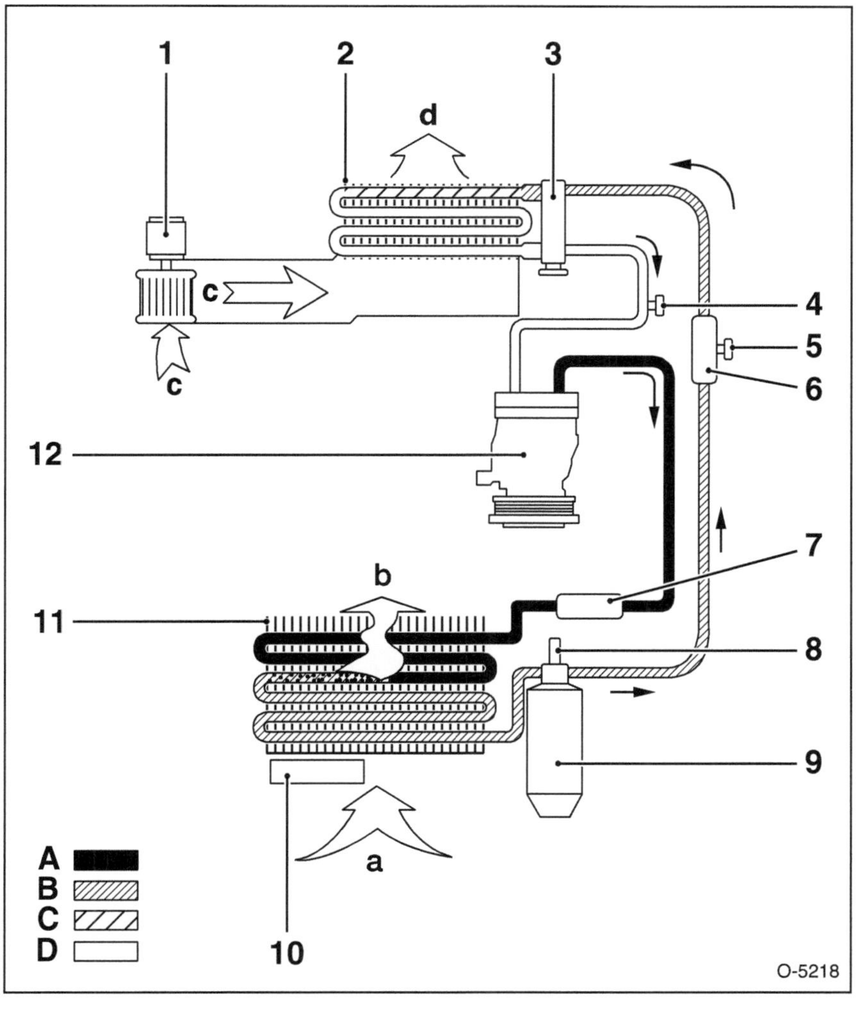

1 – Gebläse
2 – Verdampfer
3 – Expansionsventil
4 – Niederdruck-Serviceanschluß
5 – Hochdruck-Serviceanschluß
6 – Pulsationsdämpfer
7 – Pulsationsdämpfer
8 – Drucksensor
9 – Trockner-Behälter
10 – Zusatzgebläse
11 – Kondensator
12 – Kompressor

a – Fahrtwind zur Kondensatorkühlung.
b – Warmluft, wird an die Umgebung abgegeben.
c – Ungekühlte Luft strömt durch das Gebläse.
d – Gekühlte Luft strömt in den Innenraum.

A – Hochdruck (gasförmig)
B – Hochdruck (flüssig)
C – Niederdruck (flüssig)
D – Niederdruck (gasförmig)

Störungsdiagnose Heizung

Störung	Ursache	Abhilfe
Heizgebläse läuft nicht.	Sicherung für Gebläsemotor defekt.	■ Sicherung für Gebläse prüfen, gegebenenfalls ersetzen.
	Gebläseschalter defekt.	■ Prüfen, ob an den Vorwiderständen Spannung anliegt. Wenn nicht, Gebläseschalter ausbauen und prüfen.
	Elektromotor defekt.	■ Gebläsemotor prüfen.
Heizgebläse läuft nur in einer Geschwindigkeitsstellung nicht.	Vorwiderstand defekt.	■ Vorwiderstände komplett ersetzen.
Heizleistung zu gering.	Kühlmittelstand zu niedrig.	■ Kühlmittelstand prüfen, gegebenenfalls Kühlmittel auffüllen.
	Heizungsbetätigung schwergängig, defekt.	■ Heizungsbetätigung prüfen, gegebenenfalls Bowdenzug ersetzen.
	Wärmetauscher undicht oder verstopft.	■ Wärmetauscher ersetzen (Werkstattarbeit).
Heizung läßt sich nicht ausschalten.	Heizungsbetätigung schwergängig, defekt.	■ Heizungsbetätigung prüfen, gegebenenfalls Bowdenzug ersetzen.
Geräusche im Bereich des Heizgebläses.	Eingedrungener Schmutz, Laub.	■ Gebläse ausbauen, reinigen, Luftkanal säubern.
	Lüfterrad hat Unwucht, Lager defekt.	■ Gebläsemotor ausbauen und auf leichten Lauf prüfen.
Frischluft bzw. Heizluft riecht nach faulen Eiern.	Spannungsregler am Generator defekt. Batterie wird zu stark geladen und beginnt zu gasen. Dabei bildet sich Schwefelwasserstoff (H_2S).	■ Ladespannung bzw. Spannungsregler des Generators prüfen, ggf. Spannungsregler ersetzen.

Vorderachse

Aus dem Inhalt:

- Federbein
- Stoßdämpfer
- Schraubenfeder
- Gelenkwelle
- Achslenker
- Stoßdämpfer prüfen
- Radlager

Bei der Vorderachse des OPEL ASTRA/ZAFIRA sind Schraubenfeder und Stoßdämpfer zu jeweils einem platzsparenden Federbein zusammengefaßt. Beide Federbeine sind mit der Karosserie und den Radlagergehäusen verschraubt. Geführt werden die beiden Radlagergehäuse von zwei Dreieckslenkern, die mit dem Aggregateträger verbunden sind. Der Aggregateträger, der auch eine der Motor-Drehmomentstützen, den Kühler und das Lenkgetriebe aufnimmt, ist über Gummimetallager mit der Bodengruppe des Fahrzeuges verschraubt.

Die Übertragung der Motor-Antriebskraft erfolgt über zwei Gelenkwellen, die über jeweils zwei Gleichlaufgelenke mit dem Achsantrieb und den Rädern verbunden sind.

Optimale Fahreigenschaften und geringster Reifenverschleiß sind nur dann zu erzielen, wenn die Stellung der Räder den Werksvorschriften entspricht. Bei unnormaler Reifenabnutzung sowie mangelhafter Straßenlage sollte die Werkstatt aufgesucht werden, um den Wagen optisch vermessen zu lassen. Die Fahrwerkvermessung kann ohne eine entsprechende Meßanlage nicht durchgeführt werden. Der Achseinstellwert für die Gesamtspur vorn beträgt 0° ± 10'.

Sicherheitshinweis
Schweiß- und Richtarbeiten an tragenden und radführenden Bauteilen der Vorderradaufhängung **sind nicht zulässig. Selbstsichernde Muttern**, sowie korrodierte Schrauben/Muttern im Reparaturfall **immer ersetzen.**

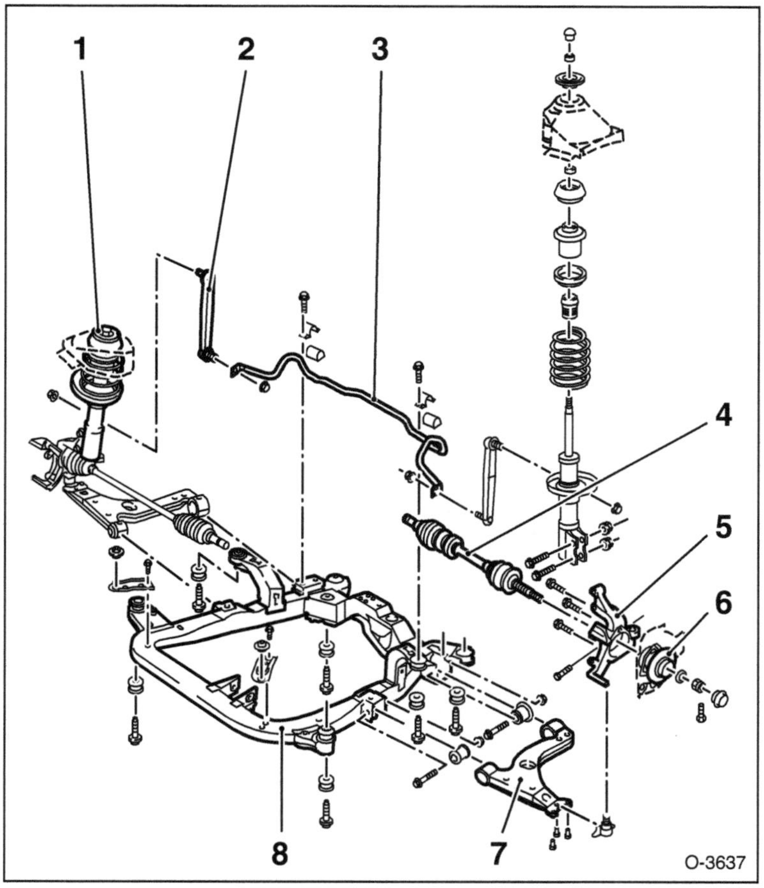

1 – Federbein
2 – Stabilisator-Gelenkstange
3 – Stabilisator
4 – Achswelle
5 – Achsschenkel
6 – Radlagereinheit
7 – Lenker
8 – Vorderachsträger

Federbein aus- und einbauen

Ausbau

- Radkappe abhebeln. Falls vorhanden, diebstahlhemmende Radkappe mit Schlüssel aus dem Bordwerkzeug lösen. Kappen von den Radschrauben abziehen.

Sicherheitshinweis
Beim Aufbocken des Fahrzeugs besteht Unfallgefahr! Deshalb vorher das Kapitel »Fahrzeug aufbocken« durchlesen.

- Stellung des jeweiligen Vorderrades zur Radnabe mit Farbe kennzeichnen. Dadurch kann das ausgewuchtete Rad wieder in derselben Position montiert werden. Radschrauben bei auf dem Boden stehendem Fahrzeug lösen. Fahrzeug vorn aufbocken und Vorderrad abnehmen.

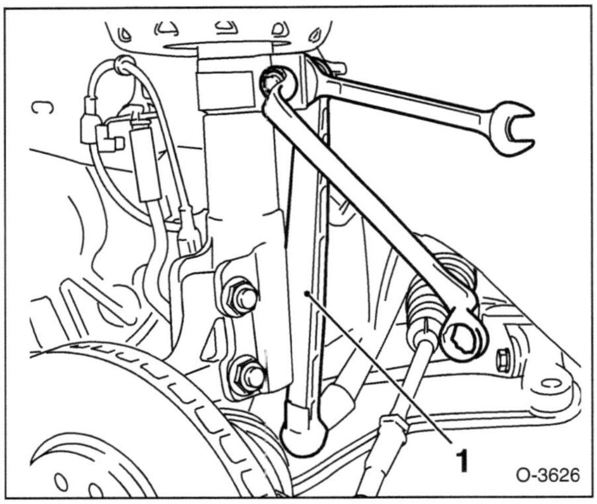

- Stabilisator-Gelenkstange –1– abschrauben. Dabei Gelenk-Kugelbolzen an den 2 abgeflachten Stellen mit Gabelschlüssel gegenhalten.

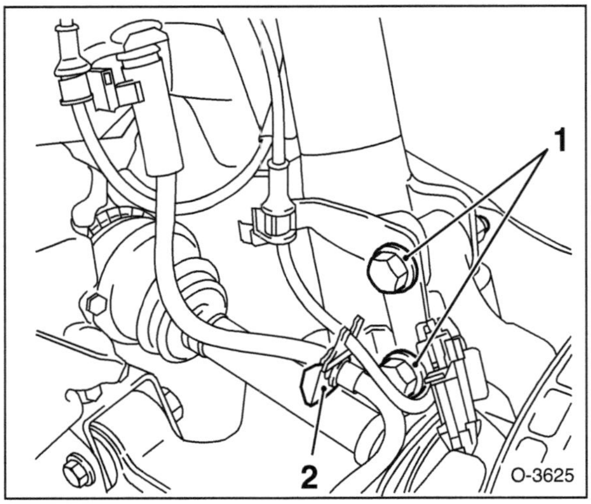

- Klammer –2– abziehen und Bremsdruckschlauch aus dem Halter am Federbein herausziehen.

Achtung: Der Bremsschlauch bleibt angeschlossen, sonst muß nach dem Anschluß des Bremsschlauches das Bremssystem entlüftet werden.

- **Wichtig:** Einbaulage der Schrauben –1– für das Federbein am Achsschenkel kennzeichnen. Durch Verschieben des Achsschenkels in den Bohrungen kann der Radsturz eingestellt werden. Damit der Achsschenkel in gleicher Lage wieder angeschraubt wird, Schraubenköpfe mit Reißnadel umkreisen.
- Schrauben –1– abschrauben und Achsschenkel nach außen klappen.
- Kabel für Bremsbelagverschleißanzeige und Raddrehzahlsensor am Federbeinhalter ausclipsen.

Achtung: Vor dem Lösen der oberen Federbein-Befestigungsmutter das Federbein von Helfer festhalten lassen, damit es nicht herunterfallen kann.

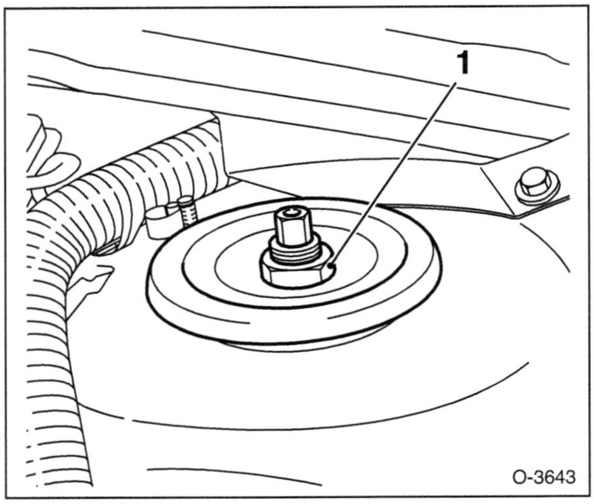

- Befestigungsmutter –1– am Federbeindom mit Ringschlüssel abschrauben, dabei Kolbenstange des Stoßdämpfers mit kleinem Ringschlüssel gegenhalten.

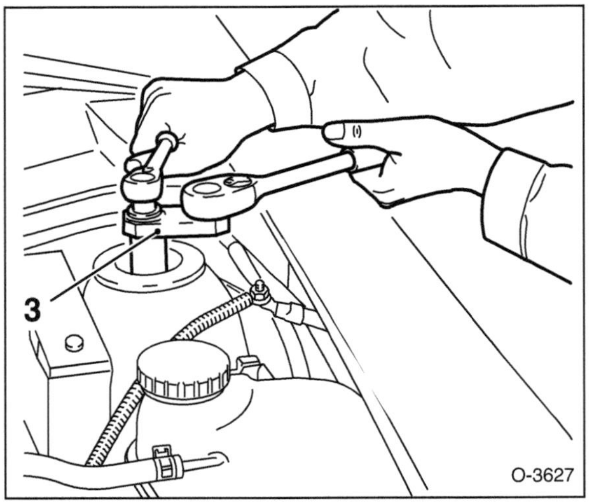

- Die OPEL-Werkstatt verwendet zum Abschrauben der Federbeinmutter das Werkzeug KM-808-A –3–, das aber nicht unbedingt benötigt wird.

● Federbein nach unten herausnehmen.

Einbau

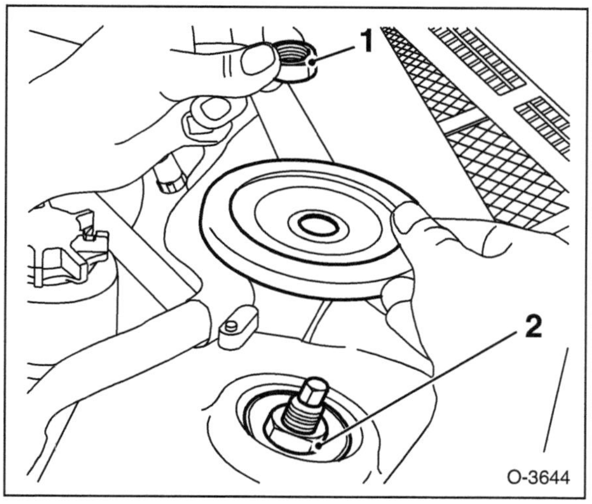

Achtung: Falls das Federbein nur ausgebaut und nicht überholt wurde, Anzugsdrehmoment von **50 Nm** für Befestigung Stützlager –2– an Kolbenstange vor dem Einbau überprüfen.

- Federbein von unten einsetzen, von oben zuerst Anschlagscheibe, dann Befestigungsmutter –1– aufsetzen.
- Befestigungsmutter –1– mit **55 Nm** anschrauben, dabei Kolbenstange des Stoßdämpfers mit kleinem Ringschlüssel gegenhalten.
- Halterung für Kabel und Bremsschlauch an das Federbeinstützrohr ansetzen.
- Federbein am Achsschenkel mit **neuen** Schrauben und **neuen selbstsichernden Muttern** anschrauben. Dabei Schrauben in Fahrtrichtung gesehen von vorn nach hinten einsetzen und handfest anziehen. **Achtung:** Die Schraubenköpfe müssen in der Mitte der beim Ausbau angebrachten Markierung ausgerichtet werden. Wurde ein neuer Achsschenkel eingebaut, werden die Schrauben erst nach der Radsturzeinstellung festgezogen.
- Federbein am Achsschenkel mit **100 Nm** festziehen. Anschließend die Schrauben mit einem starren Schlüssel um **30°** und nochmals um **15°** weiterdrehen.

Hinweis: Um die 30°/15° beim Anziehen einzuhalten, ist es sinnvoll, aus Pappe eine Winkelscheibe auszuschneiden. Es gibt von HAZET auch die Winkelscheibe 6690 für den drehwinkelgesteuerten Schraubenanzug.

- Bremssattel einbauen, siehe Seite 160.

Achtung: Bremsdruckschlauch mit Klammer an der Halterung am Federbein befestigen. War das Bremssystem geöffnet, Bremsanlage entlüften, siehe Seite 164.

- Kabel für Bremsbelagverschleißanzeige und Raddrehzahlsensor an der Halterung am Federbein einclipsen.
- Gelenkstange an Federbein mit **neuer** selbstsichernder Mutter und **65 Nm** anschrauben, dabei das Gelenk mit Gabelschlüssel an den zwei abgeflachten Stellen gegenhalten.
- Vorderrad so ansetzen, daß die beim Ausbau angebrachten Markierungen übereinstimmen. Vorher Zentriersitz der Felge an der Radnabe mit Wälzlagerfett dünn einfetten. Radschrauben nur an der Kopf-Anlagefläche zur Felge, nicht am Gewinde fetten. Korrodierte Radschrauben erneuern. Räder anschrauben. Fahrzeug ablassen und Radschrauben über Kreuz mit **110 Nm** festziehen.
- Radkappe beziehungsweise Schrauben-Abdeckkappen anbringen.
- Radsturz baldmöglichst in Fachwerkstatt kontrollieren, gegebenenfalls einstellen lassen, siehe entsprechendes Kapitel.

Radsturz vorn einstellen

Die Fahrwerkvermessung kann ohne eine entsprechende Meßanlage nicht durchgeführt werden. Der Sturz der Vorderräder muß nach dem Einbau des Federbeins eingestellt werden beziehungsweise wenn bei der Achsvermessung der Meßwert vom Sollwert abweicht. In diesem Fall zuvor sämtliche Fahrwerksteile auf Beschädigungen untersuchen und gegebenenfalls ersetzen.

- Beide Vordersitze mit je 70 kg belasten. Kraftstofftank halb füllen.
- Fahrzeug mehrmals durchfedern und ca. 1 Meter vor- und zurückrollen. Sturzeinstellung optisch prüfen, und falls erforderlich, Einstellung korrigieren. **Sollwert** für Radsturz: **ASTRA:** –1° 10' ± 30', **ZAFIRA:** -0° 20' ± 30'. Zulässiger Unterschied zwischen beiden Seiten: 1°.

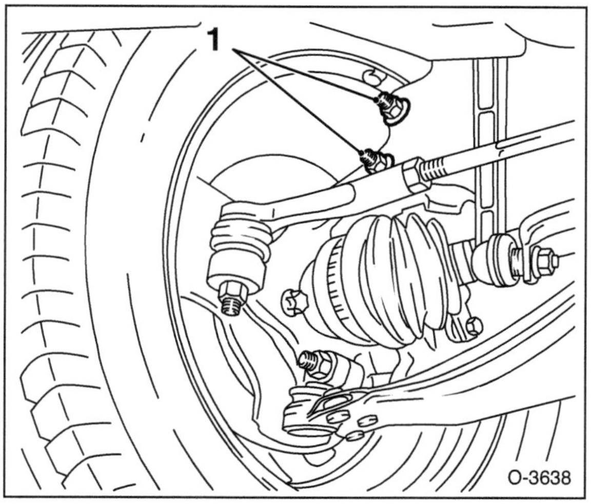

- Durch Verschieben des Achsschenkels in den Bohrungen der Schrauben –1– kann der Radsturz eingestellt werden. Wird der Sollwert nicht erreicht, Federbein am Achsschenkel abschrauben. Zum schnelleren Ausrichten der neuen Schrauben, Schraubenköpfe der alten Schrauben mit Reißnadel umkreisen. Schrauben abnehmen und ersetzen.

- Federbein am Achsschenkel mit **neuen** Schrauben und **neuen selbstsichernden Muttern** anschrauben. Dabei Schrauben in Fahrtrichtung gesehen von vorn nach hinten einsetzen und handfest anziehen. **Achtung:** Die Schrauben werden erst nach Erreichen des Sollwerts festgezogen.
- Fahrzeug vorn anheben.
- Den größten positiven Radsturz einstellen. Hierzu Vorderrad bis zum Anschlag des Langlochs der Federbeinschelle herunterdrücken.
- Beide Muttern mit etwa **10 Nm**, also nur leicht, festziehen, damit Klemmwirkung eintritt.
- Fahrzeug langsam ablassen, bis es mit dem Rad gerade den Boden berührt.
- Fahrzeug weiter ablassen. Der Radsturz muß sich langsam durch das Fahrzeuggewicht in Richtung negativ verstellen. Falls erforderlich, durch Drücken von Hand am Vorderrad nachhelfen.
- Bei Erreichen des Radsturz-Sollwertes, Muttern der beiden Schrauben auf **50 Nm** festziehen.
- Fahrzeug mehrmals durchfedern und ca. 1 Meter vor- und zurückrollen. Sturzeinstellung nochmals optisch prüfen und falls erforderlich, Einstellung korrigieren.
- Federbein am Achsschenkel mit **100 Nm** festziehen. Anschließend die Schrauben mit einem starren Schlüssel um **30°** und nochmals um **15°** weiterdrehen.

Hinweis: Um die 30°/15° beim Anziehen einzuhalten, ist es sinnvoll, aus Pappe eine Winkelscheibe auszuschneiden. Es gibt von HAZET auch die Winkelscheibe 6690 für den drehwinkelgesteuerten Schraubenanzug.

Achtung: Muß die Schraubverbindung jetzt wieder gelöst werden, sind **neue Schrauben und Muttern** erforderlich, da die Schrauben nach dieser Anzugsmethode bleibend verformt sind.

Stoßdämpfer/Schraubenfeder aus- und einbauen

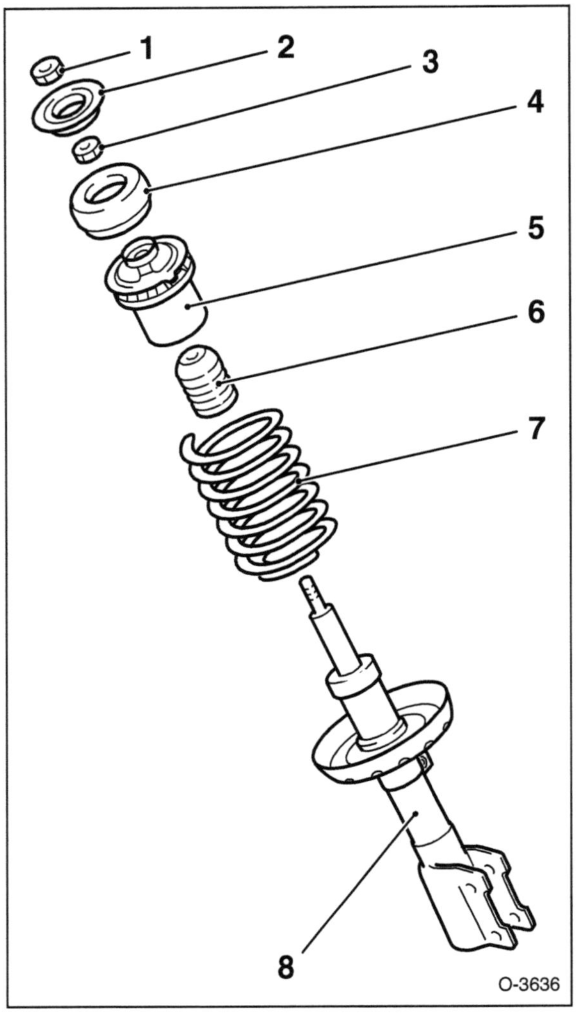

1 – Befestigungsmutter
2 – Anschlag oben
3 – Befestigungsmutter für Stützlager
4 – Dämpfungsring oben
5 – Stützlager mit Federsitz oben
6 – Anschlagpuffer
7 – Feder
8 – Federbeinstützrohr mit Stoßdämpfer

Ausbau

- Federbein ausbauen, siehe entsprechendes Kapitel.

Achtung: Die Schraubenfeder steht unter hoher Spannung. Um den Stoßdämpfer ausbauen zu können, **muß die Schraubenfeder mit einem geeigneten Federspanner zusammengedrückt werden.**

Sicherheitshinweis
Die Stoßdämpfermutter nur lösen, wenn die Feder mit dem Federspanner gespannt ist. Verletzungsgefahr!

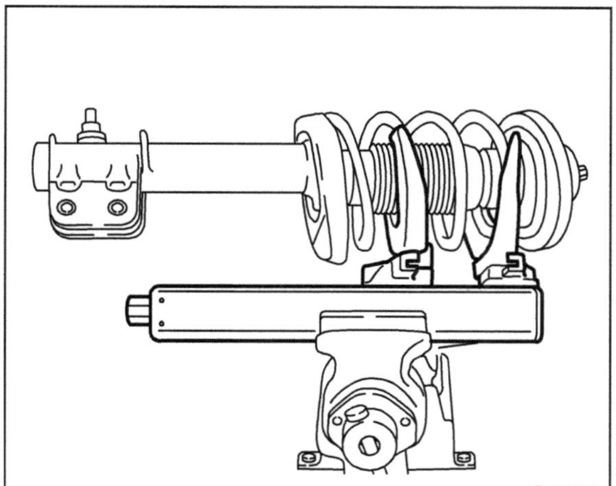

O-3645

- Schraubenfeder mit geeignetem, handelsüblichem Federspanner spannen. Zum Beispiel HAZET 4900-2A mit Spannplatten 4900-11/2.

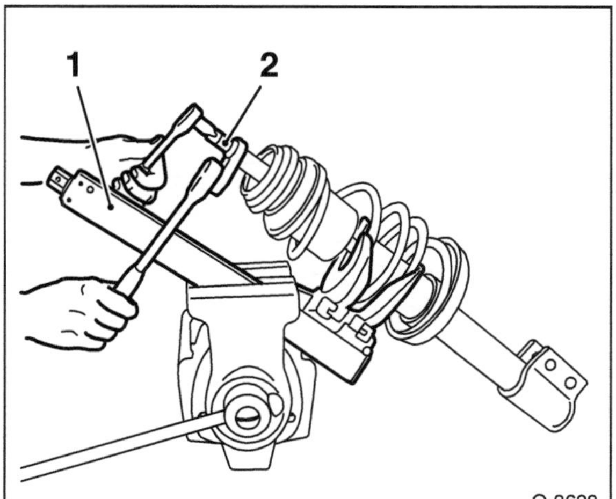

O-3628

- Stützlager von der Stoßdämpfer-Kolbenstange abschrauben und abnehmen. Zum Abschrauben des Stützlagers wird ein tiefgekröpfter Ringschlüssel benötigt. Dabei an der Stoßdämpfer-Kolbenstange mit Ringschlüssel gegenhalten. Die OPEL-Werkstatt verwendet zum Abschrauben der Federbeinmutter das Werkzeug KM-808-A (–2–, siehe Abbildung), das aber nicht unbedingt benötigt wird. 1 – Federspanner.
- Dämpfungsring und Federsitz oben (mit Stützlager) von der Kolbenstange abnehmen.
- Stoßdämpfer aus der gespannten Feder herausnehmen.
- Anschlagpuffer von der Kolbenstange abnehmen.

Achtung: Der Stoßdämpfer sitzt im Stützrohr, welches am Achsschenkel angeschraubt ist. Stoßdämpfer und Stützrohr können nur zusammen ersetzt werden. Sie dürfen nicht zerlegt werden.

- Wird die Schraubenfeder ersetzt, Feder langsam entspannen. Falls nur der Stoßdämpfer ersetzt wird, bleibt die Schraubenfeder gespannt
- Stoßdämpfer prüfen, siehe Seite 134.
- Gegebenenfalls Stoßdämpfer verschrotten, siehe Seite 135.

Einbau

Achtung: Stoßdämpfer und auch Federn nur paarweise, also an beiden Fahrzeugseiten, austauschen. Es gibt unterschiedliche Ausführungen und Federhärten. Nur die für die jeweilige Fahrzeugausführung vorgesehenen Ersatzteile verwenden.

- Falls erforderlich, Vorderfeder mit dem Federspanner spannen.

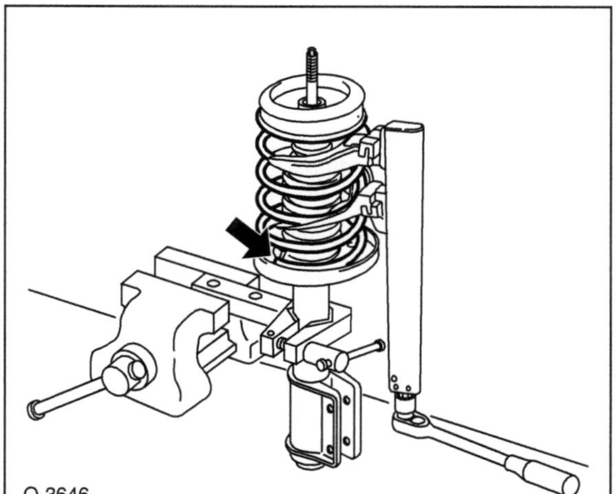

O-3646

- Stoßdämpfer senkrecht in einen Schraubstock mit Schutzbacken einspannen. Gespannte Vorderfeder so auf unteren Federteller aufsetzen, daß das Federende –Pfeil– am Anschlag des unteren Federtellers anliegt.
- Anschlagpuffer, Dämpfungsring und Federsitz oben mit Stützlager auf die Stoßdämpfer-Kolbenstange aufschieben.

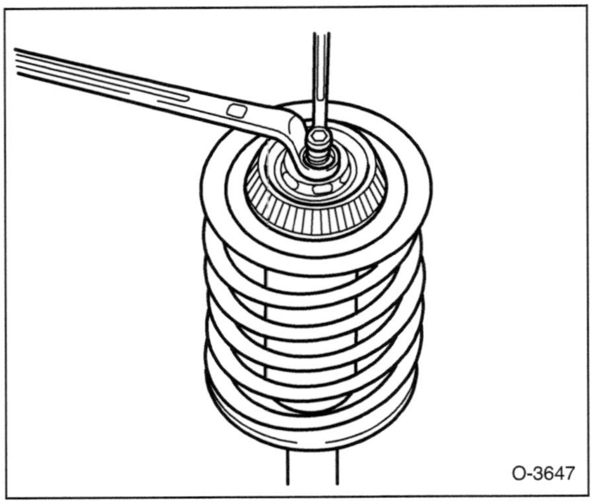

- **Neue selbstsichernde** Mutter für Stützlagerbefestigung mit tiefgekröpftem Ringschlüssel und **50 Nm** festziehen. Dabei Kolbenstange mit Ringschlüssel gegenhalten.
- Vorderfeder entspannen, dabei auf richtigen Sitz der Feder in den Aufnahmen achten.
- Federbein einbauen, siehe Seite 118.

Gelenkwelle aus- und einbauen

Ausbau

Bei allen Arbeiten, bei denen die Gelenkwelle aus dem Getriebegehäuse entfernt wird, darauf achten, daß **stets nur am Gelenk** und **nicht an der Welle** gezogen wird.

- Gang einlegen, Handbremse anziehen.
- Radkappe abhebeln. Falls vorhanden, diebstahlhemmende Radkappe mit Schlüssel aus dem Bordwerkzeug lösen. Kappen von den Radschrauben abziehen.

Sicherheitshinweis
Beim Aufbocken des Fahrzeugs besteht Unfallgefahr! Deshalb vorher das Kapitel »Fahrzeug aufbocken« durchlesen.

- Stellung des jeweiligen Vorderrades zur Radnabe mit Farbe kennzeichnen. Dadurch kann das ausgewuchtete Rad wieder in derselben Position montiert werden. Radschrauben bei auf dem Boden stehendem Fahrzeug lösen. Fahrzeug vorn aufbocken und Vorderrad abnehmen.
- Untere Motorraumverkleidung ausbauen.

Sicherheitshinweis
Beim Lösen der Achsmutter Schlüssel so ansetzen, daß der Druck beim Lösen senkrecht nach unten geht, sonst rutscht das Fahrzeug seitlich von den Böcken. Hohes Lösemoment, Unfallgefahr!

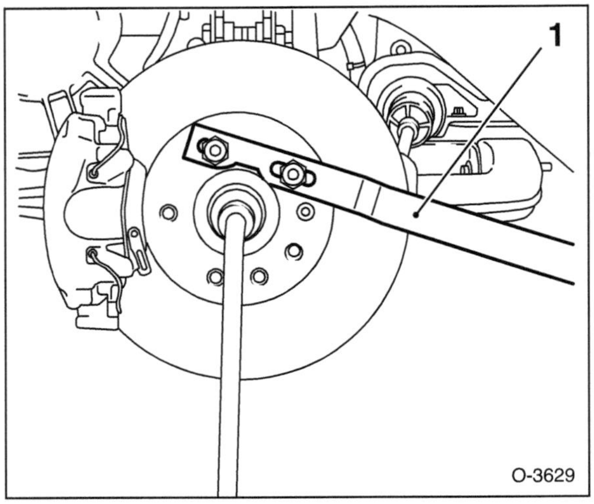

- Achsmutter an der Radnabe lösen und abschrauben. Damit sich die Radnabe nicht mitdreht, von Helfer Fußbremse treten lassen. **Hinweis:** Es empfiehlt sich, ein Sonderwerkzeug –1– zum Gegenhalten der Radnabe anzufertigen. Dazu ein Flacheisen mit Langlöchern versehen und mit Radschrauben an der Radnabe anschrauben, siehe Abbildung.

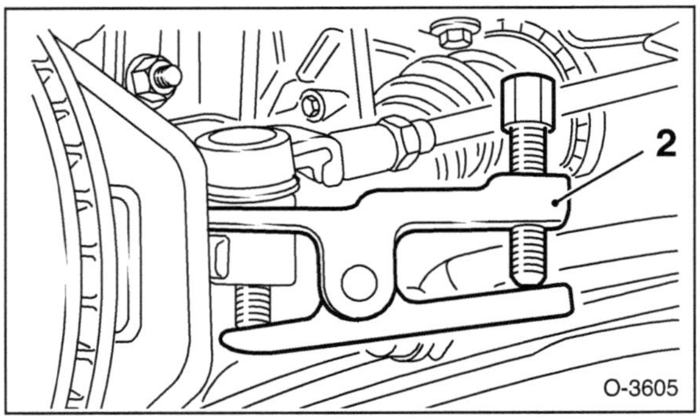

- Mutter für Spurstangenkopf abschrauben. Spurstangenkopf mit handelsüblichem Ausdrücker –2–, zum Beispiel HAZET 779, herausdrücken.

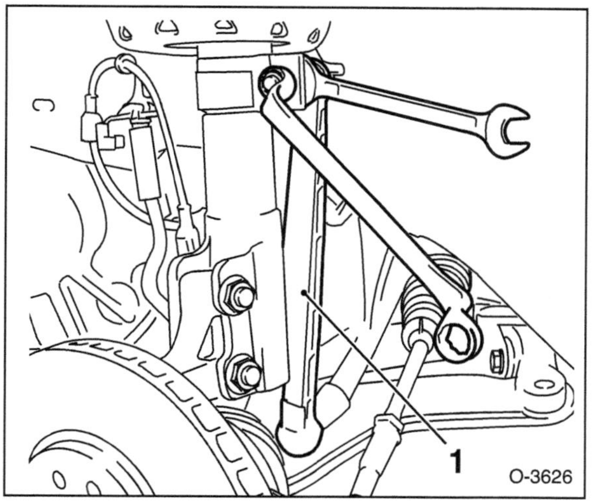

- Stabilisator-Gelenkstange –1– abschrauben. Dabei Gelenk-Kugelbolzen an den 2 abgeflachten Stellen mit Gabelschlüssel gegenhalten.

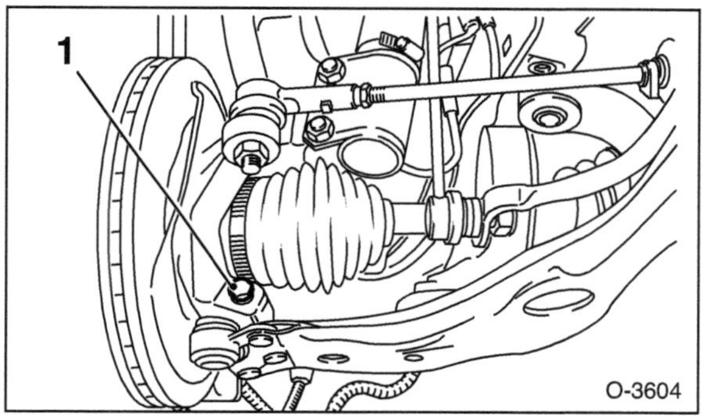

- Führungsgelenk am Achsschenkel abbauen, dazu Mutter abschrauben und Schraube –1– herausziehen. Querlenker nach unten ziehen, dabei gleitet der Zapfen des Führungsgelenks aus dem Achsschenkel heraus. Die OPEL-Werkstatt hat das Werkzeug KM-915, welches den Ausbau erleichtert, indem es die Aufnahme am Schlitz des Achsschenkels spreizt.

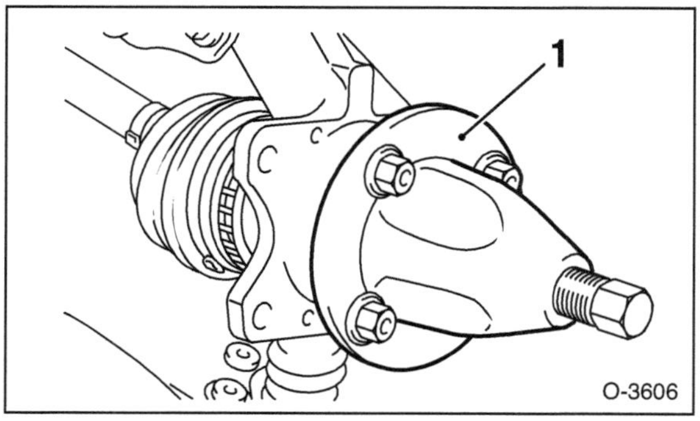

- Gelenkwelle von Hand aus der Vorderradnabe herausziehen. Falls das nicht möglich ist, Gelenkwelle mit handelsüblichem Abzieher –1– herausdrücken.
- Gelenkwelle mit Draht hochbinden, da die Gelenke nicht bis zum Anschlag gebogen werden sollen.

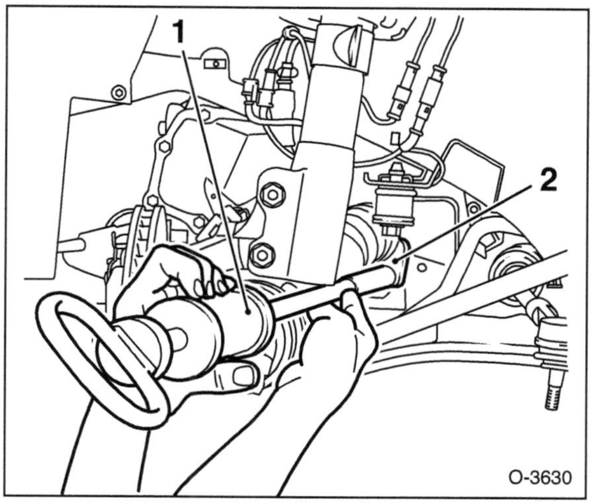

- **Linke** Gelenkwelle am Getriebegehäuse heraustreiben. Die Fachwerkstätten benutzen dazu die Klaue –2–, OPEL-Werkzeug KM-6003; nur 1,8-/2,0-l-Motoren: KM-902. Die Klaue wird mit einem Schlagauszieher –1– am Flansch zwischen Getriebe und Gelenkwelle angesetzt.

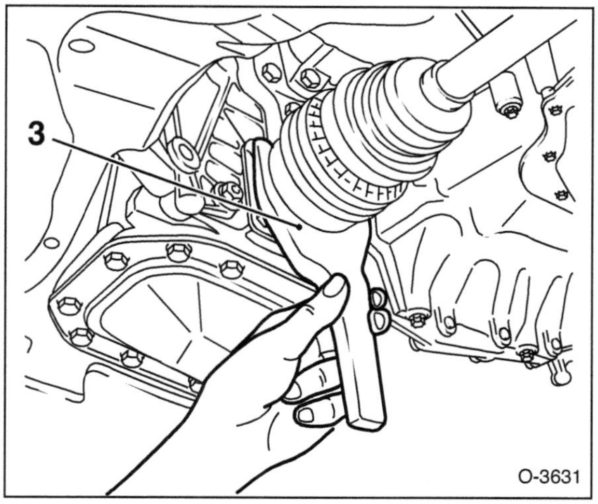

- **Rechte** Gelenkwelle: Gelenkwelle mit Werkzeug –3– aus dem Getriebegehäuse heraustreiben, OPEL-Werkzeug KM-460-2-B; nur 1,2-l-Motor: KM-460-1.

Achtung: Anstelle der OPEL-Werkzeuge kann auch ein Montierhebel genommen werden, der zwischen Wellenende und Kegelradachse angesetzt wird. Beim Aushebeln der Gelenkwelle darauf achten, daß keine Teile beschädigt werden.

- Beim Abnehmen der Gelenkwelle läuft Öl aus. Öffnung für Gelenkwelle am Getriebegehäuse mit einem geeignetem Verschlußstopfen, zum Beispiel von OPEL (ET-Nr. 9092869) öl- und schmutzdicht verschließen.

Achtung: Nach Ausbau der Gelenkwelle aus der Vorderradnabe darf das Fahrzeug nicht mehr auf die Räder gestellt werden, beziehungsweise das Fahrzeug nicht mehr bewegt werden, da sich sonst die Einbaulage des zweiteiligen Radlagers verändert. Wenn das Fahrzeug dennoch bewegt werden muß, ist in jedem Fall ein Gelenkwellenstummel in die Nabe einzusetzen und mit der Kronenmutter festzuziehen.

Einbau

Achtung: Die Welle vorsichtig behandeln, sie darf nicht längere Zeit auf den Faltenbälgen lagern.

Hinweis: Es empfiehlt sich, ab einer Laufleistung von ca. 80.000 km die Gelenkwelle nur noch komplett zu ersetzen.

- Die Anlageschulter des äußeren Gleichlaufgelenkes sowie die Anlagefläche am Kugellager der Vorderradnabe müssen absolut frei von Schmutz und Verunreinigungen sein, daher mit sauberem Tuch abwischen.

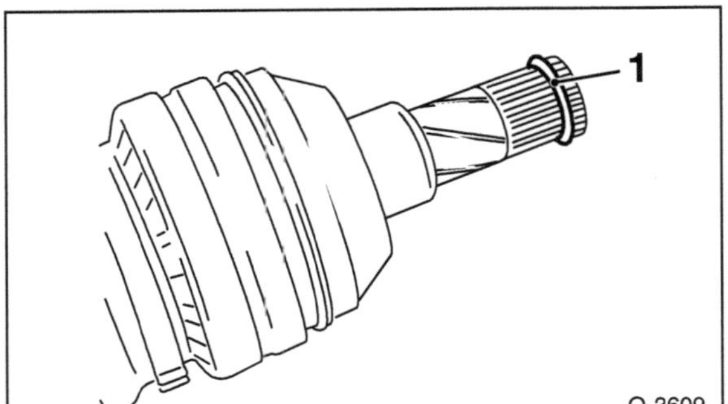

O-3609

- **Neuen Sicherungsring** –1– in getriebeseitige Gelenkstummelnut einsetzen, dabei nicht überdehnen.
- Gelenkwellenverzahnung im Getriebegehäuse mit Getriebeöl einölen.

O-3610

- Gelenkwelle von Hand in das Getriebegehäuse eindrücken, dann bis zum Einrasten des Sicherungsringes mit Dorn –2– oder Schraubendreher eintreiben. Dorn am Wulst der Reibschweißnaht ansetzen, nicht an der Blechverkleidung. Der Wulst der Reibschweißnaht ist der erste Wulst, aus Getrieberichtung gesehen.
- Nach dem Einrasten des Sicherungsringes festen Sitz des Gelenkes durch Ziehen von Hand am **Gelenkaußendurchmesser** prüfen. Nicht an der Welle ziehen.
- Gelenkwelle in die Verzahnung der Vorderradnabe einsetzen. Verzahnung vorher dünn mit Getriebeöl einstreichen. **Neue Achsmutter** (Kronenmutter) mit **neuer Scheibe** lose auf die Gelenkwelle aufschrauben.
- Führungsgelenk in den Achsschenkel einsetzen, **neuen** Bolzen in Fahrtrichtung gesehen von hinten nach vorn einsetzen und **neue selbstsichernde** Mutter mit **100 Nm** festziehen.
- Gelenkstange an Federbein mit **neuer** selbstsichernder Mutter und **65 Nm** anschrauben, dabei das Gelenk mit Gabelschlüssel an den zwei abgeflachten Stellen gegenhalten.
- Spurstangenkopf am Achsschenkel einsetzen und mit **neuer selbstsichernder** Mutter und **60 Nm** festziehen.
- Beim folgenden Anziehen der Achsmutter von Helfer Bremspedal treten lassen, oder Radnabe mit selbstangefertigtem Werkzeug gegenhalten, siehe unter »Ausbau«.

Sicherheitshinweis
Beim Festziehen der Achsmutter Schlüssel so ansetzen, daß der Druck beim Lösen senkrecht nach unten geht, sonst rutscht das Fahrzeug seitlich von den Böcken. Hohes Anzugsmoment, Unfallgefahr!

- Achsmutter mit **120 Nm** festziehen. Anschließend Mutter wieder **lösen** und erneut mit **20 Nm** anziehen. In dieser Stellung starren Schlüssel ansetzen und Kronenmutter um **90°** (¼ Umdrehung) **weiterdrehen.**

Hinweis: Um die 90° beim Anziehen einzuhalten, Schlüssel auf die Schraube aufsetzen und im Abstand von 90° eine Markierung mit Kreide anbringen, gegebenenfalls aus Pappe eine Winkelscheibe ausschneiden. Es gibt von HAZET auch die Winkelscheibe 6690 für den drehwinkelgesteuerten Schraubenanzug.

- **Neuen** Splint einsetzen. Läßt sich der Splint nicht einsetzen, Achsmutter geringfügig **zurückdrehen,** bis ein Splintloch mit der nächsten Kronenmutternut fluchtet. Splint einsetzen und die Enden mit einer Flachzange umbiegen.
- Vorderrad so ansetzen, daß die beim Ausbau angebrachten Markierungen übereinstimmen. Vorher Zentriersitz der Felge an der Radnabe mit Wälzlagerfett dünn einfetten. Radschrauben nur an der Kopf-Anlagefläche zur Felge, nicht am Gewinde fetten. Korrodierte Radschrauben erneuern. Räder anschrauben. Fahrzeug ablassen und Radschrauben über Kreuz mit **110 Nm** festziehen.
- Radzierblende beziehungsweise Schrauben-Abdeckkappen anbringen.
- Getriebeöl auffüllen, siehe Seite 251.
- Untere Motorraumverkleidung einbauen.

Gelenkwelle zerlegen/Manschetten ersetzen

Defekte Gelenkwellenmanschetten sofort erneuern. Zum Erneuern der Manschetten muß die Gelenkwelle zerlegt werden. Defekte Kugeln im Lager machen sich durch Lastwechselschlagen und Knackgeräusche bemerkbar. In diesem Fall Gelenk komplett erneuern.

Ausbau

- Gelenkwelle ausbauen und in Schraubstock spannen. Dabei die Welle mit Aluminiumblechen schützen.
- Manschettenbänder an der äußeren, radseitigen Gelenkwellenmanschette mit Seitenschneider aufschneiden und abnehmen. **Achtung:** Beim 1,2-l-Motor die Manschettenbänder am Klemmechanismus mit einer Feile durchfeilen, dabei Gelenk und Welle nicht beschädigen.
- Gelenkwellenmanschette zurückschieben. Fett abwischen, damit der Sicherungsring sichtbar ist.

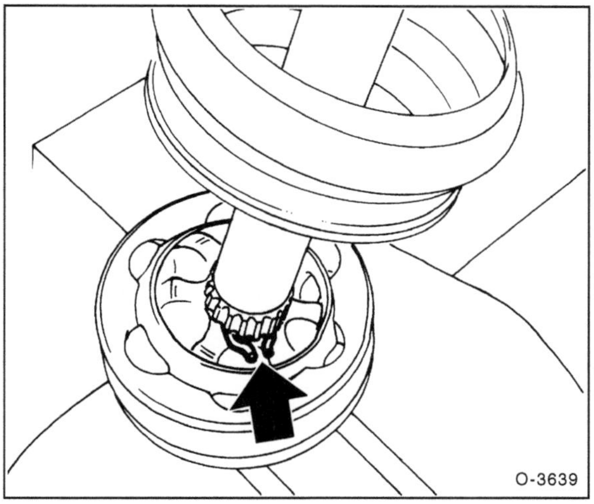
O-3639

- Sicherungsring –Pfeil– am äußeren beziehungsweise am inneren Gelenk mit einer Zange spreizen.

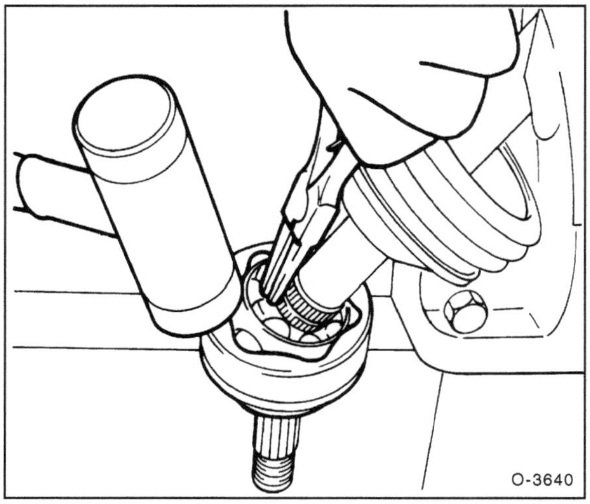
O-3640

- Gelenk mit Kunststoffhammer von der Wellenverzahnung abtreiben, gleichzeitig Sicherungsring mit Zange gespreizt halten.
- Gelenkwellenmanschette abnehmen.
- Gegebenenfalls zweites Gelenk auf gleiche Weise ausbauen.

Einbau

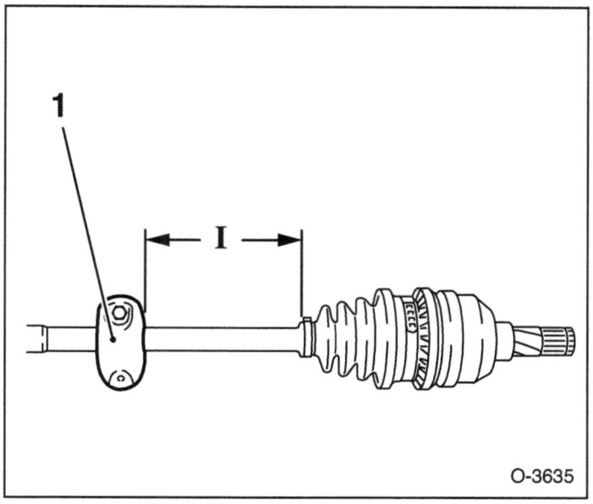

O-3635

- Auf der rechten Gelenkwelle, in Fahrtrichtung gesehen, ist je nach Modell ein zweiteiliges Massegewicht –1– angebracht. Beim Anschrauben ist auf den richtigen Abstand zur Manschette zu achten. **1,4-/1,6-l-Motoren:** Maß I = 332 mm; **1,7-/1,8-/2,0-l-Motoren:** Maß I = 326 mm.
- Altes Fett aus dem Gelenk mit Benzin auswaschen und Gelenk-Hohlräume mit neuem Spezialfett, OPEL-ET-Nr. 1941521 (90094176), unter Verwendung eines Holzspachtels füllen.

Achtung: Defekte Gelenke grundsätzlich komplett erneuern.

- **Neuen** Sicherungsring einsetzen. Dabei darauf achten, daß der Sicherungsring einwandfrei in seiner Nut sitzt.

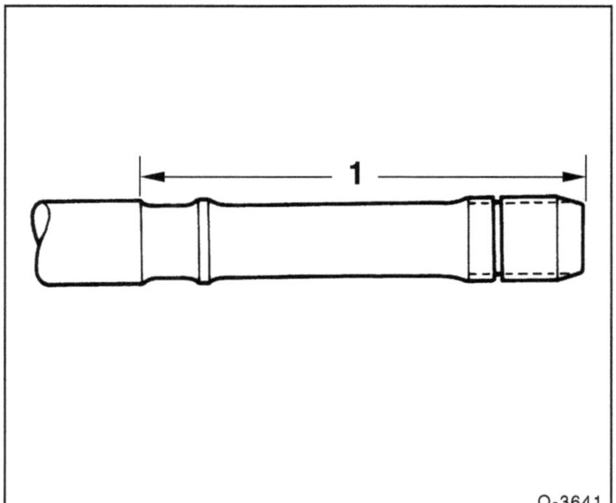

O-3641

- Maß –1– für Gelenkschutzhüllen-Befestigung auf Getriebeseite markieren: **1,2-/1,4-/1,6-l-Motoren:** Maß 1 = 135 mm; **1,7-/1,8-/2,0-l-Motoren:** Maß –1– = 128 mm.

- Gelenkschutzhülle auf die Welle aufschieben.
- Gelenkschutzhülle bis zur Markierung aufschieben. Dabei Gelenkwelle an den scharfkantigen Stellen mit Klebeband abkleben, damit die Manschetten beim Aufschieben nicht beschädigt werden.
- Neues Gelenk auf die Wellenverzahnung aufschieben und mit Plastikhammer bis zum Einrasten des Sicherungsringes aufschlagen.
- Mit Schraubendreher Hülle an der Welle etwas anheben und entlüften.

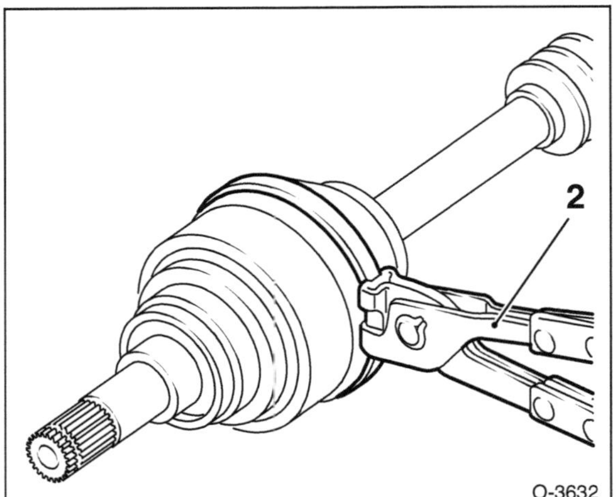

O-3632

- **Getriebeseitige Manschette:** Manschettenband mit Klemmzange –2–, zum Beispiel HAZET 1847-1, spannen. **Achtung:** Die Gelenkschutzhülle darf gegenüber der Gelenkwelle nicht verdreht sitzen.

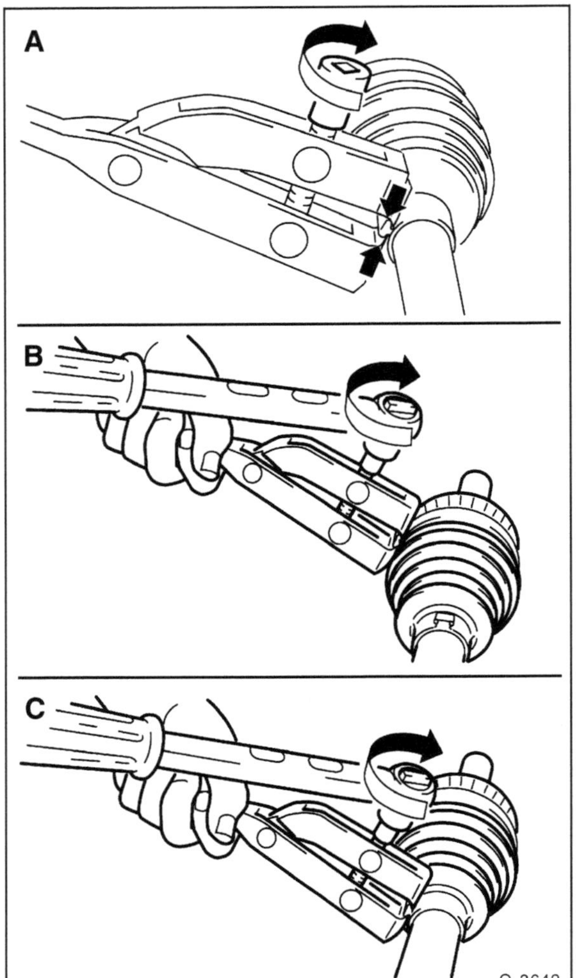

O-3642

Achtung: An den **radseitigen,** äußeren Gelenken werden Edelstahl-Manschettenbänder verwendet. Zur korrekten Montage ist das Spezialwerkzeug HAZET 1847 erforderlich, sonst wird die nötige Spannkraft nicht erreicht.

- HAZET-Spezialzange am Manschettenband ansetzen und von Hand beidrehen –A–. Mit Drehmomentschlüssel Spannschraube am Werkzeug auf **25 Nm** anziehen –B–. Werkzeug lösen und Vorgang am zweiten Manschettenband in gleicher Weise durchführen –C–. **Achtung:** Das Gewinde der Zange muß leichtgängig sein, gegebenenfalls vorher mit MoS_2-Fett schmieren.
- Gelenkwelle einbauen, siehe Seite 122.

Radlager vorn aus- und einbauen

Defekte Radlager machen sich folgendermaßen bemerkbar: Geräusche in engen Kurven; Schwergängigkeit des Rades bei gelöster Bremse.

Das Radlager ist wartungsfrei, es muß weder eingestellt noch geschmiert werden. Die Radlagereinheit ist an den Achsschenkel angeschraubt.

Ausbau

- Bremssattel und Bremsscheibe ausbauen, siehe Kapitel »Bremsanlage«.

Achtung: Der Bremsschlauch bleibt angeschlossen, sonst muß nach dem Anschluß des Bremsschlauches das Bremssystem entlüftet werden. Bremsschlauch nicht knicken oder auf Zug belasten.

- Gelenkwelle ausbauen, siehe Seite 122.

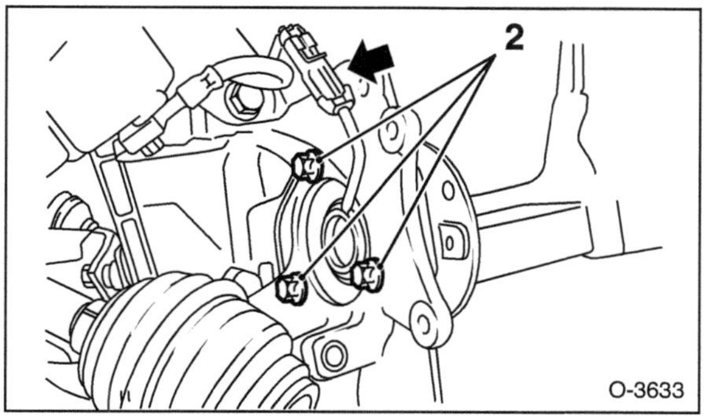

- Kabelstecker für Raddrehzahlsensor trennen –Pfeil–.
- Schrauben –2– für Radlagereinheit abschrauben.

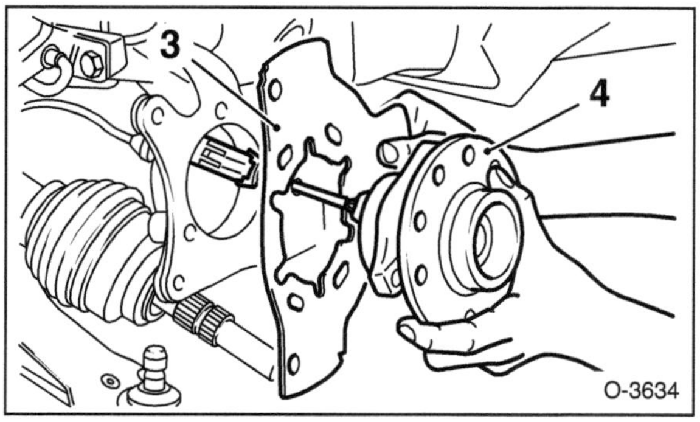

- Radlagereinheit –4– mit Abdeckblech –3– abnehmen.

Einbau

- Gewinde für Radlagereinheit mit Gewindeschneider von Sicherungsmittelresten reinigen.
- Abdeckblech auf die Radlagereinheit setzen.
- Radlagereinheit mit Abdeckblech auf den Achsschenkel setzen.
- Radlagereinheit mit **neuen** Schrauben –2– anschrauben, siehe Abbildung O-3633. Schrauben vor dem Einsetzen am Gewinde mit Sicherungsmittel, z. B. LOCTITE 270, bestreichen. Schrauben mit **90 Nm** festziehen. Anschließend die Schrauben mit einem starren Schlüssel um **30°** und dann um **15°** weiterdrehen.

Hinweis: Um die 30°/15° beim Anziehen einzuhalten, ist es sinnvoll, aus Pappe eine Winkelscheibe auszuschneiden. Es gibt von HAZET auch die Winkelscheibe 6690 für den drehwinkelgesteuerten Schraubenanzug.

- Kabelstecker für Raddrehzahlsensor verbinden.
- Gelenkwelle einbauen, siehe Seite 122.
- Bremsscheibe und Bremssattel einbauen, siehe Kapitel »Bremsanlage«. Wurde beim Ausbau der Bremsschlauch abgeschraubt, Bremsanlage entlüften.

Vorderachsträger aus- und einbauen

Zum Ausbau des Vorderachsträgers (Fahrschemels) werden die Zentrieraufnahmen KM-904 und KM-6000 von OPEL benötigt. Mit einem Werkstattwagenheber ist dann sowohl das Ablassen des separaten Vorderachsträgers, als auch das Ablassen des Vorderachsträgers zusammen mit der Antriebseinheit und der Vorderradaufhängung möglich.

Ausbau

- Lenkrad in Geradeausfahrtstellung drehen, Zündschlüssel abziehen und Lenkschloß in dieser Stellung einrasten lassen.
- Batterie-Massekabel (–) bei ausgeschalteter Zündung abklemmen. **Achtung:** Dadurch werden elektronische Speicher gelöscht, wie zum Beispiel der Radiocode. Ohne Code kann das Radio nur vom Radiohersteller freigeschaltet werden, beziehungsweise beim OPEL-Radio von einer OPEL-Werkstatt. Deshalb Hinweise im Kapitel »Batterie aus- und einbauen« durchlesen.
- Batterie und Batterieträger ausbauen, siehe Seite 63.
- Klemmschraube –1– für Lenkspindel herausdrehen, siehe Abbildung O-3648 unter »Einbau«. Die Klemmschraube ist vom Fahrerfußraum her zugänglich.
- Zwischenspindel von der Lenkspindel abziehen.
- Kühler mit Draht am Querträger aufhängen, damit er beim Absenken des Vorderachsträgers nicht nach unten fällt.

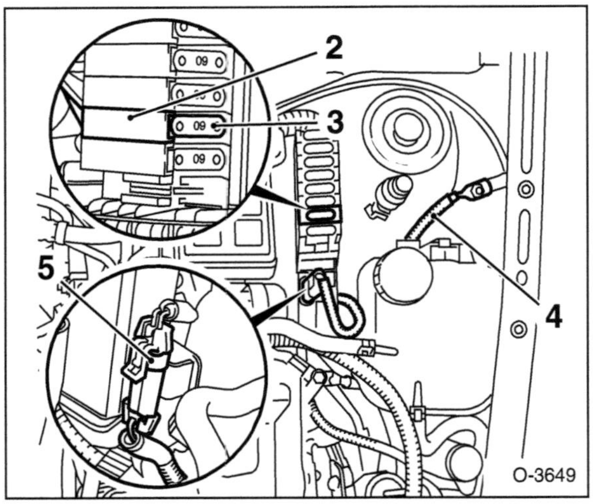

- Abdeckung vom Sicherungskasten in der Nähe der Fahrzeugbatterie abnehmen.
- Sicherung –3– (2. Sicherung, von vorn gezählt) abziehen.
- Sicherungsträger –2– aus der Halterung ausclipsen.
- Massekabel –4– für Lenkung von der Karosserie abschrauben. Kabelstecker –5– für Lenkung trennen.
- Kabel für Lenkung nach unten freilegen, dabei auf Verlegung achten. Das Kabel muß in gleicher Position wieder verlegt werden.
- Beide Gelenkwellen ausbauen, siehe Seite 122.
- Vorderes Abgasrohr ausbauen, siehe Seite 239.
- Motor an Motorheber anseilen und leicht anheben, damit die Motorlager entlastet sind, siehe Seite 248.
- Frontverkleidung ausbauen, siehe Seite 273.
- Rechten Innenkotflügel vorn ausbauen, siehe Seite 275.
- **Fahrzeuge mit Schaltgetriebe:** Klemmschelle von der Schaltstange lösen und Schaltumlenkung von der Schaltstange abschrauben, siehe Seite 256.
- Hintere Getriebehalterung abschrauben, siehe Abbildung O-3654 unter »Einbau«.
- Vorderes Motorlager am Vorderachsträger abschrauben.
- **Fahrzeuge mit Klimaanlage:** Resonator für Klimaanlage am Vorderachsträger abclipsen.

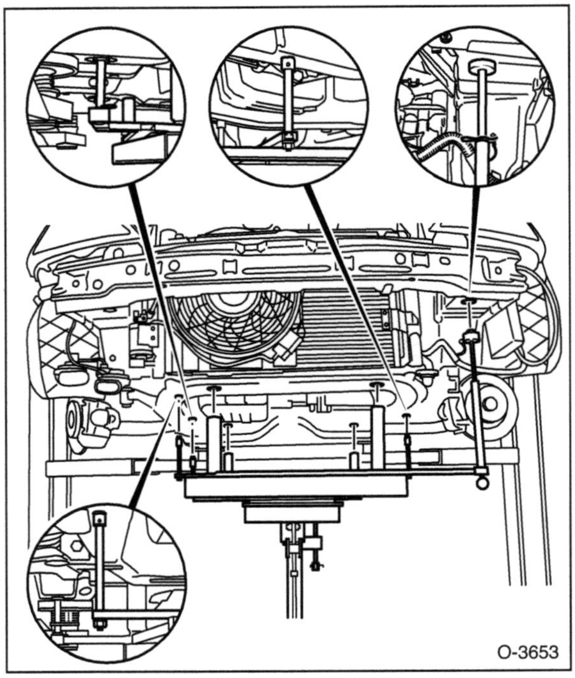

- Vorderachsträger mit Hydraulikheber und Grundrahmen KM-904 mit Aufsatz KM-6000 abstützen. Aufnahmepunkte beachten, Zentrierstifte in die Bohrungen einsetzen, siehe Abbildung.

Achtung: Der Vorderachsträger darf nicht mit einem Schlagschraubendreher abgeschraubt werden. Unterschiedliche Schraubenlängen und Unterlegscheiben beachten, Schrauben geordnet ablegen, damit neue Schrauben gleicher Ausführung an derselben Stelle wieder eingeschraubt werden.

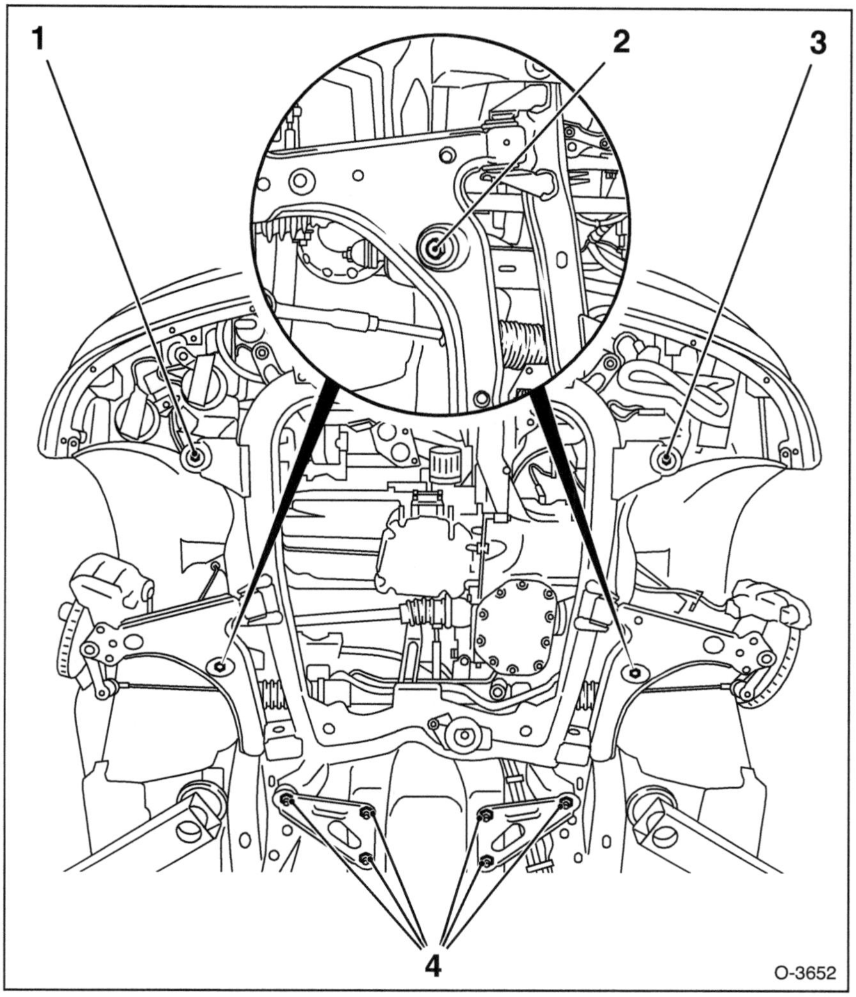

Achtung: In der Abbildung wird zur besseren Übersicht der Vorderachsträger ohne Hydraulikheber und ohne Zentrieraufnahme gezeigt.

- Befestigungsschrauben –4– herausschrauben und Dreiecksbleche abnehmen. **Hinweis:** Beim 1,2-l-Motor sind nur 2 Befestigungsschrauben und keine Dreiecksbleche vorhanden. **Achtung:** Die Schrauben sind mit **hohem Drehmoment** angeschraubt. Auf sichere Abstützung des aufgebockten Fahrzeuges achten.
- Schrauben –1, 2, 3– abschrauben.
- Vorderachsträger etwas ablassen. Dabei darauf achten, daß keine Teile beschädigt werden, vor allem auf Kabel zum Lenkgetriebe achten.
- Vorderachsträger ablassen und herausziehen.

Einbau

- Vor dem Einbau, Gewinde der Befestigungsmuttern des Vorderachsträgers in der Karosserie auf Leichtgängigkeit prüfen, gegebenenfalls mit Gewindeschneider nachschneiden.
- Vorderachsträger mit Hydraulikheber langsam anheben. Dabei darauf achten, daß keine Teile beschädigt werden, vor allem auf Kabel zum Lenkgetriebe achten. **Neue** Schrauben einschrauben und gleichmäßig handfest anziehen.

Achtung: Der Vorderachsträger darf nicht mit einem Schlagschraubendreher angeschraubt werden. Unterschiedliche Schraubenlängen und Unterlegscheiben beachten, Schraubengröße an gleicher Stelle wie ausgebaut wieder einschrauben.

- Sämtliche Schrauben –1 bis 4– für Vorderachsträger mit **90 Nm** anziehen und anschließend mit starrem Schlüssel **45°** weiterdrehen. Anschließend die Schrauben um **15°** weiter festziehen.

Achtung: Um die 45°/15° beim Anziehen einzuhalten, ist es sinnvoll, entsprechende Markierungen mit Hilfe einer Pappschablone am Unterbau anzubringen. Es gibt von HAZET auch die Winkelscheibe 6690 für den drehwinkelgesteuerten Schraubenanzug.

- Hydraulikheber absenken und entfernen.
- Gewinde für Motor-/Getriebelager von Sicherungsmittelresten reinigen, gegebenenfalls mit Gewindeschneider nachschneiden.
- Schrauben für Motor-/Getriebelager **erneuern**, mit Sicherungsmittel, zum Beispiel Loctite 243, einsetzen.

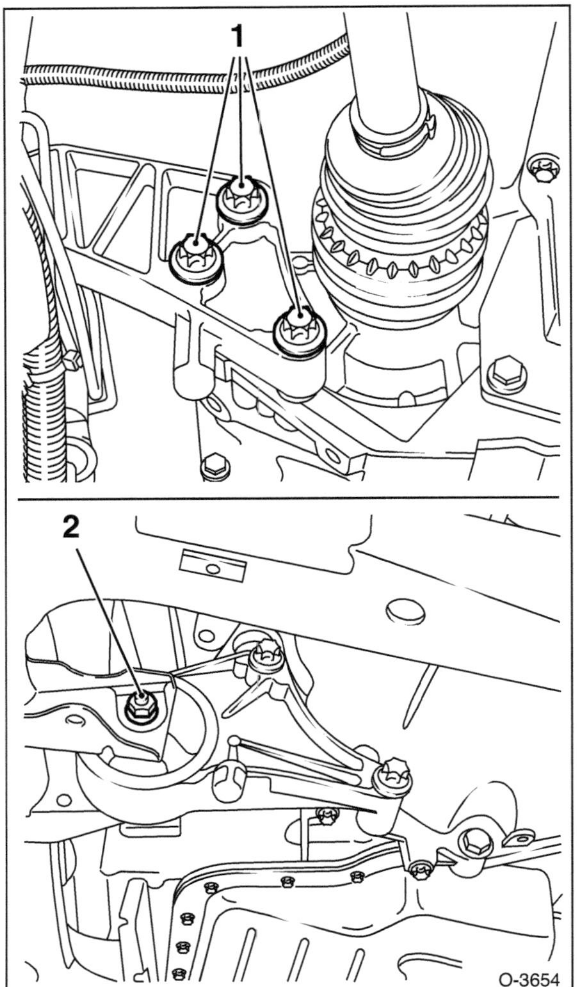

O-3654

- Getriebehalter hinten am Getriebe anschrauben –1–, mit **60 Nm** festziehen.
- Motorlager vorn mit **neuer** Befestigungsmutter –2– am Vorderachskörper anschrauben, mit **55 Nm** festziehen.
- Motorheber entfernen.
- **Fahrzeuge mit Klimaanlage:** Resonator für Klimaanlage am Vorderachsträger anclipsen.
- **Fahrzeuge mit Schaltgetriebe:** Schaltumlenkung auf die Schaltstange schieben und Klemmschelle locker beidrehen, noch nicht festziehen.
- Schaltschwinge auf den Halter der Schaltumlenkung setzen und mit neuer Sicherungsklammer sichern, siehe Seite 256.
- Vorderes Abgasrohr einbauen, siehe Seite 239.
- Beide Gelenkwellen einbauen, siehe Seite 122.
- Rechten Innenkotflügel vorn einbauen, siehe Seite 275.
- Frontverkleidung einbauen, siehe Seite 273.
- Kabel für Lenkung verlegen, und zwar in gleicher Position wie beim Ausbau.
- Massekabel –4– für Lenkung an der Karosserie anschrauben, Kabelstecker –5– für Lenkung verbinden, siehe Abbildung O-3649 unter »Ausbau«.
- Sicherungsträger –2– in die Halterung einclipsen. Sicherung –3– (2. Sicherung, von vorn gezählt) einsetzen, siehe Abbildung O-3649.
- Abdeckung für Sicherungskasten einsetzen.
- Beim Ausbau angebrachten Draht für Kühlerbefestigung am Querträger abnehmen.

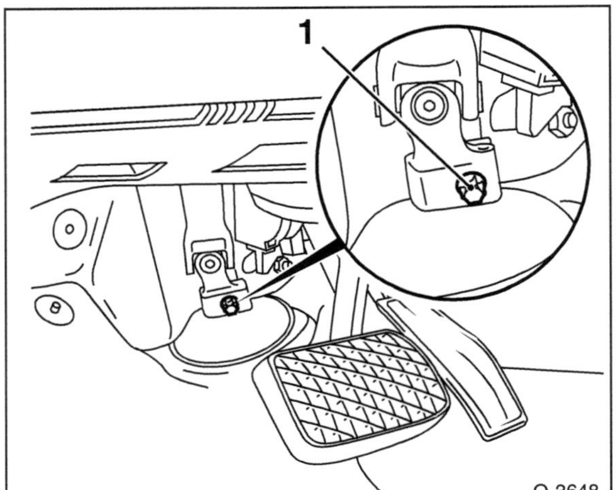

O-3648

- Gewinde für Lenkspindelschraube –1– von Sicherungsmittelresten reinigen, gegebenenfalls mit Gewindeschneider nachschneiden. Klemmschraube für Lenkspindel am Gewinde mit Sicherungsmittel, zum Beispiel Loctite 243, benetzen und mit **25 Nm** anschrauben. Dabei müssen Lenkrad und Vorderräder in Geradeausfahrt-Stellung stehen.

Sicherheitshinweis
Anschließend nochmals sicherstellen, daß der untere Teil der Lenkspindel bis zum Anschlag in die Schraubkupplung eingeschoben und die Klemmschraube angezogen ist. Andernfalls besteht Unfallgefahr durch Ausfall der Lenkung!

- **Fahrzeuge mit Schaltgetriebe:** Schaltung einstellen, siehe Seite 252.
- Batterieträger einbauen, mit **15 Nm** anschrauben, siehe Seite 63.
- Batterie einbauen, siehe Seite 63.
- Batterie-Massekabel (–) anklemmen. **Achtung:** Hoch-/Tieflaufautomatik für elektrische Fensterheber aktivieren sowie Zeituhr stellen und Radiocode eingeben, siehe Kapitel »Batterie aus- und einbauen«.

Hinterachse

Aus dem Inhalt:

- **Stoßdämpfer**
- **Schraubenfederausbau**
- **Stoßdämpfer prüfen**

Die Verbundlenker-Hinterachse besteht aus dem Achskörper, an dem beidseitig die Längslenker befestigt sind. Der verdrehbare Achskörper wirkt auch als Stabilisator, der die Kurvenneigung des Fahrzeuges verringert und dadurch das Fahrverhalten stabilisiert. Die Hinterachse ist über Gummi-Metall-Lager mit dem Aufbau verbunden. Abgefedert wird das Fahrzeug hinten durch 2 Schraubenfedern und 2 Stoßdämpfer. Schraubenfedern und Stoßdämpfer sind getrennt angeordnet, dadurch vergrößert sich die Laderaumbreite.

Die Hinterachsvermessung kann nur mit einer optischen Meßanlage durchgeführt werden, die Hinterachse ist nicht einstellbar. **Hinweis:** Vor der Achsvermessung beide Vordersitze mit je 70 kg belasten und Kraftstofftank halb füllen. Der Sturz soll dann –1°40'±30' betragen, wobei zwischen beiden Seiten ein maximaler Unterschied von 35' zulässig ist. Gesamtspur bei vorgeschriebenem Radsturz: +10' $^{+30'}/_{-20'}$, der Unterschied zwischen linker und rechter Seite darf maximal 15' betragen.

Sicherheitshinweis
Schweiß- und Richtarbeiten an tragenden und radführenden Bauteilen der Hinterradaufhängung **sind nicht zulässig. Selbstsichernde Muttern**, sowie korrodierte Schrauben/Muttern im Reparaturfall **immer ersetzen.**

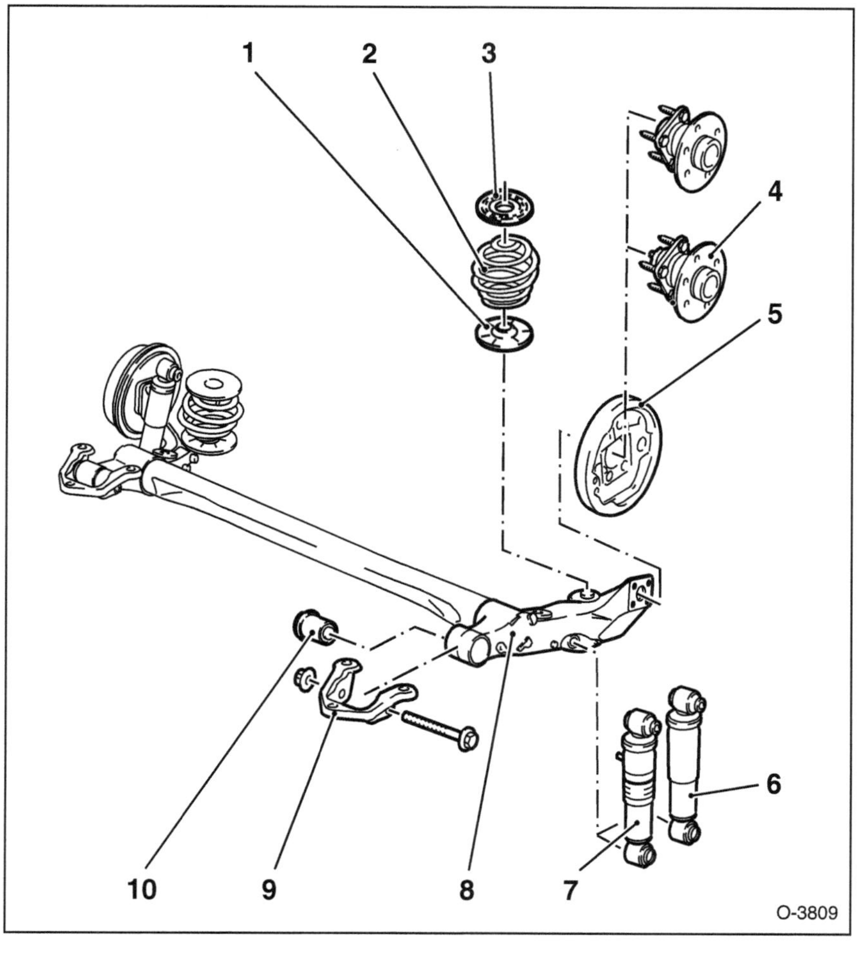

1 – Unterer Dämpfungsring
2 – Schraubenfeder
3 – Oberer Dämpfungsring
4 – Radlagereinheit
5 – Bremsankerplatte
Bei Fahrzeugen mit Scheibenbremsen an der Hinterachse: Abdeckblech.
6 – Stoßdämpfer ohne Niveauregulierung
7 – Stoßdämpfer mit Niveauregulierung (Mehrausstattung)
8 – Hinterachse
9 – Halter
10 – Dämpfungsbuchse

Niveauregulierung einstellen

Als Mehrausstattung sind aufpumpbare Hinterachsstoßdämpfer erhältlich. Bei hoher Beladung des Fahrzeugs kann dann das Einsinken des Fahrzeughecks vermindert und somit das Fahrverhalten verbessert werden.

Achtung: Bei voller Zuladung muß der Druck zwischen 3,0 bar und 5,0 bar liegen. Bei leerem Fahrzeug einen Druck von 0,8 bar einstellen, der nicht unterschritten werden darf. Das Fahrzeug darf im Leerzustand nicht mit erhöhtem Druck gefahren werden.

Einstellen

- Das Füllventil für die Niveauregulierung entspricht einem normalen Reifenventil. Es befindet sich hinter der Klappe der rechten Heckleuchte, die auch beim Glühlampenwechsel geöffnet wird, siehe Seite 87.
- Anlage mit 0,8 bar Überdruck befüllen.

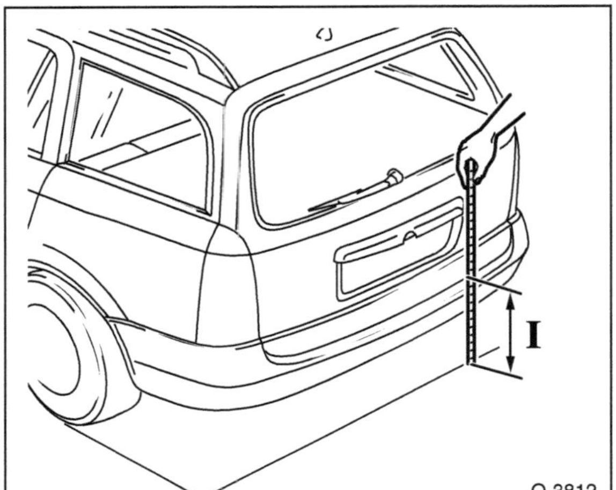

O-3812

- Fahrzeug ohne Beladung auf einer ebenen Fläche abstellen. An einem Karosseriepunkt, zum Beispiel Stoßfängerkante, die Höhe –I– des Fahrzeughecks messen.
- Vom gemessenen Wert 50 mm abziehen und das Ergebnis notieren.
- Fahrzeug beladen. Das Fahrzeugheck sinkt dabei ab.
- Nach dem Beladen den Druck soweit erhöhen, bis das notierte Maß erreicht ist. **Achtung:** Ein Druck von 5 bar darf nicht überschritten werden.

Stoßdämpfer hinten aus- und einbauen

Achtung: Bedingt durch die Achskonstruktion können die Stoßdämpfer nur nacheinander aus- und eingebaut werden. Werden beide Stoßdämpfer gleichzeitig gelöst, fällt die Hinterachse nach unten.

Achtung: Stoßdämpfer nur paarweise, also an beiden Fahrzeugseiten, austauschen. Es gibt unterschiedliche Ausführungen. Nur die für die jeweilige Fahrzeugausführung vorgesehenen Ersatzteile verwenden.

Ausbau

- Fahrzeuge mit Niveauregulierung: Luft am Füllventil, rechts hinten im Gepäckraum, ablassen.
- Radkappe abhebeln. Falls vorhanden, diebstahlhemmende Radkappe mit Schlüssel aus dem Bordwerkzeug lösen. Kappen von den Radschrauben abziehen.

Sicherheitshinweis
Beim Aufbocken des Fahrzeugs besteht Unfallgefahr! Deshalb vorher das Kapitel »Fahrzeug aufbocken« durchlesen.

- Stellung der Hinterräder zur Radnabe mit Farbe kennzeichnen. Dadurch kann das ausgewuchtete Rad wieder in derselben Position montiert werden. Radschrauben lösen, dabei muß das Fahrzeug auf dem Boden stehen. Fahrzeug hinten aufbocken und Hinterräder abnehmen.
- Fahrzeuge mit Niveauregulierung: Druckleitung durch Verdrehen der Sicherungsklammer entriegeln und vom Stoßdämpfer abziehen.
- Hinterachs-Ausleger im Bereich des Stoßdämpfers mit einem Werkstattwagenheber etwas anheben. Damit ist sichergestellt, daß die Feder nicht wegspringen kann. Darauf achten, daß beim Anheben das Fahrzeug nicht von den Böcken rutscht. **Unfallgefahr!**

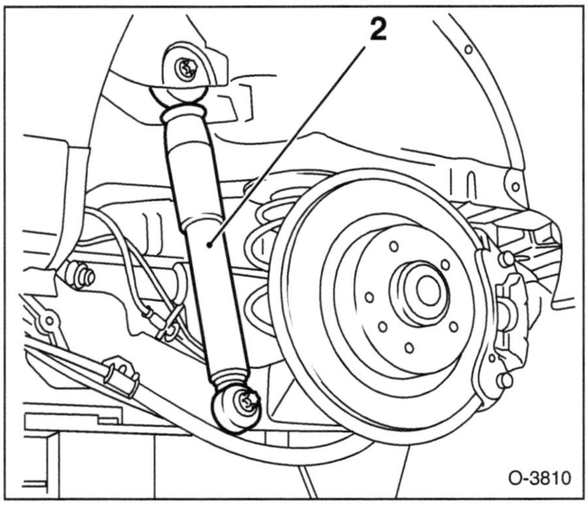

O-3810

- Stoßdämpfer –2– an der Hinterachse und am Fahrzeugunterbau abschrauben und herausnehmen.

Einbau

- Stoßdämpfer prüfen, siehe Seite 134.
- Stoßdämpfer oben in den Halter am Fahrzeugunterbau einsetzen. Befestigungsschraube am Halter ansetzen und mit **90 Nm** festziehen.
- Stoßdämpfer an der Hinterachse mit **110 Nm** festziehen.
- Bei Fahrzeugen mit Niveauregulierung Druckleitung am Stoßdämpfer aufstecken, dabei auf Einrasten der Sicherungsklammer achten.
- Werkstattwagenheber unter der Hinterachse entfernen.
- Gegebenenfalls Stoßdämpfer am anderen Hinterrad in gleicher Weise erneuern.
- Hinterräder so ansetzen, daß die beim Ausbau angebrachten Markierungen übereinstimmen. Vorher Zentriersitz der Felge an der Radnabe mit Wälzlagerfett dünn einfetten. Radschrauben nur an der Kopf-Anlagefläche zur Felge, nicht am Gewinde fetten. Korrodierte Radschrauben erneuern. Räder anschrauben. Fahrzeug ablassen und Radschrauben über Kreuz mit **110 Nm** festziehen.
- Radkappe beziehungsweise Schrauben-Abdeckkappen anbringen.
- Bei Fahrzeugen mit Niveauregulierung Druckanlage auf Maximaldruck 5 bar aufpumpen und Leitungsanschlüsse mit handelsüblichem »Leck-Suchspray« oder Seifenwasser benetzen. Undichtigkeiten von Fachwerkstatt reparieren lassen. Ist die Anlage dicht, Druck auf 0,8 bar ablassen und anschließend je nach Beladungszustand einstellen.

Schraubenfeder hinten aus- und einbauen

Achtung: Bedingt durch die Achskonstruktion können die Schraubenfedern nur nacheinander aus- und eingebaut werden. Werden beide Stoßdämpfer gleichzeitig gelöst, fällt die Hinterachse nach unten.

Achtung: Schraubenfedern nur paarweise, also an beiden Fahrzeugseiten, austauschen. Es gibt unterschiedliche Ausführungen und Federhärten, nur die für die jeweilige Fahrzeugausführung vorgesehenen Ersatzteile verwenden.

Ausbau

- Fahrzeuge mit Niveauregulierung: Luft am Füllventil, rechts hinten im Gepäckraum, ablassen.

> **Sicherheitshinweis**
> Beim Aufbocken des Fahrzeugs besteht Unfallgefahr! Deshalb vorher das Kapitel »Fahrzeug aufbocken« durchlesen.

- Hinterrad ausbauen, Hinterachs-Ausleger im Bereich des Stoßdämpfers mit einem Werkstattwagenheber etwas anheben und Stoßdämpfer an der Hinterachse abschrauben, siehe Kapitel »Stoßdämpfer hinten aus- und einbauen«.
- Ausleger mit Werkstattwagenheber langsam ablassen, bis die Hinterachse frei hängt.

Achtung: Hinterachse nicht zu weit herunterdrücken, damit die Bremsschläuche zur Hinterachse nicht gedehnt werden.

- Hinterachse am Ausleger von Hand nach unten drücken und Feder mit oberem und unterem Dämpfungsring herausnehmen. Dabei Einbaulage der Dämpfungsringe beachten.

Einbau

- Dämpfungsringe aus der Feder herausnehmen und auf Verschleiß prüfen, gegebenenfalls erneuern.
- Dämpfungsringe in die Schraubenfeder einsetzen. Falls unklar ist, wie die Dämpfungsringe eingesetzt werden, an zweiter Schraubenfeder nachschauen.
- Schraubenfeder mit oberem und unterem Dämpfungsring in den Federsitz einsetzen. Beim Einsetzen der Schraubenfeder den Ausleger der Hinterachse von Hand nach unten drücken.
- Hinterachse mit Werkstattwagenheber anheben und Stoßdämpfer an der Hinterachse mit **110 Nm** anschrauben.
- Werkstattwagenheber unter der Hinterachse entfernen.
- Hinterrad so ansetzen, daß die beim Ausbau angebrachten Markierungen übereinstimmen. Vorher Zentriersitz der Felge an der Radnabe mit Wälzlagerfett dünn einfetten. Radschrauben nur an der Kopf-Anlagefläche zur Felge, nicht am Gewinde fetten. Korrodierte Radschrauben erneuern. Rad anschrauben. Fahrzeug ablassen und Radschrauben über Kreuz mit **110 Nm** festziehen.
- Radkappe beziehungsweise Schrauben-Abdeckkappen anbringen.
- Fahrzeuge mit Niveauregulierung: Druckanlage am Ventil im Gepäckraum hinten rechts auf 0,8 bar Druck aufpumpen und anschließend je nach Beladungszustand einstellen.

Radlagereinheit hinten aus- und einbauen

In der Radlagereinheit sind Radlager und Radnabe integriert. Die Radlagereinheit ist vollkommen wartungsfrei, sie muß weder eingestellt noch geschmiert werden. Bei Schwergängigkeit, Geräuschen oder Axial-/Radialspiel von mehr als 0,05 mm, gemessen am äußeren Durchmesser des Radlagerflanschs, Lager erneuern.

Ausbau

- Radkappe abhebeln. Falls vorhanden, diebstahlhemmende Radkappe mit Schlüssel aus dem Bordwerkzeug lösen. Kappen von den Radschrauben abziehen.

Sicherheitshinweis
Beim Aufbocken des Fahrzeugs besteht Unfallgefahr! Deshalb vorher das Kapitel »Fahrzeug aufbocken« durchlesen.

- Stellung der Hinterräder zur Radnabe mit Farbe kennzeichnen. Dadurch kann das ausgewuchtete Rad wieder in derselben Position montiert werden. Radschrauben lösen, dabei muß das Fahrzeug auf dem Boden stehen. Fahrzeug hinten aufbocken und Hinterräder abnehmen.
- Bremsbeläge und Bremsscheibe hinten ausbauen, siehe Seite 152/162.

Achtung: Bremsträgerplatte beziehungsweise Abdeckblech mit Draht an der Schraubenfeder aufhängen, damit nach dem Abschrauben der Radlagereinheit nicht die Bremsleitung auf Zug belastet wird.

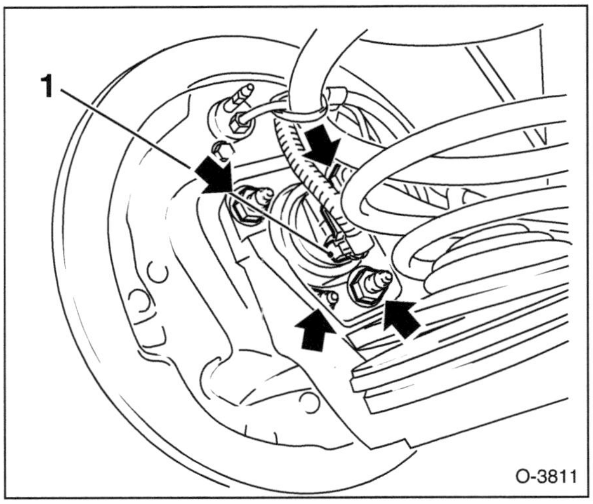

- Kabelstecker –1– für ABS-Radsensor trennen.
- Die 4 Befestigungsmuttern –Pfeile– abschrauben und Radlagereinheit abnehmen. Die Bremsträgerplatte verbleibt am Ausleger der Hinterachse.

Einbau

- Radlagereinheit mit Bremsträgerplatte ansetzen.
- 4 **neue** Muttern ansetzen und mit **50 Nm** festziehen. In einem weiteren Durchgang einen starren Schlüssel ansetzen und Muttern um **30° weiterdrehen**. Anschließend Muttern um **15° weiterdrehen**.

Hinweis: Um die 30°/15° beim Anziehen einzuhalten, ist es sinnvoll, aus Pappe eine Winkelscheibe auszuschneiden. Es gibt von HAZET auch die Winkelscheibe 6690 für den drehwinkelgesteuerten Schraubenanzug.

- Stecker für ABS-Sensor hinten auf die Radlagereinheit aufstecken.
- Bremsscheibe und Bremsbeläge hinten einbauen, siehe Seite 152/162.
- Hinterräder so ansetzen, daß die beim Ausbau angebrachten Markierungen übereinstimmen. Vorher Zentriersitz der Felge an der Radnabe mit Wälzlagerfett dünn einfetten. Radschrauben nur an der Kopf-Anlagefläche zur Felge, nicht am Gewinde fetten. Korrodierte Radschrauben erneuern. Räder anschrauben. Fahrzeug ablassen und Radschrauben über Kreuz mit **110 Nm** festziehen.
- Radkappe beziehungsweise Schrauben-Abdeckkappen anbringen.

Stoßdämpfer prüfen

Folgende Fahreigenschaften weisen auf defekte Stoßdämpfer hin:

- Langes Nachschwingen der Karosserie bei Bodenunebenheiten.
- Aufschaukeln der Karosserie bei aufeinander folgenden Bodenunebenheiten.
- Springen der Räder auch auf normaler Fahrbahn.
- Ausbrechen des Fahrzeuges beim Bremsen (kann auch andere Ursachen haben).
- Kurvenunsicherheit durch mangelnde Spurhaltung, Schleudern des Fahrzeuges.
- Abnorme Reifenabnutzung mit Abflachungen (Auswaschungen) am Reifenprofil.
- Defekte Dämpfer erkennt man auch während der Fahrt an Polter- und Knackgeräuschen. Allerdings haben diese Geräusche häufig auch andere Ursachen, zum Beispiel lockere Fahrwerksschrauben, Muttern, defektes Radlager oder Gleichlaufgelenk. Daher Dämpfer vor dem Ersetzen immer prüfen, gegebenenfalls auf Stoßdämpferprüfstand prüfen lassen.

Der Stoßdämpfer kann von Hand behelfsmäßig geprüft werden. Eine genaue Überprüfung der Stoßdämpferleistung ist jedoch nur mit einem Shock-Tester (Stoßdämpfer eingebaut) oder einer Stoßdämpfer-Prüfmaschine möglich.

Prüfung von Hand

- Stoßdämpfer ausbauen.

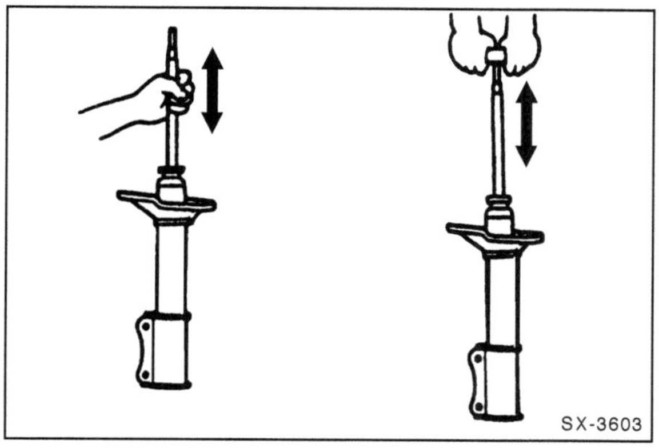

- Stoßdämpfer in Einbaulage halten, Stoßdämpfer auseinanderziehen und zusammendrücken. Der Stoßdämpfer muß sich über den gesamten Hub gleichmäßig schwer und ruckfrei bewegen lassen.
- Bei Gasdruck-Stoßdämpfern geht die Kolbenstange bei ausreichendem Gasfülldruck von selbst wieder in die Ausgangslage zurück. Ist dies nicht der Fall, braucht der Dämpfer nicht unbedingt ersetzt werden. Die Wirkungsweise entspricht, solange kein größerer Ölverlust eingetreten ist, der Wirkungsweise eines konventionellen Dämpfers. Die dämpfende Funktion ist auch ohne Gasdruck vollständig vorhanden. Allerdings kann sich das Geräuschverhalten verschlechtern.
- Bei einwandfreier Funktion sind geringe Spuren von Stoßdämpferöl kein Grund zum Austausch. Als Faustregel gilt: Wenn ein Ölfleck sichtbar ist und sich nicht weiter ausbreitet als vom oberen Stoßdämpferverschluß (Kolbenstangendichtring) bis zum unteren Federteller, gilt der Dämpfer als in Ordnung. Voraussetzung ist, daß der Ölfleck stumpf, matt beziehungsweise durch Staub getrocknet ist. Ein geringfügiger Ölaustritt ist sogar von Vorteil, weil dadurch der Dichtring geschmiert wird und sich somit dessen Lebensdauer erhöht.
- Bei starkem Ölverlust Stoßdämpfer austauschen.

Stoßdämpfer verschrotten

Damit ein defekter Stoßdämpfer der Wiederverwertung zugeführt werden kann, muß das Hydrauliköl aus dem Stoßdämpfer abgelassen werden. Der entleerte Stoßdämpfer kann dann wie normaler Eisenschrott behandelt werden.

Achtung: Hydrauliköl ist ein Problemstoff und darf auf keinen Fall einfach weggeschüttet oder dem Hausmüll mitgegeben werden. Gemeinde- und Stadtverwaltungen informieren darüber, wo sich die nächste Problemstoff-Sammelstelle befindet.

Sicherheitshinweis
Der Gasdruck eines neuen Stoßdämpfer beträgt bis zu 25 bar. Deshalb beim Öffnen des Dämpfers Arbeitsstelle abdecken und **unbedingt Schutzbrille tragen.**

Stoßdämpfer können auf 2 Arten entleert werden, entweder durch Anbohren oder durch Aufsägen der Außenwand.

Stoßdämpfer anbohren

- Ausgebauten Stoßdämpfer senkrecht, mit der Kolbenstange nach unten, in den Schraubstock einspannen.

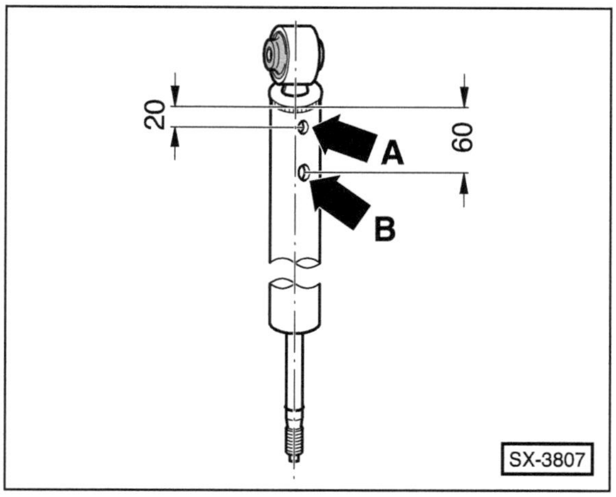

- An der Stelle –A– ein Loch mit 3 mm ∅ in das Außenrohr bohren.

Achtung: Bei Gasdruckstoßdämpfern entweicht nach dem Durchbohren der ersten Rohrwandung Gas. Öffnung während des Entgasens mit Lappen abdecken. Anschließend weiterbohren bis das innenliegende Rohr (ca. 25 mm) durchbohrt ist.

- An der Stelle –B– eine zweite Bohrung mit 6 mm-Bohrer bis durch das innenliegende Rohr bohren.
- Dämpfer über eine Ölauffangwanne halten und Hydrauliköl durch hin- und herbewegen der Kolbenstange über den gesamten Hub herausdrücken.
- Dämpfer abtropfen lassen, bis kein Hydrauliköl mehr austritt.

- Hydrauliköl an einer Problemstoff-Sammelstelle entsorgen lassen.
- Entleerten Stoßdämpfer als Eisenschrott entsorgen.

Stoßdämpfer aufsägen

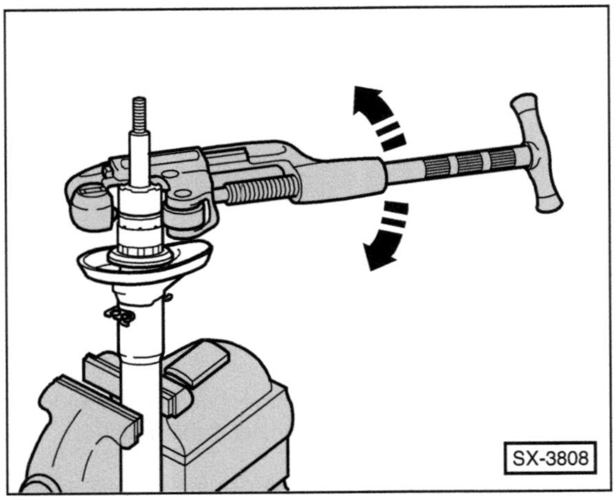

- Federbein in Schraubstock spannen.
- Rohrschneider, z. B. Stahlwille Express 150/3, ansetzen und Außenrohr durchtrennen. **Achtung:** Bei Gasdruck-Stoßdämpfern entweicht dabei das Gas.
- Kolbenstange hochziehen, dabei das Innenrohr mit einer Wasserrohrzange festhalten und nach unten drücken, so daß dieses beim langsamen Hochziehen der Kolbenstange im Außenrohr verbleibt.
- Kolbenstange vom Innenrohr abziehen.
- Dämpfer über eine Ölauffangwanne halten und Hydrauliköl ablaufen lassen, bis kein Hydrauliköl mehr austritt.
- Hydrauliköl an einer Problemstoff-Sammelstelle entsorgen lassen.
- Entleerten Stoßdämpfer als Eisenschrott entsorgen.

Räder und Reifen

Aus dem Inhalt:

- Profiltiefe prüfen
- Räder austauschen
- Schneeketten
- Radschrauben anziehen
- Reifenpflege
- Fahrzeug aufbocken
- Reifencode
- Reifenfülldruck

Das Fahrzeug ist je nach Modell und Ausstattung mit schlauchlosen Gürtelreifen sowie Felgen unterschiedlicher Größe ausgerüstet. Seit ca. 2000 müssen montierte Reifen, die nicht in den Fahrzeugpapieren stehen, in der EG-Übereinstimmungsbescheinigung (CoC = Certificate of Conformity) zum Fahrzeug aufgeführt sein. Diese Bescheinigung oder eine Kopie davon ist dann grundsätzlich im Fahrzeug mitzuführen. **Achtung:** Bei einigen Reifen-/Felgengrößen dürfen keine Schneeketten aufgezogen werden.

Neben der Felgenbreite und dem Felgendurchmesser ist bei einem Wechsel der Felge auch die Einpreßtiefe zu beachten. Die Einpreßtiefe ist das Maß von der Felgenmitte bis zur Anlagefläche der Radschüssel an die Bremsscheibe.

Alle Scheibenräder sind als Hump-Felgen ausgelegt. Der Hump ist ein in die Felgenschulter eingepreßter Wulst, der auch bei extrem scharfer Kurvenfahrt nicht zuläßt, daß der schlauchlose Reifen von der Felge gedrückt wird.

Achtung: Beim Wechsel des Reifenformats muß das Navigationssystem in der OPEL-Werkstatt neu kalibriert werden.

Profiltiefe messen

Reifen dürfen aufgrund gesetzlicher Vorschriften lediglich bis zu einer Profiltiefe von 1,6 mm abgefahren werden, und zwar muß die gesamte Lauffläche noch 1,6 mm Tiefe aufweisen. Es empfiehlt sich aus Sicherheitsgründen, die Sommerreifen bei einer Profiltiefe von 2 mm und die Winterreifen bei einer Tiefe von 4 mm auszutauschen.

Die Tiefe der Reifenprofilrillen ist in den Hauptprofilrillen an den am stärksten verschlissenen Stellen des Reifens zu messen. Hauptprofilrillen sind an den Abnutzungsindikatoren (TWI) zu erkennen. Die Positionen der TWI-Indikatoren sind

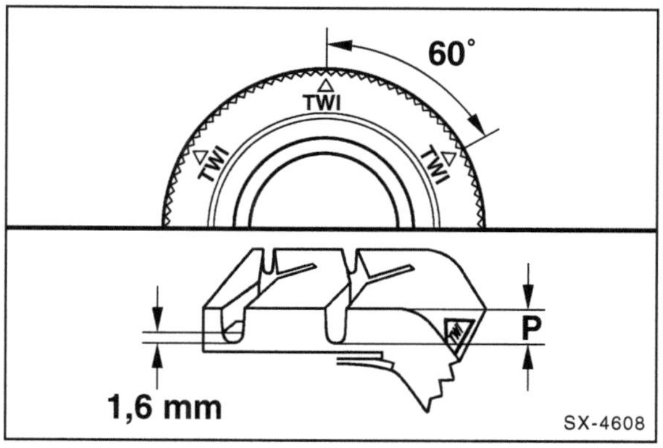

Eine Auswahl von Reifen-/Felgenkombinationen für den OPEL ASTRA/ZAFIRA

Modell/Motorisierung	Reifengröße	Felgengröße	Einpreßtiefe in mm	Reifenfülldruck (Überdruck) in bar			
				halbe Zuladung		volle Zuladung	
				vorn	hinten	vorn	hinten
ZAFIRA							
Alle Motorisierungen	195/65 R 15-91H	6Jx15	43	2,2	2,2	2,6	3,0
ASTRA, Limousine							
1,2-l-Benzinmotor	175/70 R 14-84T	5½Jx14	39	2,2	1,9	2,3	2,9
1,6-/1,8-l-Benzinmotor 1,7-l-Dieselmotor	185/65 R 15-88H	6Jx15	49	2,2	1,9	2,4	2,8
2,0-l-Dieselmotor	195/60 R 15-88T	6Jx15	49	2,4	2,1	2,5	2,9
2,2-l-Benzinmotor	205/50 R 16-87V	6Jx16	49	2,2	1,9	2,4	2,8
Notrad, Alle Motorisierungen[1) 2)]	105/70 R 14-84M	4Bx14	29	4,2	4,2	4,2	4,2

[1]) Gilt nicht für die 2,0-l-Dieselmotoren. [2]) Verwendung von Schneeketten auf dem Notrad ist nicht zulässig

mehrmals an der Reifenflanke gekennzeichnet. Die Flächen der Abnutzungsindikatoren haben eine Höhe von 1,6 mm. Sie dürfen nicht in die Messung mit einbezogen werden. Für die Meßwerte entscheidend ist das Maß an der tiefsten Stelle der Profilrille –P–.

Reifenfülldruck

Für den OPEL ASTRA/ZAFIRA sind unterschiedliche Reifendimensionen und Felgengrößen vom Werk zugelassen. Die vorliegende Reifentabelle listet nur einen kleinen Querschnitt möglicher Reifen-/Felgenkombinationen auf. Eine komplette Liste aller für das Fahrzeug zugelassenen Reifen und Felgen hat jede OPEL-Vertragswerkstatt. Der Reifenfülldruck wird vom Automobilhersteller in Abhängigkeit verschiedener Parameter festgelegt. Dazu zählen unter anderem die Fahrzeugbelastung und die Fahrzeug-Höchstgeschwindigkeit.

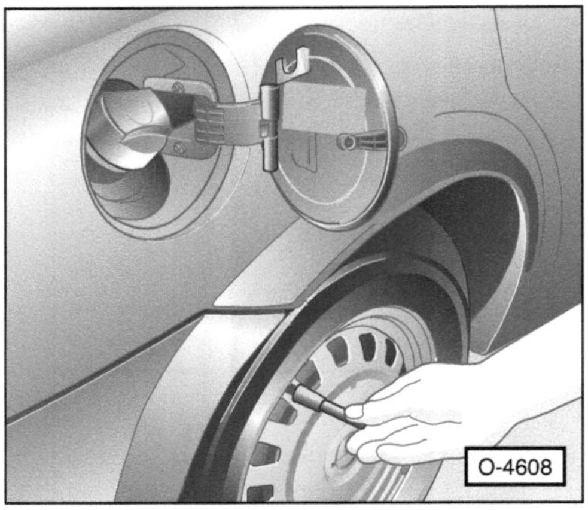
O-4608

Es ist wichtig, daß der für den speziellen Reifen ermittelte Reifenfülldruck eingehalten wird. Der vorgeschriebene Reifenfülldruck für Winter- und Sommerreifen steht auf der Innenseite der Tankklappe und in der Betriebsanleitung. Wird das Reifenformat gewechselt, neue Reifenfülldruckwerte in der Tankklappe vermerken. Für die Lebensdauer und die Fahrzeugsicherheit ist das Einhalten des Reifenfülldrucks von großer Wichtigkeit. Reifenfülldruck deshalb alle 2 Wochen und vor jeder größeren Fahrt prüfen. Zum leichteren Lösen der Ventilkappen Ventilkappenschlüssel verwenden, der sich an der Innenseite der Tankklappe befindet.

- Reifendruckangaben beziehen sich auf **kalte** Reifen. Der sich bei längerer Fahrt einstellende und um ca. 0,2 bis 0,4 bar höhere Überdruck darf nicht reduziert werden. Winterreifen werden in der Regel mit einem etwa 0,2 bar höheren Überdruck gefahren, die Fülldruckempfehlungen des jeweiligen Reifenherstellers bei Winterreifen sind zu beachten. Unterliegen die Winterreifen einer Geschwindigkeitsbeschränkung, muß ein Hinweis über die zulässige Höchstgeschwindigkeit im Blickfeld des Fahrers angebracht werden (§ 36, Absatz 1 StVZO).
- Bei sportlicher Fahrweise sowie längeren Autobahnfahrten mit Geschwindigkeiten über 160 km/h empfiehlt es sich, den Reifenüberdruck an Vorder- und Hinterrädern um 0,2 bar zu erhöhen. Bei dieser Erhöhung ist vom Basis-Überdruck auszugehen, wie er für die verschiedenen Belastungszustände vorgeschrieben ist.
- Bei Anhängerbetrieb Reifenfülldruck auf den unter »volle Zuladung« angegebenen Wert erhöhen.
- Der Reifenfülldruck für das **Reserverad** entspricht dem höchsten Fülldruck bei der maximalen Belastung. Ist ein **Reserve-Notrad** vorhanden, beträgt der Reifenfülldruck: 4,2 bar. Außerdem steht der richtige Fülldruck für das Notrad auf der Reifenflanke. **Achtung: Das Notrad ist nur für den vorübergehenden und kurzzeitigen Einsatz bestimmt.** Nicht über 80 km/h fahren. Vollgasbeschleunigung, starkes Bremsen und rasante Kurvenfahrten vermeiden. Niemals mit mehr als einem Notrad fahren. Keine Schneekette montieren.

Schneeketten

Schneeketten sind nur auf den Rädern der Vorderachse zulässig. Keine Schneeketten auf dem Notrad verwenden. Muß bei einer Vorderrad - Reifenpanne mit Schneeketten gefahren werden, Notrad an der Hinterachse montieren und ein Hinterrad an der Vorderachse. Reifenluftdruck korrigieren.

Mit Schneeketten darf nicht schneller als 50 km/h gefahren werden. Auf schnee- und eisfreien Straßen sind die Gleitschutzketten abzunehmen.

Nur Schneeketten verwenden, die einschließlich Kettenschloß nicht mehr als 15 mm auftragen. Daher dürfen bei einigen Breitreifen-/Felgenkombinationen keine Ketten verwenet werden.

Um Beschädigungen an den Radkappen zu vermeiden, sollten diese bei Schneekettenbetrieb abgenommen werden.

Austauschen der Räder/ Laufrichtung beachten

Es ist nicht zweckmäßig, bei einem Austausch der Räder die Drehrichtung der Reifen zu ändern, da sich die Reifen nur unter vorübergehend stärkerem Verschleiß der veränderten Drehrichtung anpassen. Bei einigen Reifen ist eine Laufrichtung durch einen Pfeil auf der Seitenwand vorgegeben, die Laufrichtung ist dann unbedingt einzuhalten.

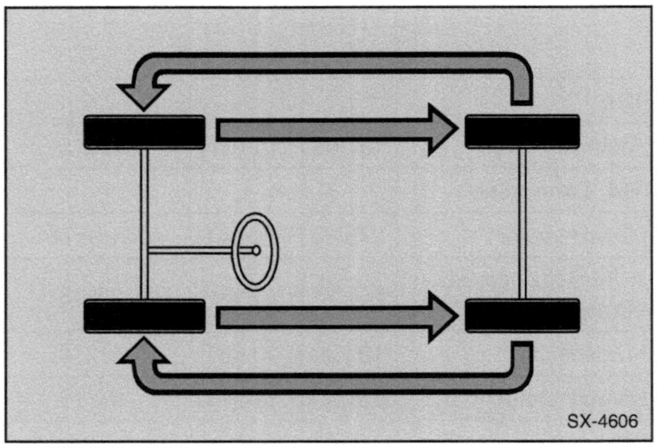
SX-4606

Bei größerem Verschleiß der vorderen Reifen empfiehlt es sich, die Vorderräder gegen die Hinterräder zu tauschen. Dadurch haben alle 4 Reifen etwa die gleiche Lebensdauer.

Sicherheitshinweise:
Reifen nicht einzeln, sondern mindestens achsweise ersetzen. Reifen mit der größeren Profiltiefe vorn montieren. An Vorder- und Hinterachse nur Reifen gleicher Größe und Bauart, möglichst auch gleichen Fabrikats und Profilausführung montieren. Reifen, die älter als 6 Jahre sind, nur im Notfall und bei vorsichtiger Fahrweise verwenden. Beim Erneuern und Demontieren schlauchloser Reifen unbedingt das Reifenventil mit austauschen.

SX-4609

- Bei **laufrichtungsgebundenem Profil**, erkennbar an Pfeilen auf der Reifenflanke in Laufrichtung, muß die Laufrichtung des Reifens unbedingt eingehalten werden. Dadurch werden optimale Laufeigenschaften bezüglich Aquaplaning, Haftvermögen, Geräusch und Abrieb sichergestellt. Falls das Reserverad bei einer Reifenpanne einmal entgegen der Laufrichtung montiert werden muß, sollte dieser Einsatz nur vorübergehend sein, denn die optimalen Laufeigenschaften des Reifens bezüglich Aquaplaning, Geräusch und Abriebverhalten sind dann nicht mehr voll gegeben. Das gilt insbesondere bei Nässe. Deshalb empfiehlt es sich, die Geschwindigkeit den Fahrbahnverhältnissen anzupassen und den entgegen der Laufrichtung montierten Reifen in die vorgeschriebene Laufrichtung zu montieren.
- Vor der Demontage des Rades dieses mit Kreide oder Farbstift zur Radnabe markieren, damit es in gleicher Stellung wieder montiert werden kann.

O-4609

- Für das Abziehen der Radkappe gibt es ein spezielles Werkzeug, welches dem Bordwerkzeug beigelegt ist. Fehlt das Werkzeug zum Lösen der Radkappe, Schraubendreher an der seitlichen Aussparung der Radkappe ansetzen.
- **Radschrauben lösen, wenn das Fahrzeug auf dem Boden steht.** Dazu Handbremse anziehen, 1. Gang einlegen und gegenüberliegendes Rad mit einem Stein oder dergleichen sichern, damit das Fahrzeug nicht wegrollt.

Achtung: Leichtmetallfelgen sind durch einen Klarlacküberzug gegen Korrosion geschützt. Beim Radwechsel darauf achten, daß die Schutzschicht nicht beschädigt wird, andernfalls mit Klarlack ausbessern.

O-4610

- Radschrauben mit Radschraubensteckschlüssel lockern.

Hinweis: Zum Lösen diebstahlhemmender Radschrauben ist ein Adapter für die Radschrauben erforderlich, der in der Regel dem Bordwerkzeug beigelegt ist. Vor dem Lösen der diebstahlhemmenden Radschrauben die Kappe abnehmen. Adapter in Radschraube einsetzen und Radschraube mit Radschlüssel lösen. An der Stirnseite des Adapters ist eine Code-Nummer eingeschlagen. Nummer notieren und sicher aufbewahren, damit ein verlorengegangener Adapter wiederbeschafft werden kann.

- Zum Schutz gegen das Festrosten des Rades ist der Zentriersitz des Scheibenrades an der Radnabe vorn und hinten bei jeder Demontage des jeweiligen Rades mit Wälzlagerfett dünn einzufetten.
- Verschmutzte Schrauben und Gewinde reinigen. Gewinde der Radschrauben **nicht** fetten oder ölen.

Radschrauben anziehen

Felgen und Radschrauben sind aufeinander abgestimmt. Bei jeder Umrüstung auf andere Felgen, zum Beispiel Leichtmetallfelgen oder Räder mit Winterbereifung, müssen deshalb die dazugehörigen Radschrauben mit der richtigen Länge und Kalottenform verwendet werden. Der Festsitz der Räder und die Funktion der Bremsanlage hängen davon ab.

- Radschrauben über Kreuz in mehreren Durchgängen festziehen. Zum Festziehen der Radschrauben sollte immer ein Drehmomentschlüssel verwendet werden. Dadurch wird sichergestellt, daß die Radschrauben gleichmäßig fest angezogen sind. **Das Anzugsdrehmoment beträgt für alle Radschrauben 110 Nm.**
- Wurde beim Radwechsel festgestellt, daß die Radschrauben korrodiert und schwergängig sind, müssen sie vor dem Prüfen des Anzugsdrehmomentes erneuert werden. Bis dahin vorsichtshalber nur mit mäßiger Geschwindigkeit fahren.

Achtung: Durch einseitiges oder unterschiedlich starkes Anziehen der Radschrauben können das Rad und/oder die Radnabe verspannt werden.

- Nach dem Reifenwechsel unbedingt Reifenfülldruck prüfen und gegebenenfalls korrigieren.

Reifen- und Scheibenrad-Bezeichnungen/Herstellungsdatum

Reifen-Bezeichnungen

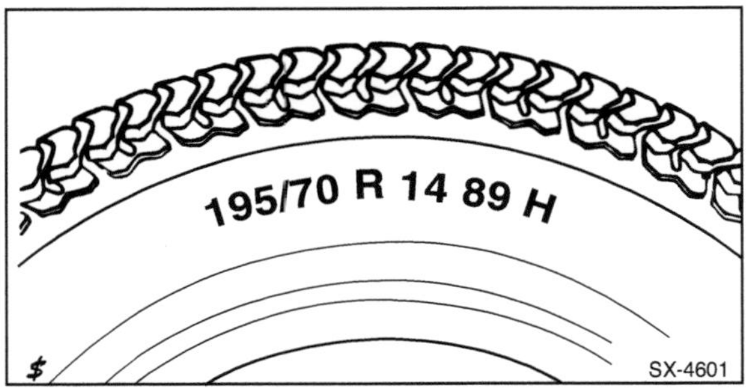

195 = Reifenbreite in mm
70 = Verhältnis Höhe zu Breite (die Höhe des Reifenquerschnitts beträgt 70 % von der Breite)

Fehlt eine besondere Angabe des Querschnittverhältnisses (z. B. 155 R 13), so handelt es sich um das »normale« Höhen-Breiten-Verhältnis. Es beträgt bei Gürtelreifen 82 %.

R = Radial-Bauart (= Gürtelreifen).
14 = Felgendurchmesser in Zoll.
89 = Tragfähigkeits-Kennzahl.

Achtung: Steht zwischen den Angaben 14 und 89 die Bezeichnung M+S, dann handelt es sich um einen Reifen mit Winterprofil.

H = Kennbuchstabe für zulässige Höchstgeschwindigkeit, H: bis 210 km/h.

Der Geschwindigkeitsbuchstabe steht hinter der Reifengröße. Die Geschwindigkeitssymbole gelten sowohl für Sommer- als auch für Winterreifen.

Geschwindigkeits-Kennbuchstabe

Kennbuchstabe	Zulässige Höchstgeschwindigkeit
Q	160 km/h
S	180 km/h
T	190 km/h
H	210 km/h
V	240 km/h
W	270 km/h

Achtung: Steht hinter der Reifenbezeichnung das Wort »reinforced«, handelt es sich um verstärkte Reifen.

Reifen-Herstellungsdatum

Das Herstellungsdatum steht auf dem Reifen im Hersteller-Code.

Beispiel: DOT CUL2 UM8 3606 TUBELESS

DOT = Department of Transportation (US-Verkehrsministerium)
CU = Kürzel für Reifenhersteller
L2 = Reifengröße
UM8 = Reifenausführung
3606 = Herstellungsdatum = 36. Produktionswoche 2005
Hinweis: Falls anstelle der 4-stelligen Ziffer eine 3-stellige Ziffer gefolgt von einem ◁-Symbol aufgeführt ist, dann wurde der Reifen im vergangenen Jahrzehnt produziert. Die Bezeichnung 509◁ bedeutet beispielsweise: 50. Produktionswoche 1999.
TUBELESS = schlauchlos (TUBETYPE = Schlauchreifen)

Achtung: Neureifen müssen seit 10/98 zusätzlich mit einer ECE-Prüfnummer an der Reifenflanke versehen sein. Diese Prüfnummer weist nach, dass der Reifen dem ECE-Standard entspricht. Werden Reifen seit 10/98 **ohne** ECE-Prüfnummer montiert, erlischt die Allgemeine Betriebserlaubnis (ABE) des Fahrzeuges.

Scheibenrad-Bezeichnungen

Beispiel : 5½J x 15 H2, LK4/100, ET 43

5½ = Maulweite (Innenbreite) der Felge in Zoll.
J = Kennbuchstabe für Höhe und Kontur des Felgenhorns (B = niedrigere Hornform).
x = Kennzeichen für einteilige Tiefbettfelge.
15 = Felgen-Durchmesser in Zoll.
H2 = Felgenprofil an Außen- und Innenseite mit Hump-Schulter (Hump = Sicherheitswulst, damit der Reifen nicht von der Felge rutscht).
LK4 = Anzahl der Bohrungen in der Felge für die Radschrauben/-muttern (= Lochkreise).
100 = Lochkreis-Durchmesser in mm.
ET 43 = Einpresstiefe des Scheibenrades von 43 mm.

Auswuchten von Rädern

Die serienmäßigen Räder werden im Werk ausgewuchtet. Das Auswuchten ist notwendig, um unterschiedliche Gewichtsverteilung und Materialungenauigkeiten auszugleichen.

Im Fahrbetrieb macht sich die Unwucht durch Trampel- und Flattererscheinungen bemerkbar. Das Lenkrad beginnt dann bei höherem Tempo zu zittern.

In der Regel tritt dieses Zittern nur in einem bestimmten Geschwindigkeitsbereich auf und verschwindet wieder bei niedrigerer und höherer Geschwindigkeit.

Solche Unwuchterscheinungen können mit der Zeit zu Schäden an Achsgelenken, Lenkgetriebe und Stoßdämpfern führen.

Räder nach jeder Reifenreparatur auswuchten lassen, da sich durch Abnutzung und Reparatur die Gewichts- und Materialverteilung am Reifen ändert.

Reifenpflegetips

Reifen haben ein »Gedächtnis«. Unsachgemäße Behandlung – und dazu zählt beispielsweise auch schon schnelles oder häufiges Überfahren von Bordstein- oder Schienenkanten – führt deshalb zu Reifenpannen, mitunter sogar erst nach längerer Laufleistung.

Reifen reinigen

- Reifen generell **nicht** mit einem Dampfstrahlgerät reinigen. Wird die Düse des Dampfstrahlers zu nahe an den Reifen gehalten, dann wird die Gummischicht innerhalb weniger Sekunden irreparabel zerstört, selbst bei Verwendung von kaltem Wasser. Ein auf diese Weise gereinigter Reifen sollte sicherheitshalber ersetzt werden.
- Ersetzt werden sollte auch ein Reifen, der über längere Zeit mit Öl oder Fett in Berührung kam. Der Reifen quillt an den betreffenden Stellen zunächst auf, nimmt jedoch später wieder seine normale Form an und sieht äußerlich unbeschädigt aus. Die Belastungsfähigkeit des Reifens nimmt aber ab.

Reifen lagern

- Reifen kühl, dunkel und trocken aufbewahren. Benzin, Öl, Fett oder Chemikalien von den Reifen fernhalten.
- Räder liegend oder an den Felgen aufgehängt in der Garage oder im Keller lagern.
- Vor dem Abmontieren der Reifen die Laufrichtung und die Position markieren; Reifenfülldruck etwas erhöhen (ca. 0,3–0,5 bar).
- Für Winterreifen eigene Felgen verwenden, denn das Ummontieren der Reifen lohnt sich aus Kostengründen nicht.

Reifen einfahren

Neue Reifen haben vom Produktionsprozeß her eine besonders glatte Oberfläche. Deshalb müssen neue Reifen – das gilt auch für das neue Ersatzrad – über eine Strecke von ca. 300 km vorsichtig eingefahren werden. Bei diesem Einfahren rauht sich die glatte Oberfläche auf. **Vorsicht bei Nässe!**

Fehlerhafte Reifenabnutzung

- In erster Linie ist auf vorschriftsmäßigen Reifenfülldruck zu achten. wobei etwa alle 14 Tage eine Prüfung vorgenommen werden sollte.
- Reifenfülldruck nur bei kalten Reifen prüfen. Der Reifenfülldruck steigt nämlich mit zunehmender Erhitzung bei schneller Fahrt an. Dennoch ist es völlig falsch, aus erhitzten Reifen Luft abzulassen.

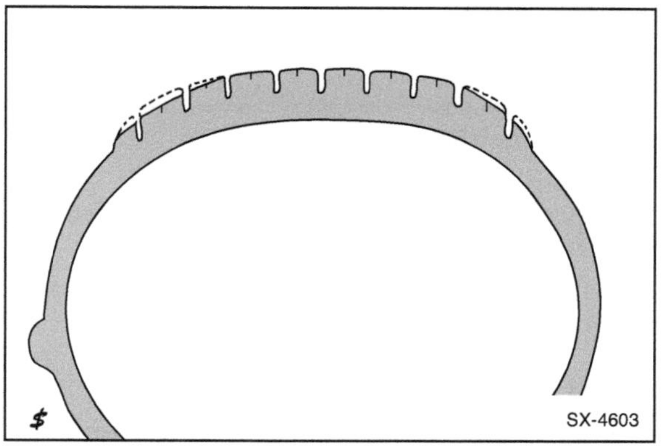
SX-4603

- An den Vorderrädern ist eine etwas größere Abnutzung der Reifenschultern gegenüber der Laufflächenmitte normal, wobei aufgrund der Straßenneigung die Abnutzung der zur Straßenmitte zeigenden Reifenschulter (linkes Rad: außen, rechtes Rad: innen) deutlicher ausgeprägt sein kann.
- Ungleichmäßiger Reifenverschleiß ist zumeist die Folge zu geringen oder zu hohen Reifenfülldrucks und kann auf Fehler in der Radeinstellung oder Radauswuchtung sowie auf mangelhafte Stoßdämpfer oder Felgen zurückzuführen sein.
- Bei zu hohem Reifenfülldruck wird die Laufflächenmitte mehr abgenutzt, da der Reifen an der Lauffläche durch den hohen Innendruck mehr gewölbt ist.
- Bei zu niedrigem Reifenfülldruck liegt die Lauffläche an den Reifenschultern stärker auf, und die Laufflächenmitte wölbt sich nach innen durch. Dadurch ergibt sich ein stärkerer Reifenverschleiß der Reifenschultern.

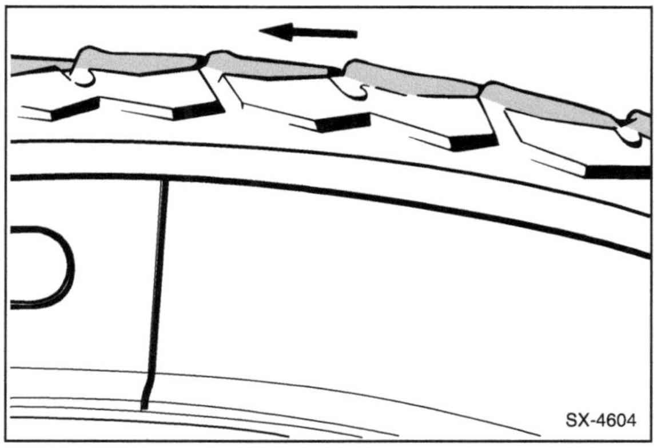
SX-4604

- Sägezahnförmige Abnutzung des Profils ist in der Regel auf eine Überbelastung des Fahrzeuges zurückzuführen.

Fahrzeug aufbocken

Bei Arbeiten unter dem Fahrzeug muß dieses, falls es nicht auf einer Hebebühne steht, auf zwei oder vier stabilen Unterstellböcken stehen.

Sicherheitshinweis:
Wenn unter dem Fahrzeug gearbeitet werden soll, muß es mit geeigneten Unterstellböcken sicher abgestützt werden. Abstützen nur mit dem Wagenheber ist unzureichend. **Lebensgefahr!**

- Das Fahrzeug nur in unbeladenem Zustand auf ebener, fester Fläche aufbocken.
- Fahrzeug mit Unterstellböcken so abstützen, daß jeweils ein Bein seitlich nach außen zeigt.

Anheb- und Aufbockpunkte für Bordwagenheber

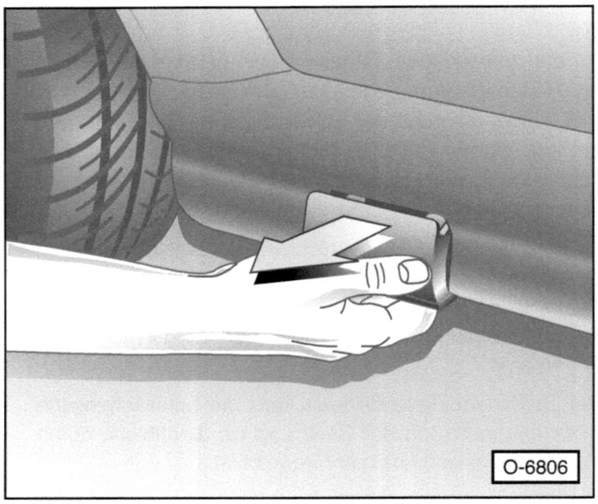

O-6806

Am Wagenunterbau sind vorn und hinten Aussparungen zum Ansetzen des Wagenhebers vorhanden. Bei manchen Fahrzeugen vorher Abdeckklappen –Pfeil– nach außen abziehen.

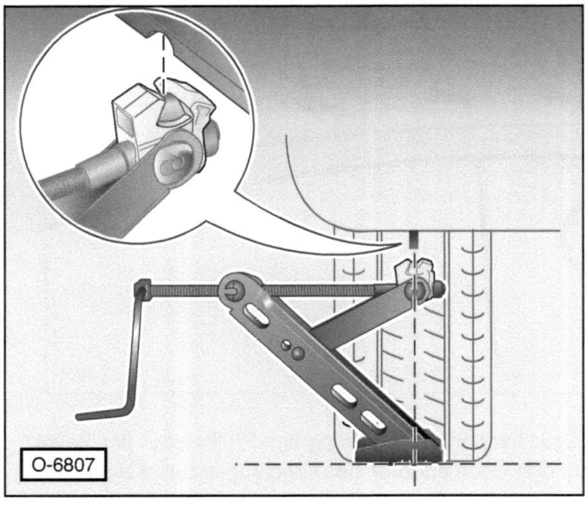

O-6807

- Wagenheberarm so ansetzen, daß Wagenheberklaue den senkrechten Steg umfaßt und in die Aussparung im Steg greift. Beim Drehen der Kurbel darauf achten, daß die Kante des Wagenheberfußes senkrecht unter der Aussparung im Steg, den Boden berührt.
- Wagenheber hochkurbeln, bis das Rad vom Boden abgehoben hat. Fahrzeug mit Unterstellböcken abstützen.
- Die Räder, die beim Anheben auf dem Boden stehen bleiben, mit Keilen gegen Vor- oder Zurückrollen sichern. Nicht auf die Feststellbremse verlassen, diese muß bei einigen Reparaturen gelöst werden.

Aufnahmepunkte für Hebebühne und Werkstattwagenheber

Achtung: Um Beschädigungen am Unterbau zu vermeiden, geeignete Gummi- oder Holzzwischenlage verwenden. Der Wagen darf keinesfalls am Antriebsaggregat, an Vorder- oder Hinterachse angehoben werden, da dadurch große Schäden entstehen können.

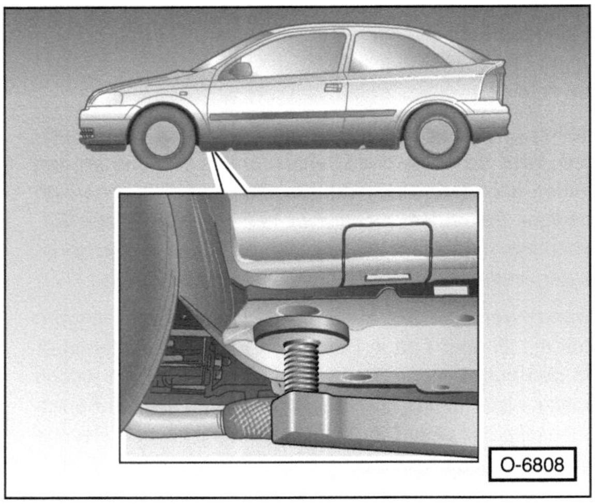

O-6808

- Die Aufnahmepratzen einer Hebebühne oder eines Werkstattwagenhebers dürfen nur an den abgebildeten Stellen angesetzt werden. Bei Metallpratzen Gummizwischenlage verwenden, um Beschädigungen des Wagens zu vermeiden. **Hinweis:** Die Abbildung zeigt den ASTRA, beim ZAFIRA sinngemäß auf die gleiche Weise vorgehen.

Lenkung

Aus dem Inhalt:

- Airbag ausbauen
- Airbag-Sicherheitshinweise
- Lenkradausbau
- Spurstangenkopfausbau
- Spureinstellung
- Hydraulikanlage befüllen

Die Lenkbewegungen des Fahrers werden vom Lenkrad über die Lenksäule und das Lenkgetriebe sowie das Lenkgestänge auf die Räder übertragen. Die Lenksäule läßt sich je nach Fahrzeugausstattung manuell in der Höhe und in Längsrichtung verstellen. Das Lenkgetriebe ist am Vorderachsträger befestigt.

Der Kraftaufwand beim Einschlagen der Räder, insbesondere bei stehendem Fahrzeug, wird durch eine **elektrohydraulische Lenkhilfe** (Servolenkung) verringert. Die Lenkhilfe besteht aus der Ölpumpe, dem Vorratsbehälter und den Öldruckleitungen. Angetrieben wird die Ölpumpe von einem wartungsfreien, bürstenlosen Elektromotor, der direkt oberhalb vom Lenkgetriebe sitzt. Beim Einschlagen der Räder sorgt die im Gehäuse des Elektromotors untergebrachte Steuerelektronik für eine Erhöhung der Ölpumpen-Drehzahl, wodurch der nötige Hydraulikdruck aufgebaut wird. Der Vorteil gegenüber einer herkömmlichen Servolenkung mit keilriemengetriebener Ölpumpe besteht in der Reduzierung des Gewichts um etwa 1,5 kg und einem verbesserten Wirkungsgrad, so daß eine Senkung des Kraftstoffverbrauchs um bis zu 0,2 l pro 100 km möglich ist.

Die Ölpumpe saugt das Hydrauliköl aus dem Vorratsbehälter an und fördert es mit hohem Druck zum Ventilkörper im Lenkgetriebe. Der Ventilkörper ist mit der Lenksäule mechanisch verbunden und leitet das Öl je nach Lenkeinschlag in die entsprechende Seite des Arbeitszylinders. Dort drückt

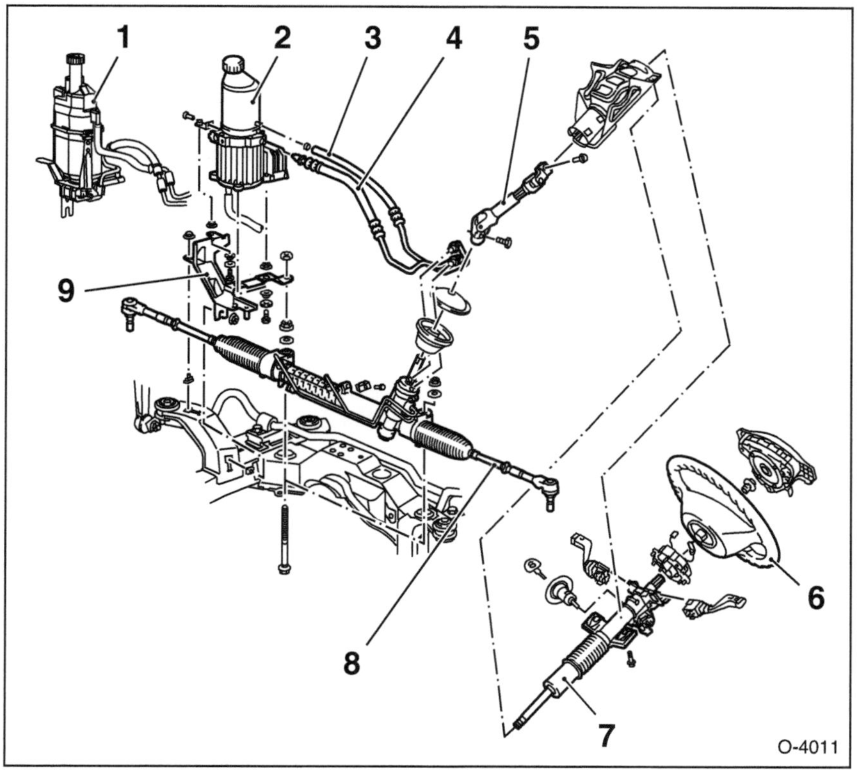

1 – **Elektrohydraulische Einheit** Ausführung mit eckigem Vorratsbehälter (Fa. Delphi).
2 – **Elektrohydraulische Einheit** Ausführung mit rundem Vorratsbehälter (Fa. TRW).
3 – **Rücklaufleitung**
4 – **Druckleitung**
5 – **Zwischenspindel**
6 – **Lenkrad**
7 – **Lenkstützrohr-Zusammenbau**
8 – **Lenkgetriebe, Spurstangen**
9 – **Halter**

das Öl gegen den Zahnstangenkolben und unterstützt dadurch die Lenkbewegung.

Bei einem Defekt oder einem Ausfall der Servounterstützung bleibt das Fahrzeug auf jeden Fall weiterhin lenkbar. Allerdings muß dann höhere Kraft beim Lenken aufgewendet werden.

Hinweis: Es werden Servolenkungen von zwei verschiedenen Herstellern eingebaut. Das Unterscheidungsmerkmal ist die Form des Ausgleichbehälters der Servolenkung: Ein runder Behälter weist auf eine Lenkung der Fa. TRW hin, ein eckiger Behälter auf die Ausführung von Fa. Delphi/Saginaw. Die Teile der beiden Fabrikate sind nicht untereinander austauschbar. Bei Defekten am Lenkgetriebe und der elektrohydraulischen Versorgungseinheit wird die komplette Einheit erneuert, sie darf nicht zerlegt werden.

Im Lenkrad ist der Fahrer-**Airbag** untergebracht. Der Airbag ist ein zusammengefalteter Luftsack, der im Fall einer Frontalkollision aufgeblasen wird und dadurch Oberkörper und Kopf des Fahrers vor einem Aufprall auf das Lenkrad schützt. Bei einer entsprechend starken Frontalkollision wird über ein Steuergerät in der Airbag-Einheit eine Gaspatrone über eine kleine Sprengladung geöffnet, so daß die freiwerdenden Gase den Luftsack innerhalb weniger Millisekunden aufblasen können. Diese Zeit reicht aus, den Aufprall des nach vorn schnellenden Fahrer-Oberkörpers zu dämpfen. Der Airbag fällt anschließend innerhalb weniger Sekunden wieder in sich zusammen, da die Gase durch Austrittsöffnungen entweichen.

Achtung: Schweiß- und Richtarbeiten an Lenkungsteilen sind nicht zulässig. Selbstsichernde Muttern immer ersetzen.

Airbag-Sicherheitshinweise

Neben dem Fahrer-Airbag gibt es auch den Beifahrer-Airbag sowie Seitenairbags. Auf dem Beifahrersitz darf ein gegen die Fahrtrichtung angeordneter Babysitz **nicht** montiert werden. Ein entsprechendes Warnschild (kein Babysitz vorn) muß an Türholm, Sonnenblende oder Armaturenbrett auf der rechten Fahrzeugseite vorhanden sein, sonst kann es bei einer polizeilichen Überprüfung zu einem Bußgeldverfahren kommen. Wird ein vorwärts gerichteter Kindersitz vorn eingebaut, muß der Beifahrersitz ganz nach hinten verschoben werden.

Für die Sitzlehnen dürfen nur spezielle und von OPEL freigegebene Bezüge verwendet werden, damit die Seitenairbags einwandfrei funktionieren können.

Vor dem Ausbau der Airbageinheit folgende Punkte unbedingt beachten:

- Batterie-Massekabel (–) und Pluskabel (+) bei ausgeschalteter Zündung abklemmen. **Achtung:** Dadurch werden elektronische Speicher gelöscht, wie zum Beispiel der Radiocode. Ohne Code kann das Radio nur vom Radiohersteller freigeschaltet werden, beziehungsweise beim OPEL-Radio von einer OPEL-Werkstatt. Deshalb Hinweise im Kapitel »Batterie aus- und einbauen« durchlesen.
- Minuspol (–) der Batterie isolieren, um versehentlichen Kontakt zu vermeiden.

- Nach dem Abklemmen der Batterie, vor Ausbau des Lenkrades ca. **1 Minute warten**, bis sich der Kondensator des Systems entladen hat.
- Vor Ausbau des Lenkrades ist die Lenksäule in der Stellung Geradeausfahrt zu arretieren, damit bei späterer Montage die Kontakteinheit nicht zerstört wird.

Achtung: Werden diese Hinweise nicht beachtet, kann es im späteren Betrieb zum Ausfall des Airbag-Systems kommen.

Allgemeine Hinweise:

- Beim Anklemmen der Batterie darf sich keine Person im Innenraum des Fahrzeuges aufhalten.
- Die Airbageinheit ist im ausgebauten Zustand immer so abzulegen, daß die gepolsterte Seite nach oben zeigt.
- Die Komponenten des Airbag/Gurtschloßstraffer-Systems dürfen nicht repariert oder gewaltsam geöffnet werden. Auf keinen Fall dürfen Airbag/Gurtschloßstraffer selbst entsorgt werden. Explosionsgefahr! Vor der Entsorgung müssen Airbag/Gurtschloßstraffer in eingebautem Zustand zwangsausgelöst werden (Werkstattarbeit).
- Das Airbagsystem darf nur in der Fachwerkstatt geprüft werden. Keinesfalls mit Prüflampe, Voltmeter oder Ohmmeter prüfen.
- Die Airbageinheit darf nicht mit Flüssigkeiten wie Fett oder Reinigungsmitteln behandelt, außerdem nicht beklebt werden. Es dürfen im Ausdehnungsbereich der Airbags keine Gegenstände abgelegt werden und kein Zubehör angebracht werden, beispielsweise Getränkehalter oder Cassettenablagen.
- Eine Airbageinheit, die auf eine harte Unterlage herabgefallen ist, darf nicht mehr eingebaut werden.
- Unter der Mittelkonsole, hinter dem Handbremshebel, ist das Steuergerät des Airbag-Systems und der Gurtschloßstraffer untergebracht. Zur Vermeidung von Funktionsstörungen dürfen dort keine magnetischen Gegenstände abgelegt werden.
- Die Airbag-Einheit sowie das Steuergerät dürfen auch kurzzeitig keiner Temperatur von mehr als +90° C ausgesetzt werden. Beschädigte bzw. defekte Einzelteile dürfen keinesfalls repariert werden. Die Komponenten des Airbag/Gurtschloßstraffer-Systems dürfen nicht gewaltsam geöffnet werden. Vor dem Einbau erneut überprüfen, ob die Batterie abgeklemmt, der Pluspol (+) abgedeckt und der Zündschlüssel in 0-Stellung gebracht ist.
- Nach Auslösen müssen Airbag/Gurtschloßstraffer komplett ersetzt werden (Werkstattarbeit).

■ In beiden Vordersitzen sind **Seiten-Airbags** eingebaut. Der Sensor zum Auslösen befindet sich im Inneren der Tür und reagiert auf Luftdruckanstieg bei einem Seitenaufprall. Daher muß nach Arbeiten an den Vordertüren sichergestellt sein, daß die gesamte Türfolie (Wasserabweisfolie) unbeschädigt ist und ohne Unterbrechungen im Randbereich verklebt wird. Die Türverkleidung darf nicht beschädigt sein (Clipse abgebrochen usw.), außerdem darf sie nicht verändert werden, beispielsweise durch zusätzliche Bohrungen oder nachträglich angebrachtes Zubehör.

Systemkontrolle

■ Die Kontrolleuchte für das Airbag/Gurtstraffersystem muß beim Einschalten der Zündung aufleuchten und nach etwa 4 Sekunden erlöschen. Andernfalls liegt eine Systemstörung vor. Es muß davon ausgegangen werden, daß das Airbag-System dann nicht mehr funktionsfähig ist.

Lenkrad/Airbageinheit aus- und einbauen

Achtung: Bevor die Airbageinheit ausgebaut wird, unbedingt Sicherheitshinweise zum Airbag durchlesen.

Ausbau

- Lenkrad in Stellung Geradeausfahrt bringen. Zündschlüssel abziehen und Lenkspindel mit Lenkschloß arretieren.
- Massekabel (–) und Pluskabel (+) von der Batterie abklemmen. Kontakte an der Batterie isolieren. Nach Abklemmen des Massekabels (–) mindestens **1 Minute warten** bis sich der Kondensator entladen hat. **Achtung:** Vor dem Abklemmen der Batterie sollten auch die Hinweise im Kapitel »Batterie aus- und einbauen« durchgelesen werden.

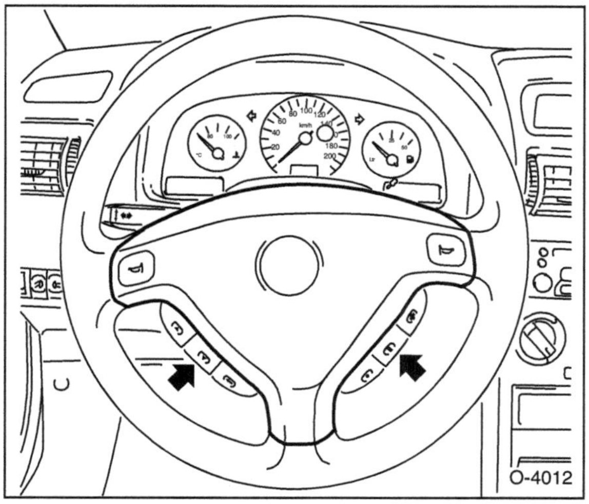

O-4012

- Airbag-Einheit an der Lenkradrückseite mit 2 Schrauben –Pfeile– abschrauben.

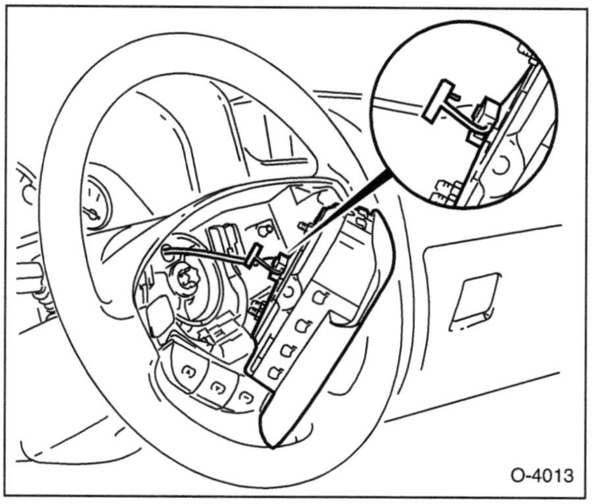

O-4013

- Airbag-Einheit vorsichtig anheben. Steckverbindung entriegeln und abziehen.
- Airbag-Einheit abnehmen und mit der gepolsterten Seite nach oben ablegen.

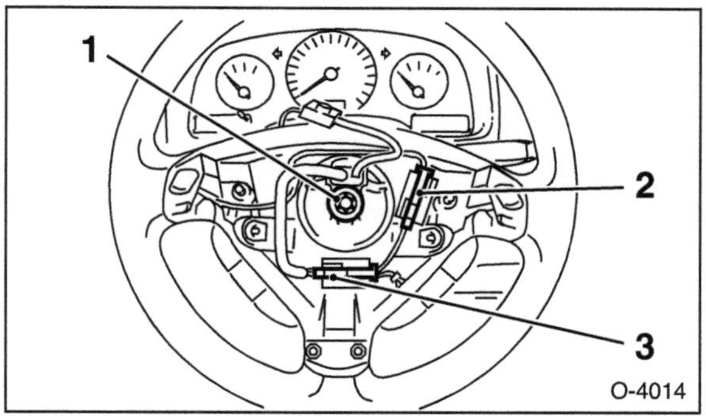

O-4014

- Kabelstecker –2– für Signalhorn und, falls vorhanden, für Radiofernbedienung –3– aus der Halterung am Lenkrad herausziehen und trennen.
- Schraube –1– von der Lenkspindel abschrauben.
- Lenkrad von Hand von der Lenkspindel abziehen.

Achtung: Lenkrad nicht ab- oder aufschlagen. Darauf achten, daß beim Abziehen die Kabel nicht beschädigt werden.

- Nur bei Ersatz des Lenkrades: Kontakt-Einheit vom alten auf neues Lenkrad umbauen.

Einbau

Achtung: Beim Aufsetzen des Lenkrades müssen sich die Räder in Geradeausstellung und der Blinkerschalter in Mittelstellung befinden.

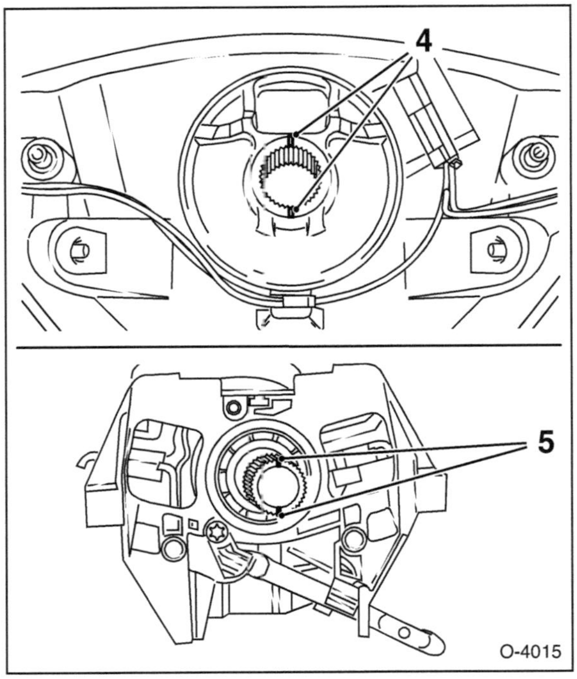

- Lenkrad aufsetzen, dabei Kabel für Airbag und Radiofernbedienung durch die Öffnung der Lenkradnabe führen. Die Speichen des Lenkrades müssen sich in waagerechter Lage befinden, die Mitnehmer der Kontakteinheit müssen in die entsprechenden Aussparungen am Lenkrad eingreifen. Die Markierungen am Lenkrad –4– und der Lenkspindel –5– müssen übereinstimmen, siehe Abbildung.
- Gegebenenfalls Gewinde für Lenkrad-Befestigungsschraube in der Lenkspindel mit Gewindeschneider von Verunreinigungen reinigen.
- Lenkrad mit **neuer** Schraube anschrauben, mit **25 Nm** festziehen.
- Stecker für Signalhorn und, falls vorhanden, für Radiofernbedienung verbinden und in die Halterungen einclipsen.
- Airbag-Einheit ansetzen und Anschlußstecker hinten an der Airbag-Einheit aufstecken und verriegeln.
- Airbag-Einheit von der Lenkrad-Rückseite her mit 2 Schrauben und **10 Nm** anschrauben.

Sicherheitshinweis
Während des Anklemmens der Batterie dürfen sich keine Personen im Fahrzeug aufhalten.

- Batterie anklemmen. **Achtung:** Hoch-/Tieflaufautomatik für elektrische Fensterheber aktivieren sowie Zeituhr stellen und Radiocode eingeben, siehe Kapitel »Batterie aus- und einbauen«.
- Probefahrt durchführen und bei Geradeausfahrt Stellung des Lenkrades überprüfen. Die Speichen des Lenkrades müssen sich in waagerechter Lage befinden.
- Falls das Lenkrad schräg steht, Lenkrad ausbauen und entsprechend umsetzen. Gegebenenfalls Spur der Vorderräder überprüfen lassen (Werkstattarbeit)
- Hupe und automatische Rückstellung des Blinkerschalters prüfen.

Spurstangenkopf aus- und einbauen

Ausbau

- Stellung der Vorderräder zur Radnabe mit Farbe kennzeichnen. Dadurch kann das ausgewuchtete Rad wieder in derselben Position montiert werden. Radschrauben lösen, dabei muß das Fahrzeug auf dem Boden stehen. Fahrzeug vorn aufbocken und Vorderräder abnehmen.

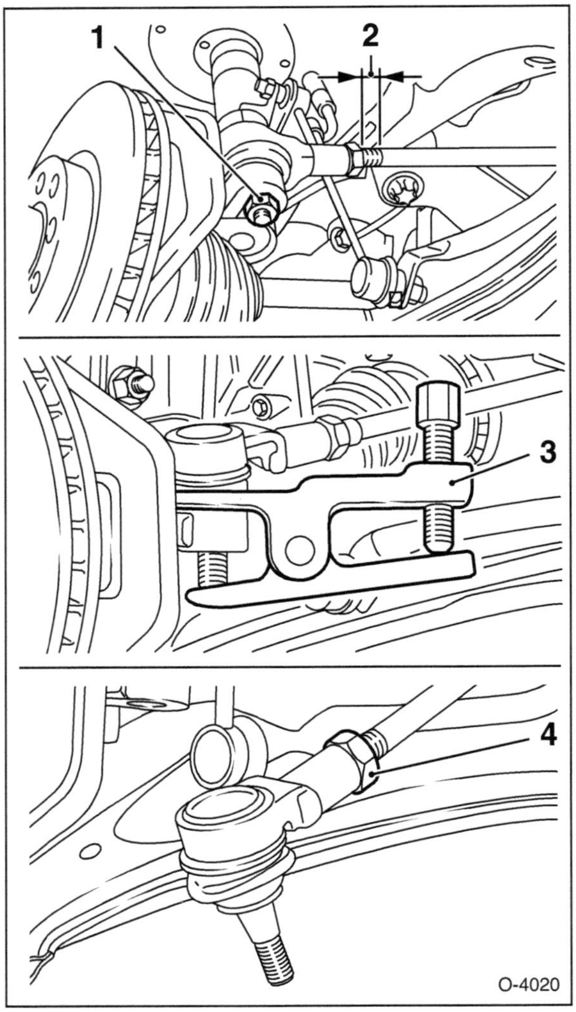

- Mutter –1– für Spurstangenkopf abschrauben.
- Aufschraubtiefe –2– des Spurstangenkopfes auf der Spurstange messen und notieren.
- Spurstangenkopf mit handelsüblichem Ausdrücker –3–, zum Beispiel HAZET 779, herausdrücken.
- Kontermutter –4– lösen, dabei mit Gabelschlüssel den Spurstangenkopf gegenhalten. Spurstangenkopf abschrauben.

Einbau

- Spurstangenkopf auf das ermittelte Maß, welches beim Ausbau notiert wurde, auf die Spurstange aufschrauben.
- Spurstangenkopf am Achsschenkel einsetzen und mit **neuer selbstsichernder** Mutter und **60 Nm** festziehen.
- Kontermutter für Spurstangenkopf mit **60 Nm** festziehen.
- Spur prüfen, gegebenenfalls einstellen (Werkstattarbeit).
- Vorderräder so ansetzen, daß die beim Ausbau angebrachten Markierungen übereinstimmen. Vorher Zentriersitz der Felge an der Radnabe mit Wälzlagerfett dünn einfetten. Radschrauben nur an der Kopf-Anlagefläche zur Felge und nicht am Gewinde fetten. Korrodierte Radschrauben erneuern. Räder anschrauben. Fahrzeug ablassen und Radschrauben über Kreuz mit **110 Nm** festziehen.

Spur der Vorderachse einstellen

Die Fahrwerkvermessung kann ohne eine entsprechende Meßanlage nicht durchgeführt werden. Der Achseinstellwert für die Gesamtspur vorn beträgt 0° ± 10'. Die Spur der Vorderräder muß nach Reparaturen an der Vorderachse eingestellt werden, beziehungsweise wenn bei einer Achsvermessung der Meßwert vom Sollwert abweicht. In diesem Fall zuvor alle Vorderachsteile auf Beschädigungen und Verschleiß untersuchen und gegebenenfalls ersetzen.

- Beide Vordersitze mit je 70 kg belasten. Kraftstofftank halb füllen.
- Fahrzeug mehrmals durchfedern und ca. 1 Meter vor- und zurückrollen. Spureinstellung optisch prüfen, und falls erforderlich, Einstellung korrigieren.
- Lenkung in Geradeausstellung bringen. Das Lenkrad muß mit seinen Speichen in Mittelstellung stehen.

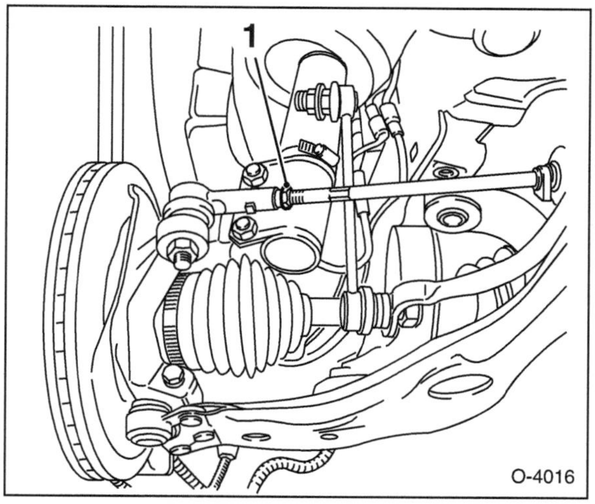

- Kontermuttern –1– an linker und rechter Spurstange lösen, dabei Spurstange mit Gabelschlüssel am Sechskant gegenhalten. **Hinweis:** Die Vorderräder müssen nicht abgebaut werden, wie in der Abbildung gezeigt.

Achtung: Einstellung stets an beiden Spurstangen vornehmen. Beide Spurstangen dürfen nach der Einstellung einen Längenunterschied von **maximal 5 mm** haben.

- Vorspur am linken und am rechten Rad auf Sollwert einstellen. Dazu Spurstangen gleichmäßig verdrehen. Beim Verdrehen der Stange verändert sich die Länge zwischen den Gelenken.

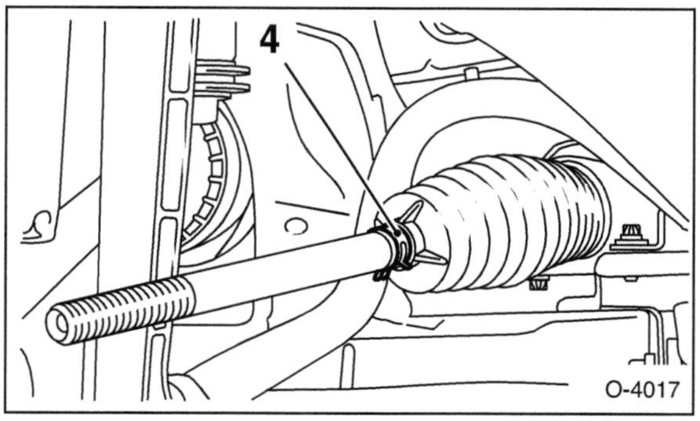

- Gegebenenfalls Haltebänder –4– der Spurstangen-Faltenbälge lösen, damit die Faltenbälge beim Einstellen nicht verdreht werden. Nach dem Einstellen, **neue** Haltebänder verwenden.
- Kontermuttern –1– mit **60 Nm** festziehen.
- Spur-Einstellung nochmals optisch prüfen.
- Probefahrt durchführen. Das Fahrzeug muß in Lenkrad-Mittelstellung geradeaus fahren, andernfalls Lenkrad ausbauen und entsprechend umsetzen, siehe entsprechendes Kapitel.

Hydraulik-Lenkanlage befüllen/entlüften

Das Hydauliksystem der Lenkung muß entlüftet werden, wenn das Leitungssystem geöffnet wurde. Zum Nachfüllen wird das OPEL-Spezial-Hydrauliköl »90 544 116« benötigt.

Es werden 2 verschiedene Ausführungen der Servolenkung eingebaut. Als Unterscheidungsmerkmal dient die Form des Ausgleichbehälters der Servolenkung: Ein runder Behälter weist auf die TRW-Lenkung, ein eckiger Behälter auf die DELPHI/SAGINAW-Ausführung hin.

Gesamt-Füllmenge der Servolenkung:
TRW (runder Behälter): . . . . ca. 0,7 l
DELPHI/SAGINAW (eckiger Behälter): . . . . ca. 1,1 l

Achtung: Grundsätzlich nur neues Öl nachfüllen, da bereits kleinste Verunreinigungen zu Störungen an der hydraulischen Anlage führen können. Ohne Ölfüllung der Servolenkung darf der Fahrzeugmotor nicht gestartet werden, sonst läuft die Lenkung trocken und wird beschädigt.

Befüllen

- Das Hydrauliksystem der Lenkung wird bei Raumtemperatur (ca. +20° C) befüllt und entlüftet. Im Fahrbetrieb steigt die Öltemperatur. Betriebswarme Hydraulikanlage einige Stunden auf Raumtemperatur abkühlen lassen.
- Bei abgestelltem Motor Verschlußdeckel für Vorratsbehälter abschrauben. Der Vorratsbehälter befindet sich rechts im Motorraum zwischen Motor und Spritzwand.

Ausführung TRW

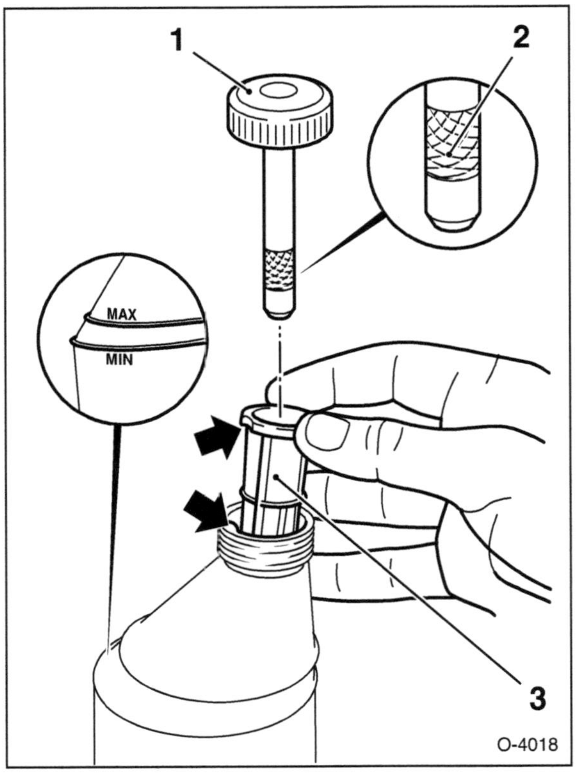

- Zur Kontrolle des Ölstandes dient der Meßstab bei aufgeschraubtem Deckel –1– des Ölbehälters.
- Verschlußdeckel vom Ölbehälter abschrauben. Ölsieb –3– aus dem Ölbehälter entnehmen und auf Verunreinigung sichtprüfen, gegebenenfalls sorgfältig reinigen.
- Ölsieb –3– in den Ölbehälter einsetzen, dabei darauf achten, daß die Aussparung im Ölbehälter und die Führung am Ölsieb fluchten –Pfeile–.
- Ölstand bis kurz unterhalb der MAX-Markierung am Behälter auffüllen. Zur genauen Kontrolle den Verschlußdeckel aufschrauben und wieder abschrauben. Der Ölstand muß sich im Bereich der Rändelung –2– befinden, er darf keinesfalls darüberliegen. Zuviel eingefülltes Öl muß wieder abgesaugt werden, beispielsweise mit einer Spritze.
- Ölbehälter mit dem Verschlußdeckel verschließen.

Entlüften

- Fahrzeugmotor dreimal hintereinander starten und wieder abstellen. Vor jedem Startvorgang eine kurze Pause einlegen.
- Motor starten und im Leerlauf drehen lassen. Lenkrad bei laufendem Motor 3mal langsam nach links und rechts bis zum Anschlag drehen.
- Motor abstellen und Ölstand prüfen, gegebenenfalls korrigieren.
- Vorratsbehälter verschließen.
- Motor starten und Lenkrad bei laufendem Motor mehrmals nach links und rechts bis zum Anschlag drehen und Funktion prüfen. Bei hohen Lenkkräften oder abnormalen Geräuschen muß eine OPEL-Werkstatt zur Fehlerbehebung aufgesucht werden.
- Alle Teile der Lenkung im Motorraum sichtprüfen. Es darf keine Undichtigkeit sichtbar sein, gegebenenfalls Lenkung instandsetzen lassen.

Ausführung DELPHI

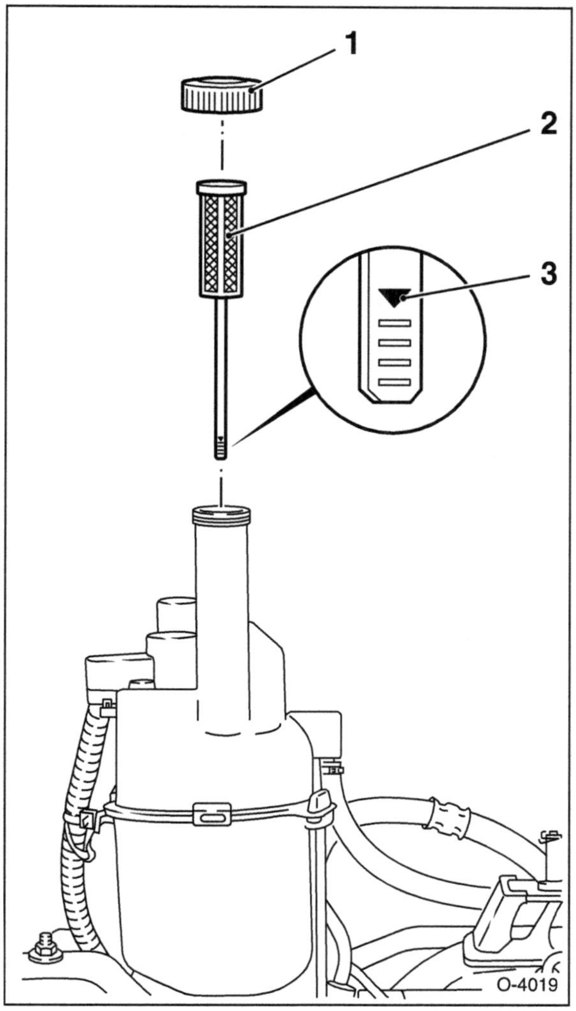

- Zur Kontrolle des Ölstandes dient der am Ölsieb –2– befestigte Meßstab –3–.
- Verschlußdeckel –1– vom Ölbehälter abschrauben. Ölsieb aus dem Ölbehälter entnehmen und auf Verunreinigung sichtprüfen, gegebenenfalls sorgfältig reinigen.
- Ölsieb mit Meßstab in den Ölbehälter einsetzen. Dabei auf korrekten Sitz des Ölsiebs achten.
- Öl auffüllen, bis der Ölstand an der Markierung –3– steht, er darf keinesfalls darüberliegen. Beim Auffüllen zur Kontrolle das Ölsieb mit Meßstab mehrmals entnehmen. Zuviel eingefülltes Öl muß wieder abgesaugt werden, beispielsweise mit einer Spritze.
- Vorratsbehälter verschließen.

Entlüften

- Motor starten und im Leerlauf drehen lassen. Lenkrad bei laufendem Motor 2mal langsam nach links und rechts bis zum Anschlag drehen.
- Motor abstellen und Ölstand prüfen, gegebenenfalls korrigieren.
- Motor starten und Lenkrad bei laufendem Motor mehrmals nach links und rechts bis zum Anschlag drehen und Funktion prüfen. Bei hohen Lenkkräften oder abnormalen Geräuschen muß eine OPEL-Werkstatt zur Fehlerbehebung aufgesucht werden.
- Alle Teile der Lenkung im Motorraum sichtprüfen. Es darf keine Undichtigkeit sichtbar sein, gegebenenfalls Lenkung instandsetzen lassen.

Bremsanlage

Aus dem Inhalt:

- **Bremsbeläge wechseln**
- **Bremsscheibe prüfen**
- **Bremsscheibe wechseln**
- **Bremse entlüften**
- **Handbremse einstellen**
- **ABS/EBV/Traction Control**
- **Handbremsseil**
- **Bremskraftverstärker**
- **Bremslichtschalter**

Das Bremssystem besteht aus dem Bremskraftverstärker, dem Hauptbremszylinder mit nachgeschaltetem ABS-Gerät und den Scheibenbremsen für die Vorder- und Hinterräder. Das hydraulische Bremssystem ist in zwei Kreise aufgeteilt, die diagonal wirken. Ein Bremskreis arbeitet vorn rechts/hinten links, der zweite vorn links/hinten rechts. Dadurch bremst bei Ausfall eines Bremskreises ein Vorderrad und das entgegengesetzte Hinterrad.

Der Bremskraftverstärker speichert beim Benzinmotor einen Teil des vom Motor erzeugten Ansaugunterdruckes. Beim Betätigen des Bremspedals wird dann die Pedalkraft durch den Unterdruck verstärkt. Da beim Dieselmotor ein Ansaug-Unterdruck kaum vorhanden ist, erzeugt eine am Motor-Zylinderkopf angeflanschte Vakuumpumpe den Unterdruck für den Bremskraftverstärker. Die Vakuumpumpe wird von der Nockenwelle angetrieben.

Die Scheibenbremsen sind mit einem sogenannten Faustsattel ausgestattet. Bei dem Faustsattel wird nur ein Kolben benötigt, um beide Bremsbeläge gegen die Bremsscheibe zu drücken.

Die Handbremse wirkt über Seilzüge auf die Scheibenbremsen der Hinterräder.

Sicherheitshinweis
Das Arbeiten an der Bremsanlage erfordert peinliche Sauberkeit und exakte Arbeitsweise. Falls die nötige Arbeitserfahrung fehlt, sollten die Arbeiten an der Bremse von einer Fachwerkstatt durchgeführt werden.

Die Bremsbeläge sind Bestandteil der Allgemeinen Betriebserlaubnis (ABE), außerdem sind sie vom Werk auf das jeweilige Fahrzeugmodell abgestimmt. Es empfiehlt sich deshalb, nur die vom Automobilhersteller beziehungsweise vom Kraftfahrtbundesamt freigegebenen Bremsbeläge zu verwenden. Diese Bremsbeläge haben eine KBA-Freigabenummer.

Hinweis: Auf stark regennassen Fahrbahnen sollte während des Fahrens die Bremse von Zeit zu Zeit betätigt werden, um die Bremsscheiben von Rückständen zu befreien. Durch die Zentrifugalkraft während der Fahrt wird zwar das Wasser von den Bremsscheiben geschleudert, doch bleibt teilweise ein dünner Film von Silikonen, Gummiabrieb, Fett und Verschmutzungen zurück, der das Ansprechen der Bremse vermindert.

Eingebrannter Schmutz auf den Bremsbelägen und zugesetzte Regennuten in den Bremsbelägen führen zur Riefenbildung auf den Bremsscheiben. Dadurch kann eine verminderte Bremswirkung eintreten.

Sicherheitshinweis
Beim Reinigen der Bremsanlage fällt Bremsstaub an. Dieser Staub kann zu gesundheitlichen Schäden führen. Deshalb beim Reinigen der Bremsanlage darauf achten, daß der Bremsstaub nicht eingeatmet wird.

ABS/EBV/TC

ABS: Das **A**nti-**B**lockier-**S**ystem verhindert bei scharfem Abbremsen das Blockieren der Räder, dadurch bleibt das Fahrzeug lenkbar.

EBV: Die **E**lektronische **B**remskraft**v**erteilung verteilt über die ABS-Hydraulik die Bremskraft an die Hinterräder. Da die elektronische EBV wesentlich sensibler arbeitet als ein mechanisch wirkender Bremskraftregler, wird ein deutlich größerer Regelbereich ausgenutzt.

Bei Geradeausfahrt wird die Hinterradbremse voll an der Bremsleistung beteiligt. Um auch bei Kurvenbremsungen die Fahrstabilität zu gewährleisten, muß der Bremskraftanteil der Hinterachse reduziert werden. Über die ABS-Drehzahlsensoren erkennt die EBV, ob das Fahrzeug geradeaus oder durch eine Kurve fährt. Bei Kurvenfahrt wird der Bremsdruck für die Hinterräder reduziert. Dadurch können die Hinterräder die maximale Seitenführungskraft aufbringen.

TC: Je nach Modell und Ausstattung ist das Fahrzeug mit der TC (**T**raction **C**ontrol) ausgerüstet. Sie verhindert, daß die Vorderräder beim Gasgeben durchdrehen, zum Beispiel bei Nässe, denn ein durchdrehendes Rad kann weniger Antriebs- und Lenkkräfte übertragen. Die TC-Steuerung ist im ABS-Steuergerät integriert.

Die aktuellen Raddrehzahlen erhält das Steuergerät von den Radsensoren, die auch für das Antiblockier-Bremssystem genutzt werden. Neigt ein Vorderrad zum Durchdrehen, erhält das Motormanagement diese Information vom ABS/TC-Steuergerät. Das Motormanagement reduziert dann die Motorleistung. Diese Regelung hat den gleichen Effekt, als wenn der Fahrer das Gaspedal zurücknehmen würde. Die Motorleistung nimmt kurzzeitig ab, die Räder können wieder greifen. Reicht dies nicht aus, greift die TC außerdem in die Bremse ein und bremst durchdrehende Antriebsräder dosiert ab. Das Eingreifen der TC wird dem Fahrer durch Blinken der Kontrolleuchte angezeigt.

Beim Fahren mit Schneeketten, im Tiefschnee oder beim Anfahren aus tiefem Schlamm ist es zweckmäßig, die TC mit dem Schalter auf der Mittelkonsole abzuschalten. Durch erneutes Betätigen des Schalters oder beim nächsten Motorstart schaltet sich das System wieder ein.

Hinweise zur ABS/EBV/TC-Anlage

Eine Sicherheitsschaltung im elektronischen Steuergerät sorgt dafür, daß sich die Anlage bei einem Defekt (z. B. Kabelbruch) oder bei zu niedriger Betriebsspannung (Batteriespannung unter 10 Volt) selbst abschaltet. Angezeigt wird dies durch das Leuchten der Kontrollampen im Kombiinstrument. Die herkömmliche Bremsanlage bleibt dabei in Betrieb. Das Fahrzeug verhält sich dann beispielsweise beim Bremsen so, als ob keine ABS-Anlage eingebaut wäre.

Sicherheitshinweis
Da das ABS zusätzlich auch die Bremskraft an den Hinterrädern regelt, neigen bei Ausfall des ABS die Hinterräder bei starkem Bremsen zum Blockieren. Dadurch kann das Fahrzeugheck leichter ausbrechen.

Leuchten eine oder mehrere Kontrollampen im Armaturenbrett während der Fahrt auf, folgende Punkte beachten:

- Fahrzeug kurz anhalten, Motor abstellen und wieder starten.
- Batteriespannung prüfen. Wenn die Spannung unter 10,5 Volt liegt, Batterie laden.

Achtung: Wenn die Kontrolleuchten am Anfang einer Fahrt aufleuchten und nach einiger Zeit wieder erlöschen, deutet das darauf hin, daß die Batteriespannung zunächst zu gering war, bis sie sich während der Fahrt durch Ladung vom Generator wieder erhöht hat.

- Prüfen, ob die Batterieklemmen richtig festgezogen sind und einwandfreien Kontakt haben.
- Fahrzeug aufbocken, Räder abnehmen, elektrische Leitungen zu den Drehzahlfühlern auf äußere Beschädigungen (Scheuerstellen) prüfen. Weitere Prüfungen der ABS/EBV/TC-Anlage sollten der Werkstatt vorbehalten bleiben.

Achtung: Vor Schweißarbeiten mit einem elektrischen Schweißgerät muß der Stecker von der Hydraulik-Steuereinheit im Motorraum abgezogen werden. Stecker nur bei ausgeschalteter Zündung abziehen. Bei Lackierarbeiten darf das Steuergerät kurzzeitig mit max. +95° C, langzeitig (max. 2 Std.) mit +85° C belastet werden.

Scheibenbremse	**Vorderachse**		**Hinterachse**
Modell/Motor	ASTRA mit 1,2-/ 1,6-/1,7-l-Motor	ASTRA mit 1,8- und 2,0-l-Motor ZAFIRA, alle Motorisierungen	Alle
Bremsbelagdicke neu (ohne Rückenplatte)	12 mm	14 mm	11,3 mm
Verschleißgrenze (ohne Rückenplatte)	2 mm	2 mm	2 mm
Bremsscheibendurchmesser	256 mm	280 mm	240/264[2] mm
Bremsscheibendicke neu	24 mm	25 mm	10 mm
Mindestdicke nach Feinstdrehen[1]	22 mm	23 mm	9 mm
Verschleißgrenze	21 mm	22 mm	8 mm

[1] Bei Erreichen dieses Maßes dürfen noch einmal neue Bremsbeläge eingebaut werden.
[2] Nur ASTRA mit 1,8-/2,0-l-Motor und ZAFIRA mit allen Motorisierungen.

Bremsbeläge vorn aus- und einbauen

ASTRA mit 1,2-/1,6-/1,7-l-Motor

Ausbau

Achtung: Die Bremsbeläge sind Bestandteil der Allgemeinen Betriebserlaubnis (ABE), außerdem sind sie vom Werk auf das jeweilige Modell abgestimmt. Es empfiehlt sich deshalb, nur die vom Automobilhersteller freigegebenen Bremsbeläge zu verwenden.

- Stellung der Vorderräder zur Radnabe mit Farbe kennzeichnen. Dadurch kann das ausgewuchtete Rad wieder in derselben Position montiert werden. Radschrauben lösen, dabei muß das Fahrzeug auf dem Boden stehen. Fahrzeug vorn aufbocken und Vorderräder abnehmen.

Achtung: Sollen die Bremsbeläge wieder verwendet werden, so müssen sie beim Ausbau gekennzeichnet werden. Ein Wechsel der Beläge von der Außen- zur Innenseite und umgekehrt oder auch vom rechten zum linken Rad ist nicht zulässig. **Grundsätzlich alle Scheibenbremsbeläge vorn gleichzeitig ersetzen, auch wenn nur ein Belag die Verschleißgrenze erreicht hat.**

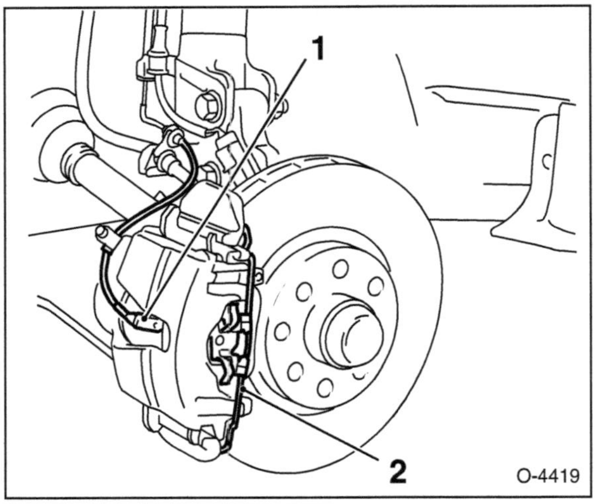

- Falls vorhanden, Verschleißsensor –1– von Hand oder mit einem Schraubendreher aus dem Bremsbelag herausziehen. **Hinweis:** Auch bei Fahrzeugen ohne Verschleißanzeige verursachen abgefahrene Bremsbeläge beim Fahren ein Quietschgeräusch. Dieses Geräusch wird durch Metallbleche verursacht, welche an die Bremsbeläge angenietet sind und beim Erreichen der Verschleißgrenze die sich drehende Bremsscheibe berühren.
- Haltefeder –2– für Bremsbeläge mit einem Schraubendreher aus dem Bremssattel heraushebeln und abnehmen.

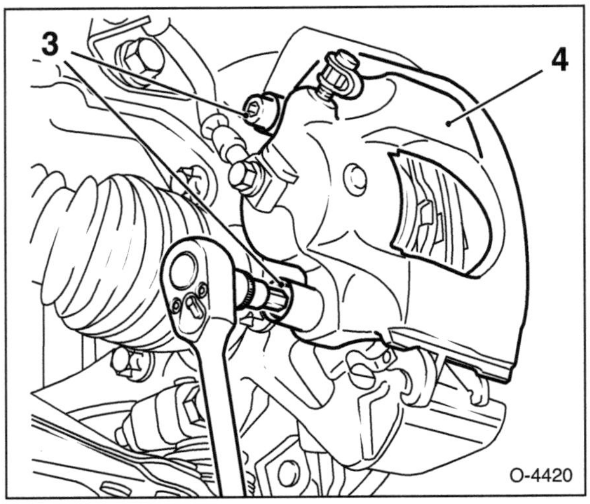

- Abdeckkappen von beiden Führungsbolzen –3– abnehmen. Beide Führungsbolzen mit Innensechskantschlüssel aus dem Bremssattel –4– herausdrehen.
- Bremssattel abnehmen und mit Draht am Aufbau aufhängen. **Achtung:** Bremssattel nicht einfach nach unten hängen lassen; der Bremsschlauch darf nicht auf Zug beansprucht oder verdreht werden.

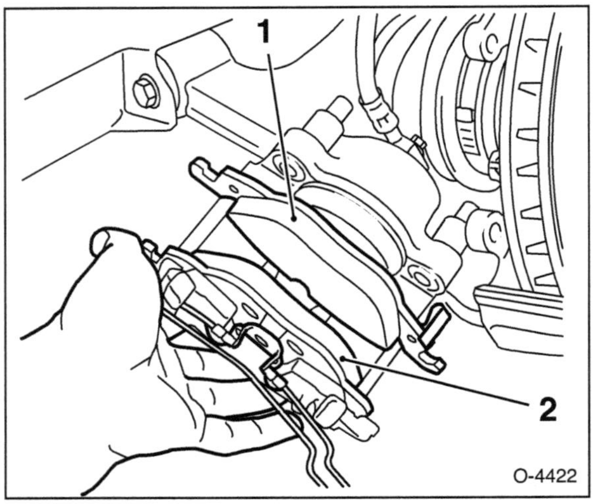

- Äußeren Bremsbelag –2– aus dem Bremssattel nehmen.
- Inneren Bremsbelag –1– mit Spreizfeder aus dem Bremskolben ziehen.

Hinweis: Bremsbeläge müssen in einigen Kommunen als Sondermüll entsorgt werden. Die örtlichen Behörden geben darüber Auskunft, ob auch eine Entsorgung über den hausmüllähnlichen Gewerbemüll zulässig ist.

Einbau

Achtung: Bei ausgebauten Bremsbelägen nicht auf das Bremspedal treten, sonst wird der Kolben aus dem Gehäuse herausgedrückt. In diesem Fall Bremssattel komplett ausbauen und Kolben in der Werkstatt einsetzen lassen.

- Bremssattel mit einem Lappen und Spiritus reinigen (fettfrei). Keine mineralölhaltigen Lösungsmittel oder scharfkantigen Werkzeuge verwenden. **Achtung:** Zum Reinigen der Bremse ausschließlich Spiritus verwenden.

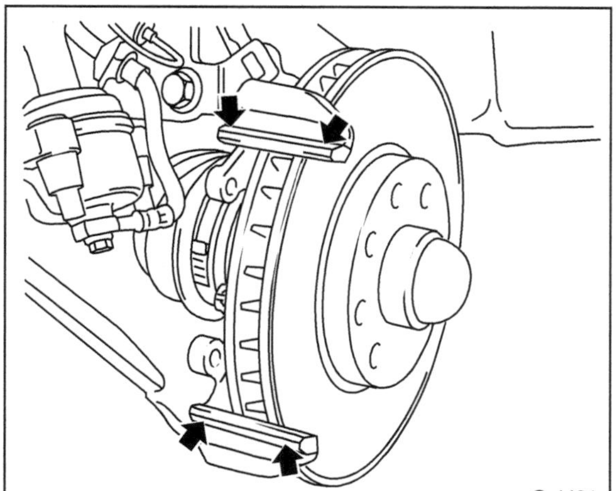

O-4421

- Führungen –Pfeile– im Bremssattelträger mit einer Weichmetallbürste reinigen. Gereinigte Führungen dünn mit Antiquietschpaste (Kupferpaste), zum Beispiel OPEL 1942585, Plastilube oder Liqui Moly LM-36 oder LM-508-ASC, **dünn** bestreichen. **Achtung:** Paste nicht auf die Bremsflächen kommen lassen, gegebenenfalls mit Spiritus abwischen.
- Vor Einbau der Beläge ist die Bremsscheibe durch Abtasten mit den Fingern auf Riefen zu untersuchen. Riefige Bremsscheiben können abgedreht werden (Werkstattarbeit), sofern sie noch eine ausreichende Dicke aufweisen.
- Bremsscheibendicke messen, siehe Seite 160.
- Staubkappe für Bremskolben auf Anrisse prüfen. Eine beschädigte Staubkappe umgehend ersetzen lassen, da eingedrungener Schmutz schnell zu Undichtigkeiten des Bremssattels führt. Der Bremssattel muß hierzu zerlegt werden (Werkstattarbeit).

Achtung: Bei hohem Bremsbelagverschleiß Leichtgängigkeit des Kolbens prüfen. Dazu einen Holzklotz in den Bremssattel einsetzen und durch Helfer langsam auf das Bremspedal treten lassen. Der Bremskolben muß sich leicht heraus- und hineindrücken lassen. Zur Prüfung muß der andere Bremssattel eingebaut sein. Darauf achten, daß der Bremskolben nicht ganz herausgedrückt wird. Bei schwergängigem Kolben Bremssattel instandsetzen (Werkstattarbeit).

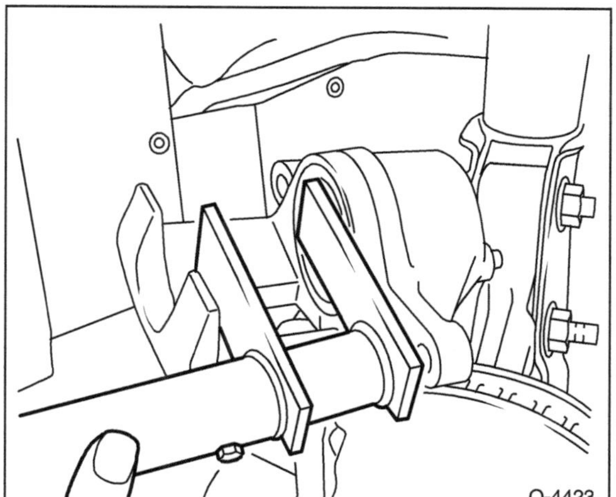

O-4423

- Bremskolben mit Rücksetzvorrichtung, zum Beispiel HAZET 4971-1, zurückdrücken. Es geht auch mit einem Hartholzstab (Hammerstiel), dabei jedoch besonders darauf achten, daß der Kolben nicht verkantet wird und Kolbenfläche sowie Staubkappe nicht beschädigt werden.

Achtung: Beim Zurückdrücken des Kolbens wird Bremsflüssigkeit aus dem Bremszylinder in den Ausgleichbehälter gedrückt. Flüssigkeit im Behälter beobachten, eventuell Bremsflüssigkeit mit einem Saugheber absaugen.

Sicherheitshinweis

Zum Absaugen eine Entlüfter- oder Plastikflasche verwenden, die nur mit Bremsflüssigkeit in Berührung kommt. Keine Trinkflaschen verwenden! **Bremsflüssigkeit ist giftig und darf auf gar keinen Fall mit dem Mund über einen Schlauch abgesaugt werden. Saugheber verwenden.** Auch nach dem Belagwechsel darf die MAX.-Marke am Bremsflüssigkeitsbehälter nicht überschritten werden, da sich die Flüssigkeit bei Erwärmung ausdehnt. Ausgelaufene Bremsflüssigkeit läuft am Hauptbremszylinder herunter, zerstört den Lack und führt zur Rostbildung.

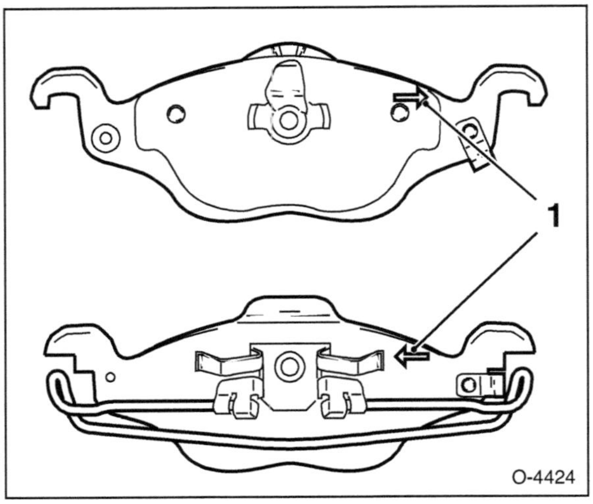

Achtung: Die Bremsbeläge sind mit einem Pfeil –1– versehen, siehe Abbildung. Der Pfeil muß in Drehrichtung der Bremsscheibe bei Vorwärtsfahrt zeigen. Bei Falschmontage auf der anderen Fahrzeugseite kann es zu Quietschgeräuschen kommen.

- Inneren Bremsbelag mit Spreizfeder in den Bremskolben einsetzen.
- Äußeren Bremsbelag auf den Bremssattelträger aufsetzen.
- Gesäuberte, trockene Führungsbolzen am Gewinde mit Sicherungsmittel, zum Beispiel Loctite Typ 243, bestreichen. Korrodierte und beschädigte Bolzen erneuern.

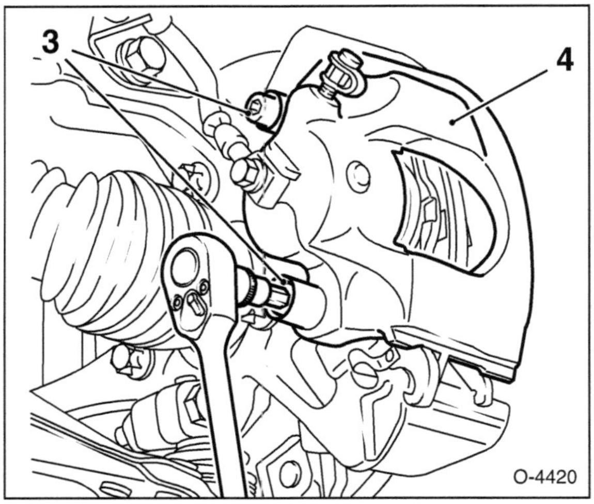

- Bremssattel –4– aufsetzen und mit beiden Führungsbolzen –3– am Bremssattelträger mit **28 Nm** anschrauben.
- Beide Abdeckkappen für Führungsbolzen einsetzen.

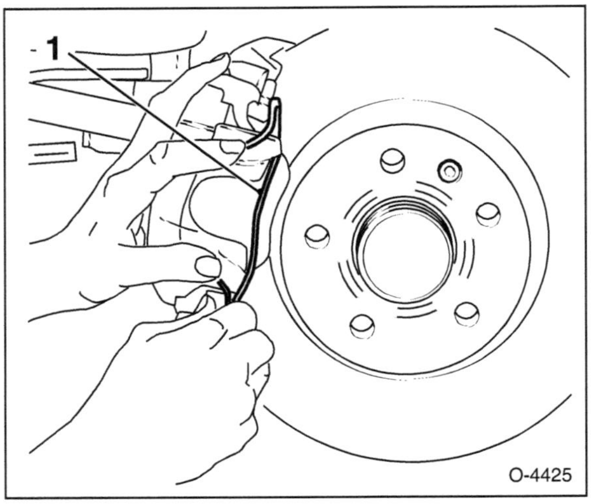

- Haltefeder –1– in den Bremssattel einsetzen. **Achtung:** Nach dem Einsetzen in die beiden Bohrungen muß die Haltefeder unter den Bremssattelträger gedrückt werden. Bei fehlerhafter Montage stellt sich trotz Verschleiß der äußere Bremsbelag nicht nach, so daß sich der Pedalweg langsam vergrößert.
- Falls vorhanden, Verschleißsensor in den inneren Bremsbelag eindrücken. Kabel am Federbein verlegen.
- Vorderräder so ansetzen, daß die beim Ausbau angebrachten Markierungen übereinstimmen. Vorher Zentriersitz der Felge an der Radnabe mit Wälzlagerfett dünn einfetten. Radschrauben nur an der Kopf-Anlagefläche zur Felge, nicht am Gewinde fetten. Korrodierte Radschrauben erneuern. Räder anschrauben. Fahrzeug ablassen und Radschrauben über Kreuz mit **110 Nm** festziehen.

Achtung: Bremspedal im Stand mehrmals kräftig niedertreten, bis fester Widerstand spürbar ist. Dadurch legen sich die Bremsbeläge an die Bremsscheiben an und nehmen einen dem Betriebszustand entsprechenden Sitz ein.

- Bremsflüssigkeit im Ausgleichbehälter prüfen, gegebenenfalls bis zur Max.-Marke auffüllen.

Achtung, Sicherheitskontrolle durchführen:

- ◆ Sind die Bremsschläuche festgezogen?
- ◆ Befindet sich der Bremsschlauch in der Halterung?
- ◆ Sind die Entlüftungsschrauben angezogen?
- ◆ Ist genügend Bremsflüssigkeit eingefüllt?
- ◆ Bei laufendem Motor Dichtheitskontrolle durchführen. Hierzu Bremspedal mit 200 bis 300 N (entspricht 20 bis 30 kg) etwa 10 sec. betätigen. Das Bremspedal darf nicht nachgeben. Sämtliche Anschlüsse auf Dichtheit kontrollieren.

- Neue Bremsbeläge vorsichtig einbremsen, dazu Fahrzeug mehrmals von ca. 80 km/h auf 40 km/h mit geringem Pedaldruck abbremsen. Dazwischen Bremse etwas abkühlen lassen.

Achtung: Nach dem Einbau von neuen Bremsbelägen müssen diese eingebremst werden. Während einer Fahrtstrecke von rund 200 km sollten unnötige Vollbremsungen unterbleiben.

Bremsbeläge vorn aus- und einbauen

ASTRA mit 1,8-/2,0-l-Motor

ZAFIRA, alle Motorisierungen

Ausbau

Achtung: Die Bremsbeläge sind Bestandteil der Allgemeinen Betriebserlaubnis (ABE), außerdem sind sie vom Werk auf das jeweilige Modell abgestimmt. Es empfiehlt sich deshalb, nur die vom Automobilhersteller freigegebenen Bremsbeläge zu verwenden.

- Stellung der Vorderräder zur Radnabe mit Farbe kennzeichnen. Dadurch kann das ausgewuchtete Rad wieder in derselben Position montiert werden. Radschrauben lösen, dabei muß das Fahrzeug auf dem Boden stehen. Fahrzeug vorn aufbocken und Vorderräder abnehmen.

Achtung: Sollen die Bremsbeläge wieder verwendet werden, so müssen sie beim Ausbau gekennzeichnet werden. Ein Wechsel der Beläge von der Außen- zur Innenseite und umgekehrt oder auch vom rechten zum linken Rad ist nicht zulässig. **Grundsätzlich alle Scheibenbremsbeläge vorn gleichzeitig ersetzen, auch wenn nur ein Belag die Verschleißgrenze erreicht hat.**

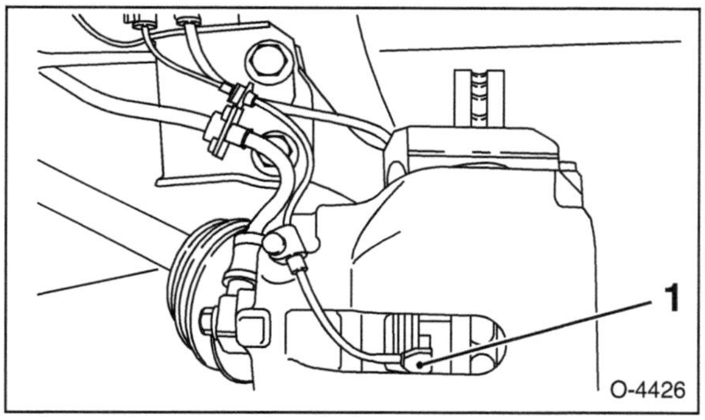

- Falls vorhanden, Verschleißsensor –1– von Hand oder mit einem Schraubendreher aus dem Bremsbelag herausziehen. **Hinweis:** Auch bei Fahrzeugen ohne Verschleißanzeige verursachen abgefahrene Bremsbeläge beim Fahren ein Quietschgeräusch. Dieses Geräusch wird durch Metallbleche verursacht, welche an die Bremsbeläge angenietet sind und beim Erreichen der Verschleißgrenze die sich drehende Bremsscheibe berühren.

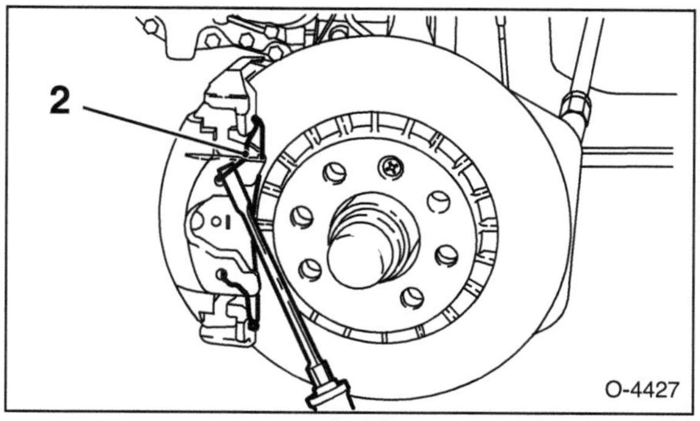

- Haltefeder –2– für Bremsbeläge mit einem Schraubendreher aus dem Bremssattel heraushebeln und abnehmen.

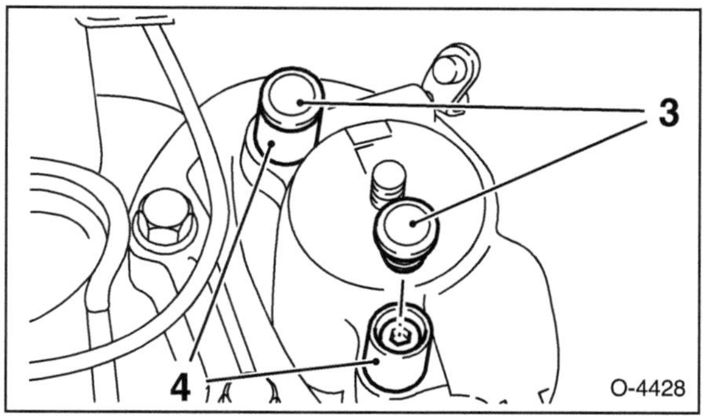

- Abdeckkappen –3– von beiden Schutzhülsen –4– für Führungsbolzen abnehmen. Beide Führungsbolzen mit Innensechskantschlüssel herausdrehen.
- Bremssattel abnehmen und mit Draht am Aufbau aufhängen. **Achtung:** Bremssattel nicht einfach nach unten hängen lassen; der Bremsschlauch darf nicht auf Zug beansprucht oder verdreht werden.

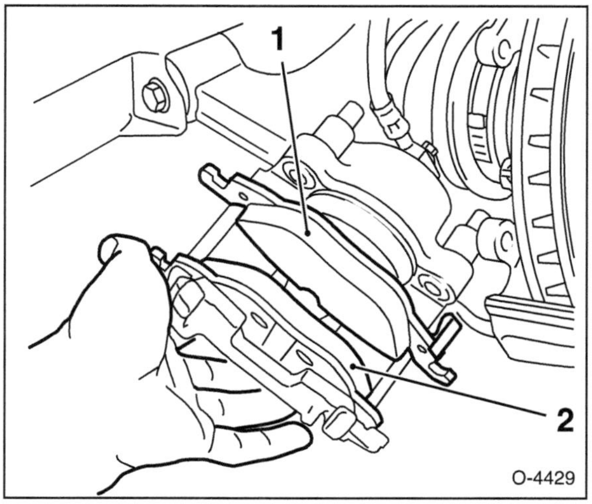

- Äußeren Bremsbelag –2– aus dem Bremssattel nehmen.
- Inneren Bremsbelag –1– mit Spreizfeder aus dem Bremskolben ziehen.

Hinweis: Bremsbeläge müssen in einigen Kommunen als Sondermüll entsorgt werden. Die örtlichen Behörden geben darüber Auskunft, ob auch eine Entsorgung über den hausmüllähnlichen Gewerbemüll zulässig ist.

Einbau

Achtung: Bei ausgebauten Bremsbelägen nicht auf das Bremspedal treten, sonst wird der Kolben aus dem Gehäuse herausgedrückt. In diesem Fall Bremssattel komplett ausbauen und Kolben in der Werkstatt einsetzen lassen.

- Bremssattel mit einem Lappen und Spiritus reinigen (fettfrei). Keine mineralölhaltigen Lösungsmittel oder scharfkantigen Werkzeuge verwenden. **Achtung:** Zum Reinigen der Bremse ausschließlich Spiritus verwenden.
- Vor Einbau der Beläge ist die Bremsscheibe durch Abtasten mit den Fingern auf Riefen zu untersuchen. Riefige Bremsscheiben können abgedreht werden (Werkstattarbeit), sofern sie noch eine ausreichende Dicke aufweisen.
- Bremsscheibendicke messen, siehe Seite 160.

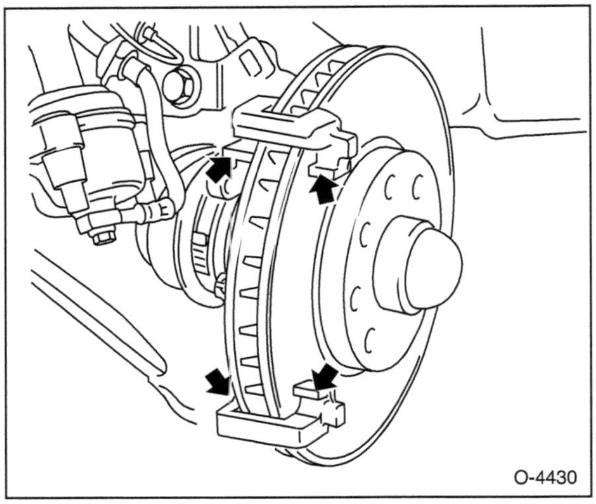

O-4430

- Führungen –Pfeile– im Bremssattelträger mit einer Weichmetallbürste reinigen. Gereinigte Führungen dünn mit Antiquietschpaste (Kupferpaste), zum Beispiel OPEL 1942585, Plastilube oder Liqui Moly LM-36 oder LM-508-ASC, **dünn** bestreichen. **Achtung:** Paste nicht auf die Bremsflächen kommen lassen, gegebenenfalls mit Spiritus abwischen.
- Staubkappe für Bremskolben auf Anrisse prüfen. Eine beschädigte Staubkappe umgehend ersetzen lassen, da eingedrungener Schmutz schnell zu Undichtigkeiten des Bremssattels führt. Der Bremssattel muß hierzu zerlegt werden (Werkstattarbeit).

Achtung: Bei hohem Bremsbelagverschleiß Leichtgängigkeit des Kolbens prüfen. Dazu einen Holzklotz in den Bremssattel einsetzen und durch Helfer langsam auf das Bremspedal treten lassen. Der Bremskolben muß sich leicht heraus- und hineindrücken lassen. Zur Prüfung muß der andere Bremssattel eingebaut sein. Darauf achten, daß der Bremskolben nicht ganz herausgedrückt wird. Bei schwergängigem Kolben Bremssattel instandsetzen (Werkstattarbeit).

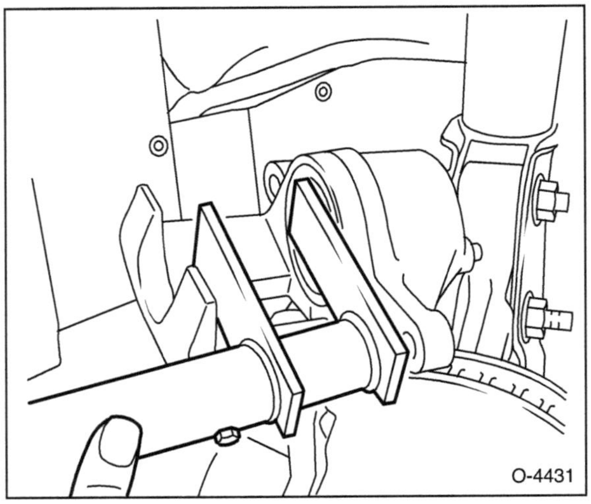

O-4431

- Bremskolben mit Rücksetzvorrichtung, zum Beispiel HAZET 4971-1, zurückdrücken. Es geht auch mit einem Hartholzstab (Hammerstiel), dabei jedoch besonders darauf achten, daß der Kolben nicht verkantet wird und Kolbenfläche sowie Staubkappe nicht beschädigt werden.

Achtung: Beim Zurückdrücken des Kolbens wird Bremsflüssigkeit aus dem Bremszylinder in den Ausgleichbehälter gedrückt. Flüssigkeit im Behälter beobachten, eventuell Bremsflüssigkeit mit einem Saugheber absaugen.

Sicherheitshinweis
Zum Absaugen eine Entlüfter- oder Plastikflasche verwenden, die nur mit Bremsflüssigkeit in Berührung kommt. Keine Trinkflaschen verwenden! **Bremsflüssigkeit ist giftig und darf auf gar keinen Fall mit dem Mund über einen Schlauch abgesaugt werden. Saugheber verwenden. Auch nach dem Belagwechsel darf die MAX.-Marke am Bremsflüssigkeitsbehälter nicht überschritten werden, da sich die Flüssigkeit bei Erwärmung ausdehnt. Ausgelaufene Bremsflüssigkeit läuft am Hauptbremszylinder herunter, zerstört den Lack und führt zur Rostbildung.**

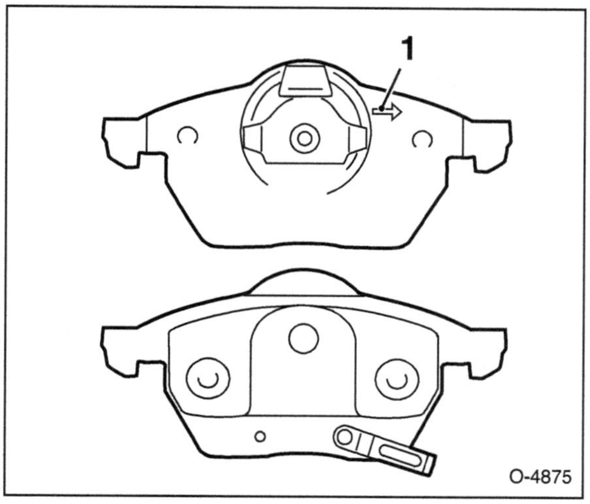

Achtung: Die Bremsbeläge sind mit einem Pfeil –1– versehen, siehe Abbildung. Der Pfeil muß in Drehrichtung der Bremsscheibe bei Vorwärtsfahrt zeigen. Bei Falschmontage auf der anderen Fahrzeugseite kann es zu Quietschgeräuschen kommen.

- Inneren Bremsbelag (mit Spreizfeder) in den Bremskolben einsetzen.
- Äußeren Bremsbelag in den Bremssattel einsetzen.
- Bremssattel mit Bremsbelägen aufsetzen. Darauf achten, daß der Bremsschlauch nicht verdreht ist.
- Gesäuberte, trockene Führungsbolzen am Gewinde mit Sicherungsmittel, zum Beispiel Loctite Typ 243, bestreichen. Beide Führungsbolzen für Bremssattel mit **28 Nm** anschrauben. Korrodierte und beschädigte Bolzen erneuern.
- Beide Abdeckkappen für Führungsbolzen einsetzen.
- Haltefeder in den Bremssattel einsetzen, siehe Abbildung O-4427 unter »Ausbau«. **Achtung:** Nach dem Einsetzen in die beiden Bohrungen muß die Haltefeder unter den Bremssattelträger gedrückt werden. Bei fehlerhafter Montage stellt sich trotz Verschleiß der äußere Bremsbelag nicht nach, so daß sich der Pedalweg langsam vergrößert.
- Falls vorhanden, Verschleißsensor in den inneren Bremsbelag eindrücken. Kabel am Federbein verlegen.
- Vorderräder so ansetzen, daß die beim Ausbau angebrachten Markierungen übereinstimmen. Vorher Zentriersitz der Felge an der Radnabe mit Wälzlagerfett dünn einfetten. Radschrauben nur an der Kopf-Anlagefläche zur Felge, nicht am Gewinde fetten. Korrodierte Radschrauben erneuern. Räder anschrauben. Fahrzeug ablassen und Radschrauben über Kreuz mit **110 Nm** festziehen.

Achtung: Bremspedal im Stand mehrmals kräftig niedertreten, bis fester Widerstand spürbar ist. Dadurch legen sich die Bremsbeläge an die Bremsscheiben an und nehmen einen dem Betriebszustand entsprechenden Sitz ein.

- Bremsflüssigkeit im Ausgleichbehälter prüfen, gegebenenfalls bis zur Max.-Marke auffüllen.

Achtung, Sicherheitskontrolle durchführen:

- ◆ Sind die Bremsschläuche festgezogen?
- ◆ Befindet sich der Bremsschlauch in der Halterung?
- ◆ Sind die Entlüftungsschrauben angezogen?
- ◆ Ist genügend Bremsflüssigkeit eingefüllt?
- ◆ Bei laufendem Motor Dichtheitskontrolle durchführen. Hierzu Bremspedal mit 200 bis 300 N (entspricht 20 bis 30 kg) etwa 10 sec. betätigen. Das Bremspedal darf nicht nachgeben. Sämtliche Anschlüsse auf Dichtheit kontrollieren.

- Neue Bremsbeläge vorsichtig einbremsen, dazu Fahrzeug mehrmals von ca. 80 km/h auf 40 km/h mit geringem Pedaldruck abbremsen. Dazwischen Bremse etwas abkühlen lassen.

Achtung: Nach dem Einbau von neuen Bremsbelägen müssen diese eingebremst werden. Während einer Fahrtstrecke von rund 200 km sollten unnötige Vollbremsungen unterbleiben.

Bremsbeläge hinten aus- und einbauen

Ausbau

- Stellung der Hinterräder zur Radnabe mit Farbe kennzeichnen. Dadurch kann das ausgewuchtete Rad wieder in derselben Position montiert werden. Radschrauben lösen, dabei muß das Fahrzeug auf dem Boden stehen. Fahrzeug aufbocken und Hinterräder abnehmen.

Achtung: Sollen die Bremsbeläge wieder verwendet werden, so müssen sie beim Ausbau gekennzeichnet werden. Ein Wechsel der Beläge von der Außen- zur Innenseite und umgekehrt oder auch vom rechten zum linken Rad ist nicht zulässig. **Grundsätzlich alle Scheibenbremsbeläge hinten gleichzeitig ersetzen, auch wenn nur ein Belag die Verschleißgrenze erreicht hat.**

- Handbremshebel lösen.

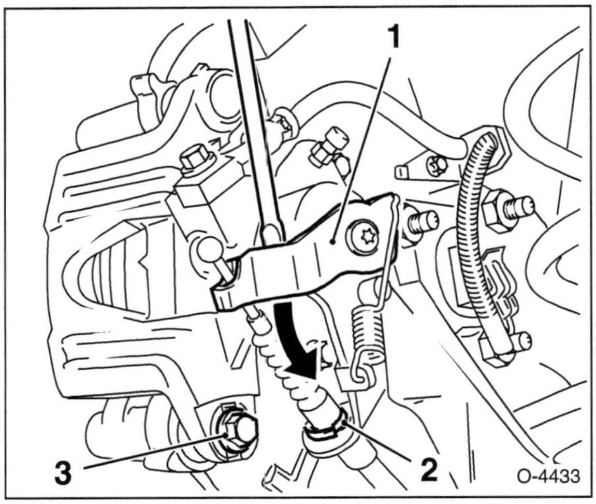

- Hebel –1– am Bremssattel mit Schraubendreher in –Pfeilrichtung– drücken und Handbremsseil aushängen.

Achtung: Läßt sich das Handbremsseil nicht aushängen, zusätzlich Handbremsseil durch Zurückdrehen der Einstellmutter am Handbremshebel lösen, siehe Kapitel »Handbremse einstellen«.

- Halteklammer –2– am Führungsblech mit einer Flachzange seitlich abziehen.
- Schraube –3– für Bremssattel unten abschrauben. Dabei am Führungsbolzen mit Gabelschlüssel gegenhalten. Schraube mit Führungsblech abnehmen.
- Bremssattel nach oben schwenken und mit Draht am Aufbau aufhängen. Dabei darf der Bremsschlauch nicht auf Zug beansprucht werden.

Achtung: Der Bremsschlauch bleibt angeschlossen, andernfalls muß das Bremssystem nach dem Einbau entlüftet werden.

- Bremsbeläge aus dem Bremssattelträger herausnehmen. Falls vorhanden, Kabel für Verschleißanzeiger am inneren Bremsbelag trennen.

Einbau

Achtung: Die Bremsbeläge sind Bestandteil der Allgemeinen Betriebserlaubnis (ABE), außerdem sind sie vom Werk auf das jeweilige Modell abgestimmt. Es empfiehlt sich deshalb, nur die vom Automobilhersteller freigegebenen Bremsbeläge zu verwenden.

Achtung: Bei ausgebauten Bremsbelägen nicht auf das Bremspedal treten, sonst wird der Kolben aus dem Gehäuse herausgedrückt. In diesem Fall Bremssattel komplett ausbauen und Kolben in der Werkstatt einsetzen lassen.

- Führungsflächen beziehungsweise Sitz der Beläge im Gehäuse mit einer Weichmetallbürste, anschließend mit Lappen und Spiritus reinigen (fettfrei). Keine mineralölhaltigen Lösungsmittel oder scharfkantigen Werkzeuge verwenden. **Achtung:** Zum Reinigen der Bremse ausschließlich Spiritus verwenden.
- Vor Einbau der Beläge ist die Bremsscheibe durch Abtasten mit den Fingern auf Riefen zu untersuchen. Riefige Bremsscheiben sind zu erneuern.
- Bremsscheibendicke messen, gegebenenfalls verschlissene Bremsscheibe erneuern, siehe Seite 160.
- Staubkappe am Bremskolben auf Anrisse prüfen. **Achtung:** Bei Beschädigungen muß der hintere Bremssattel erneuert werden, er darf nicht zerlegt werden.

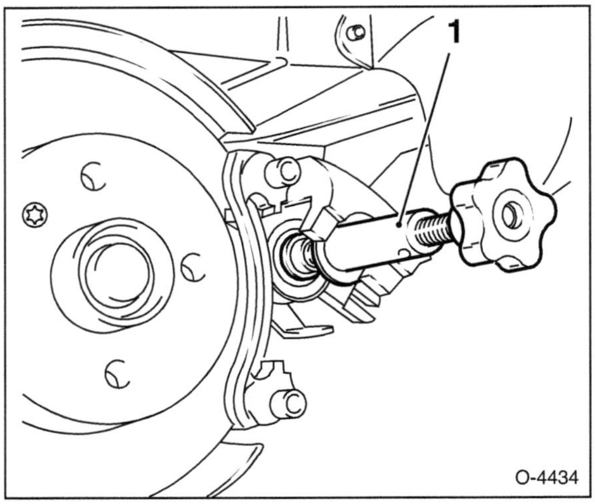

- Kolben durch Rechtsdrehen (im Uhrzeigersinn) mit dem Spezial-Schlüssel KM-6007 von OPEL –1– oder von HAZET (Nr. 4970) einschrauben. Der Bund des Werkzeugs muß im Bremssattel anliegen. **Achtung:** Der Bremskolben darf **nicht** mit einer Kolbenrücksetzvorrichtung oder mit einem Hammerstiel zurückgedrückt werden, sonst wird der Feststellmechanismus für die Handbremse beschädigt.
- Falls das Spezialwerkzeug nicht zur Verfügung steht, Flacheisen entsprechend zurechtfeilen und in die beiden Nuten des Bremskolbens einsetzen. Kolben unter kräftigem Druck zurückdrehen.

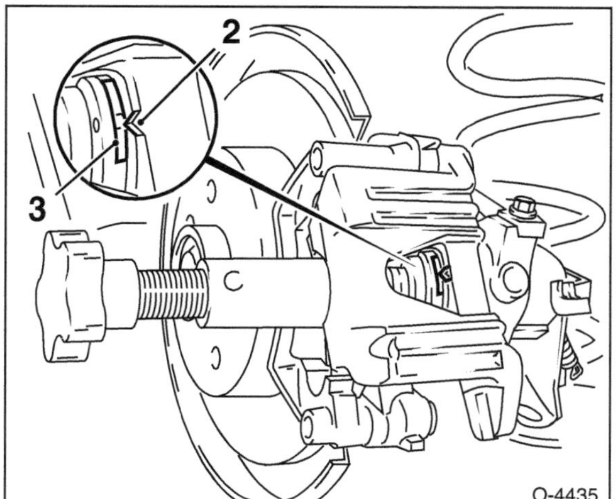

O-4435

- Kolben so stellen, daß der Ausschnitt –3– im Bremskolben mit der Markierung –2– am Bremssattel fluchtet.

Achtung: Beim Zurückdrehen der Kolben wird Bremsflüssigkeit aus den Bremszylindern in den Ausgleichbehälter gedrückt. Flüssigkeit im Behälter beobachten, eventuell Bremsflüssigkeit mit einem Saugheber absaugen.

Sicherheitshinweis
Zum Absaugen eine Entlüfter- oder Plastikflasche verwenden, die nur mit Bremsflüssigkeit in Berührung kommt. Keine Trinkflaschen verwenden! **Bremsflüssigkeit ist giftig und darf auf gar keinen Fall mit dem Mund über einen Schlauch abgesaugt werden. Saugheber verwenden. Auch nach dem Belagwechsel darf die MAX.-Marke am Bremsflüssigkeitsbehälter nicht überschritten werden, da sich die Flüssigkeit bei Erwärmung ausdehnt. Ausgelaufene Bremsflüssigkeit läuft am Hauptbremszylinder herunter, zerstört den Lack und führt zur Rostbildung.**

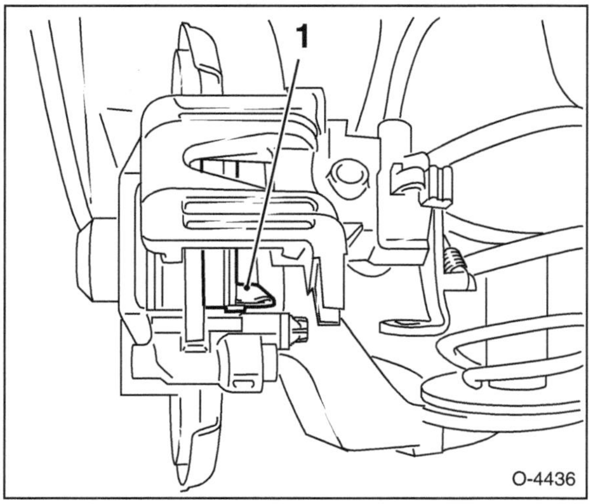

O-4436

- Bremsbeläge in den Bremssattelträger einsetzen. **Achtung:** Der Bremsbelag mit Verschleißanzeiger –1–, wo vorhanden, muß auf der Innenseite eingesetzt werden.
- Bremssattel nach unten kippen und in Einbaulage bringen.
- Gewinde für untere Befestigungsschraube mit Gewindeschneider von Sicherungsmittelresten reinigen.
- Gesäuberte, trockene Befestigungsschraube am Gewinde mit Sicherungsmasse, zum Beispiel Loctite Typ 243, bestreichen. Beschädigte oder korrodierte Befestigungsschraube erneuern.
- Befestigungsschraube mit Führungsblech für Bremsseil ansetzen mit **25 Nm** anziehen. Dabei am Führungsbolzen mit Gabelschlüssel gegenhalten.
- Handbremsseil am Bremssattel einhängen. Halteklammer seitlich am Führungsblech aufdrücken.
- Hinterräder so ansetzen, daß die beim Ausbau angebrachten Markierungen übereinstimmen. Vorher Zentriersitz der Felge an der Radnabe mit Wälzlagerfett dünn einfetten. Radschrauben nur an der Kopf-Anlagefläche zur Felge, nicht am Gewinde fetten. Korrodierte Radschrauben erneuern. Räder anschrauben. Fahrzeug ablassen und Radschrauben über Kreuz mit **110 Nm** festziehen.

Achtung: Bremspedal im Stand mehrmals kräftig niedertreten, bis fester Widerstand spürbar ist. Dadurch nehmen die Beläge den richtigen Sitz ein.

- Handbremse einstellen, siehe Seite 163.
- Bremsflüssigkeit im Ausgleichbehälter prüfen, gegebenenfalls bis zur Max.-Marke auffüllen.

Achtung, Sicherheitskontrolle durchführen:
- ◆ Sind die Bremsschläuche festgezogen?
- ◆ Befindet sich der Bremsschlauch in der Halterung?
- ◆ Sind die Entlüftungsschrauben angezogen?
- ◆ Ist genügend Bremsflüssigkeit eingefüllt?
- ◆ Bei laufendem Motor Dichtheitskontrolle durchführen. Hierzu Bremspedal mit 200 bis 300 N (entspricht 20 bis 30 kg) etwa 10 sec. betätigen. Das Bremspedal darf nicht nachgeben. Sämtliche Anschlüsse auf Dichtheit kontrollieren.

- Neue Bremsbeläge vorsichtig einbremsen, dazu Fahrzeug auf wenig befahrener Straße mehrmals von ca. 80 km/h auf 40 km/h mit geringem Pedaldruck abbremsen. Dazwischen Bremse etwas abkühlen lassen.

Achtung: Nach dem Einbau von neuen Bremsbelägen müssen diese eingebremst werden. Während einer Fahrtstrecke von rund 200 km sollten unnötige Vollbremsungen unterbleiben.

Hinweis: Bremsbeläge müssen in einigen Kommunen als Sondermüll entsorgt werden. Die örtlichen Behörden geben darüber Auskunft, ob auch eine Entsorgung über den hausmüllähnlichen Gewerbemüll zulässig ist.

Bremsscheibendicke prüfen

Prüfen

- Stellung der Räder zur Radnabe mit Farbe kennzeichnen. Dadurch kann das ausgewuchtete Rad wieder in derselben Position montiert werden. Radschrauben bei auf dem Boden stehendem Fahrzeug lösen. Fahrzeug aufbocken und Räder abnehmen.

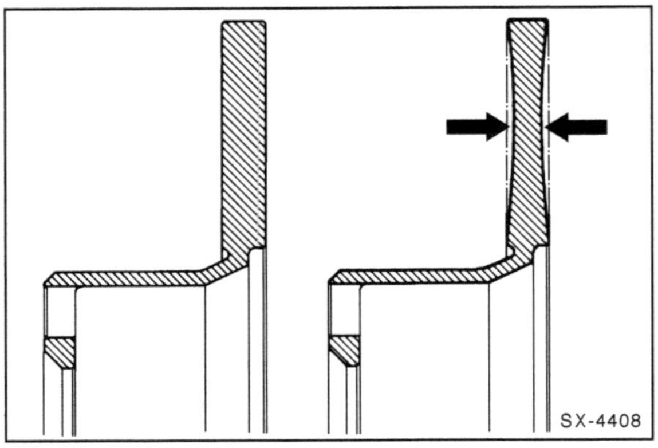

- Bremsscheibendicke immer an der dünnsten Stelle –Pfeile– messen. Die Werkstätten benutzen dazu einen speziellen Meßschieber oder eine Mikrometer-Bügelmeßschraube, da sich durch Abnutzung der Bremsscheibe ein Rand bildet. Man kann die Bremsscheibendicke auch mit einer normalen Schieblehre messen, allerdings muß dann auf jeder Seite der Bremsscheibe eine entsprechend starke Unterlage zwischengelegt werden (beispielsweise 2 Zehn-Cent-Stücke). Um das exakte Maß der Bremsscheiben zu ermitteln, muß von dem gemessenen Wert die Dicke der Zehn-Cent-Stücke beziehungsweise der Unterlage abgezogen werden. **Achtung:** Messung an mehreren Punkten der Bremsscheibe vornehmen.
- Maße für Bremsscheibe, siehe Seite 151.
- Wird die Verschleißgrenze erreicht, Bremsscheibe erneuern.
- Bei größeren Rissen oder bei Riefen, die tiefer als 0,4 mm sind, Bremsscheibe erneuern.
- Räder so ansetzen, daß die beim Ausbau angebrachten Markierungen übereinstimmen. Vorher Zentriersitz der Felge an der Radnabe mit Wälzlagerfett dünn einfetten. Radschrauben nur an der Kopf-Anlagefläche zur Felge, nicht am Gewinde fetten. Korrodierte Radschrauben erneuern. Räder anschrauben. Fahrzeug ablassen und Radschrauben über Kreuz mit **110 Nm** festziehen.

Bremssattel/Bremssattelträger aus- und einbauen

Ausbau

- Stellung der Räder zur Radnabe mit Farbe kennzeichnen. Dadurch kann das ausgewuchtete Rad wieder in derselben Position montiert werden. Radschrauben bei auf dem Boden stehendem Fahrzeug lösen. Fahrzeug aufbocken und Räder abnehmen.
- Bremsbeläge ausbauen, siehe entsprechende Kapitel.
- **Hinterradbremse:** Bremssattel seitlich mit oberem Führungsbolzen herausziehen.
- Bremssattel mit selbstangefertigtem Drahthaken so am Aufbau aufhängen, daß der Bremsschlauch nicht verdreht oder auf Zug beansprucht wird.

Achtung: Bremsschlauch möglichst nicht lösen, sonst muß das Bremssystem nach dem Einbau entlüftet werden.

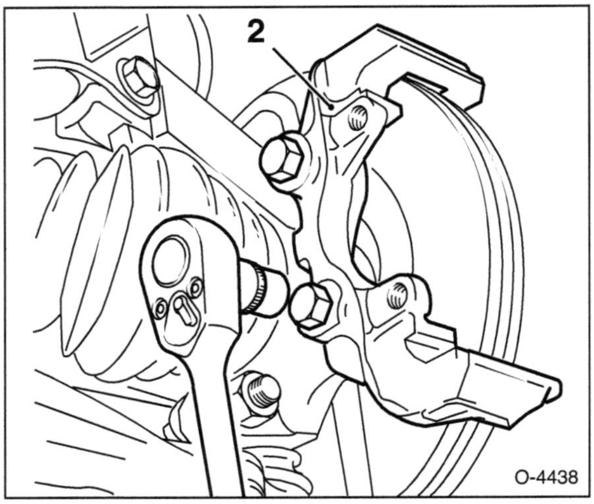

- **Vorderradbremse ASTRA mit 1,8-/2,0-l-Motor und alle ZAFIRA:** 2 Befestigungsschrauben herausdrehen und Bremssattelträger –2– von der Bremsscheibe abnehmen.

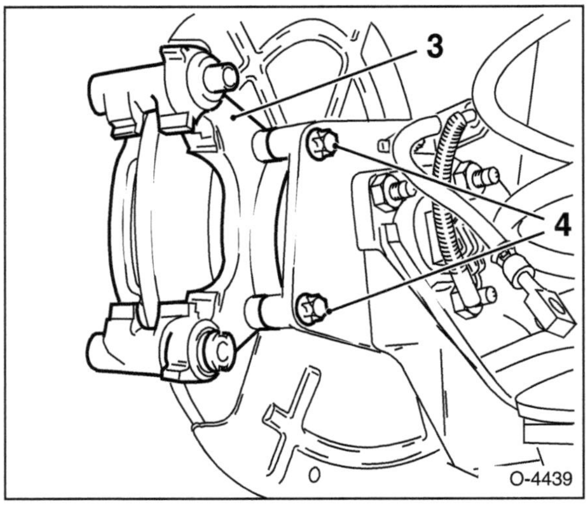

- **Hinterradbremse:** 2 Befestigungsschrauben –4– für Bremssattelträger –3– am Achskörper herausdrehen und Bremssattelträger von der Bremsscheibe abnehmen.

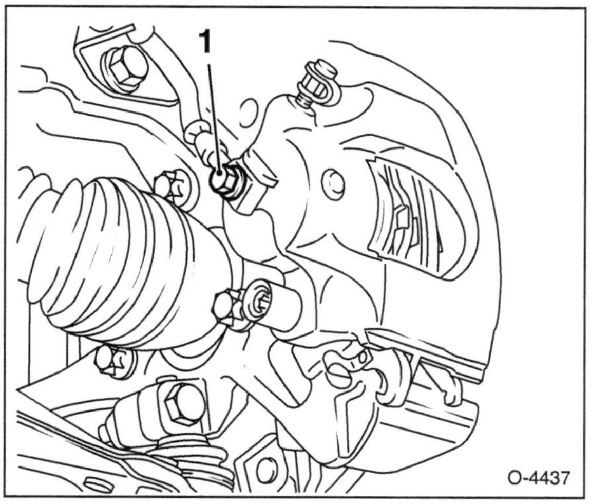

- Soll der Bremssattel ganz abgenommen werden, Bremsschlauch abschrauben –1–. Die Abbildung zeigt den vorderen Bremssattel.

Sicherheitshinweis
Beim Öffnen vom Bremskreis läuft Bremsflüssigkeit aus. Bremsflüssigkeit in einer Flasche sammeln, die ausschließlich für Bremsflüssigkeit vorgesehen ist. Regeln um Umgang mit Bremsflüssigkeit beachten, siehe Kapitel »Die Bremsflüssigkeit«.

Einbau

- **Vorderradbremse ASTRA mit 1,8-/2,0-l-Motor und alle ZAFIRA:** Gewindebohrungen der Befestigungsschrauben für den Bremssattelträger mit einem Gewindeschneider von Sicherungsmittelresten reinigen. Werden die bisherigen Schrauben wiederverwendet, Gewinde mit Drahtbürste reinigen. Schrauben am Gewinde mit Sicherungsmittel, zum Beispiel Loctite 243, benetzen. Bremssattelträger mit **100 Nm** anschrauben.
- **Hinterradbremse:** Gewindebohrungen der Befestigungsschrauben für den Bremssattelträger mit einem Gewindeschneider von Sicherungsmittelresten reinigen. Werden die bisherigen Schrauben wiederverwendet, Gewinde mit Drahtbürste reinigen. Schrauben am Gewinde mit Sicherungsmittel, zum Beispiel Loctite 243, benetzen. Bremssattelträger mit **100 Nm** anschrauben.

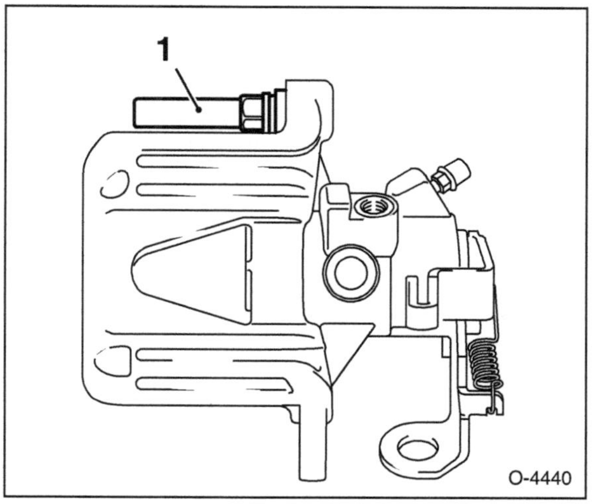

- **Hinterradbremse:** Vor Aufsetzen des Bremssattels, oberen Führungsbolzen –1– mit Silikonfett, zum Beispiel OPEL Nr. 19 70 206, bestreichen. Anschließend Staubmanschette auf dem Führungsbolzen ausrichten.
- Bremsbeläge einbauen, siehe entsprechende Kapitel.

Achtung: Beim **hinteren Bremssattel** Handbremsseil einhängen. Anschließend Handbremse einstellen, siehe Seite 163.

Achtung: War der Bremsschlauch demontiert, Bremsschlauch mit neuen Dichtringen und **40 Nm** am Bremssattel anschrauben. Darauf achten, daß der Bremsschlauch nicht verdreht ist. Anschließend Bremsanlage entlüften, siehe Seite 164.

- Räder so ansetzen, daß die beim Ausbau angebrachten Markierungen übereinstimmen. Vorher Zentriersitz der Felge an der Radnabe mit Wälzlagerfett dünn einfetten. Radschrauben nur an der Kopf-Anlagefläche zur Felge, nicht am Gewinde fetten. Korrodierte Radschrauben erneuern. Räder anschrauben. Fahrzeug ablassen und Radschrauben über Kreuz mit **110 Nm** festziehen.

Achtung: Bremspedal im Stand mehrmals kräftig niedertreten, bis fester Widerstand spürbar ist.

- Bremsflüssigkeitsstand im Ausgleichbehälter prüfen, gegegebenenfalls bis zur Max.-Markierung auffüllen.

Achtung, Sicherheitskontrolle durchführen:
- Sind die Bremsschläuche festgezogen?
- Befindet sich der Bremsschlauch in der Halterung?
- Sind die Entlüftungsschrauben angezogen?
- Ist genügend Bremsflüssigkeit eingefüllt?
- Bei laufendem Motor Dichtheitskontrolle durchführen. Hierzu Bremspedal mit 200 bis 300 N (entspricht 20 bis 30 kg) etwa 10 sec. betätigen. Das Bremspedal darf nicht nachgeben. Sämtliche Anschlüsse auf Dichtheit kontrollieren.

Bremsscheibe aus- und einbauen

Korrodierte Bremsscheiben erzeugen beim Abbremsen einen Rubbeleffekt, der sich auch durch längeres Abbremsen nicht beseitigen läßt. In diesem Fall müssen die Bremsscheiben erneuert werden.

Ausbau

- Bremsbeläge ausbauen, siehe entsprechende Kapitel.

Achtung: Der Bremsschlauch bleibt angeschlossen, sonst muß die Anlage nach dem Einbau entlüftet werden. Darauf achten, daß der Bremsschlauch nicht auf Zug beansprucht wird.

- **Vorderradbremse ASTRA mit 1,8-/2,0-l-Motor und alle ZAFIRA, sowie Hinterradbremse:** Bremssattelträger mit 2 Schrauben abschrauben, siehe Seite 160.

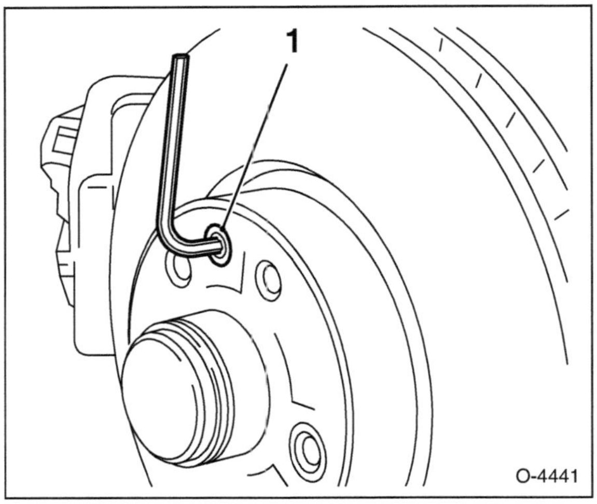

- Arretierschraube –1– aus der Radnabe herausdrehen und Bremsscheibe abnehmen.

Achtung: Die Bremsscheibe darf **nicht** durch Gewaltanwendung (Hammerschläge) von der Radnabe getrennt werden. Stattdessen handelsübliche Rostlöser anwenden, um Schäden an den Bremsscheiben zu vermeiden. Falls der Ausbau nur durch kräftige Hammerschläge möglich ist, aus Sicherheitsgründen sowohl die Bremsscheiben wie auch die Radlager erneuern. Das Erneuern der Radlager sollte der Werkstatt vorbehalten bleiben, da in der Regel nur dort eine entsprechende Presse vorhanden ist. Auch nach Verwendung eines Abziehers die Bremsscheiben erneuern.

Einbau

Die Werkstatt kann die Bremsscheibe auf Schlag prüfen. Maximaler Seitenschlag an der Bremsfläche gemessen: 0,03 mm. Maximal zulässige Riefentiefe: 0,4 mm. Zulässige Dickentoleranz: 0,01 mm.

Um beidseitig ein gleichmäßiges Bremsen zu gewährleisten, müssen beide Bremsscheiben die gleiche Oberfläche bezüglich Schliffbild und Rauhtiefe aufweisen. Deshalb **grundsätzlich beide** Bremsscheiben ersetzen, beziehungsweise abdrehen lassen.

- Bremsscheibendicke messen, siehe entsprechendes Kapitel.
- Falls vorhanden, Rost am Flansch der Bremsscheibe und der Vorderradnabe entfernen.
- Neue Bremsscheiben mit Nitro-Verdünnung vom Schutzlack reinigen.
- Bremsscheibe auf Radnabe aufsetzen und leicht mit 7 Nm anschrauben. Darauf achten, daß die Anlagefläche zwischen Bremsscheibe und Radnabe plan und gratfrei ist.

Achtung: Bei Einbau neuer Bremsscheiben müssen grundsätzlich auch **neue** Bremsbeläge eingebaut werden.

- Falls ausgebaut, Bremssattelträger einbauen, siehe Seite 160.
- Bremssattel/Bremsbeläge einbauen, siehe Seite 160/152.
- Räder so ansetzen, daß die beim Ausbau angebrachten Markierungen übereinstimmen. Vorher Zentriersitz der Felge an der Radnabe mit Wälzlagerfett dünn einfetten. Radschrauben nur an der Kopf-Anlagefläche zur Felge, nicht am Gewinde fetten. Korrodierte Radschrauben erneuern. Räder anschrauben. Fahrzeug ablassen und Radschrauben über Kreuz mit **110 Nm** festziehen.

Achtung: Bremspedal im Stand mehrmals kräftig niedertreten, bis fester Widerstand spürbar ist.

- Bremsflüssigkeitsstand im Ausgleichbehälter prüfen, gegebenenfalls bis zur MAX.-Marke auffüllen.

Achtung, Sicherheitskontrolle durchführen:
- Sind die Bremsschläuche festgezogen?
- Befindet sich der Bremsschlauch in der Halterung?
- Sind die Entlüftungsschrauben angezogen?
- Ist genügend Bremsflüssigkeit eingefüllt?
- Bei laufendem Motor Dichtheitskontrolle durchführen. Hierzu Bremspedal mit 200 bis 300 N (entspricht 20 bis 30 kg) etwa 10 sec. betätigen. Das Bremspedal darf nicht nachgeben. Sämtliche Anschlüsse auf Dichtheit kontrollieren.

- Neue Bremsscheiben vorsichtig einbremsen, dazu Fahrzeug mehrmals von ca. 80 km/h auf 40 km/h mit geringem Pedaldruck abbremsen. Dazwischen Bremse etwas abkühlen lassen.

Handbremse einstellen

Die Handbremse stellt sich automatisch nach. Nur bei Ersatz der Handbremsseile, der hinteren Bremssättel/ Bremsträger, Bremsbeläge oder Bremsscheiben muß die Handbremse neu eingestellt werden. Für die Einstellung kann der Spezialschlüssel HAZET 4965-1 verwendet werden.

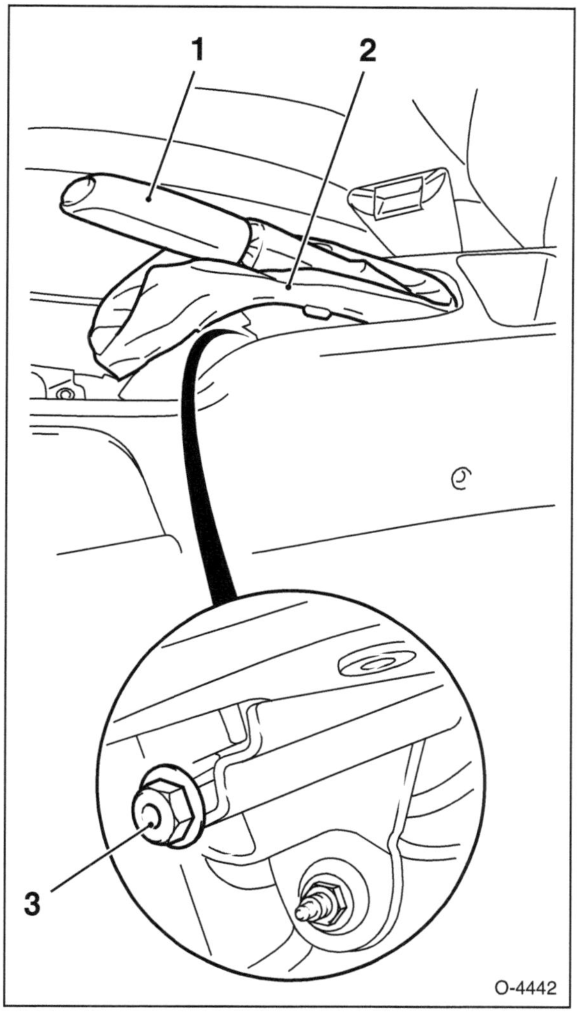

- Faltenbalg –2– vom Handbremshebel –1– nach oben ausclipsen und hintere Mittelkonsole ausbauen, siehe Kapitel »Innenausstattung«.
- Die Einstellmutter befindet sich am Handbremshebel.
- Die Einstellmutter –3– ganz bis an das Ende der Gewindestange zurückdrehen.
- Bremspedal mindestens 3x kräftig betätigen, es muß ein fester Widerstand am Pedal spürbar sein.

Sicherheitshinweis
Beim Aufbocken des Fahrzeugs besteht Unfallgefahr! Deshalb vorher das Kapitel »Fahrzeug aufbocken« durchlesen.

- Fahrzeug hinten aufbocken, die Hinterräder müssen vom Boden abheben.
- Handbremshebel lösen.
- Handbremshebel **2 Rasten** anziehen. Das Einrasten in die einzelnen Rasten ist an den Klickgeräuschen beim Anziehen des Handbremshebels hörbar.
- Einstellmutter am Handbremshebel soweit anziehen, bis sich beide Räder von Hand schwer durchdrehen lassen.
- Sicherstellen, daß bei gelöstem Handbremshebel beide Hinterräder frei drehbar sind. Wenn nötig, Einstellmutter wieder etwas lösen.
- Handbremshebel anziehen und dabei Rasten zählen. Bei der **7. Raste** muß die Handbremse fest sein, der Handbremshebel darf sich nicht weiter anziehen lassen.
- In der Werkstatt kann zusätzlich die Bremswirkung der Handbremse geprüft werden: An beiden Hinterrädern muß die Bremswirkung gleich groß sein. Diese Prüfung ist aber nicht unbedingt nötig.
- Fahrzeug ablassen.
- Mittelkonsole einbauen, siehe Kapitel »Innenausstattung«.
- Faltenbalg in Mittelkonsole einclipsen.
- Hinterräder so ansetzen, daß die beim Ausbau angebrachten Markierungen übereinstimmen. Vorher Zentriersitz der Felge an der Radnabe mit Wälzlagerfett dünn einfetten. Radschrauben nur an der Kopf-Anlagefläche zur Felge, nicht am Gewinde fetten. Korrodierte Radschrauben erneuern. Räder anschrauben. Fahrzeug ablassen und Radschrauben über Kreuz mit **110 Nm** festziehen.
- Kurze Einlauffahrt von ca. 300 m mit geringer Geschwindigkeit und leicht angezogener Handbremse durchführen.

Die Bremsflüssigkeit

Beim Umgang mit Bremsflüssigkeit ist zu beachten:

Sicherheitshinweis
Bremsflüssigkeit ist giftig. Keinesfalls Bremsflüssigkeit mit dem Mund über einen Schlauch absaugen. Bremsflüssigkeit nur in Behälter füllen, bei denen ein versehentlicher Genuß ausgeschlossen ist.

- Bremsflüssigkeit ist ätzend und darf deshalb nicht mit dem Autolack in Berührung kommen, gegebenenfalls sofort abwischen und mit viel Wasser abwaschen.
- Bremsflüssigkeit ist hygroskopisch, das heißt, sie nimmt aus der Luft Feuchtigkeit auf. Bremsflüssigkeit deshalb nur in geschlossenen Behältern aufbewahren.
- Bremsflüssigkeit ist entflammbar. Sie muß sicher und bei Raumtemperatur aufbewahrt werden
- **Bremsflüssigkeit, die schon einmal im Bremssystem verwendet wurde, darf nicht wieder verwendet werden. Auch beim Entlüften der Bremsanlage nur neue Bremsflüssigkeit verwenden.**

- Bremsflüssigkeits-Spezifikation: **DOT 4.**
- **Bremsflüssigkeit darf nicht mit Mineralöl oder Kühlmittel/Frostschutzmittel in Berührung kommen.** Schon geringe Spuren Mineralöl machen die Bremsflüssigkeit unbrauchbar, beziehungsweise führen zum Ausfall des Bremssystems. Stopfen und Manschetten der Bremsanlage werden beschädigt, wenn sie mit mineralölhaltigen Mitteln zusammenkommen. Zum Reinigen keine mineralölhaltigen Putzlappen verwenden.
- Um Verunreinigungen der Bremsflüssigkeit zu vermeiden, ist der Ausgleichbehälter für Bremsflüssigkeit im Fahrzeug stets direkt aus dem Original-Vorratsbehälter zu befüllen.
- Beim Hantieren mit Bremsflüssigkeit müssen die Hände sauber und trocken sein.
- Vor dem Öffnen sind die Deckel vom Bremsflüssigkeitsbehälter sowie vom Ausgleichbehälter für Bremsflüssigkeit im Fahrzeug und die Entlüftungsventile von Schmutz zu befreien.
- Bremsflüssigkeit alle 2 Jahre wechseln, möglichst nach der kalten Jahreszeit.

Achtung: Bremsflüssigkeit ist ein Problemstoff und darf auf keinen Fall einfach weggeschüttet oder dem Hausmüll mitgegeben werden. Gemeinde- und Stadtverwaltungen informieren darüber, wo sich die nächste Problemstoff-Sammelstelle befindet beziehungsweise wie die örtlichen Bestimmungen über den Umgang mit Problemstoffen lauten.

Bremsanlage entlüften

Nach jeder Reparatur an der Bremse, bei der die Anlage geöffnet wurde, kann Luft in die Druckleitungen eingedrungen sein. Dann ist das Bremssystem zu entlüften. Luft ist auch dann in den Leitungen, wenn sich beim Tritt auf das Bremspedal der Bremsdruck schwammig anfühlt oder das Bremspedal sich federnd durchtreten läßt. In diesem Fall muß die Undichtigkeit beseitigt und die Bremsanlage entlüftet werden.

In der Werkstatt wird die Bremse in der Regel mit einem Bremsenfüll- und Entlüftungsgerät entlüftet. Dieses Gerät füllt Bremsflüssigkeit unter Druck in den Vorratsbehälter. **Hinweis:** Beim Einsatz dieses Geräts muß ein Befülldruck von **2,0 – 2,5 bar** eingestellt werden.

Es geht aber auch ohne das Gerät. Die Bremsanlage wird dann durch Pumpen mit dem Bremspedal entlüftet, dazu ist eine zweite Person notwendig.

Muß die ganze Anlage entlüftet werden, jede Radbremse einzeln entlüften. Das ist immer dann der Fall, wenn Luft in jeden einzelnen Bremszylinder gedrungen ist. Falls nur ein Bremssattel erneuert bzw. überholt wurde, genügt in der Regel das Entlüften des betreffenden Bremszylinders.

Sicherheitshinweis, Fahrzeuge mit ABS:
Ist eine Kammer des Bremsflüssigkeit-Ausgleichbehälters komplett leergelaufen (zum Beispiel bei Undichtigkeiten im Bremssystem oder wenn beim Entlüften vergessen wurde, Bremsflüssigkeit nachzufüllen), wird Luft angesaugt, die in die ABS-Hydraulikpumpe gelangt. Die Bremsanlage muß dann in der Werkstatt mit dem Entlüftergerät entlüftet werden. **Bei Einbau eines neuen Bremsschlauchs muß die Anlage ebenfalls mit einem Entlüftergerät entlüftet werden.**

Die Reihenfolge der Entlüftung: 1. Bremssattel hinten rechts, 2. Bremssattel hinten links, 3. Bremssattel vorn rechts, 4. Bremssattel vorn links.

Achtung: Entlüftungsventile vorsichtig öffnen, damit sie nicht abgedreht werden. Es empfiehlt sich, die Ventile ca. 2 Stunden vor dem Entlüften mit Rostlöser einzusprühen. Bei festsitzenden Ventilen das Entlüften von einer Werkstatt durchführen lassen.

Achtung: Während des Entlüftens ab und zu den Ausgleichbehälter beobachten. Der Flüssigkeitsspiegel darf nicht zu weit sinken, sonst wird über den Ausgleichbehälter Luft angesaugt. **Immer nur neue Bremsflüssigkeit nachgießen!**

- Staubkappe vom Entlüfterventil des Bremssattels abnehmen. Entlüfterventil reinigen, sauberen Schlauch aufstecken, anderes Schlauchende in eine mit Bremsflüssigkeit halbvoll gefüllte Flasche stecken (geeigneten Schlauch und passendes Gefäß gibt es auch im Autozubehör-Handel).
- Von einer Hilfsperson Bremspedal so oft niedertreten lassen, »pumpen«, bis sich im Bremssystem Druck aufgebaut hat. Zu spüren am wachsenden Widerstand beim Betätigen des Pedals.
- Ist genügend Druck vorhanden, Bremspedal ganz durchtreten, Fuß auf dem Bremspedal halten.

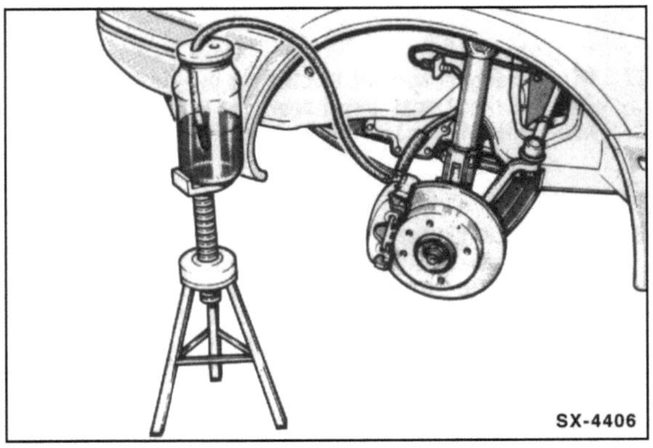

- Entlüfterventil am Bremssattel etwa eine halbe Umdrehung mit Ringschlüssel öffnen. Ausfließende Bremsflüssigkeit in der Flasche sammeln. Darauf achten, daß sich das Schlauchende in der Flasche ständig unterhalb des Flüssigkeitsspiegels befindet.

- Sobald der Flüssigkeitsdruck nachläßt, Entlüfterventil mit etwa **6 Nm**, also nicht zu fest, schließen. Anzugsdrehmoment einer M10-Entlüftungsschraube am hinteren Bremssattel: 10 Nm.
- Pumpvorgang wiederholen, bis sich Druck aufgebaut hat. Bremspedal niedertreten, Fuß auf dem Bremspedal lassen, Entlüfterschraube öffnen, bis der Druck nachläßt, Entlüfterschraube schließen.
- Entlüftungsvorgang an einem Bremssattel so lange wiederholen, bis sich in der Bremsflüssigkeit, die in die Entlüfterflasche strömt, keine Luftblasen mehr zeigen.
- Nach dem Entlüften Schlauch von Entlüfterschraube abziehen, Staubkappe auf Ventil stecken.
- Die Bremssättel an den anderen Rädern auf gleiche Weise entlüften, Reihenfolge einhalten.
- Nach dem Entlüften den Ausgleichbehälter bis zur Max.-Markierung auffüllen.

Achtung, Sicherheitskontrolle durchführen:

- Sind die Entlüftungsschrauben angezogen?
- Ist genügend Bremsflüssigkeit eingefüllt?
- Bei laufendem Motor Dichtheitskontrolle durchführen. Hierzu Bremspedal mit 200 bis 300 N (entspricht 20 bis 30 kg) etwa 10 sec. betätigen. Das Bremspedal darf nicht nachgeben. Sämtliche Anschlüsse auf Dichtheit kontrollieren.

- Nach dem Entlüften darf sich beim Treten auf das Bremspedal der Druck nicht schwammig anfühlen. Falls doch, Anlage nochmals entlüften. Dabei an jedem Bremssattel den Entlüftungsvorgang 5-mal durchführen.
- Anschließend einige Bremsungen auf einer Straße ohne Verkehr durchführen. Dabei sollte mindestens einmal die Bremsregelung des ABS-Systems geprüft werden, beispielsweise auf losem Untergrund. Dazu Bremse stark betätigen, bis am spürbaren Pulsieren des Bremspedals der Beginn der Bremsregelung erkennbar ist.

Achtung: Falls der Bremspedalweg nach der Probefahrt zu groß ist, obwohl er direkt nach dem Entlüften in Ordnung war, dann ist möglicherweise Luft in der ABS-Hydraulikeinheit. In diesem Fall Bremsanlage umgehend in der Fachwerkstatt entlüften lassen.

Bremsschlauch aus- und einbauen

Das Bremsleitungssystem stellt die Verbindung vom Hauptbremszylinder zu den vier Radbremsen her.

Achtung: Die starren Bremsleitungen aus Metall sollen von einer Fachwerkstatt verlegt werden, da zur fachgerechten Montage einige Erfahrung nötig ist.

Als flexible Verbindungen zwischen den starren und beweglichen Fahrzeugteilen, beispielsweise den Bremssätteln, werden druckfeste Bremsschläuche verwendet. Diese müssen bei erkennbaren Schäden ausgewechselt werden.

Achtung: Bremsschläuche nicht mit Öl oder Petroleum in Berührung bringen, nicht lackieren oder mit Unterbodenschutz besprühen.

Sicherheitshinweis, Fahrzeuge mit ABS:
Ist eine Kammer des Bremsflüssigkeit-Ausgleichbehälters komplett leergelaufen (zum Beispiel bei Undichtigkeiten im Bremssystem oder wenn beim Entlüften vergessen wurde, Bremsflüssigkeit nachzufüllen), wird Luft angesaugt, die in die ABS-Hydraulikpumpe gelangt. Die Bremsanlage muß dann in der Werkstatt mit dem Entlüftergerät entlüftet werden. **Bei Einbau eines neuen Bremsschlauchs muß die Anlage ebenfalls mit einem Entlüftergerät entlüftet werden.**

Ausbau

Sicherheitshinweis
Beim Öffnen vom Bremskreis läuft Bremsflüssigkeit aus. Bremsflüssigkeit in einer Flasche sammeln, die ausschließlich für Bremsflüssigkeit vorgesehen ist. Regeln um Umgang mit Bremsflüssigkeit beachten, siehe Kapitel »Die Bremsflüssigkeit«.

Hinweis: Damit möglichst wenig Bremsflüssigkeit ausläuft, empfiehlt es sich, den Vorratsbehälter luftdicht zu verschließen. Der normale Deckel hat eine kleine Belüftungsbohrung, daher läuft beim Lösen des Bremsschlauchs Bremsflüssigkeit nach. Deswegen verschließt die OPEL-Werkstatt den Vorratsbehälter mit einem luftdichten Deckel (Sonderwerkzeug), bevor eine Bremsleitung gelöst wird. Stattdessen kann der Vorratsbehälter auch mit Hilfe einer dünnen Folie und einem Gummiring luftdicht verschlossen werden, die anstelle des Deckels angebracht werden.

- Stellung des Rades zur Radnabe mit Farbe kennzeichnen. Dadurch kann das ausgewuchtete Rad wieder in derselben Position montiert werden. Radschrauben lösen, dabei muß das Fahrzeug auf dem Boden stehen. Fahrzeug vorn aufbocken und Rad abnehmen.

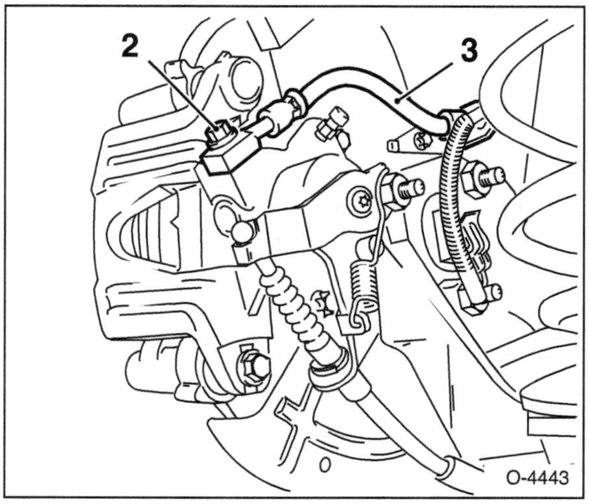

- Bremsschlauch –3– zuerst am Bremssattel abschrauben –2–. Gegebenenfalls Leitungsanschluß in Richtung Hauptbremszylinder mit geeignetem Stopfen verschließen. Die Abbildung zeigt den Bremsschlauch der Hinterradbremse.

Achtung: Auslaufende Bremsflüssigkeit mit Lappen auffangen.

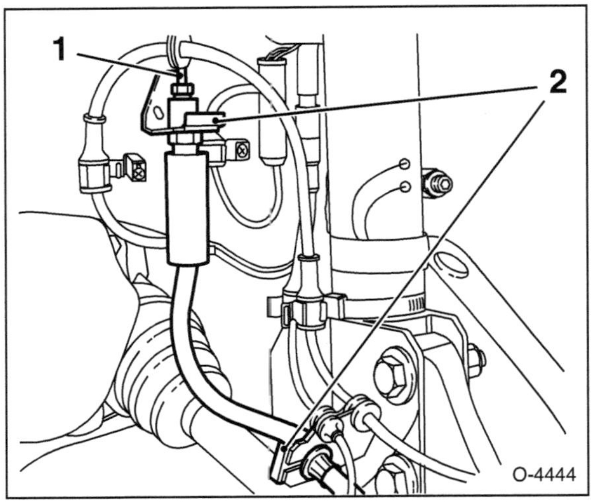

- Bremsleitung –1– mit Überwurfmutter vom Bremsschlauch abschrauben.
- Sicherungsbleche –2– abziehen und Bremsschlauch aus den Haltern am Radeinbau herausnehmen.

Einbau

- Nur vom Werk freigegebene Bremsschläuche einbauen. Bremsschlauch so einbauen, daß er nicht verdrillt ist. Bremsschlauch in die Halter am Radeinbau einsetzen und mit Sicherungsblechen befestigen.
- Leitungsverbindung zur starren Leitung mit **15 Nm** festziehen.
- Bremsschlauch am Bremssattel mit **neuen** Dichtringen und **40 Nm** festziehen.
- Rad so ansetzen, daß die beim Ausbau angebrachten Markierungen übereinstimmen. Vorher Zentriersitz der Felge an der Radnabe mit Wälzlagerfett dünn einfetten. Radschrauben nur an der Kopf-Anlagefläche zur Felge, nicht am Gewinde fetten. Korrodierte Radschrauben erneuern. Rad anschrauben. Fahrzeug ablassen und Radschrauben über Kreuz mit **110 Nm** festziehen.
- Nach dem Einbau bei entlasteten Rädern (Wagen angehoben) Lenkung nach links und rechts einschlagen und sicherstellen, daß der Schlauch allen Radbewegungen folgt, ohne irgendwo anzuscheuern.
- Bei auf dem Boden stehendem Fahrzeug prüfen, ob der Bremsschlauch allen Radbewegungen folgt, ohne irgendwo anzuscheuern. Andernfalls Bremsschlauch korrekt in den Haltern verlegen.
- Verschlußstopfen am Vorratsbehälter entfernen.

Achtung, Sicherheitskontrolle durchführen:

- ◆ Sind die Bremsschläuche festgezogen?
- ◆ Befindet sich der Bremsschlauch in der Halterung?
- ◆ Sind die Entlüftungsschrauben angezogen?
- ◆ Ist genügend Bremsflüssigkeit eingefüllt?
- ◆ Bei laufendem Motor Dichtheitskontrolle durchführen. Hierzu Bremspedal mit 200 bis 300 N (entspricht 20 bis 30 kg) etwa 10 sec. betätigen. Das Bremspedal darf nicht nachgeben. Sämtliche Anschlüsse auf Dichtheit kontrollieren.

- Bremsanlage in der Werkstatt entlüften lassen.

Bremskraftverstärker prüfen

Der Bremskraftverstärker ist auf Funktion zu überprüfen, wenn zur Erzielung ausreichender Bremswirkung die Pedalkraft außergewöhnlich hoch ist.

- Bremspedal bei stehendem Motor mindestens 5mal kräftig durchtreten, dann bei belastetem Bremspedal Motor starten. Das Bremspedal muß jetzt unter dem Fuß spürbar nachgeben. Das Bremssystem ist dann in Ordnung.
- Andernfalls Unterdruckschlauch am Bremskraftverstärker abschrauben, Motor starten. Durch Fingerauflegen am Ende des Unterdruckschlauches prüfen, ob Unterdruck erzeugt wird.
- Ist kein Unterdruck vorhanden: Unterdruckschlauch auf Undichtigkeiten und Beschädigungen prüfen, gegebenenfalls ersetzen. Sämtliche Schellen fest anziehen.
- **Dieselmotor:** Unterdruckschlauch von der Vakuumpumpe abziehen und mit dem Finger prüfen, ob Unterdruck am Schlauchanschluß anliegt.
- Ist Unterdruck vorhanden: Unterdruck messen, gegebenenfalls Bremskraftverstärker ersetzen lassen (Werkstattarbeit). **Achtung:** Dabei auch immer Rückschlagventil in der Unterdruckleitung ersetzen lassen, da die Membrane im Bremskraftverstärker durch eindringende Kraftstoffdämpfe (bei defektem Rückschlagventil) beschädigt werden kann. Die Pfeile auf dem Rückschlagventil müssen in Richtung Saugrohr zeigen.

Hinweis: Wird bei Fahrzeugen mit **Dieselmotor** die Bremse längere Zeit betätigt, kommt es zum Aufbrauch des Unterdrucks. Dadurch läßt sich das Bremspedal weiter durchtreten und wirkt schwammig. Dies ist aber kein Grund zur Beanstandung. Der Bremsdruck an den Bremsen nimmt dabei sogar zu.

Bremslichtschalter prüfen/ aus- und einbauen

Der Bremslichtschalter sitzt am Pedalbock. Wenn das Bremslicht nicht aufleuchtet, zuerst Sicherung überprüfen. Anschließend Glühlampe überprüfen. Wenn die betreffende Glühlampe nicht defekt ist, Bremslichtschalter prüfen.

Prüfen/Ausbau

- Fußraumverkleidung oben ausbauen, siehe Seite 266.
- Heiz- und Lüftungskanal oberhalb des Pedalbocks abschrauben, siehe Seite 112.

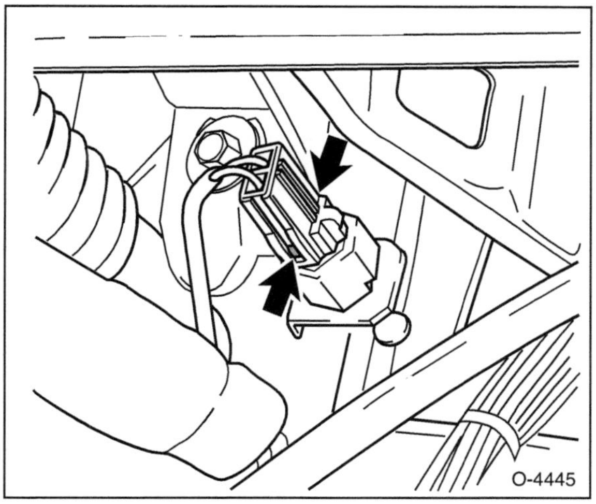

- Steckersicherung zusammendrücken –Pfeile– und Stecker vom Bremslichtschalter abziehen.
- Beide Anschlüsse im Stecker mit kurzem Kabel verbinden.
- Zündung einschalten. Wenn jetzt das Bremslicht aufleuchtet, Bremslichtschalter auswechseln.
- Bremslichtschalter aus dem Pedalbock herausdrehen.

Einbau

- Betätigungsstift am Bremslichtschalter ganz hineindrücken.
- Bremslichtschalter in den Pedalbock eindrehen.
- Stecker aufschieben und einrasten lassen.
- Bremspedal von Hand niederdrücken und gleichzeitig Betätigungsstift am eingebauten Bremslichtschalter ganz herausziehen. Dazu oben zwischen Pedal und Schalter greifen.
- Bremspedal loslassen. Durch das zurückkommende Bremspedal wird der Betätigungsstift in die richtige Lage gedrückt. Damit ist der Bremslichtschalter eingestellt.
- Heizungs- und Lüftungskanal anschrauben, linke Fußraumverkleidung einbauen, siehe Seite 112.
- Bremslicht überprüfen. Nach einem Bremspedalweg von **15 mm ± 5 mm** muß das Bremslicht aufleuchten, sonst Einstellung wiederholen.

Schalter für Handbremskontrolleuchte aus- und einbauen

Ausbau

- Zündung ausschalten.
- Hintere Mittelkonsole ausbauen, siehe Seite 259.

- Der Schalter für Handbremskontrolleuchte sitzt unterhalb des Handbremshebels. Stecker –3– am Schalter abziehen. Schraube –2– abschrauben und Schalter –1– abnehmen.

Einbau

- Schalter für Handbremskontrolleuchte einsetzen. Schalter ganz leicht, mit 3 Nm, anschrauben.
- Elektrische Leitung am Schalter aufschieben. Zündung einschalten und Funktion prüfen.
- Hintere Mittelkonsole einbauen, siehe Seite 259.

Handbremsseile aus- und einbauen

Die Handbremse wirkt über Seilzüge auf die Scheibenbremsen der Hinterräder. Der vordere Seilzug führt vom Handbremshebel zu einem Ausgleichelement, an dem die beiden Seilzüge zu den Hinterrädern eingehängt sind.

Ausbau

- Handbremse lösen.

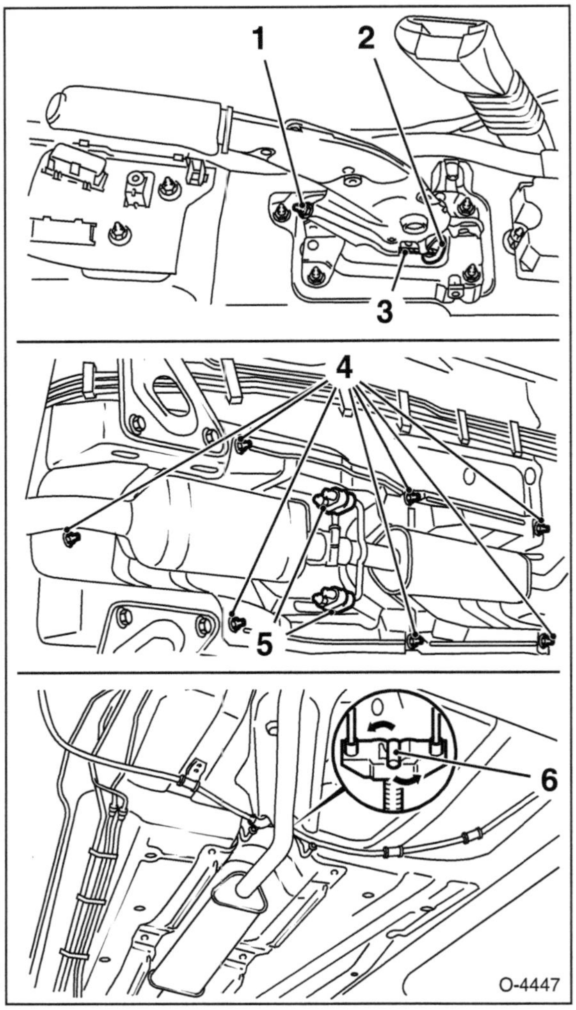

- Einstellmutter –1– mit einem 10 mm Steckschlüssel ganz abschrauben. **Hinweis:** In der Abbildung ist die hintere Mittelkonsole ausgebaut, dies ist normalerweise nicht erforderlich.
- Falls erforderlich, Handbremsseil mit Zange am unteren Ende der Gewindestange –3– greifen und aus der Seilführung lösen.

Sicherheitshinweis
Beim Aufbocken des Fahrzeugs besteht Unfallgefahr! Deshalb vorher das Kapitel »Fahrzeug aufbocken« durchlesen.

- Fahrzeug aufbocken.
- Abgasrohr am Halter –5– aushängen.
- Hitzeschutzblech für Abgasanlage abschrauben –4– und abnehmen.
- Handbremsseil aus dem Ausgleichbügel aushängen, dazu Seilnippel –6– um 90° (¼ Umdrehung) verdrehen.
- Schutzmanschette –2– für Handbremsseil vorn aus dem Trägerblech für Handbremshebel aushängen.
- Vorderes Handbremsseil in den Fahrzeuginnenraum herausziehen.
- Hinteres Handbremsseil am Bremssattel aushängen, siehe Seite 160.
- Hinteres Handbremsseil an den Führungen an der Hinterachse und im Bereich des Kraftstoffbehälters aushängen.
- Handbremsseil herausnehmen.

Einbau

- Hinteres Handbremsseil am Bremssattel einhängen, siehe Seite 160.
- Hinteres Handbremsseil an den Führungen an der Hinterachse und im Bereich des Kraftstoffbehälters einhängen.
- Hinteres Handbremsseil am Handbremsseilausgleich einhängen.
- Seilzugnippel vom vorderen Handbremsseil am Handbremsseilausgleich einhängen und Seilnippel –6– um 90° (¼ Umdrehung) verdrehen, siehe Abbildung unter »Ausbau«.
- Vorderes Handbremsseil am Handbremshebel einsetzen, Einstellmutter aufschrauben und etwas vorspannen.
- Handbremse einstellen, siehe Seite 163.
- Hitzeschutzblech für Abgasanlage anschrauben. Abgasanlage am Halter einhängen.
- Falls ausgebaut, Hinterteil der Mittelkonsole einbauen, siehe Seite 259.

Störungsdiagnose Bremse

Störung	Ursache	Abhilfe
Leerweg des Bremspedals zu groß.	Bremsbeläge teilweise oder völlig abgenutzt.	■ Bremsbeläge erneuern.
	Ein Bremskreis ausgefallen.	■ Bremskreise auf Flüssigkeitsverlust prüfen.
Bremspedal läßt sich weit und federnd durchtreten.	Luft im Bremssystem.	■ Bremse entlüften.
	Zu wenig Bremsflüssigkeit im Ausgleichbehälter.	■ Neue Bremsflüssigkeit nachfüllen Bremse entlüften.
	Dampfblasenbildung. Tritt meist nach starker Beanspruchung auf, z. B. Paßabfahrt.	■ Bremsflüssigkeit wechseln. Bremse entlüften.
	Dieselmotor: Aufbrauch des Unterdrucks im Bremsservo nach längerer Betätigung.	■ Normal, keine Beeinträchtigung der Bremsleistung.
Bremswirkung läßt nach, und Bremspedal läßt sich durchtreten.	Undichte Leitung.	■ Leitungsanschlüsse nachziehen oder Leitung erneuern.
	Beschädigte Manschette im Haupt- oder Radbremszylinder.	■ Manschette erneuern. Beim Hauptbremszylinder Innenteile ersetzen, ggf. Hauptbremszylinder ersetzen.
Schlechte Bremswirkung trotz hohen Fußdrucks.	Bremsbeläge verölt.	■ Bremsbeläge erneuern.
	Ungeeigneter oder verhärteter Bremsbelag.	■ Beläge erneuern. Nur Original-Bremsbeläge vom Automobilhersteller verwenden.
	Bremskraftverstärker defekt, Unterdruckleitung porös, defekt.	■ Bremskraftverstärker, Leitungen prüfen.
	Bremsbeläge abgenutzt.	■ Bremsbeläge erneuern.
Bremse zieht einseitig.	Unvorschriftsmäßiger Reifendruck.	■ Reifendruck prüfen und berichtigen.
	Bereifung ungleichmäßig abgefahren.	■ Abgefahrene Reifen ersetzen.
	Bremsbeläge verölt.	■ Bremsbeläge erneuern.
	Verschiedene Bremsbelagsorten auf einer Achse.	■ Beläge erneuern. Nur Original-Bremsbeläge vom Automobilhersteller verwenden.
	Schlechtes Tragbild der Bremsbeläge.	■ Bremsbeläge austauschen.
	Verschmutzte Bremsbelagführungen.	■ Sitz- und Führungsflächen der Bremsbeläge im Bremssattel reinigen.
	Korrosion in den Bremssattelzylindern.	■ Bremssattel erneuern.
	Bremsbelag ungleichmäßig verschlissen.	■ Bremsbeläge erneuern (beide Räder), Bremssättel auf Leichtgängigkeit prüfen.
Bremse zieht von selbst an.	Ausgleichsbohrung im Hauptbremszylinder verstopft.	■ Hauptbremszylinder reinigen und Innenteile erneuern lassen.
	Spiel zwischen Betätigungsstange und Hauptbremszylinderkolben zu gering.	■ Spiel prüfen.
Bremsen erhitzen sich während der Fahrt.	Ausgleichsbohrung im Hauptbremszylinder verstopft.	■ Hauptbremszylinder reinigen und Innenteile erneuern lassen.
	Spiel zwischen Betätigungsstange und Hauptbremszylinder zu gering.	■ Spiel prüfen, Neuteile einbauen lassen.
	Bremse schwergängig.	■ Bewegliche Teile der Scheibenbremse schmieren. Bremssattel überholen lassen (Werkstattarbeit).

Störung	Ursache	Abhilfe
Bremsen rattern.	Ungeeigneter Bremsbelag.	■ Beläge erneuern. Nur Original-Bremsbeläge vom Automobilhersteller verwenden.
	Bremsscheibe stellenweise korrodiert.	■ Bremsscheiben mit Schleifklötzen sorgfältig glätten, eventuell erneuern (beide Räder).
	Bremsscheibe hat Seitenschlag.	■ Bremsscheibe nacharbeiten oder ersetzen.
Bremsbeläge lösen sich nicht von der Bremsscheibe, Räder lassen sich schwer von Hand drehen.	Korrosion in den Bremssattelzylindern.	■ Bremssattel überholen lassen, eventuell austauschen.
Ungleichmäßiger Belag-Verschleiß.	Ungeeigneter Bremsbelag.	■ Beläge erneuern, Nur Original-Bremsbeläge vom Automobilhersteller verwenden.
	Bremssattel verschmutzt.	■ Bremsbelagführungen reinigen.
	Kolben nicht leichtgängig.	■ Kolben gangbar machen.
	Bremssystem undicht.	■ Bremssystem auf Dichtigkeit prüfen.
Keilförmiger Bremsbelag-verschleiß.	Bremsscheibe läuft nicht parallel zum Bremssattel.	■ Anlagefläche des Bremssattels prüfen.
	Korrosion in den Bremssätteln.	■ Verschmutzung beseitigen.
Bremse quietscht.	Oft auf atmosphärische Einflüsse (Luftfeuchtigkeit) zurückzuführen.	■ Keine Abhilfe erforderlich, und zwar dann, wenn Quietschen nach längerem Stillstand des Wagens bei hoher Luftfeuchtigkeit auftrat, aber nach den ersten Bremsungen sich nicht wiederholt.
	Ungeeigneter Bremsbelag.	■ Beläge erneuern. Nur Original-Bremsbeläge vom Automobilhersteller verwenden. Rückenplatte mit Anti-Quietsch-Paste bestreichen.
	Bremsscheibe läuft nicht parallel zum Bremssattel.	■ Anlagefläche des Bremssattels prüfen.
	Verschmutzte Führungen im Bremssattel.	■ Bremsbelagführungen reinigen, mit Anti-Quietsch-Paste bestreichen.
Bremse pulsiert.	**ABS** bei Vollbremsung in Funktion.	■ Normal, keine Abhilfe.
	Seitenschlag oder Dickentoleranz der Bremsscheibe zu groß.	■ Schlag und Toleranz prüfen. Scheiben nacharbeiten oder ersetzen (beide Räder).
	Bremsscheibe läuft nicht parallel zum Bremssattel.	■ Anlagefläche des Bremssattels prüfen.
ABS-Kontrolleuchte leuchtet während der Fahrt.	Betriebsspannung zu niedrig (unter ca. 10 Volt).	■ Batteriespannung prüfen. Prüfen, ob Kontrollampe für Generator nach dem Motorstart erlischt, andernfalls Keilrippenriemen und Generator prüfen. ■ Hinweise zum ABS/EBV/TC am Anfang des Kapitels beachten.
	ABS-Anlage defekt	■ ABS-Anlage in der Fachwerkstatt prüfen lassen.
Wirkung der Handbremse nicht ausreichend.	Leerweg des Handbremshebels zu groß.	■ Handbremse einstellen.
	Handbremsseile korrodiert.	■ Neue Handbremsseile einbauen.

Motor-Mechanik

Aus dem Inhalt:

- **Zahnriemen**
- **Steuerkette**
- **Zylinderkopf**
- **Keilrippenriemen**
- **Kompression**

Für den Antrieb im OPEL ASTRA/ZAFIRA stehen in Hubraum und Leistung unterschiedliche Benzin- und Dieselmotoren zur Verfügung. Alle Triebwerke sind flüssigkeitsgekühlt und im Motorraum quer zur Fahrtrichtung eingebaut. Das Antriebsaggregat ist oben in Gummi-Metallagern aufgehängt und kann wie ein Pendel schwingen. Auftretende Drehmomentkräfte werden von einer tief unten angeordneten Stütze abgefangen. Durch diese Lagerung werden nur geringe Motorvibrationen auf die Karosserie übertragen. Dadurch ist eine niedrige Leerlaufdrehzahl möglich und somit der Kraftstoffverbrauch geringer.

In den aus Grauguß gefertigten Motorblock sind die Zylinderbohrungen eingelassen. Im unteren Teil des Motorblocks befindet sich die Kurbelwelle, die von den Kurbelwellenlagern abgestützt wird. Über Gleitlager sind die Pleuel, die die Verbindung zu den Kolben herstellen, mit der Kurbelwelle verbunden. Den unteren Abschluß des Motors bildet die Ölwanne, in der sich das für die Schmierung und Kühlung erforderliche Motoröl sammelt.

Der Leichtmetall-Zylinderkopf ist auf den Motorblock aufgeschraubt. Er besteht aus Alu-Guß mit eingepreßten Ventilsitzringen und Ventilführungen aus Stahl. Aluminium wird verwendet, weil dieses Metall eine bessere Wärmeleitfähigkeit und ein geringeres spezifisches Gewicht gegenüber Grauguß aufweist. Durch hydraulische Ventilspielausgleicher wird bei allen Motoren automatisch das Ventilspiel konstant gehalten, so daß das Einstellen des Ventilspiels im Rahmen der Wartung entfällt.

Der **1,2-l-Benzinmotor** besitzt 4 Ventile pro Zylinder. Die Ventile werden durch 2 hohlgegossene Nockenwellen über Rollenschlepphebel betätigt. Angetrieben werden die Nockenwellen von der Kurbelwelle über eine Steuerkette.

Der 2teilige Motorblock besteht im oberen Teil aus Grauguß und im unteren Teil aus Aluminium. Beide Teile sind miteinander verschraubt. Der untere Teil (Grundplatte) nimmt mit den integrierten Lagern die Kurbelwelle auf.

Beim **1,6-l/75/85-PS-Benzinmotor** handelt es sich ebenso wie beim **1,7-l/68-PS-Dieselmotor** um einen OHC-Motor. »OHC« steht für »Over Head Camshaft«, was übersetzt »obenliegende Nockenwelle« bedeutet. Die Nockenwelle betätigt die 8 senkrecht hängenden Ein- und Auslaßventile über Schwinghebel. Angetrieben wird die Nockenwelle von der Kurbelwelle über einen Zahnriemen.

Der **1,7-l/75-/80-PS-Dieselmotor** verfügt über 16 Ventile, die von 2 Nockenwellen betätigt werden. Der Antrieb der Einlaß-Nockenwelle erfolgt über einen Zahnriemen von der Motor-Kurbelwelle. Die Einlaß-Nockenwelle treibt über eine Stirnradverzahnung die Auslaß-Nockenwelle an.

1,6-l/97/100/103-PS-, 1,8-/2,0-l-Benzinmotor: Die 16-Ventil-Motoren besitzen 2 obenliegende Nockenwellen, von denen eine die Einlaß- und die andere die Auslaßventile steuert. Die beiden durch einen gemeinsamen Zahnriemen angetriebenen Nockenwellen betätigen die schräg hängenden Ventile direkt über hydraulische Tassenstößel. Die Mehrventiltechnik ermöglicht eine bessere Füllung der Zylinder und einen effektiveren Gasaustausch, wodurch die Energie des Kraftstoff-Luftgemisches besser ausgenutzt wird.

2,2-l-Benzinmotor: Die beiden obenliegende Nockenwellen werden von der Kurbelwelle durch eine wartungsfreie Steuerkette angetrieben. Eine zweite Kette treibt die beiden Ausgleichswellen und die Kühlmittelpumpe an. Sowohl der Zylinderkopf als auch der Motorblock bestehen aus einer Aluminiumlegierung.

Der **2,0-l-Dieselmotor** hat ebenfalls 16 Ventile, aber nur eine Nockenwelle. Normalerweise befinden sich bei 16V-Motoren die Einlaßventile auf der Einlaßseite und die Auslaßventile auf der Auslaßseite des Zylinderkopfes. Im Gegensatz dazu sitzen beim 2,0-l-Dieselmotor die beiden Einbeziehungsweise Auslaßventile eines Zylinders senkrecht zur Motorlängsachse. Die Anordnung der Ventile pro Zylinder ist also um 90° gedreht. Das ist erforderlich, damit die zentral gelagerte Nockenwelle über sogenannte Ventilbrücken mit einem Nocken gleichzeitig 2 Ventile pro Zylinder betätigen kann.

Der Antrieb der Nockenwelle erfolgt über einen 2stufigen Kettentrieb. Das bedeutet, die Kurbelwelle treibt über eine Doppelrollen-Steuerkette die Kettenräder auf der Einspritzpumpenwelle an. Von dort führt eine Einfachrollen-Steuerkette zur Nockenwelle.

Für die Motorschmierung sorgt eine Ölpumpe, die vorn im Zylinderkurbelgehäuse befestigt ist und von der Kurbelwelle direkt angetrieben wird. Das im Ölsumpf angesaugte Öl gelangt über Kanäle zu den Lagern der Kurbel- und Nockenwelle sowie in die Zylinderlaufbahnen.

Die Kühlmittelpumpe befindet sich vorn im Motorblock und wird durch den Zahnriemen angetrieben. Beim 1,2-l-Benzin-

und 2,0-l-Dieselmotor sitzt die Kühlmittelpumpe vorn am Steuergehäuse und wird durch einen Keilrippenriemen angetrieben.

Für die Aufbereitung eines zündfähigen Kraftstoff-Luftgemisches ist beim Benziner ein wartungsfreies Motormanagement-System vorhanden. Das Einstellen des Zündzeitpunktes oder Leerlaufs im Rahmen der Wartung ist nicht erforderlich, nur die Zündkerzen und der Luftfiltereinsatz müssen regelmäßig erneuert werden.

Für die Dieseleinspritzung sorgt eine seitlich am Motorblock angeflanschte Verteilereinspritzpumpe. Angetrieben wird die Diesel-Einspritzpumpe beim 1,7-l-Motor durch den Zahnriemen, beim 2,0-l-Motor durch die Steuerkette.

Sicherheitshinweis
Der Kühler-Lüfter kann sich auch bei abgestelltem Motor und ausgeschalteter Zündanlage einschalten. Hervorgerufen durch Stauwärme im Motorraum kann dies auch mehrmals geschehen. Bei Arbeiten im Motorraum und warmem Motor muß deshalb immer mit einem plötzlichen Einschalten des Kühler-Lüfters gerechnet werden. **Abhilfe:** Stecker vom Lüftermotor abziehen.

Motoraufhängung

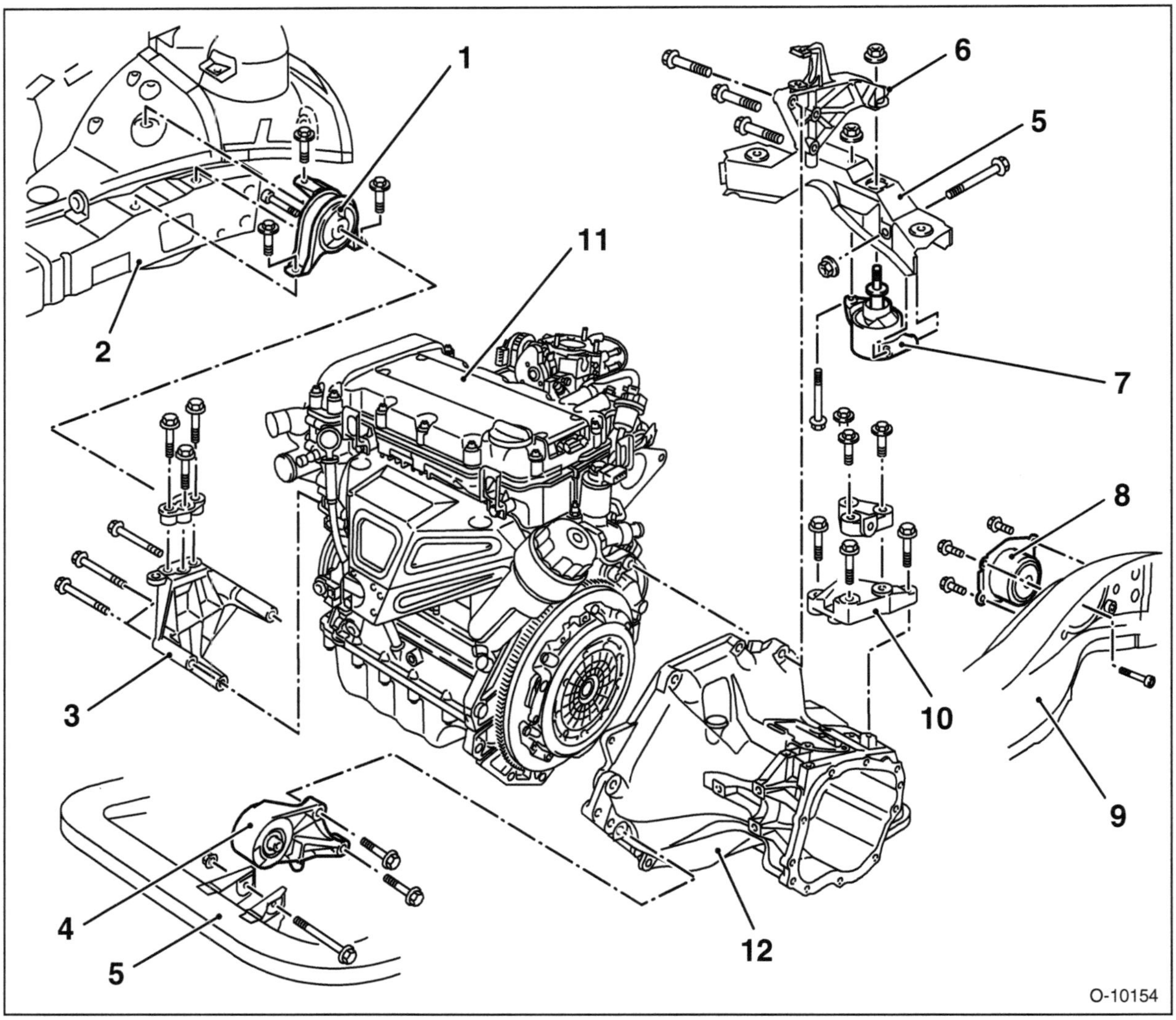

1 – Gummilager Motorsteuerseite
2 – Rahmen-Längsträger rechts
3 – Halter Motorlager
4 – Stütze vorn
5 – Vorderachsträger
6 – Halter Motor/Getriebe hinten
7 – Drehmomentstütze
8 – Gummilager Getriebeseite
9 – Rahmen-Längsträger links
10 – Getriebehalter
11 – Motor
12 – Getriebe

Motor auf OT für Zylinder 1 stellen/ Steuerzeiten prüfen

OT steht für Oberer Totpunkt, das heißt, der Kolben des 1. Zylinders befindet sich am oberen Umkehrpunkt. Diese Stellung erreicht der Kolben beim Kompressions- und beim Auspufftakt. Die OT-Stellung beim Kompressionstakt nennt man auch Zünd-OT, weil bei normalem Motorlauf kurz vorher die Zündung erfolgt. Gezählt werden die Zylinder in der Reihenfolge von 1 bis 4. Der 1. Zylinder befindet sich auf der rechten Seite des Motors, in Fahrtrichtung gesehen.

Um den Kolben des 1. Zylinders auf OT zu stellen, muß die Motor-Kurbelwelle gedreht werden, bis die verschiedenen OT-Markierungen übereinstimmen. Dabei Kurbelwelle im Uhrzeigersinn langsam und gleichmäßig durchdrehen.

- Das Durchdrehen der Kurbelwelle beziehungsweise des Motors kann auf mehrere Arten erfolgen:

  1. Fahrzeug seitlich vorn aufbocken. Fünften Gang einlegen, Handbremse anziehen. Angehobenes Vorderrad durchdrehen. Dadurch dreht sich auch die Motor-Kurbelwelle. Zum Drehen des Rades wird ein Helfer benötigt.

  2. Fahrzeug auf ebene Fläche stellen. Fünften Gang einlegen. Fahrzeug vorschieben oder vorschieben lassen.

  3. Getriebe in Leerlaufstellung schalten und Handbremse anziehen. Kurbelwelle an der Zentralschraube der Kurbelwellen-Riemenscheibe mit Knarre und Torx-Steckschlüsseleinsatz »E18« im Uhrzeigersinn durchdrehen.

Achtung: Motor nicht an der Befestigungsschraube vom Nockenwellenrad durchdrehen. Dadurch wird der Zahnriemen beziehungsweise die Steuerkette überbeansprucht.

1,2-l-Benzinmotor

- Luftfiltergehäuse mit Heißfilm-Luftmassenmesser und Luftansaughaube ausbauen, siehe Seite 223.
- Zylinderkopfdeckel abschrauben. Zuvor Stecker für Nockenwellensensor, Öldruckschalter, Kühlmittel-Temperaturgeber abziehen und Kabelkanal an der rechten Seite abclipsen. Zündmodul ausbauen, siehe Seite 26.

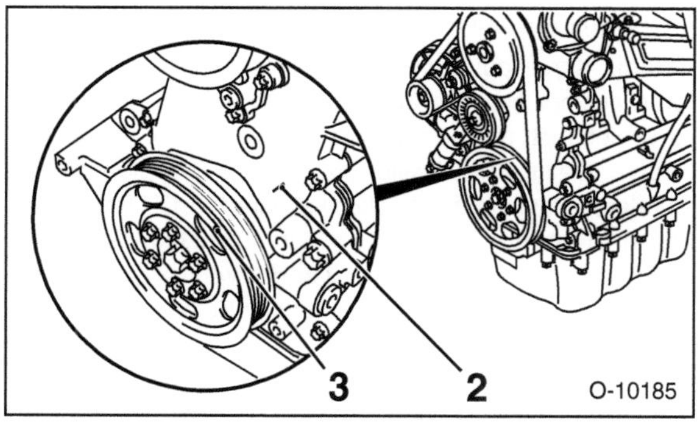

- Kurbelwelle drehen, bis die Markierung –3– auf der Riemenscheibe mit dem Anguß –2– auf dem Steuergehäuse fluchtet.

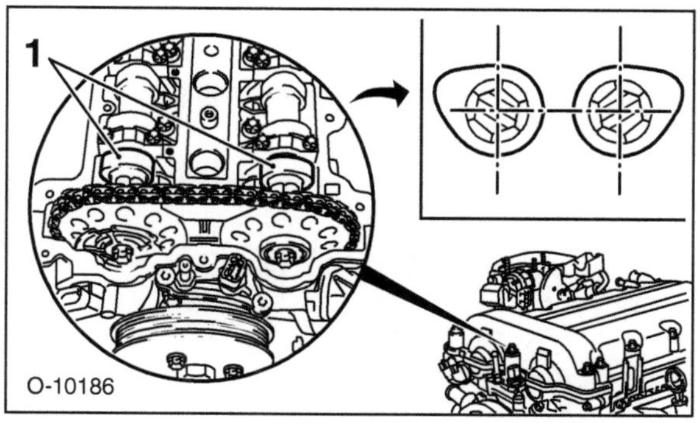

- In Zünd-OT-Stellung müssen die Nocken –1– des 1. Zylinders seitlich nach außen zeigen. Andernfalls Kurbelwelle um eine ganze Umdrehung weiterdrehen.

OT-Stellung ermitteln mit Spezialwerkzeugen:

- Kurbelwelle drehen, bis die Markierung auf der Riemenscheibe kurz vor dem Anguß am Steuergehäuse steht.
- In dieser Stellung stehen die Nocken des 1. Zylinders kurz vor Zünd-OT. Beide Nocken zeigen dann nach außen. Andernfalls Kurbelwelle um eine ganze Umdrehung weiterdrehen.

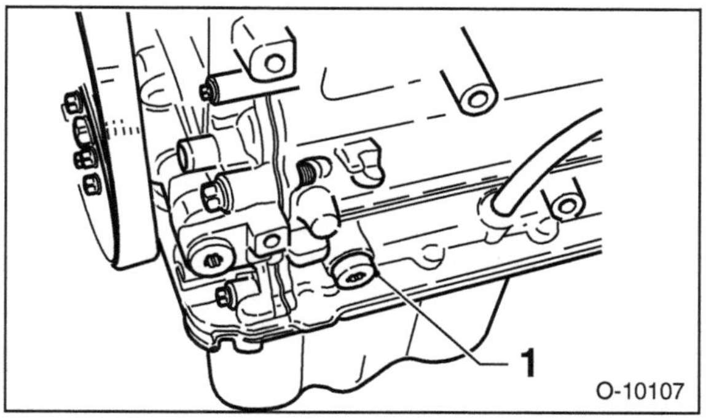

- Verschlußschraube –1– für Kurbelwellenarretierung herausschrauben.

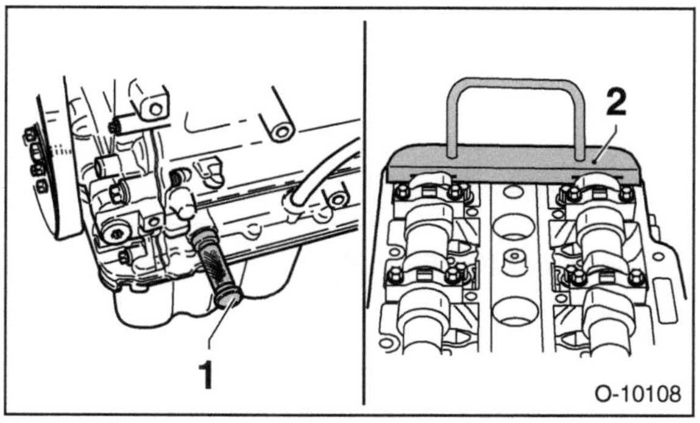

- Arretierstift –1– für Kurbelwelle in die Öffnung der Motorblock-Grundplatte einstecken und gleichzeitig Kurbelwelle an der zentralen Befestigungsschraube langsam in Motordrehrichtung weiterdrehen, bis der Arretierstift in die Nut der Kurbelwelle einrastet. Die Kurbelwelle wird dadurch in OT-Stellung arretiert. Als Arretierstift verwendet die Fachwerkstatt das Spezialwerkzeug KM-952.

- In dieser Stellung Fixierlehre –2– für Nockenwelle bis zum Anschlag in die Nuten der Nockenwellen einsetzen. Als Fixierlehre verwendet die Fachwerkstatt das Spezialwerkzeug KM-953.

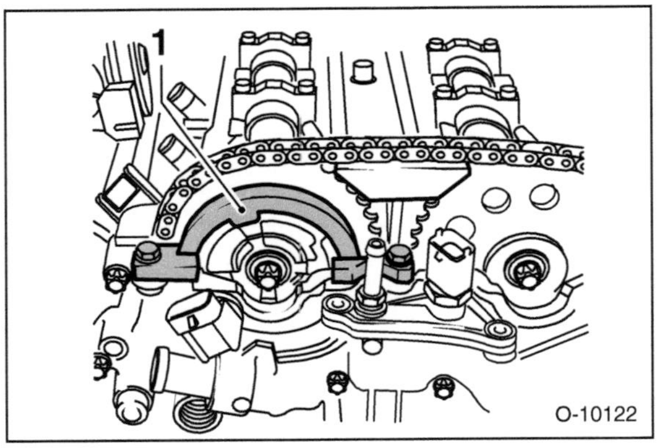

- In dieser Stellung Fixierlehre –1– für Phasengeberscheibe aufsetzen und am Steuergehäuse anschrauben. Als Fixierlehre verwendet die Fachwerkstatt das Spezialwerkzeug KM-954.

Hinweis: Wenn sich bei der Prüfung der Steuerzeiten die Nockenwellen-Fixierlehre oder die Phasengeber-Fixierlehre nicht einsetzen lassen, müssen die Steuerzeiten eingestellt werden (Werkstattarbeit).

Zylinderkopfdeckel einbauen

- Dichtflächen reinigen, Dichtungsreste entfernen.
- Auf die Trennfuge von Zylinderkopf und Steuergehäuse eine ca. 2 mm dicke Raupe Silicon-Dichtmasse auftragen, zum Beispiel OPEL-1503298 (grau) oder »Silikon Blau RTV« von Loctite. **Achtung:** Nach Auftrag der Silicon-Dichtmasse muß der Zylinderkopfdeckel innerhalb von 10 Minuten angeschraubt werden.
- Neue Dichtung in den Zylinderkopfdeckel einsetzen.
- Zylinderkopfdeckel aufsetzen und wechselweise mit **8 Nm** festziehen.
- Zündmodul einbauen, siehe Seite 26.
- Verschlußschraube für Kurbelwellenarretierung mit **neuem** Dichtring einschrauben und mit **50 Nm** festziehen.
- Elektrische Leitungen aufstecken, Kabelkanal anclipsen.
- Luftfilter einbauen.

1,6-l-Benzinmotor X16SZR/Z16SE

- Luftfiltergehäuse mit Heißfilm-Luftmassenmesser und Luftansaughaube ausbauen, siehe Seite 223.
- Oberen Teil der vorderen Zahnriemenabdeckung ausbauen, siehe Seite 177.

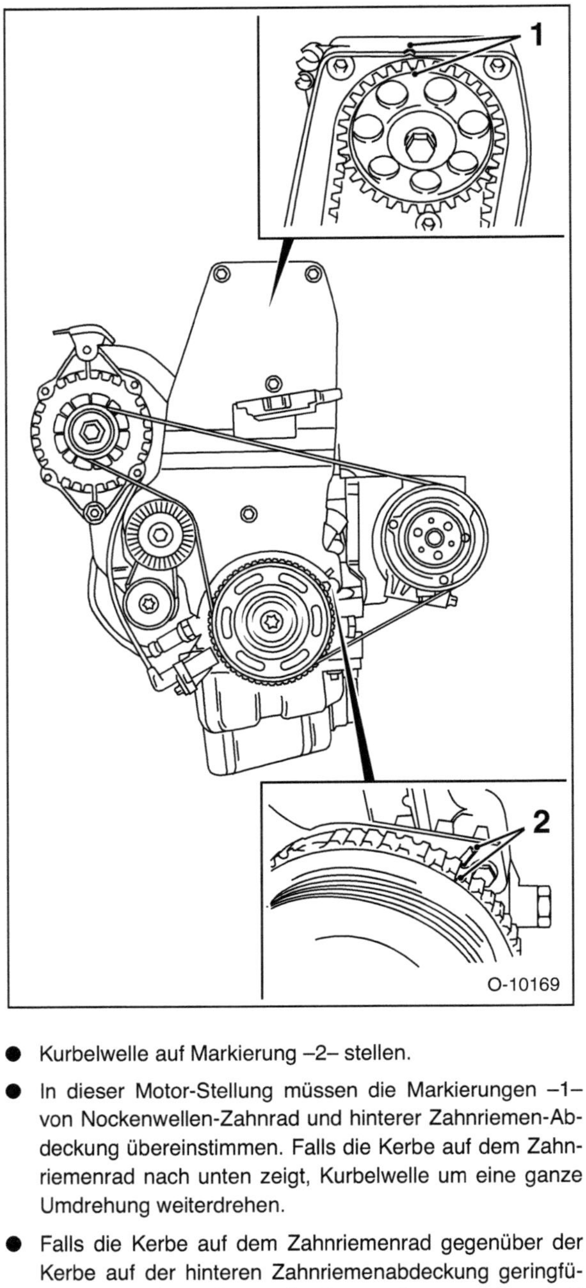

- Kurbelwelle auf Markierung –2– stellen.
- In dieser Motor-Stellung müssen die Markierungen –1– von Nockenwellen-Zahnrad und hinterer Zahnriemen-Abdeckung übereinstimmen. Falls die Kerbe auf dem Zahnriemenrad nach unten zeigt, Kurbelwelle um eine ganze Umdrehung weiterdrehen.
- Falls die Kerbe auf dem Zahnriemenrad gegenüber der Kerbe auf der hinteren Zahnriemenabdeckung geringfügig versetzt ist, müssen die Steuerzeiten neu eingestellt werden. Dazu Kurbelwelle auf Zünd-OT stellen und Zahnriemen ausbauen. Nockenwellenrad in OT-Stellung drehen. **Achtung:** Dabei immer den kürzesten Weg zur OT-Stellung wählen, sonst werden die Ventile der Zylinder 1 und 4 gegen die im OT stehenden Kolben gedrückt. Zahnriemen einbauen.

1,6-/1,8-l-Benzinmotor X16XEL/Z16XE/X18XE1/Z18XE

- Batterie-Massekabel (–) bei ausgeschalteter Zündung abklemmen. **Achtung:** Dadurch werden elektronische Speicher gelöscht, wie zum Beispiel der Radiocode. Ohne Code kann das Radio nur vom Radiohersteller freigeschaltet werden, beziehungsweise beim OPEL-Radio von einer OPEL-Werkstatt. Deshalb Hinweise im Kapitel »Batterie aus- und einbauen« durchlesen.

- Luftfiltergehäuse mit Heißfilm-Luftmassenmesser und Luftansaughaube ausbauen, siehe Seite 223.
- Oberen Teil der vorderen Zahnriemenabdeckung ausbauen, siehe Seite 177.

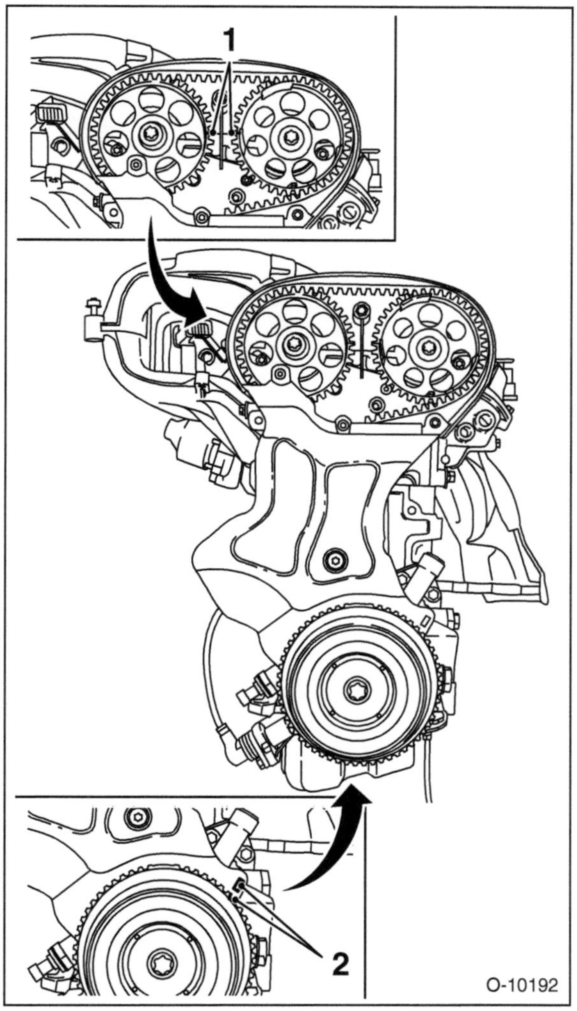

- Kurbelwelle auf Markierung –2– stellen.
- Gleichzeitig müssen sich die Markierungen –1– auf den Nockenwellenrädern innen gegenüberstehen und mit der Oberkante des Zylinderkopfes fluchten. Falls die Kerben auf den Nockenwellenrädern nach außen zeigen, Kurbelwelle um eine ganze Umdrehung weiterdrehen.
- Falls die Markierungen an den Nockenwellenrädern geringfügig versetzt sind, müssen die Steuerzeiten neu eingestellt werden. Dazu Kurbelwelle auf Zünd-OT stellen und Zahnriemen ausbauen. Nockenwellenräder in OT-Stellung drehen. **Achtung:** Dabei immer den kürzesten Weg zur OT-Stellung wählen, sonst werden die Ventile der Zylinder 1 und 4 gegen die im OT stehenden Kolben gedrückt. Zahnriemen einbauen, siehe entsprechndes Kapitel.

1,6-l-Benzinmotor Z16XEP

- Motor auf Zünd-OT stellen, siehe Seite 182.

2,0-l-Benzinmotor

- Luftfiltergehäuse mit Heißfilm-Luftmassenmesser und Luftansaughaube ausbauen, siehe Seite 223.
- Oberen Teil der vorderen Zahnriemenabdeckung mit 2 Schrauben abschrauben.
- Keilrippenriemen ausbauen, siehe Seite 193.
- Spannvorrichtung für Keilrippenriemen ausbauen, siehe Seite 195.

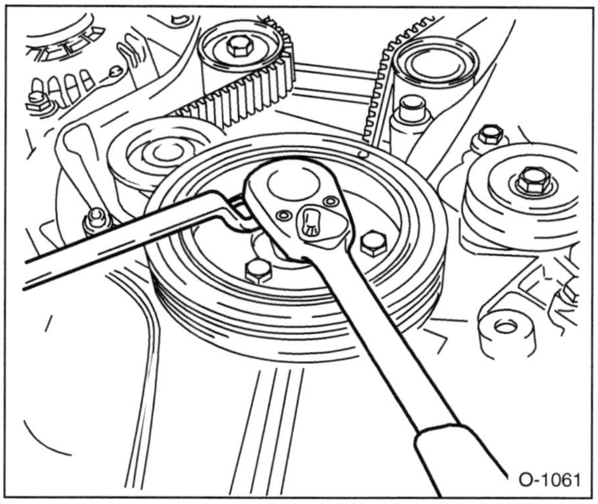

- Kurbelwellen-Riemenscheibe mit Torx-Ringschlüssel abschrauben. Dabei Kurbelwelle mit Steckschlüssel an der Zentralschraube gegenhalten.
- Unteren Teil der vorderen Zahnriemenabdeckung mit 2 Schrauben abschrauben.

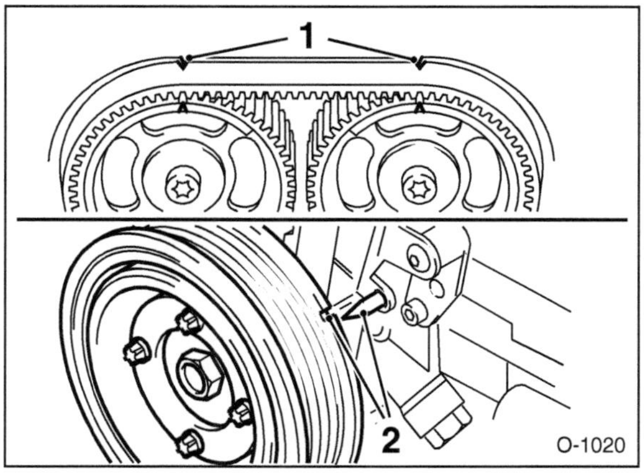

- Kurbelwelle auf Markierung –2– stellen. Dazu Kurbelwellen-Riemenscheibe wieder anbauen.

Hinweis: In OT-Stellung zeigt die Markierung auf dem Kurbelwellen-Zahnriemenrad senkrecht nach unten und fluchtet mit der Markierung auf dem Ölpumpengehäuse, siehe auch Abbildung O-10206.

- Gleichzeitig müssen die Markierungen auf den Nockenwellenrädern mit den Markierungen –1– auf dem Zylinderkopfdeckel übereinstimmen. Falls die Kerben auf den Zahnriemenrädern nach unten zeigen, Kurbelwelle um eine ganze Umdrehung weiterdrehen.

- Falls die Kerben der Nockenwellenräder nicht übereinstimmen, müssen die Steuerzeiten neu eingestellt werden. Dazu Kurbelwelle auf Zünd-OT stellen und Zahnriemen ausbauen. Nockenwellenräder in OT-Stellung drehen. **Achtung:** Dabei immer den kürzesten Weg zur OT-Stellung wählen, sonst werden die Ventile der Zylinder 1 und 4 gegen die im OT stehenden Kolben gedrückt. Zahnriemen einbauen.

Anzugsdrehmomente für den Einbau:

Zahnriemenabdeckung .... 6 Nm
Kurbelwellen-Riemenscheibe .... 20 Nm

1,7-l-Dieselmotor X17DTL

- Luftfiltergehäuse mit Heißfilm-Luftmassenmesser und Luftansaughaube ausbauen, siehe Seite 223.
- Oberen Teil der vorderen Zahnriemenabdeckung mit 2 Schrauben abschrauben und herausnehmen.
- **Klimaanlage:** Keilrippenriemen ausbauen, siehe Seite 193.
- Keilriemen ausbauen, siehe Seite 197.
- Rechtes Vorderrad ausbauen. Dazu Stellung des Rades zur Radnabe mit Farbe kennzeichnen. Dadurch kann das ausgewuchtete Rad wieder in derselben Position montiert werden. Radschrauben lösen, dabei muß das Fahrzeug auf dem Boden stehen. Fahrzeug vorn aufbocken und Vorderrad abnehmen.
- Untere Motorraumabdeckung ausbauen.
- Kurbelwellen-Riemenscheibe mit 4 Schrauben vom Zahnriemenrad abschrauben, dabei an der Zentralschraube der Kurbelwelle gegenhalten.
- Untere Zahnriemenabdeckung mit 3 Schrauben abschrauben und herausnehmen.
- Kurbelgehäuseentlüftungsschlauch vom Nockenwellengehäuse abziehen.
- Deckel vom Nockenwellengehäuse abschrauben und mit Dichtung abnehmen.

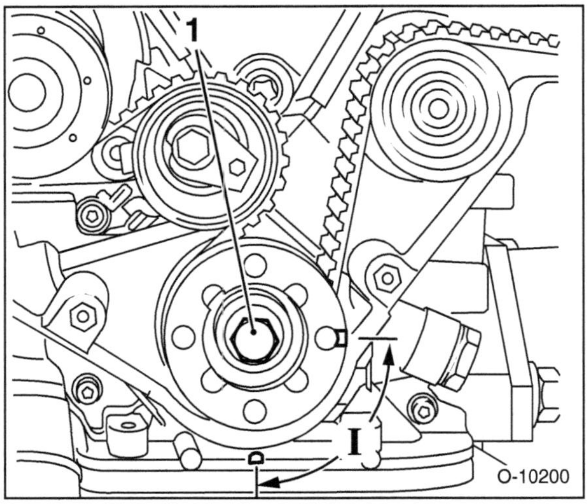

- Getriebe in Leerlaufstellung schalten und Handbremse anziehen.
- Kurbelwelle an der Zentralschraube –1– in Motordrehrichtung verdrehen, bis die Markierung auf dem Zahnriemenrad 90° –I– vor der OT-Markierung am Ölpumpengehäuse steht.

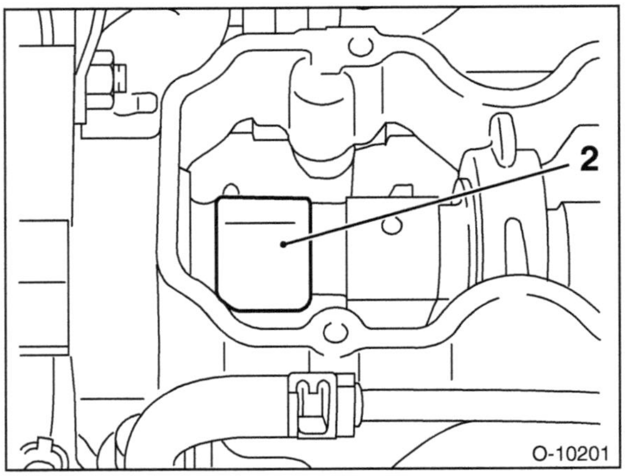

- In dieser Stellung muß der Auslaßnocken –2– des 1. Zylinders senkrecht nach oben zeigen. Wenn der Nocken nach unten zeigt, Kurbelwelle um eine ganze Umdrehung weiterdrehen.
- Kurbelwelle um 90° (¼ Umdrehung) weiterdrehen, siehe –I– in Abbildung O-10200.

- In dieser Stellung müssen die Markierung –1– auf dem Kurbelwellenrad und die Markierung –2– auf dem Ölpumpengehäuse übereinstimmen.

1,7-l-Dieselmotor Z17DTL

- Obere Motorabdeckung, Luftfilter und obere Zahnriemenabdeckung ausbauen.
- Untere Motorabdeckung ausbauen.
- Kurbelwelle drehen, bis die Markierung auf der Kurbelwellen-Riemenscheibe mit dem Stift auf dem Ölpumpengehäuse übereinstimmt (von unten sichtbar).
- In dieser Stellung muß sich die OT-Feststellschraube in das Antriebsrad der Nockenwelle einschrauben lassen. Gegebenenfalls Kurbelwelle um eine ganze Umdrehung (360°) weiterdrehen.

Hinweis: Bei ausgebauter Kurbelwellen-Riemenscheibe muß die Markierung auf dem Kurbelwellen-Zahnriemenrad oben mit der Markierung auf dem Ölpumpengehäusedeckel fluchten.

1,7-l-Dieselmotor Y17DT

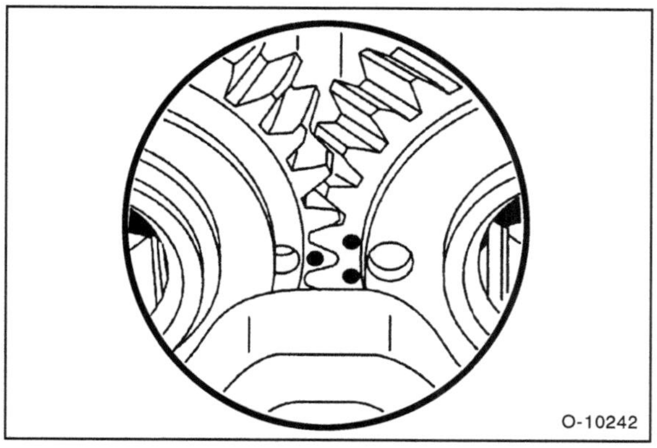

Bei ausgebautem Zylinderkopfdeckel müssen die Markierungen an beiden Nockenwellen-Stirnrädern sich gegenüberstehen. Dazu Motorkurbelwelle an der Befestigungsschraube der Kurbelwellen-Riemenscheibe verdrehen.

2,0-/2,2-l-Dieselmotor

- Luftfiltergehäuse mit Heißfilm-Luftmassenmesser und Luftansaughaube ausbauen, siehe Seite 223.
- Zylinderkopfdeckel abschrauben.

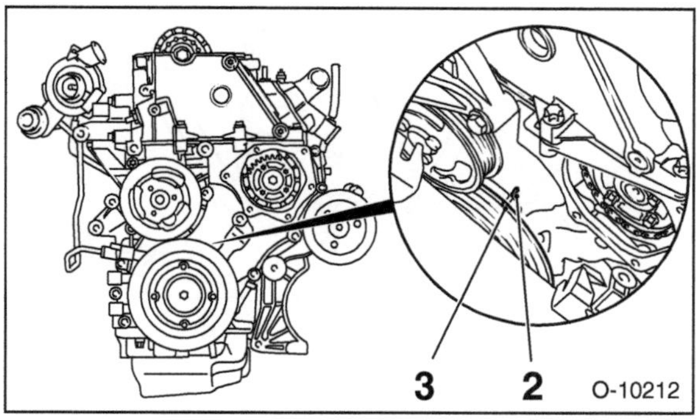

O-10212

- Kurbelwelle drehen, bis die Markierung –3– auf der Riemenscheibe mit dem Anguß –2– auf dem Steuergehäuse fluchtet.

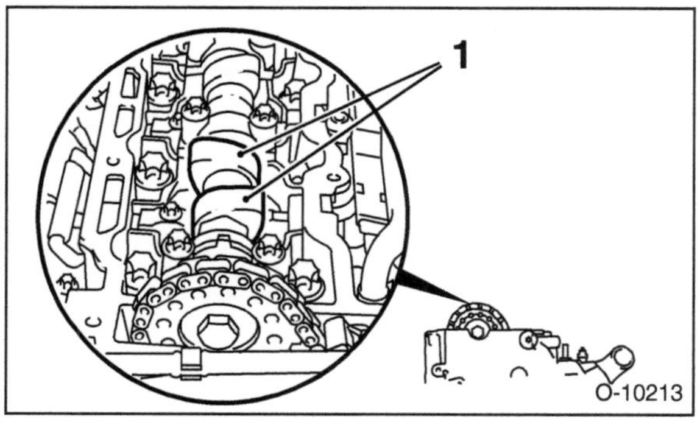

O-10213

- In Zünd-OT-Stellung müssen die Nocken –1– des 1. Zylinders nach oben und seitlich nach außen zeigen. Andernfalls Kurbelwelle um eine ganze Umdrehung weiterdrehen.

Hinweis: Die Fachwerkstatt arretiert die Kurbelwelle in OT-Stellung, indem der Dorn KM-929 durch die Öffnung für den Kurbelwellen-Impulsgeber in die Kurbelwelle eingesteckt wird.

- Zylinderkopfdeckel mit neuer Dichtung und **8 Nm** anschrauben. **Achtung:** Die Dichtung muß zwischen Zylinderkopfdeckel und Schraubehülse eingesetzt werden. Auf die Dichtfläche Klebedichtmasse (schwarz) auftragen, siehe Seite 188.

Zahnriemen aus- und einbauen/ spannen

1,6-l-Motor X16SZR/Z16SE

Der Zahnriemen muß im Rahmen der Wartung regelmäßig gewechselt werden. Dabei muß das Wechselintervall genau beachtet werden. Ein Zahnriemenausfall hat schwere Motorschäden zur Folge. Aus diesem Grund empfiehlt es sich auch, den Zahnriemen zu ersetzen, wenn er im Rahmen einer Reparatur ausgebaut werden muß.

Da die Zahnriemenspannung von einer automatischen Spannrolle konstant gehalten wird, ist ein Nachspannen nicht nötig. Es muß nur eine Grundeinstellung der Spannrolle beim Einbau eines Zahnriemens vorgenommen werden.

Achtung: Wird bei einer Reparatur der bisherige Zahnriemen wieder eingebaut, Laufrichtung beibehalten. Vor Ausbau des Zahnriemens Laufrichtung mit Kreidepfeil markieren.

Hinweis: Da zum Spannen des Zahnriemens die Kühlmittelpumpe verdreht wird, können im späteren Betrieb Undichtigkeiten im Bereich der Kühlmittelpumpe auftreten. Es empfiehlt sich, im Rahmen des Zahnriemenwechsels die Kühlmittelpumpe auszubauen und den Dichtring zu ersetzen.

Ausbau

- Luftfiltergehäuse mit Heißfilm-Luftmassenmesser und Luftansaughaube ausbauen, siehe Seite 223.
- Motor auf Zünd-OT-Zylinder 1 stellen, siehe Seite 173.

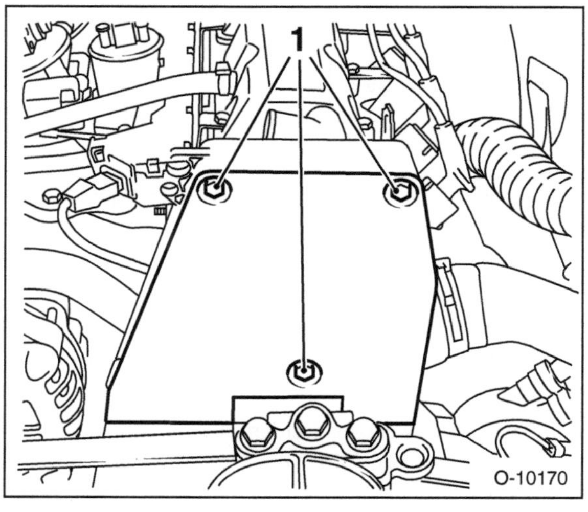

O-10170

- Oberen Teil der Zahnriemenabdeckung abschrauben –1– und abnehmen.

Untere Zahnriemenabdeckung ausbauen

- Keilrippenriemen ausbauen, siehe Seite 193.
- Keilrippenriemen-Spannvorrichtung ausbauen, siehe Seite 195.

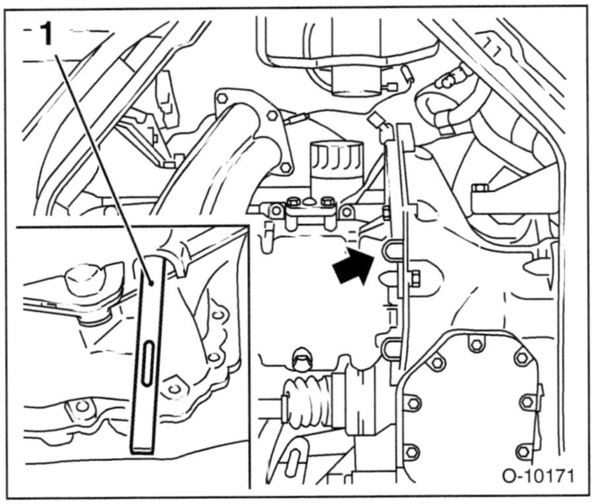

- In der Fachwerkstatt wird die Kurbelwelle mit dem Spezialwerkzeug KM-911 arretiert. Dazu Verschlußstopfen –Pfeil– mit Schraubendreher heraushebeln. Spezialwerkzeug –1– in die Öffnung einsetzen und Schwungrad blockieren.

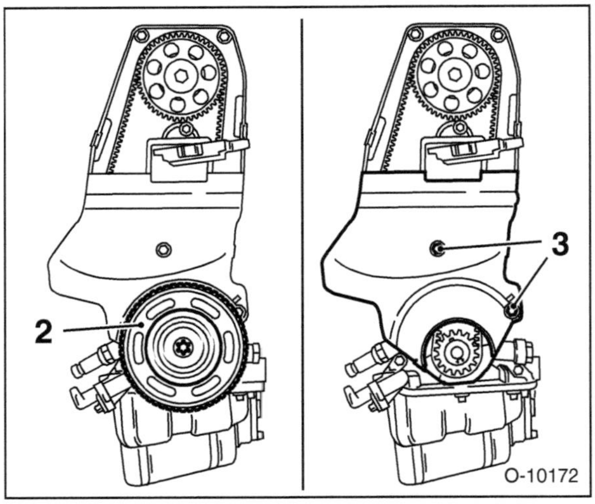

- Inkrementscheibe –2– abschrauben. Falls die Kurbelwelle nicht arretiert ist, zum Gegenhalten 1. Gang einlegen und Handbremse anziehen.
- Befestigungsschraube für Zahnriemenantriebsrad wieder in die Kurbelwelle einschrauben.
- Unteren Teil der Zahnriemenabdeckung abschrauben –3– und abnehmen.

Achtung: In der Fachwerkstatt werden jetzt die Spezialwerkzeuge KM-909-B und KM-6001 eingesetzt, damit sich nach Ausbau des rechten Motorlagers die Position der Motor-Getriebeeinheit zum Vorderachsträger nicht verändern kann.

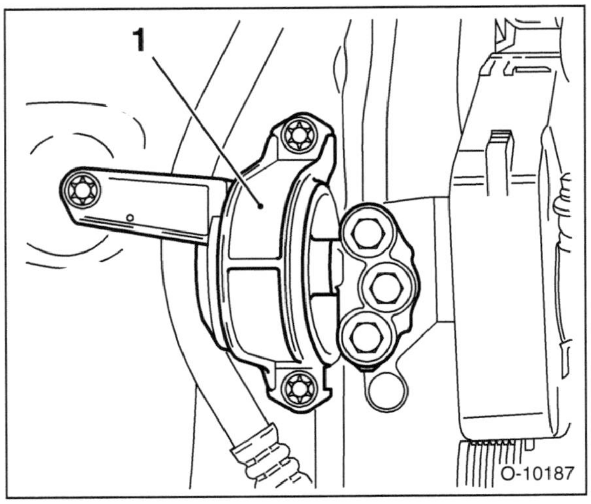

- Stehen die Spezialwerkzeuge nicht zur Verfügung, Einbaulage des rechten Motorlagers markieren. Motor mit Werkstattkran leicht anheben, bis das Lager entlastet ist.
- Motordämpfungsblock –1– vom Längsträger und vom Haltebock abschrauben.

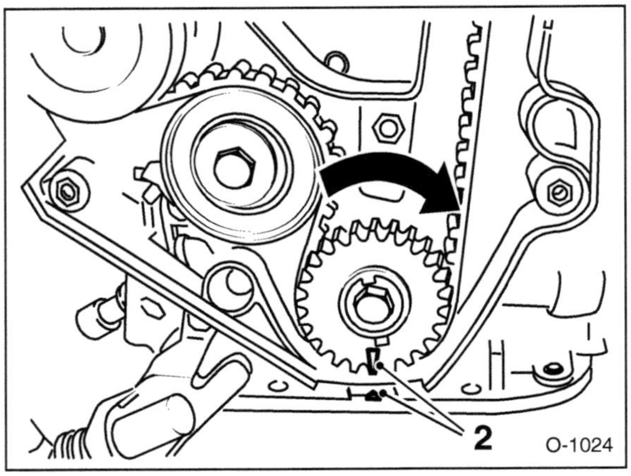

- OT-Stellung von Nockenwelle und Kurbelwelle überprüfen. Bei ausgebauter Kurbelwellen-Riemenscheibe müssen die Markierungen –2– auf Kurbelwellen-Zahnrad und Ölpumpengehäuse übereinstimmen.
- Falls der bisherige Zahnriemen wieder eingebaut werden soll, Laufrichtung auf dem Zahnriemen markieren. Dazu mit Kreide einen Pfeil auf der Zahnriemenrückseite anbringen.

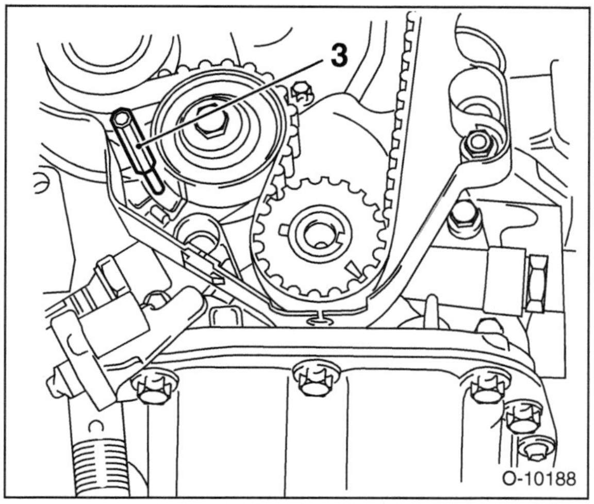

- Zahnriemen-Spannrolle entgegen der Federkraft nach oben bewegen, bis die Bohrungen deckungsgleich sind. In dieser Stellung Spannrolle mit geeignetem Dorn –3– fixieren.
- Zahnriemen abnehmen.
- Kühlmittelpumpe ausbauen und Dichtring ersetzen, siehe Seite 212.

Achtung: Motorstellung bei abgenommenem Zahnriemen nicht mehr verändern.

Einbau

- Kühlmittelpumpe mit neuem Dichtring einsetzen, Schrauben noch nicht festziehen.

Achtung: Vor dem Einbau kontrollieren, ob die OT-Markierungen auf Nockenwellen- und Kurbelwellenrad mit den Bezugsmarkierungen fluchten.

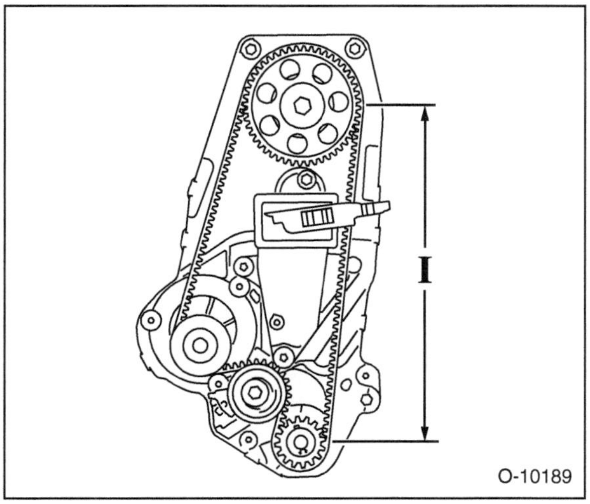

- Zahnriemen auflegen. Darauf achten, daß die Zugseite –I– straff gespannt ist und gleichzeitig die Steuerzeitenmarkierungen an Kurbel- und Nockenwelle übereinstimmen.
- Zahnriemen-Spannrolle etwas spannen, Dorn herausnehmen und Spannrolle entspannen.

Zahnriemen spannen

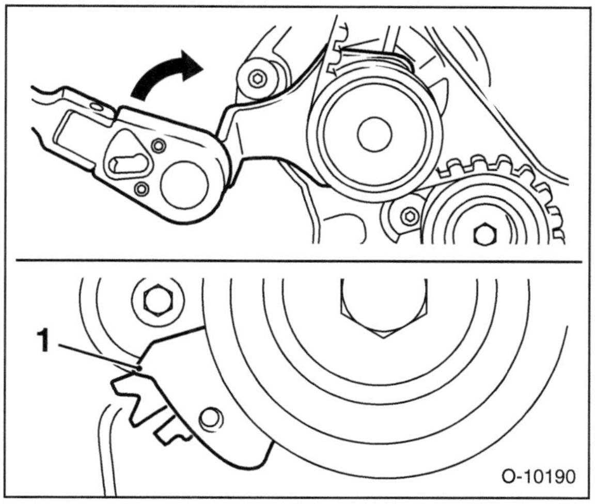

- Falls erforderlich, Befestigungsschrauben der Kühlmittelpumpe soweit lösen, daß die Pumpe verdreht werden kann.
- Kühlmittelpumpe in Pfeilrichtung –im Uhrzeigersinn– drehen und dadurch Zahnriemen spannen, bis der Zeiger –1– kurz vor dem rechten Anschlag steht. In dieser Stellung Schrauben für Kühlmittelpumpe anziehen.
- Kurbelwelle um 2 ganze Umdrehungen weiterdrehen, bis die OT-Markierungen wieder übereinstimmen. **Achtung:** Kurbelwelle langsam und gleichmäßig drehen, dabei Kühlmittelpumpe nicht verstellen.

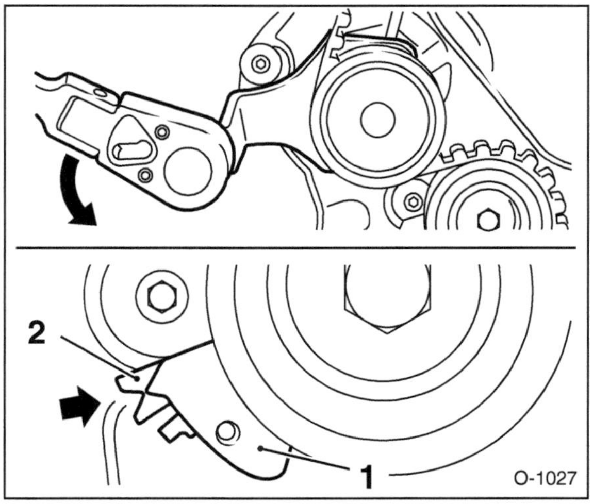

- Befestigungsschrauben der Kühlmittelpumpe lösen.
- Kühlmittelpumpe in Pfeilrichtung –entgegen dem Uhrzeigersinn– drehen und dadurch Zahnriemen-Spannung etwas lockern, bis der Zeiger –1– und die Kerbe –2– auf der Grundplatte der Zahnriemen-Spannrolle übereinstimmen. In dieser Stellung Schrauben für Kühlmittelpumpe mit **8 Nm** festziehen.
- Kurbelwelle um 2 ganze Umdrehungen weiterdrehen, bis die OT-Markierungen wieder übereinstimmen. Falls die Markierungen nicht fluchten, Einstellung wiederholen.

- Motordämpfungsblock einsetzen und anschrauben. Falls der Motor angehoben war, Motor ablassen. Schrauben am Längsträger mit **35 Nm** und am Haltebock mit **55 Nm** festziehen.
- Falls angebaut, Spezialwerkzeuge abbauen.

Untere Zahnriemenabdeckung einbauen

- Unteren Teil der Zahnriemenabdeckung an die hintere Zahnriemenabdeckung mit 4 Nm anschrauben.
- Befestigungsschraube für Zahnriemen-Antriebsrad aus der Kurbelwelle herausschrauben.
- Inkrementscheibe mit **neuer** Schraube in 3 Stufen an die Kurbelwelle anschrauben. Falls die Kurbelwelle nicht arretiert ist, zum Gegenhalten 1. Gang einlegen und Handbremse anziehen.
  1. Stufe: mit Drehmomentschlüssel und **95 Nm;**
  2. Stufe: mit starrem Schlüssel um **30°** weiterdrehen;
  3. Stufe: mit starrem Schlüssel um **15°** weiterdrehen.

Hinweis: Um die 30°/15° beim Anziehen einzuhalten, ist es sinnvoll, entsprechende Markierungen auf der Zahnriemenabdeckung anzubringen. Dazu Schlüssel auf Schraube aufsetzen und im Abstand von 30°/15° eine Markierung mit Kreide anbringen, gegebenenfalls aus Pappe eine 30°/15°-Winkelscheibe ausschneiden. Es gibt von HAZET auch die Winkelscheibe 6690 für den drehwinkelgesteuerten Schraubenanzug.

- Falls vorhanden, Blockierwerkzeug vom Schwungrad abnehmen und Öffnung mit Stopfen verschließen.
- Keilrippenriemen-Spannvorrichtung einbauen, siehe Seite 195.
- Keilrippenriemen einbauen, siehe Seite 193.
- Oberen Teil der Zahnriemenabdeckung anschrauben.
- Luftfiltergehäuse mit Heißfilm-Luftmassenmesser und Luftansaughaube einbauen, siehe Seite 223.

Hinweis: Falls der Zahnriemen gewechselt wurde, empfiehlt es sich, einen geeigneten Aufkleber mit dem Kilometerstand des Motors an der Zahnriemenabdeckung anzubringen.

Zahnriemen aus- und einbauen/ spannen

1,6-/1,8-/2,0-l-Motor X16XEL/Z16XE/X18XE1/Z18XE/X20XEV

Der Zahnriemen wird im Prinzip wie beim 1,6-l-Motor X16SZR ausbaut. In der folgenden Beschreibung wird nur auf die wesentlichen Unterschiede eingegangen. In den Abbildungen ist der 1,6-l-Motor X16XEL/Z16XE dargestellt.

Ausbau

- Oberen Teil der Zahnriemenabdeckung mit 3 Schrauben abschrauben, abclipsen und herausnehmen.
- Untere Zahnriemenabdeckung mit einer zentralen Schraube abschrauben und abclipsen.
- Nockenwellensensor vom Zylinderkopf abschrauben und zur Seite legen.

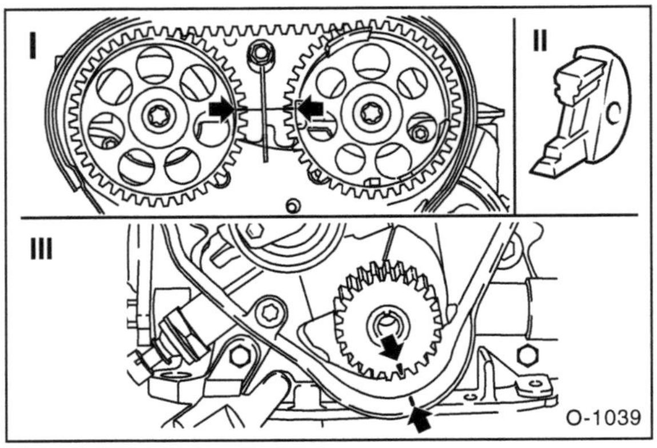

O-1039

- OT-Stellung von Nockenwelle und Kurbelwelle überprüfen. Die Markierungen –Pfeile– müssen übereinstimmen. Die Werkstatt verwendet das Werkzeug KM-852 –II– zum Arretieren der Nockenwellenräder. **Hinweis:** Die Abbildung zeigt den 1,6-/1,8-l-Motor. OT-Stellung des 2,0-l-Motors X20XEV, siehe Seite 175.

O-1040

- Schraube für Zahnriemen-Spannrolle lösen und Einstellexzenter im Uhrzeigersinn –Pfeilrichtung– drehen, bis der Zeiger –1– kurz vor dem linken Anschlag steht.
- Laufrichtung auf dem Zahnriemen markieren und Zahnriemen abnehmen.

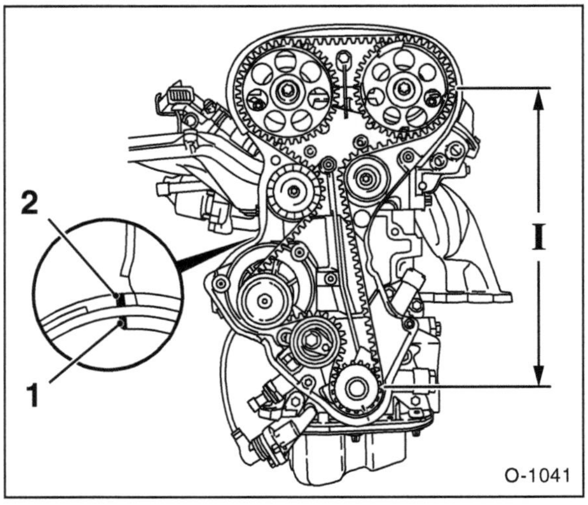

O-1041

- Position der Kühlmittelpumpe prüfen. Die Markierung –1– auf der Kühlmittelpumpe muß mit der Markierung –2– am Motorblock fluchten, gegebenenfalls einstellen.

Achtung: Motorstellung bei abgenommenem Zahnriemen nicht mehr verändern.

Einbau

- Prüfen, ob die OT-Markierungen auf Nockenwellen- und Kurbelwellenrad mit den Bezugsmarkierungen fluchten.
- Zahnriemen auflegen, die Zugseite –I– muß gestrafft sein. Laufrichtung bei gebrauchtem Riemen beachten.

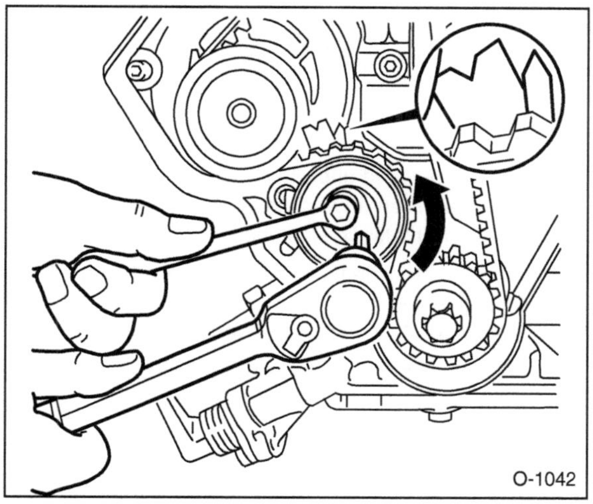
O-1042

- Befestigungsschraube der Zahnriemenspannrolle lösen.
- Spannrolle am Einstellexzenter entgegen dem Uhrzeigersinn –Pfeilrichtung– drehen, bis der Zeiger der Spannrolle kurz vor dem rechten Anschlag steht. In dieser Stellung Befestigungsschraube der Spannrolle beidrehen.
- Gegebenenfalls Fixierwerkzeug KM-852 abnehmen.
- Kurbelwelle langsam 2 ganze Umdrehungen in Motordrehrichtung weiterdrehen, auf OT-Stellung.
- Gegebenenfalls Fixierwerkzeug KM-852 einsetzen.

Spannung eines **neuen** Zahnriemens einstellen:

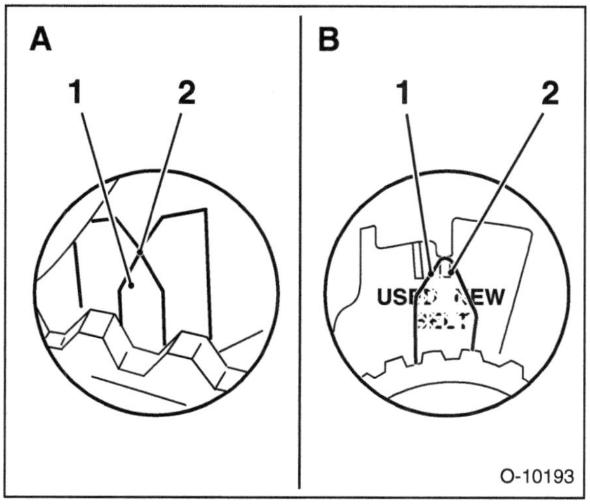

O-10193

- Befestigungsschraube der Zahnriemenspannrolle etwas lösen und Einstellexzenter im Uhrzeigersinn drehen, bis die Zeigerstellung der Abbildung entspricht.

A – 1,6-l-Motor, 2,0-l-Benzinmotor: Der Zeiger –1– der Spannrolle muß mit der Kerbmarkierung –2– fluchten.

B – 1,8-l-Motor: Der Zeiger –1– der Zahnriemenspannrolle muß mit der Kerbmarkierung »NEW« –2– fluchten.

Spannung eines **gelaufenen** Zahnriemens einstellen:

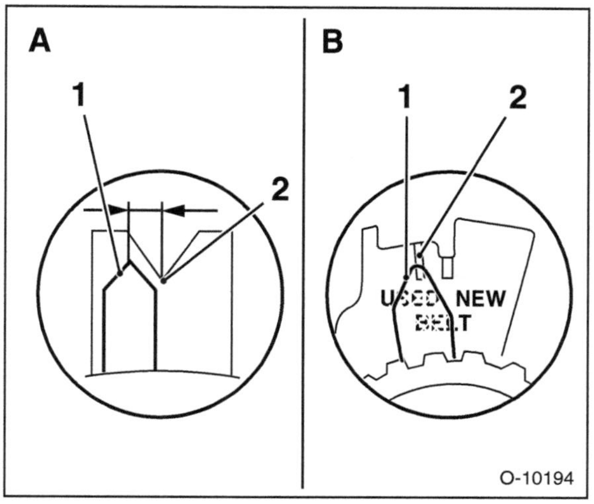

O-10194

- Befestigungsschraube der Zahnriemenspannrolle etwas lösen und Einstellexzenter im Uhrzeigersinn drehen, bis die Zeigerstellung der Abbildung entspricht.

A – 1,6-l-Motor, 2,0-l-Benzinmotor: Der Zeiger –1– der Zahnriemenspannrolle muß mit der linken Kante der Kerbmarkierung –2– fluchten, also ca. 4 mm links von der Kerbmarkierung stehen.

B – 1,8-l-Motor: Der Zeiger –1– der Spannrolle muß mit der Kerbmarkierung »USED« –2– fluchten.

Hinweis: Diese Werte gelten auch für das Nachstellen der Zahnriemen-Spannung im Rahmen der Wartung.

- Befestigungsschraube der Zahnriemen-Spannrolle mit **20 Nm** festziehen.
- Falls das Fixierwerkzeug KM-852 eingesetzt ist, Werkzeug abnehmen.
- Kurbelwelle um 2 ganze Umdrehungen weiterdrehen, bis die OT-Markierungen wieder übereinstimmen.
- Falls das Fixierwerkzeug KM-852 vorhanden ist, Werkzeug einsetzen.
- Sämtliche OT-Markierungen müssen gleichzeitig übereinstimmen, sonst Zahnriemen nochmals abnehmen und Einbau- sowie Spannvorgang wiederholen.
- Stellung des Zeigers der Zahnriemen-Spannrolle prüfen. Wenn der Zeiger nicht mit der entsprechenden Kerbmarkierung übereinstimmt, Spannvorgang wiederholen.

Anzugsdrehmomente für den weiteren Einbau:

Nockenwellensensor an Zylinderkopf . . . . **8 Nm**
Zahnriemenabdeckung unten und oben . . . . **4 Nm**

Inkrementscheibe . . . . **95 Nm + 30° + 15°**
Motordämpfungsblock rechts an Längsträger . . . . **35 Nm**
Halter für Motordämpfungsblock an Haltebock . . . . . . **55 Nm**

Zahnriemen aus- und einbauen

1,6-l-Motor Z16XEP

In der folgenden Beschreibung wird nur auf die wichtigsten Arbeitsschritte eingegangen.

Ausbau

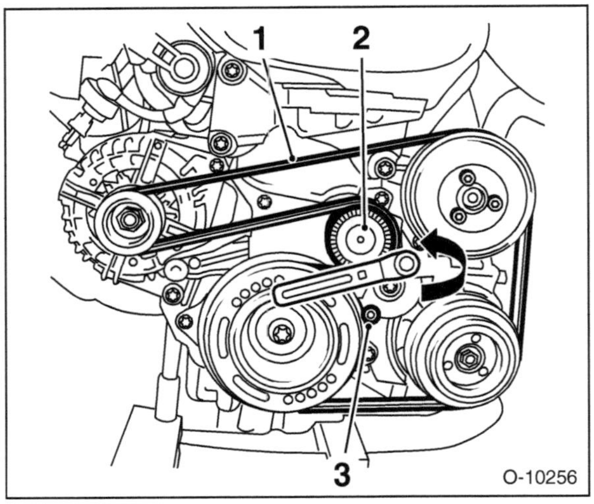

- Spannvorrichtung –2– gegen den Uhrzeigersinn spannen –Pfeil– und mit OPEL-Werkzeug KM-6130 –3– fixieren.
- Keilrippenriemen –1– ausbauen.

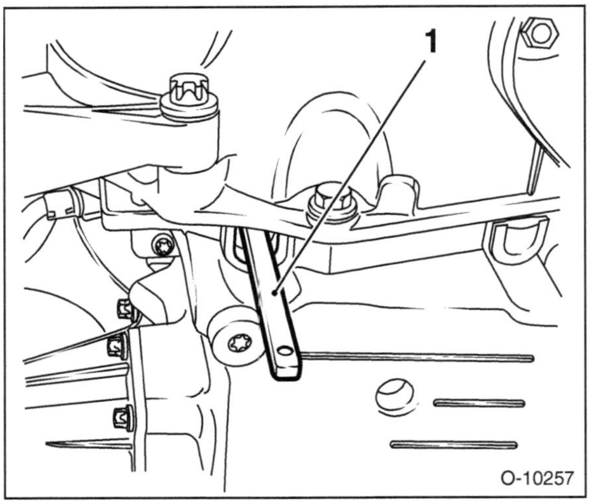

- Fahrzeug aufbocken, Motorspritzschutz abschrauben und Verschlußstopfen herausziehen. OPEL-Blockierwerkzeug KM-911 –1– einschieben, um das Schwungrad zu blockieren.

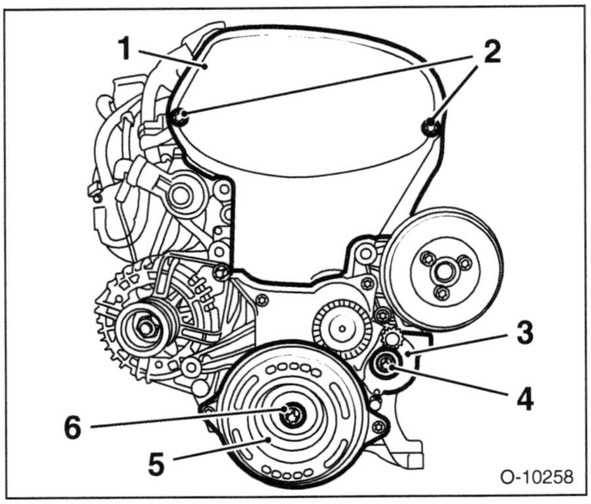

- Schraube –6– herausdrehen und Schwingungsdämpfer –5– vom Kurbelwellenrad abnehmen. Schraube –6– zum Drehen an der Kurbelwelle eindrehen.
- Schraube –4– herausdrehen und Spannvorrichtung –3– für Keilrippenriemen abnehmen, dabei ist das OPEL-Werkzeug KM-6130 weiterhin eingesetzt.
- Obere Zahnriemenabdeckung –1– abschrauben –2–, ausrasten und nach oben abnehmen.
- Untere Zahnriemenabdeckung abschrauben.

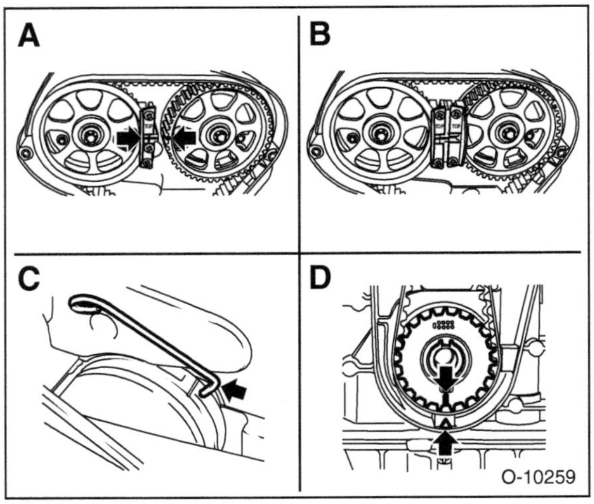

- Blockierwerkzeug KM-911 am Schwungrad herausziehen und Kurbelwelle in Motordrehrichtung, also im Uhrzeigersinn, verdrehen und auf Zünd-OT stellen. Dazu müssen sich die Markierungen –Pfeile D– gegenüberstehen.
- Fahrzeug absenken.
- OT-Stellung der Nockenwellen überprüfen. Die Markierungen –Pfeile– müssen sich dabei gegenüberstehen –A–. In dieser Stellung Einlaßnockenwellenrad mit OPEL-Werkzeug KM-6340-Left arretieren.
- Werkzeug KM-6340-Right einsetzen –B–.
- Laufrichtung auf dem Zahnriemen markieren, Zahnriemenspannrolle spannen und mit OPEL-Werkzeug KM-6333 –Pfeil– fixieren –C–. Zahnriemen abnehmen.

Einbau

Hinweis: Kurbelwelle und Nockenwellen müssen sich in OT-Stellung für Zylinder 1 befinden. Die Nockenwellenräder sind mit den Arretierwerkzeugen festgesetzt. Die Zahnriemenspannrolle ist fixiert.

- Zahnriemen auflegen, Spannrolle spannen und Werkzeug KM-6333 herausziehen.
- Arretierwerkzeuge an den Nockenwellenrädern herausnehmen, Fahrzeug aufbocken, Kurbelwelle 2 Umdrehungen in Motordrehrichtung drehen und Kurbelwelle auf Zünd-OT stellen.
- Fahrzeug absenken. OT-Stellung der Nockenwellen überprüfen. Arretierwerkzeuge KM-6340-Left/Right einsetzen, die Markierungen auf den Werkzeugen müssen sich dabei gegenüberstehen.
- Falls nicht, Zahnriemen abnehmen, Arretierwerkzeuge herausnehmen und Nockenwellenräder auf dem kürzesten Weg auf Zünd-OT stellen, so daß sich die Markierungen gegenüberstehen. Arretierwerkzeuge einsetzen und Zahnriemen auflegen. Einstellvorgang wiederholen.
- Arretierwerkzeuge an den Nockenwellenrädern herausnehmen und Fahrzeug aufbocken.
- Untere Zahnriemenabdeckung anschrauben.
- Schwungrad blockieren und Schwingungsdämpfer mit **90 Nm + 30° + 15°** am Kurbelwellenrad festschrauben.
- Blockierwerkzeug KM-911 am Schwungrad herausziehen und Verschlußstopfen einsetzen.
- Spannvorrichtung für Keilrippenriemen mit **50 Nm** anschrauben. Spannvorrichtung gegen den Uhrzeigersinn spannen, Keilrippenriemen auflegen und OPEL-Werkzeug KM-6130 herausziehen.
- Motorspritzschutz anschrauben und Fahrzeug absenken.
- Obere Zahnriemenabdeckung anschrauben, dabei muß die Abdeckung korrekt einrasten.

Zahnriemenspannung prüfen/ einstellen

1,7-l-Dieselmotor X17DTL

Prüfen

Die Prüfung der Zahnriemenspannung bezieht sich auf »gelaufene« Zahnriemen.

- Motor auf Zünd-OT für Zylinder 1 stellen, siehe Seite 173.

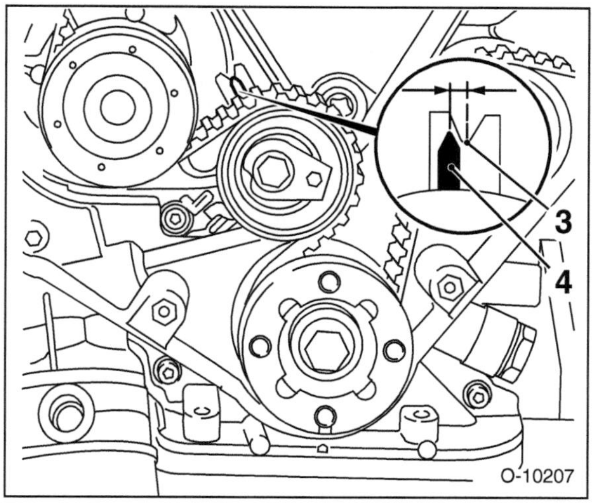

- Die Zahnriemenspannung ist richtig eingestellt, wenn der Zeiger –4– mit der linken Kante der Kerbmarkierung –3– fluchtet: Der Zeiger steht dann ca. 4 mm links von der Aussparung.
- Andernfalls Zahnriemenspannung einstellen.

Spannen

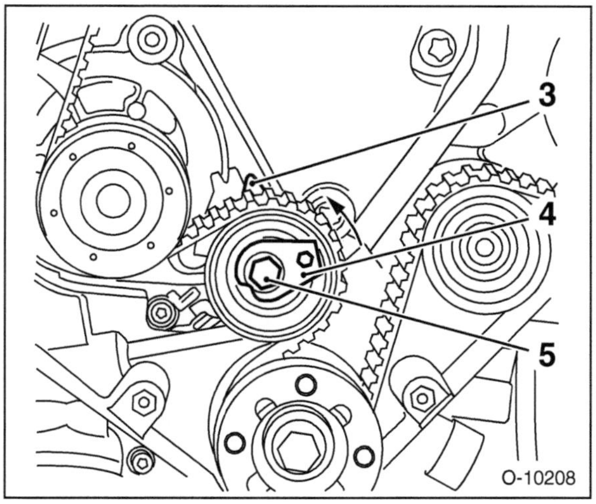

- Schraube –5– der Zahnriemen-Spannrolle lösen.
- Spannrolle am Einstellexzenter –4– in Pfeilrichtung, also entgegen dem Uhrzeigersinn spannen, bis der Zeiger –3– kurz vor dem rechten Anschlag steht.
- Befestigungsschraube für Spannrolle anziehen.
- Kurbelwelle an der Zentralschraube um 2 volle Umdrehungen in Motordrehrichtung, also im Uhrzeigersinn, weiterdrehen und auf OT stellen.
- Befestigungsschraube der Zahnriemen-Spannrolle lösen.

Gelaufener Zahnriemen

- Befestigungsschraube der Zahnriemen-Spannrolle lösen.
- Spannrolle am Einstellexzenter im Uhrzeigersinn drehen, bis der Zeiger –4– ca. 4 mm links vor der Aussparung –3– steht, siehe Abbildung O-10207.

Neuer Zahnriemen

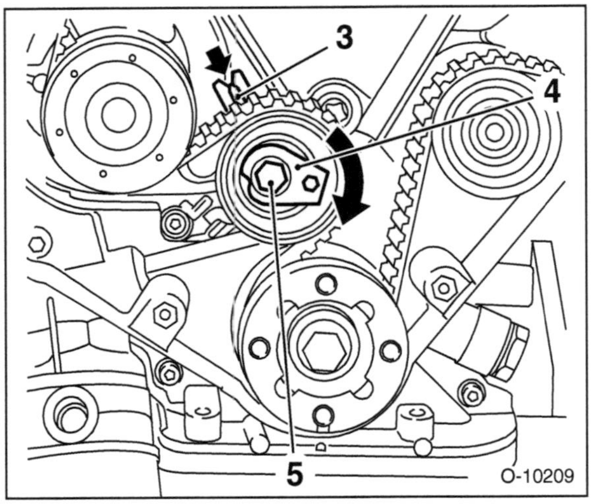

- Befestigungsschraube –5– der Zahnriemen-Spannrolle lösen.
- Spannrolle am Einstellexzenter –4– in Pfeilrichtung, also im Uhrzeigersinn entspannen, bis der Zeiger –3– mit der Kerbmarkierung –Pfeil oben– fluchtet.

- Befestigungsschraube für Spannrolle mit **25 Nm** festziehen.
- Kurbelwelle an der Zentralschraube um 2 volle Umdrehungen in Motordrehrichtung, also im Uhrzeigersinn, weiterdrehen und auf OT stellen.
- Zahnriemenspannung prüfen, gegebenenfalls Einstellung wiederholen.

Zahnriemen aus- und einbauen

1,7-l-Motor Z17DTL

In der folgenden Beschreibung wird nur auf die wichtigsten Arbeitsschritte eingegangen.

Ausbau

- Keilrippenriemen ausbauen, siehe Seite 193.
- Obere Zahnriemenabdeckung und Halter für Nockenwellensensor abschrauben
- Schwingungsdämpfer vom Kurbelwellenrad abschrauben.
- Motor abstützen und Haltebock für Motordämpfungsblock abschrauben.
- Antriebsrad für Kühlmittelpumpe abschrauben.
- Untere Zahnriemenabdeckung abschrauben.

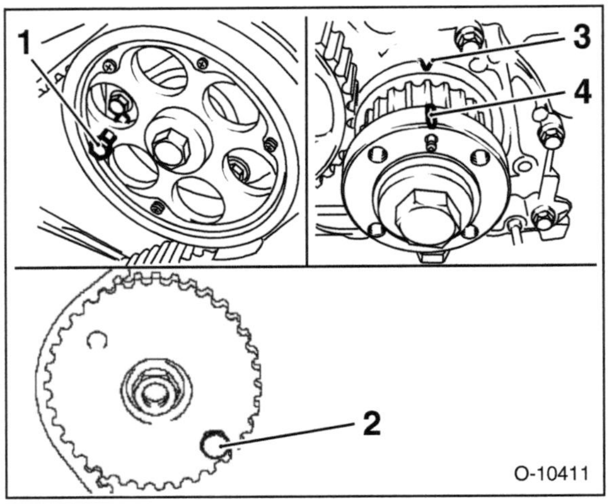

- Kurbelwelle in Motordrehrichtung, also im Uhrzeigersinn, drehen und auf Zünd-OT stellen. **Achtung:** Dazu sind bis zu 6 Umdrehungen nötig und es müssen folgende Positionen gleichzeitig übereinstimmen:
  - ◆ Die Markierungen am Antriebsrad –4– und am Ölpumpengehäusedeckel –3– müssen miteinander fluchten.
  - ◆ Die OT-Feststellschraube M6 –1– muss in das Nockenwellenrad eingesetzt werden können.
  - ◆ Die OT-Feststellschraube M8 –2– muss in das Antriebsrad der Hochdruckpumpe eingesetzt werden können.

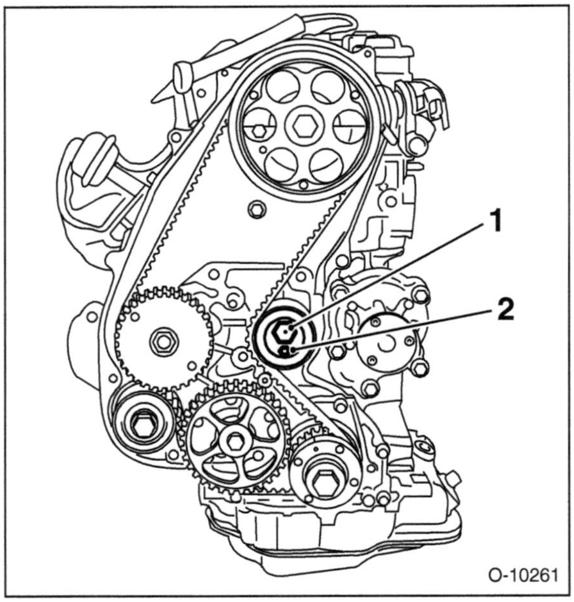

- Laufrichtung auf dem Zahnriemen markieren. Schraube –1– für Zahnriemenspannrolle lösen, Innensechskantschlüssel in Bohrung –2– stecken, Spannrolle gegen den Uhrzeigersinn drehen und in dieser Position Schraube –1– wieder festziehen. Zahnriemen abnehmen.

Einbau

Hinweis: Motor muss sich in OT-Stellung befinden. Nockenwellen- und Hochdruckpumpenrad sind mit OT-Feststellschrauben arretiert. Die Markierungen am Antriebsrad und am Ölpumpengehäusedeckel stehen sich gegenüber. Die Zahnriemenspannrolle ist fixiert.

- Zahnriemen am Kurbelwellenrad auflegen und gestrafft über die Antriebsräder der Ölpumpe, der Hochdruckpumpe und der Nockenwelle führen.
- Spannrolle lösen, OT-Feststellschrauben herausdrehen und Kurbelwelle 60° **gegen** die Motordrehrichtung drehen. Schraube für Spannrolle mit **38,2 Nm** festziehen.
- Kurbelwelle 2 Umdrehungen in Motordrehrichtung drehen und auf Zünd-OT stellen. OT-Feststellschrauben müssen sich eindrehen lassen.
- Falls nicht, Zahnriemen abnehmen, Zahnriemenräder auf dem kürzesten Weg so verdrehen, daß sich die OT-Feststellschrauben eindrehen läßt. Zahnriemen neu auflegen und Einstellvorgang wiederholen.
- OT-Feststellschrauben herausdrehen.
- Untere Zahnriemenabdeckung anschrauben.
- Antriebsrad für Kühlmittelpumpe anschrauben.
- Haltebock für Motordämpfungsblock mit **40 Nm** am Zylinderblock und mit **55 Nm** am Halter festschrauben.
- Schwingungsdämpfer mit **19,6 Nm** festschrauben, dabei an der Befestigungsschraube des Antriebsrades gegenhalten. Der Zapfen am Antriebsrad muß in die Bohrung des Schwingungsdämpfers greifen.
- Der weitere Einbau erfolgt in umgekehrter Ausbaureihenfolge.

Zahnriemen aus- und einbauen

1,7-l-Dieselmotor X17DTL

Beim Einbau des Zahnriemens müssen die Steuerzeiten neu eingestellt werden. Da dieser Vorgang nur mit OPEL-Spezialwerkzeug durchgeführt werden kann, wird der Aus- und Einbau des Zahnriemens nicht beschrieben.

OT-Stellung der Einspritzpumpe

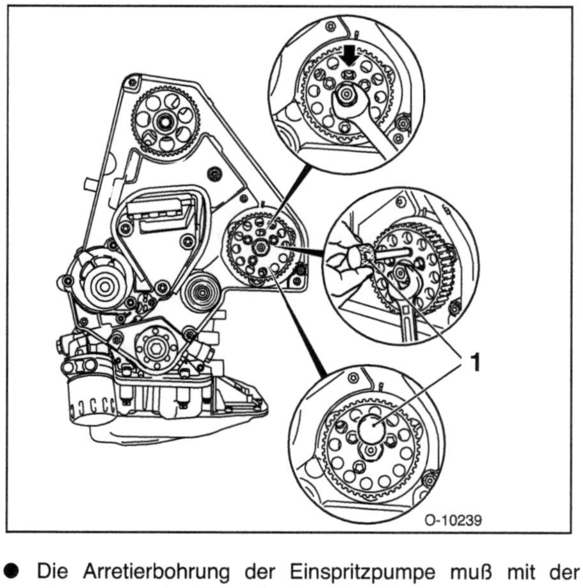

- Die Arretierbohrung der Einspritzpumpe muß mit der Aussparung im Flansch der Einspritzpumpe und dem Langloch des Einspritzpumpenrades fluchten –Pfeil–.
- In dieser Stellung Arretierstift KM-6011 –1– bis zum Anschlag in die Bohrung der Einspritzpumpe einsetzen.

Zahnriemen aus- und einbauen

1,7-l-Dieselmotor Y17DT

Ausbau

- Luftfiltergehäuse mit Heißfilm-Luftmassenmesser und Luftansaugschlauch ausbauen, siehe Seite 223.
- Obere Zahnriemenabdeckung abschrauben. Untere Motorabdeckung abschrauben. Keilrippenriemen ausbauen, siehe Seite 193.

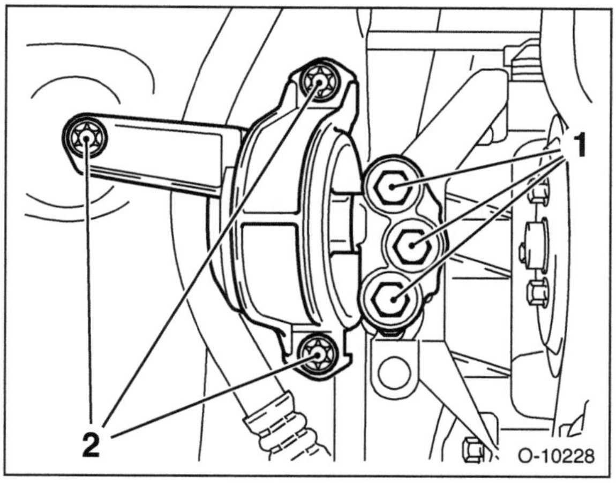

- Einbaulage des rechten Motorlagers markieren. Motor mit Werkstattkran leicht anheben, bis das Lager entlastet ist.
- Halter für rechtes Motorlager vom Haltebock abschrauben –1–. 2 – Schrauben für Motorlager.
- Haltebock für Motordämpfungsblock vom Adapter abschrauben. Adapter für Motordämpfungsblock vom Zylinderblock abnehmen.

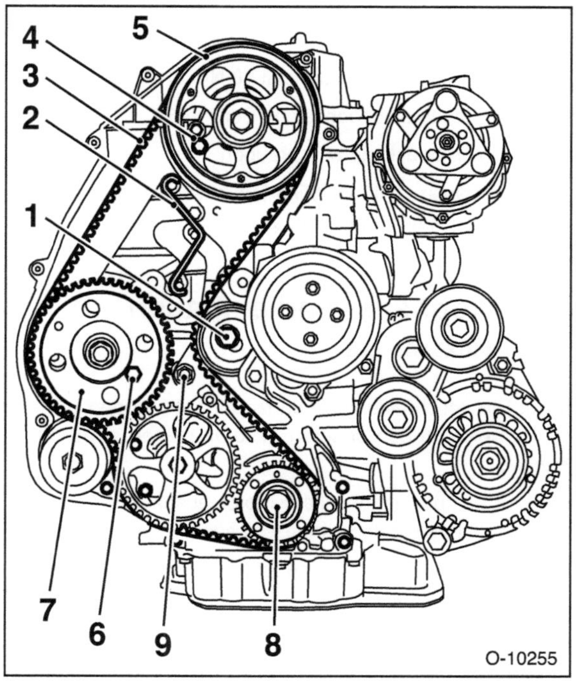

- Schraube –9– für Adapter wieder eindrehen.

- Kurbelwellen-Riemenrad abschrauben, dabei an der Zentralschraube –8– gegenhalten.
- Untere Zahnriemenabdeckung abschrauben.
- Kurbelwelle in Motordrehrichtung auf OT für Zylinder 1 stellen, siehe Seite179.
- OT-Feststellschraube –4– (M6) in Nockenwellen-Antriebsrad –5– eindrehen. OT-Feststellschraube –6– (M8) in Einspritzpumpen-Antriebsrad –7– einsetzen.
- Schraube –1– für Zahnriemen-Spannrolle lösen und Spannfeder –2– aushängen.
- Laufrichtung auf dem Zahnriemen –3– markieren und Zahnriemen abnehmen.

Einbau

- Zahnriemen auflegen, zuerst auf Einspritzpumpen-Antriebsrad dann auf Nockenwellen-Antriebsrad. Dabei Laufrichtung des Zahnriemens beachten.
- Spannfeder –2– einhängen und OT-Feststellschrauben herausdrehen.
- Zahnriemen spannen, dazu Kurbelwelle an der Zentralschraube –8– 60° **gegen** die Motordrehrichtung drehen.
- Schraube –1– für Spannrolle mit **38 Nm** festziehen.
- Einstellung der Steuerzeiten kontrollieren: Kurbelwelle 780° **in** Motordrehrichtung drehen und auf OT stellen. In dieser Stellung müssen sich die OT-Feststellschrauben in die Antriebsräder für Nockenwelle und Einspritzpumpe eindrehen lassen. Falls nicht, Einstellung wiederholen.
- Untere Zahnriemenabdeckung mit **10 Nm** anschrauben.
- Kurbelwellen-Riemenrad mit **20 Nm** anschrauben, dabei an der Zentralschraube –8– gegenhalten.
- Haltebock für Motordämpfungsblock und Adapter mit **40 Nm** am Zylinderblock anschrauben. Halter für Motordämpfungsblock mit **55 Nm** am Haltebock anschrauben.
- Obere Zahnriemenabdeckung mit **10 Nm** anschrauben.
- Keilrippenriemen einbauen, siehe Seite 193.
- Untere Motorabdeckung anschrauben.
- Luftfiltergehäuse mit Heißfilm-Luftmassenmesser und Luftansaugschlauch einbauen, siehe Seite 223.

Zylinderkopf aus- und einbauen

1,6-l-Motor X16XEL/Z16XE

Achtung: Die Beschreibung gilt prinzipiell auch für den **1,8-l-Motor**. Hinweise zu den anderen Motoren stehen am Ende des Kapitels.

Zylinderkopf nur bei abgekühltem Motor ausbauen. Abgas- und Ansaugkrümmer bleiben angeschlossen.

Eine defekte Zylinderkopfdichtung ist an einem oder mehreren der folgenden Merkmale erkennbar:

- Leistungsverlust.
- Kühlflüssigkeitsverlust. Weiße Abgaswolken bei warmem Motor.
- Ölverlust.
- Kühlflüssigkeit im Motoröl, Ölstand nimmt nicht ab, sondern zu. Graue Farbe des Motoröls, Schaumbläschen am Peilstab, Öl dünnflüssig.
- Motoröl in der Kühlflüssigkeit.
- Kühlflüssigkeit sprudelt stark.
- Schlechte Kompression auf 2 benachbarten Zylindern.

Ausbau

- Batterie-Massekabel (–) bei ausgeschalteter Zündung abklemmen. **Achtung:** Dadurch werden elektronische Speicher gelöscht, wie zum Beispiel der Radiocode. Ohne Code kann das Radio nur vom Radiohersteller freigeschaltet werden, beziehungsweise beim OPEL-Radio von einer OPEL-Werkstatt. Deshalb Hinweise im Kapitel »Batterie aus- und einbauen« durchlesen.
- Luftfiltergehäuse mit Heißfilm-Luftmassenmesser und Luftansaughaube ausbauen, siehe Seite 223.
- Untere Schraube für Generatorbefestigung lösen. Haltelasche für Generator abschrauben und Generator nach hinten schwenken.
- Rechtes Vorderrad ausbauen. Dazu Stellung des Rades zur Radnabe mit Farbe kennzeichnen. Dadurch kann das ausgewuchtete Rad wieder in derselben Position montiert werden. Radschrauben lösen, dabei muß das Fahrzeug auf dem Boden stehen. Fahrzeug vorn aufbocken und Vorderrad abnehmen.
- Rechten Innenkotflügel ausbauen, siehe Seite 275.
- Kühlmittel ablassen und auffangen, siehe Seite 206.
- Vorderes Abgasrohr vom Abgaskrümmer abschrauben.
- Stütze für Einlaßkrümmer am Einlaßkrümmer abschrauben und am Motorblock lösen. Stütze zur Seite schwenken.
- Keilrippenriemen-Spannvorrichtung ausbauen, siehe Seite 195.
- Inkrementscheibe ausbauen, siehe Seite 180.
- Gaszug aushängen und nach hinten ablegen. **Achtung:** Einstellklammer nicht entfernen.
- Kurbelgehäuseentlüftungsschläuche vom Zylinderkopfdeckel abziehen.
- Folgende Unterdruckschläuche abziehen:
  - Schlauch für Saugrohr-Druckfühler vom Einlaßkrümmer.
  - Schlauch für Tankentlüftungsventil vom Drosselklappenstutzen.
  - Leitung für Bremskraftverstärker vom Einlaßkrümmer.
  - Schlauch vom Kraftstoff-Druckregler.
- Kühlmittelschläuche vom Drosselklappenstutzen abziehen.
- Alle Kabelverbindungen des Motor-Kabelstranges trennen.
- Steckerleiste mit Kabelkanal von den Einspritzventilen abziehen.
- Mehrfachstecker vom Motorsteuergerät entriegeln und abziehen.
- Einlaßkrümmer mit 5 Schrauben abschrauben.

- Kraftstoffdruck abbauen, siehe Seite 218.
- Kraftstoffleitungen vom Verteilerrohr abschrauben.
- Kühlmittelschläuche von Kühlmittelflansch, Thermostatgehäuse Einlaßkrümmer abziehen.
- Halter für Kurbelgehäuseentlüftung vom Zylinderkopf beziehungsweise Halter für Steuergerät abschrauben.
- Kurbelwelle auf ca. 60° vor OT stellen.
- Zahnriemen ausbauen.
- Zündmodul abschrauben.
- Zylinderkopfdeckel abschrauben.
- Nockenwellenräder abschrauben. Dabei mit Maulschlüssel am Sechskant der Nockenwellen gegenhalten. Nokkenwellenräder so ablegen, daß sie beim Einbau nicht verwechselt werden.
- Zahnriemen-Spannrolle abschrauben.
- Beide Zahnriemen-Umlenkrollen abschrauben.
- Haltebock für Motordämpfungsblock vom Motorblock abschrauben.
- Zahnriemen-Antriebsrad von der Kurbelwelle abziehen.
- Hintere Zahnriemen-Abdeckung mit 4 Schrauben abschrauben.

Achtung: Das Lösen der Zylinderkopfschrauben darf nur bei kaltem Motor (Raumtemperatur ca. +20° C) erfolgen.

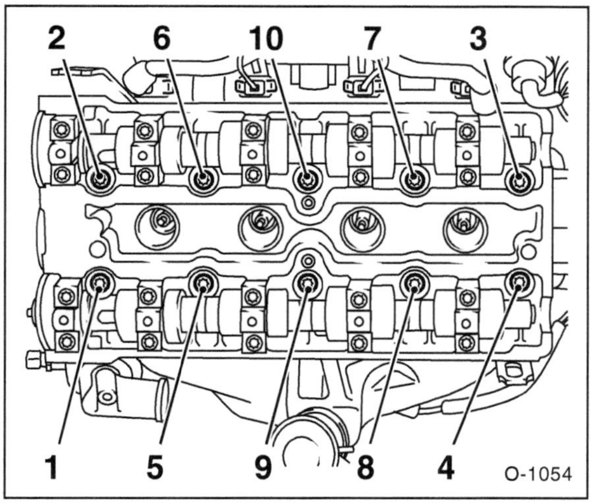

O-1054

- Alle Zylinderkopfschrauben in der abgebildeten Reihenfolge zuerst ¼, dann ½ Umdrehung lösen. Anschließend Schrauben ganz herausdrehen.
- Zylinderkopf mit Helfer vom Motorblock abheben.

Einbau

- Dichtflächen von Zylinderkopf und Motorblock mit einem geeigneten Schaber von Dichtungsresten reinigen. Darauf achten, daß kein Schmutz in die Motorblock-Öffnungen fällt. Bohrungen mit einem Lappen verschließen.

Achtung: Die Bohrungen für die Zylinderkopfschrauben müssen frei von Öl- und Kühlmittelresten sein. Bohrungen mit Preßluft ausblasen, oder Schraubendreher mit Lappen umwickeln und Flüssigkeit aufsaugen. Sonst baut sich Druck beim Einschrauben der neuen Schrauben auf, was zum Reißen des Motorblocks oder zu einem falschen Anzugsdrehmoment führen kann.

- Zylinderkopf und Motorblock mit Stahllineal auf Planheit prüfen. **Achtung:** Der Zylinderkopf darf **nicht** plangeschliffen werden.

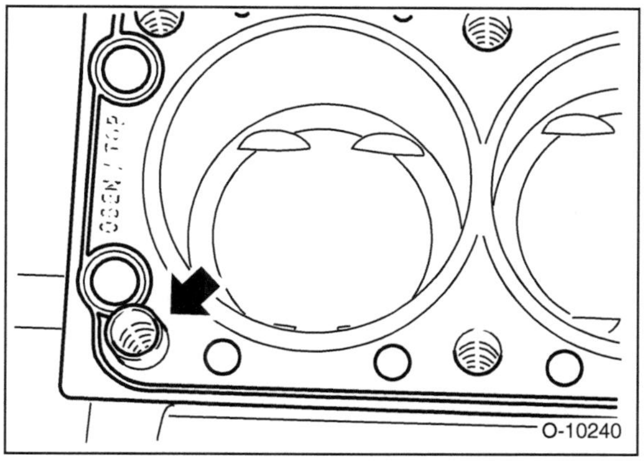
O-10240

- Prüfen, ob die Paßhülsen –Pfeil– in den Bohrungen der Schrauben 1 und 3 (Abbildung O-1054) vorhanden sind. Falls nötig, Paßhülsen einsetzen und festen Sitz prüfen.
- **Neue** Zylinderkopfdichtung ohne Dichtungsmittel auf fettfreie Dichtfläche so aufgelegen, daß keine Bohrungen verdeckt werden. Die Aufschrift »OBEN/TOP« muß nach oben, also zum Zylinderkopf, zeigen.
- Zylinderkopf mit Helfer aufsetzen und **neue** Zylinderkopfschrauben spiralförmig **von innen nach außen** gleichmäßig bis zur Anlage beiziehen.

Achtung: Grundsätzlich **neue** Zylinderkopfschrauben verwenden. Die Zylinderkopfschrauben müssen in fünf Stufen angezogen werden. Zum Anziehen der Zylinderkopfschrauben ist unbedingt ein exakt arbeitender Drehmomentschlüssel erforderlich. Zur Erleichterung kann zusätzlich eine Winkelscheibe für den drehwinkelgesteuerten Schraubenanzug verwendet werden, zum Beispiel HAZET 6690.

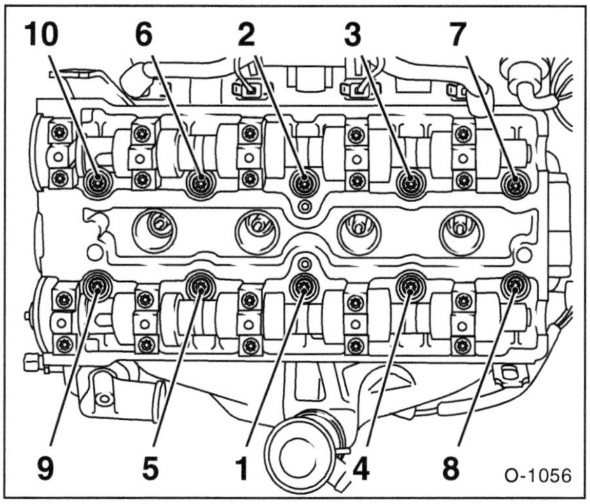

O-1056

- Zylinderkopfschrauben in der Reihenfolge von 1 bis 10 in 5 Stufen anziehen.

  1. Stufe: Mit Drehmomentschlüssel und **25 Nm** .

2. Stufe: Mit starrem Schlüssel um **90°** weiterdrehen.
3. Stufe: Mit starrem Schlüssel um **90°** weiterdrehen.
4. Stufe: Mit starrem Schlüssel um **90°** weiterdrehen.
5. Stufe: Mit starrem Schlüssel um **45°** weiterdrehen.

- Hintere Zahnriemenabdeckung mit **6 Nm** anschrauben.
- Zahnriemenantriebsrad auf die Kurbelwellen schieben.
- Haltebock mit **50 Nm** am Motorblock anschrauben.

Nockenwellenräder einbauen

- Nockenwellenräder so ansetzen, daß die Steuerzeitenmarkierungen nach vorn zeigen, also sichtbar bleiben. Die Führungsstifte der Nockenwellen müssen in die Bohrungen an den Nockenwellenrädern eingreifen. Darauf achten, daß das Nockenwellenrad mit der Blende zur Zylindererkennung an der Auslaßnockenwelle montiert wird.
- **Neue** Schrauben für Nockenwellenräder in 3 Stufen anziehen. Anzugsdrehmoment:
  1. Stufe: Mit Drehmomentschlüssel und **50 Nm.**
  2. Stufe: Mit starrem Schlüssel **60°** weiterdrehen.
  2. Stufe: Mit starrem Schlüssel **15°** weiterdrehen.

Zahnriemen-Spannrolle einbauen

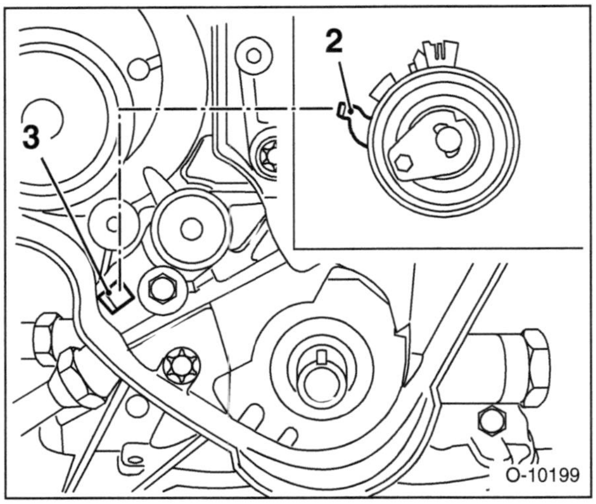

- Zahnriemen-Spannrolle so ansetzen, daß der Arretierhebel –2– in die Führung –3– an der Ölpumpe eingreift. Befestigungsschraube beidrehen, nicht festziehen.

Zylinderkopfdeckel einbauen

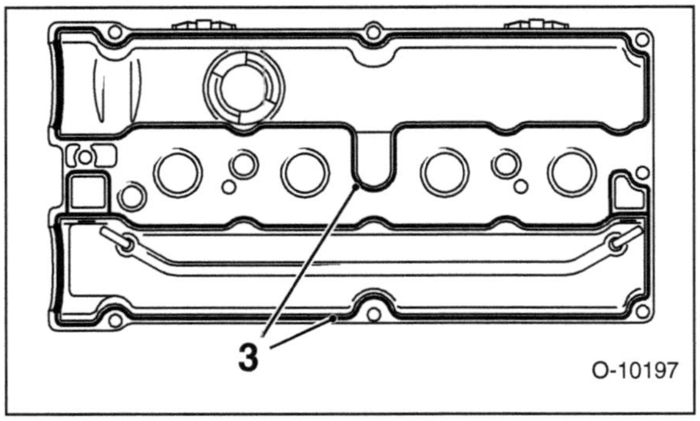

- Neue Dichtungen –3– in den Zylinderkopfdeckel einsetzen, dabei Dichtlippe in die Nut eindrücken.

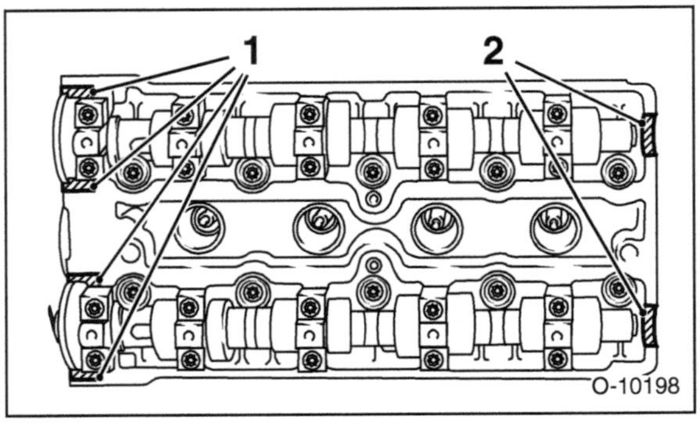

- Dichtflächen am Zylinderkopf reinigen und an den in der Abbildung gekennzeichneten Stellen Dichtmasse auftragen, zum Beispiel Klebedichtmasse (schwarz) OPEL-1503295 (90485251) oder Loctite »Ultra Black«.
  1,6-l-Motor X16XEL/Z16XE: Positionen –1– und –2–.
  1,8-l-Motor X18XE1: Position –1–.
- Zylinderkopfdeckel über Kreuz mit **8 Nm** festziehen.
- Der weitere Einbau erfolgt in umgekehrter Ausbaureihenfolge.

Anzugsdrehmomente für den weiteren Einbau:	
Zündmodul	**8 Nm**
Kraftstoffleitungen	**15 Nm**
1,6-l-Motor X16XEL/Z16XE: Einlaßkrümmer mit neuer Dichtung	**8 Nm**
Inkrementscheibe	**95 Nm + 30° + 15°**
Keilrippenriemen-Spannvorrichtung	**35 Nm**
Stütze Einlaßkrümmer an Einlaßkrümmer	**20 Nm**
Stütze Einlaßkrümmer an Motorblock	**35 Nm**
Vorderrad an Radnabe	**110 Nm**
Lasche für Generator	**20 Nm**
Untere Generatorschraube	**35 Nm**
Nur 1,8-l-Motor X18XE1:	
Einlaßkrümmer mit neuer Dichtung	**20 Nm**
Drosselklappenstutzen	**8 Nm**
Hintere Motortransportlasche	**25 Nm**
Kühlmittelleitung	**8 Nm**

- Steckerleiste auf Einspritzventile stecken, die Steckerleiste muß hörbar einrasten.
- Batterie-Massekabel (–) anklemmen. **Achtung:** Hoch-/Tieflaufautomatik für elektrische Fensterheber aktivieren sowie Zeituhr stellen und Radiocode eingeben, siehe Kapitel »Batterie aus- und einbauen«.
- Kühlsystem auffüllen, siehe Seite 206.
- Ölstand im Motor prüfen, gegebenenfalls Öl bis zur MAX-Markierung nachfüllen. **Achtung:** Wurde der Zylinderkopf aufgrund einer defekten Zylinderkopfdichtung abgebaut, Öl wechseln, da sich im Motoröl Kühlflüssigkeit befinden kann. Motoröl wechseln, siehe Seite 23.

1,2-l-Motor Z(X)12XE

Anzugsreihenfolge der Zylinderkopfschrauben:

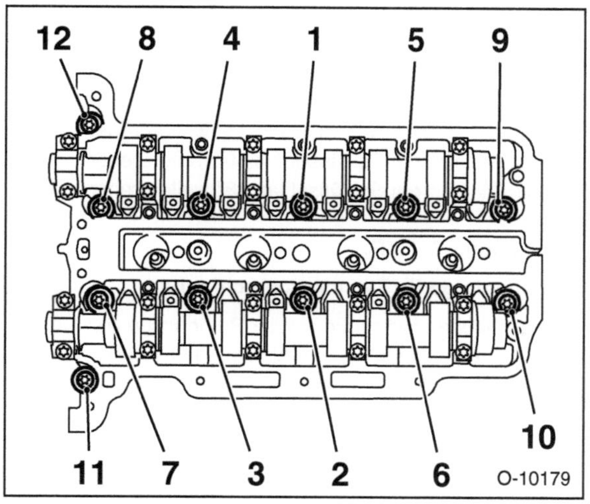

- **Neue** Zylinderkopfschrauben einsetzen und bis zur Anlage am Zylinderkopf beiziehen.
- Zylinderkopfschrauben in der Reihenfolge von 1 bis 12 in 4 Stufen anziehen.

  1. Stufe: Mit Drehmomentschlüssel und **25 Nm**.
  2. Stufe: Mit starrem Schlüssel um **60°** weiterdrehen.
  3. Stufe: Mit starrem Schlüssel um **60°** weiterdrehen.
  4. Stufe: Mit starrem Schlüssel um **60°** weiterdrehen.

Speziell 1,6-l-Motor X16SZR/Z16SE (1 Nockenwelle OHC)

Anzugsreihenfolge der Zylinderkopfschrauben:

- Dichtfläche des Zylinderkopfes zum Nockenwellengehäuse gleichmäßig mit Flächendichtmittel, zum Beispiel OPEL-1503170 (grün) oder Loctite »Ultra Black« bestreichen.
- Nockenwellengehäuse aufsetzen und **neue** Zylinderkopfschrauben spiralförmig **von innen nach außen** gleichmäßig bis zur Anlage beiziehen.

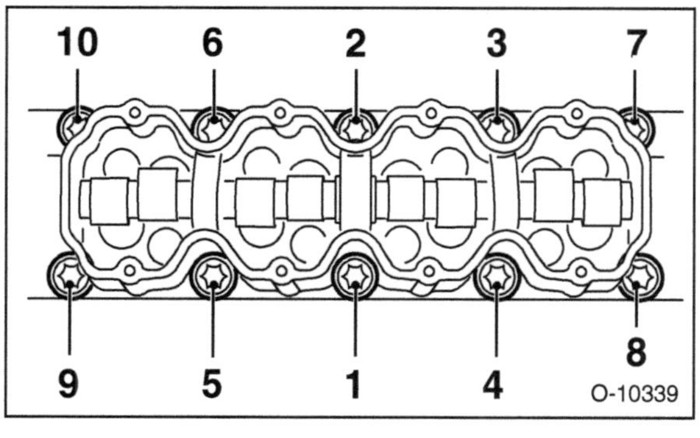

- Zylinderkopfschrauben in der Reihenfolge von 1 bis 10 in 4 Stufen anziehen.

  1. Stufe: Mit Drehmomentschlüssel und **25 Nm**.
  2. Stufe: Mit starrem Schlüssel um **60°** weiterdrehen.
  3. Stufe: Mit starrem Schlüssel um **60°** weiterdrehen.
  4. Stufe: Mit starrem Schlüssel um **60°** weiterdrehen.

- Nockenwellenrad anschrauben. Dabei Nockenwelle am Sechskant mit Maulschlüssel gegenhalten. Schraube für Nockenwellenrad mit **45 Nm** festziehen.
- Deckel für Nockenwellengehäuse mit neuer Dichtung und **8 Nm** anschrauben. Dabei Schrauben spiralförmig von innen nach außen festziehen.
- Stütze und Lasche an Einlaßkrümmer und Generator mit **20 Nm** anschrauben.
- Zahnriemen einbauen und spannen, siehe Seite 180.

Anzugsdrehmomente für den weiteren Einbau:

Haltebock für Motorlager an Motorblock	**50 Nm**
Zahnriemen-Spannrolle	**20 Nm**
Kabelkanal an Nockenwellengehäusedeckel	**8 Nm**

Speziell 1,6-l-Motor Z16XEP

- Zylinderkopfschrauben in der Reihenfolge von 1 bis 10 in 5 Stufen anziehen, siehe Abbildung O-10237.

  1. Stufe: Mit Drehmomentschlüssel und **25 Nm** .
  2. Stufe: Mit starrem Schlüssel um **90°** weiterdrehen.
  3. Stufe: Mit starrem Schlüssel um **90°** weiterdrehen.
  4. Stufe: Mit starrem Schlüssel um **90°** weiterdrehen.
  5. Stufe: Mit starrem Schlüssel um **45°** weiterdrehen.

2,2-l-Benzinmotor Z22SE

Anzugsreihenfolge für Zylinderkopfschrauben

- **Neue** M10-Zylinderkopfschrauben in der Reihenfolge von 1 bis 10 in 4 Stufen anziehen, siehe Abbildung O-10237.

  1. Stufe: Mit Drehmomentschlüssel und **30 Nm.**
  2. Stufe: Mit starrem Schlüssel um **75°** weiterdrehen.
  3. Stufe: Mit starrem Schlüssel um **75°** weiterdrehen.
  4. Stufe: Mit starrem Schlüssel um **15°** weiterdrehen.

- **Neue** M8-Zylinderkopfschrauben im Steuergehäuse mit **35 Nm** festziehen.

2,0-l-Benzinmotor

Anzugsreihenfolge der Zylinderkopfschrauben:

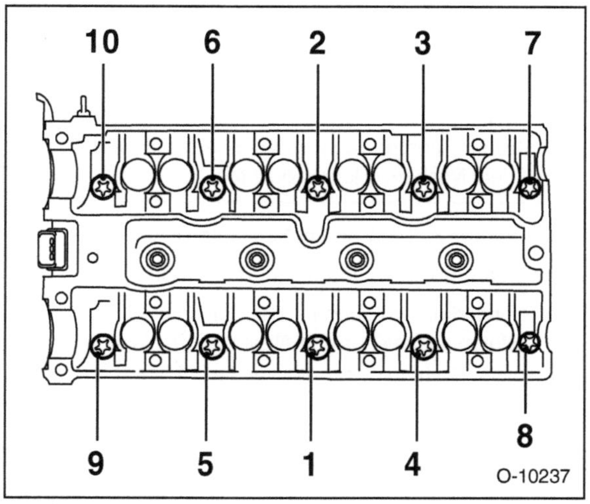

- Zylinderkopfschrauben in der Reihenfolge von 1 bis 10 in 5 Stufen anziehen.

  1. Stufe: Mit Drehmomentschlüssel und **25 Nm**.
  2. Stufe: Mit starrem Schlüssel um **90°** weiterdrehen.

3. Stufe: Mit starrem Schlüssel um **90°** weiterdrehen.
4. Stufe: Mit starrem Schlüssel um **90°** weiterdrehen.
5. Stufe: Mit starrem Schlüssel **15°** weiterdrehen.

Nockenwellenräder einbauen

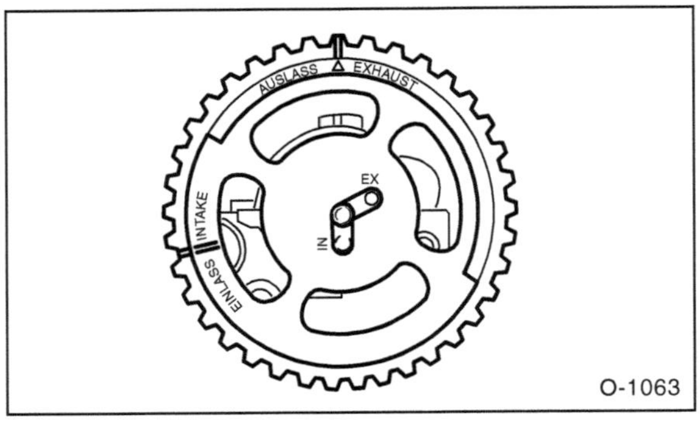

O-1063

- Nockenwellenräder aufsetzen, dabei muß die Beschriftung nach außen zeigen. Die Räder sind einheitlich. Der Führungsstift der Einlaßnockenwelle greift in Bohrung »IN«, der Führungsstift der Auslaßnockenwelle greift in Bohrung »EX«.
- Nockenwellenräder anschrauben. Dabei Nockenwelle am Sechskant mit Maulschlüssel gegenhalten. **Neue** Schrauben mit **50 Nm** festziehen, anschließend mit starrem Schlüssel um **60°** und nochmals um **15°** weiterdrehen. **Achtung:** Schrauben grundsätzlich erneuern.

O-1064

- Nockenwellenräder auf Markierung stellen. Der Anguß –1– auf dem Führungslager muß jeweils mit der Kerbe –2– auf dem Nockenwellenrad fluchten.

1,7-l-Dieselmotor X17DTL (1 Nockenwelle OHC)

Anzugsreihenfolge für Zylinderkopfschrauben

- **Neue** Zylinderkopfschrauben in der Reihenfolge von 1 bis 10 in 4 Stufen anziehen, siehe Abbildung O-10196.
  1. Stufe: Mit Drehmomentschlüssel und **25 Nm**.
  2. Stufe: Mit starrem Schlüssel um **90°** weiterdrehen.
  3. Stufe: Mit starrem Schlüssel um **90°** weiterdrehen.
  4. Stufe: Mit starrem Schlüssel um **45°** weiterdrehen.
- Nach dem Einbau Motor starten, warmlaufen lassen. Motor abkühlen lassen. Schrauben in 2 Stufen nachziehen.
  1. Stufe: Mit starrem Schlüssel um **30°** weiterdrehen.
  2. Stufe: Mit starrem Schlüssel um **15°** weiterdrehen.

1,7-l-Dieselmotor Y17DT

Anzugsreihenfolge für Zylinderkopfschrauben

- **Neue** Zylinderkopfschrauben in der Reihenfolge von 1 bis 10 in 5 Stufen anziehen, siehe Abbildung O-10237.
  1. Stufe: Mit Drehmomentschlüssel und **40 Nm**.
  2. Stufe: Mit starrem Schlüssel um **60°** weiterdrehen.
  3. Stufe: Mit starrem Schlüssel um **13°** weiterdrehen.
  4. Stufe: Mit starrem Schlüssel um **60°** weiterdrehen.
  5. Stufe: Mit starrem Schlüssel um **13°** weiterdrehen.

1,7-l-Dieselmotor Z17DTL

Anzugsreihenfolge für Zylinderkopfschrauben

- **Neue** Zylinderkopfschrauben in der Reihenfolge von 1 bis 10 in 3 Stufen anziehen, siehe Abbildung O-10237.
  1. Stufe: Mit Drehmomentschlüssel und **39 Nm.**
  2. Stufe: Mit starrem Schlüssel um **60°** weiterdrehen.
  3. Stufe: Mit starrem Schlüssel um **60°** weiterdrehen.

2,0-/2,2-l-Dieselmotor (1 Nockenwelle OHC)

Anzugsreihenfolge für Zylinderkopfschrauben

- **Neue** Zylinderkopfschrauben in der Reihenfolge von 1 bis 10 in 6 Stufen anziehen, siehe Abbildung O-10196.
  1. Stufe: Mit Drehmomentschlüssel und **25 Nm**.
  2. Stufe: Mit starrem Schlüssel um **65°** weiterdrehen.
  3. Stufe: Mit starrem Schlüssel um **65°** weiterdrehen.
  4. Stufe: Mit starrem Schlüssel um **65°** weiterdrehen.
  5. Stufe: Mit starrem Schlüssel um **65°** weiterdrehen.
  6. Stufe: Mit starrem Schlüssel um **15°** weiterdrehen.

Weitere Anzugsdrehmomente für den 2,0-l-Dieselmotor:

Zylinderkopf an Steuergehäuse beziehungsweise Motorblock vorn (neue Schrauben) ..... **20 Nm + 30° + 5°**
Führungsschiene oben .... **8 Nm**
Nockenwellenrad an Nockenwelle (neue Schrauben).................. **90 Nm + 60° + 30°**
Verschlußschraube für Kettenspanner .... **60 Nm**
Generator an Halter .... **35 Nm**
Stütze Abgaskrümmer......................... **25 Nm**
Vorderes Abgasrohr .... **20 Nm**
Ölvorlaufleitung an Motorblock .... **20 Nm**
Einspritzleitungen an Einspritzpumpe und Traverse .. **30 Nm**
Thermostatgehäuse............................ **8 Nm**
Deckel für Steuergehäuse (2-mm-Silicondichtmasse) . **6 Nm**

Steuerzeiten/OT-Markierungen

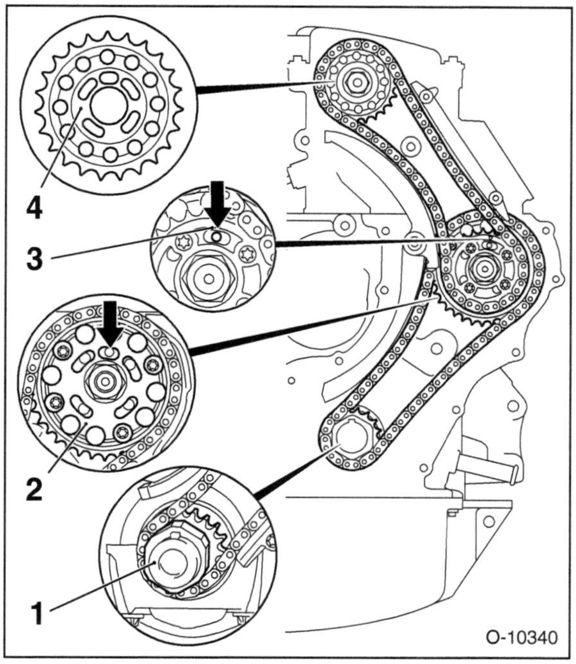

1 – Kurbelwellenrad für Doppelrollenkette. Mit Federscheibe arretiert.
2 – Einspritzpumpenrad für Doppelrollenkette. Einstellung durch Lochbild.
3 – Einspritzpumpenrad für Einfachrollenkette. Einstellung durch Lochbild.
4 – Nockenwellenrad für Einfachrollenkette. Befestigung mit Sechskantmutter.

Einstellung durch Lochbild: Die Markierungen am Steuergehäuse müssen durch die Bohrungen in den Einspritzpumpenrädern sichtbar sein und übereinstimmen, siehe Pfeile in Bildausschnitten –2– und –3–.

Vakuumpumpe aus- und einbauen

Ausbau/1,7-l-Dieselmotor X17DTL

- Ladeluftrohr mit Ladeluftschläuchen von Ladeluftkühler und Turbolader trennen und von Einlaßkrümmer beziehungsweise Halter abschrauben.

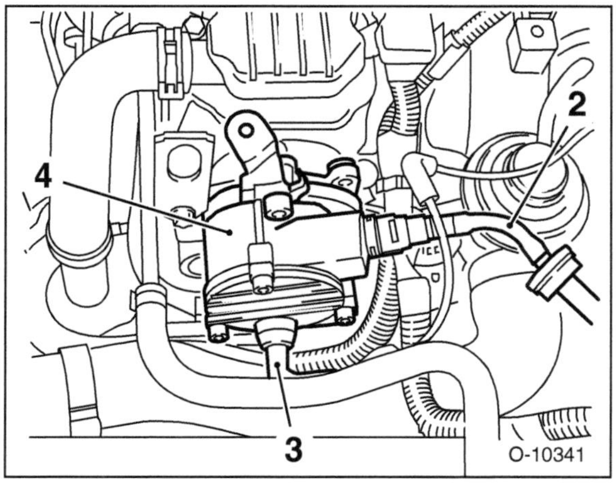

- Unterdruckleitung für Bremskraftverstärker –2– und Unterdruckschlauch –3– von der Vakuumpumpe –4– abziehen.
- Vakuumpumpe vom Nockenwellengehäuse zusammen mit dem Halter für das Ladeluftrohr abschrauben und abnehmen.
- Dichtflächen reinigen, alle Dichtungsreste entfernen.

Einbau

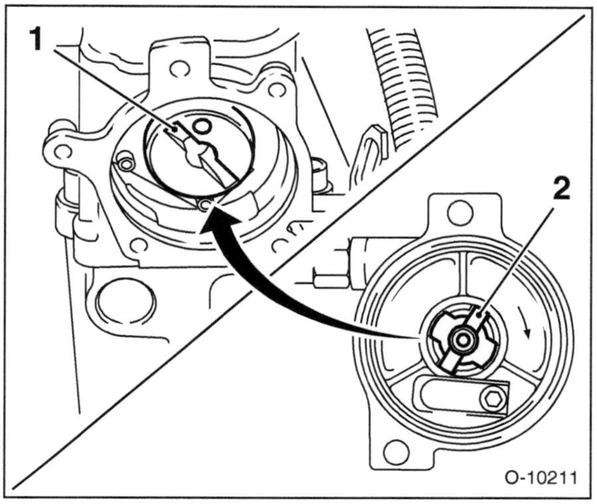

- Vakuumpumpe mit Halter für Ladeluftrohr und neuem Dichtring am Nockenwellengehäuse ansetzen.
- Dabei darauf achten, daß der Pumpenantrieb –2– in die Nut –1– der Nockenwelle eingreift.
- Vakuumpumpe mit **28 Nm** anschrauben.
- Unterdruckleitung für Bremskraftverstärker und Unterdruckschlauch an der Vakuumpumpe aufschieben.
- Ladeluftrohr an Ladeluftkühler und Turbolader anbauen.
- Ladeluftrohr an Einlaßkrümmer mit 3 Nm anschrauben.

Ausbau 2,0-l-Dieselmotor X20DTL/X20DTH

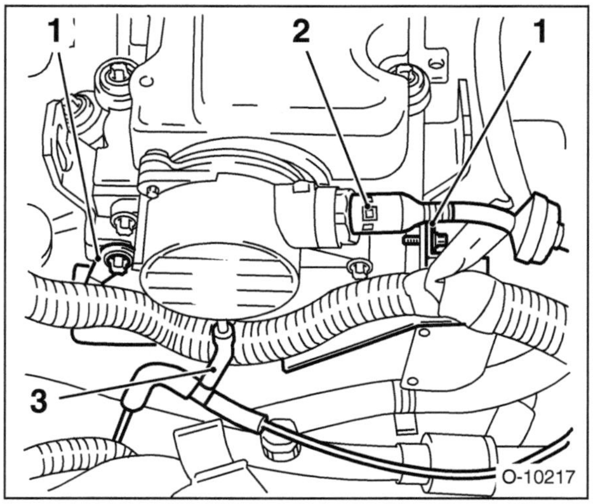

- Beide Motor-Hebelaschen abschrauben –1–.

- Kraftstoffleitungen aus den Halterungen herausdrücken und Kabelstrang mit Halter nach unten weglegen.
- Unterdruckleitung für Bremskraftverstärker –2– und Unterdruckschlauch –3– von der Vakuumpumpe abziehen.

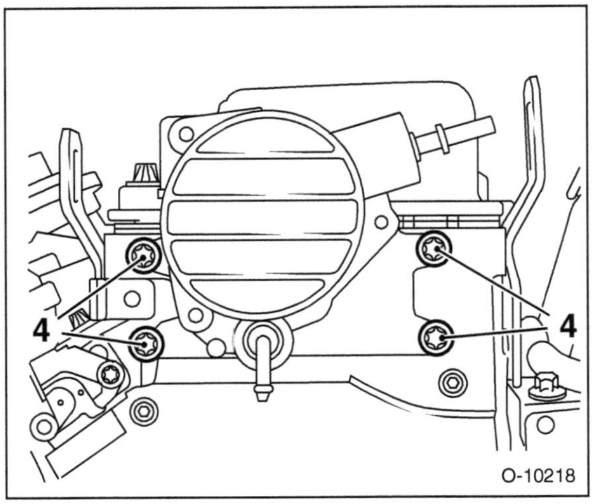

- Vakuumpumpe vom Zylinderkopf abschrauben –4–.

Einbau

- Dichtflächen reinigen und Dichtungsreste vollständig entfernen.
- Vakuumpumpe mit **neuem** Dichtring und **8 Nm** am Zylinderkopf anschrauben.
- Unterdruckschlauch und Unterdruckleitung für Bremskraftverstärker aufstecken.
- Halter für Kabelstrang an die beiden Motor-Hebelaschen anschrauben.
- Kraftstoffleitungen in die Halterungen einsetzen.

Kompression prüfen

Die Kompressionsprüfung erlaubt Rückschlüsse über den Zustand des Motors. Und zwar läßt sich bei der Prüfung feststellen, ob die Ventile oder die Kolben (Kolbenringe) in Ordnung beziehungsweise verschlissen sind. Außerdem zeigen die Prüfwerte an, ob der Motor austauschreif ist beziehungsweise komplett überholt werden muß oder ob die Zylinderkopfdichtung. Für die Prüfung wird ein Kompressionsdruckprüfer benötigt, der für Benzinmotoren recht preiswert in Fachgeschäften angeboten wird. Der Meßbereich sollte bis ca. 17,5 bar reichen.

Achtung: Für die Dieselmotoren wird ein Kompressionsdruckprüfer mit einem Meßbereich bis ca. 40 bar benötigt.

Der Druckunterschied zwischen den einzelnen Zylindern darf maximal 1,0 bar (1,7-l-Dieselmotor 1,5 bar) betragen. Falls ein oder mehrere Zylinder gegenüber den anderen einen Druckunterschied von mehr als 1,0 bar beziehungsweise 1,5 bar haben, ist dies ein Hinweis auf defekte Ventile, verschlissene Kolbenringe beziehungsweise Zylinderlaufbahnen oder auf eine defekte Zylinderkopfdichtung. Ist die Verschleißgrenze erreicht, muß der Motor überholt beziehungsweise ausgetauscht werden.

Motor	Bezeichnung	Kompr.-Druck
1,2 l Benziner	X12XE/Z12XE	14 – 16 bar
1,6/2,0/2,2 l B.	X16SZR/Z16SE/X20XEV/Z22SE	12 – 15 bar
1,6/1,8 l Benz.	X16XEL/Z16XE(P)/X18XE1/Z18XE	17 bar
1,7 l Diesel	X17DTL	20 – 30 bar
1,7 l Diesel	Y17DT/Z17DTL	26 – 30 bar
2,0/2,2 l Diesel	Y20DTL/Y20DTH/Y22DTR	25 – 28 bar

- Zur Prüfung der Kompression den Motor warmfahren. Nach Erreichen der Kühlmittel-Betriebstemperatur noch etwa 5 km weiterfahren, damit auch eine ausreichende Motoröltemperatur ≥ +80° C sichergestellt ist.

Benzinmotor

- Zündkerzen ausbauen, siehe Seite 26.
- Deckel für Relaisträger im Motorraum öffnen.

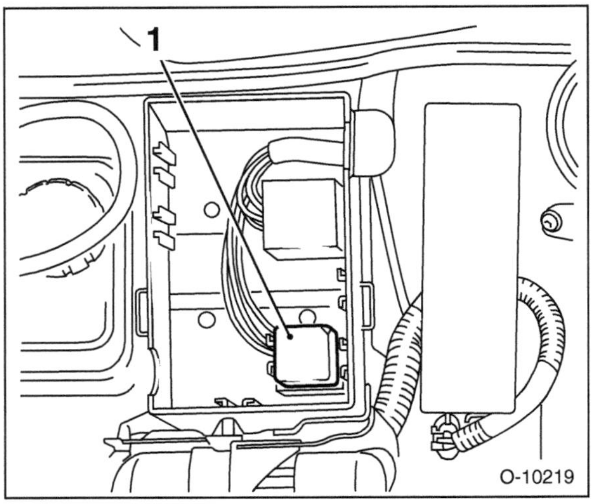

- Violettes Relais –1– für Kraftstoffpumpe aus dem Sockel ziehen.

Hinweis: Dadurch wird verhindert, daß während des Startens Kraftstoff eingespritzt wird und unverbrannt in den Katalysator gelangt. Das Relais befindet sich im Relaisträger neben dem Bremsflüssigkeitsvorratsbehälter.

Sicherheitshinweis
Nicht über den Motor beugen, wenn der Motor bei ausgebauten Zündkerzen durchgedreht wird. **Verletzungsgefahr durch herausgeschleuderte Rußpartikel!**

- Motor mit Anlasser durchdrehen, damit Rückstände und Ruß herausgeschleudert werden. **Achtung:** Getriebe in Leerlaufstellung und Handbremse angezogen

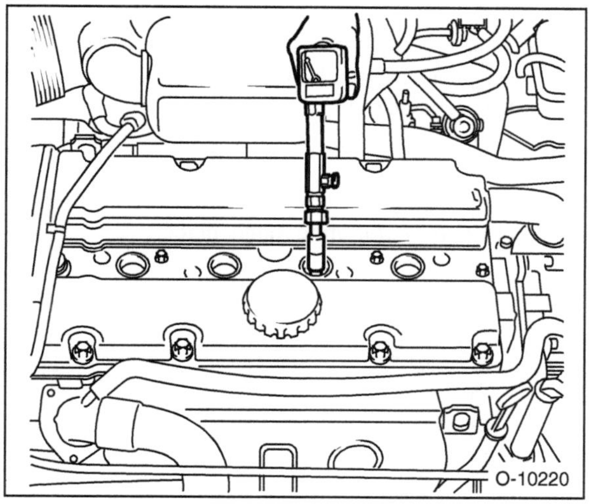

- Kompressionsdruckprüfer entsprechend der Bedienungsanleitung in die Zündkerzenöffnung drücken oder einschrauben.
- Von einem Helfer das Gaspedal ganz durchtreten lassen und während der ganzen Prüfung mit dem Fuß festhalten lassen.
- Anlasser ca. 4 Sekunden beziehungsweise so lange betätigen, bis kein Druckanstieg mehr auf dem Meßgerät erfolgt. Die Batterie muß dabei voll geladen sein, die Drehzahl soll mindestens 300/min betragen.
- Nacheinander sämtliche Zylinder prüfen und vergleichen. Jeweils vorher das Meßblatt im Kompressionsdruckschreiber in die neue Arbeitsstellung bringen.
- Anschließend Zündkerzen einbauen, siehe Seite 26.
- Kraftstoffpumpenrelais einsetzen.

Dieselmotor

- **2,0-/2,2-l-Motor, 1,7-l-Motor Z17DTL:** Obere Motorabdeckung ausbauen. Ladeluftrohr vom Zylinderkopfdeckel abziehen und zur Seite legen, dazu Klemmschelle lösen.
- Alle Glühkerzen ausbauen, siehe Seite 234.
- **1,7-l-Motor:** Kabelverbindungen für Glühkerzen isolieren.

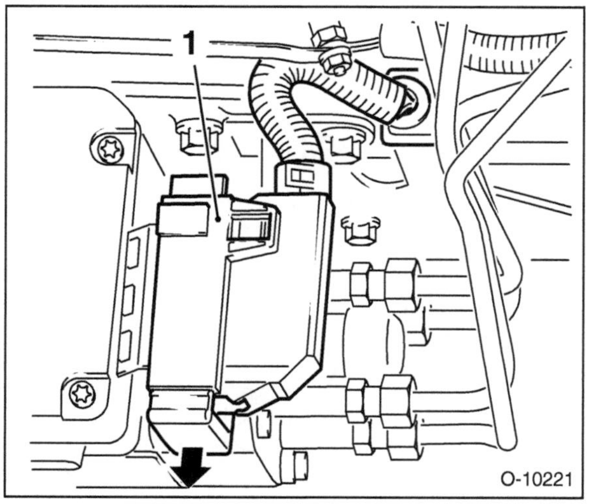

- Mehrfachstecker für Einspritzpumpe –1– in Pfeilrichtung entriegeln und abziehen. **Hinweis:** Die Abbildung zeigt den 1,7-l-Dieselmotor.

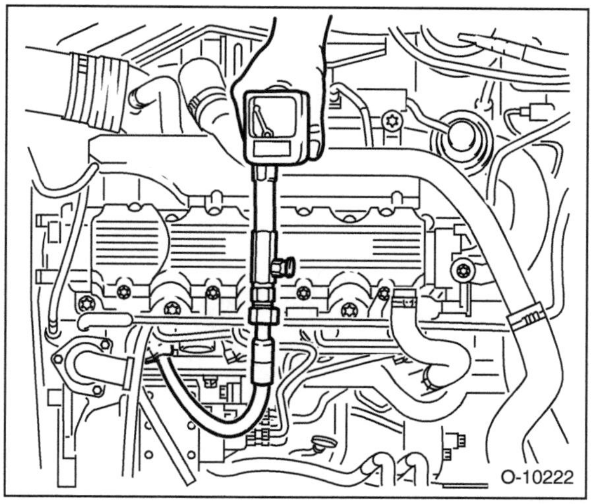

- Kompressionsdruckprüfer mit flexiblem Verbindungsschlauch anstelle einer Glühkerze einschrauben.
- Motor mit Anlasser ca. 4 Sekunden, beziehungsweise so lange durchdrehen, bis der Meßwert nicht mehr ansteigt. Die Batterie muß dabei voll geladen sein, die Drehzahl soll mindestens 200/min betragen.
- Der Druckunterschied zwischen den einzelnen Zylindern darf maximal 1,0 bar betragen.
- Mehrfachstecker an der Einspritzpumpe aufstecken und verriegeln.
- Glühkerzen einschrauben und elektrische Leitungen anschließen.

  Anzugsdrehmomente:
  Glühkerzen 2,0-/2,2-l-Dieselmotor . . . . **10 Nm**
  Glühkerzen 1,7-l-Dieselmotor . . . . **20 Nm**
  Kontaktschiene 1,7-l-Dieselmotor . . . . **4 Nm**
- **2,0-/2,2-l-Motor, 1,7-l-Motor Z17DTL:** Ladeluftrohr am Zylinderkopfdeckel aufschieben und mit Klemmschelle sichern. Obere Motorabdeckung einbauen.

Keilrippenriemen aus- und einbauen/prüfen/spannen

Achtung: Die Beschreibung bezieht sich auf den 1,6-/1,8-l-Benzinmotor. Hinweise für die anderen Motoren stehen am Ende des Kapitels.

Der nahezu wartungsfreie Keilrippenriemen muß nicht nachgespannt werden, da die Spannung bei allen Motoren durch eine automatische Spannrolle konstant gehalten wird. Der Keilrippenriemen treibt neben dem Generator auch die Ölpumpe für die Servolenkung beziehungsweise den Klimakompressor an.

Ein Keilrippenriemen muß ersetzt werden bei:

- Versprödung und Rißbildung
- Geräuschen (zum Beispiel durch Ölbenetzung)

■ Beschädigungen wie: Querrisse in den Rippen, Rippenausbrüche, Einlagerungen von Schmutz und kleinen Steinen zwischen den Rippen, Ausfransungen oder Flankenverschleiß der Gummirippen

Achtung: Soll ein ausgebauter Keilrippenriemen wiederverwendet werden, Laufrichtung beibehalten. Laufrichtung vor dem Ausbau mit Kreide markieren.

Ausbau

- Luftfilter ausbauen, siehe Seite 223.

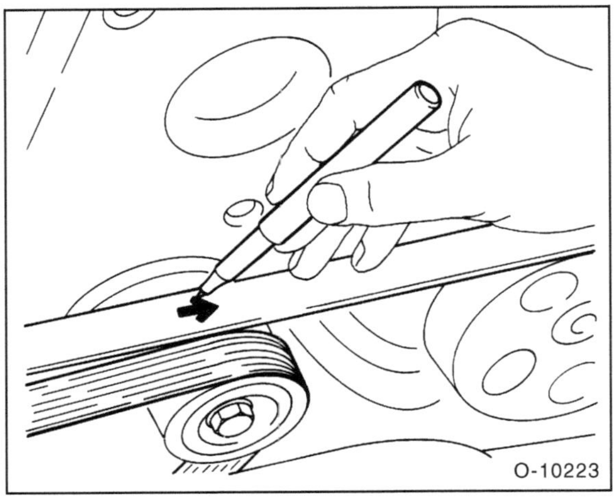

O-10223

- Laufrichtung auf dem Keilrippenriemen mit Filzstift markieren.

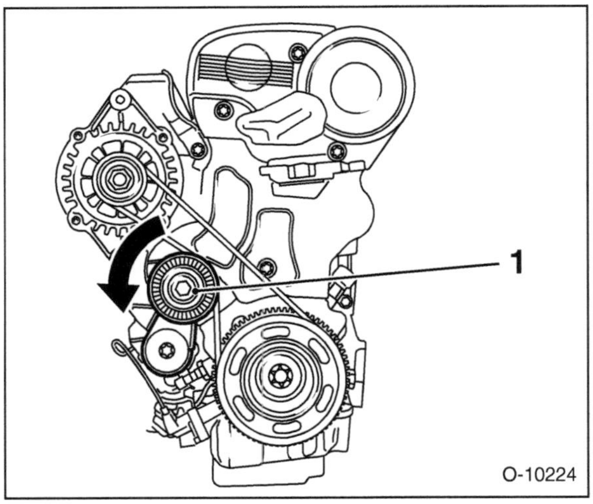

O-10224

- Spannrolle –1– am Sechskant, Schlüsselweite 15 mm, in Pfeilrichtung, also entgegen dem Uhrzeigersinn, drehen und dadurch Keilrippenriemen entspannen.

Hinweis: Beim **1,6-l-Motor Z16XEP** wird die Spannvorrichtung am Anguß entgegen dem Uhrzeigersinn gedreht.

- Keilrippenriemen herausnehmen.

Einbau

- Spannrolle linksherum verdrehen und Keilrippenriemen korrekt auf den Riemenrädern verlegen. Der Keilrippenriemen darf seitlich nicht an den Riemenrädern überstehen.
- Spannrolle langsam rechtsherum drehen und an den Keilrippenriemen anlegen. Dabei stellt sich automatisch die richtige Spannung ein. Korrekte Stellung der Spannrolle prüfen, siehe Seite 16.
- Luftfilter mit Luftansaugschlauch und Luftführungsrohr einbauen, siehe Seite 223.

Speziell 2,0-l-Benzinmotor ohne Klimaanlage

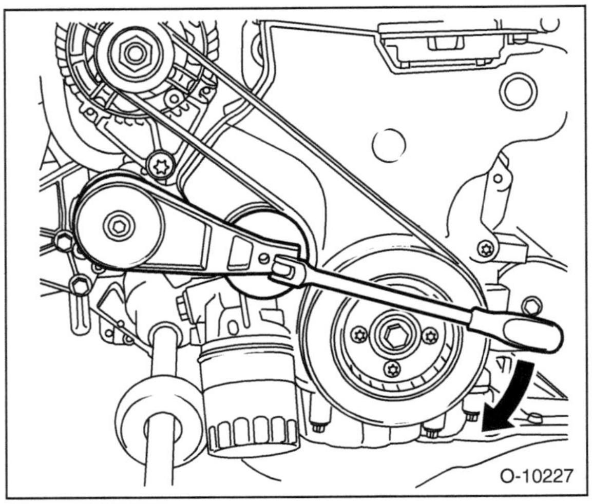

O-10227

- Um den Keilrippenriemen zu entspannen, Spannvorrichtung mit dem Vierkant einer ⅜-Zoll-Knarre im Uhrzeigersinn –Pfeilrichtung– drehen.

Speziell 2,0-l-Benzinmotor mit Klimaanlage

- Um den Keilrippenriemen zu entspannen, Spannvorrichtung mit Maul- oder Ringschlüssel im Uhrzeigersinn drehen, Schlüsselweite 15 mm.

Speziell 1,2-l-Benzinmotor

Achtung: Für den Ausbau des Keilrippenriemens muß der rechte Motordämpfungsblock ausgebaut werden. In der Fachwerkstatt werden dazu die Spezialwerkzeuge KM-909-B und KM-6001 eingesetzt, damit sich nach Ausbau des Motorlagers die Position der Motor-Getriebeeinheit zum Vorderachsträger nicht verändern kann.

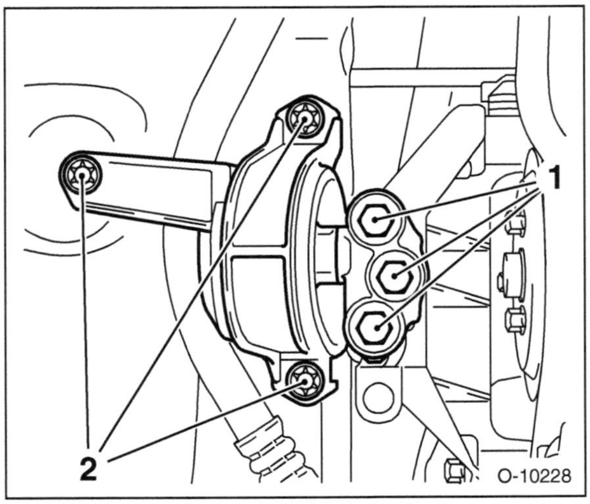

O-10228

- Stehen die Spezialwerkzeuge nicht zur Verfügung, Einbaulage des rechten Motorlagers markieren. Motor mit Werkstattkran leicht anheben, bis das Lager entlastet ist.
- Befestigungsschrauben –1– und –2– herausdrehen und Motordämpfungsblock mit Halter abnehmen.
- Um den Keilrippenriemen zu entspannen, Spannvorrichtung im Uhrzeigersinn drehen und mit geeignetem Dorn arretieren
- **Klimaanlage:** Um den Keilrippenriemen zu entspannen, Spannvorrichtung im Uhrzeigersinn drehen, bis sie in Endstellung hörbar einrastet.

Anzugsdrehmomente:
Motordämpfungsblock an Längsträger . . . . **35 Nm**
Motordämpfungsblock an Haltebock . . . . **55 Nm**

Speziell 1,7-l-Dieselmotor Y17DT/Z17DTL

- Maulschlüssel an der Sechskant-Schraube der Spannrolle ansetzen.
- Spannvorrichtung im Uhrzeigersinn drehen und dadurch Keilrippenriemen entspannen.

Speziell 1,7-l-Dieselmotor X17DT

Achtung: Nur Fahrzeuge mit Klimaanlage besitzen einen Keilrippenriemen.

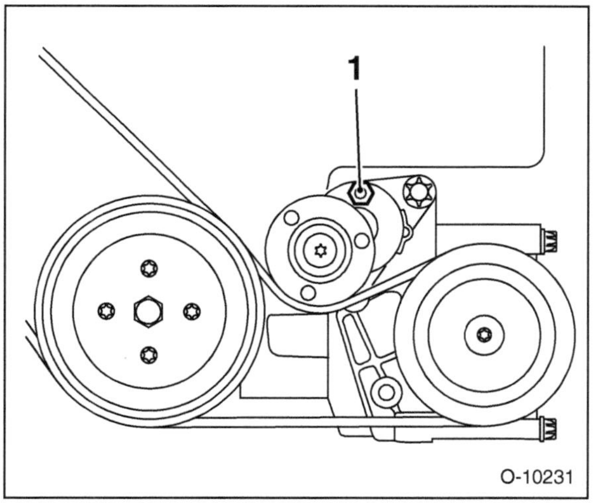

- Maulschlüssel am Sechskant –1– der Spannvorrichtung ansetzen, Spannvorrichtung drehen und Keilrippenriemen entspannen.

Speziell 2,0-/2,2-l-Dieselmotor

- Luftfilter ausbauen, siehe Seite 223.
- Untere Motorraumabdeckung ausbauen.
- Position des Ausgleichgewichts auf der rechten Gelenkwelle markieren und Ausgleichgewicht abschrauben.

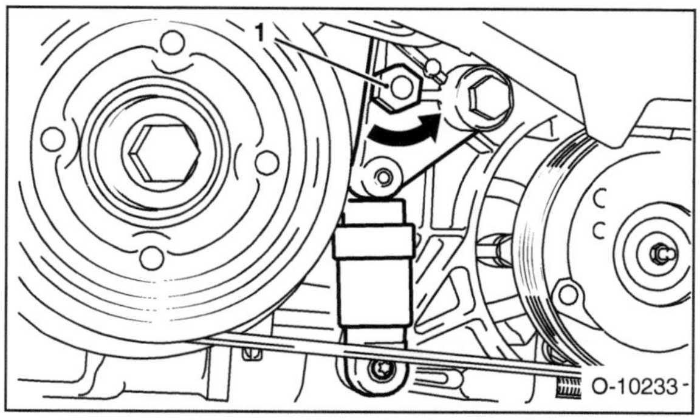

- Um den Keilrippenriemen zu entspannen, Spannvorrichtung am Sechskantanguß –1– entgegen dem Uhrzeigersinn drehen –Pfeilrichtung–. Keilrippenriemen von den Riemenscheiben abnehmen.

Achtung: Für den Ausbau des Keilrippenriemens muß der rechte Motordämpfungsblock beziehungsweise der Halter ausgebaut werden, siehe »Speziell 1,2-l-Motor«.

- Keilrippenriemen herausnehmen.

Anzugsdrehmomente:
Motordämpfungsblock an Längsträger . . . . **35 Nm**
Halter für Motordämpfungsblock an Haltebock . . . . . . **55 Nm**

Spannvorrichtung für Keilrippenriemen aus- und einbauen

Achtung: Die Beschreibung bezieht sich auf den 1,6-/1,8-l-Motor X16XEL/Z16XE/X18XE1. Hinweise für die anderen Motoren stehen am Ende des Kapitels.

Ausbau

- Luftfilter ausbauen, siehe Seite 223.
- Keilrippenriemen ausbauen, siehe entsprechendes Kapitel.
- Stellung des rechten Vorderrades zur Radnabe mit Farbe kennzeichnen. Dadurch kann das ausgewuchtete Rad wieder in derselben Position montiert werden. Radschrauben lösen, dabei muß das Fahrzeug auf dem Boden stehen. Fahrzeug vorn aufbocken und Rad abnehmen.
- Wenn nötig, Innenkotflügel rechts ausbauen, siehe Seite 275.
- Motorspritzschutz unten rechts abbauen.

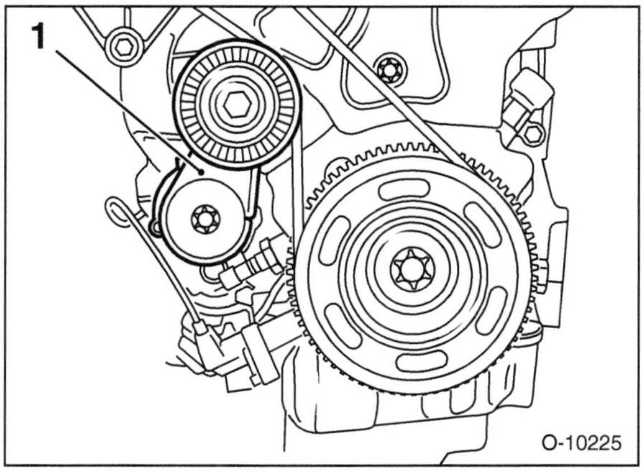

- Spannvorrichtung –1– vom Haltebock des Generators abschrauben.

Einbau

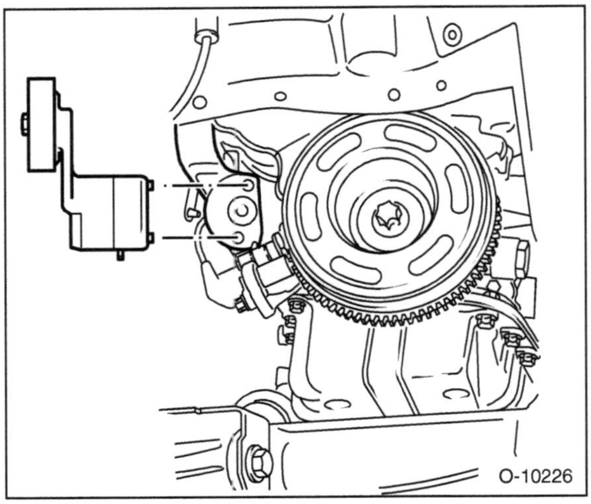

O-10226

- Spannvorrichtung so ansetzen, daß die Zapfen in die Bohrungen am Haltebock eingreifen.
- Spannvorrichtung mit **35 Nm** festschrauben.
- Rechten Innenkotflügel einbauen, siehe Seite 275.
- Rechtes Vorderrad so ansetzen, daß die beim Ausbau angebrachten Markierungen übereinstimmen. Vorher Zentriersitz der Felge an der Radnabe mit Wälzlagerfett dünn einfetten. Radschrauben nur an der Kopf-Anlagefläche zur Felge, nicht am Gewinde fetten. Korrodierte Radschrauben erneuern. Rad anschrauben. Fahrzeug ablassen und Radschrauben über Kreuz mit **110 Nm** festziehen.
- Keilrippenriemen einbauen, siehe entsprechendes Kapitel.
- Luftfilter einbauen, siehe Seite 223.

Speziell 2,0-l-Benzinmotor mit Klimaanlage

- Spannvorrichtung vom Haltebock des Kompressors abschrauben. Anzugsdrehmoment: **25 Nm.**

Speziell 1,6-l/75-/85-PS-Motor und 1,7-l-Dieselmotor

- Spannvorrichtung mit **25 Nm** anschrauben.

Speziell 1,2-l-Motor

- Haltebock für Motordämpfungsblock vom Steuergehäuse/Motorblock abschrauben.

O-10229

- Spannvorrichtung abschrauben –Pfeile–.

O-10230

- **Klimaanlage:** Spannvorrichtung in Pfeilrichtung langsam entspannen. Befestigungsschrauben –Pfeile– herausdrehen und Spannvorrichtung abnehmen.

Anzugsdrehmomente Spannvorrichtung:

M8-Schrauben . . . . **20 Nm**
M10-Schrauben . . . . **55 Nm**

- **Klimaanlage:** Nach Anschrauben der Spannvorrichtung, diese im Uhrzeigersinn in Endstellung drehen und hörbar einrasten.

Anzugsdrehmoment Haltebock an Motorblock . . . . . **50 Nm**

Speziell 2,0-l-Dieselmotor

- Untere Motorraumabdeckung ausbauen.
- Keilrippenriemen entspannen und von der Spannvorrichtung abnehmen. **Hinweis:** Der Motordämpfungsblock bleibt eingebaut, der Keilrippenriemen braucht nicht herausgenommen zu werden.

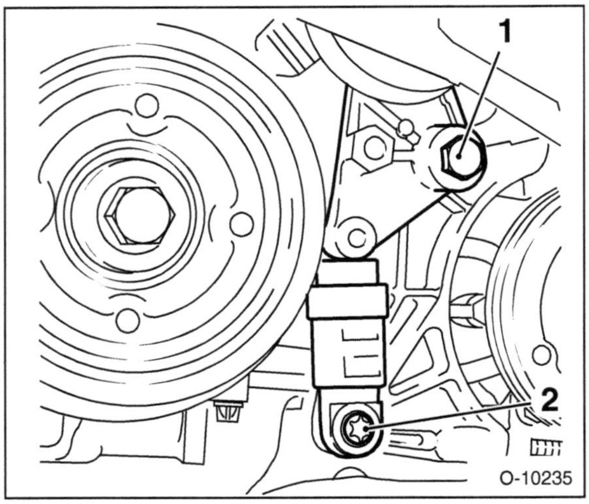

O-10235

- Spannvorrichtung abschrauben –1/2–.

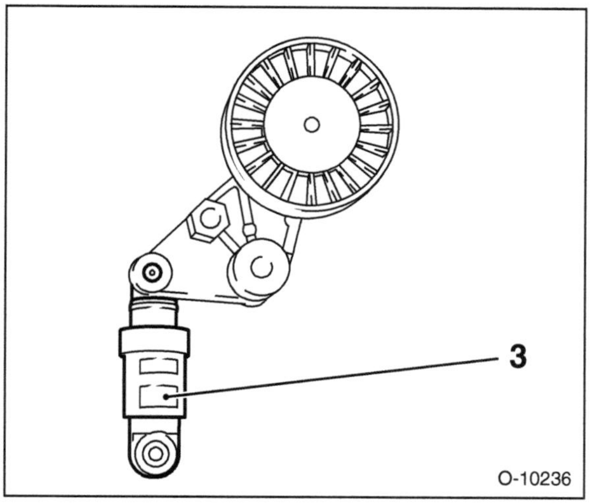

- Falls erforderlich, Dämpfer –3– von der Spannvorrichtung abschrauben.

Achtung: Der Dämpfer darf nur in stehender Position gelagert werden. Falsch gelagerte Dämpfer können durch mehrmaliges Zusammendrücken in Einbaulage entlüftet werden.

- Dämpfer ansetzen und mit **23 Nm** anschrauben, siehe Abbildung.
- Spannvorrichtung mit **42 Nm** anschrauben.
- Dämpfer am Haltebock mit **23 Nm** anschrauben.

Keilriemen aus- und einbauen/ spannen

1,7-l-Dieselmotor X17DTL

Ausbau

- Luftfilter ausbauen, siehe Seite 223.
- **Klimaanlage:** Keilrippenriemen ausbauen, siehe entsprechendes Kapitel.

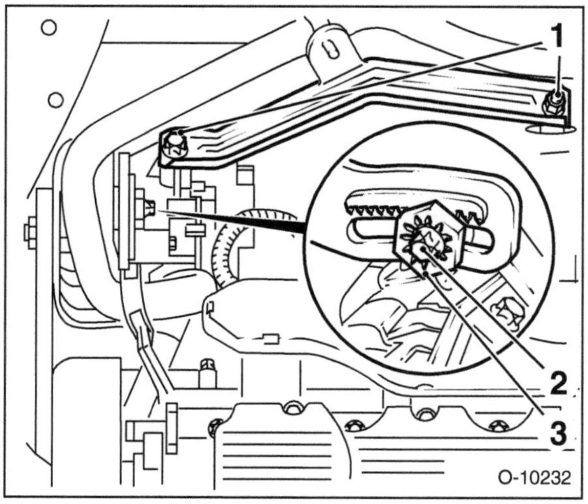

- Halter für Generator abschrauben –1–.
- Klemmschraube –2– lösen und durch Verdrehen der Einstellmutter –3– den Keilriemen entspannen.
- Keilriemen abnehmen.

Einbau

- Keilriemen auflegen und mit Einstellmutter spannen. Klemmschraube mit **35 Nm** festziehen.

Keilriemenspannung prüfen

Achtung: Die richtige Keilriemenspannung hat einen erheblichen Einfluß auf die Lebensdauer des Keilriemens.

- Keilriemenspannung oben zwischen den Riemenscheiben durch kräftigen Daumendruck prüfen.
- Der Keilriemen soll sich etwa 10 mm durchbiegen. Andernfalls Keilriemen spannen.

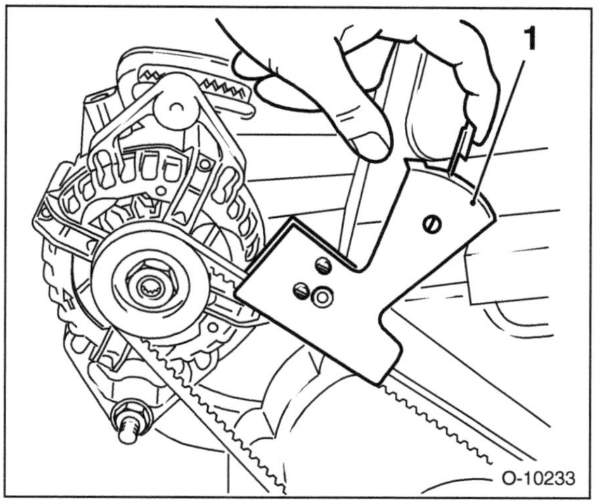

Hinweis: Die Werkstatt mißt die Keilriemenspannung mit einem Spezialwerkzeug –1–.
Sollwerte gelaufener Keilriemen: 250 – 400 N (Newton)
neuer Keilriemen: 450 N (Newton).

- Halter für Generator mit **18 Nm** anschrauben.
- **Klimaanlage:** Keilrippenriemen einbauen, siehe entsprechendes Kapitel.
- Luftfilter einbauen, siehe Seite 223.

Störungsdiagnose Motor

Wenn der Motor nicht anspringt, Fehler systematisch einkreisen. Damit der Motor überhaupt anspringen kann, müssen beim Benzinmotor immer zwei Grundvoraussetzungen erfüllt sein: Das Kraftstoff-Luftgemisch muß bis in die Zylinder gelangen und der Zündfunke muß an den Zündkerzenelektroden überschlagen. Als erstes ist deshalb immer zu prüfen, ob überhaupt Kraftstoff gefördert wird. Wie man dabei vorgeht, steht in den Kapiteln »Kraftstoffanlage« und »Motormanagement«. Störungen in der Steuerelektronik lassen sich praktisch nur noch mit speziellen Meßgeräten herausfinden.

Um festzustellen, ob ein Zündfunke vorhanden ist, Zündkerzen herausschrauben, in Zündkerzenstecker stecken und einzeln gegen Masse halten. Dabei Kerzenstecker oder Zündkabel **nicht** mit der Hand festhalten, sondern eine gut isolierte Zange nehmen. Von Hilfsperson Motor starten lassen. **Achtung:** Um Schäden am Katalysator zu vermeiden, darf dabei kein Benzin eingespritzt werden. Daher Kraftstoffpumpenrelais abziehen. **Achtung: Sicherheitshinweise für elektronische Zündanlage beachten.**

Beim Dieselmotor Vorglüh- und Kraftstoffanlage prüfen.

Störung: Der Motor springt schlecht oder gar nicht an.

Ursache		Abhilfe
Bedienungsfehler beim Starten.	**Benzinmotor:**	■ Kupplung treten, Automatikgetriebe in »P« oder »N« stellen. Zündschlüssel drehen und Anlasser betätigen, dabei **kein Gas geben**. Sobald der Motor läuft, Schlüssel loslassen. Grundsätzlich sofort losfahren, nur bei strengem Frost Motor ca. 30 Sekunden warmlaufen lassen. **Achtung:** Häufige vergebliche Startversuche hintereinander können den Katalysator schädigen, da unverbranntes Benzin in den Katalysator gelangt und bei Erwärmung explosionsartig verbrennt.
	Dieselmotor:	■ **Bei kaltem Motor:** Glühzündung einschalten, bis die Vorglüh-Kontrollampe erlischt. Kupplung durchtreten, Automatikgetriebe in »P« oder »N«stellen. Sofort nach Verlöschen der Kontrollampe Motor anlassen, dabei kein Gas geben. Sobald der Motor läuft, Zündschlüssel loslassen.
		■ **Bei warmem Motor:** Es braucht nicht vorgeglüht zu werden, der Motor kann sofort angelassen werden.
Benzinmotor: Zündanlage defekt.		■ Elektrische Leitungen der Zündanlage sichtprüfen.
Dieselmotor: Vorglühanlage defekt.		■ Vorglühanlage prüfen.
Kraftstoffanlage defekt, verschmutzt.		■ Kraftstoffpumpe und -leitungen überprüfen.
Anlasser dreht zu langsam.		■ Batterie laden. Anlasserstromkreis überprüfen.
Kompressionsdruck zu niedrig.		■ Zylinderkopfdichtung ersetzen, beziehungsweise Motor überholen.
Falsche Steuerzeiten.		■ Steuerzeiten überprüfen, Zahnriemen erneuern.
Wegfahrsperre aktiv.		■ Zündschlüssel rausziehen und umgedreht ins Zündschloß stecken. Zündschlüssel beim Starten am äußersten Rand des Griffes anfassen. Zündschlüssel vom Schlüsselbund abnehmen. Fehlerspeicher der Wegfahrsperre auslesen lassen.

Motor-Schmierung

Aus dem Inhalt:

- Ölvorschriften
- Ölverbrauch
- Ölkreislauf im Motor
- Öldruckkontrolle
- Ölwannenausbau
- Öltemperaturkontrolle

Für die Motor-Schmierung sind **Mehrbereichsöle** vorgeschrieben, so daß ein jahreszeitbedingter (Sommer/Winter) Ölwechsel nicht erforderlich ist. Mehrbereichsöle bauen auf einem dünnflüssigen Einbereichsöl auf (z. B. 10 W) und werden durch sogenannte »Viskositätsindexverbesserer« im heißen Zustand stabilisiert. Dadurch ist sowohl für den kalten wie auch für den heißen Motor die richtige Schmierfähigkeit gegeben.

Die SAE-Bezeichnung gibt die Viskosität des Motoröls an. Beispiel: SAE 10 W 40:

10 – Viskosität des Öls in kaltem Zustand. Je kleiner die Zahl, desto dünnflüssiger ist das kalte Motoröl.

W – Das Motoröl ist wintertauglich.

40 – Viskosität des Öls in heißem Zustand. Je größer die Zahl, desto dickflüssiger ist das heiße Motoröl.

Es können auch **Leichtlauföle** (Hochleistungsöle) verwendet werden. Dabei handelt es sich um Mehrbereichsöle, denen unter anderem Reibwertverminderer zugesetzt wurden, wodurch sich die Reibung innerhalb des Motors vermindert. Für das Leichtlauföl wird als Grundöl ein Synthetiköl verwendet.

Anwendungsbereich/Viskositätsklassen

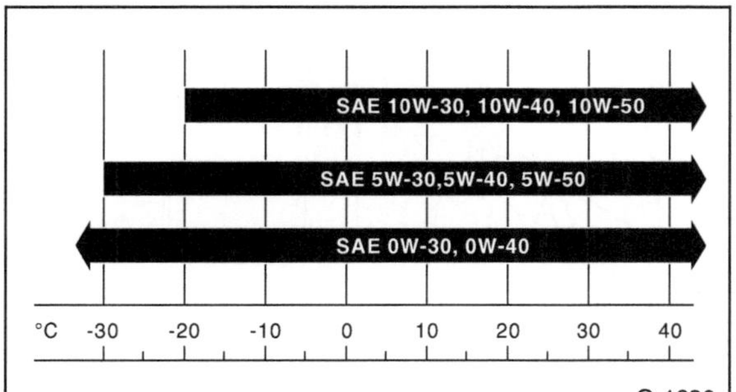

O-1630

In der Abbildung wird die Motoröl-Viskosität in Abhängigkeit von der Außentemperatur für Benzin- und Dieselmotoren dargestellt. Da die Einsatzbereiche benachbarter SAE-Klassen sich überschneiden, können kurzfristige Temperaturschwankungen unberücksichtigt bleiben. Es ist zulässig, Öle verschiedener Viskositätsklassen miteinander zu mischen, wenn einmal Öl nachgefüllt werden muß und die Außentemperaturen nicht mehr der Viskositätsklasse des im Motor befindlichen Öles entsprechen.

Zusatzschmiermittel – gleich welcher Art – sollen weder dem Kraftstoff noch den Schmierölen beigemischt werden.

Spezifikation des Motoröls

Die Qualität eines Motoröls wird durch Normen der Automobil- sowie der Ölhersteller gekennzeichnet.

Die Klassifikation der Motoröle amerikanischer Ölhersteller erfolgt nach dem **API**-System (API: American Petroleum Institut): Die Kennzeichnung erfolgt durch jeweils zwei Buchstaben. Der erste Buchstabe gibt den Anwendungsbereich an: **S** = Service, für **Ottomotoren** geeignet; **C** = Commercial, für **Dieselmotoren** geeignet. Der zweite Buchstabe gibt die Qualität in alphabetischer Reihenfolge an. Von höchster Qualität sind Öle der API-Spezifikation **SJ** für Ottomotoren und **CF** für Dieselmotoren.

Europäische Ölhersteller klassifizieren ihre Öle nach der **»ACEA«-Spezifikation** (**A**ssociation des **C**onstructeurs **E**uropéens d'**A**utomobiles), die vor allem die europäische Motorentechnologie berücksichtigt. Öle für PKW-Benzinmotoren haben die ACEA-Qualitätsklassen A1-98 bis A3-98; Dieselmotoröle von B1-98 bis B4-98. Von höchster Qualität sind Öle **»A3«** für Ottomotoren und **»B3«** für Dieselmotoren. **»B4«** ist auf Diesel-Direkteinspritzer abgestimmt, sollte aber nur verwendet werden, wenn ebenfalls die Spezifikation »B3« angegeben ist. **»98«** gibt den Beginn der Gültigkeit der ACEA-Klassifikation im Jahr 1998 an. Motoröle mit höheren Jahreszahlangaben können ebenfalls verwendet werden.

Achtung: Motorenöle, die vom Hersteller ausdrücklich als Öle für Diesel-Motoren bezeichnet werden, sind für Ottomotoren nicht geeignet. Es gibt Öle, die sowohl für den Otto- als auch für den Diesel-Motor geeignet sind. In diesem Fall sind beide Spezifikationen (Beispiel: ACEA A3-98/B3-98) auf der Öldose vermerkt.

Das richtige Motoröl für den OPEL ASTRA G/ZAFIRA

Achtung: Ausschließlich Motoröle nach der **ACEA-Klassifikation** verwenden. Die ACEA-Klassifikation **muß** auf der Öldose angegeben sein.

Benzinmotoren: Mehrbereichs- oder Leichtlauföl der Spezifikationen **ACEA A3-98/B3-98**.

Dieselmotoren: Mehrbereichs- oder Leichtlauföl der Spezifikationen **ACEA A3-98/B3-98** oder ACEA A3-98/B3-98/B4-98. **Achtung:** Ein Motoröl der Klassifikation **»B4«** ist nur zulässig, wenn es ebenfalls die Klassifikation **»B3«** erfüllt.

Nur ein Motoröl der Viskositätsklassen SAE 0W-X, 5W-X oder 10W-X verwenden. »X« steht für 30 oder höher. **Achtung:** SAE 10W-40 sollte nicht für Dieselmotoren bei Temperaturen kälter als –15° C verwendet werden.

Ölkreislauf

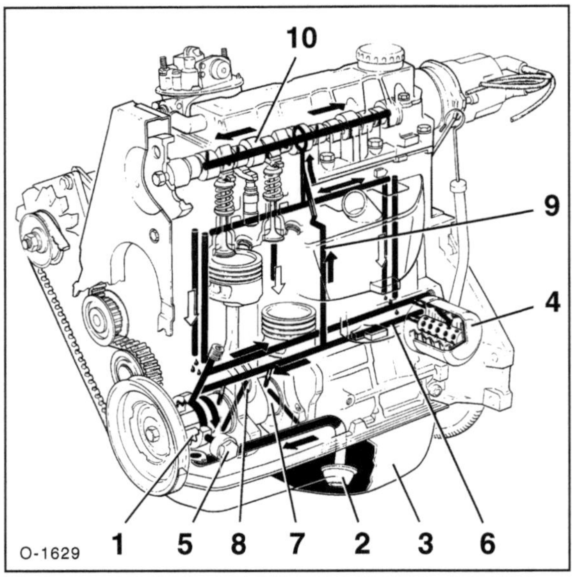

Die Ölpumpe –1– saugt das Motoröl über den Ölsaugkorb –2– aus der Ölwanne –3– an und drückt es in den Hauptstromölfilter –4–. An der Druckseite der Ölpumpe befindet sich ein Überdruckventil (Öldruckregelventil) –5–. Bei zu hohem Öldruck öffnet das Ventil, und ein Teil des Öls kann in die Ölwanne zurückfließen.

Durch die Mittelachse der Filterpatrone gelangt das gefilterte Öl in den Hauptölkanal –6–. Bei verstopftem Ölfilter leitet ein Kurzschlußventil das Öl direkt und ungefiltert in den Hauptölkanal.

Vom Hauptölkanal zweigen Kanäle ab zur Schmierung der Kurbelwellenlager –7–. Durch schräge Bohrungen in der Kurbelwelle wird das Öl an die Pleuellager –8– geleitet und von dort gegen Kolbenbolzen und Zylinder gespritzt.

Gleichzeitig gelangt Motoröl über Steigleitungen –9– in den Zylinderkopf und versorgt dort die Nockenwellenlager –10–.

Die Abbildung zeigt nicht den ASTRA/ZAFIRA-Motor.

Ölverbrauch

Bei einem Verbrennungsmotor versteht man unter dem Ölverbrauch diejenige Ölmenge, die als Folge des Verbrennungsvorganges verbraucht wird. Auf keinen Fall ist Ölverbrauch mit Ölverlust gleichzusetzen, wie er durch Undichtigkeiten an Ölwanne, Zylinderkopfdeckel usw. auftritt.

Normaler Ölverbrauch entsteht durch Verbrennung jeweils kleiner Mengen im Zylinder; durch Abführen von Verbrennungsrückständen und Abrieb-Partikeln. Zudem verschleißt das Öl durch hohe Temperaturen und hohe Drücke, denen es im Motor fortwährend ausgesetzt ist.

Ferner haben auch äußere Betriebsverhältnisse, Fahrweise sowie Fertigungstoleranzen einen Einfluß auf den Ölverbrauch. Der Ölverbrauch darf höchstens 0,6 l/1000 km betragen.

Unbedingt muß Öl nachgefüllt werden, wenn die »Nachfüll«-Markierung erreicht ist. **Achtung:** Nicht zuviel Öl auf einmal nachfüllen. Die Nachfüllmenge zwischen MIN- und MAX-Markierung am Ölpeilstab beträgt 1,0 l.

Motor-Öltemperatur messen

Für verschiedene Einstellarbeiten ist die genaue Motor-Öltemperatur von Wichtigkeit.

- Die Motor-Öltemperatur sollte im Ölsumpf 1 cm über dem Boden gemessen werden. Dazu geeignete Meßsonde in das Meßstabführungsrohr bis zur Bodenberührung einführen und 1 cm zurückziehen.
- Damit keine Falschluft (Kurbelgehäuse-Entlüftung) über das Führungsrohr angesaugt wird, ist die Öffnung mit einem Gummistopfen abzudichten.

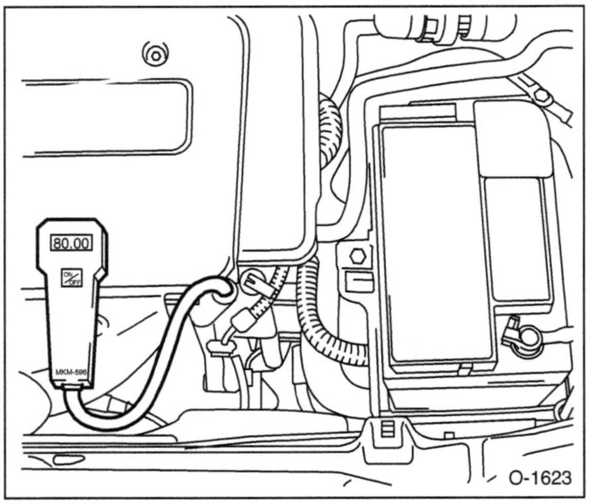

- Eine Öltemperatur von um die 80° C entspricht der Betriebstemperatur des Motors.

Achtung: Die Öltemperatur ist von der jeweiligen Motorbelastung abhängig. Bei extremen Belastungen sind Öltemperaturen bis zu +150° C möglich.

Öldruck prüfen

- Motor warmfahren. Nach Erreichen der Kühlmittel-Betriebstemperatur noch etwa 5 km weiterfahren, damit auch eine ausreichende Motoröltemperatur von ca. 80° C sichergestellt ist.
- Zündung ausschalten.
- **Dieselmotor:** Untere Motorraumabdeckung ausbauen.

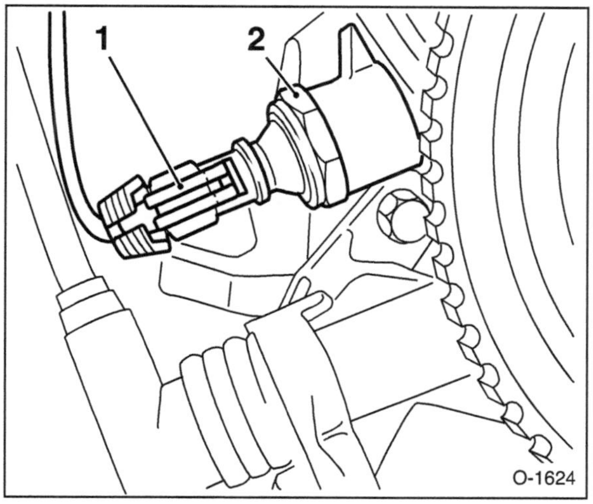

- Elektrische Leitung –1– vom Öldruckschalter –2– abziehen. Die Abbildung zeigt den 1,6-/1,8-l-Benzinmotor X16XEL/Z16XE/X18XE1.

Einbauort des Öldruckschalters, jeweils in Fahrtrichtung gesehen:

1,2-l-Motor	Rechts vorn am Zylinderkopf, siehe Position –17– in Abbildung O-10153 auf Seite 13.
1,6-/1,8-l-Motor	Hinten an der Ölpumpe.
2,0-l-Benzinmotor	Seitlich an der Ölpumpe oberhalb vom Ölfilter.
2,2-l-Benzinmotor	Unterhalb vom Ölfilter.
1,7-l-Dieselmotor	Seitlich an der Ölpumpe oberhalb vom Ölfilter.
2,0-/2,2-l-Dieselmotor	Rechts hinten am Motorblock oberhalb der Ölwanne.

- Ölauffangwanne unter den Öldruckschalter stellen.
- Öldruckschalter –2– herausschrauben.

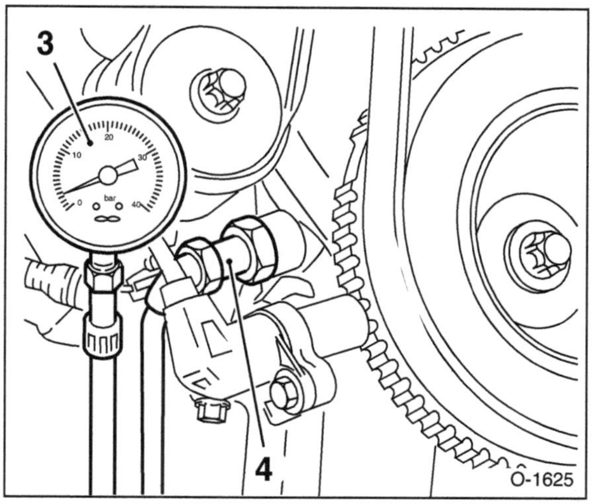

- Geeignetes Öldruckmanometer –3– mit Schraubstutzen –4– in das Gewindeloch des Öldruckschalters einschrauben. Die OPEL-Werkstatt benutzt dazu den Schraubstutzen KM-135 mit dem Manometer KM-498-B.
- Motor starten und im Leerlauf drehen lassen.
- Öldruck bei betriebswarmem Motor prüfen. Wenn der Sollwert unterschritten wird, ist der Ölkreislauf (Pumpe, Lager usw.) zu überprüfen.

Motor	Öldruck
1,6-/1,8-/2,0-/2,2-l-Benzinmotor	1,5 bar
1,2-l-Benzinmotor	3,0 bar
2,2-l-Benzinmotor	4,0 – 5,6 bar
1,7-l-Dieselmotor X17DTL	3,9 bar
1,7-l-Dieselmotor Y17DT/Z17DTL	1,3 bar
2,0-/2,2-l-Dieselmotor	1,5 bar

- Öldruckmanometer herausschrauben. Öldruckschalter mit neuem Kupferdichtring einschrauben.

Motor	Anzugsdrehmoment
1,2-/2,2-l-Benzinmotor	**20 Nm**
1,6-/1,8-l-Motor außer Z16XEP	**30 Nm**
1,6-l-Benzinmotor Z16XEP	**20 Nm**
2,0-/2,2-l-Benzinmotor	**40 Nm**
1,7-l-Dieselmotor X17DTL	**40 Nm**
1,7-l-Dieselmotor Y17DT/Z17DTL	**20 Nm**
2,0-/2,2-l-Dieselmotor	**30 Nm**

- Kabel am Öldruckschalter aufstecken.
- Ölstand prüfen, siehe Seite 22.
- **Dieselmotor:** Untere Motorraumabdeckung einbauen.

Ölwanne aus- und einbauen/ Dichtung für Ölwanne ersetzen

Ausbau 1,2-/1,6-/1,8-l-Motor

> **Sicherheitshinweis**
> Beim Aufbocken des Fahrzeugs besteht Unfallgefahr! Deshalb vorher das Kapitel »Fahrzeug aufbocken« durchlesen.

- Fahrzeug aufbocken.

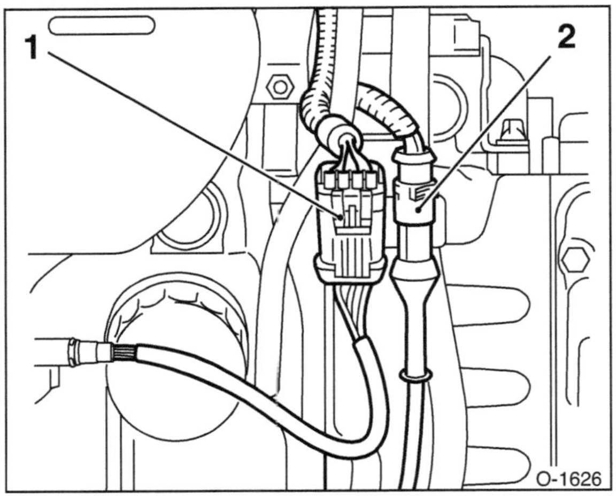

- **1,2-/1,8-l-Motor:** Steckverbindung für Lambdasonde –1– trennen.
- Falls vorhanden, Steckverbindung für dynamische Ölstandkontrolle –2– trennen.
- Vorderes Abgasrohr mit Katalysator ausbauen, siehe Seite 239.
- Motoröl ablassen und auffangen, siehe Seite 23.
- Ablaßschraube mit **neuem** Dichtring einschrauben.
  Anzugsdrehmomente:
  1,2-/1,7(X17DTL)-/2,0-/2,2-l-Motor .... **10 Nm**
  2,2-l-Motor Z22SE .... **25 Nm**
  1,6-/1,8-l-Motor :
  – Sechskantschraube mit Metalldichtring ..... **45 Nm**
  – Innentorxschraube mit Gummidichtring ..... **14 Nm**
  1,6-l-Motor X16SZR/Z16XE/Z16SE............ **55 Nm**
  1,7-l-Motor Y17DT/Z17DTL.................. **80 Nm**

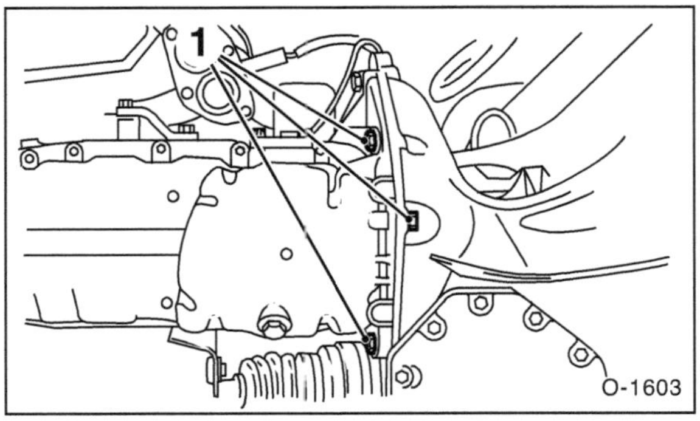

- Schrauben –1– am Getriebegehäuse herausdrehen.
- Ölwanne von Ölpumpe und Motorblock abschrauben.

Einbau

- Ölwannenschrauben am Gewinde mit einer Drahtbürste von Sicherungsmittelresten reinigen. Gewinde im Motorblock und im Getriebegehäuse mit Gewindeschneider vorsichtig nachschneiden.
- Dichtungsreste an den Auflageflächen der Ölwanne sorgfältig entfernen. Ölreste mit einem benzingetränkten Lappen sorgfältig abwischen.
- Befestigungsschrauben für Ölwanne an Motorblock und Ölpumpe mit Schraubensicherungsmittel, zum Beispiel OPEL-1510181 (rot), bestreichen. **Achtung:** Die Montagezeit einschließlich dem Festziehen der Ölwanne darf maximal 10 Minuten dauern, damit eine dauerhafte Abdichtung der Ölwanne sichergestellt ist.

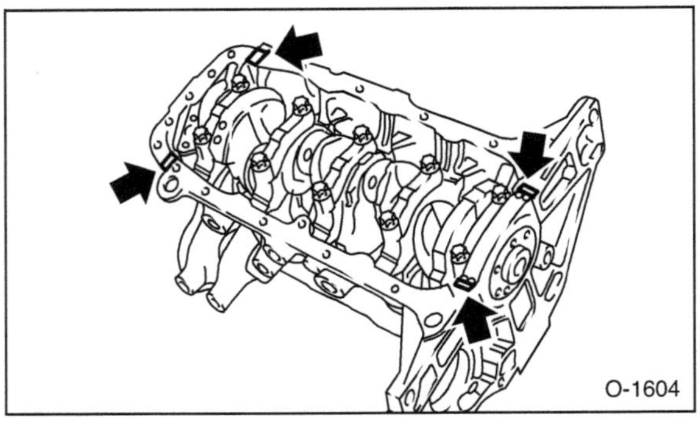

- **1,6-/1,8-l-Motor:** Trennfugen der Ölpumpe und des hinteren Kurbelwellen-Lagerdeckels mit Klebedichtmasse, zum Beispiel OPEL-1503295 (schwarz) oder Ultra-Black von Loctite, bestreichen –Pfeile–.

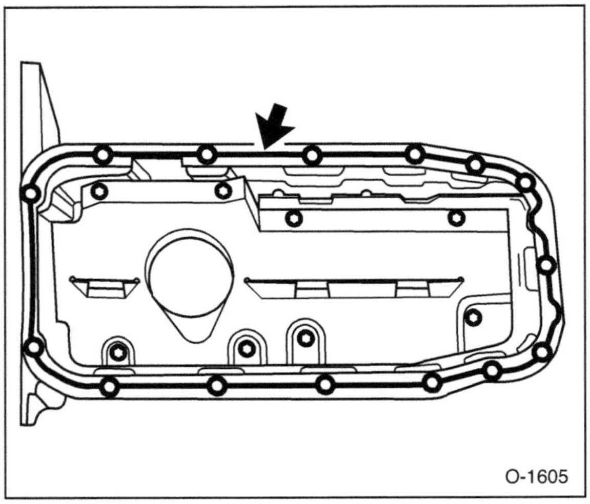

- **1,2-/1,6-l-Motor** (außer Z16XEP): Ölwanne mit neuer Dichtung –Pfeil– ansetzen und Schrauben bis zur Anlage des Schraubenkopfs beiziehen, nicht festziehen.

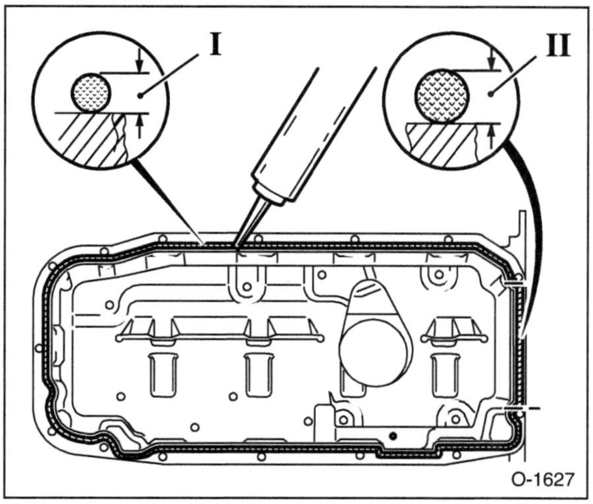

- **1,8-l-Motor/1,6-l-Motor Z16XEP:** Auf die Dichtfläche der Ölwanne eine ca. 2,5 mm dicke Raupe –Maß I– und im Bereich des hinteren Kurbelwellenlagerdeckels eine ca. 3,5 mm dicke Raupe –Maß II– Silicon-Dichtmasse auftragen. Motor Z16XEP: Zusätzlich 3 mm dicke Siliconraupe auf den Anschluß für Ölsaugrohr und die beiden Ölrückläufe auftragen. Ölwanne sofort ansetzen und sämtliche Schrauben lose beiziehen. Als Dichtmasse kann OPEL-1503298 (grau) oder »Silikon Blau RTV« von Loctite verwendet werden.
- Ölwanne mit neuer Dichtung an die Grundplatte des Motorblocks anschrauben.
  1. Stufe: Alle Schrauben lose beidrehen.
  2. Stufe: Schrauben für Ölwanne an Motorblock (und Steuergehäuse) mit **10 Nm** festziehen.
  3. Stufe: Schrauben für Ölwanne an Getriebegehäuse mit **40 Nm** festziehen. **75 PS-Motor:** M8-Schrauben am Getriebegehäuse mit **20 Nm,** M10-Schrauben mit **40 Nm** festziehen.
- Vorderes Abgasrohr mit Katalysator einbauen, siehe Seite 239.
- Stecker für dynamische Ölstandkontrolle verbinden
- **1,2-/1,8-l-Motor:** Stecker für die Lambdasonde verbinden.
- Fahrzeug ablassen.
- Motoröl auffüllen, Ölstand prüfen, siehe Seite 22.
- Nach Probefahrt Ölwannendichtung und Ablaßschraube auf Ölaustritt kontrollieren.

Speziell 2,0-l-Benzinmotor sowie 1,7-l-Dieselmotor

Die Ölwanne ist 2teilig. Hier wird nur der Ausbau des Unterteils beschrieben. Zum Ausbau des kompletten Gehäuses müssen der Motor angeseilt und angehoben sowie der komplette Vorderachskörper ausgebaut werden.

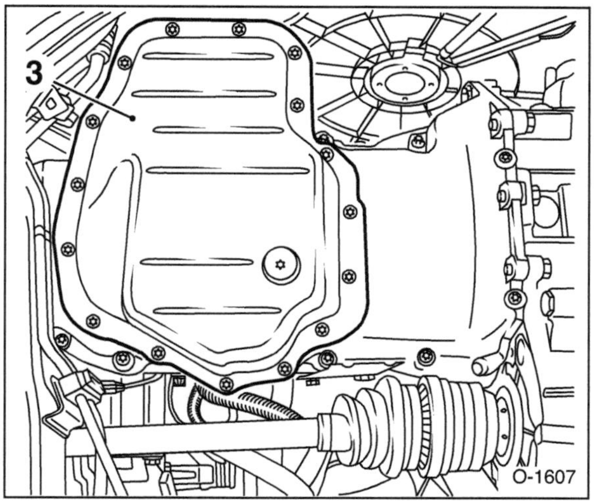

- Ölwanne –3– mit **neuer** Dichtung ansetzen und Schrauben mit Sicherungsmittel, zum Beispiel OPEL-1510181 (rot) oder Loctite 743, einsetzen und anschrauben.
  Anzugsdrehmoment Motor X20XEV/X17DTL:
  1. Stufe: Alle Schrauben lose beidrehen.
  2. Stufe: Schrauben über Kreuz mit **8 Nm** festziehen.
  3. Stufe: Schrauben mit starrem Schlüssel um **30°** weiterdrehen.
  Anzugsdrehmoment Motor Y17DT/Z17DTL:
  1. Stufe: Alle Schrauben lose beidrehen.
  2. Stufe: Schrauben über Kreuz mit **10 Nm** festziehen.

Speziell 2,0-/2,2-l-Dieselmotor

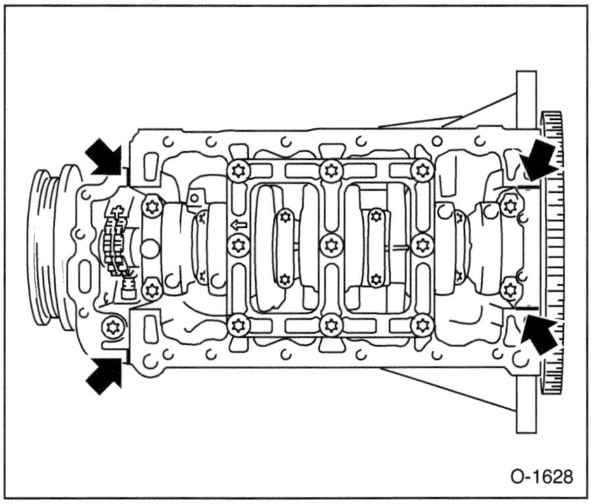

- Auf die Trennfugen –Pfeile– am Steuergehäuse und am hinteren Kurbelwellenlagerdeckel ein Raupe Klebedichtmasse, zum Beispiel OPEL-1503295 (schwarz) oder Ultra-Black von Loctite, auftragen.
- Ölwanne mit neuer Dichtung an Getriebe, Motorblock und Steuergehäuse ansetzen und anschrauben.
  1. Stufe: Alle Schrauben lose beidrehen.
  2. Stufe: Schrauben für Ölwanne an Motorblock und Steuergehäuse mit **20 Nm** festziehen.
  3. Stufe: M8-Schrauben für Ölwanne an Getriebegehäuse mit **20 Nm** festziehen. M10-Schrauben mit **40 Nm** festziehen.

Störungsdiagnose Ölkreislauf

Störung	Ursache	Abhilfe
Kontrolleuchte leuchtet nicht nach Einschalten der Zündung.	Öldruckschalter defekt.	■ Zündung einschalten, Leitung vom Öldruckschalter abziehen und gegen Masse halten. Wenn die Kontrollampe leuchtet, Schalter ersetzen.
	Strom zum Schalter unterbrochen, Kontakte korrodiert.	■ Elektrische Leitung und Anschlüsse prüfen.
	Kontrollampe defekt.	■ Kontrollampe ersetzen.
Kontrollicht verlischt nicht nach Anspringen des Motors.	Öl sehr warm.	■ Unbedenklich, wenn Kontrollicht beim Gasgeben verlischt.
Kontrollicht verlischt nicht beim Gasgeben bzw. leuchtet während der Fahrt.	Öldruck zu gering.	■ Ölstand prüfen, ggf. auffüllen; Öldruck nach Vorschrift prüfen.
	Elektrische Leitung zum Öldruckschalter hat Kurzschluß gegenüber Masse.	■ Kabel am Schalter abziehen und isoliert ablegen (nicht gegen Masse legen), Zündung einschalten. Wenn die Kontrollampe aufleuchtet, Leitung überprüfen.
	Öldruckschalter defekt.	■ Schalter auswechseln.
Zu niedriger Öldruck im gesamten Drehzahlbereich.	Zu wenig Öl im Motor.	■ Motoröl nachfüllen.
	Ansaugsieb in der Saugglocke verschmutzt, Saugrohr gebrochen.	■ Ölwanne ausbauen, Ansaugsieb reinigen, ggf. Saugrohr ersetzen.
	Ölpumpe verschlissen.	■ Ölpumpe ausbauen und prüfen, gegebenenfalls ersetzen.
	Lagerschaden.	■ Motor demontieren.
Zu niedriger Öldruck im unteren Drehzahlbereich.	Öldruckregelventil klemmt in offenem Zustand durch Verschmutzung.	■ Öldruckregelventil ausbauen und prüfen.
Zu hoher Öldruck bei Drehzahlen über 2.000/min.	Öldruckregelventil öffnet nicht wegen Verschmutzung.	■ Öldruckregelventil ausbauen und prüfen.

Motor-Kühlung

Aus dem Inhalt:

- **Kühlmittelkreislauf**
- **Frostschutz mischen**
- **Kühlmittel wechseln**
- **Lüfter**
- **Kühler**
- **Kühlmittelpumpe**
- **Kühlsystem prüfen**

Kühlmittelkreislauf

Solange der Motor kalt ist, zirkuliert das Kühlmittel nur im Zylinderkopf sowie im Motorblock und im Wärmetauscher der Innenraumheizung. Mit zunehmender Erwärmung öffnet der Kühlmittelregler den großen Kühlmittelkreislauf. Das Kühlmittel wird von der ständig im Einsatz befindlichen Kühlmittelpumpe über den Kühler geleitet. Die Kühlflüssigkeit durchströmt den Kühler von oben nach unten und wird dabei durch die an den Kühlrippen vorbeistreichende Luft gekühlt.

Zur Verstärkung der Kühlluft ist ein elektrisch angetriebener, temperaturgesteuerter Lüfter eingebaut. Der Zeitpunkt für das Einschalten und die Drehzahl des Lüfters werden vom Motor-Steuergerät anhand der Werte des Kühlmittel-Temperaturfühlers bestimmt und über das Kühlerlüfter-Relais geschaltet. Fahrzeuge mit Klimaanlage und/oder Dieselmotor besitzen ein sogenanntes Motorkühlungsmodul. Es besteht aus dem Kühler und 2 Lüftern, die vor und hinter dem Kühler angeordnet sind. Zwischen den Lüftern sitzt, falls vorhanden, der Verflüssiger der Klimaanlage. Angesteuert werden die Lüfter durch ein zusätzliches Steuergerät für Motorkühlungsmodul. Dieses Steuergerät befindet sich im Radhaus vorn links.

Sicherheitshinweis
Der Elektrolüfter kann sich auch bei ausgeschalteter Zündung einschalten. Durch Stauwärme im Motorraum ist auch **mehrmaliges Einschalten möglich.** Abhilfe: **Stecker für Kühlerlüfter abziehen.**

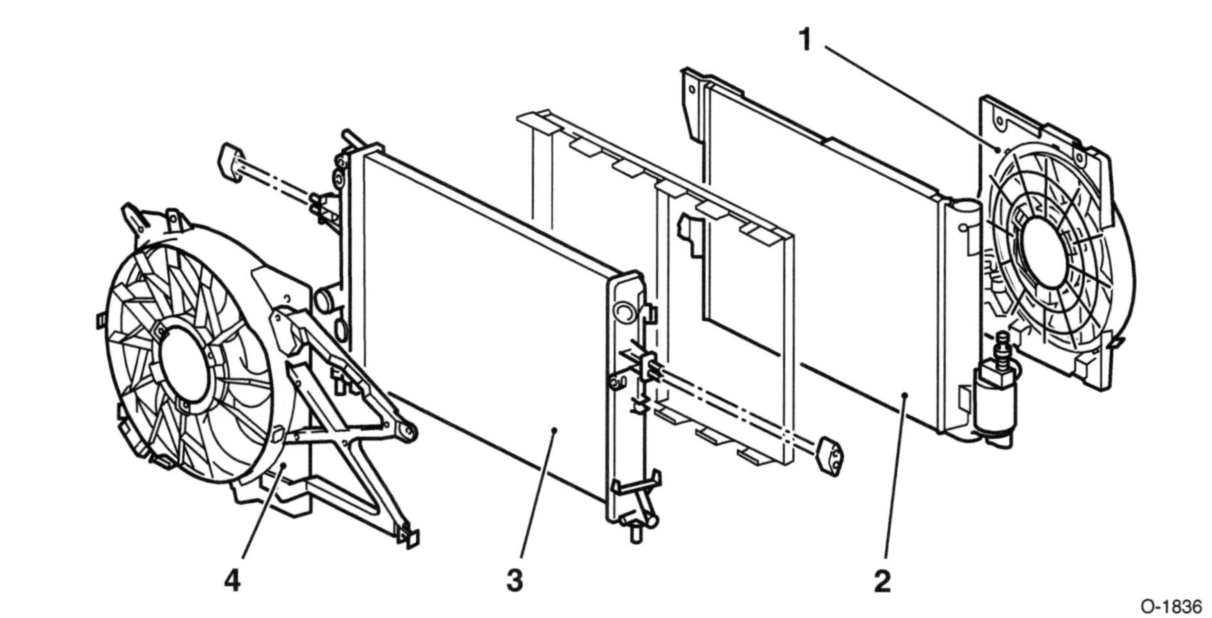

Motorkühlungsmodul

1 – Lüftergehäuse mit Lüftermotor vorn, nur Benzinmotor mit Klimaanlage und Dieselmotor.
2 – Verflüssiger der Klimaanlage.
3 – Kühler.
4 – Lüftergehäuse mit Lüftermotor hinten, bei allen Motoren vorhanden.

Kühler-Frostschutzmittel

Die Motor-Kühlanlage wird ganzjährig mit einer Mischung aus Wasser und Kühlerfrost- und Korrosions-Schutzmittel befüllt. Diese Mischung verhindert Frost- und Korrosionsschäden, Kalkansatz und hebt außerdem die Siedetemperatur des Kühlmittels an. Durch den Verschlußdeckel am Ausgleichbehälter wird bei warmem Motor innerhalb des Kühlkreislaufes ein Überdruck von ca. 1,2 bis 1,5 bar aufgebaut, der ebenfalls zur Siedepunkterhöhung der Kühlflüssigkeit beiträgt. Erforderlich ist der höhere Siedepunkt der Kühlflüssigkeit für ein einwandfreies Funktionieren der Motor-Kühlung. Bei zu niedrigem Siedepunkt der Flüssigkeit kann es zu einem Hitzestau kommen, wodurch der Kühlkreislauf behindert und die Kühlung des Motors vermindert wird. Deshalb muß das Kühlsystem unbedingt ganzjährig mit einer Kühlkonzentrat-Mischung gefüllt sein.

Da Kühler und Wärmetauscher aus Aluminium gefertigt sind, darf nur ein von OPEL freigegebenes Frost- und Korrosionsschutzmittel verwendet werden

Achtung: Es gibt von OPEL zwei unterschiedliche Kühlmittelzusätze, die an der Farbe erkennbar sind. **Ab 10/00** wird silikatfreies Kühlmittel verwendet, erkennbar an der Farbe »**rot/orange**«. Diese Fahrzeuge dürfen nur mit dem roten Kühlmittel befüllt werden. **Bis 9/00** wurde silikathaltiges, **blaugrünes** Kühlmittel eingefüllt. Bei diesen Fahrzeugen nur blaugrünes Kühlmittel auffüllen. Auf keinen Fall dürfen Kühlflüssigkeiten mit roter und grüner Farbe gemischt werden, sonst können schwerwiegende Motorschäden auftreten. Für das Nachfüllen gilt grundsätzlich: grün zu grün und rot zu rot.

Kühlmittel-Mischungsverhältnis:

Die Kühlflüssigkeit wird aus einer Mischung von Kühlkonzentrat (Frostschutzmittel) und Trinkwasser hergestellt.

Frostschutz bis	Kühlkonzentrat	Wasser
– 25° C	40 %	60 %
– 35° C	50 %	50%

Die Kühlmittel-Füllmenge kann je nach Ausstattung des Fahrzeuges variieren. Anhaltswerte stehen in der Tabelle auf Seite 13.

Kühlmittel ablassen und auffüllen

Falls bei Reparaturen der Zylinderkopf, die Zylinderkopfdichtung, der Kühler, der Wärmetauscher oder der Motor ersetzt wurden, muß die Kühlflüssigkeit auf jeden Fall ersetzt werden. Das ist erforderlich, weil sich die Korrosionsschutzanteile in der Einlaufphase an den neuen Leichtmetallteilen absetzen und somit eine dauerhafte Korrosionsschutzschicht bilden. Bei gebrauchter Kühlflüssigkeit ist der Korrosionsschutzanteil in der Regel nicht mehr groß genug, um eine ausreichende Schutzschicht an den neuen Teilen zu bilden.

Ein Wechsel des Kühlmittels im Rahmen der Wartung ist nicht erforderlich.

Achtung: Bei Arbeiten am Kühlsystem unbedingt darauf achten, daß **kein Kühlmittel auf den Zahnriemen** gelangt. Der Glykolanteil des Kühlmittels kann das Gewebe des Zahnriemens so schädigen, daß der Riemen nach einiger Betriebszeit reißt, wodurch schwerwiegende Motorschäden auftreten können.

Hinweis: Kühlmittel ist leicht giftig. Gemeinde- und Stadtverwaltungen informieren darüber, wie das alte Kühlmittel entsorgt werden soll.

Ablassen

Sicherheitshinweis
Bei heißem Motor vor dem Öffnen des Ausgleichbehälters einen dicken Lappen auflegen, um Verbrühungen durch heiße Kühlflüssigkeit oder Dampf zu vermeiden. Deckel nur bei Kühlmitteltemperaturen unter +90° C abnehmen.

- Verschlußdeckel am Ausgleichbehälter öffnen.
- Sauberes Auffanggefäß unter den Kühler stellen.

O-1858

- Kühlmittelablaßschraube öffnen und Kühlflüssigkeit in Auffangbehälter abfließen lassen.
- Anschließend Ablaßschraube wieder verschließen.
- **Dieselmotor Y22DTR:** Kühlmittel zusätzlich aus dem Motorblock ablassen. Dazu Innensechskant-Ablaßschraube zwischen Diesel-Hochdruckpumpe und Ölfilter herausdrehen. Anschließend Ablaßschraube wieder festschrauben.

Auffüllen

- Kühlflüssigkeit in den Ausgleichbehälter bis zur Markierung »KALT« einfüllen, siehe Abbildung O-1837.
- Schraubverschluß für Ausgleichbehälter bis zum Anschlag festdrehen.
- Motor starten und warmlaufen lassen, bis der Thermostat öffnet. Der untere Kühlmittelschlauch wird dann warm.

Achtung: Das Kühlsystem entlüftet sich während des Warmlaufens von selbst.

- Kühlsystem auf Dichtheit prüfen.

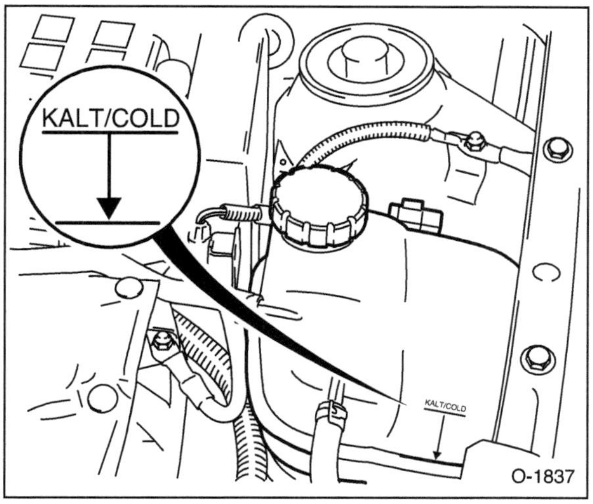

O-1837

- Motor abstellen und abkühlen lassen.
- Anschließend Kühlmittelstand nochmals prüfen, gegebenenfalls Kühlmittel nachfüllen. Bei warmem Motor steht das Kühlmittel etwas oberhalb der »KALT«-Markierung.

Kühlmittelregler (Thermostat) aus- und einbauen

Der Kühlmittelregler (Thermostat) öffnet mit zunehmender Erwärmung des Motors den großen Kühlmittelkreislauf. Bleibt der Thermostat durch einen Defekt geschlossen, wird der Motor zu heiß. Erkennbar ist das an einer im rechten Warnfeld stehenden Kühlmittel-Temperaturanzeige, während gleichzeitig der Kühler kalt bleibt. Ein defekter Thermostat kann aber auch nach dem Abkühlen der Kühlflüssigkeit weiterhin geöffnet bleiben. Dies erkennt man daran, daß der Motor nicht mehr seine Betriebstemperatur erreicht bzw. daß der Zeiger der Kühlmittel-Temperaturanzeige langsamer ansteigt als bisher oder im Winter die Heizleistung nachläßt.

Ausbau

- Batterie-Massekabel (–) bei ausgeschalteter Zündung abklemmen. **Achtung:** Dadurch werden elektronische Speicher gelöscht, wie zum Beispiel der Radiocode. Ohne Code kann das Radio nur vom Radiohersteller freigeschaltet werden, beziehungsweise beim OPEL-Radio von einer OPEL-Werkstatt. Deshalb Hinweise im Kapitel »Batterie aus- und einbauen« durchlesen.
- **Dieselmotor:** Untere Motorraumabdeckung abschrauben.
- Kühlmittel ablassen und auffangen, siehe entsprechendes Kapitel.

Achtung: Die Kühlflüssigkeit braucht nicht vollständig abgelassen zu werden. Es reicht, wenn der Kühlflüssigkeitsspiegel unterhalb vom Thermostatgehäuse liegt.

- 1 oder 2 Kühlmittelschläuche vom Thermostatgehäuse abziehen, vorher Schelle(n) ganz öffnen und zurückschieben. Der Thermostat sitzt im Stutzen am Zylinderkopf, von dem der obere Schlauch zum Kühler führt.
- Thermostat ausbauen, siehe Abschnitte über die einzelnen Motoren.
- Thermostat prüfen.

Einbau

- Dichtflächen reinigen.
- Thermostat einbauen, siehe Abschnitte über die einzelnen Motoren.
- 1 oder 2 Kühlmittelschläuche am Thermostatgehäuse aufschieben und mit Schelle(n) sichern.
- Frostschutz der Kühlflüssigkeit überprüfen, Kühlmittel auffüllen, siehe entsprechendes Kapitel.

Speziell 1,2-l-Motor

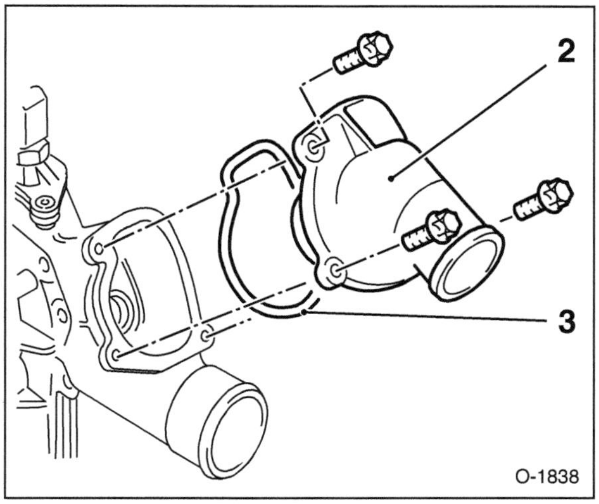

O-1838

- Gehäuse mit Thermostat –2– und neuem Dichtring –3– an die Kühlmittelpumpe mit **8 Nm** anschrauben.

Speziell 1,6-l-Motor X16SZR/Z16SE

- Zahnriemen ausbauen, siehe Seite 177.
- Zahnriemenspannrolle ausbauen.

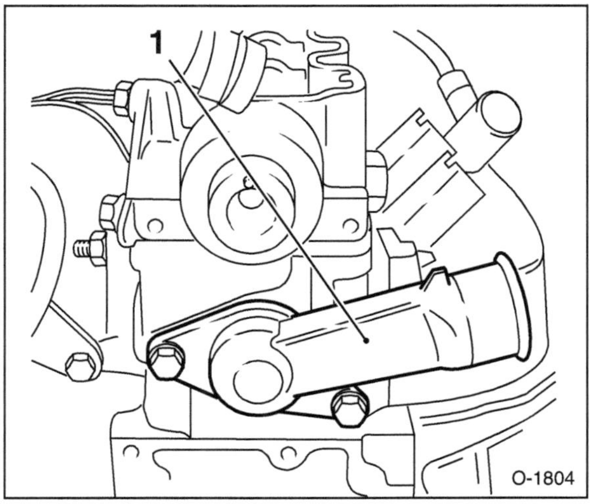

O-1804

- Thermostatgehäuse –1– vom Zylinderkopf abschrauben.

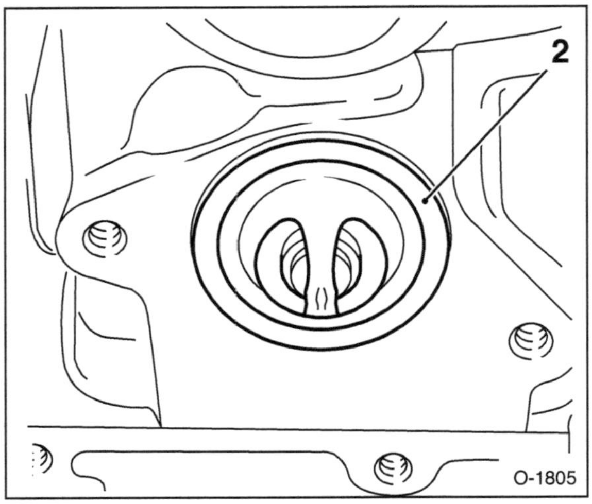

- Thermostat –2– herausnehmen.

Einbau

- Thermostat mit neuer Dichtung einsetzen. Thermostatgehäuse mit **10 Nm** anschrauben.
- Zahnriemenspannrolle und Zahnriemen einbauen, siehe Seite 177.

Speziell 1,6-l-Motor Z16XEP

- Kühlmittelschlauch vom Ausgleichbehälter abziehen und Hitzeschutzblech am Auslaßkrümmer lösen.
- Stecker vom Thermostat abziehen, Thermostatgehäuse abschrauben und Thermostat herausnehmen.

Einbau

- Thermostat einsetzen. Thermostatgehäuse mit neuem Dichtring einsetzen und mit **8 Nm** anschrauben.
- Stecker am Thermostat aufschieben. Hitzeschutzblech mit **8 Nm** festschrauben.

Speziell 1,6-l-Motor X16XEL/Z16XE

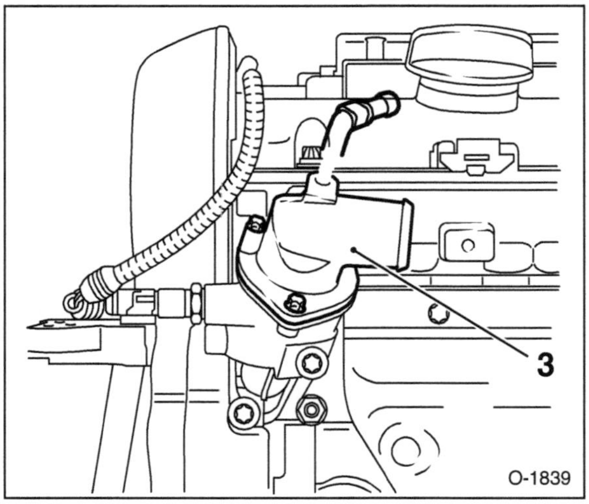

- Deckel –3– vom Thermostatgehäuse abschrauben und mit Thermostat herausnehmen.
- Thermostat prüfen, gegebenenfalls Deckel mit Thermostat ersetzen. Der Thermostat wird nur komplett mit Deckel geliefert.

Einbau

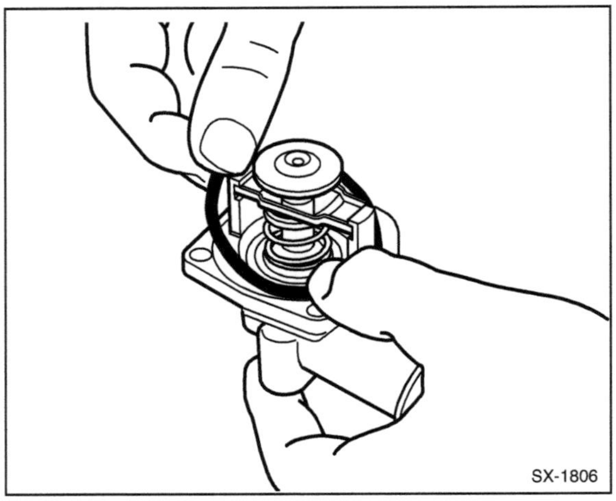

- **Neuen** O-Gummidichtring einsetzen.
- Deckel mit Thermostat einsetzen und mit **8 Nm** anschrauben.

Speziell 1,8-l-Motor X18XE1

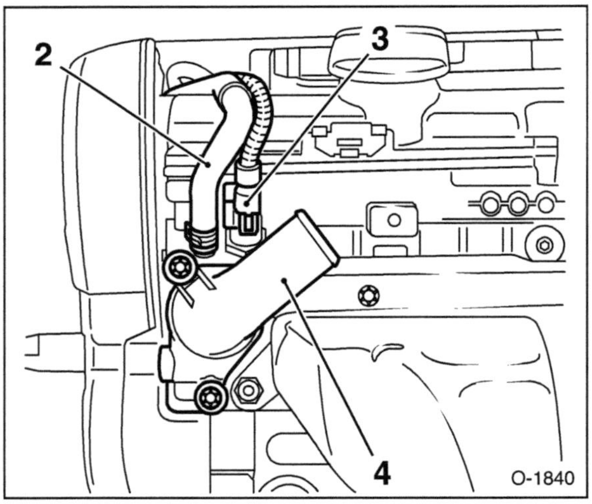

- Kühlmittelschlauch –2– abziehen.
- Stecker –3– vom Kühlmittel-Temperaturfühler abziehen.
- Thermostatgehäuse –4– abschrauben und mit Thermostat herausnehmen.
- Thermostat prüfen, gegebenenfalls Gehäuse mit Thermostat ersetzen. In diesem Fall Kühlmittel-Temperaturfühler umbauen und mit **14 Nm** anschrauben.

Einbau

- Thermostatgehäuse mit neuem Dichtring einsetzen und mit **20 Nm** am Zylinderkopf anschrauben.
- Stecker am Kühlmittel-Temperaturfühler aufschieben.

Speziell 2,0-l-Benzinmotor X20XEV

- Gehäuse mit Thermostat vom Zylinderkopf abschrauben.
- Thermostatgehäuse mit neuem Dichtring und **15 Nm** anschrauben.

Speziell 1,7-l-Dieselmotor X17DTL/Y17DT/Z17DTL

- **Y17DT/Z17DTL:** Batterie/Batterieträger ausbauen, siehe Seite 63.

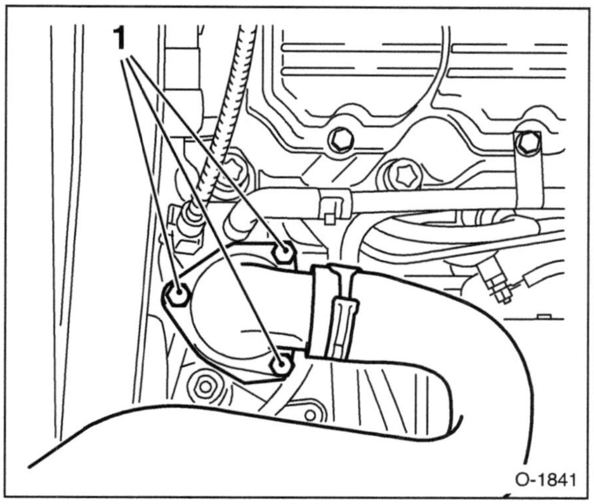

O-1841

- Kühlmittelauslaßstutzen abschrauben –1– und mit angeschlossenem Kühlmittelschlauch zur Seite legen.
- Thermostat herausnehmen, dabei Einbaulage notieren.

Einbau

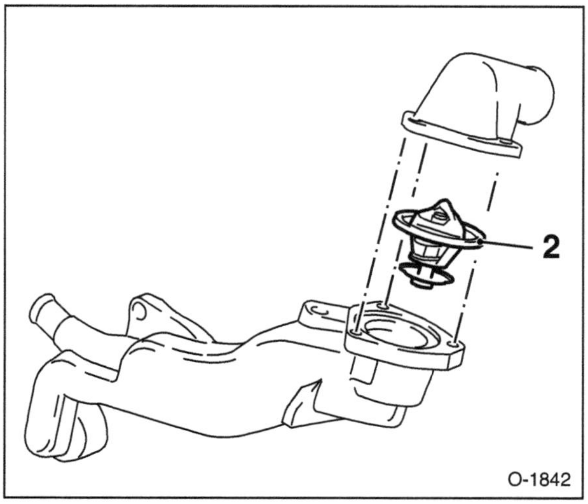

O-1842

- Thermostat –2– mit neuem Dichtring einsetzen. Auslaßstutzen mit **8 Nm** (Y17DT/Z17DTL: **24 Nm**) anschrauben.

Speziell 2,0-/2,2-l-Dieselmotor

- Luftfiltergehäuse und Luftansaugschlauch ausbauen.
- Gehäuse mit Thermostat vom Zylinderkopf abschrauben.
- Thermostatgehäuse mit neuem Dichtring und **8 Nm** anschrauben.

Kühlmittelregler (Thermostat) prüfen

Achtung: Es kann nur der Öffnungsbeginn überprüft werden, da das Öffnungsende bei einer Temperatur über dem Siedepunkt des Wassers liegt.

Prüfen

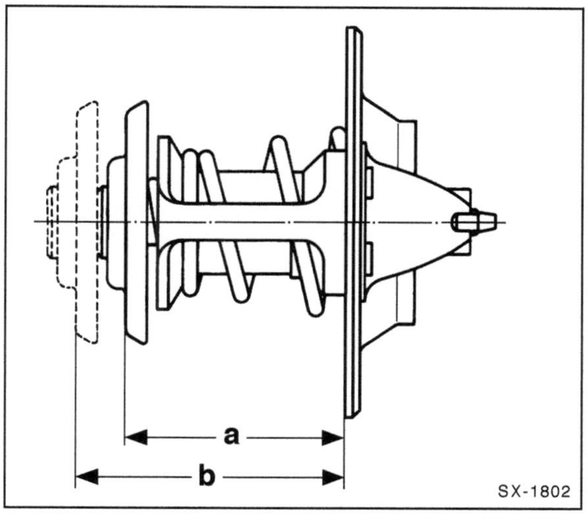

SX-1802

- Höhe des Thermostats messen, Maß »a« notieren.

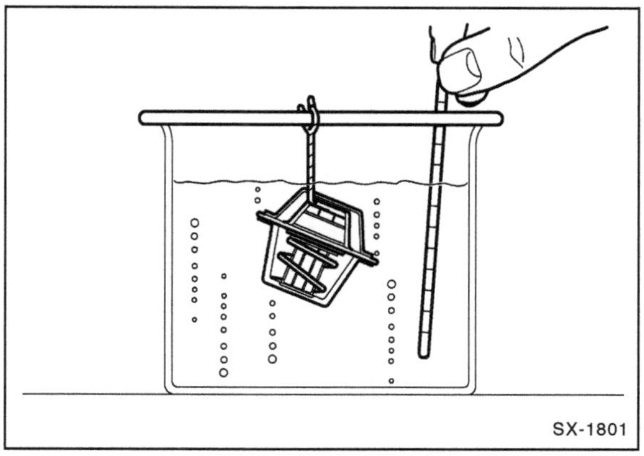
SX-1801

- Kühlmittelregler im Wasserbad langsam erwärmen. Dabei darf der Thermostat nicht die Wände des Behälters berühren. Der Thermostat muß vollständig eingetaucht sein. Temperatur mit einem geeigneten Thermometer kontrollieren.
- Sobald das Wasser die Öffnungstemperatur von ca. +92 ± 2° C (2,2-l-Benziner: +82 ± 2° C) erreicht, muß der Thermostat mit dem Öffnen der Regelklappe beginnen.
- Wasser weiter erwärmen, bis der Siedepunkt erreicht ist. Thermostat herausnehmen, die Höhe messen (Maß »b«) und mit dem ersten Meßwert (Maß »a«) vergleichen. Der Öffnungshub beträgt bei Öffnungsende (+107° C) ca. 8 mm. Da diese Temperatur nicht erreicht wird, prüfen, ob sich der Regler um ein vergleichbares Maß geöffnet hat, sonst Kühlmittelregler ersetzen.
- Anschließend prüfen, ob sich der Regler beim Abkühlen wieder ganz schließt, andernfalls Regler ersetzen.

Kühlsystem prüfen

Prüfen

Undichtigkeiten im Kühlsystem können mit einem handelsüblichen Prüfgerät, zum Beispiel HAZET 4800-1/2/7 überprüft werden.

- Motor auf Betriebstemperatur bringen. Dazu Motor warmfahren, bis die Kühlmitteltemperaturanzeige im Fahrzeug die normale Kühlmitteltemperatur anzeigt.

Sicherheitshinweis
Bei heißem Motor vor dem Öffnen des Ausgleichbehälters einen dicken Lappen auflegen, um Verbrühungen durch heiße Kühlflüssigkeit oder Dampf zu vermeiden. Deckel nur bei Kühlmitteltemperaturen unter +90° C abnehmen.

- Kühlmittelstand prüfen, gegebenenfalls Kühlmittel auffüllen, siehe Seite 20.
- Verschlußdeckel am Ausgleichbehälter öffnen.

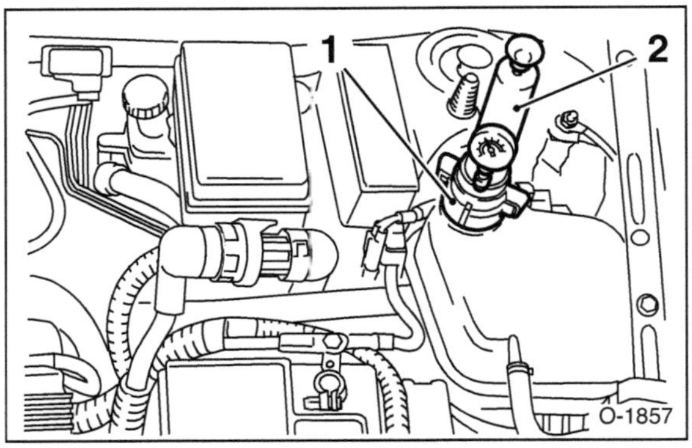

- Prüfgerät –2– auf Einfüllstutzen –1– des Ausgleichbehälters aufsetzen. Mit der Handpumpe des Gerätes einen Überdruck von ca. 1,0 bar erzeugen. Fällt der Druck ab, undichte Stelle suchen und beseitigen. Die undichte Stelle läßt sich an ausfließendem Kühlmittel erkennen.
- Wenn der Druck ohne Austritt von Kühlmittel abfällt oder gar ansteigt, kann auf inneren Kühlmittelverlust im Motor, zum Beispiel durch eine defekte Zylinderkopfdichtung oder einen Gehäuseriß, geschlossen werden.

Lüfter aus- und einbauen

Benzinmotor ohne Klimaanlage

Ausbau

- Batterie-Massekabel (–) bei ausgeschalteter Zündung abklemmen. **Achtung:** Dadurch werden elektronische Speicher gelöscht, wie zum Beispiel der Radiocode. Ohne Code kann das Radio nur vom Radiohersteller freigeschaltet werden, beziehungsweise beim OPEL-Radio von einer OPEL-Werkstatt. Deshalb Hinweise im Kapitel »Batterie aus- und einbauen« durchlesen.
- Steckverbindung für Lüftermotor trennen.

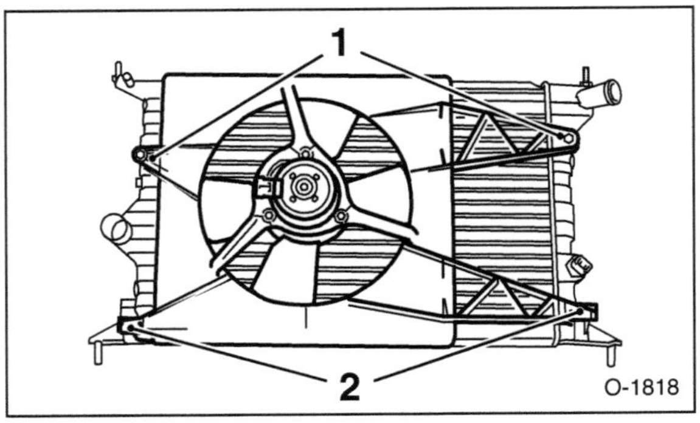

- Lüftergehäuse am Kühler abschrauben –1– und mit Lüftermotor aus den Halterungen –2– herausziehen.
- Lüfter nach oben herausnehmen.

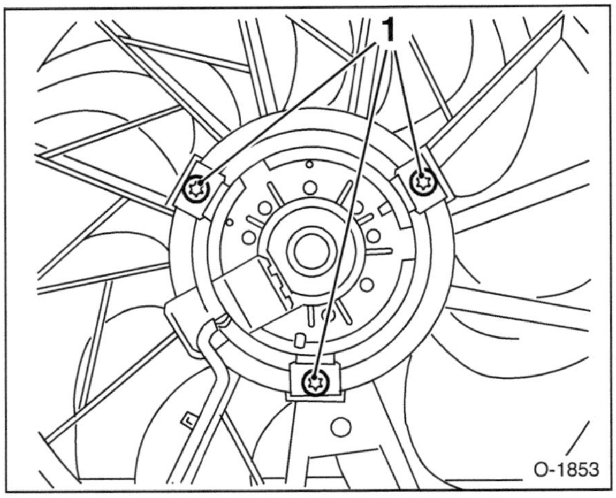

- Lüftermotor vom Lüftergehäuse abschrauben –1–.

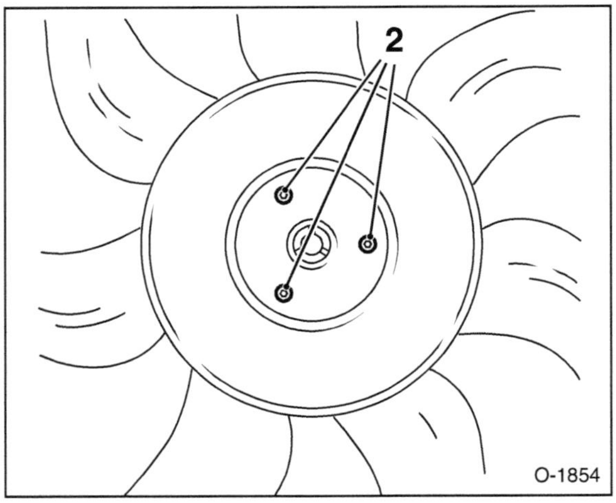

- Lüftermotor vom Lüfterrad abschrauben –2–.

Einbau

- Lüfterrad an Lüftermotor anschrauben.
- Lüftermotor an Lüftergehäuse anschrauben.
- Lüftergehäuse in die Führungen am Kühler einsetzen und oben mit **4 Nm** anschrauben.

- Stecker für Lüftermotor verbinden. Kabelstrang für Lüftermotor am Lüftergehäuse einclipsen, gegebenenfalls mit neuen Kabelbindern befestigen.
- Batterie-Massekabel (–) anklemmen. **Achtung:** Hoch-/Tieflaufautomatik für elektrische Fensterheber aktivieren sowie Zeituhr stellen und Radiocode eingeben, siehe Kapitel »Batterie aus- und einbauen«.

Speziell 2,0-l-Dieselmotor

- Kühler mit Lüfter ausbauen, siehe entsprechendes Kapitel.
- Lüftergehäuse vom Kühler abbauen.
- Lüftermotor mit Lüfterrad vom Gehäuse abschrauben.
- Lüfterrad vom Lüftermotor abbauen, dazu Halteklammer an der Motorwelle abclipsen.

Speziell 1,7-l-Dieselmotor X17DTL

- Frontverkleidung ausbauen, siehe Seite 273.
- Batterie und Batterieträger ausbauen, siehe Seite 63.
- Ladeluftschläuche ausbauen.
- Untere Motorraumabdeckung ausbauen.
- Ölleitungen zum Ölkühler trennen.
- Mehrfachstecker vom Kühlmodul-Steuergerät entriegeln und abziehen.
- Massekabel von der Karosserie abschrauben.
- Steckverbindung für Zusatzlüfter trennen und Kabelstrang freilegen.
- Lüftergehäuse vom Kühler abschrauben und mit Lüftermotor nach oben herausnehmen.

Zusatzlüfter aus- und einbauen

1,7-l-Dieselmotor X17DTL ohne Klimaanlage

Ausbau

- Frontverkleidung ausbauen, siehe Seite 273.

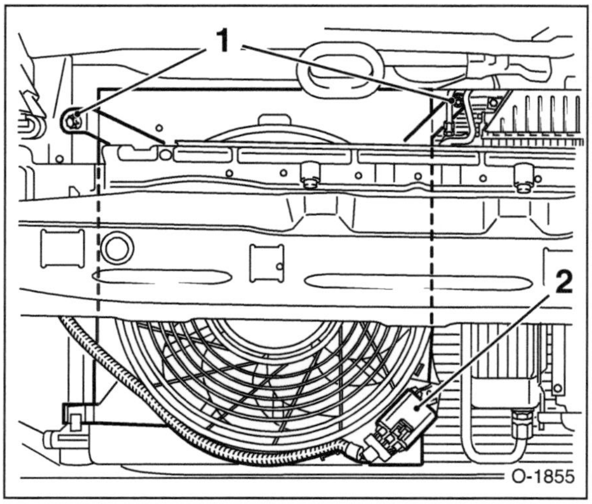

- Steckverbindung –2– für Zusatzlüfter trennen. Kabelstrang freilegen.
- Zusatzlüftergehäuse abschrauben –1– und nach unten herausnehmen.

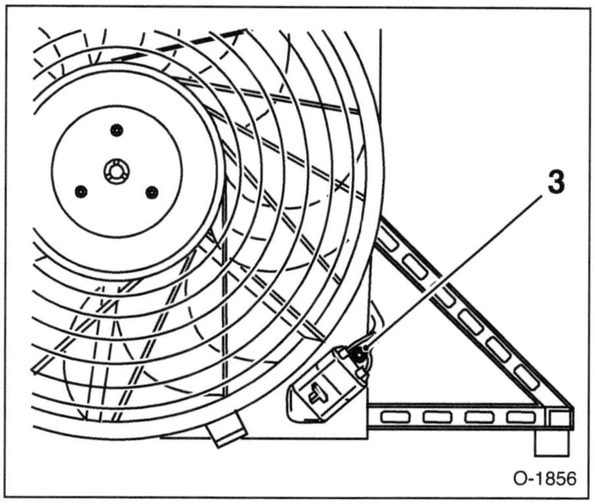

- Schraube –3– herausdrehen und Stecker mit Vorwiderstand abnehmen. Kabelverlegung markieren und Kabelstrang freilegen.
- Lüftermotor vom Gehäuse abschrauben.
- Motor vom Lüfterrad abbauen.

Einbau

- Lüfterrad an Lüftermotor anbauen.
- Lüftermotor an Lüftergehäuse sowie Stecker mit Vorwiderstand anschrauben. Kabel wie vor dem Ausbau verlegen und mit neuen Kabelbindern befestigen.
- Lüftergehäuse in die Führungen am Kühler einsetzen und oben mit **4 Nm** anschrauben.
- Stecker für Lüftermotor verbinden. Kabelstrang für Lüftermotor am Lüftergehäuse einclipsen, gegebenenfalls mit neuen Kabelbindern befestigen.
- Frontverkleidung einbauen, siehe Seite 273.

Kühler aus- und einbauen

Fahrzeuge ohne Klimaanlage

Ausbau

- Motorabdeckung ausbauen.

> **Sicherheitshinweis**
> Beim Aufbocken des Fahrzeugs besteht Unfallgefahr! Deshalb vorher das Kapitel »Fahrzeug aufbocken« durchlesen.

- Fahrzeug vorn aufbocken.
- Lüftergehäuse mit Lüftermotor ausbauen, siehe entsprechendes Kapitel.
- Kühlmittel ablassen und auffangen, siehe Seite 206.

- Oberen Kühlmittelschlauch vom Thermostatgehäuse abziehen.
- Kühlmittelschlauch zum Ausgleichbehälter vom Kühler abziehen.
- Unteren Kühlmittelschlauch vom Kühler abziehen.
- Frontverkleidung ausbauen, siehe Seite 273.
- Kühler an den oberen Haltern mit Draht aufhängen und gegen Herunterfallen sichern.

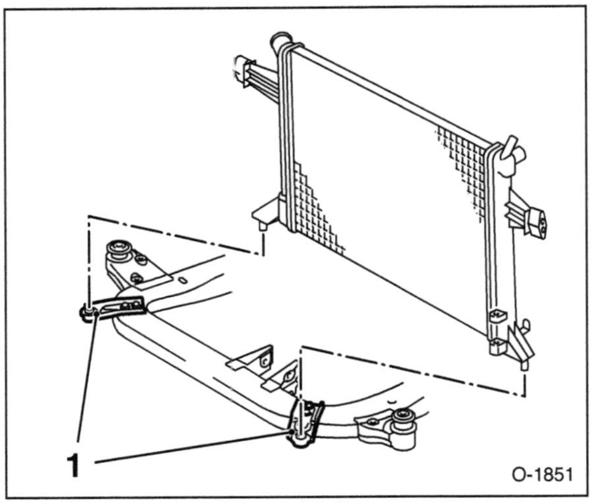

- Untere Kühlerhalter –1– vom Vorderachsträger abschrauben. **Achtung:** Linker und rechter Halter sind unterschiedlich, daher Einbaulage markieren.
- Kühler oben entsichern und nach unten herausnehmen.
- Falls der Kühler ersetzt wird, Anbauteile umbauen.
- **1,7-l-Dieselmotor X17DTL:** Ladeluftkühler mit Ölkühler vom Kühler abschrauben. Zusatzlüftergehäuse vom Kühler abschrauben.

Einbau

- **1,7-l-Dieselmotor X17DTL:** Zusatzlüftergehäuse sowie Ladeluftkühler mit Ölkühler am Kühler mit **4 Nm** anschrauben.
- Kühler von unten in die oberen Halter einsetzen und mit Draht sichern.
- Kühler in die unteren Halter einsetzen und am Vorderachsträger mit **15 Nm** anschrauben.
- Kühler oben entsichern.
- Frontverkleidung einbauen, siehe Seite 273.
- Kühlmittelschläuche aufschieben und mit Schellen sichern.
- Lüftergehäuse einbauen, siehe entsprechendes Kapitel.
- Fahrzeug ablassen.
- Motorabdeckung einbauen.
- Kühlsystem auffüllen, siehe entsprechendes Kapitel.

Speziell Automatikgetriebe

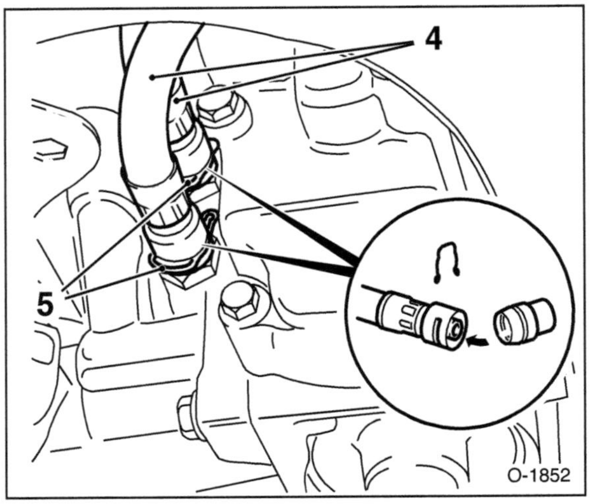

- Ölkühlleitungen –4– mit Tesaband markieren, damit sie an der gleichen Stelle wieder eingebaut werden können.
- Befestigungsklammern –5– abziehen und Ölkühlleitungen vom Getriebe abnehmen.
- Ölkühlleitungen am Kühler abschrauben.
- Ölkühlleitungen am Kühler mit neuen Dichtringen und **25 Nm** anschrauben.
- Ölkühlleitungen am Getriebe aufstecken.
- Getriebeölstand prüfen und auffüllen, siehe Seite 251.

Kühlmittelpumpe aus- und einbauen

Benzinmotor

Achtung: Die Arbeitsschritte für den 1,2-l-Motor sowie den 1,6-l-Motor Z16XEP sind am Ende des Kapitels aufgeführt.

Hinweis: Tropfenbildung an der Entlüftungsbohrung der Kühlmittelpumpe oder Verdampfungsspuren von Kühlmittel im Motorraum sind unbedenklich, wenn nicht ein deutlich meßbarer Kühlmittelverlust im Ausgleichbehälter auftritt.

Ausbau

- Batterie-Massekabel (–) bei ausgeschalteter Zündung abklemmen. **Achtung:** Dadurch werden elektronische Speicher gelöscht, wie zum Beispiel der Radiocode. Ohne Code kann das Radio nur vom Radiohersteller freigeschaltet werden, beziehungsweise beim OPEL-Radio von einer OPEL-Werkstatt. Deshalb Hinweise im Kapitel »Batterie aus- und einbauen« durchlesen.
- Kühlmittel ablassen und auffangen, siehe Seite 206.
- Kurbelwelle auf ca. 60° vor OT stellen.
- Zahnriemen ausbauen, siehe Seite 177/180.

1,6-/1,8-l-Motor X16XEL/Z16XE/X18XE1

- Zündmodul abschrauben, siehe Seite 26.
- Zylinderkopfdeckel abschrauben.
- Nockenwellenräder abschrauben.
- Beide Zahnriemen-Umlenkrollen abschrauben.

- **1,6-(100 PS)/1,8-/2,0-l-Benzinmotor:** Zahnriemen-Spannrolle abschrauben.
- **1,6-/1,8-l-Motor:** Hintere Zahnriemen-Abdeckung abschrauben.

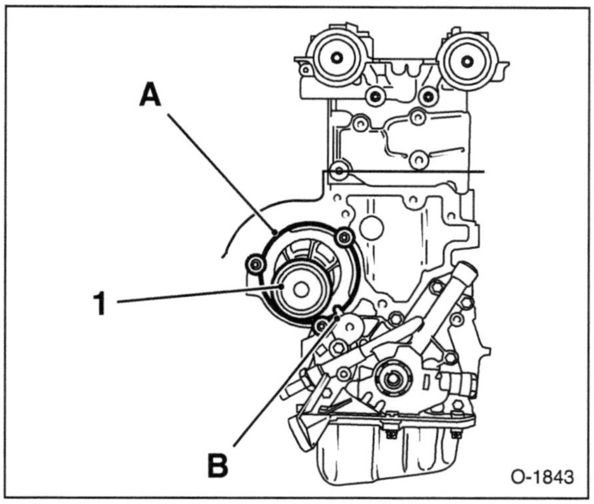

O-1843

- Kühlmittelpumpe –1– vom Motorblock abschrauben. A – Obere Markierungen auf der Kühlmittelpumpe, B – Nut der Kühlmittelpumpe.

Einbau

- Dichtflächen an Pumpe und Motorblock reinigen.
- Um ein Festrosten der Kühlmittelpumpe zu vermeiden, sowohl Dichtfläche am Motorblock als auch Dichtring im Kühlmittelpumpengehäuse leicht mit Siliconfett bestreichen, zum Beispiel OPEL 19 70 206 (weiß).

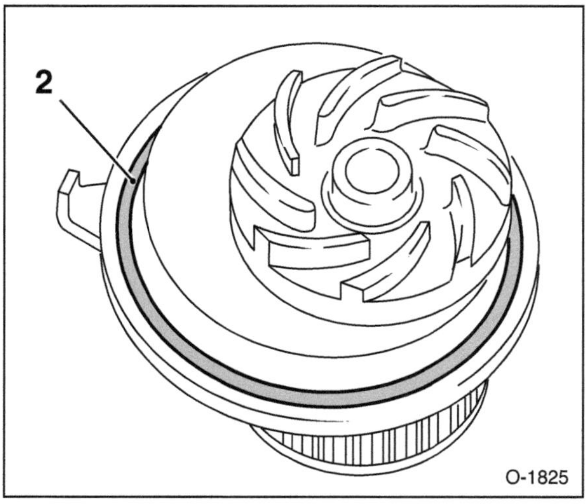

O-1825

- Kühlmittelpumpe mit **neuem** Dichtring –2– einsetzen.

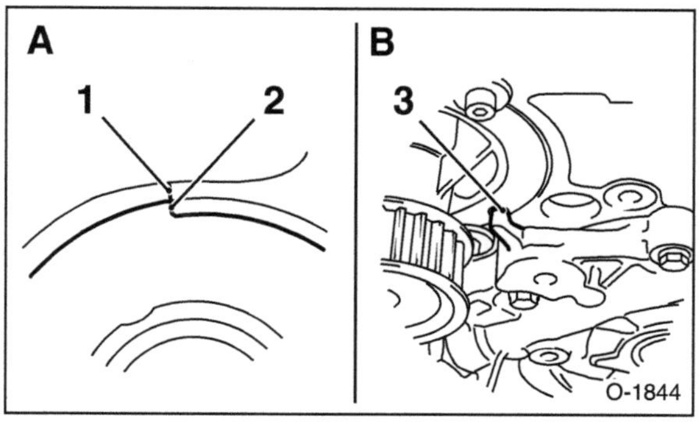

O-1844

- **1,6-l-Motor:** Kühlmittelpumpe so einsetzen, daß die Markierung –2– an der Pumpe mit der Markierung –1– am Motorblock übereinstimmt, siehe auch –A– in Abbildung O-1843.
- **1,8-l-Motor:** Kühlmittelpumpe so einsetzen, daß der Anguß –3– der Ölpumpe in die Nut der Kühlmittelpumpe eingreift, siehe auch –B– in Abbildung O-1843.
- **1,6-/1,8-l-Motor:** Kühlmittelpumpe mit **8 Nm** festziehen.
- **1,6-/1,8-l-Motor:** Hintere Zahnriemenabdeckung anschrauben.

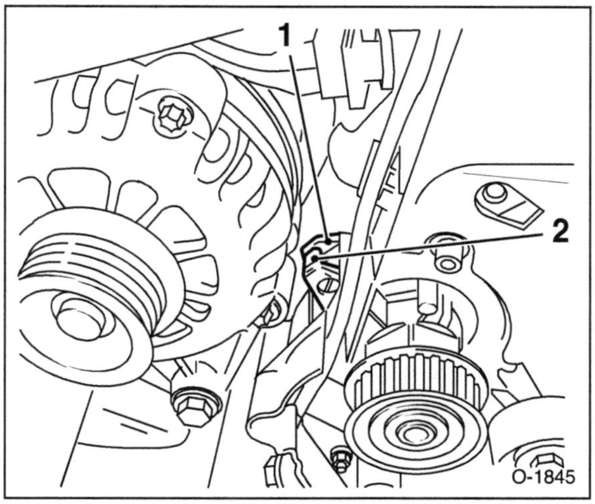

O-1845

- **2,0-l-Benzinmotor:** Kühlmittelpumpe so einsetzen, daß die Anguß –2– an der Pumpe mit dem Gegenstück –1– am Motorblock übereinstimmt. Pumpe mit **25 Nm** festziehen.

1,6-/1,8-l-Motor X16XEL/Z16XE/X18XE1

- Nockenwellenräder einbauen, siehe Seite 184.
- Beide Zahnriemen-Umlenkrollen anschrauben, siehe Seite 184.
- Zylinderkopfdeckel abschrauben, siehe Seite 184.
- Zündmodul anschrauben, siehe Seite 26.

- Zahnriemen-Spannrolle anschrauben, siehe Seite 182.
- Zahnriemen einbauen, siehe Seite 180.

- Batterie-Massekabel (–) anklemmen. **Achtung:** Hoch-/Tieflaufautomatik für elektrische Fensterheber aktivieren sowie Zeituhr stellen und Radiocode eingeben, siehe Kapitel »Batterie aus- und einbauen«.
- Kühlsystem auffüllen, siehe Seite 206.

Speziell 1,2-l-Motor

Ausbau

- Luftfiltergehäuse mit Heißfilm-Luftmassenmesser und Luftansaugschlauch ausbauen, siehe Seite 223.
- Kühlmittel ablassen und auffangen, siehe Seite 206.
- Keilrippenriemen ausbauen, siehe Seite 191.

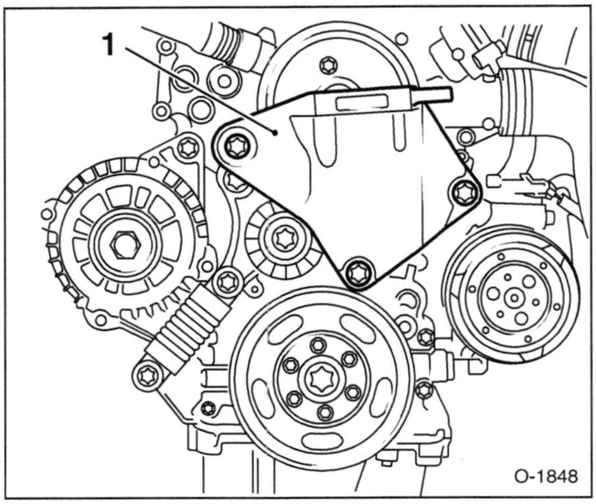

- Haltebock –1– für Motordämpfungsblock vom Steuergehäuse abschrauben.
- Stecker vom Kühlmittel-Temperaturfühler abziehen.
- Kühlmittelschläuche von der Pumpe abziehen.
- Riemenscheibe von der Kühlmittelpumpe abschrauben.

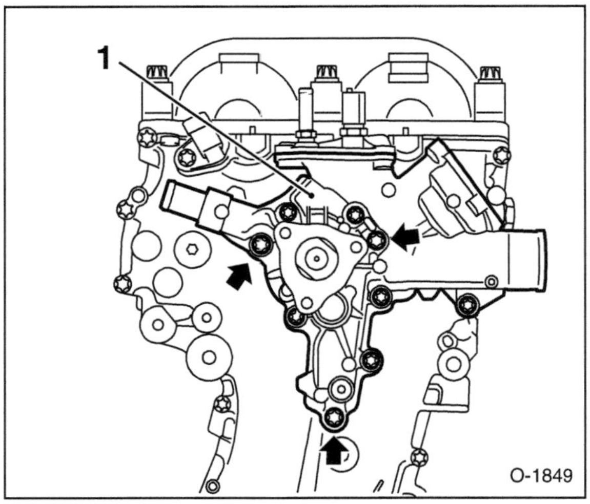

- Kühlmittelpumpe –1– vom Steuergehäuse abschrauben. Dabei auf Einbaulage der unterschiedlich langen Schrauben achten. Pfeile = kurze Schrauben.

Einbau

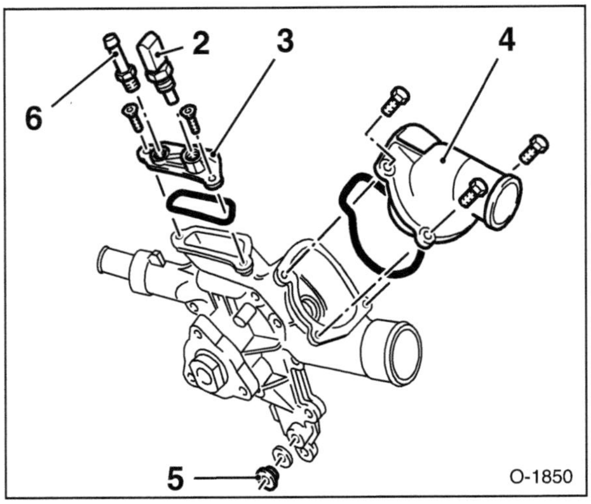

- Falls erforderlich, Anbauteile auf die neue Kühlmittelpumpe umbauen.
  2 – Kühlmitteltemperaturfühler, 18 Nm.
  3 – Pumpendeckel mit neuer Dichtung, 8 Nm.
  4 – Thermostat mit Gehäuse und neuem Dichtring, 8 Nm.
  5 – Verschlußschraube mit neuem Dichtring, 15 Nm.
  6 – Einschraubstutzen, 10 Nm.
- Dichtflächen an Pumpe und Steuergehäuse reinigen.

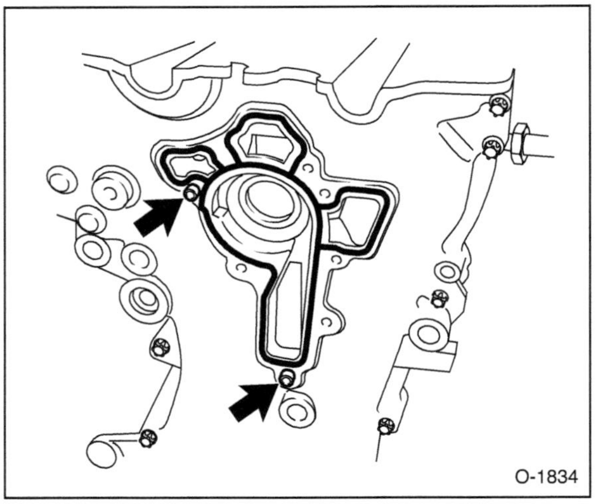

- Neue Dichtung am Steuergehäuse einlegen.
- Führungshülsen –Pfeile– einsetzen.
- Kühlmittelpumpe ansetzen und mit **8 Nm** festschrauben. **Achtung:** Kurze Schrauben in die mit Pfeilen gekennzeichneten Bohrungen, lange Schrauben in die übrigen Bohrungen einschrauben, siehe Abbildung O-1849.
- Riemenscheibe an den Flansch der Kühlmittelpumpe mit **20 Nm** anschrauben.
- Kühlmittelschläuche aufschieben und mit Schellen sichern.
- Stecker für Kühlmittel-Temperaturfühler aufstecken.

- Haltebock für Motordämpfungsblock an Steuergehäuse/Motorblock mit **50 Nm** anschrauben.
- Keilrippenriemen auflegen und spannen, siehe Seite 191.
- Luftfilter mit Luftmassenmesser einbauen, siehe Seite 223.
- Kühlmittel auffüllen, siehe Seite 206.

Speziell 1,6-l-Motor Z16XEP

Ausbau

- Batterie-Massekabel (–) bei ausgeschalteter Zündung abklemmen. **Achtung:** Dadurch werden elektronische Speicher gelöscht, wie zum Beispiel der Radiocode. Ohne Code kann das Radio nur vom Radiohersteller freigeschaltet werden, beziehungsweise beim OPEL-Radio von einer OPEL-Werkstatt. Deshalb Hinweise im Kapitel »Batterie aus- und einbauen« durchlesen.
- Luftfiltergehäuse mit Heißfilm-Luftmassenmesser und Luftansaugschlauch ausbauen, siehe Seite 223.
- Kühlmittelleitung von der Karosserie abschrauben.
- Kühlmittel ablassen und auffangen, siehe Seite 206.
- 3 Schrauben für Riemenscheibe Kühlmittelpumpe lösen, Riemenscheibe jedoch nicht ausbauen.
- Motorspritzschutz abschrauben.
- Keilrippenriemen ausbauen, siehe Seite 191.
- 3 Schrauben herausdrehen und Riemenscheibe für Kühlmittelpumpe abbauen.
- 5 Schrauben herausdrehen und Kühlmittelpumpe abnehmen.

Einbau

- Dichtflächen an Pumpe und Motorblock reinigen.
- Kühlmittelpumpe mit **neuen** Schrauben und **8 Nm** festschrauben.
- Riemenscheibe für Kühlmittelpumpe einsetzen und Schrauben lose eindrehen.
- Keilrippenriemen einbauen, siehe Seite 191.
- Motorspritzschutz anschrauben.
- Riemenscheibe mit **20 Nm** festschrauben.
- Luftfiltergehäuse einbauen, siehe Seite 223.
- Kühlmittelleitung an die Karosserie anschrauben.
- Kühlsystem auffüllen, siehe Seite 206.
- Batterie-Massekabel (–) anklemmen. **Achtung:** Hoch-/Tieflaufautomatik für elektrische Fensterheber aktivieren sowie Zeituhr stellen und Radiocode eingeben, siehe Kapitel »Batterie aus- und einbauen«.

Kühlmittelpumpe aus- und einbauen

Dieselmotor

Achtung: Die Arbeitsschritte für den 1,7-l-Dieselmotor X17DTL entsprechen denen beim 2,0-l-Benzinmotor. Allerdings wird der Aus- und Einbau des Zahnriemens nicht beschrieben, da für den Einbau des Zahnriemens OPEL-Spezialwerkzeug erforderlich ist, siehe auch Seite 182.

Hinweis: Tropfenbildung an der Entlüftungsbohrung der Kühlmittelpumpe oder Verdampfungsspuren von Kühlmittel im Motorraum sind unbedenklich, wenn nicht ein deutlich meßbarer Kühlmittelverlust im Ausgleichbehälter auftritt.

Ausbau

- Untere Motorabdeckung abschrauben.
- Luftfiltergehäuse mit Heißfilm-Luftmassenmesser und Luftansaugschlauch ausbauen, siehe Seite 223.
- Kühlmittel ablassen und auffangen, siehe Seite 206.
- Keilrippenriemen ausbauen, siehe Seite 191.
- **2,0-/2,2-l-Dieselmotor:** Motor mit Motorkran auf der rechten Seite soweit als möglich anheben. Dabei darauf achten, daß keine Bauteile beschädigt werden.
- **2,0-/2,2-l-Dieselmotor:** Halter für Motordämpfungsblock vom Steuergehäuse abschrauben.

- Riemenscheibe –1– für Kühlmittelpumpe abschrauben. **Hinweis:** In der Abbildung ist der 2,0-l-Dieselmotor dargestellt.

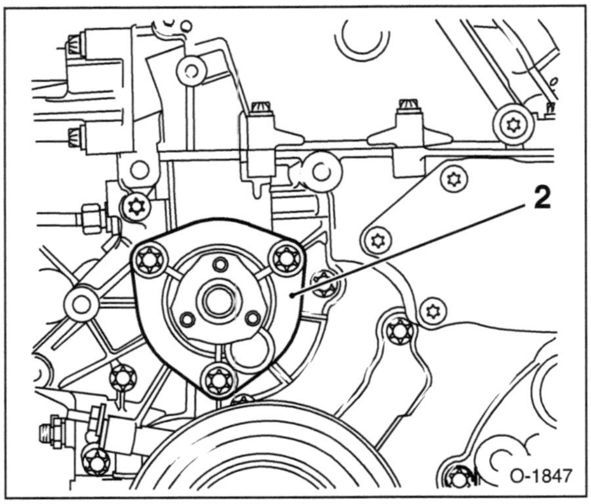

- Kühlmittelpumpe –2– vom Steuergehäuse abschrauben und nach oben herausnehmen.

Einbau

- Dichtflächen an Pumpe und Motorblock reinigen.
- Kühlmittelpumpe mit neuer Dichtung am Steuergehäuse anschrauben. Anzugsdrehmoment:
  2,0-/2,2-l-Dieselmotor: . . . . 20 Nm
  1,7-l-Dieselmotor Y17DT/Z17DTL: . . 23,5 Nm
- Riemenscheibe für Kühlmittelpumpe anschrauben. Anzugsdrehmoment:
  2,0-/2,2-l-Dieselmotor: . . . . 20 Nm
  1,7-l-Dieselmotor Y17DT: . . . . 10 Nm
  1,7-l-Dieselmotor Z17DTL: . . . . 12,3 Nm
- **2,0-/2,2-l-Dieselmotor:** Haltebock für Motordämpfungsblock am Steuergehäuse mit **50 Nm** anschrauben.
- **2,0-/2,2-l-Dieselmotor:** Motor ablassen.
- Keilrippenriemen einbauen, siehe Seite 191.
- Luftfiltergehäuse einbauen, siehe Seite 223.
- Motorabdeckung einbauen.
- Kühlsystem auffüllen, siehe Seite 206.

Störungsdiagnose Motor-Kühlung

Störung: Die Kühlmitteltemperatur ist zu hoch, Anzeige steht im Warnfeld.

Ursache	Abhilfe
Zu wenig Kühlflüssigkeit im Kreislauf.	■ Ausgleichbehälter muß bis zur Markierung »KALT« voll sein. Gegebenenfalls Kühlmittel nachfüllen. Kühlsystem auf Dichtheit prüfen.
Kühlmittelregler (Thermostat) öffnet nicht, Kühlflüssigkeit zirkuliert nur im kleinen Kreislauf.	■ Prüfen, ob der obere Kühlmittelschlauch am Kühler warm wird. Wenn nicht, Regler ausbauen und prüfen, gegebenenfalls Regler ersetzen.
Kühlerlamellen verschmutzt.	■ Kühler von der Motorseite her mit Preßluft durchblasen.
Kühler innen durch Kalkablagerungen oder Rost zugesetzt. Kühler wird nur im oberen Teil warm, unterer Kühlmittelschlauch vom Kühler wird nicht warm.	■ Kühler erneuern.
Elektrolüfter läuft nicht.	■ Stecker am Lüftermotor auf festen Sitz und guten Kontakt prüfen. **Achtung:** Verletzungsgefahr durch drehenden Lüfter! ■ **Benzinmotor ohne Klimaanlage:** Kühlerrelais prüfen. Unterwegs gegebenenfalls Anschlüsse 4 und 8 für Kühlerrelais (Klemme 30 und Klemme 87) überbrücken. Der Lüfter läuft dann immer mit, solange die Zündung eingeschaltet ist. In der Regel ist die Zusatzkühlung durch den Lüfter nur im Stadt- und Kurzstreckenverkehr erforderlich. ■ Prüfen, ob Spannung am Stecker für Lüftermotor anliegt (Zündung eingeschaltet, Motor heiß bzw. Kühlerrelais überbrückt). Wenn ja, Lüftermotor ersetzen.
Kühlmitteltemperaturanzeige defekt.	■ Geber überprüfen. Kombiinstrument prüfen lassen.
Kühlmittelpumpe defekt.	■ Kühlmittelpumpe ausbauen und überprüfen.
Spannung für Keilrippenriemen zu gering oder Keilrippenriemen gerissen (nur 1,2-Benzin- oder 2,0-l-Dieselmotor).	■ Spannung für Keilrippenriemen bzw. Spannrolle prüfen, ggf. Keilrippenriemen ersetzen.

Kraftstoffanlage

Aus dem Inhalt:

- **Tankgeber**
- **Luftfilter**
- **Gasbetätigung**
- **Kraftstoff sparen**
- **Kraftstoffpumpe**
- **Kraftstoffdruck abbauen**

Zur Kraftstoffanlage zählen der Kraftstoffbehälter, die im Tank liegende Kraftstoffpumpe und die Kraftstoffleitungen sowie Kraftstoff- und Luftfilter. Die Kraftstoff-Einspritzanlagen für Benzinmotoren beziehungsweise Dieseltriebwerke werden im Kapitel »Motormanagement« behandelt. Hinweise zu den Kraftstoffiltern befinden sich im Kapitel »Wartungsarbeiten«.

Der Kraftstoffbehälter besteht aus Kunststoff, hat einen Inhalt von 52 Litern und ist unter den Rücksitzen angeordnet. Der jeweilige Kraftstoffvorrat wird dem Fahrer im Kombiinstrument angezeigt. Über ein Entlüftungssystem wird der Tank belüftet. Die schädlichen Benzindämpfe der Tankentlüftung werden in einem Aktivkohlespeicher aufgefangen und dem Motor kontrolliert wieder zugeführt.

Kraftstoff sparen beim Fahren

Wesentlichen Einfluß auf den Kraftstoffverbrauch hat die Fahrweise des Fahrzeuglenkers. Hier einige Tips für den intelligenten Umgang mit dem Gaspedal.

- Nach dem Motorstart gleich losfahren, auch bei Frost.
- Motor abschalten bei voraussichtlichen Stops über 40 Sekunden Dauer.
- Im höchstmöglichen Gang fahren.
- Möglichst gleichmäßige Geschwindigkeiten über längere Strecken fahren, hohe Geschwindigkeiten meiden. Vorausschauend fahren. Nicht unnötig bremsen.
- Keine unnötige Zuladung mitführen, Aufbauten am Fahrzeug, beispielsweise Dachgepäckträger, möglichst abbauen.
- Immer mit richtigem, nie mit zu niedrigem Reifendruck fahren.

Sicherheits- und Sauberkeitsregeln bei Arbeiten an der Kraftstoffversorgung

Bei Arbeiten an der Kraftstoffversorgung sind die folgenden Regeln zur Sicherheit und Sauberkeit sorgfältig zu beachten:

Sicherheitshinweise:

- **Kein offenes Feuer, nicht rauchen, keine glühenden oder sehr heißen Teile in die Nähe des Arbeitsplatzes bringen. Unfallgefahr! Feuerlöscher bereitstellen.**
- **Unbedingt für gute Belüftung des Arbeitsplatzes sorgen. Kraftstoffdämpfe sind giftig.**
- Das Kraftstoffsystem steht unter Druck. Beim Öffnen der Anlage kann Kraftstoff herausspritzen, daher austretenden Kraftstoff mit einem Lappen auffangen. **Schutzbrille tragen.**

- Verbindungsstellen und deren Umgebung vor dem Lösen gründlich reinigen.
- Ausgebaute Teile auf einer sauberen Unterlage ablegen und abdecken. Folien oder Papier verwenden. Keine fasernden Lappen benutzen!
- Geöffnete Bauteile sorgfältig abdecken beziehungsweise verschließen, wenn die Reparatur nicht umgehend ausgeführt wird.
- Ersatzteile erst unmittelbar vor dem Einbau aus der Verpackung nehmen. Nur saubere Teile einbauen.
- Bei geöffneter Kraftstoff-Anlage möglichst nicht mit Druckluft arbeiten. Das Fahrzeug möglichst nicht bewegen.
- Bei Benzin-Einspritzanlage zusätzliche Hinweise beachten, siehe Seite 224.

Technische Daten Kraftstoffanlage

Benziner		
Füllmenge Kraftstoffbehälter	l	Astra: 52, Zafira: 58
Kraftstoffpumpe im Tank Alle Motoren außer 1,6-l-Motor X16SZR		Innenzahnradpumpe Turbinenpumpe
Fördermenge bei 12 Volt	l/h	100
Kraftstoffdruck X16SZR X16XEL/X20XEV/X20XER Z/X12XE/Z16XE(P)/Z16SE/ Z18XE/Z22SE	 bar bar bar	 0,76 3,0 3,8
Dieselmotor		
Füllmenge Kraftstoffbehälter	l	Astra: 52, Zafira: 58
Kraftstoffpumpe		Flügelzellenpumpe in der Einspritzpumpe
Kraftstoffdruck bei 2250/min 1,7-l-Motor X17DTL 2,0-l-Motor	 bar bar	 8,0 ± 0,1 16,0

Kraftstoffdruck abbauen

Benzinmotor

Das Kraftstoffsystem steht auch nach Abstellen des Motors unter Druck. Vor Öffnen des Kraftstoffsystems muß auf jeden Fall der Kraftstoffdruck abgebaut werden.

Unbedingt auf gute Belüftung des Arbeitsplatzes achten. Kraftstoffdämpfe sind giftig, kein offenes Feuer, Brandgefahr! Feuerlöscher bereitstellen.

1,6-l-Motor X16SZR:

- Relais für Kraftstoffpumpe ausbauen, siehe Seite 218.
- Motor mindestens 5 Sekunden starten. Dadurch baut sich der Druck im Kraftstoffsystem ab.

Alle Benzinmotoren außer 1,6-l-Motor X16SZR:

- Kraftstoffdruck mit passendem Anschluß oder Manometer am Prüfanschluß (Ventil) –1– des Verteilerrohrs abbauen, vorher Schutzkappe abschrauben. Austretenden Kraftstoff in geeignetem Behälter auffangen. Anschließend Schutzkappe aufschrauben. Die Abbildung zeigt den 2,0-l-Motor X20XEV.

Relais für Kraftstoffpumpe aus- und einbauen

Benzinmotor

Das Kraftstoffpumpenrelais versorgt die elektrische Kraftstoffpumpe mit Strom. Über eine Sicherheitsschaltung unterbricht es die Stromzufuhr, wenn bei eingeschalteter Zündung keine Zündimpulse mehr erfolgen (Motor abgewürgt).

Wenn zu Prüfzwecken die Kraftstoffpumpe laufen soll, ohne daß der Motor läuft, Relais abziehen und die Klemmen 30 (dickes schwarzes Kabel) und 87 (rot/blaues Kabel) mit kurzer Prüfleitung verbinden.

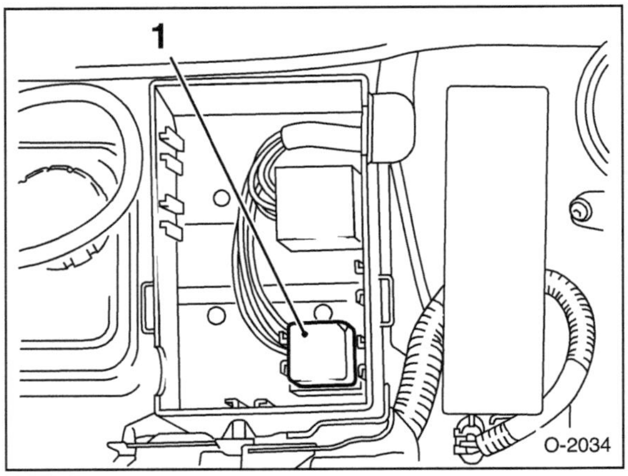

Das violette Kraftstoffpumpen-Relais –1– befindet sich im Relaiskasten neben dem Bremsflüssigkeitsvorratsbehälter. Die Abbildung zeigt den 1,6-l-Motor X16XEL/Z16XE.

- Deckel für Relaiskasten ausclipsen und zur Seite legen.
- Kraftstoffpumpenrelais herausziehen.
- Relais prüfen, siehe Seite 53.
- Relais sorgfältig einstecken. Dabei auf einwandfreie Steckkontakte achten.

Kraftstoffpumpe aus- und einbauen

Benzinmotor

Die Kraftstoffpumpe befindet sich unter den Rücksitzen direkt im Tank. Beim Dieselmotor ist die Kraftstoffpumpe in die Einspritzpumpe integriert. **Hinweis:** Beim ZAFIRA muß der Tank ausgebaut werden.

Ausbau

Achtung: Beim Ausbau der Kraftstoffpumpe soll der Tank möglichst leer sein, sonst läuft beim Ausbau Kraftstoff aus. Dazu entweder Tank weitgehend leerfahren oder Kraftstoff durch das Einfüllrohr mit einer explosionsgeschützten Pumpe in einen geeigneten und ausreichend großen Behälter abpumpen.

Unbedingt auf gute Belüftung des Arbeitsplatzes achten. Kraftstoffdämpfe sind giftig, kein offenes Feuer, Brandgefahr! Feuerlöscher bereitstellen.

- Kraftstoffdruck abbauen.

- Batterie-Massekabel (–) abklemmen. **Achtung:** Dadurch werden die elektronischen Speicher gelöscht, wie zum Beispiel der Radiocode. Hinweise im Kapitel »Batterie aus- und einbauen« beachten.
- **ASTRA:** Rücksitzbank nach vorn hochklappen, Geräuschisolierung aufklappen.
- **ZAFIRA:** Kraftstoffbehälter (Tank) ausbauen.

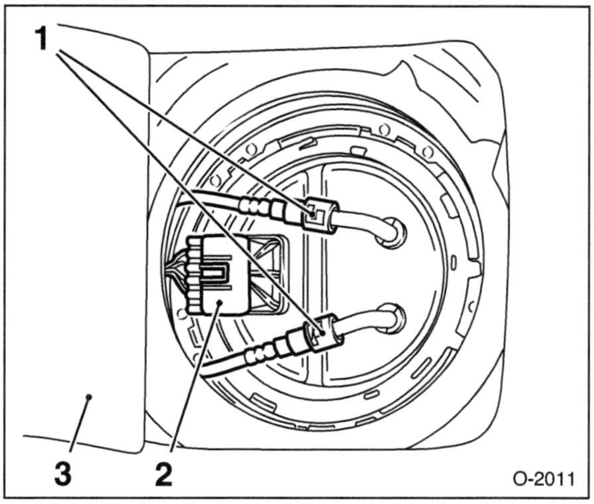

- Abdeckung –3– abhebeln und hochklappen.
- Mehrfachstecker –2– vom Verschlußdeckel abziehen.
- Kraftstoffleitungen –1– mit Tesaband markieren, abziehen und mit geeigneten Stopfen verschließen. **Achtung:** Vor dem Abziehen der Schläuche dicken Lappen unterlegen und eventuell auslaufenden Kraftstoff auffangen. **Hinweis:** Zum Öffnen der Schnellverschlüsse von den Kraftstoffleitungen wird eine Spezialzange benötigt, zum Beispiel HAZET 4501-1.

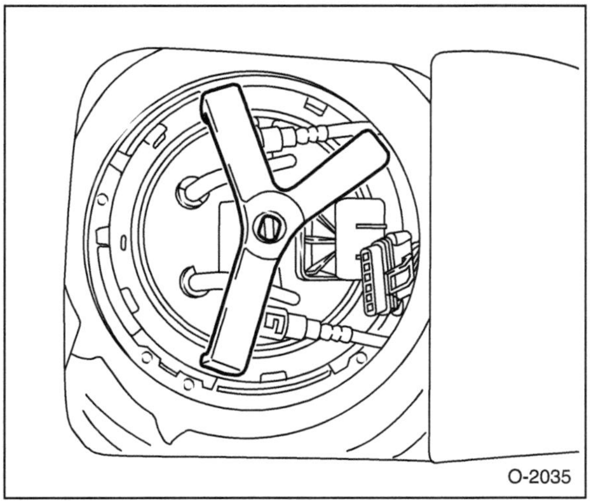

- Befestigungsring für Verschlußdeckel mit Spezialwerkzeug KM-797 entriegeln. Steht das Werkzeug nicht zur Verfügung, geeigneten Kunststoffkeil an einer Nut des Sicherungsrings ansetzen und Ring mit leichten Hammerschlägen lösen. **Achtung:** Kein Metall verwenden, Brandgefahr durch eventuell entstehende Funken!

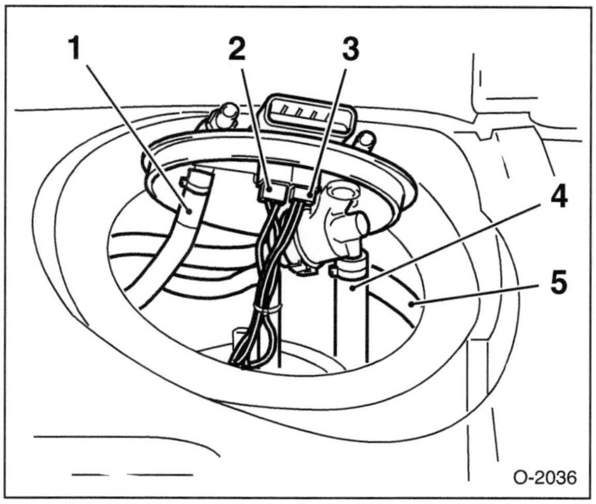

- Verschlußdeckel vorsichtig nach oben ziehen. Dabei auf die Kabel- und Schlauchverbindungen achten.
- Mehrfachstecker für Kraftstoffpumpe –2– und für Tankgeber –3– abziehen.
- Kraftstoffschläuche mit Tesaband markieren.
- Kraftstoffschlauch –1– abziehen. Vorher Schelle öffnen und zurückschieben.
- **1,2-/1,8-l-Motor:** Rücklaufschlauch –4– vom Kraftstoffdruckregler abziehen. Vorher Schelle öffnen und zurückschieben.
- **1,6-/2,0-l-Motor:** Rücklaufschlauch vom Verschlußdeckel abziehen. Vorher Schelle öffnen und zurückschieben.
- Dichtung –5– abnehmen und Verschlußdeckel zur Seite legen.

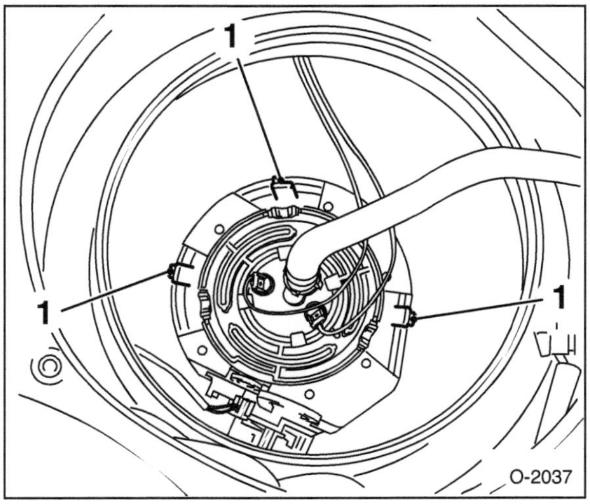

- 3 Rastzungen –1– mit einer Hand zusammendrücken und gedrückt halten.
- Pumpengehäuse aus dem Speichertopf herausziehen. Herabtropfenden Kraftstoff mit geeignetem Gefäß und dickem Lappen auffangen.

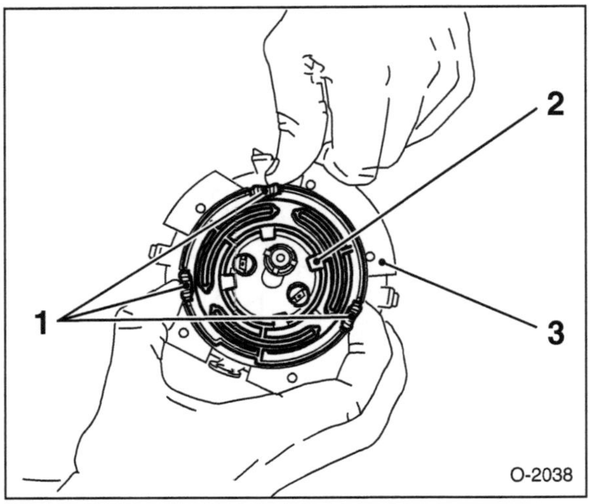

● Rastklammern –1– nach innen drücken und gleichzeitig Verriegelungsring –2– aus Kraftstoffpumpengehäuse –3– schieben. Verriegelungsring und Kraftstoffpumpe herausnehmen.

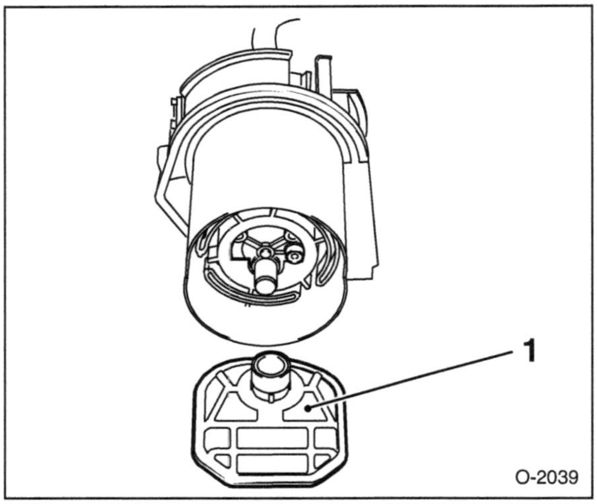

● Falls die Pumpe ersetzt wird: Kraftstoffsieb –1– abnehmen, Einbaulage vorher kennzeichnen. Schlauchschelle lösen, Kraftstoffschlauch und 2 Anschlußstecker an der Pumpe abziehen.

Einbau

● Kraftstoffpumpe mit Verriegelungsring in das Gehäuse einsetzen. Darauf achten, daß die Aussparung im Kraftstoffpumpengehäuse mit dem Anschluß des Kraftstoffsiebs an der Kraftstoffpumpe übereinstimmt.

● Kraftstoffpumpe anschließen. Sieb nach Markierung einsetzen.

● Kraftstoffpumpengehäuse in den Speichertopf einsetzen und einrasten. Darauf achten, daß alle 3 Rastzungen hörbar eingerastet sind.

● **Neuen** Gummidichtring in den Verschlußdeckel einsetzen.

● Kraftstoffschläuche entsprechend den Markierungen am Verschlußdeckel beziehungsweise Druckregler drallfrei aufstecken und mit Schellen sichern. Kabelstecker aufstecken.

● Verschlußdeckel aufsetzen, Verriegelungsring im Uhrzeigersinn drehen und verriegeln.

● Stopfen von den Kraftstoffleitungen abnehmen. Leitungen mit Schnellverschlüssen am Verschlußdeckel aufstecken und einrasten. Kabelstecker aufstecken.

● **ZAFIRA:** Kraftstoffbehälter (Tank) einbauen.

● Batterie-Massekabel (–) anklemmen. Zeituhr einstellen. Diebstahlcode für Radio eingeben.

● Motor starten und prüfen, ob die Pumpe anläuft und kein Kraftstoff austritt.

● Geräuschisolierung und Montageöffnung schließen, Rücksitzbank zurückklappen.

Kraftstoffmeßgerät (Tankgeber) aus- und einbauen

Das Meßgerät befindet sich beim Benziner zusammen mit der Kraftstoffpumpe, beim Diesel anstelle der Kraftstoffpumpe im Tank.

Ausbau

Achtung: Beim Ausbau des Kraftstoffmeßgerätes soll der Tank möglichst leer sein, sonst läuft beim Ausbau Kraftstoff aus. Dazu entweder Tank weitgehend leerfahren oder Kraftstoff durch das Einfüllrohr mit einer explosionsgeschützten Pumpe in einen geeigneten und ausreichend großen Behälter abpumpen. Zum Abpumpen kann beim Benziner auch die fahrzeugeigene Kraftstoffpumpe benutzt werden, indem das Kraftstoffpumpenrelais überbrückt wird, siehe »Relais für Kraftstoffpumpe aus- und einbauen«.

Unbedingt auf gute Belüftung des Arbeitsplatzes achten. Kraftstoffdämpfe sind giftig, kein offenes Feuer, Brandgefahr! Feuerlöscher bereitstellen.

● **ZAFIRA:** Kraftstoffbehälter (Tank) ausbauen.

● Verschlußdeckel für Montageöffnung ausbauen, siehe Kapitel »Kraftstoffpumpe aus- und einbauen«.

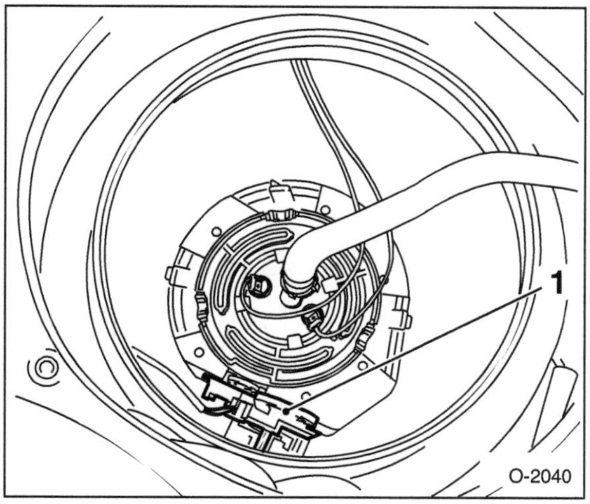

- Kraftstoffmeßgerät entriegeln. Dazu Haken –1– nach außen drücken. Meßgerät am Haken –1– herausziehen. Herabtropfenden Kraftstoff mit geeignetem Gefäß und dickem Lappen auffangen.

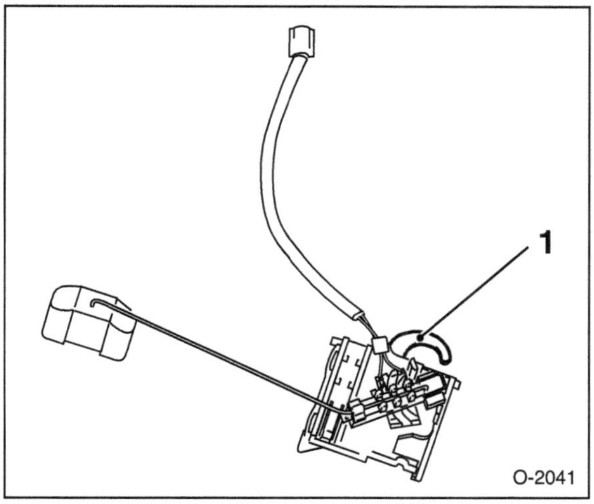

- Die Abbildung zeigt den Verriegelungshaken –1– bei ausgebautem Kraftstoffmeßgerät.

Einbau

- Kraftstoffmeßgerät einschieben, es muß einrasten.
- Verschlußdeckel für Montageöffnung einbauen, siehe Kapitel »Kraftstoffpumpe aus- und einbauen«.
- **ZAFIRA:** Kraftstoffbehälter (Tank) einbauen.

Hinweis: Wenn beim 2,0-l-Dieselmotor der Motor anschließend nicht anspringt, Kraftstoffanlage entlüften, siehe Seite 18.

Gaszug aus- und einbauen/ einstellen

Benzinmotor

Hinweis: Der Dieselmotor sowie einige Benzinmotoren besitzen ein »elektronisches Gaspedal«. In diesem Fall ist für die Gasbetätigung kein Bowdenzug vorhanden.

Achtung: Der Gaszug ist sehr knickempfindlich und daher beim Einbau besonders sorgfältig zu behandeln. Ein einziger leichter Knick kann zum späteren Bruch im Fahrbetrieb führen. Züge, die geknickt wurden, dürfen deswegen **nicht** eingebaut werden.

Ausbau

Hinweis: Die Beschreibung erfolgt am Beispiel des 2,0-l-Benzinmotors. Für die anderen Motoren sind die Arbeitsschritte ähnlich.

- Gaszug –1– mit Gummilager –2– seitlich aus dem Widerlager –3– herausziehen.

Achtung: Die Steckraste –4– bleibt eingesteckt.

- Der Gaszug ist mit einer Kugelpfanne am Gasgestänge befestigt. An der Kugelpfanne Sicherungsklammer –5– abdrücken und nach oben schwenken. Sicherungsklammer aus der Kugelpfanne herausziehen.
- Kugelpfanne mit Schraubendreher vom Gestänge abdrücken.

Einbau

- Sicherungsklammer etwas in die Kugelpfanne einschieben.
- Kugelpfanne aufdrücken. Sicherungsklammer ganz einschieben und um die Kugelpfanne legen.
- Gaszug mit dem Gummilager am Widerlager eindrücken.
- Gaszug-Einstellung kontrollieren.

Einstellen

- Gaspedal voll durchtreten lassen (Helfer).
- Gaszug durch Umstecken der Steckraste am Widerlager so einstellen, daß am Drosselklappenhebel die Vollgasstellung gerade erreicht wird.

● Drosselklappenhebel mit der Hand bis zum Vollgasanschlag drücken. Es muß ein geringes Spiel vorhanden sein. Das Spiel darf jedoch nicht größer als 1 mm sein.

Fahrzeuge mit Geschwindigkeitsregler

Ausbau

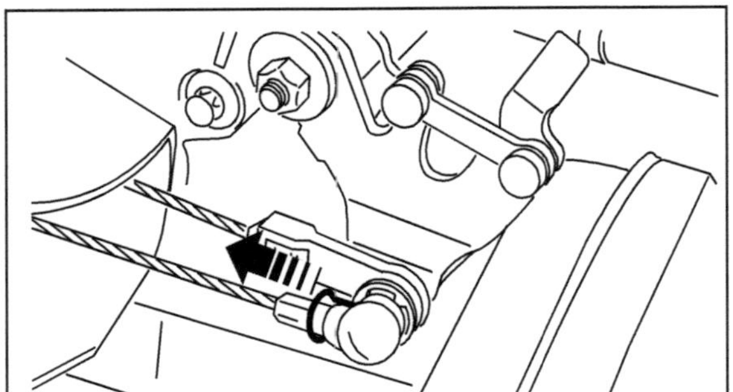
O-2014

● Sicherung von der Kugelpfanne des Gaszugs wegklappen und herausziehen –Pfeil–.

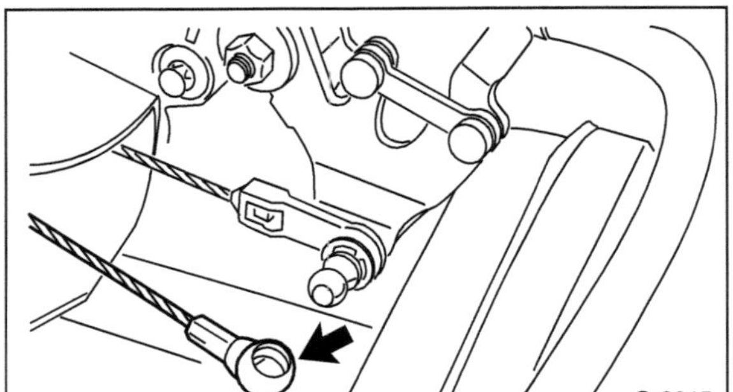
O-2015

● Kugelpfanne –Pfeil– vom Kugelkopf abhebeln. Sicherung in die Kugelpfanne einschieben und einrasten, damit sie nicht verloren geht.

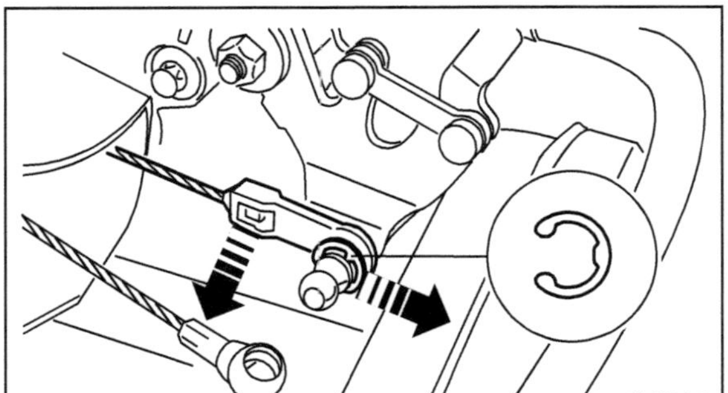
O-2016

● Sicherung vom Seilzug für Geschwindigkeitsregler mit Schraubendreher abhebeln und Seilzug vom Kugelkopf abziehen.

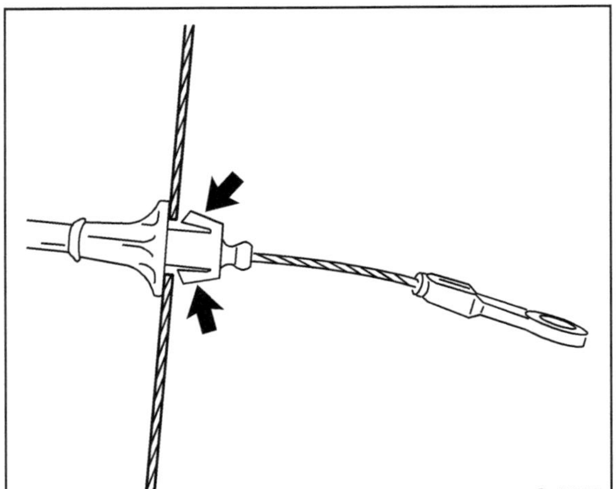
O-2017

● Seilzug durch die Öffnung im Halter ziehen. Dazu Rasten –Pfeile– zusammendrücken.

Einbau

● Seilzug für Geschwindigkeitsregler durch den Halter drücken und einrasten.

● Seilzug am Kugelkopf aufschieben und mit Halteklammer sichern.

● Drahtsicherung an der Kugelpfanne des Gaszugs zurückschieben, Kugelpfanne am Kugelkopf aufdrücken und Sicherung einschieben und einrasten.

Luftfilter aus- und einbauen

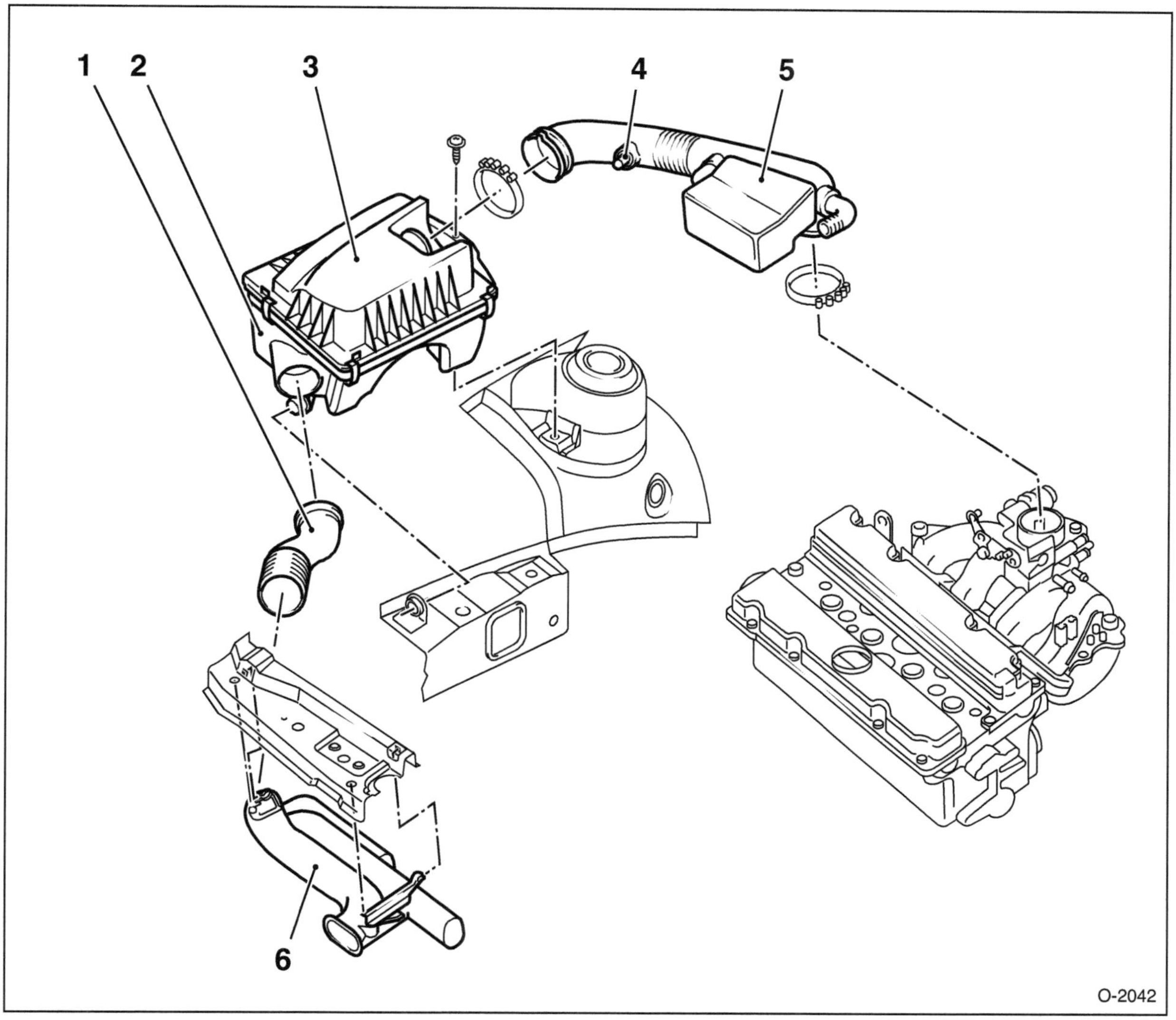

1 – Luftansaugschlauch	3 – Luftfiltergehäuse-Oberteil	5 – Luftansaugrohr hinten mit Resonator
2 – Luftfiltergehäuse-Unterteil	4 – Ansaugluft-Temperaturfühler	6 – Luftansaugrohr vorn mit Resonator

Die Abbildung zeigt das Luftfiltergehäuse und die Luftführung am Beispiel des 1,6-l-Benzinmotors X16XEL/Z16XE. **Hinweis:** Beim Motor Z16SE ist ein abweichender Verbindungsschlauch zwischen Luftfilter und Drosselklappengehäuse eingebaut.

Ausbau

- Luftschlauch –5– vom Luftfiltergehäuse-Oberteil –3– abziehen, vorher Schlauchschelle öffnen und zurückschieben.
- Luftansaugschlauch –1– vom Luftfiltergehäuse-Unterteil –2– abziehen.
- Luftfilter mit 1 Schraube abschrauben und aus der Führung am Längsträger herausziehen.

Einbau

- Luftfilter einsetzen und anschrauben.
- Luftschlauch –1– am Gehäuse-Unterteil aufschieben.
- Luftschlauch –5– am Gehäuse-Oberteil aufschieben und mit Schelle sichern. **Achtung:** Schlauchschelle mit **3,5 Nm** festziehen. Das richtige Anzugsdrehmoment ist erforderlich, damit die Dichtigkeit des Ansaugsystems sichergestellt ist.

Motormanagement

Aus dem Inhalt:

- **Benzineinspritzung**
- **Systemübersicht**
- **Zündung**
- **Dieseleinspritzung**
- **Diesel-Vorglühanlage**

Benzineinspritzung

Das elektronische Motormanagement regelt die Kraftstoffmenge und das Zündsystem. Bei den Benzinmotoren kommen unterschiedliche Steuergeräte zum Einsatz.

Motor	Bezeichnung	Motormanagement
1.2 16V	Z/X 12 XE	MOTRONIC M1.5.5
1.6	X 16 SZR	MULTEC
1.6 16V	Z/X 16 XE/L/P	MULTEC-S
1.6	Z 16 SE	MULTEC-S
1.8 16V	X 18 XE1	SIMTEC 70
1.8 16V	Z 18 XE	SIMTEC MS 71
2.0 16V	X 20 XEV/R	SIMTEC 70
2.2 16V	Z 22 SE	GM-POWERTRAIN-E15

Die Vorteile des elektronischen Motormanagements:

- Genau dosierte Kraftstoffmenge in jedem Betriebszustand des Motors, dadurch geringer Verbrauch bei guten Fahrleistungen.
- Reduzierung der Abgas-Schadstoffe durch exakte Kraftstoffzumessung und den Einsatz eines Katalysators.
- Eigendiagnose des Motormanagements, dadurch schnelleres Auffinden von Defekten. Das System ist mit einem Fehlerspeicher ausgestattet. Treten während des Betriebs Defekte auf, so werden diese im Speicher abgelegt. Sollte der Motor nicht einwandfrei arbeiten, so kann die Fachwerkstatt gegen Kostenerstattung eine Fehlerliste ausdrucken, damit gegebenenfalls der Defekt dann selbst behoben werden kann.

Das Steuergerät entspricht einem kleinen, sehr schnell arbeitenden Computer. Es bestimmt den optimalen Zündzeitpunkt, den Einspritzzeitpunkt und die Kraftstoffeinspritzmenge. Dabei erfolgt eine Abstimmung des Steuergeräts mit anderen Fahrzeugsystemen, beispielsweise der Getriebesteuerung oder der Wegfahrsperre.

Die Bauteile des Motormanagements sind langzeitstabil und praktisch wartungsfrei. Nur der Luftfiltereinsatz sowie die Zündkerzen müssen im Rahmen der Wartung gewechselt werden. Wesentliche Einstell- und Reparaturarbeiten können nur mit Hilfe von teuren Prüfgeräten durchgeführt werden, so daß diese Arbeiten nur noch von entsprechend ausgerüsteten Fachwerkstätten ausgeführt werden können.

Das Einstellen von Leerlaufdrehzahl und CO-Wert ist im Rahmen der Fahrzeugwartung nicht erforderlich.

Sicherheitsmaßnahmen bei Arbeiten am Motormanagement/Benzinmotor

Das Kraftstoffsystem steht unter Druck! Bevor Schlauchverbindungen gelöst werden, Kraftstoffdruck abbauen, siehe Seite 218.

Beim Trennen der Schlauchverbindungen sicherheitshalber einen dicken Putzlappen um die Verbindungsstelle legen.
Um Verletzungen von Personen und/oder eine Zerstörung der Einspritz- und Zündanlage zu vermeiden, ist folgendes zu beachten:

- Zündleitungen bei laufendem Motor beziehungsweise bei Anlaßdrehzahl nicht berühren oder abziehen.
- Leitungen der Einspritz- und Zündanlage – auch Meßgeräteleitungen – nur bei ausgeschalteter Zündung ab- und anklemmen.
- Personen mit einem Herzschrittmacher sollen keine Arbeiten an der elektronischen Zündanlage durchführen.
- Bei der Kompressionsdruckprüfung darf kein Kraftstoff eingespritzt werden, daher Hinweise im Kapitel »Kompressionsdruck prüfen« beachten.

Achtung: Bei Arbeiten am Einspritzteil des Systems sind auch die allgemeinen Sicherheits- und Sauberkeitsregeln zu beachten, siehe Kapitel »Kraftstoffanlage«.

Funktionsweise der Einspritzanlage

MULTEC-S im 1,6-l-Motor X16XEL/Z16XE(P)/Z16SE

Der Kraftstoff wird aus dem Kraftstoffbehälter von der elektrischen Kraftstoffpumpe angesaugt und über den Kraftstoffilter zum Verteilerrohr und dann zu den Einspritzventilen gefördert. Ein Druckregler am Verteilerrohr sorgt dafür, daß der Druck im Kraftstoffsystem gleichbleibend 3,0 bar beträgt. Die Einspritzventile werden elektrisch angesteuert und spritzen den Kraftstoff intermittierend, also stoßweise, in das Ansaugrohr vor die Einlaßventile.

Die Luft wird vom Motor über den Luftfilter angesaugt und strömt durch den Drosselklappenstutzen. Die dort befindliche Drosselklappe wird vom Fahrer über den Gaszug betätigt und regelt die angesaugte Luftmenge. Der Unterdruck im Ansaugrohr wird über einen Fühler erfaßt und dient dem Steuergerät zusammen mit der Temperatur der angesaugten Luft als Maß für die angesaugte Luftmasse. Der Fühler für Saugrohrdruck sitzt an der Spritzwand und ist über eine Unterdruckleitung mit dem Saugrohr verbunden.

Das Steuergerät regelt entsprechend der aktuellen Luftmasse und der jeweiligen Motordrehzahl die Einspritzzeit und dadurch die Einspritzmenge. Bei längerer Öffnung der Einspritzventile wird mehr Kraftstoff eingespritzt. Zusätzliche Fühler und Geber sorgen auch in extremen Fahrsituationen für die richtig bemessene Kraftstoffmenge.

- Die Kraftstoffeinspritzung erfolgt **sequentiell**. Das heißt, die Einspritzventile werden einzeln angesteuert und spritzen den Kraftstoff entsprechend der Zündfolge vor die Einlaßventile des Motors. Durch die Wahl des Einspritzzeitpunktes im Verhältnis zu den Öffnungszeiten der Einlaßventile können Abgas- und Leistungsverhalten besser abgestimmt werden. Außerdem spricht der Motor beim Beschleunigen schneller an.
- Das **Drosselklappenpotentiometer** sitzt direkt an der Drosselklappenwelle. Es übermittelt dem Steuergerät die aktuelle Stellung der Drosselklappe. Dadurch wird insbesondere die Schubabschaltung gesteuert, denn solange der Leerlaufkontakt des Schalters geschlossen ist und gleichzeitig die Drehzahl über einem bestimmten Wert liegt, wird vom Steuergerät die Kraftstoffzufuhr für den Motor gesperrt.
- Der **Leerlaufschrittmotor** reguliert die Leerlaufdrehzahl auf einen gleichbleibenden Wert, unabhängig davon, ob gerade Zusatzaggregate, wie etwa Servolenkung oder Kältekompressor, in Betrieb sind. Angesteuert wird der Leerlaufschrittmotor vom elektronischen Steuergerät der Einspritzanlage.

Hinweis: Die **Leerlaufdrehzahl** läßt sich durch Umprogrammieren des Steuergerätes mit dem Diagnose-Tester in bestimmten Grenzen verändern.

- Das **Kraftstoffpumpenrelais** (violett) befindet sich im Motorraum in einem Relaiskasten neben dem Bremsflüssigkeitsvorratsbehälter. Eine Sicherheitsschaltung im Kraftstoffpumpenrelais unterbricht die Stromzufuhr, sobald keine Zündimpulse mehr erfolgen, zum Beispiel wenn der Motor abgewürgt wurde.
- Der **Kurbelwellen-Impulsgeber** sitzt seitlich im Motorblock. Er übermittelt die Drehzahlinformation an das Motor-Steuergerät.
- Die **Lambdasonde** (Sauerstoffsensor) mißt den Sauerstoffgehalt im Abgasstrom und schickt entsprechende Spannungssignale an das Steuergerät. Daraufhin verändert das Steuergerät das angesaugte Kraftstoff-/Luftverhältnis, so daß die Abgase im Katalysator optimal nachverbrannt werden.
- Das **Magnetventil für Tankentlüftung** wird je nach Betriebszustand des Motors angesteuert. Auftretende Kraftstoffdämpfe im Tank werden von einem Aktivkohlefilter gespeichert und über das Ventil der Verbrennung zugeführt. Die Kraftstoffdämpfe werden also durch den Aktivkohlefilter größtenteils wirtschaftlich genutzt und gelangen nicht ins Freie.
- Eine **selektive Klopfregelung** hält den Zündzeitpunkt an der Klopfgrenze und paßt ihn automatisch an die verwendete Kraftstoffqualität an. Die Klopfregelung erlaubt eine hohe Verdichtung des Motors. Dadurch kann die Energie des Kraftstoffes besser ausgenutzt werden, was gleichzeitig zu einer Senkung des Kraftstoffverbrauchs führt.
- Die **Abgasrückführung** (AGR) führt je nach Motor-Betriebszustand über ein geregeltes Ventil eine bestimmte Menge Abgas wieder der Ansaugluft zu. Dadurch wird die Verbrennungstemperatur abgesenkt. Je niedriger die Verbrennungstemperatur ist, desto weniger giftige Stickoxid-Anteile bilden sich im Abgas.

Speziell MULTEC im 1,6-l-Motor X16SZR:

Im Drosselklappen-Einspritzgehäuse wird der Kraftstoff durch das zentrale Einspritzventil in das Ansaugrohr eingespritzt. Die Verteilung des Kraftstoffs auf die einzelnen Zylinder erfolgt wie bei einem herkömmlichen Vergaser durch das Sammelsaugrohr. Durch einen Druckregler wird der Kraftstoffdruck im System auf ca. 0,76 bar gehalten.

Im Gegensatz zum X16XEL/Z16XE-Motor besitzt der X16SZR-Motor keine Sensoren für Ansauglufttemperatur und Nockenwellenstellung.

Speziell SIMTEC 70 im 1,8-/2,0-l-Benzinmotor

- **Heißfilm-Luftmassenmesser:** Die angesaugte Luft wird vom Luftmassenmesser gemessen. Im Gehäuse des Luftmassenmessers befindet sich eine dünne, elektrisch beheizte Platte, die durch die vorbeistreichende Ansaugluft abgekühlt wird. Die Steuerelektronik regelt den Heizstrom so, daß die Temperatur der Platte konstant bleibt. Steigt beispielsweise die Menge der angesaugten Luft, neigt das erhitzte Bauteil zum Abkühlen. Daraufhin wird der Heizstrom sofort erhöht, damit die Temperatur gleich bleibt. Anhand der Schwankungen des Heizstromes erkennt das Motor-Steuergerät den Lastzustand des Motors und regelt dementsprechend die Einspritzmenge.

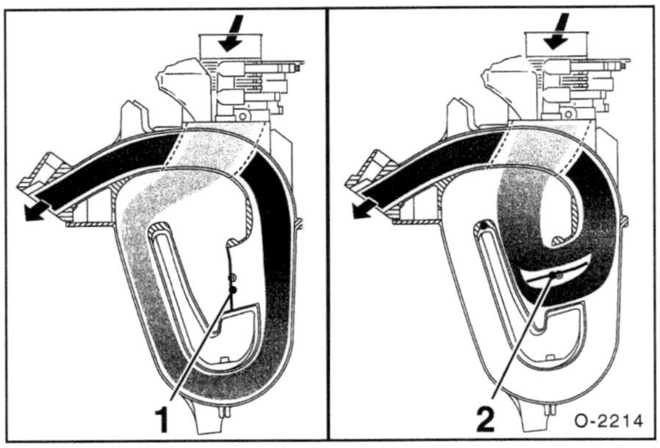

- **Schaltsaugrohr:** Im schneckenförmig gekrümmten Ansaugrohr befinden sich auf einer zentral gelegenen Welle 4 einzelne Umschaltklappen – für jeden Zylinder eine. Bei geöffneten Klappen –2– wird der Ansaugweg verkürzt, bei geschlossenen Klappen –1– verlängert. Die Umschaltklappen werden vom Motor-Steuergerät in Abhängigkeit von Betriebszustand und Drehzahl des Motors angesteuert. Oberhalb einer Drehzahl von ca. 3600/min sind die Klappen grundsätzlich geöffnet. Der Vorteil dieser Regelung liegt in einem höheren Drehmomentverlauf, besonders im unteren Drehzahlbereich.

Speziell MOTRONIC im 1,2-l-Benzinmotor

Die MOTRONIC hat etwa den gleichen Leistungsumfang wie das SIMTEC-Motormanagement im 1,8-/2,0-l-Motor. Das Saugrohr ist beim 1,2-l-Motor aus Kunststoff gefertigt und besitzt keine Umschaltklappen.

Zündsystem

Das Zündsystem erzeugt einen Zündfunken, der das angesaugte Kraftstoffluftgemisch zündet. Dazu wird in den Zündspulen die Batteriespannung von 12 Volt auf über 30.000 Volt umgeformt.

Der Dieselmotor besitzt kein Zündsystem, da sich aufgrund der hohen Verdichtung die Luft so weit erwärmt, daß nach Einspritzen des Kraftstoffes die Zündung von selbst erfolgt.

Das Zündsystem beim Benzinmotor ist Bestandteil des Motormanagements. Der richtige Zündzeitpunkt wird vom Motor-Steuergerät berechnet. Dabei stützt sich das Steuergerät auf ein elektronisch gespeichertes Zündkennfeld und verarbeitet zusätzlich Signale von verschiedenen Sensoren. Synchronisiert wird das Zündsystem durch Signale, die ein Hallbeziehungsweise Impulsgeber an der Nocken- beziehungsweise Kurbelwelle abgibt.

Eine Antiklopfregelung ermöglicht den wirtschaftlichen Betrieb des Motors mit hoher Verdichtung. Dazu senden Klopfsensoren Impulse an das Motor-Steuergerät, woraufhin dieses bei Bedarf den Zündzeitpunkt in Richtung »spät« verstellt.

Ausgelöst wird der Zündfunken durch das Motor-Steuergerät mit Hilfe der **Direktzündung.** Dabei erfolgt die Verteilung des Zündstromes auf die einzelnen Zündkerzen durch elektronische Bauteile, die den herkömmlichen mechanisch arbeitenden Verteiler mit Verteilerläufer ersetzen.

Je nach Motor sind Zündspulen und Zündkabel unterschiedlich angeordnet:

1,6-l-Motor X16SZR/2,0-l-Motor X20XEV: Die Zündanlage hat für je 2 Zündkerzen eine Zündspule. Die beiden Zündspulen sind zusammen in einem Gehäuse links am Zylinderkopf befestigt. Von diesem DIS-Zündmodul führen die 4 Zündkabel zu den Zündkerzen. DIS = **D**irect **I**gnition **S**ystem = Direktzündsystem.

1,2-/1,8-/2,2-l-Motor/1,6-l-Motor X16XEL/Z16XE: Das Zündmodul mit integrierten Zündkerzensteckern sitzt direkt über den Zündkerzen. Es beinhaltet für jeden Zylinder eine Zündspule und eine Zündungsendstufe, Zündkabel sind nicht vorhanden.

Das Zündsystem arbeitet verschleiß- und wartungsfrei. Nur die Zündkerzen müssen regelmäßig erneuert werden, siehe Kapitel »Wartung«.

Zündkerzentechnik

Die Zündkerze besteht aus der Mittel-Elektrode, dem Isolator mit Gehäuse und der oder den Masse-Elektrode(n). Zwischen Mittel- und Masse-Elektrode springt der Zündfunke über, der das Kraftstoffluftgemisch entzündet. Man sollte niemals vom vorgeschriebenen Zündkerzentyp abweichen, der unter anderem von der Wärmewert-Kennzahl bestimmt wird.

Die Wärmewert-Kennzahl gibt den Grad der Wärmebelastbarkeit einer Zündkerze an. Je niedriger die Wärmewert-Kennzahl einer Kerze ist, desto höher ist die Wärmebelastbarkeit. Die Kerze kann also die Wärme besser ableiten, wodurch schädliche Glühzündungen (Motorklopfen) verhindert werden. Eine Kerze mit hoher Wärmebelastbarkeit hat allerdings den Nachteil, daß ihre Selbstreinigungstemperatur ebenfalls höher liegt. Sie neigt daher schneller zum Verrußen, insbesondere dann, wenn der Motor häufig seine Betriebstemperatur während der Fahrt nicht erreicht (Stadtverkehr, Kurzstreckenverkehr im Winter).

Der richtige Zündkerzen-Wärmewert wird vom Automobilhersteller festgelegt. Es gibt Zündkerzen mit einem oder mehreren Polen, mit unterschiedlicher Gewindelänge und unterschiedlichem Gewindedurchmesser. Beim Auswechseln von Zündkerzen ist es deshalb wichtig, daß nur solche Kerzen verwendet werden, die der Vorschrift des Automobilherstellers entsprechen.

Die durchschnittliche Lebensdauer von Zündkerzen ist recht unterschiedlich. Dabei spielt auch der Elektrodenwerkstoff eine wichtige Rolle. Die Chrom-Nickel-Legierung zeichnet sich durch sehr hohe Wärmeableitung und hohe Korrosionsfestigkeit aus; Silber bietet das beste Wärmeleitvermögen aller Metalle und Platin-Elektroden verfügen über eine hohe Korrosions- und Abbrandfestigkeit. Die Lebensdauer von Zündkerzen beträgt zwischen 30.000 Kilometer und bis zu 100.000 Kilometer, je nachdem, welcher Elektrodenwerkstoff verwendet wurde und ob ein- oder mehrpolige Zündkerzen zum Einsatz kommen.

Je nach Bauart der Motoren unterscheidet man zwischen zwei verschiedenen Abdichtungsarten zwischen Zündkerze und Zylinderkopf.

Der **Flachdichtsitz** hat einen unverlierbaren Außendichtring, der am Kerzenkörper angebracht ist. Beim **Kegeldichtsitz** ist keine zusätzliche Dichtung erforderlich. Bei beengten Einbauverhältnissen werden häufig Zündkerzen mit Flachdichtsitz und kleiner Schlüsselweite des Sechskants verwendet oder aber man verwendet Kegeldichtsitz-Zündkerzen, die aufgrund ihrer kompakten Bauart kleinere Außenmaße haben.

Beim OPEL ASTRA/ZAFIRA müssen die Zündkerzen alle 60.000 km im Rahmen der Wartung gewechselt werden, siehe Kapitel »Wartung«.

Übersicht Motorraum

1,6-l-Motor X16XEL/Z16XE

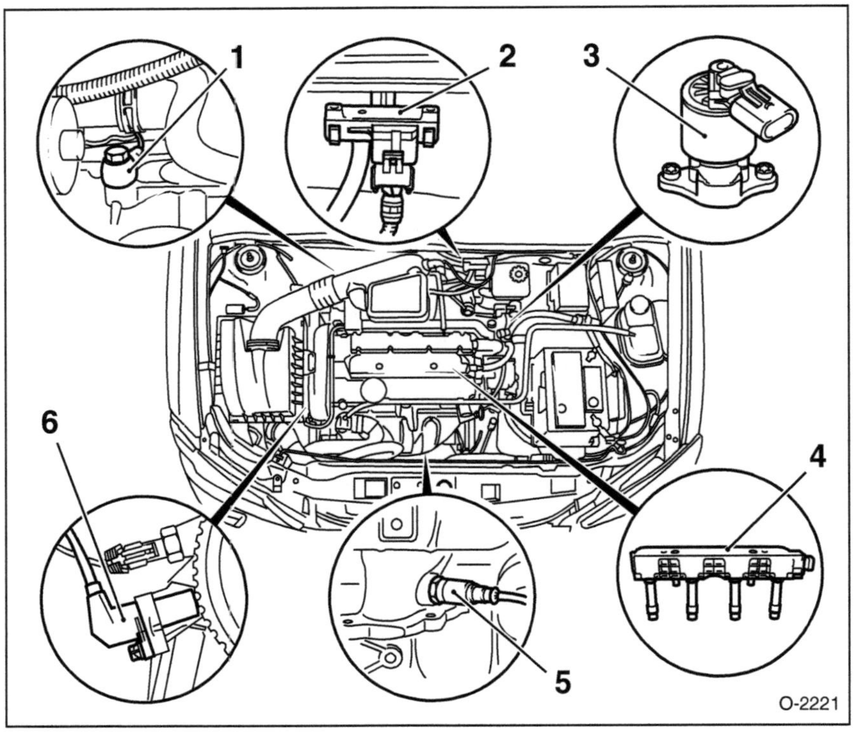

1 – **Klopfsensor**

2 – **Saugrohr-Druckfühler**

3 – **Abgasrückführventil**

4 – **Zündmodul**
Das Zündmodul ist auf die Zündkerzen aufgesteckt und am Zylinderkopfdeckel angeschraubt. Für jede Zündkerze gibt es eine Zündspule, die direkt über dem integrierten Zündkerzenstecker des Zylinders angeordnet ist. Zündkabel sind nicht vorhanden.

5 – **Lambdasonde**

6 – **Kurbelwellen-Impulsgeber**

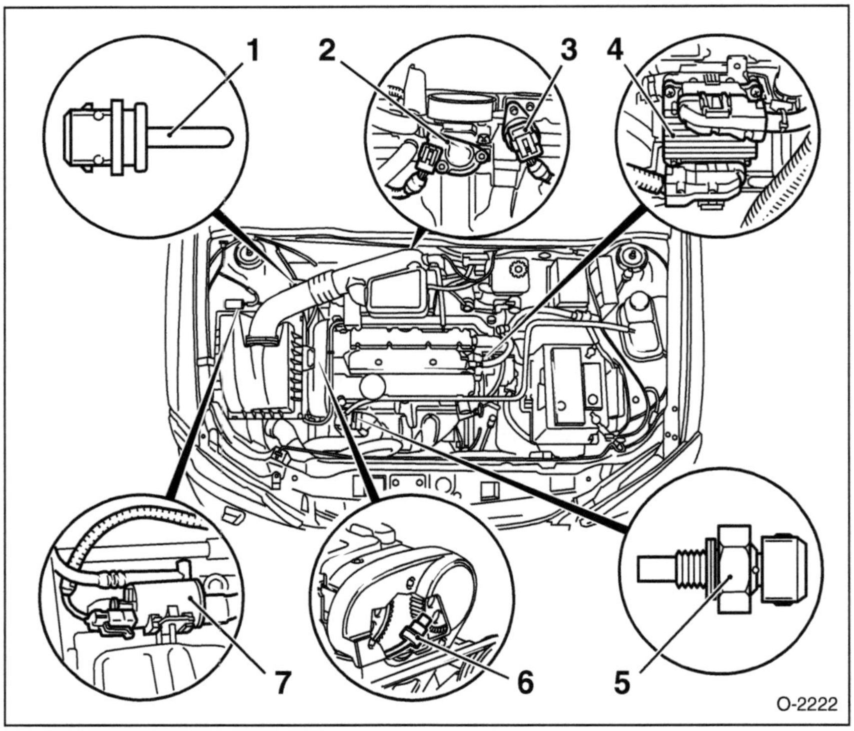

1 – **Ansaugluft-Temperaturfühler**

2 – **Drosselklappenpotentiometer**

3 – **Leerlaufschrittmotor**

4 – **Motor-Steuergerät**
Direkt am Zylinderkopf befestigt. Dadurch kürzerer Motorkabelstrang. Besitzt 2 Anschlußstecker für Motor und für Armaturentafel.
Weitere Einbauorte:
1,2-/1,8-l-Motor: am Saugmodul;
1,6-l-Motor X16SZR und 2,0-l-Benzinmotor: neben der Batterie.

5 – **Kühlmittel-Temperatursensor**
Für Motorsteuergerät.

6 – **Nockenwellensensor**

7 – **Tankentlüftungsventil**

Zünd- und Einspritzanlage prüfen

Für eine systematische Fehlersuche beziehungsweise Fehlerbehebung sind markenspezifische Meßgeräte erforderlich. Diese Meßgeräte sind sehr teuer und in der Regel nur in der Fachwerkstatt vorhanden. Deshalb wird hier nur eine Grundprüfung beschrieben:

- Spannung und Ladezustand der Batterie prüfen, siehe Seite 65.
- Alle Sicherungen prüfen, siehe Seite 61.
- Sämtliche Stecker und Steckverbindungen des betroffenen elektronischen Systems abziehen und aufstecken. Festen Sitz der Steckverbindungen und Fixierung der Kabel im Motorraum prüfen.
- Alle Masseverbindungen auf festen Sitz und einwandfreien Kontakt prüfen.
- Schläuche und Leitungen auf Undichtigkeiten prüfen. Dabei auf Porosität, Risse und lockeren Sitz auf den Anschlüssen achten.

Zündmodul aus- und einbauen

1,6-/1,8-l-Motor X16XEL/Z16XE(P)/X18XE1

Ausbau

- Motorabdeckung mit 2 Schrauben abschrauben.
- **Z16XEP:** Motorkabelkanal auf der linken Seite, in Fahrtrichtung gesehen, vom Zylinderkopf abclipsen und zur Seite legen. Abdeckung für Zündmodul in Pfeilrichtung (Pfeil auf der Abdeckung) vom Zylinderkopfdeckel abziehen.

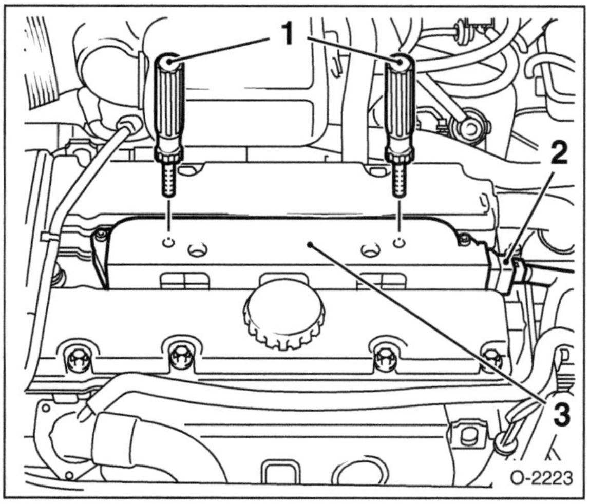

- Stecker –2– vom Zündmodul –3– abziehen.
- Zündmodul vom Zylinderkopf, beim 1,8-l-Motor vom Zylinderkopfdeckel, abschrauben.
- Zündmodul –3– nach oben aus dem Zylinderkopf herausziehen. Die Werkstatt schraubt dazu die Spezialgriffe KM-6009 –1– in das Zündmodul ein. Steht das Spezialwerkzeug nicht zur Verfügung, geeignete Schrauben eindrehen und Schrauben mit Zündmodul herausziehen.

Achtung: Zündmodul beim Abziehen von den Zündkerzen nicht verkanten, sonst können die Zündkerzenstecker beschädigt werden.

Einbau

- Zündmodul mit **neuen** Dichtringen auf die Zündkerzen aufstecken und mit **8 Nm** festziehen.
- Mehrfachstecker am Zündmodul aufstecken.
- Falls vorhanden, Abdeckung aufschieben.
- **Z16XEP:** Motorkabelstrang am Zylinderkopf anclipsen.
- Motorabdeckung anschrauben.

Speziell 1,2-l-Motor

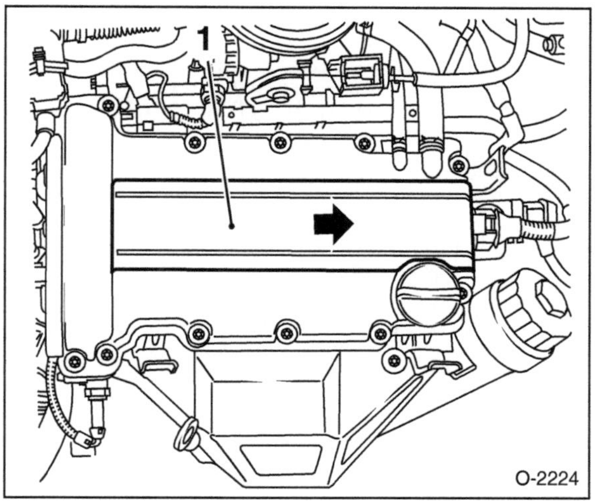

- Abdeckung für Zündmodul –1– in Pfeilrichtung abziehen.

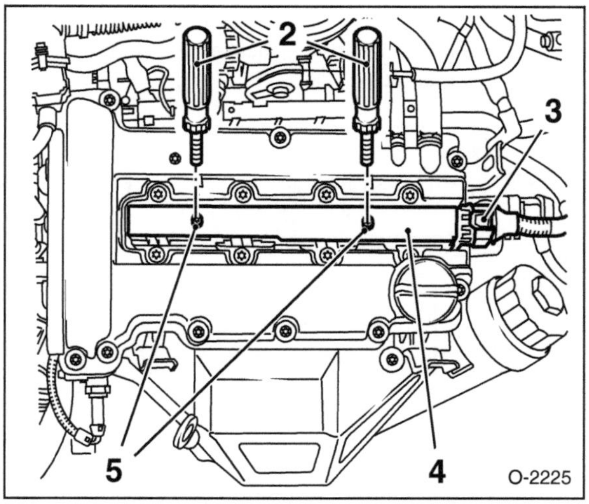

- Stecker –3– abziehen.
- Schrauben –5– für Zündmodul herausdrehen.
- Zündmodul –4– nach oben aus dem Zylinderkopf herausziehen.
- Zündmodul auf die Zündkerzen aufstecken und mit **8 Nm** am Zylinderkopf anschrauben.
- Stecker und Abdeckung aufschieben.

Motorsteuergerät aus- und einbauen

1,6-l-Motor X16XEL/Z16XE

Ausbau

Achtung: Falls das Steuergerät ersetzt werden soll, muß zuvor der interne Sicherheitscode zurückgesetzt werden (Werkstattarbeit).

- Batterie-Massekabel (–) bei ausgeschalteter Zündung abklemmen. **Achtung:** Dadurch werden elektronische Speicher gelöscht, wie zum Beispiel der Radiocode. Ohne Code kann das Radio nur vom Radiohersteller freigeschaltet werden, beziehungsweise beim OPEL-Radio von einer OPEL-Werkstatt. Deshalb Hinweise im Kapitel »Batterie aus- und einbauen« durchlesen.
- Motorabdeckung abschrauben.

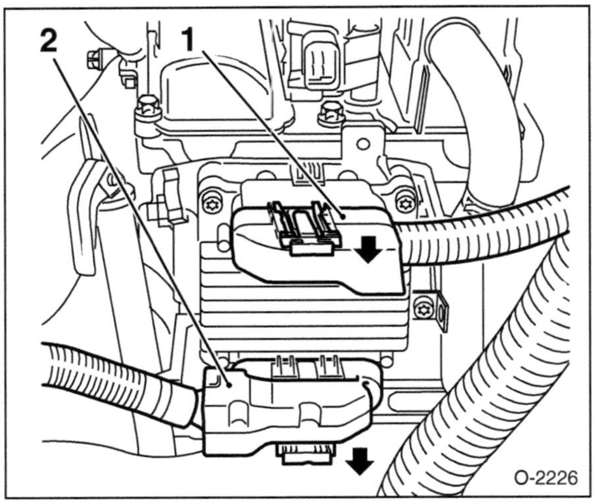

- Mehrfachstecker –1/2– in Pfeilrichtung entriegeln und vom Steuergerät abziehen. 1 – Stecker für Armaturentafel, 2 – Stecker für Motor.

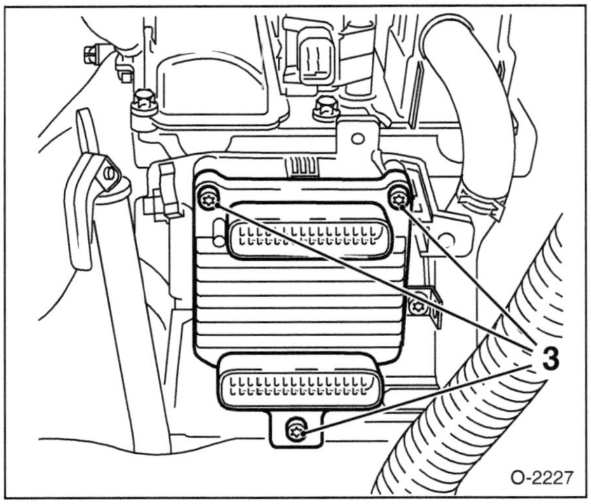

- Befestigungsschrauben –3– herausdrehen und Steuergerät abziehen.

Einbau

- Steuergerät mit **8 Nm** am Halter anschrauben.
- Mehrfachstecker am Steuergerät aufstecken und verriegeln.
- Motorabdeckung einbauen.
- Batterie-Massekabel (–) anklemmen. **Achtung:** Hoch-/Tieflaufautomatik für elektrische Fensterheber aktivieren sowie Zeituhr stellen und Radiocode eingeben, siehe Kapitel »Batterie aus- und einbauen«.

Leerlaufdrehzahl/Zündzeitpunkt/CO-Gehalt prüfen/einstellen

Im Rahmen der Wartung ist es nicht mehr erforderlich, Leerlaufdrehzahl, Zündzeitpunkt und CO-Gehalt zu prüfen, da sich die Werte praktisch nicht mehr verstellen können und daher auch nicht eingestellt werden müssen. Außerdem wird die Leerlaufdrehzahl kontinuierlich entsprechend den Anforderungen nachgeregelt.

Falls einmal die tatsächlichen Betriebswerte von den Sollwerten abweichen, dann liegt die Ursache in defekten Bauteilen, die ersetzt werden müssen. Eine sinnvolle Prüfung des Motormanagements ist nur mit speziellen Diagnosegeräten möglich.

Hinweis: Die Leerlaufdrehzahl läßt sich durch Umprogrammieren des Steuergerätes mit dem Diagnose-Tester in bestimmten Grenzen verändern.

Störungsdiagnose Benzin-Einspritzanlage

Bevor anhand der Störungsdiagnose der Fehler aufgespürt wird, müssen folgende Prüfvoraussetzungen erfüllt sein: Bedienungsfehler beim Starten ausschließen. Sowohl für den kalten wie warmen Motor gilt: Gaspedal während des Startvorgangs nicht betätigen, Kupplungspedal treten. Störungen in der Steuerelektronik lassen sich praktisch nur noch mit speziellen Meßgeräten herausfinden.

Kraftstoff im Tank, Motor mechanisch in Ordnung, Batterie geladen, Anlasser dreht mit ausreichender Drehzahl, Zündanlage ist in Ordnung, keine Undichtigkeiten an der Kraftstoffanlage, Verschmutzungen im Kraftstoffsystem ausgeschlossen, Kurbelgehäuse-Entlüftung in Ordnung, elektrische Masseverbindung (Motor-Getriebe-Aufbau) vorhanden. Fehlerspeicher abfragen (Werkstattarbeit). **Achtung:** Wenn Kraftstoffleitungen gelöst werden, müssen diese vorher mit Kaltreiniger oder Benzin gesäubert werden.

Störung	Ursache	Abhilfe
Motor springt nicht an.	Elektro-Kraftstoffpumpe läuft beim Betätigen des Anlassers nicht an (keine Laufgeräusche hörbar).	■ Prüfen, ob Spannung an der Pumpe anliegt. Elektrische Kontakte auf gute Leitfähigkeit überprüfen.
	Sicherung defekt.	■ Sicherung für Kraftstoffpumpe überprüfen.
	Kraftstoffpumpenrelais defekt.	■ Relais überprüfen.
	Einspritzventile erhalten keine Spannung.	■ Stecker von den Ventilen abziehen, Prüflampe anschließen und Starter betätigen. Prüflampe muß schwach flackern. Wenn die Lampe schwach leuchtet: Steuergerät ersetzen; wenn die Prüflampe nicht leuchtet: Relais überprüfen.
Der kalte Motor springt schlecht an, läuft unrund.	Temperaturfühler defekt.	■ Temperaturfühler Kühlmittel/Ansaugluft prüfen (Werkstattarbeit).
Der Motor setzt aus.	Elektrische Verbindungen zur Kraftstoffpumpe zeitweise unterbrochen.	■ Steckverbindungen und Anschlüsse von elektrischen Leitungen an der Kraftstoffpumpe, dem Luftmassenmesser und dem Kraftstoffpumpen-Relais auf feste und widerstandslose Verbindung prüfen. Sicherung und Kontaktstellen am Kraftstoffpumpen-Relais prüfen. Kontakte reinigen bzw. erneuern.
	Kraftstoffilter verstopft.	■ Kraftstoffilter erneuern.
	Kraftstoffpumpe defekt.	■ Kraftstoffpumpe prüfen (Werkstattarbeit).
	Einspritzventil defekt.	■ Einspritzventile prüfen (Werkstattarbeit).
Der Motor hat Übergangsstörungen.	Luftansaugsystem undicht.	■ Ansaugsystem prüfen. Dazu Motor im Leerlauf drehen lassen und Dichtstellen sowie Anschlüsse im Ansaugtrakt mit Benzin bestreichen. Wenn sich die Drehzahl kurzfristig erhöht, undichte Stelle beseitigen. **Achtung:** Benzindämpfe sind giftig, nicht einatmen!
	Temperaturfühler defekt.	■ Temperaturfühler Kühlmittel/Ansaugluft prüfen. (Werkstattarbeit).
	Kraftstoffsystem undicht.	■ Sichtprüfung an allen Verbindungsstellen im Bereich des Motors und der elektrischen Kraftstoffpumpe. Alle Anschlüsse nachziehen.
Der heiße Motor springt nicht an.	Druck im Kraftstoffsystem zu hoch.	■ Kraftstoffdruck prüfen lassen, gegebenenfalls Druckregler ersetzen.
	Rücklaufleitung zwischen Druckregler und Tank verstopft oder geknickt. (nicht bei 1,2-/1,8-l-Motor)	■ Leitung reinigen oder ersetzen.

Dieseleinspritzung

Motorraum-Übersicht 1,7-l-Dieselmotor X17DTL

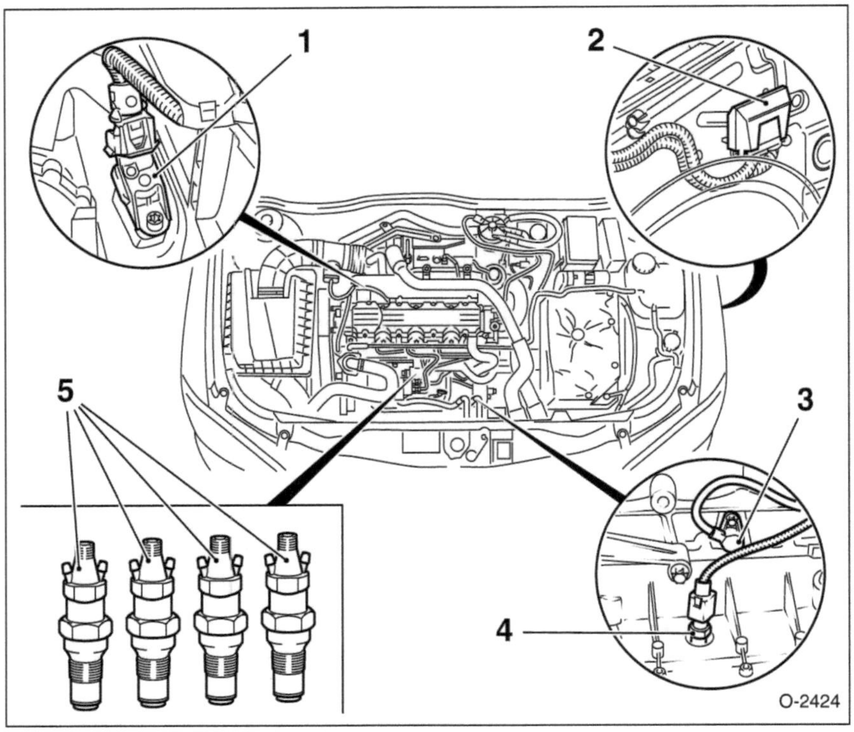

1 – Ladedruck-Sensor

2 – Motor-Steuergerät
Im Radhaus vorn links eingebaut.
Das Motor-Steuergerät wertet die Signale der Sensoren und Sollwertgeber aus, berechnet Einspritzmenge und Einspritzzeitpunkt und gibt Befehle an die Stellglieder weiter.
Zum Abstellen des Motors gibt das Motor-Steuergerät die Einspritzmenge »Null« vor.

3 – Kurbelwellen-Impulsgeber

4 – Öltemperatur-Sensor

5 – Einspritzdüsen

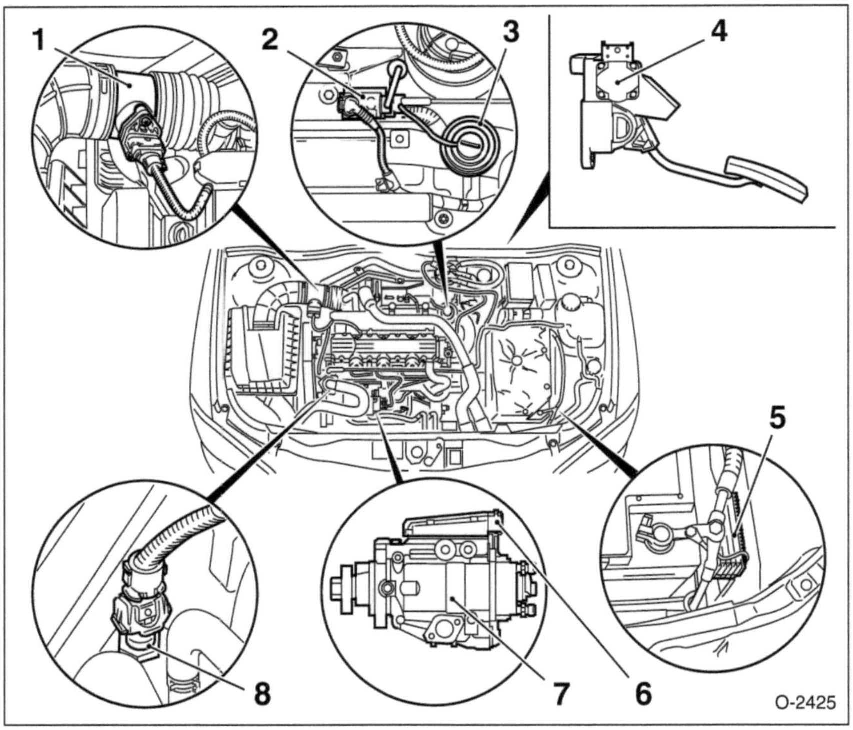

1 – Heißfilm-Luftmassenmesser
Funktionsbeschreibung siehe Kapitel »Benzineinspritzung«.

2 – Magnetventil für Abgasrückführung
Sitzt am Einlaßkrümmer und wandelt die elektrischen Signale des Motor-Steuergeräts in entsprechenden Unterdruck zur Steuerung des Abgasrückführventils um.

3 – Abgasrückführventil

4 – Fahrpedalmodul
Das Fahrpedalmodul wird auch als »elektronisches Gaspedal« bezeichnet. Ein Potentiometer an der Gaspedallagerung schickt Informationen über Gaspedalstellung und deren Änderungsgeschwindigkeit an das Motor-Steuergerät, welches dementsprechend die Einspritzmenge berechnet. Die Gaspedalstellung ist die Haupteinflußgröße auf die Einspritzmenge.

5 – Vorglüh-Steuergerät

6 – Pumpensteuergerät

7 – Einspritzpumpe
Bei der elektronisch geregelten Verteilereinspritzpumpe VP-29 handelt es sich um eine Axialkolbenpumpe mit angebautem Pumpensteuergerät. Der Pumpendruck beträgt bis zu 780 bar, eine Förderbeginneinstellung ist nicht nötig.

8 – Kühlmittel-Temperaturfühler

Das elektronische Diesel-Motormanagement EDC-15M regelt die Einspritzmenge und den Einspritzzeitpunkt. EDC = **E**lectronic **D**iesel **C**ontrol.

Die Vorteile des elektronischen Motormanagements:

- Genau dosierte Kraftstoffmenge in jedem Betriebszustand des Motors, dadurch geringer Verbrauch bei guten Fahrleistungen.
- Reduzierung der Abgas-Schadstoffe durch exakte Kraftstoffzumessung und den Einsatz eines Katalysators.
- Eigendiagnose des Motormanagements, dadurch schnelleres Auffinden von Defekten. Das System ist mit einem Fehlerspeicher ausgestattet. Treten während des Betriebs Defekte auf, so werden diese im Speicher abgelegt. Sollte der Motor nicht einwandfrei arbeiten, so kann die Fachwerkstatt gegen Kostenerstattung eine Fehlerliste ausdrucken, damit gegebenenfalls der Defekt dann selbst behoben werden kann.

Die Bauteile des Motormanagements sind langzeitstabil und praktisch wartungsfrei. Nur der Luftfiltereinsatz muß im Rahmen der Wartung gewechselt werden. Wesentliche Einstell- und Reparaturarbeiten können nur mit Hilfe von teuren Prüfgeräten durchgeführt werden, so daß diese Arbeiten nur noch von entsprechend ausgerüsteten Fachwerkstätten ausgeführt werden können.

Das Einstellen von Leerlaufdrehzahl und Abregeldrehzahl ist im Rahmen der Fahrzeugwartung nicht erforderlich.

Diesel-Prinzip

Beim Dieselmotor wird reine Luft in die Zylinder angesaugt und dort sehr hoch verdichtet. Dadurch steigt die Temperatur in den Zylindern über die Zündtemperatur des Dieselöls an. Wenn der Kolben kurz vor dem oberen Totpunkt steht, wird in die hochverdichtete und etwa +600° C heiße Luft Dieselöl eingespritzt. Das Dieselöl zündet von selbst, Zündkerzen sind also nicht erforderlich.

Bei sehr kaltem Motor kann es vorkommen, daß durch die Verdichtung die Zündtemperatur nicht erreicht wird. In diesem Fall muß vorgeglüht werden. Dazu befindet sich in jeder Wirbelkammer eine Glühkerze, die den Brennraum aufheizt. Die Dauer des Vorglühens ist abhängig von der Umgebungstemperatur und wird durch ein Vorglühzeit-Relais gesteuert.

Der Kraftstoff wird von der Verteiler-Einspritzpumpe aus dem Kraftstoff-Vorratsbehälter angesaugt. In der Einspritzpumpe wird der für die Diesel-Einspritzung erforderliche hohe Druck aufgebaut und der Kraftstoff entsprechend der Zündfolge auf die einzelnen Zylinder verteilt.

Für die Einspritzung beim Dieselmotor gibt es 2 unterschiedliche Verfahren: Die Wirbel- oder Vorkammereinspritzung sowie die Direkteinspritzung.

Bei der **Wirbel- oder Vorkammereinspritzung** wird der Kraftstoff in die Vorkammer des betreffenden Zylinders eingespritzt. Das heiße Gemisch entzündet sich sofort. Die Sauerstoffmenge, die in der Vorkammer vorhanden ist, reicht aber nur zur Verbrennung eines Teils des eingespritzten Kraftstoffs. Der übrige, unverbrannte Teil wird durch den bei der Verbrennung entstandenen Überdruck in den Verbrennungsraum geblasen. Dort verbrennt der Kraftstoff vollständig.

Bei der **Direkteinspritzung** wird der der Kraftstoff von der Hochdruck-Einspritzpumpe direkt in den Brennraum eingespritzt, und zwar in die Brennmulde im Kolben. Dabei baut die Einspritzpumpe einen Druck von ca. 900 bar auf, um den Kraftstoff in 2 Stufen einzuspritzen. Durch die Mehrstrahl-Einspritzdüsen erfolgt zunächst eine Voreinspritzung einer geringen Menge Kraftstoff. Dies verbessert die Zündbedingungen für die Hauptkraftstoffmenge. Dadurch ergibt sich eine weichere und somit leisere Verbrennung, ähnlich der bei der Wirbelkammereinspritzung. Das Motor-Steuergerät regelt dabei die Einspritzmenge vollelektronisch. Die Vorteile sind: Höhere Leistung bei geringerem Kraftstoffverbrauch.

Bevor der Kraftstoff in die Einspritzpumpe gelangt, wird er im Kraftstoffilter von Verunreinigungen und Wasser befreit. Mithin ist es äußerst wichtig, den Kraftstoffilter im Rahmen der Wartung regelmäßig zu entwässern beziehungsweise auszuwechseln.

Die Einspritzpumpe ist wartungsfrei. Alle beweglichen Teile werden mit Dieselöl geschmiert. Angetrieben wird die Einspritzpumpe beim 1,7-l-Motor durch einen Zahnriemen, beim 2,0-l-Motor durch eine Steuerkette.

Funktionsweise der Einspritzanlage

Der Kraftstoff wird aus dem Kraftstoffbehälter und über den Kraftstoffilter von der Einspritzpumpe angesaugt. Dort wird der Einspritzdruck aufgebaut und über die Einspritzleitungen zu den Einspritzdüsen geleitet.

Die Luft wird vom Motor über den Luftfilter angesaugt und durch den Turbolader verdichtet. Ein Luftmassenmesser mit integriertem Ansaugluft-Temperaturfühler mißt die angesaugte Luftmenge.

Das Motor-Steuergerät wertet die Signale der Sensoren und Sollwertgeber aus, berechnet Einspritzmenge und Einspritzzeitpunkt und gibt entsprechende Befehle an die Stellglieder weiter. Dabei erfolgt eine Abstimmung des Steuergeräts mit anderen Fahrzeugsystemen, beispielsweise Getriebesteuerung, Klimaanlage oder der Wegfahrsperre.

- Der **Kurbelwellen-Impulsgeber** sitzt seitlich im Motorblock. Er übermittelt die Drehzahlinformation an das Steuergerät der Einspritzanlage.
- Die **Abgasrückführung** (AGR) führt je nach Motor-Betriebszustand über ein geregeltes Ventil eine bestimmte Menge Abgas wieder der Ansaugluft zu. Dadurch wird die Verbrennungstemperatur abgesenkt. Je niedriger die Verbrennungstemperatur ist, desto weniger giftige Stickoxid-Anteile bilden sich im Abgas.
- Durch den **Kurbelwellen-Impulsgeber** wird die Motordrehzahl erfaßt.
- Aufgrund der Information vom **Öltemperaturgeber** erhöht sich die Leerlaufdrehzahl ab einer Öltemperatur von 130° C, um den Mindestöldruck zu gewährleisten.
- Der **Kühlmittel-Temperaturfühler** ist am Thermostatgehäuse angebaut. Die Kühlmitteltemperatur wird als Maß für die Motortemperatur genommen.

■ Der **Ladedruck-Sensor** mißt den Druck im Einlaßkrümmer. Seine Signale sorgen für eine Begrenzung der Einspritzmenge, wenn die Ladedruckregelung oder der Luftmassenmesser ausfällt.

■ Das **Fahrpedalmodul** wird auch als »elektronisches Gaspedal« bezeichnet. Ein Potentiometer an der Gaspedallagerung schickt Informationen über Gaspedalstellung und deren Änderungsgeschwindigkeit an das Motor-Steuergerät, welches dementsprechend die Einspritzmenge berechnet. Die Gaspedalstellung ist die Haupteinflußgröße auf die Einspritzmenge.

■ Der **Kupplungspedalschalter** deaktiviert die »Antiruckel-Regelung« bei getretenem Kupplungspedal.

■ Das **Glühkerzen-Steuergerät** erhält vom Motor-Steuergerät die Information, wann geglüht werden muß. Andererseits meldet es erkannte Fehler, zum Beispiel den Ausfall einer Glühkerze. Diese Fehler werden im Motor-Steuergerät gespeichert.

Motor		X17DTL	Y17DT/ Z17DTL	X20DTL/ X20DTH
Leerlaufdrehzahl	1/min	950 – 1000	800 – 900	750 – 850
Abregeldrehzahl	1/min	5400 – 5500	5100 – 5300	4750

Kraftstoffilter-Vorwärmanlage

Mit abnehmenden Außentemperaturen verringert sich das Fließvermögen des Dieselkraftstoffes durch Paraffin-Ausscheidung. Der Dieselkraftstoff wird dickflüssig wie Honig. Aus diesem Grund werden von den Mineralölfirmen dem Diesel im Winter Zusätze beigemischt, die das Fließverhalten heraufsetzen und ein Starten bis etwa –15° C beziehungsweise –22° C (Super-Diesel) garantieren.

Nicht immer reichen jedoch diese Zusätze für einen störungsfreien Betrieb aus, daher ist der Kraftstoffilter mit einer elektrischen Heizung ausgerüstet. Dadurch wird das Versulzen des Dieselkraftstoffes auch bei extremem Frost verhindert. Die Heizung schaltet sich bei Temperaturen unter +5° C nach dem Starten ein und schaltet sich bei über +16° C wieder aus.

Achtung: Aufgrund der erhöhten Stromaufnahme des Heizers alle nicht notwendigen elektrischen Verbraucher während der Warmlaufphase ausschalten.

Glühkerzen aus- und einbauen

1,7-l-Motor X17DTL/Z17DTL

Ausbau

● Batterie-Massekabel (–) bei ausgeschalteter Zündung abklemmen. **Achtung:** Dadurch werden elektronische Speicher gelöscht, daher zuvor Hinweise im Kapitel »Batterie aus- und einbauen« durchlesen.

● **Z17DTL:** Motorabdeckung und Luftansaugrohr ausbauen.

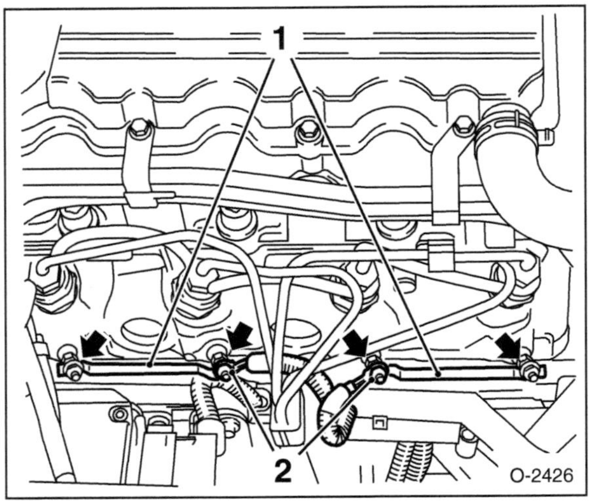

● Kabelverbindungen –2– für Glühkerzen des 2. und 3. Zylinders abschrauben.

● Kontaktschienen –1– abschrauben.

● Glühkerzen –Pfeile– herausschrauben.

Einbau

● Glühkerzen in den Zylinderkopf einschrauben und estziehen. **Achtung:** Anzugsdrehmoment genau einhalten.
1,7-l-Motor X17DTL . . . . **20 Nm**
1,7-l-Motor Y17DT/Z17DTL . . . . **17,5 Nm**

● Kontaktschienen mit **4 Nm** anschrauben.

● Kabelverbindungen für Glühkerzen 2 und 3 anschrauben. Dabei auf einwandfreien Kontakt der Anschlüsse achten.

● **Z17DTL:** Motorabdeckung und Luftansaugrohr einbauen.

● Batterie-Massekabel (–) anklemmen. **Achtung:** Hoch-/Tieflaufautomatik für elektrische Fensterheber aktivieren sowie Zeituhr stellen und Radiocode eingeben, siehe Kapitel »Batterie aus- und einbauen«.

Speziell 2,0-/2,2-l-Dieselmotor

Ausbau

● Stecker von den Glühkerzen abziehen.

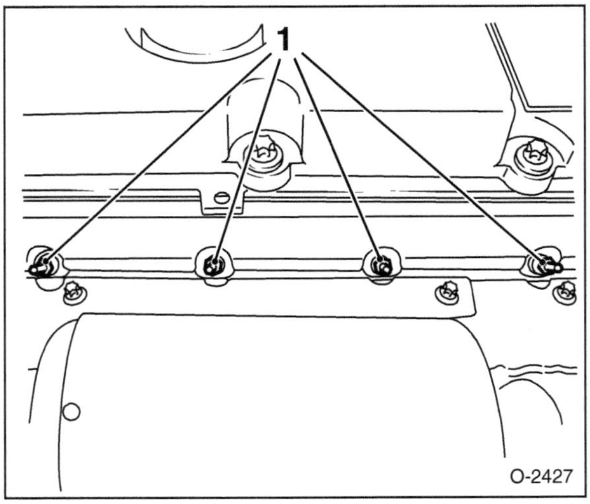

● Glühkerzen –1– herausschrauben.

Einbau

- Glühkerzen in den Zylinderkopf einschrauben und mit **10 Nm** festziehen. **Achtung:** Anzugsdrehmoment genau einhalten.
- Stecker auf die Glühkerzen aufschieben.

Störungsdiagnose Diesel-Einspritzanlage

Bevor anhand der Störungsdiagnose der Fehler aufgespürt wird, müssen folgende Prüfvoraussetzungen erfüllt sein: Bedienungsfehler beim Starten ausgeschlossen. Kraftstoff im Tank, Kraftstoffanlage entlüftet, Motor mechanisch in Ordnung, Batterie geladen, Anlasser dreht mit ausreichender Drehzahl. Störungen in der Steuerelektronik lassen sich praktisch nur noch mit speziellen Meßgeräten herausfinden. **Achtung:** Wenn Kraftstoffleitungen gelöst werden, müssen diese vorher mit Kaltreiniger gesäubert werden.

Störung	Ursache	Abhilfe
1. Motor springt nicht oder schlecht an.	1. Kraftstoffversorgung defekt.	■ Prüfen, ob Kraftstoff gefördert wird.
	a) Kraftstoffleitungen geknickt, verstopft, undicht, porös.	■ Kraftstoffleitungen reinigen.
	b) Kraftstoffilter verstopft.	■ Kraftstoffilter ersetzen.
	c) Im Winter: Eis oder Wachs in Filter und Leitungen, Filterheizung defekt.	■ Fahrzeug in beheizte Garage schieben, Heizung für Kraftstoffilter prüfen.
	d) Tankbelüftung verschlossen. Kraftstoffsieb im Tank verschmutzt.	■ Reinigen.
	2. Einspritzdüsen defekt.	■ 1,7-l-Motor: Einspritzdüsen prüfen, Überwurfmuttern nacheinander lösen und prüfen, ob die Zylinder arbeiten.
2. Motor ruckelt im Leerlauf, beim Anfahren.	1. Kraftstoffschläuche an der Kraftstoffpumpe bzw. am Kraftstoffilter lose.	■ Kraftstoffschläuche ersetzen, mit Schlauchschellen befestigen, Hohlschrauben festziehen.
	2. Zu- und Rücklaufleitung an der Einspritzpumpe vertauscht.	■ Anschlüsse der Kraftstoffleitungen prüfen.
	3. Wie unter 1.1 – 2.	■ Wie unter 1.1 – 2.
3. Kraftstoffverbrauch zu hoch.	1. Luftfilter verschmutzt.	■ Filtereinsatz ersetzen
	2. Kraftstoffanlage undicht.	■ Sichtprüfung an allen Kraftstoffleitungen (Saug- Rücklauf- und Einspritzleitungen), Kraftstoffilter und Einspritzpumpe durchführen, Kraftstoffanlage auf Dichtheit prüfen.
	3. Rücklaufleitung verstopft.	■ Rücklaufleitung von Einspritzpumpe zum Kraftstoffbehälter mit Luft durchblasen.
	4. Leerlauf- bzw. Höchstdrehzahl zu hoch.	■ Prüfen, Fehlerspeicher auslesen lassen.
	5. Motor hat mechanische Fehler.	■ Ventil undicht. Zylinder/Kolben verschlissen, Zylinderkopfdichtung undicht. Verengung in der Abgasanlage. Kompression prüfen.
	6. Wie unter 1.2.	■ Wie unter 1.2.

Abgasanlage

Aus dem Inhalt:

- Katalysatorsysteme
- Abgasanlage demontieren
- Abgasanlage prüfen
- Abgasanlagen-Übersicht

Die Abgasanlage besteht aus folgenden Teilen: Turbolader (nur Dieselmotor), Abgaskrümmer, Katalysator, vorderes Abgasrohr sowie Mittel- und Nachschalldämpfer. In Abhängigkeit von der Motorisierung weisen die Abgasanlagen einige Unterschiede auf.

Die Teile der Abgasanlage sind miteinander verschraubt beziehungsweise mit Klemmschellen verbunden und lassen sich einzeln auswechseln. Selbstsichernde Muttern und Dichtungen sind nach dem Ausbau zu ersetzen. Halteringe und Gummipuffer auf Porosität und Beschädigung prüfen, gegebenenfalls auswechseln.

Funktion des Katalysators

Alle Motoren sind mit einem oder mehreren Katalysatoren zur Abgasreinigung ausgestattet.

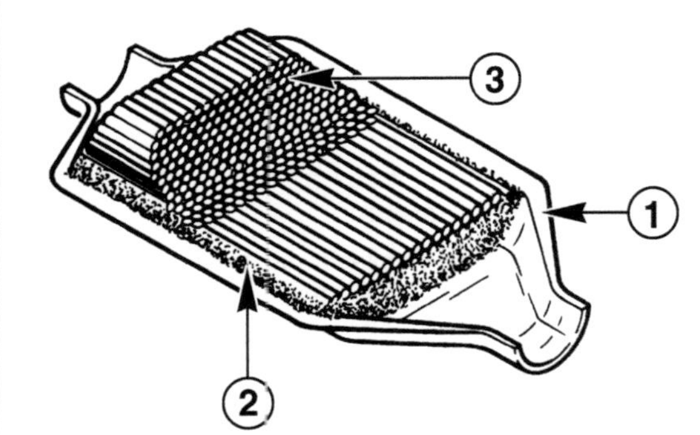

SX-2601

Der Katalysator besteht aus einem Keramik-Wabenkörper –3–, der mit einer Trägerschicht überzogen ist. Auf der Trägerschicht befinden sich Edelmetallsalze, die den Umwandlungsprozeß bewirken. Im Gehäuse –1– wird der Katalysator durch eine Isolations-Stützmatte –2– fixiert, die außerdem Wärmeausdehnungen ausgleicht.

Benzinmotoren

In Verbindung mit der Einspritzanlage und der Lambdasonde wird die Kraftstoffmenge für die Verbrennung exakt dosiert, damit der Katalysator die Schadstoffe reduzieren kann. Die Lambdasonde sitzt im Abgasrohr vor dem Katalysator und wird vom Abgasstrom umspült. Bei der Lambdasonde handelt es sich um einen elektrischen Meßfühler, der den Restgehalt an Sauerstoff im Abgas durch elektrische Spannungsschwankungen anzeigt und Rückschlüsse auf die Zusammensetzung des Luft-Kraftstoff-Gemisches ermöglicht. In Bruchteilen von Sekunden kann die Lambdasonde entsprechende Signale an die Steuereinheit der Einspritzanlage weitergeben und dadurch das Kraftstoff-Luftverhältnis ständig verändern. Das ist einerseits erforderlich, da sich ja die Betriebsverhältnisse (Leerlauf, Vollgas) ständig ändern, zum anderen aber auch, weil nur dann eine optimale Nachverbrennung im Katalysator erfolgt, wenn noch genügend Kraftstoffanteile im Motorabgas vorhanden sind.

Damit es also bei einer Temperatur von +300° bis +800° C im Katalysator überhaupt zu einer Nachverbrennung kommen kann, muß das Kraftstoff-Luftgemisch mehr Kraftstoffanteile aufweisen, als für die reine Verbrennung erforderlich wären.

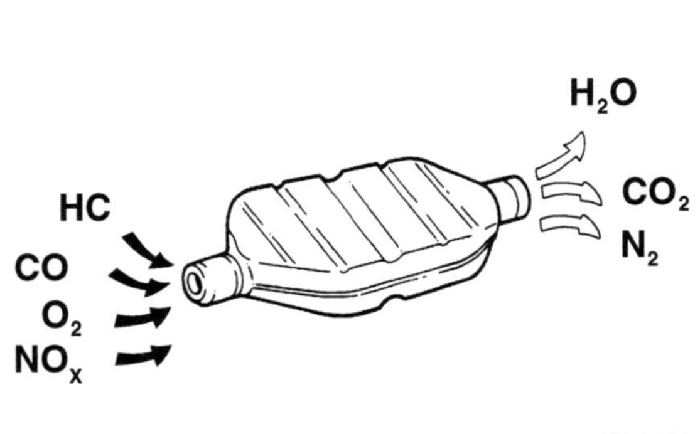

SX-2603

Bei den verwendeten Katalysatoren für Benzinmotoren handelt es sich um sogenannte 3-Wege-Katalysatoren. Das bedeutet, daß aufgrund der Lambda-Regelung die Oxidation von Kohlenmonoxid (CO) und Kohlenwasserstoffen (HC) sowie die Reduktion der Stickoxide (NO_X) gleichzeitig durchgeführt werden.

Katalysator beim Dieselmotor

Auch die Abgase beim Dieselmotor werden über einen Katalysator gereinigt. Es handelt sich hierbei um einen ungeregelten Oxidationskatalysator. Dieser Katalysator wandelt die im Abgas befindlichen Kohlenmonoxide und Kohlenwasserstoffverbindungen in CO_2 und H_2O um.

Abgasrückführung

Der Anteil von Stickoxiden (NO_X) im Abgas wird bei allen Motoren durch ein zusätzliches Abgas-Rückführungssystem (EGR-System) auf geringem Niveau gehalten.

Das Abgasrückführungsventil (EGR-Ventil) sitzt am Ansaugkrümmer. Es wird beim Dieselmotor über Unterdruck und beim Benziner elektrisch angesteuert. Die Aufgabe des EGR-Ventils besteht darin, bei heißem Motor einen Teil der Abgase in die Verbrennungsräume des Motors zurückzuführen, um die Verbrennungstemperatur zu mindern und dadurch den Schadstoffanteil der Abgase zu reduzieren.

Der richtige Umgang mit Katalysator-Fahrzeugen

Um Beschädigungen an der Lambdasonde und am Katalysator zu vermeiden, sind folgende Hinweise unbedingt zu beachten:

Benzinmotoren

- Grundsätzlich nur **bleifreies** Benzin tanken.
- Bei Startschwierigkeiten nicht unnötig lange den Anlasser betätigen. Während des Anlassens wird permanent Kraftstoff eingespritzt. Fehlerursache ermitteln und beseitigen.
- Kraftstofftank nie ganz leerfahren.
- Treten Zündaussetzer auf, hohe Motor-Drehzahlen vermeiden und Fehler umgehend beheben.
- Nur die vom Automobilhersteller vorgeschriebenen Zündkerzen verwenden.
- Keine Funkenprüfung mit abgezogenem Zündkerzenstecker durchführen.
- Es darf kein Zylindervergleich (Balancetest) durch Zündabschaltung eines Zylinders durchgeführt werden. Bei Zündabschaltung der einzelnen Zylinder – auch über Motortester – gelangt unverbrannter Kraftstoff in den Katalysator.

Benzin- und Dieselmotoren

- Das Anlassen des Motors durch Anschieben oder Anschleppen ist **nicht** erlaubt. Besser: Starthilfekabel verwenden. Unverbrannter Kraftstoff könnte bei einer Zündung zur Überhitzung des Katalysators und zu seiner Zerstörung führen.
- Fahrzeug nicht über trockenem Laub oder Gras abstellen. Die Abgasanlage wird im Bereich des Katalysators sehr heiß und strahlt die Wärme auch nach Abstellen des Motors noch ab.
- Keinen Unterbodenschutz auf die Abgasanlage bringen.
- Die Hitzeschilder der Abgasanlage dürfen nicht verändert werden.
- Beim Ein- oder Nachfüllen von Motoröl besonders darauf achten, daß auf keinen Fall die Maximum-Markierung am Ölpeilstab überschritten wird. Das überschüssige Öl gelangt sonst aufgrund unvollständiger Verbrennung in den Katalysator und kann das Edelmetall beschädigen oder den Katalysator vollständig zerstören.

Der Abgasturbolader

Die Dieselmotoren sind mit einem Abgasturbolader ausgerüstet.

Beim Turbolader sitzen auf einer Welle zwei Turbinenräder, die in zwei voneinander getrennten Gehäusen untergebracht sind. Für den Antrieb der Turbinenräder sorgen die Abgase. Sie bringen die Laderwelle auf bis zu 120.000 Umdrehungen in der Minute. Und da Abgas- und Frischluftrotor auf gleicher Welle sitzen, wird mit gleicher Drehzahl Frischluft in die Zylinder gedrückt. Zur Schmierung ist der Lader an den Ölkreislauf des Motors angeschlossen, beim Benziner wird er zusätzlich durch Kühlmittel gekühlt.

Aufgrund des guten Füllungsgrades lassen sich bei vorhandenen Motoren Leistungszuwachsraten von bis zu 100 Prozent verwirklichen. Abhängig ist der Leistungszuwachs unter anderem vom Ladedruck, der bei einem Pkw-Motor zwischen 0,4 bis 0,8 bar (Reifenfülldruck etwa 1,8 bar) liegt. Der Ladedruck wird über einen Druckfühler laufend vom Steuergerät überprüft und geregelt. Dadurch ist auch sichergestellt, daß ein maximaler Ladedruck nicht überschritten wird.

Neben der Motorleistung steigt bei der Verwendung eines Abgasladers auch das Drehmoment an, was vor allem im Hinblick auf einen elastischen Motorlauf wünschenswert ist. Voraussetzung ist allerdings, daß die Laderwelle mit ausreichender Drehzahl rotiert und somit einen ordentlichen Füllungsgrad garantiert.

Zwischen Turbolader und Einlaßkanal des Motors befindet sich ein Ladeluftkühler, der die vorverdichtete Luft abkühlt. Dadurch wird die Leistung erhöht, weil kühle Luft durch die höhere Luftdichte einen höheren Sauerstoffanteil besitzt.

Gegenüber dem Ottomotor ist es beim Dieseltriebwerk nicht erforderlich, aufgrund der Aufladung die normale Verdichtung zu verringern, so daß auch im unteren Drehzahlbereich der eingespritzte Kraftstoff vollständig ausgenutzt wird.

Der Turbolader ist ein äußerst präzise hergestelltes Bauteil. Deshalb wird er in der Regel bei einem Defekt komplett ausgetauscht.

Die verschiedenen Abgasanlagen im OPEL ASTRA/ZAFIRA

Motor: 1,2 l

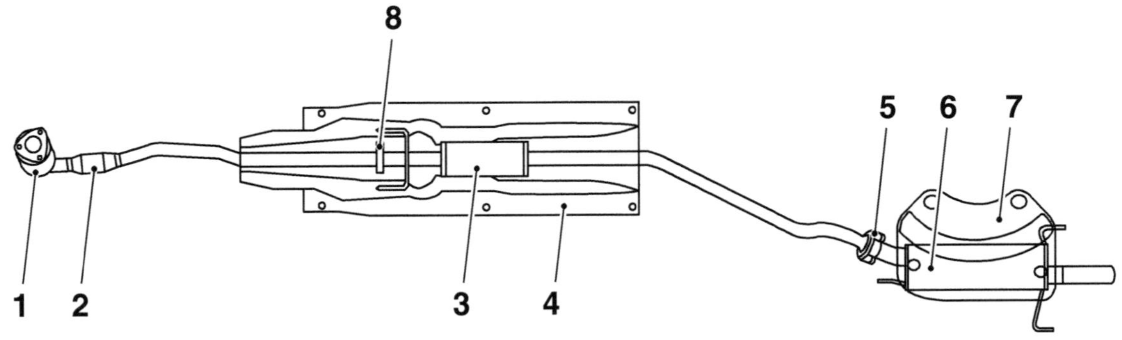

Motor: 1,4 l, 1,6 l (75 PS), 1,7 l

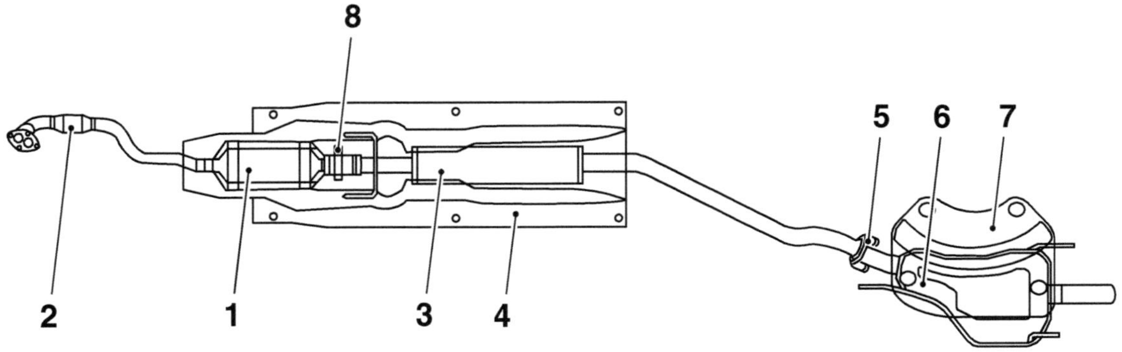

Motor: 1,6 l (100 PS), 1,8 l, 2,0 l

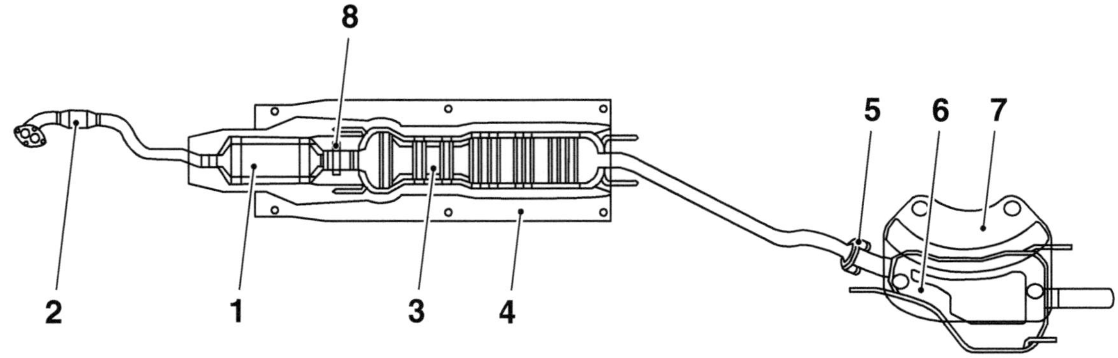

O-2614

1 – Katalysator
2 – Flexibles Teil
3 – Mittelschalldämpfer
4 – Hitzeschutzblech vorn, am Unterboden
5 – Dichtflansch
6 – Nachschalldämpfer
7 – Hitzeschutzblech hinten, am Unterboden
8 – Klemmschelle

Abgasanlage aus- und einbauen

Ausbau

Sicherheitshinweis
Beim Aufbocken des Fahrzeugs besteht Unfallgefahr! Deshalb das Kapitel »Fahrzeug aufbocken« durchlesen.

- Fahrzeug aufbocken. Falls vorhanden, untere Motorraumabdeckung ausbauen.
- Sämtliche Schraubverbindungen der Abgasanlage mit rostlösendem Mittel einsprühen. Rostlöser einige Zeit einwirken lassen.
- Benzinmotoren außer 1,6-l-Motor: Stecker für Lambdasonde abziehen, siehe Seite 240.

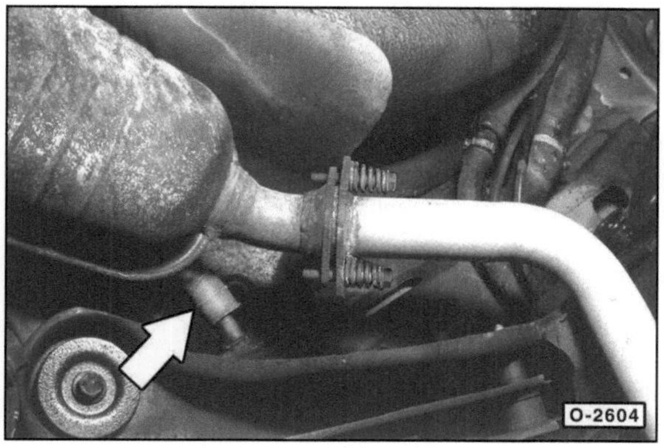

- Klemmschelle oder Verbindungsflansch für hinteren Schalldämpfer (Hauptschalldämpfer) lösen.
- Vordere Abgasanlage mit Holzunterlagen abstützen.
- Hauptschalldämpfer aus dem Gummihalter –Pfeil– aushängen und vom Mittelrohr abziehen beziehungsweise abdrücken.

- Sicherungsclips der Gummihalterungen am Hauptschalldämpfer seitlich abziehen und Hauptschalldämpfer herausnehmen.

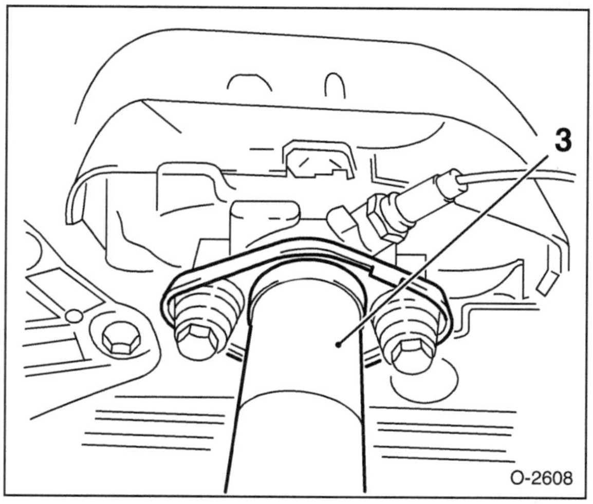

- Vorderes Abgasrohr –3– am Abgaskrümmer beziehungsweise Turbolader abschrauben. Unter den Schrauben befinden sich Spannfedern.

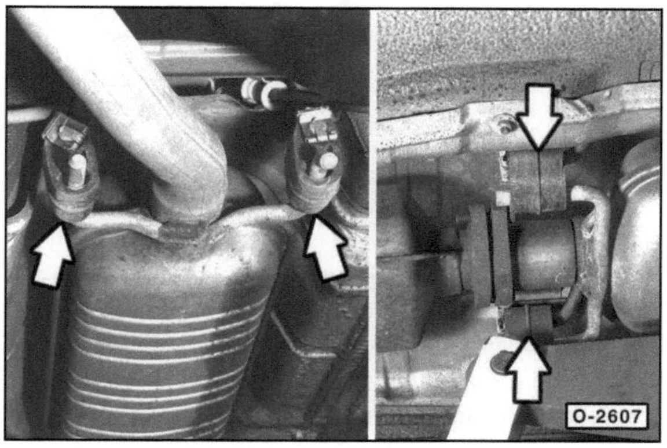

- Abgasanlage aus den Gummihalterungen aushängen und herausnehmen. **Achtung:** Der Katalysator ist stoßempfindlich, nicht dagegenschlagen oder fallen lassen.

Einbau

Achtung: Beim Einbau von Teilen der Abgasanlage darauf achten, daß die Rohre dicht zusammengefügt werden. Sonst kann es bei der Abgasuntersuchung (AU) zu Fehlmessungen kommen.

- Vorderen Teil der neuen Abgasanlage vormontieren, Schrauben noch nicht anziehen. Immer neue Schrauben, Dichtungen und nötigenfalls neue Gummihalterungen verwenden. Dichtflansche vorher reinigen.
- Es empfiehlt sich, sämtliche Schrauben mit Hochtemperaturpaste, zum Beispiel Liqui Moly LM-508-ASC (Kupferpaste), einzusetzen. Die Schrauben lassen sich dann später leichter lösen.
- Abgasanlage mit Helfer anheben oder auf Holzunterlagen abstützen, dabei in die Gummihalterungen einhängen.

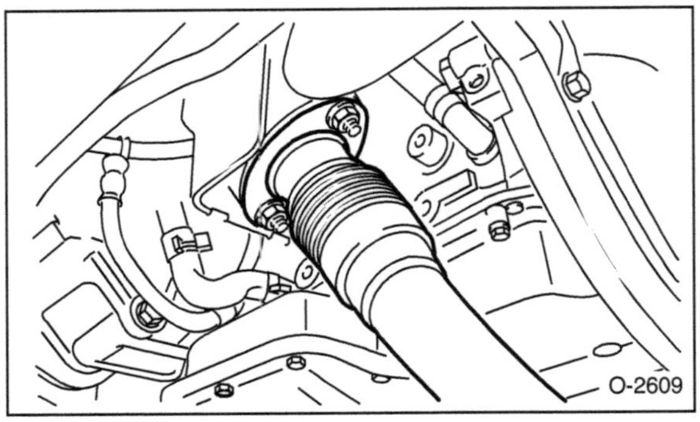

- Vordere Abgasanlage am Krümmer beziehungsweise Turbolader mit **neuer** Dichtung ansetzen. **Neue** Schrauben beziehungsweise Muttern beiziehen, nicht festziehen.
- Hauptschalldämpfer von hinten auf das Abgasrohr aufschieben. Falls vorhanden, vorher Klemmschelle über das Anschlußrohr des Schalldämpfers schieben.
- Hauptschalldämpfer ausrichten und in die Gummihalter einhängen. Gummihalter mit Clips sichern.
- Vorderes Abgasrohr am Getriebehalter anschrauben.
- Vor dem Anziehen der Schraubverbindungen die Abgasanlage entsprechend dem Verlauf des Wagenbodens spannungsfrei ausrichten. Darauf achten, daß überall ausreichend Abstand zwischen Auspuffanlage und Aufbau vorhanden ist und die Haltegummis gleichmäßig belastet werden.
- Benzinmotoren: Lambdasonde einbauen.
- Schrauben mit folgenden Drehmomenten festziehen:

Anzugsdrehmomente:

Abgasrohr an Abgaskrümmer, 1,2-l/1,6-l (75 PS)	35 Nm
Abgasrohr an Abgaskrümmer, 1,6-l (85 PS)	45 Nm
Abgasrohr an Turbolader/Abgaskrümmer, Motoren außer 1,2-l/1,6-l (75 PS)	20 Nm
Mittlerer an hinteren Schalldämpfer	12 Nm
Katalysator an Schalldämpfer	25 Nm

- Abgasanlage auf Dichtheit prüfen, siehe entsprechendes Kapitel.

Abgasanlage auf Dichtheit prüfen

Bei Fahrzeugen mit geregeltem Katalysator können Undichtigkeiten der Abgasanlage vor der Lambdasonde zu folgenden Störungen führen:

- Startschwierigkeiten; Motor geht aus, schüttelt im Leerlauf, ruckelt beim Beschleunigen.
- Motor starten und bei laufendem Motor Abgasanlage mit einem Lappen oder Stöpsel verschließen.
- Abgasanlage auf Undichtigkeit abhören. Gegebenenfalls Verbindungsstellen Zylinderkopf/Krümmer und Krümmer/Abgasrohr vorn mit handelsüblichem »Leck-Sucher« einsprühen und auf Blasenbildung untersuchen.
- Undichtigkeit beseitigen.

Lambdasonde aus- und einbauen

Benzinmotor

Die Lambdasonde dient zur Regelung der Abgaszusammensetzung bei den Benzinmotoren. Sie ist in das Abgasrohr vor dem Katalysator eingeschraubt. Beim 1,6-l-Motor sitzt die Lambdasonde im Abgaskrümmer.

Ausbau

> **Sicherheitshinweis**
> Beim Aufbocken des Fahrzeugs besteht Unfallgefahr! Deshalb das Kapitel »Fahrzeug aufbocken« durchlesen.

- Fahrzeug aufbocken.

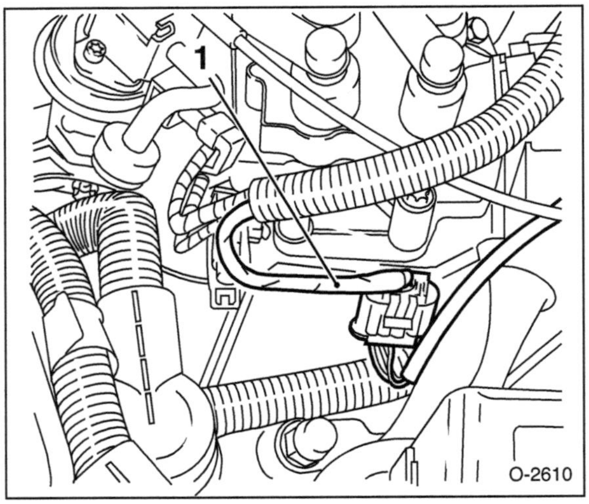

- Kabelstecker –1– für Lambdasonde aus der Halterung am Getriebe nehmen und trennen.

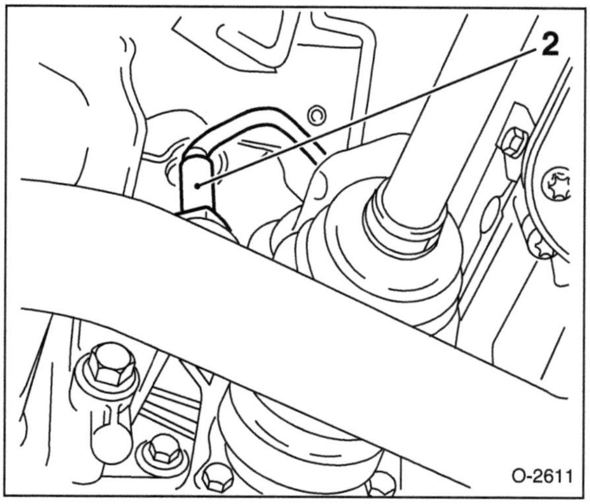

- Lambdasonde –2– aus dem vorderen Abgasrohr herausschrauben.

Einbau

- Gewinde der Lambdasonde mit Hochtemperaturpaste, zum Beispiel BOSCH-Lambdasondenfett oder OPEL-Fett 19 48 602 einstreichen und mit **40 Nm** anschrauben.
  Anzugsdrehmoment für vordere Lambdasonde beim Motor Z16SE: **30 Nm.**

Achtung: Wird die Sonde ohne das Hochtemperatur-Spezialfett eingeschraubt, frißt sich das Gewinde mit der Zeit fest. Die Lambdasonde kann dann später nicht mehr herausgeschraubt werden. Neue Sonden sind bereits mit dem Spezialfett bestrichen.

- Elektrische Leitung verlegen und Stecker für Lambdasonde verbinden. Stecker in der Halterung am Getriebe befestigen. Kabel so verlegen, daß es nicht durchscheuern beziehungsweise nicht an der Abgasanlage anliegen kann.

Kupplung

Aus dem Inhalt:

- **Kupplungsbetätigung**
- **Kupplungsdemontage**
- **Ausrücklager ausbauen**
- **Kupplungs-Hydrauliksystem entlüften**

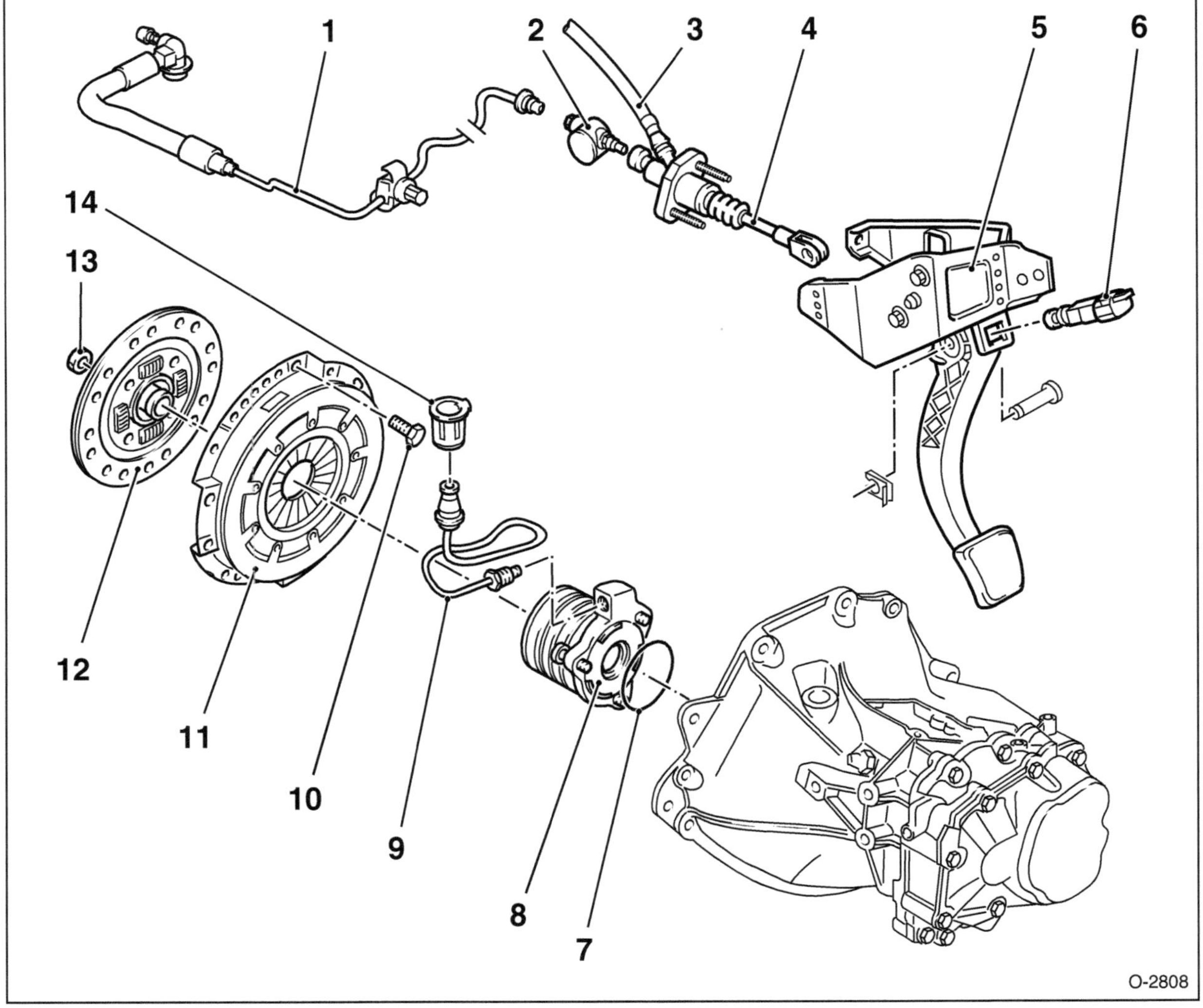

1 – Druckleitung für Geberzylinder
2 – Dämpfer
3 – Zulaufschlauch, vom Bremsflüssigkeit-Vorratsbehälter
4 – Kupplungs-Geberzylinder
5 – Kupplungspedal mit Pedalbock
6 – Schalter für Kupplungskontrolle
7 – O-Ring, nach Ausbau immer erneuern
8 – Zentralausrückung mit Ausrücklager, 5 Nm
9 – Druckleitung für Zentralausrückung, 15 Nm
10 – Schrauben (6 Stück), 15 Nm
11 – Druckplatte
12 – Kupplungsscheibe
13 – Führungsbuchse
14 – Befestigungshülse

Die Kupplung trennt beim Schalten der Gänge den Kraftschluß zwischen Motor und Getriebe und sorgt beim Anfahren durch Reibung für einen ruckfreien Kraftschluß.

Die Kupplung besteht aus der Kupplungsdruckplatte, der Kupplungsmitnehmerscheibe, dem Ausrücklager und der hydraulischen Betätigung.

Die Kupplungsdruckplatte ist fest mit dem Schwungrad verschraubt, das wiederum an der Kurbelwelle des Motors angeflanscht ist. Zwischen der Kupplungsdruckplatte und dem Schwungrad befindet sich die Kupplungsmitnehmerscheibe, die von der Kupplungsdruckplatte gegen das Schwungrad gepreßt wird. Die Mitnehmerscheibe ist über eine Verzahnung fest mit der Getriebewelle verbunden.

Beim Niedertreten des Kupplungspedals (auskuppeln) wird über den Geberzylinder im Fußraum des Fahrzeuges Druck aufgebaut und über eine Hydraulikleitung auf den Kupplungs-Nehmerzylinder übertragen. Der Kolben des Nehmerzylinders drückt das Ausrücklager gegen die Membranfeder der Druckplatte. Dadurch entspannt sich die Kupplungsdruckplatte, und die Mitnehmerscheibe wird nicht mehr gegen die Schwungscheibe gepreßt. Der Kraftschluß zwischen Motor und Getriebe ist also aufgehoben.

Das Hydrauliksystem der Kupplung arbeitet mit Bremsflüssigkeit und wird über den Ausgleichbehälter für Bremsflüssigkeit versorgt.

Bei jedem Ein- und Auskuppeln wird durch den leichten Schleifvorgang etwas Reibbelag von der Mitnehmerscheibe abgeschliffen. Die Mitnehmerscheibe ist also ein Verschleißteil, doch hat sie eine mittlere Lebensdauer von über 100.000 Kilometern. Der Verschleiß hängt im wesentlichen von der Belastung (Anhängerbetrieb) und der Fahrweise ab. Die Kupplung ist wartungsfrei, da sie sich selbst nachstellt.

Kupplung aus- und einbauen/prüfen

Achtung:
Beim Ausbau der Kupplungsscheibe darauf achten, in welche Richtung das lange Nabenstück zeigt. Kupplungsscheibe in gleicher Lage wieder einbauen. Auf OPEL-Kupplungsscheiben, falls vorhanden, Einbauhinweis beachten.

Ausbau

- Getriebe ausbauen, siehe Seite 248.

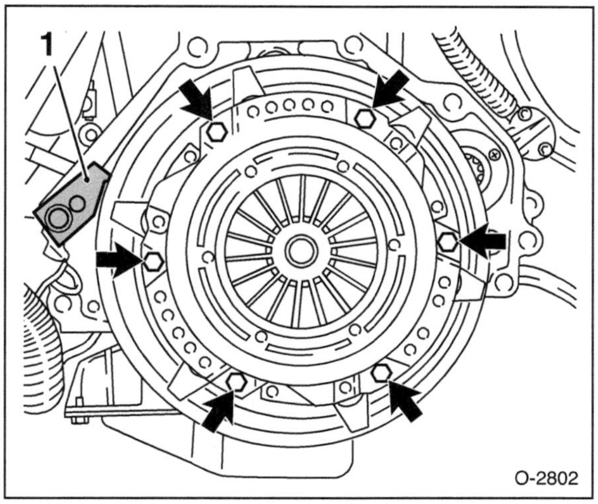

- Schwungrad am Zahnkranz mit Schraubendreher und Dorn oder Spezialwerkzeug –1– arretieren. Befestigungsschrauben –Pfeile– der Kupplungsdruckplatte nacheinander jeweils um 1 bis 1½ Umdrehungen lösen, bis die Druckplatte entspannt ist.

Achtung: Wenn die Schrauben sofort ganz gelöst werden, können die Membranfeder sowie die Paßstifte zwischen Druckplatte und Schwungrad beschädigt werden.

- Anschließend Schrauben ganz herausdrehen.
- Druckplatte und Kupplungsscheibe herausnehmen. **Achtung:** Druckplatte und Kupplungsscheibe beim Herausnehmen nicht fallen lassen, sonst können nach dem Einbau Rupf- und Trennschwierigkeiten auftreten.
- Schwungrad mit benzingetränktem Lappen auswischen.

Prüfen

- Kupplungsdruckplatte auf Brandrisse und Riefen prüfen, gegebenenfalls ersetzen.

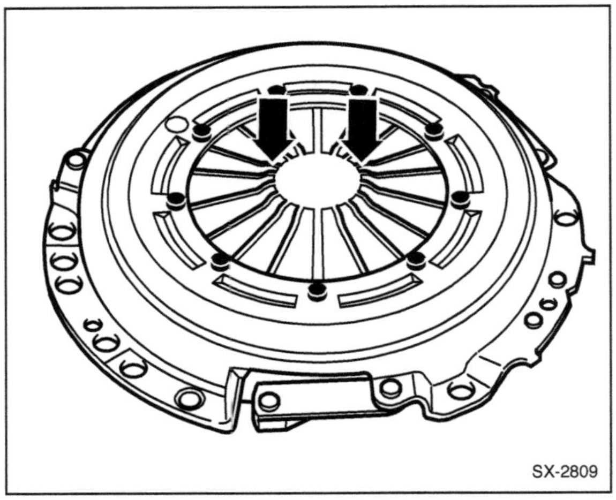

- Membranfeder auf Brüche untersuchen –Pfeile–.
- Federverbindungen zwischen Druckplatte und Deckel auf Risse, Nietbefestigungen auf festen Sitz prüfen. Kupplungen mit beschädigten oder losen Nietverbindungen ersetzen.

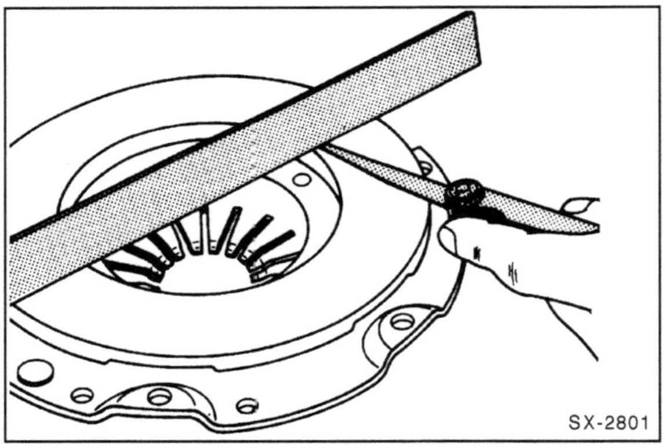

- Auflagefläche der Druckplatte auf Risse, Brandstellen und Verschleiß prüfen. Druckplatten, die bis zu 0,3 mm nach innen durchgebogen sind, dürfen noch eingebaut werden. Die Prüfung erfolgt mit Lineal und Fühlerblattlehre.
- Schwungrad auf Brandrisse und Riefen prüfen.
- Kupplungsdruckplatte und Schwungrad mit sehr feinem Schmirgelleinen abziehen.
- Verölte, verfettete oder mechanisch beschädigte Kupplungsscheiben austauschen.
- In der Werkstatt kann die Kupplungsscheibe auf Schlag geprüft werden. Der Seitenschlag darf bei der Kupplungsscheibe maximal 0,8 mm betragen (2,5 mm vom Außenrand gemessen). **Achtung:** Diese Prüfung ist nur dann notwendig, wenn die alte Kupplungsscheibe wieder eingebaut werden soll und die Kupplung vorher nicht richtig ausgekuppelt hat. Gegebenenfalls darf die Kupplungsscheibe vorsichtig ausgerichtet werden.
- Kupplungs-Ausrücklager in eingebautem Zustand von Hand prüfen. Dazu Lager leicht zusammenpressen und drehen. Das Lager muß sich leicht drehen lassen. Im Fahrbetrieb macht sich ein defektes Ausrücklager durch Geräusche bei getretenem Kupplungspedal bemerkbar. **Achtung:** Zentralausrückung und Ausrücklager sind ein Teil. Bei defektem Lager muß die komplette Zentralausrückung ersetzt werden, siehe entsprechendes Kapitel.

Einbau

Achtung: Werden Neuteile eingebaut, unbedingt Kupplungsdruckplatte und Kupplungsscheibe über Motorbezeichnung und Motornummer nach dem Ersatzteilkatalog zuordnen lassen, damit keine falschen Teile eingebaut werden.

Werden die bisherigen Kupplungsteile eingebaut, so müssen diese zuvor geprüft werden.

- Vor dem Einbau einer neuen Kupplungsdruckplatte, Korrosionsschutzfett **nur an der Anlauffläche** restlos entfernen. An den anderen Stellen darf das Fett auf keinen Fall entfernt werden, da sonst die Lebensdauer der Kupplung erheblich verkürzt wird.
- Kerbverzahnung der Kupplungsscheibe von Korrosion reinigen. Verzahnung der Antriebswelle hauchdünn mit MoS_2-Fett schmieren. Danach Kupplungsscheibe auf der Antriebswelle hin- und herbewegen, bis die Nabe auf der Welle leichtgängig ist. Überschüssiges Fett unbedingt entfernen.
- Zentrierstifte am Schwungrad auf festen Sitz prüfen.

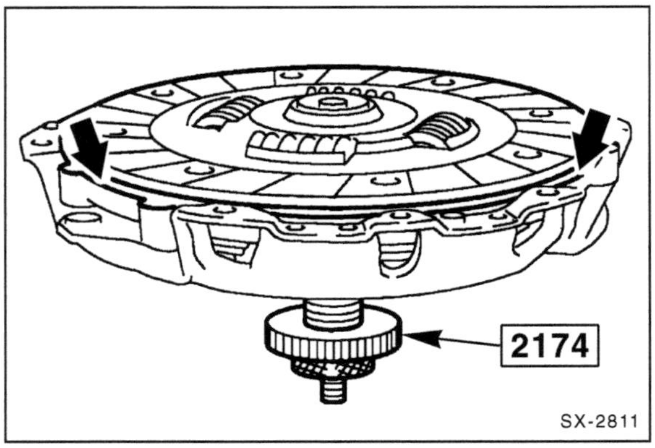

- Kupplungsscheibe mittig in der Kupplungsdruckplatte mit einem passenden Dorn, zum Beispiel HAZET 2174 zentrieren –Pfeile–. Sitzt die Kupplungsscheibe nicht zentrisch, kann die Getriebeantriebswelle später nicht eingeführt werden. Als Zentrierdorn kann auch eine alte Getriebe-Antriebswelle verwendet werden.

Hinweis: In der OPEL-Werkstatt wird eine Ersatzteil-Führungsbuchse bündig in die Bohrung der Kurbelwelle eingetrieben. Diese dient dann zur Führung des OPEL-Zentrierdorns für die Kupplungsscheibe. Je nach Getriebeausführung wird dann der OPEL-Zentrierdorn KM-734 (2,0-l-Motor: KM-735) verwendet.

- Die Kupplungsdruckplatte in die entsprechenden Paßstifte am Schwungrad setzen.

Achtung: Die Druckplatte muß vollständig am Schwungrad anliegen und darf sich nicht verkanten, da sonst Paßstifte und Zentrierbohrungen beschädigt werden. Dann erst Befestigungsschrauben einsetzen. Keinesfalls Druckplatte mit den Schrauben heranziehen, sonst werden die Zentrierbohrungen der Druckplatte und die Zentrierstifte am Schwungrad beschädigt.

- Befestigungsschrauben für Kupplungsdruckplatte einschrauben und über Kreuz gleichmäßig anziehen, bis die Druckplatte festgezogen ist. Anzugsdrehmoment: **15 Nm.**
- Zentrierwerkzeug entfernen.
- Falls vorhanden, Arretierwerkzeug –1– am Schwungrad entfernen, siehe Abbildung O-2802.
- Getriebe einbauen, siehe Seite 248.

Ausrücklager aus- und einbauen/prüfen

Zentralausrückung (Nehmerzylinder) und Ausrücklager sind ein Teil. Bei defektem Lager muß die komplette Zentralausrückung ersetzt werden.

Prüfen

- Getriebe ausbauen, siehe Seite 248.
- Kupplungs-Ausrücklager in eingebautem Zustand von Hand prüfen. Dazu Lager leicht zusammenpressen und drehen. Das Lager muß sich leicht drehen lassen. Im Fahrbetrieb macht sich ein defektes Ausrücklager durch Geräusche bei getretenem Kupplungspedal bemerkbar.

Ausbau

Sicherheitshinweis
Bremsflüssigkeit ist giftig. Keinesfalls Bremsflüssigkeit mit dem Mund über einen Schlauch absaugen. Bremsflüssigkeit nur in Behälter füllen, bei denen ein versehentliches Einnehmen ausgeschlossen ist.

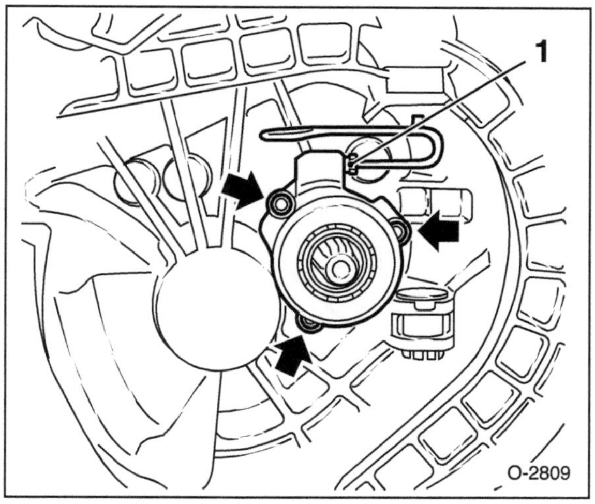

- Druckleitung –1– von der Zentralausrückung abschrauben. **Achtung:** Auslaufende Bremsflüssigkeit mit geeignetem Gefäß auffangen.
- 3 Schrauben –Pfeile– abschrauben und Zentralausrückung mit Ausrücklager abnehmen.

Einbau

- Dichtring zwischen Zentralausrückung und Getriebegehäuse erneuern.
- Dichtringe am Ausrücklager mit Getriebeöl benetzen.
- Zentralausrückung mit **5 Nm**, also nur leicht, am Getriebe anschrauben.
- Getriebe einbauen, siehe Seite 248.

Kupplungsbetätigung entlüften

Die Kupplungsbetätigung muß entlüftet werden, wenn das Kupplungspedal nicht oder nur verzögert zurückkommt, die Kupplung nicht richtig trennt beziehungsweise wenn das Hydrauliksystem geöffnet wurde.

Da das Hydrauliksystem der Kupplung mit Bremsflüssigkeit arbeitet, sind ebenfalls die entsprechenden Hinweise im Kapitel »Bremsanlage« durchzulesen.

Sicherheitshinweis
Bremsflüssigkeit ist giftig. Keinesfalls Bremsflüssigkeit mit dem Mund über einen Schlauch absaugen. Bremsflüssigkeit nur in Behälter füllen, bei denen ein versehentliches Einnehmen ausgeschlossen ist.

Zum Entlüften wird ein Helfer benötigt, der das Kupplungspedal betätigt.

- Bremsflüssigkeitsstand im gemeinsamen Vorratsbehälter prüfen, gegebenenfalls bis zur Max.-Markierung mit Bremsflüssigkeit der Spezifikation **DOT 4** auffüllen.
- Batterie und Batterieträger ausbauen, siehe Seite 63.
- Fahrzeug aufbocken.

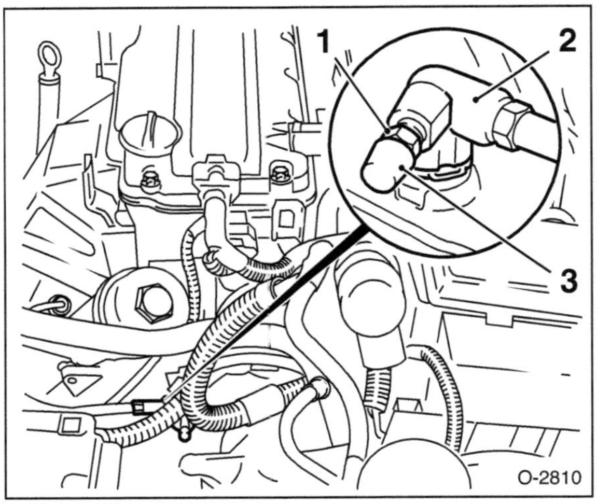

- Staubkappe –3– vom Entlüfterventil –1– am Getriebe abziehen. 2 – Anschlußstück.
- Durchsichtigen Schlauch auf das Entlüfterventil aufschieben.
- Entlüfterventil vorsichtig gangbar machen. Zum Öffnen Ringschlüssel verwenden, damit der Sechskant der Schraube nicht beschädigt wird.
- Freies Schlauchende in ein Gefäß mit Bremsflüssigkeit tauchen, damit beim Entlüftungsvorgang keine Luft angesaugt werden kann.
- Kupplungspedal von Helfer bis zum Anschlag durchtreten und dann gedrückt festhalten lassen.
- In dieser Stellung Entlüfterventil –1– öffnen. Bremsflüssigkeit tritt durch den Schlauch aus. Entlüfterschraube wieder zudrehen.
- Kupplungspedal langsam zurücknehmen.
- Diesen Vorgang so oft wiederholen (etwa 20mal), bis am Schlauch keine Luftblasen mehr in der ausfließenden Bremsflüssigkeit vorhanden sind.

Achtung: Der Flüssigkeitsstand im Vorratsbehälter darf nicht zu weit absinken, gegebenenfalls **neue** Bremsflüssigkeit nachfüllen.

- Entlüfterschraube mit **10 Nm** zuschrauben. Schlauch abziehen und Staubkappe aufschieben.
- Fahrzeug ablassen.
- Bremsflüssigkeit bis zur Max.-Markierung auffüllen.
- Batterie und Batterieträger einbauen, siehe Seite 63.

Achtung: Hoch-/Tieflaufautomatik für elektrische Fensterheber aktivieren sowie Zeituhr stellen und Radiocode eingeben, siehe Kapitel »Batterie aus- und einbauen«.

- Funktion von Brems- und Kupplungssystem prüfen. Dazu Probefahrt durchführen. Leichtgängigkeit der Schaltung bei laufendem Motor und stehendem Fahrzeug prüfen.

Entlüften mit Entlüftergerät

In den Werkstätten wird die Kupplungshydraulik in der Regel mit einem Entlüftergerät entlüftet. Das Entlüftergerät gibt Druck auf die Bremsflüssigkeit.

Achtung: Bei Undichtigkeit an der Zentralausrückung oder an der Druckleitung zur Zentralausrückung beziehungsweise nach deren Einbau darf das Hydrauliksystem **nicht** mit dem Entlüftergerät entlüftet werden, da sonst das Hydrauliksystem beschädigt werden kann. In diesem Fall Kupplungssystem mit Helfer manuell entlüften.

- Verschraubung am Bremsflüssigkeits-Ausgleichbehälter abschrauben. Entlüftergerät nach Vorschrift anschließen.
- Am Kupplungsnehmerzylinder Schlauch auf Entlüfterschraube aufschieben. Schlauchende in eine mit Bremsflüssigkeit gefüllte Flasche stecken.
- Entlüfterschraube so lange öffnen, bis keine Luftblasen mehr entweichen.
- Bremsflüssigkeit bis zur Max.-Markierung auffüllen. Deckel für Bremsflüssigkeitsbehälter aufschrauben.

Störungsdiagnose Kupplung

Störung	Ursache	Abhilfe
Kupplung rupft.	Motor- und Getriebelager defekt.	■ Prüfen, gegebenenfalls auswechseln.
	Getriebe liegt in der Aufhängung nicht fest.	■ Befestigungsschrauben nachziehen.
	Druckplatte trägt ungleichmäßig.	■ Druckplatte auswechseln.
	Kupplungsscheibe kein Originalteil.	■ Original-Kupplungsscheibe einbauen.
	Kupplungsscheibe verschlissen oder verölt.	■ Kupplungsscheibe prüfen.
Kupplung rutscht.	Kupplungsscheibe verschlissen.	■ Dicke der Kupplungsscheibe prüfen, gegebenenfalls auswechseln.
	Ausrückhydraulik klemmt oder ist undicht.	■ Sichtprüfung durchführen.
	Spannung der Membranfeder zu gering.	■ Druckplatte auswechseln.
	Belag verhärtet oder verölt.	■ Kupplungsscheibe austauschen.
	Kupplung wurde überhitzt.	■ Original-Kupplungsscheibe einbauen.
Gänge lassen sich schwer oder gar nicht einlegen (Kupplung trennt nicht richtig).	Ausrückhydraulik klemmt oder ist undicht.	■ Sichtprüfung durchführen.
	Kupplungsscheibe klemmt auf der. Antriebswelle, Kerbverzahnung trocken oder verklebt.	■ Kerbverzahnung reinigen, entgraten, ggf. Rost entfernen, leicht mit MoS_2-Fett schmieren.
	Luft im Hydrauliksystem.	■ Kupplungshydraulik entlüften.
	Belag durch Abrieb verklebt.	■ Kupplungsscheibe austauschen.
	Kupplungsscheibe hat Seitenschlag.	■ Kupplungsscheibe prüfen lassen.
	Druckplatte defekt.	■ Druckplatte auswechseln.
Schwergängiges Pedal. Ungewöhnliche Geräusche bei betätigtem Pedal.	Pedalachse schwergängig.	■ Teile schmieren oder ersetzen.
	Ausrücklager verschlissen.	■ Ausrücklager auswechseln.
	Lose Teile im Kupplungsgehäuse.	■ Kupplung instandsetzen.
Auf- und abschwellendes Geräusch bei Zug- oder Schubzustand, oder wenn Fahrzeug im ausgekuppeltem Zustand rollt.	Torsionsdämpfer der Kupplungsscheibe schwergängig.	■ Kupplungsscheibe erneuern.
	Nietverbindungen der Kupplung locker.	■ Kupplung ersetzen.
	Unwucht der Kupplung zu groß.	■ Kupplung und Kupplungsscheibe ersetzen.

Getriebe/Schaltung

Aus dem Inhalt:

- **Getriebeausbau**
- **Schaltung einstellen**
- **Automatikgetriebe**

Das Schalt- oder Automatikgetriebe kann ohne Ausbau des Motors ausgebaut werden. Ein Ausbau ist dann erforderlich, wenn die Kupplung ausgewechselt werden soll oder wenn das Getriebe erneuert beziehungsweise überholt werden muß. Da es jedoch in keinem Fall anzuraten ist, Reparaturen am Getriebe mit Heimwerkermitteln in Angriff zu nehmen, wird nur der Ausbau des Aggregates beschrieben.

Schaltgetriebe aus- und einbauen

Zum Ausbau muß das Fahrzeug ausreichend hoch aufgebockt werden. Außerdem ist zum Ablassen des Getriebes ein geeigneter Werkstattwagenheber sinnvoll.

Achtung: Da die Halter für Motor-/Getriebelager links und rechts abgeschraubt werden und zusätzlich der Vorderachsträger ausgebaut wird, muß die Motor-/Getriebeeinheit nach dem Einbau genau wieder ausgerichtet werden. Die OPEL-Werkstatt hat Fixierwerkzeuge, mit denen der Motor nach dem Vorderachsträger ausgerichtet wird. Beschrieben wird die Montage mit den Fixierwerkzeugen. Steht das Fixierwerkzeug nicht zur Verfügung, gibt es folgende (schlechtere) Möglichkeit: Vor dem Ausbau Markierungen am Motorlager und Vorderachsträger mit Filzstift anbringen, damit das Antriebsaggregat in gleicher Lage wieder eingebaut wird.

Ausbau

- Batterie-Massekabel (–) bei ausgeschalteter Zündung abklemmen. **Achtung:** Dadurch werden elektronische Speicher gelöscht, wie zum Beispiel der Radiocode. Ohne Code kann das Radio nur vom Radiohersteller freigeschaltet werden, beziehungsweise beim OPEL-Radio von einer OPEL-Werkstatt. Deshalb Hinweise im Kapitel »Batterie aus- und einbauen« durchlesen.
- Batterie und Batterieträger ausbauen, siehe Seite 63.
- Luftfiltergehäuse ausbauen, siehe Seite 223.

Sicherheitshinweis
Beim Aufbocken des Fahrzeugs besteht Unfallgefahr! Deshalb vorher das Kapitel »Fahrzeug aufbocken« durchlesen.

- Fahrzeug aufbocken. Falls vorhanden, untere Motorraumabdeckung ausbauen.
- Vorderes Abgasrohr, Katalysator und Mittelschalldämpfer ausbauen, siehe Seite 239.

Hinweis: Damit beim Abziehen der Hydraulikleitung für das Kupplungssystem möglichst wenig Bremsflüssigkeit ausläuft, empfiehlt es sich, den Vorratsbehälter für Bremsflüssigkeit luftdicht zu verschließen. Die OPEL-Werkstatt verwendet dafür als Sonderwerkzeug einen luftdichten Deckel. Stattdessen kann der Vorratsbehälter auch mit Hilfe einer dünnen Folie und einem Gummiring luftdicht verschlossen werden.

Achtung: Auslaufende Bremsflüssigkeit mit Lappen auffangen.

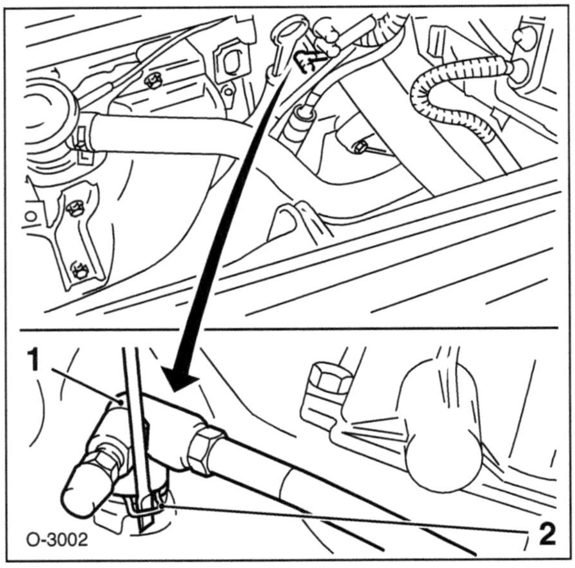

- Kupplungs-Druckleitung mit Anschlußstück –1– vom Anschluß am Kupplungsgehäuse nach oben abziehen. Dazu Klammer –2– mit Schraubendreher herausziehen. Anschließend Klammer –2– etwas zusammenbiegen und gleich wieder in die Druckleitung einsetzen.

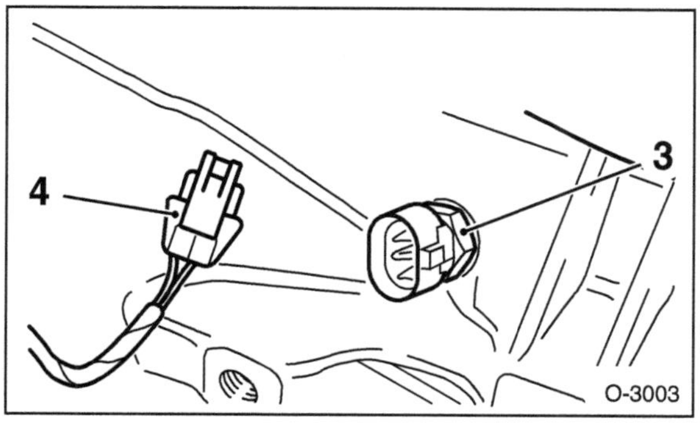

- Mehrfachstecker –4– vom Schalter für Rückfahrscheinwerfer –3– abziehen.

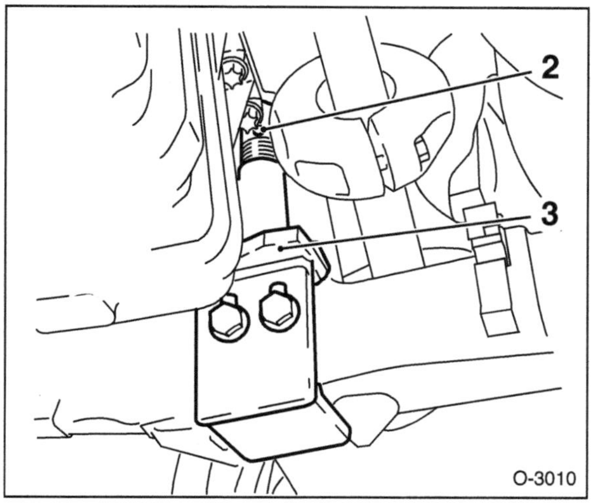

- OPEL-Werkzeug KM-909-B –3– am Vorderachskörper anschrauben. Gewindezapfen –2– hochdrehen, bis er in der Bohrung am Zylinderblock, neben der Ölwanne, sitzt.

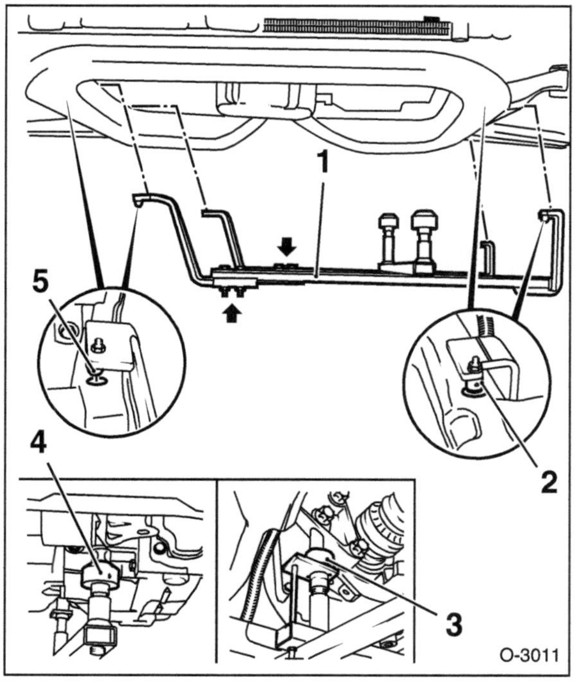

- Schrauben –Pfeile– für Verstellschienen –1– am OPEL-Werkzeug KM-6001 lösen. Werkzeug einsetzen, dabei müssen die Zapfen –2– und –5– in den Führungsbohrungen des Vorderachskörpers sitzen. Schrauben für Verstellschienen festziehen.
- Stützlager vorn –4– und Stützlager hinten –3– bis zur Anlage an den Führungszapfen von Motordämpfungsblock vorn und Halter für Motordämpfungsblock hinten hochdrehen.
- Motor anseilen und Vorderachsträger ausbauen, siehe Seite 128.

Hinweis: Die OPEL-Werkzeuge KM-909-B und KM-6001 verbleiben am Vorderachsträger.

- Getriebe mit Schaltgestänge: Schraube für Schaltstangen-Klemmschelle lösen und Schaltumlenkung von der Schaltstange herunterschieben.

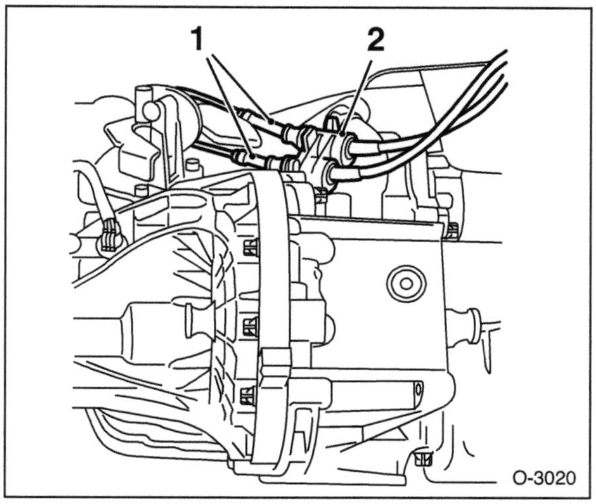

- Getriebe F23 mit Schaltseilzügen (einige 2,0-l-Motoren seit 9/98): Schaltseilzüge –1– von den Kugelköpfen am Getriebe abhebeln. Halter –2– für Schaltseilzüge mit 1 Schraube vom Getriebe abschrauben.

Achtung: Schaltseilzüge nicht verdrehen oder knicken.

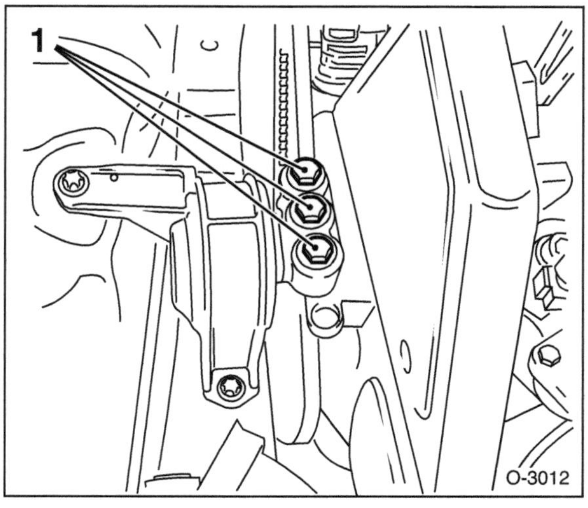

- Motor-/Getriebelager vorn rechts am Motor abschrauben –1–.

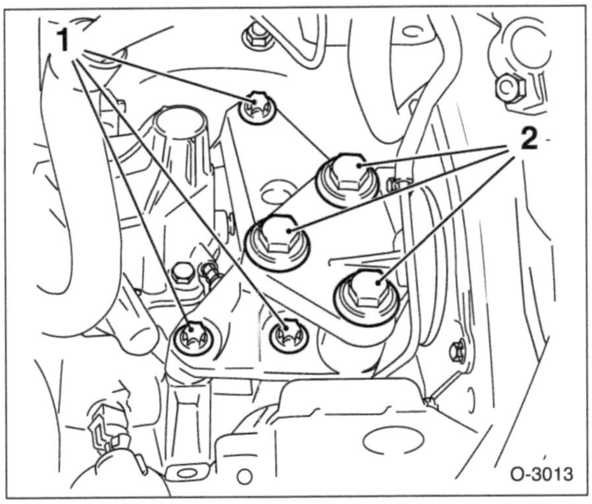

- Getriebeaufhängung vorn links abschrauben –2–, dabei auf unterschiedliche Schraubenlängen achten, Einbaulage der Schrauben für Wiedereinbau notieren. Anschließend Halter für Getriebeaufhängung mit Schrauben –1– abschrauben.

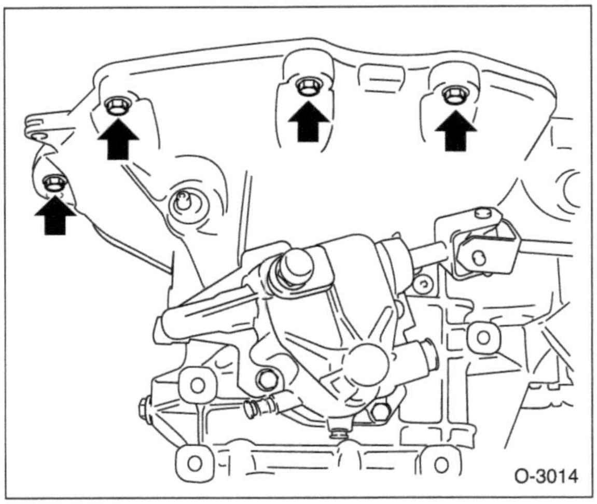

- 4 obere Schrauben Motor/Getriebe herausdrehen.
- Komplettes Aggregat mit Motorheber etwa 5 cm absenken.
- Gelenkwellen am Getriebe ausbauen und mit Draht aufhängen. **Achtung:** Getriebeöl läuft aus, daher geeignete Auffangwanne unterstellen, siehe Seite 122.

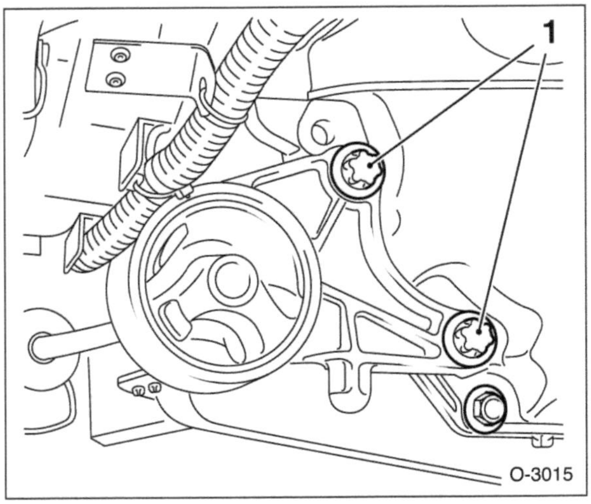

- Halter für vorderes Motor-/Getriebelager am Getriebe abschrauben –1–. Halter abnehmen.

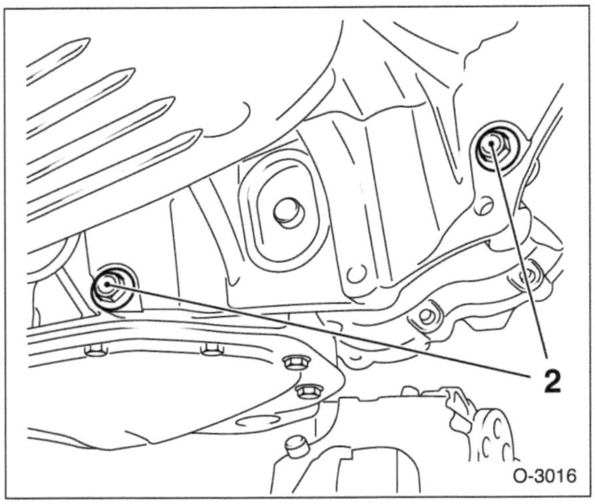

- Schrauben –2– für Getriebegehäuse an der Ölwanne abschrauben.

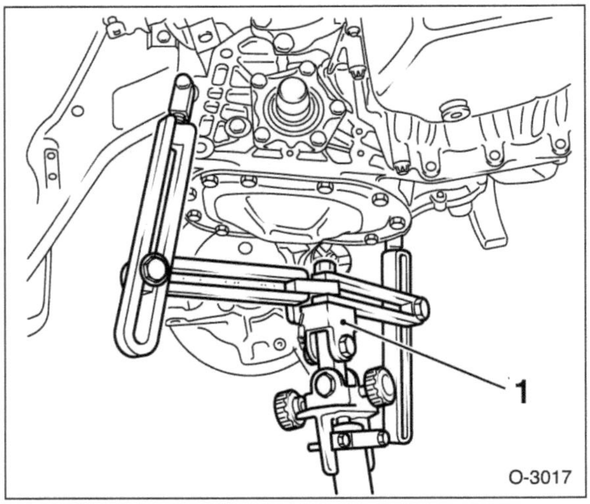

- Getriebeheber –1–, wie in der Abbildung dargestellt, am Getriebe anschrauben. Getriebe mit Hydraulikheber abstützen. Steht die Getriebeaufnahme nicht zur Verfügung, zwischen Getriebe und Werkstattwagenheber dicke Holzunterlage zwischenlegen.
- 2 untere Schrauben Motor/Getriebe herausdrehen.
- Getriebe leicht anheben und mit Montierhebel vom Motorblock abdrücken. Getriebe vorsichtig ablassen und mit Helfer herausheben.

Achtung: Das Getriebe ist vorsichtig zu lagern. Es darf nicht auf dem Zapfen der Getriebe-Antriebswelle, dem Schaltstangengelenk oder dem Rückfahrscheinwerferschalter gelagert werden.

Einbau

- Vor dem Einbau Kupplung prüfen, siehe Seite 243.
- Getriebeantriebswelle reinigen und dünn mit MoS_2-Gleitpaste (zum Beispiel OPEL Nr. 1948567) bestreichen.
- Getriebe anheben und waagerecht in die Kupplung einfahren. Falls beim Ansetzen des Getriebes die Getriebe-Antriebswelle nicht in die Kupplungsscheibe einrastet, Antriebswellenflansch von Hand leicht verdrehen, bis die Verzahnung einrastet.
- 2 untere Schrauben Motor/Getriebe anschrauben und mit **60 Nm** festziehen.
- Getriebe an Ölwanne anschrauben und mit **40 Nm** festziehen.
- Motor mit Motorheber anheben und in Einbaulage bringen.
- Motor-/Getriebelager vorn am Getriebe mit **60 Nm** anschrauben.
- Gelenkwellen einbauen, siehe Seite 122.
- Steckverbindung Schaltstange/Umlenkhebel zusammenstecken. Klemmschelle noch nicht festziehen.
- Stecker für Rückfahrscheinwerfer aufschieben, Kabel am Getriebe einclipsen.
- Vorderachsträger einbauen, siehe Seite 128.
- Halter für Motor-/Getriebelager rechts mit **55 Nm** am Motor anschrauben.
- Luftfiltergehäuse einbauen, siehe Seite 223.
- Halter für Motor-/Getriebelager links am Getriebe mit **35 Nm** anschrauben.
- Motor-/Getriebelager links am Halter anschrauben, dabei auf unterschiedliche Schraubenlängen achten. Schrauben mit **55 Nm** festziehen.
- Obere Schrauben Motor/Getriebe mit **60 Nm** anschrauben.
- Falls verwendet, OPEL-Zentrierwerkzeuge vom Vorderachsträger entfernen.
- Druckleitung mit Anschlußstück auf die Druckleitung zur Zentralausrückung aufschieben und hörbar einrasten.
- Falls eingebaut, luftdichten Deckel vom Bremsflüssigkeitsbehälter abschrauben und durch normalen Deckel mit Belüftungsöffnung ersetzen.
- Vorderes Abgasrohr, Katalysator und Mittelschalldämpfer einbauen, siehe Seite 239.
- Batterieträger mit **15 Nm** festschrauben und Batterie einbauen, siehe Seite 63.

Achtung: Hoch-/Tieflaufautomatik für elektrische Fensterheber aktivieren sowie Zeituhr stellen und Radiocode eingeben, siehe Kapitel »Batterie aus- und einbauen«.

- Getriebeölstand prüfen, falls erforderlich Getriebeöl auffüllen, siehe entsprechendes Kapitel.
- Getriebe mit Schaltgestänge: Schaltung einstellen und Klemmschelle festziehen, siehe Seite 252.
- Getriebe F23 mit Schaltseilzügen (einige 2,0-l-Motoren seit 9/98): Halter für Schaltseilzüge am Getriebe anschrauben. Schaltseilzüge auf die Kugelköpfe am Getriebe aufdrücken. Schaltung einstellen, siehe Seite 252.
- Kupplungssystem entlüften, siehe Seite 246.
- Falls vorhanden, untere Motorraumabdeckung einbauen.

Achtung: Wenn die Montage ohne die OPEL-Zentrierwerkzeuge durchgeführt wurde, anschließend eine Probefahrt durchführen. Treten dabei Brumm- und Dröhngeräusche auf, ist dies auf eine ungenaue Ausrichtung der Motor-/Getriebeeinheit zurückzuführen. Es müssen dann die Halter der Motorlager wieder gelöst werden. Motor-/Getriebeeinheit etwas verschieben, bis keine Beanstandung mehr auftritt. Halter der Motorlager mit vorgeschriebenem Drehmoment wieder festziehen.

Ölstand im Schaltgetriebe prüfen/ Getriebeöl auffüllen

Hinweis: Das Getriebeöl braucht im Rahmen der regelmäßigen Wartung nicht gewechselt zu werden. Die Gesamtfüllmenge beträgt ca. 1,6 Liter; beim 2,0-l-Motor ca. 1,8 Liter, beim Getriebe mit Schaltseilzug (F23): ca. 1,55 Liter.

Verschleißteile:

- Getriebeöl der Spezifikation:
  OPEL-19 40 768 (09 120 541)

Prüfen

> **Sicherheitshinweis**
> Beim Aufbocken des Fahrzeugs besteht Unfallgefahr! Deshalb das Kapitel »Fahrzeug aufbocken« durchlesen.

- Fahrzeug waagerecht aufbocken oder über eine Grube fahren.
- Getriebe auf Undichtigkeiten sichtprüfen.
- Auffanggefäß am Getriebe unterstellen, um herauslaufendes Öl aufzufangen.

Getriebe mit Schaltgestänge:

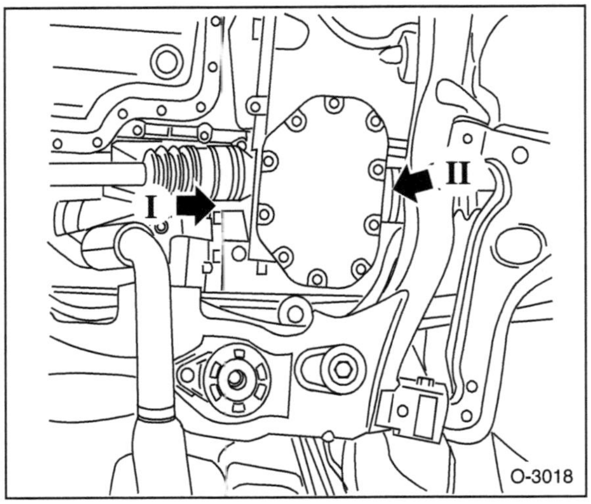

- Kontrollschraube am Getriebe herausdrehen. **1,2-/1,6-/1,7-/1,8-l-Motor:** Die Kontrollschraube –I– befindet sich links hinten am Getriebe. **2,0-l-Motor:** Die Kontrollschraube –II– befindet sich rechts hinten am Getriebe.
- Der Ölstand muß an der Unterkante der Kontrollöffnung liegen. Gegebenenfalls Ölstand mit dem Finger prüfen.

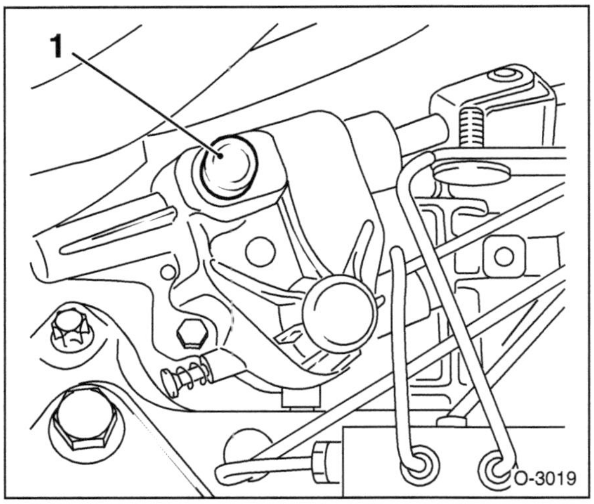

- Falls erforderlich, Getriebeöl nachfüllen. Dazu Entlüftungsschraube –1– am Deckel der Schaltung herausdrehen, falls vorhanden vorher Abdeckkappe abdrücken.
- Getriebeöl langsam einfüllen, bis es an der Kontrollbohrung herausläuft. **Achtung:** Getriebeöl ist zähflüssig und braucht Zeit bis es sich unten sammelt. Nicht zuviel Öl auf einmal einfüllen, zwischendurch Ölstand prüfen.
- Kontrollschraube und Entlüftungsschraube wieder einschrauben. Anzugsdrehmoment für beide Schrauben: **4 Nm** anziehen und anschließend mit starrem Schlüssel um **45° bis 180°** (also ⅛ bis maximal ½ Umdrehung) weiterdrehen.

Getriebe mit Schaltseilzug (einige Fahrzeuge mit 2,0-l-Motor seit 9/98):

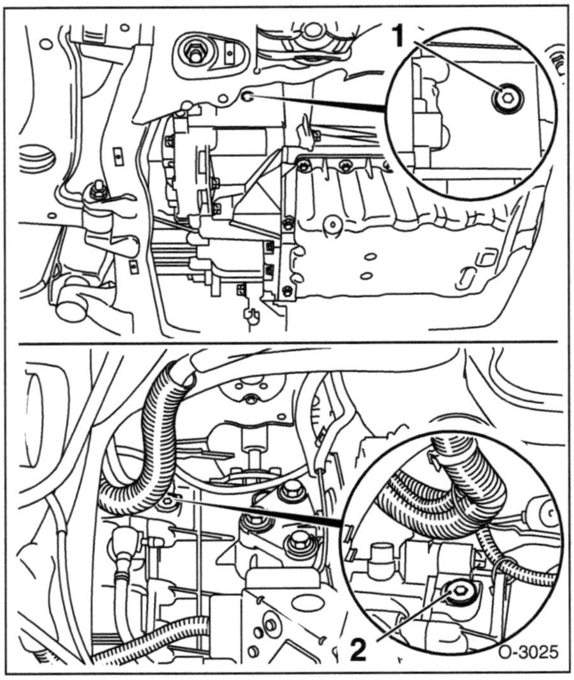

- Ölkontrollschraube –1– ausschrauben. Der Ölstand muß bis zur Kontrollöffung reichen. Andernfalls an Einfüllschraube –2– an Getriebeoberseite nachfüllen. Beide Schrauben mit **neuer** Dichtung und **35 Nm** festziehen.

Schaltung einstellen

Die Schaltung ist einzustellen, wenn sich einzelne Gänge nicht mehr einlegen lassen oder beim Einkuppeln herausspringen. Nachdem das Getriebe oder die Schaltung ausgebaut wurde, ist ebenfalls eine Einstellung erforderlich. Alle Getriebegänge müssen sich im Stand, bei laufendem Motor und durchgetretenem Kupplungspedal, leicht einlegen lassen.

Achtung: Bei einigen Fahrzeugen mit 2,0-l-Motor wird seit 9/98 ein Getriebe mit Schaltseilzügen eingebaut (nicht abgebildet).

Einstellen/Getriebe mit Schaltgestänge

- Batterie-Massekabel (–) bei ausgeschalteter Zündung abklemmen. **Achtung:** Dadurch werden elektronische Speicher gelöscht, wie zum Beispiel der Radiocode. Ohne Code kann das Radio nur vom Radiohersteller freigeschaltet werden, beziehungsweise beim OPEL-Radio von einer OPEL-Werkstatt. Deshalb Hinweise im Kapitel »Batterie aus- und einbauen« durchlesen.
- Batterie und Batterieträger ausbauen, siehe Seite 63.

Sicherheitshinweis
Beim Aufbocken des Fahrzeugs besteht Unfallgefahr! Deshalb vorher das Kapitel »Fahrzeug aufbocken« durchlesen.

- Getriebe in Leerlaufstellung bringen. Fahrzeug aufbocken.

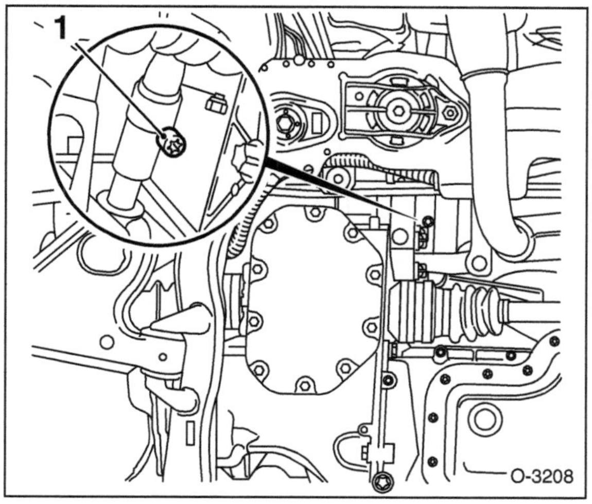

- Schraube für Klemmschelle –1– an der Schaltstange lösen, nicht abschrauben.
- Im Innenraum den Schalthebel-Faltenbalg mit Abdeckung an der Mittelkonsole abbauen, siehe entsprechendes Kapitel.

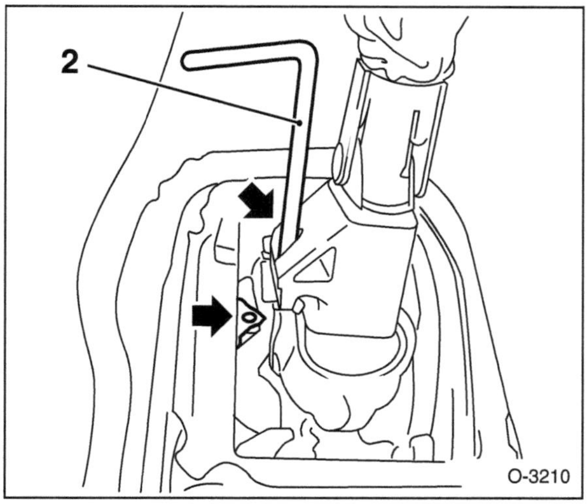

- Schalthebel nach links schwenken, bis die Bohrungen –Pfeile– in Schalthebel und Schalthebelgehäuse übereinstimmen. Dorn –2– mit 5 mm ∅, zum Beispiel Bohrerschaft (oder OPEL-Spezialwerkzeug KM-527-A) einsetzen und Schalthebel arretieren.

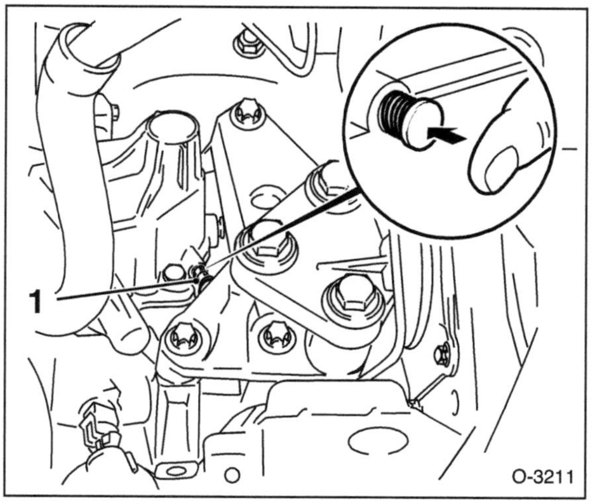

- Stift –1– am Schaltdeckel in die Einstellbohrung von Hand eindrücken und einrasten, dazu Schaltstange nach links in Richtung »3.Gang« verdrehen. Der Stift befindet sich seitlich vorn am Deckel der Schaltung und ist federnd gelagert. **Hinweis:** Beim 2,0-l-Motor (F18-Getriebe) befindet sich der Stift, im Gegensatz zur Abbildung, hinter dem Deckel der Schaltung.
- Schraube für Schaltstangen-Klemmschelle mit **12 Nm** anziehen und anschließend mit starrem Schlüssel um **180°** (½ Umdrehung) **weiterdrehen**.
- Spezialwerkzeug beziehungsweise Bohrer am Schalthebel herausziehen.
- Schalthebelabdeckung am Schalttunnel anschrauben. Abdeckung in die Mittelkonsole einclipsen.
- Fahrzeug ablassen.
- Gänge bei stehendem Fahrzeug, laufendem Motor und durchgetretener Kupplung durchschalten. Bei Schwergängigkeit Einstellung wiederholen.

Hinweis: Der Stift am Getriebe löst sich bei der ersten Schaltbetätigung in Richtung »R« (Rückwärtsgang) von selbst. Falls er schwergängig ist, Stift von Hand etwas herausziehen.

- Batterieträger mit **15 Nm** festschrauben und Batterie einbauen, siehe Seite 63.

Achtung: Hoch-/Tieflaufautomatik für elektrische Fensterheber aktivieren sowie Zeituhr stellen und Radiocode eingeben, siehe Kapitel »Batterie aus- und einbauen«.

- Probefahrt durchführen und Leichtgängigkeit der Schaltung überprüfen, gegebenenfalls Einstellung wiederholen.

Einstellen/Getriebe F23 mit Schaltseilzügen (einige 2,0-l-Motoren seit 9/98)

- Schalthebel-Faltenbalg mit Abdeckung an der Mittelkonsole abbauen, siehe entsprechendes Kapitel.

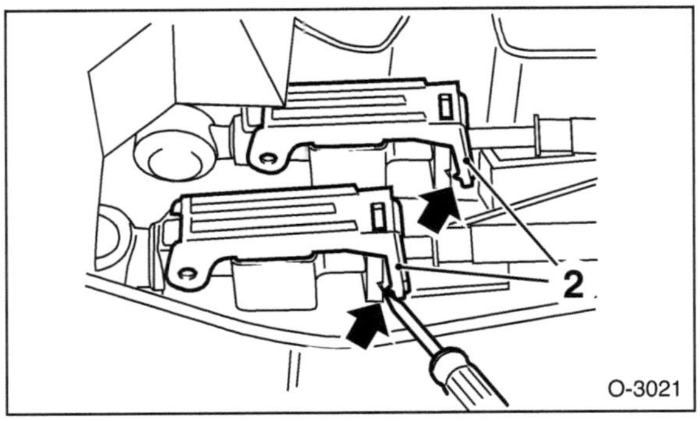

- Beide Klemmstücke für Seilzüge am Schalthebel entriegeln, dazu Bügel –2– mit Schraubendreher nach oben klappen.

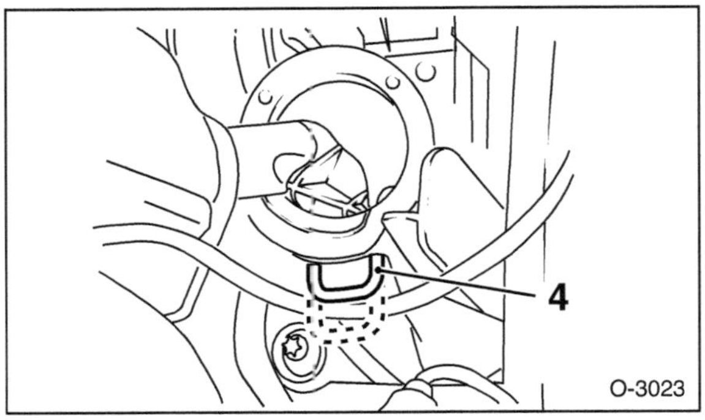

- Schalthebel in Leerlauf-Position durch Eindrücken der Klammer –4– arretieren.

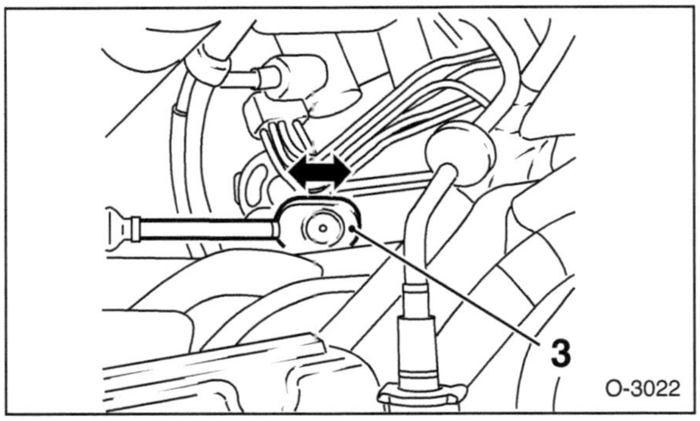

- Leerlaufposition des Schalthebels am Getriebe –3– durch hin- und herbewegen feststellen, gegebenenfalls in Mittelstellung bringen.
- In dieser Position Bügel –2– zusammendrücken und Seilzüge verriegeln, siehe Abbildung O-3021.
- Klammer –4– am Schalthebel herausziehen.
- Schalthebel-Faltenbalg mit Abdeckung an der Mittelkonsole anbauen, siehe entsprechendes Kapitel.
- Probefahrt durchführen.

Schalthebel-Faltenbalg/Abdeckung aus- und einbauen

Ausbau

Hinweis: Soll nur der Faltenbalg –2– ausgebaut werden, Faltenbalg am Rand aus der Abdeckung ausclipsen. Beschrieben wird der Ausbau zusammen mit der Abdeckung in der Mittelkonsole.

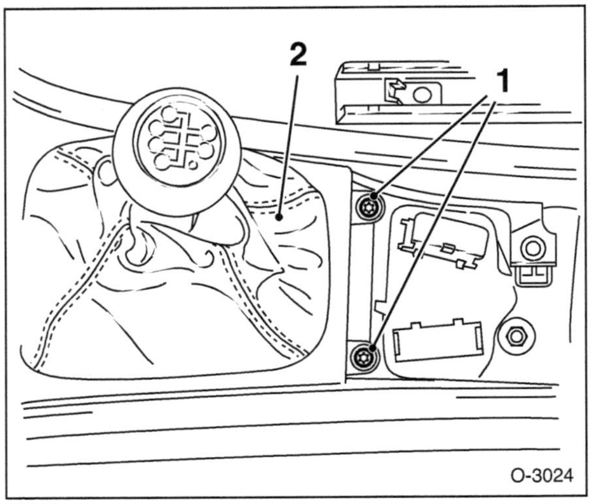

- Abdeckung unterhalb des Handbremshebels heraushebeln. Schrauben –1– an der Hinterseite der Schalthebelabdeckung ausschrauben.
- Schalthebel-Faltenbalg nach oben über den Schalthebel stülpen. Kabelbinder aufschneiden und Faltenbalg abnehmen.

Einbau

- Schalthebel-Faltenbalg umgestülpt über den Schalthebel schieben.
- Neuen Kabelbinder ansetzen und festziehen.
- Schalthebelabdeckung am Schalttunnel anschrauben. Abdeckung in die Mittelkonsole einclipsen.

Schalthebel aus- und einbauen

Getriebe mit Schaltgestänge

Ausbau

- Abdeckung für Schalthebel ausbauen.

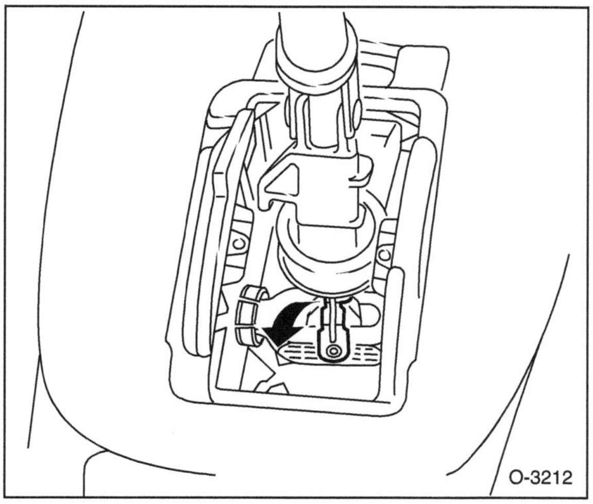

O-3212

- Klammer in Pfeilrichtung entriegeln.

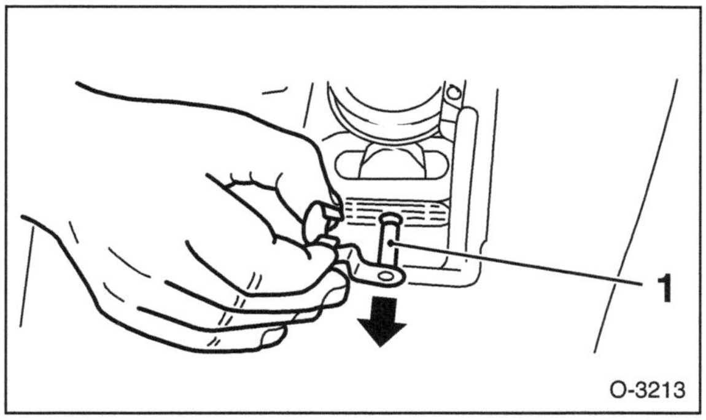

O-3213

- Bolzen –1– herausziehen.
- Schalthebel aus der Führung nehmen.

Einbau

- Lagerung für Schalthebel mit Spezialfett OPEL-1948588 (90018813) schmieren.
- Schalthebel einsetzen.
- Bolzen eindrücken und Klammer verriegeln.
- Abdeckung für Schalthebel einbauen.

Schaltgestänge

Hinweis: Bei einigen Fahrzeugen mit 2,0-l-Motor wird seit 9/98 ein Getriebe mit Schaltseilzügen eingebaut (nicht abgebildet).

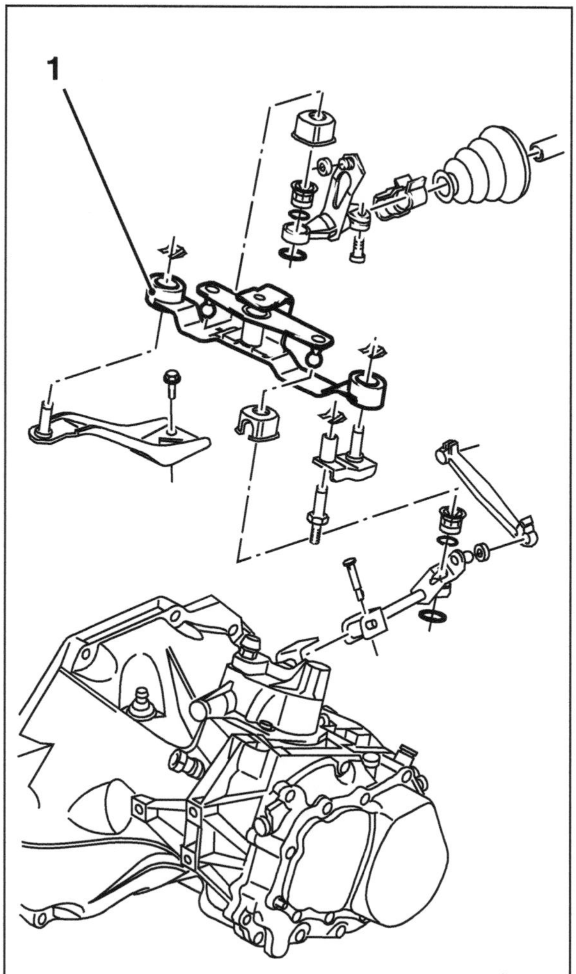

O-3214

Im ASTRA/ZAFIRA kommt ein Schaltgestänge mit Schaltumlenkung zum Einsatz. Eine Schwinge –1– ist auf dem Getriebe und dem Vorderachskörper in Dämpfungsbuchsen gelagert, dadurch werden die in den Innenraum übertragenen Geräusche gedämpft. Auf der Schwinge sitzt ein Umlenkhebel. Durch diese Anordnung wird eine präzise Schaltung mit gutem Schaltkomfort erreicht.

Schaltumlenkung aus- und einbauen

Getriebe mit Schaltgestänge

Die Schaltumlenkung muß beispielsweise vor dem Ausbau des Vorderachskörpers ausgebaut werden.

Ausbau

- Schraube für Klemmschelle an der Schaltstange lösen, nicht abschrauben, siehe Kapitel »Schaltung einstellen«.
- Schaltumlenkung von der Schaltstange abziehen.

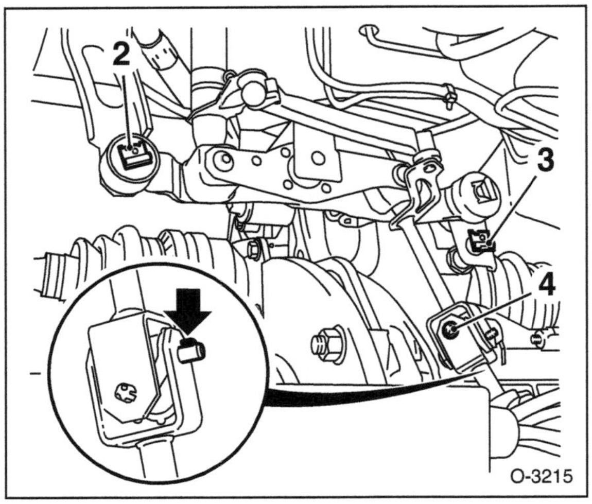

- Sicherungsklammern –2– und –3– von der Schaltschwinge abziehen. Schaltschwinge vom Halter der Schaltumlenkung abziehen.
- Kreuzgelenk von der Schaltstange trennen, dazu Sicherungsfeder –Pfeil– des Hohlstifts –4– eindrücken und Hohlstift heraushebeln.
- Schaltschwinge mit Schaltumlenkung nach oben abnehmen.

Einbau

- Schaltschwinge mit Schaltumlenkung einsetzen. **Neue** Sicherungsklammern –2– und –3– einsetzen.
- Kreuzgelenk auf die Schaltstange setzen und mit **neuem** Hohlstift –4– befestigen, dabei muß die Sicherungsfeder des Hohlstifts einrasten.
- Schaltumlenkung auf die Schaltstange schieben und Klemmschraube bis zur Anlage anschrauben, noch nicht festziehen.
- Schaltung einstellen, siehe entsprechendes Kapitel.

Automatikgetriebe

Anstelle des Schaltgetriebes kann der OPEL ASTRA/ZAFIRA mit einer 4-Gang-Automatik ausgestattet sein. Das Automatikgetriebe übernimmt beim Anfahren die Aufgaben der herkömmlichen Kupplung und während der Fahrt die Schaltarbeit.

Die wesentlichen Baugruppen eines Automatikgetriebes sind: Drehmomentwandler, Planetengetriebe und hydraulische beziehungsweise elektronische Getriebesteuerung. Zum Schalten der Übersetzungsstufen im Planetengetriebe werden hydraulisch betätigte Lamellen-Bremsen und Lamellen-Kupplungen verwendet.

Der Drehmomentwandler entspricht in seiner Funktion einer hydraulischen Kupplung. Er sorgt dafür, daß ohne mechanische Kupplungsbetätigung angefahren und die einzelnen Gangstufen geschaltet werden können.

Die Steuerung der Schaltdrücke übernimmt, anstelle der in herkömmlichen Getrieben eingesetzten Hydraulik, im ASTRA ein elektronisches Steuergerät. Damit stehen wesentlich umfassendere Informationen für eine noch bessere Getriebesteuerung zur Verfügung, um für jeden Betriebszustand des Fahrzeugs und nach den vom Fahrer wählbaren Programmen »Sport« und »Anfahrhilfe« die sinnvollste Getriebeübersetzung auszuwählen.

Das Automatikgetriebe ist mit einer automatischen Neutral-Schaltung ausgestattet. Im Stillstand und bei getretener Bremse schaltet das Getriebe selbsttätig von der Fahr- in die Neutralstufe, der Motor läuft dann nicht mehr unter Last. Vorteil: Der Kraftstoffverbrauch vermindert sich in den häufigen Standphasen – vor allem im Stadtverkehr. Um wieder anzufahren, schaltet das Getriebe automatisch in die vorher gewählte Fahrstufe bei einer oder mehreren der folgenden Voraussetzungen:

- Bremse wird gelöst
- Gaspedal wird betätigt
- Motor-Drehzahl steigt auf über 1.500 Umdrehungen
- die Fahrzeuggeschwindigkeit übersteigt 4 km/h

Hinweis: Bei Getriebeöltemperaturen unter 0° C wird die »automatische Neutralschaltung« deaktiviert.

Bei Störungen der Eingangssignale oder der Magnetventile wird auf ein Notlaufprogramm umgeschaltet, gleichzeitig wird der im Fahrbetrieb aufgetretene Fehler in einem Fehlerspeicher gespeichert und kann später in einer OPEL-Werkstatt abgerufen werden.

Für die Beurteilung der Funktion der Getriebeautomatik und für die richtige Fehlersuche ist Erfahrung mit automatischen Getrieben und die Kenntnis der Arbeitsweise unerläßlich. Da diese Materie nur durch lange Berufserfahrung erworben werden kann, wird nur die Prüfung des ATF-Ölstandes im Kapitel »Wartung« beschrieben.

Hinweis: Fahrzeuge mit Automatikgetriebe dürfen abgeschleppt werden, und zwar bis zu einer Entfernung von 100 Kilometern bei einer Geschwindigkeit von maximal 80 km/h. Mit dem Abschleppwagen darf das Fahrzeug nur **vorn** angehoben werden.

Wählhebelseilzug einstellen

Automatikgetriebe

Einstellung prüfen

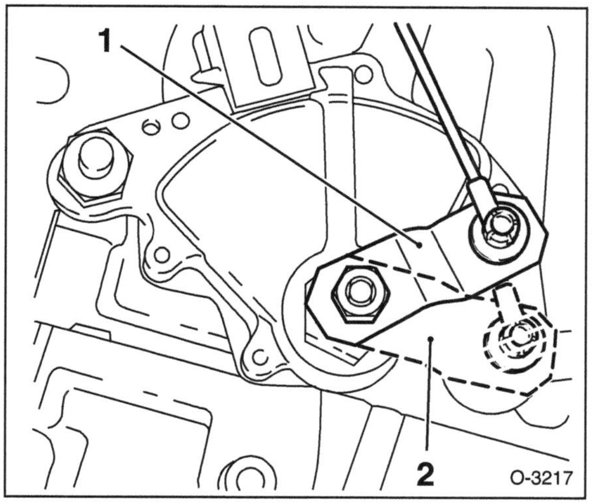

- Wählhebel bei gedrückter Sperrtaste in Stellung »P« ziehen und loslassen. Der Hebel am Getriebe muß in die Stellung –2– (vorderste Stellung) einrasten.
- Wählhebel bei gedrückter Sperrtaste in Stellung »N« ziehen und loslassen. Der Hebel am Getriebe muß in die Stellung –1– einrasten.
- Falls der Hebel nicht einrastet, Wählhebelzug einstellen.
- Probefahrt durchführen und Wählhebelfunktion prüfen. Der Motor darf sich nur in den Wählhebelstellungen »P« und »N« starten lassen.
- Zündung einschalten. Bei stehendem Fahrzeug darf der Wählhebel erst aus der Stellung »P« herausgeführt werden können, wenn gleichzeitig das Bremspedal betätigt wird.

Einstellen

- Batterie-Massekabel (–) bei ausgeschalteter Zündung abklemmen. **Achtung:** Dadurch werden elektronische Speicher gelöscht, wie zum Beispiel der Radiocode. Ohne Code kann das Radio nur vom Radiohersteller freigeschaltet werden, beziehungsweise beim OPEL-Radio von einer OPEL-Werkstatt. Deshalb Hinweise im Kapitel »Batterie aus- und einbauen« durchlesen.
- Batterie und Batterieträger ausbauen, siehe Seite 63.

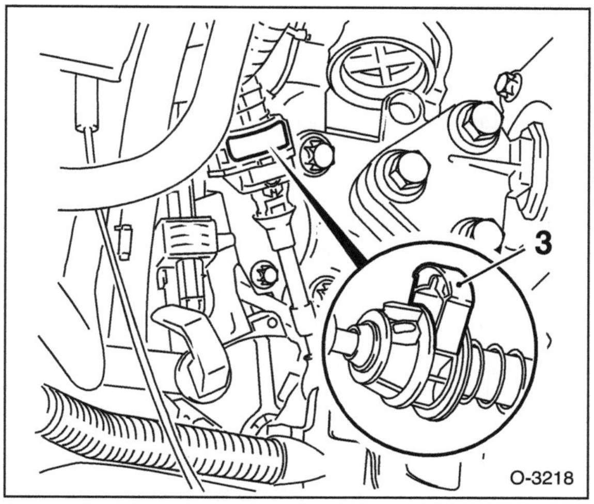

- Verriegelungsklammer –3– am Wählhebelseilzug mit einem kleinen Schraubendreher nach oben hin öffnen.
- Getriebe-Wählhebel in Stellung »P« bringen, also zum vorderen Anschlag drücken, siehe Abbildung O-3217. Die Parksperre muß einrasten, das Fahrzeug läßt sich bei gelöster Handbremse nicht verschieben.
- Wählhebel im Fahrzeuginnenraum in Stellung »P« bringen. Verriegelungsknopf loslassen.
- In dieser Stellung Verriegelungsklammer –3– am Wählhebelseilzug nach unten drücken.
- Anschließend Einstellung nochmals prüfen.
- Batterieträger mit **15 Nm** festschrauben und Batterie einbauen, siehe Seite 63.

Achtung: Hoch-/Tieflaufautomatik für elektrische Fensterheber aktivieren sowie Zeituhr stellen und Radiocode eingeben, siehe Kapitel »Batterie aus- und einbauen«.

Kick-Down-Betätigung einstellen

Automatikgetriebe

Um schnell beschleunigen zu können, beispielsweise bei Überholvorgängen, hat die Automatik einen sogenannten Kick-Down-Schalter, der sich bei Vollgas einschaltet. Es ist ein Druckpunkt des Kick-Down-Schalters am Vollgasanschlag des Gaspedal spürbar. Je nach Fahrzeuggeschwindigkeit wird das Getriebe dann zurückgeschaltet, außerdem schaltet es bei höheren Motordrehzahlen in den nächsten Gang.

Hinweis: Beim Dieselmotor wird die Stellung des Gaspedals durch einen elektronischen Geber übermittelt. Der Kick-Down-Schaltpunkt kann nicht eingestellt werden.

Einstellen

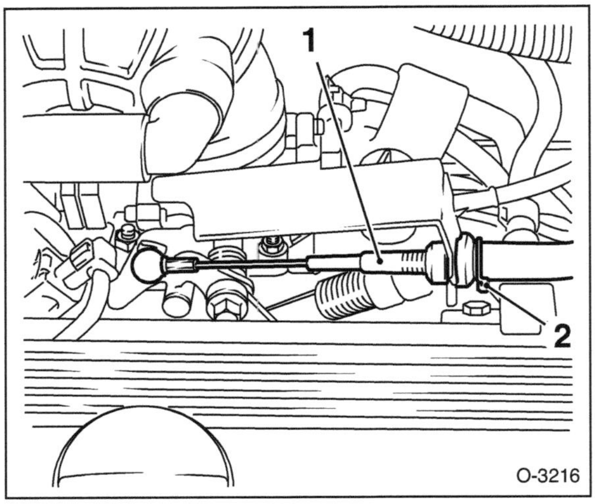

- Sicherungsklammer –2– am Gaszug-Widerlager abziehen.
- Gaszug-Hülle so verschieben, daß der Gaszug lose, jedoch spielfrei zwischen Gaszug-Widerlager und Anlenkhebel sitzt.
- In dieser Stellung die Sicherungsklammer –2– aufschieben.
- Gaspedal ganz durchtreten. Kurz vor dem Gaspedal-Vollgasanschlag muß der Kick-Down-Druckpunkt spürbar sein.

Innenausstattung

Aus dem Inhalt:

- Konsolen demontieren
- Handschuhkastenausbau
- Innenverkleidungen
- Aschenbecher ausbauen
- Sitze vorn ausbauen
- Einstiegleistenausbau
- Ablagefächer ausbauen
- Sitzbank hinten ausbauen
- Dach-Abschlußleiste

Allgemeine Hinweise für Arbeiten an der Innenausstattung

Achtung: Wenn im Rahmen von Arbeiten an der Innenausstattung auch Arbeiten an der elektrischen Anlage durchgeführt werden, **grundsätzlich** das Batterie-Massekabel (–) abklemmen. Dazu Hinweise im Kapitel »Batterie aus- und einbauen« durchlesen. Als Arbeit an der elektrischen Anlage ist dabei schon zu betrachten, wenn eine elektrische Leitung vom Anschluß abgezogen beziehungsweise abgeklemmt wird.

- Es empfiehlt sich, zum Abhebeln von Kunststoffverkleidungen einen Kunststoffkeil (Spezialwerkzeug), zum Beispiel Hazet Nr. 1965/20, zu verwenden.
- Beim Ausbau beschädigte Clips von Verkleidungen immer erneuern.
- Sitze und Sicherheitsgurte und manche Verkleidungen (Airbag) sind sicherheitsrelevante Bauteile. Aus Sicherheitsgründen nur die beschriebenen Arbeiten durchführen. Weitergehende Arbeiten nicht in Eigenregie vornehmen, sondern bei einer OPEL-Werkstatt durchführen lassen.
- Die Fenster- und Türsäulen der Karosserie werden von vorn nach hinten als A-, B-, C- und D-Säulen benannt.

Mittelkonsole aus- und einbauen

ASTRA

Ausbau

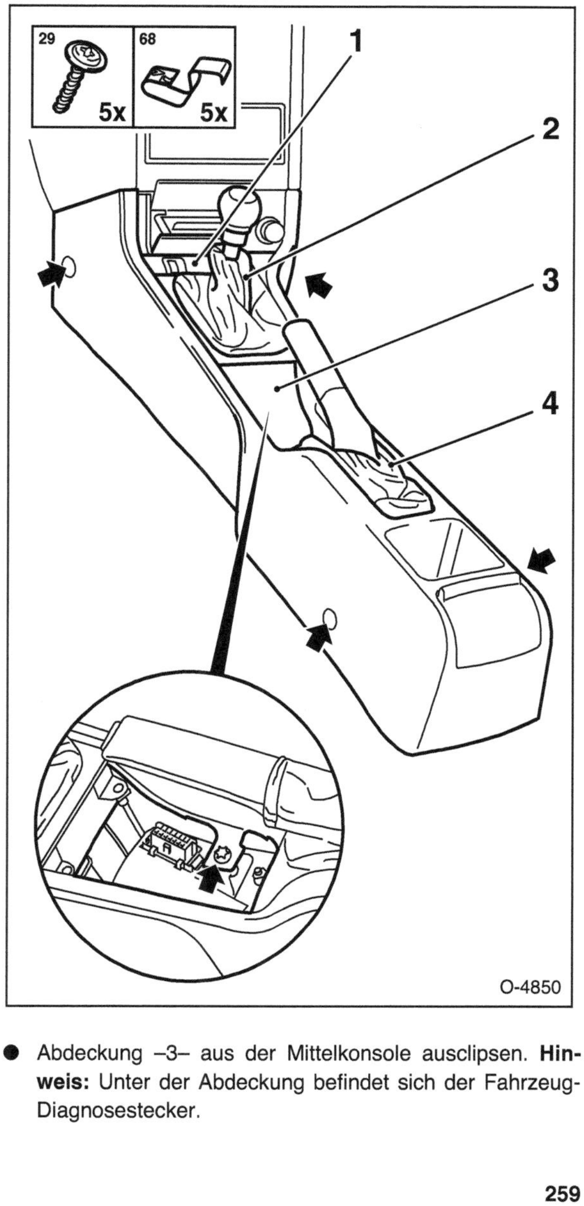

O-4850

- Abdeckung –3– aus der Mittelkonsole ausclipsen. **Hinweis:** Unter der Abdeckung befindet sich der Fahrzeug-Diagnosestecker.

- Faltenbalg –4– für Handbremshebel am Rahmen fassen und nach oben ausclipsen.
- Schalthebel-Faltenbalg –2– an der Mittelkonsole abbauen. Dazu die beiden Schrauben an der Hinterseite der Schalthebelabdeckung ausschrauben. Schalthebel-Faltenbalg nach oben über den Schalthebel stülpen.
- Blende –1– aushebeln, beziehungsweise bei Mehrausstattung an dieser Stelle die Schalter für Sitzheizung/Traction Control ausclipsen, siehe Seite 101.
- Ascher vorn ausbauen, siehe entsprechendes Kapitel.

Einbau

- Der Einbau erfolgt in umgekehrter Ausbaureihenfolge.

ZAFIRA

Ausbau

- Verkleidung für Kombiinstrument ausclipsen und abnehmen, siehe Kapitel »Kombiinstrument aus- und einbauen«.
- Ascher ausbauen, siehe entsprechendes Kapitel.

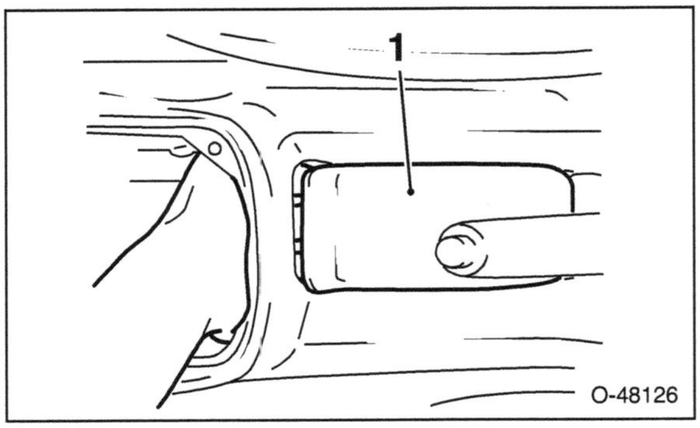

- Abdeckung für Mittelkonsole –1– abnehmen.
- Faltenbalg für Handbremshebel ausbauen, siehe Kapitel »Handbremse einstellen«.

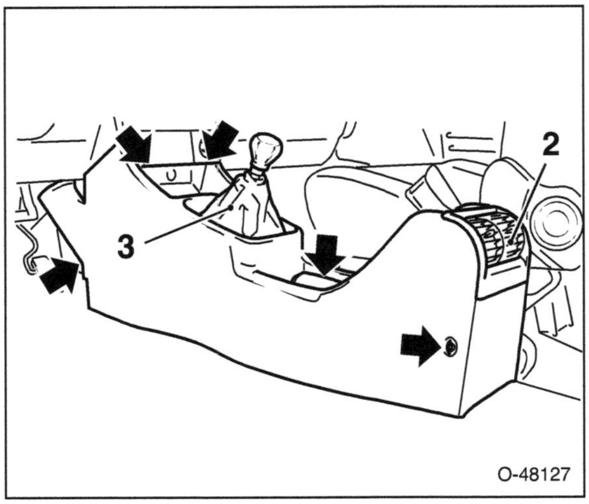

- Mischluftdüse hinten –2– durch die Öffnung am Handbremshebel nach hinten aus den Clips drücken und abnehmen.
- Schalthebel-Faltenbalg –3– ausbauen, siehe Seite 254.
- Schrauben für Mittelkonsole –Pfeile– herausdrehen.
- Mittelkonsole herausnehmen.

Einbau

- Mittelkonsole einsetzen und anschrauben.

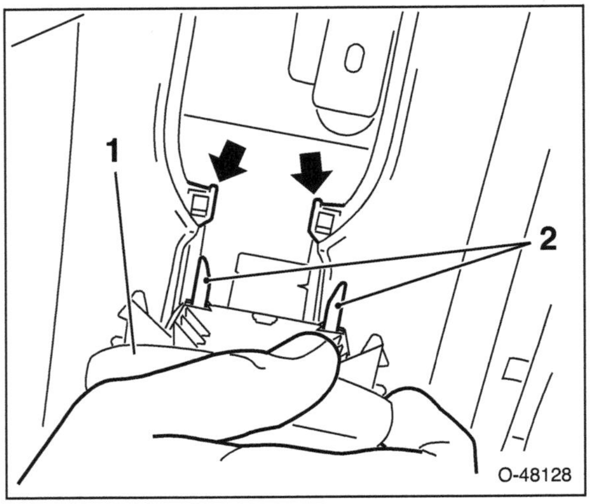

- Abdeckung für Mittelkonsole –1– in Mittelkonsole eindrücken. Dabei darauf achten, daß die Arretierungen –2– in den Öffnungen –Pfeile– sitzen.
- Der restliche Einbau erfolgt sinngemäß in umgekehrter Ausbaureihenfolge.

Ascher vorn aus- und einbauen

ASTRA

Ausbau

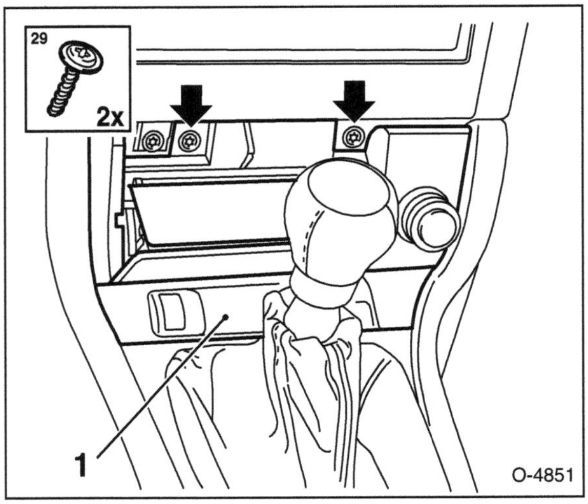

- Blende –1– aus der Mittelkonsole aushebeln, beziehungsweise bei Mehrausstattung an dieser Stelle die Schalter für Sitzheizung/Traction Control ausclipsen, siehe Seite 101.
- Ascher öffnen und Schrauben –Pfeile– ausschrauben.
- Ascher herausziehen und Kabelstecker an der Rückseite abziehen.

Einbau

- Der Einbau erfolgt in umgekehrter Ausbaureihenfolge.

ZAFIRA

Ausbau

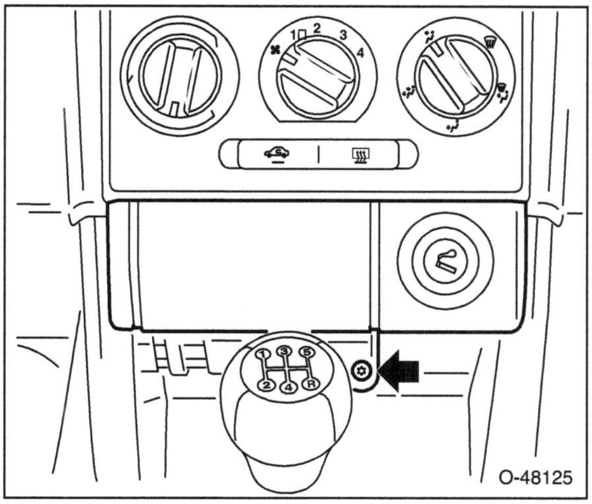

- Aschereinsatz abschrauben –Pfeil– und herausschwenken.
- Stecker für Zigarettenanzünder abziehen und Aschereinsatz abnehmen.

Einbau

- Stecker für Zigarettenanzünder am Ascher aufschieben.
- Aschereinsatz in die Einbauöffnung einsetzen und anschrauben.

Handschuhkasten aus- und einbauen

ASTRA

Ausbau

- Handschuhkasten öffnen. Innenleuchte mit Schraubendreher heraushebeln und Kabelstecker abziehen.

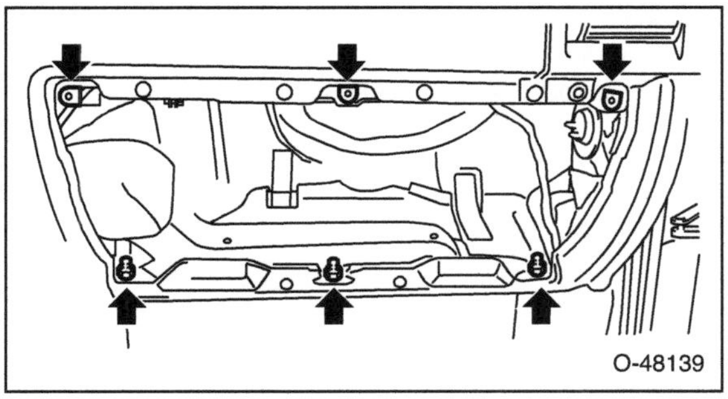

- Handschuhkasten am Rahmen abschrauben –Pfeile– und herausnehmen.

Einbau

- Der Einbau erfolgt in umgekehrter Ausbaureihenfolge.

ZAFIRA

Ausbau

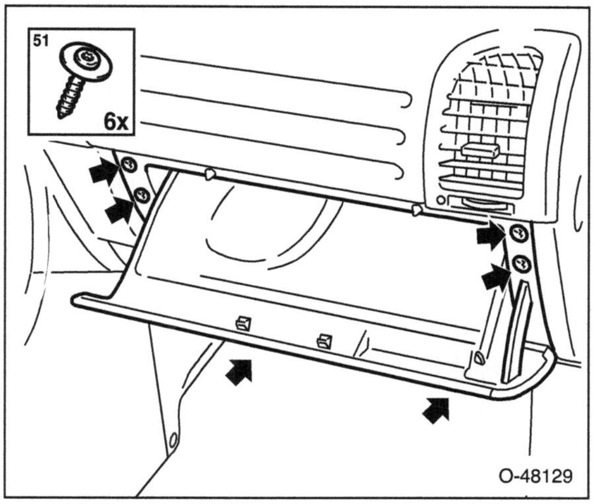

- Schrauben herausdrehen und Handschuhkasten herausnehmen.
- Stecker für Handschuhkastenbeleuchtung abziehen.

Einbau

- Der Einbau erfolgt in umgekehrter Ausbaureihenfolge.

Ablagefach Fahrerseite aus- und einbauen

ASTRA

Ausbau

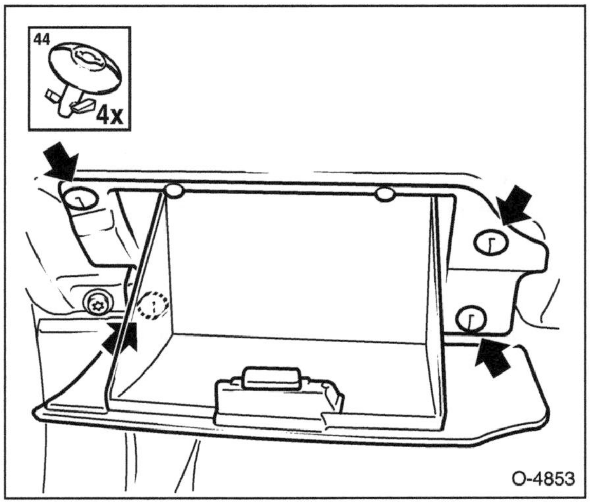

- Ablagefach öffnen.
- Ablagefach am Rahmen abschrauben –Pfeile– und herausnehmen.

Einbau

- Der Einbau erfolgt in umgekehrter Ausbaureihenfolge.

Gurtschloßstraffer/Seitenairbag

Gurtschloßstraffer

Der Gurtschloßstraffer ist in den Vordersitzen eingebaut. Er sorgt bei einem Frontalaufprall für einen eng am Körper liegenden Sicherheitsgurt und verhindert, daß der Insasse unter dem Sicherheitsgurt wegrutscht. Ausgelöst wird der Gurtschloßstraffer bei einem starken Frontal- oder Heckaufprall durch das elektronische Steuergerät für Airbag/Gurtschloßstraffer. Je nach Unfallschwere löst das Steuergerät entweder nur die Gurtstraffer oder zusätzlich auch die Airbags aus.

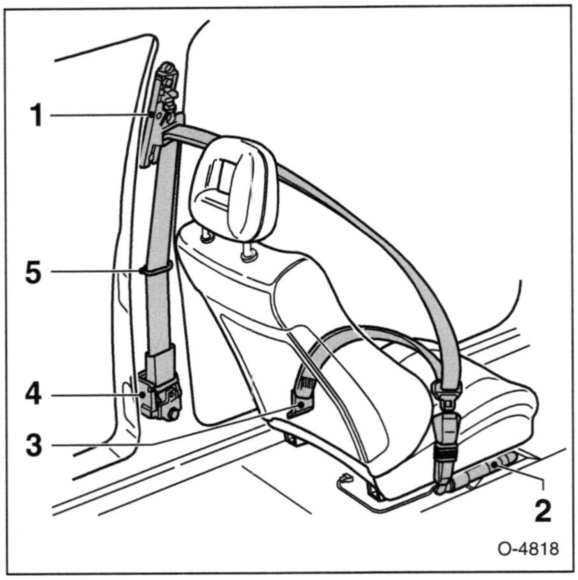

1 – Höhenverstellung
2 – Gurtschloßstraffer mit Zündladung
3 – Beckengurt, am Sitz verschraubt
4 – Gurtautomat
5 – Gurtführung

Über das Steuergerät wird eine kleine Sprengladung im Gurtschloßstraffer gezündet. Die Gase der Explosion treiben einen Kolben im Rohr des Gurtschloßstraffers nach vorn, der mit dem Gurtschloß über ein Drahtseil verbunden ist. Das Gurtschloß wird nach unten gezogen. Dadurch verringert sich der Leerweg des Schulter- sowie des Beckengurtes um jeweils etwa 80 mm.

Ein ausgelöster Gurtschloßstraffer ist am Aufleuchten der Kontrolleuchte für Airbag/Gurtschloßstraffer erkennbar. Wurden die Gurtschloßstraffer ausgelöst, funktionieren die Sicherheitsgurte, als wäre kein Gurtschloßstraffer eingebaut.

Seitenairbag

Neben den Fahrer- und Beifahrer-Airbags sind serienmäßig auch Seitenairbags eingebaut, welche sich in den Lehnen der Vordersitze befinden. Der Seitenairbag schützt hauptsächlich den Brustkorb, die Lungen sowie das Becken gegen seitliche Quetschungen. Die Funktion des Seitenairbags entspricht der des Fahrer-Airbags, siehe Kapitel »Lenkung«.

Je nach Aufprallseite und Winkel werden nur die Airbags ausgelöst, die dem Gefahrenschwerpunkt am nächsten sind.

Ein Seitencrash wird durch einen Crash-Sensor in der Vordertür erkannt und dem Steuergerät für Airbag übermittelt. Dieses bewertet die Schwere des Unfalls und löst gegebenenfalls den Seitenairbag aus.

Kopfairbag

Seit 10/01 können zusätzliche Kopfairbags eingebaut sein. Die Kopfairbags entfalten sich auf Fahrer- und Beifahrerseite wie Vorhänge über die gesamte Seitenfläche und schützen vordere und hintere Fahrzeuginsassen vor schweren Kopfverletzungen.

Sicherheitshinweis
Um ein ungewolltes Auslösen von Gurtschloßstraffer/Airbag zu vermeiden, und um die Betriebssicherheit zu gewährleisten, sind verschiedene Sicherheitsregeln zu beachten, siehe Kapitel »Lenkung«.

Sicherheitsmaßnahmen zum Gurtschloßstraffer/Seitenairbag

- **Achtung:** Hinweise zum Airbagsystem beachten, siehe Seite 144.

Dabei besonders Hinweise zu Sitzlehnenbezügen, Babysitz und Abklemmen der Batterie beachten. Nach dem Abklemmen der Batterie, vor Ausbau des Gurtschloßstraffers/Vordersitz **ca. 1 Minute warten**, bis sich der Kondensator des Systems entladen hat.

- Der Sensor zum Auslösen der Seitenairbags befindet sich im Türkörper und reagiert auf den Luftdruckanstieg im Innern der Tür bei einem Seitenaufprall. Daher muß nach Arbeiten an den Vordertüren sichergestellt sein, daß die gesamte **Wasserabweisfolie der Tür unbeschädigt** ist und ohne Unterbrechungen im Randbereich verklebt wird. **Die Türverkleidung darf nicht beschädigt sein**, zum Beispiel durch abgebrochene Clips. Außerdem darf sie nicht verändert werden, indem beispielsweise zusätzliche Bohrungen oder Zubehör angebracht werden. Nur dann ist ein einwandfreies Auslösen des Seitenairbags sichergestellt.

Vordersitze aus- und einbauen

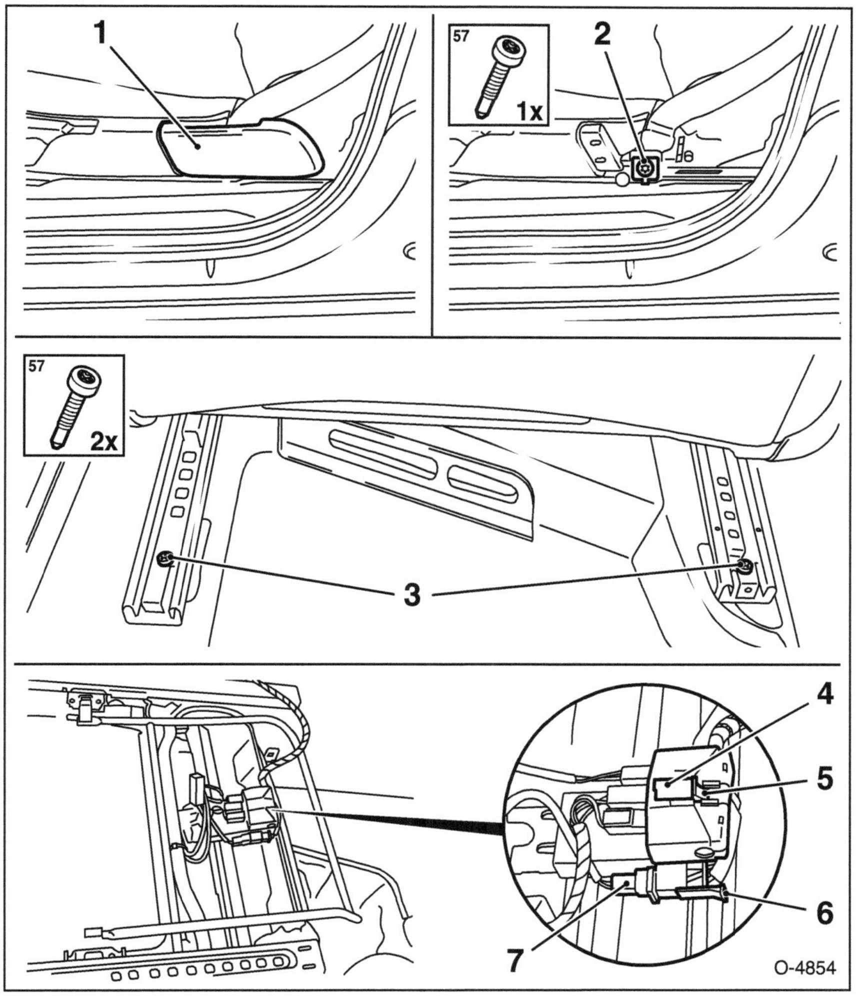

Achtung: Unbedingt »Sicherheitsmaßnahmen zum Gurtschloßstraffer/Seitenairbag« durchlesen. Außerdem sämtliche gelösten Schrauben erneuern, nur OPEL-Ersatzteile verwenden.

Ausbau

- Batterie-Massekabel (–) und Pluskabel (+) bei ausgeschalteter Zündung abklemmen. **Achtung:** Dadurch werden elektronische Speicher gelöscht, wie zum Beispiel der Radiocode. Ohne Code kann das Radio nur vom Radiohersteller freigeschaltet werden, beziehungsweise beim OPEL-Radio von einer OPEL-Werkstatt. Deshalb Hinweise im Kapitel »Batterie aus- und einbauen« durchlesen.
- Minuspol (–) der Batterie isolieren, um versehentlichen Kontakt zu vermeiden.
- Nach dem Abklemmen der Batterie und vor Ausbau des Sitzes ca. **1 Minute warten**, bis sich der Kondensator des Airbag-/Gurtstraffersystems entladen hat.
- Am Sitzscharnier Deckel –1– ausclipsen, siehe Abbildung.
- Sicherheitsgurt am Vordersitz abschrauben –2–.
- Vordersitz nach vorn fahren und hinten an den Führungsschienen 2 Schrauben –3– abschrauben.
- Vordersitz vorn aushängen und leicht kippen.

Hinweis: Beim Zafira ab 10/03 ist der Vordersitz vorne nicht eingehängt. Daher müssen auch vorne 2 Schrauben herausgedreht werden.

- Anschlußstecker folgendermaßen abziehen: Sicherungsstift –6– für Stecker Seiten-Airbag –7– entriegeln und Stecker trennen. Roten Sicherungsstift –5– für Mehrfachstecker abziehen, Nase –4– herunterdrücken und Stecker trennen.
- Sitz nach hinten herausnehmen.

Achtung: Das Zerlegen des Sitzes sowie der Ausbau des Gurtstraffers sollte aus Sicherheitsgründen von der Werkstatt durchgeführt werden.

Einbau

- Vordersitz einsetzen und Mehrfachstecker aufstecken, dabei muß die Nase –4– einrasten. Roten Sicherungsstift –5– einsetzen.

- Stecker für Seitenairbag –7– zusammenstecken und mit Sicherungsstift –6– verriegeln.
- **Neue** Schrauben –2– und –3– am Gewinde mit Schrauben-Sicherungsmittel benetzen, zum Beispiel Loctite 243.
- Sitz vorn einhängen und hinten mit 2 Schrauben –3– und **20 Nm** festschrauben. **Hinweis:** Beim Zafira ab 10/03 vorne ebenfalls 2 Schrauben eindrehen.
- Sicherheitsgurt mit Schraube –2– und **20 Nm** am Vordersitz festschrauben.
- Deckel –1– einclipsen.
- Batterie-Pluskabel, dann Massekabel anklemmen. **Achtung:** Beim Anklemmen der Batterie darf sich keine Person im Innenraum des Fahrzeuges aufhalten. Hoch-/Tieflaufautomatik für elektrische Fensterheber aktivieren sowie Zeituhr stellen und Radiocode eingeben, siehe Kapitel »Batterie aus- und einbauen«.
- Zündung einschalten. Die Kontrolleuchte für Airbag/Gurtstraffersystem muß beim Einschalten der Zündung aufleuchten und nach etwa 4 Sekunden erlöschen. Andernfalls Werkstatt zur Fehlerbeseitigung aufsuchen.

Sitzbank/Sitzlehne hinten aus- und einbauen

ASTRA

Ausbau

- Rücksitzbank hochklappen.
- **Ungeteilte Rücksitzbank:** Rücksitzbank aus den Scharnieren aushängen. Dazu Rücksitzbank nach unten und nach hinten drücken.

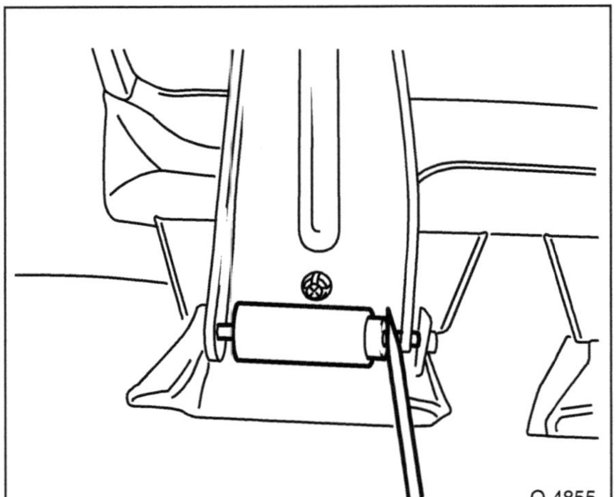

- **Geteilte Rücksitzbank:** Mit Schraubendreher an jedem Scharnier den Bolzen zusammendrücken und entnehmen, siehe Abbildung. Sitzbankhälften herausnehmen.
- Rücksitzlehne nach vorn klappen.
- **Caravan:** Gepäckraum-Bodenmatte herausnehmen.

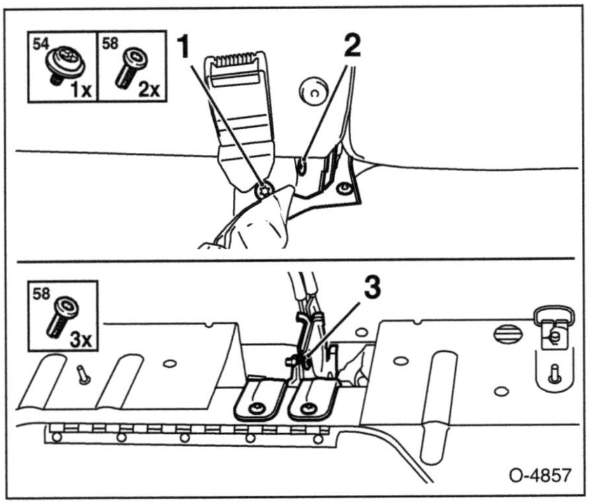

- Rechtes Gurtschloß abschrauben –1–.
- Befestigungsschraube für Hintersitzhalter am Unterboden abschrauben und beide Befestigungsschrauben –2– und –3– zwischen den Hintersitzhaltern abschrauben. Beide Lehnenhälften auf diese Weise ausbauen.

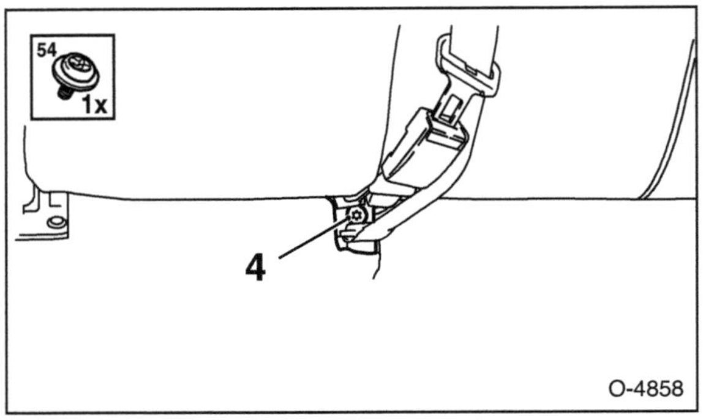

- Bei Ausführung mit Dreipunkt-Sicherheitsgurt in der Mitte: Mittleres Gurtschloß abschrauben –4–.

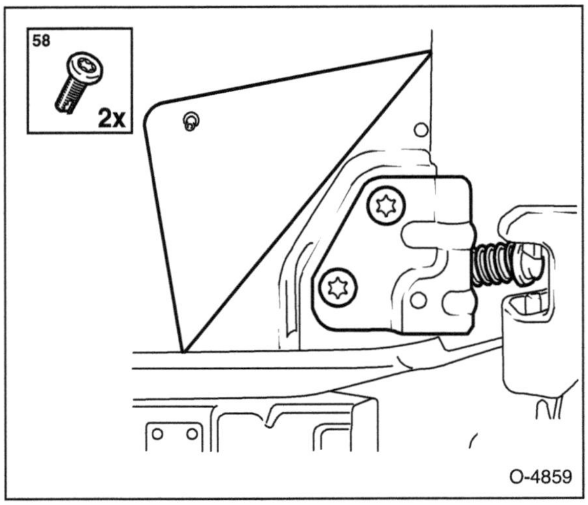

- Teppichecken an der Lehnenrückseite im Bereich vom Rastmechanismus ausclipsen.

- Rastmechanismus mit je 2 Schrauben von der Rücksitzlehne abschrauben, siehe Abbildung.

Einbau

Achtung: Sämtliche beim Ausbau gelösten Schrauben am Gewinde reinigen und diese vor dem Einschrauben mit Schrauben-Sicherungsmittel, zum Beispiel Loctite 243, benetzen.

- Rücksitzlehne und Rastmechanismus anschrauben, siehe Abbildungen unter »Ausbau«.
- Teppichecken an der Rücksitzlehne zurückklappen und Clips eindrücken.
- Rücksitzlehne nach hinten klappen und einrasten.
- Hintere Gurtschlösser mit **35 Nm** am Unterboden anschrauben. Es empfiehlt sich, immer **neue** Befestigungsschrauben zu verwenden. Schrauben am Gewinde mit Schrauben-Sicherungsmittel, zum Beispiel Loctite 270, benetzen.
- **Ungeteilte Rücksitzbank:** Rücksitzbank in die Scharniere einhängen.

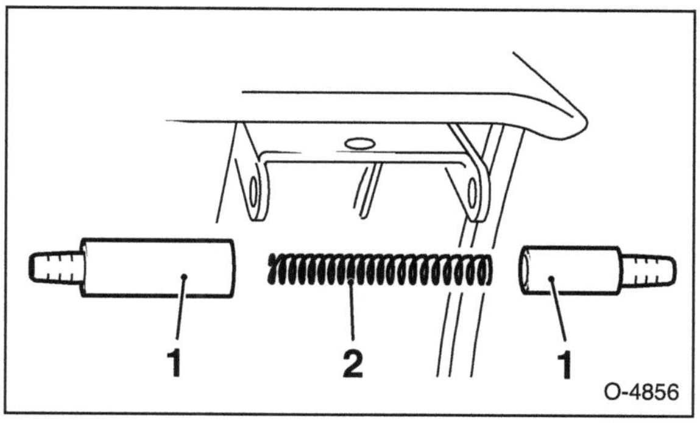

- **Geteilte Rücksitzbank:** Rücksitzbankteile einsetzen. An jedem Scharnier die Bolzenhälften –1– mit Druckfeder –2– einsetzen. Bolzen einseitig einsetzen, mit Schraubendreher zusammendrücken und einfedern.
- Rücksitzbank herunterklappen und Gurte verlegen.
- **Caravan:** Gepäckraum-Bodenmatte einlegen.

ZAFIRA

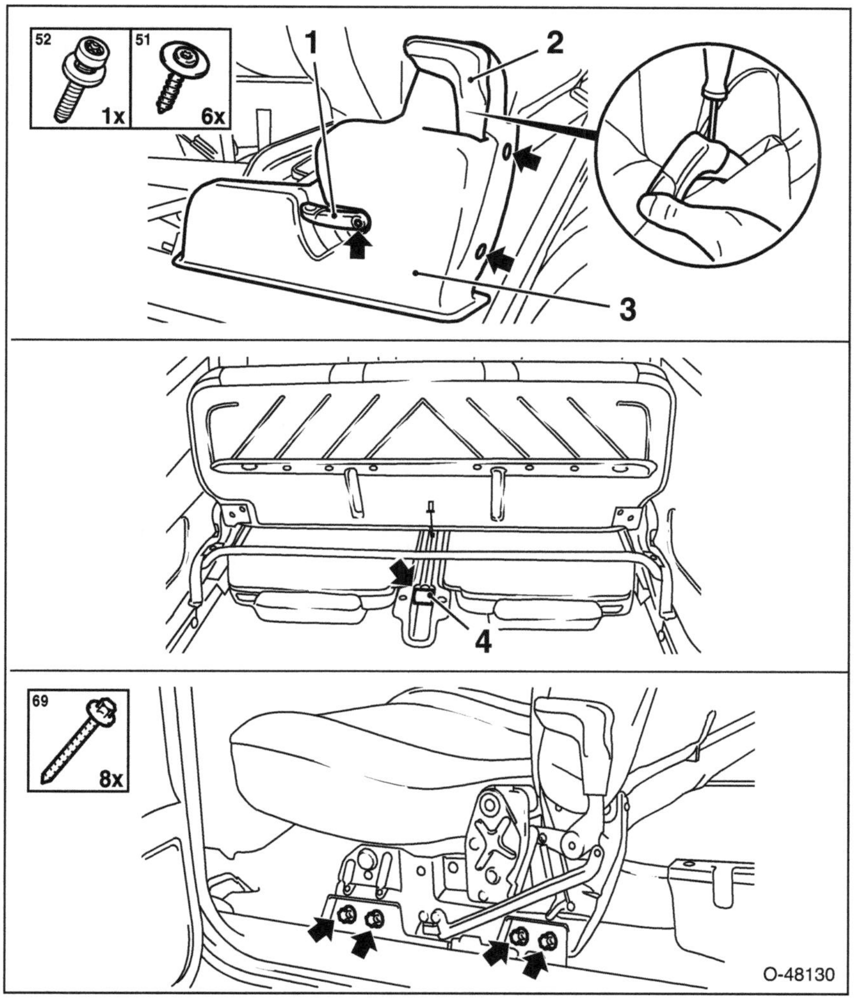

Ausbau

- Griff für Sitzverstellung –1– und Griff für Sitz-Längsverstellung –2– nach vorn drücken, ausclipsen und nach oben abziehen.
- Verkleidung für Sitzbankverstellung –3– ausbauen.
- Führung Mitte entriegeln –4–.
- Sitzbank ganz nach vorn fahren.
- Sitzbank links und rechts von der Führungsschiene abschrauben –5– und mit Helfer herausheben.

Einbau

Achtung: Sämtliche beim Ausbau gelösten Schrauben am Gewinde reinigen und diese vor dem Einschrauben mit Schrauben-Sicherungsmittel, zum Beispiel Loctite 243, benetzen.

- Sitzbank links und rechts an der Führungsschiene anschrauben und Schrauben mit **35 Nm** anziehen.
- Der restliche Einbau erfolgt in umgekehrter Ausbaureihenfolge.

Obere Verkleidung der A-Säule aus- und einbauen

Ausbau

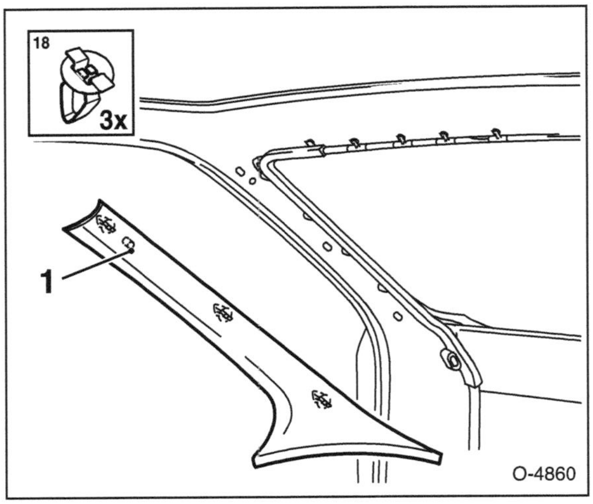

- Verkleidung abziehen, dabei an der Unterseite beginnen.

Einbau

- Verkleidung zuerst mit Arretiernase –1– einsetzen, dann Clips ansetzen und Verkleidung andrücken.

Fußraum-Seitenverkleidung aus- und einbauen

Ausbau

- Einstiegleiste ausbauen, siehe entsprechendes Kapitel.

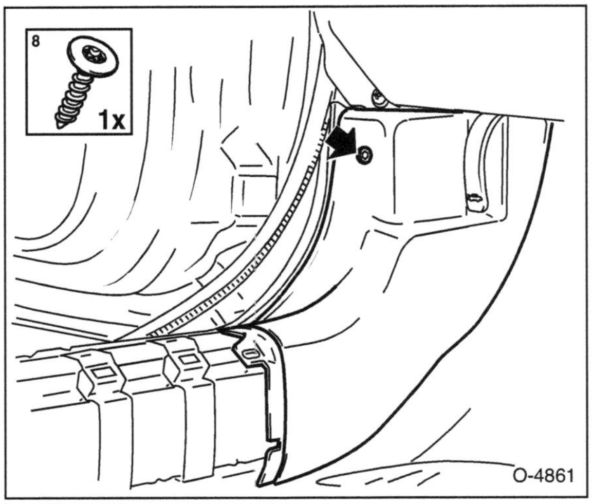

- Verkleidung abschrauben –Pfeil–.

Einbau

- Der Einbau erfolgt in umgekehrter Ausbaureihenfolge.

Fußraumverkleidung oben aus- und einbauen

Ausbau

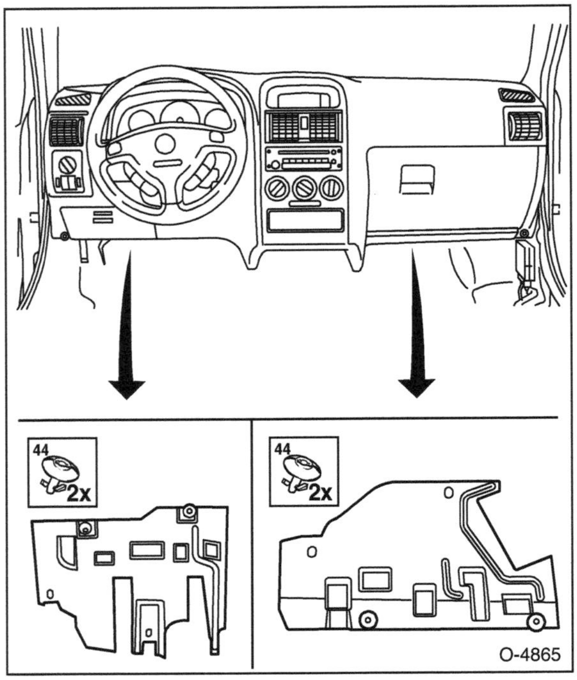

- Verkleidung aus den Clips ausrasten und nach vorn herausziehen.

Einbau

- Der Einbau erfolgt in umgekehrter Ausbaureihenfolge.

Einstiegleiste aus- und einbauen

Ausbau

- Vordersitz ausbauen, siehe Seite 263.

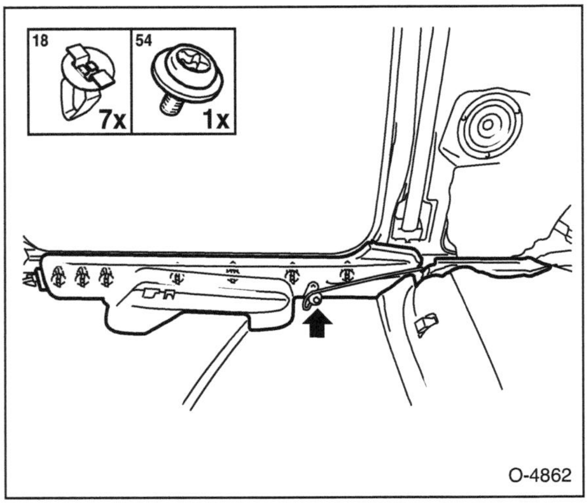

- **Schrägheck 2türig:** Gurtlaufschiene abschrauben –Pfeil–.

- **Schrägheck 2türig:** Verkleidung neben Rücksitzbank ausbauen, siehe entsprechendes Kapitel.
- **Alle Modelle:** Einstiegleiste abziehen.

Einbau

- Clips einsetzen und Einstiegleiste andrücken.
- **Schrägheck 2türig:** Verkleidung neben Rücksitzbank einclipsen.
- **Schrägheck 2türig:** Gurtlaufschiene montieren. Es empfiehlt sich, immer eine **neue** Befestigungsschraube zu verwenden. Befestigungsschraube am Gewinde mit Schrauben-Sicherungsmittel, zum Beispiel Loctite 270, benetzen und mit **35 Nm** festziehen.
- Vordersitz einbauen, siehe Seite 263.

Verkleidung neben Rücksitzbank aus- und einbauen

Schrägheck 2türig

Ausbau

- Rücksitzlehne ausbauen, siehe entsprechendes Kapitel.

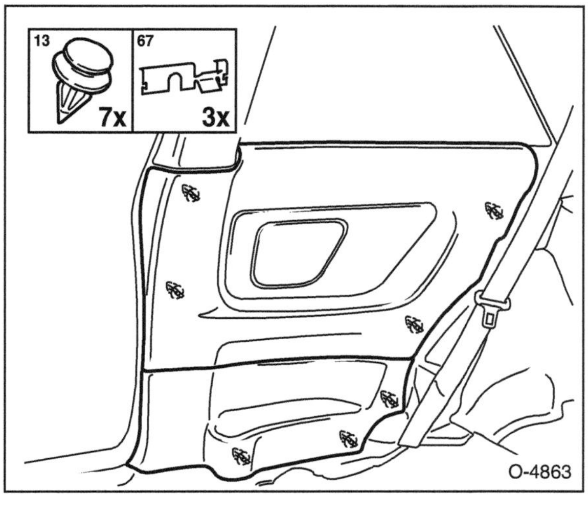

- Verkleidung abhebeln, dabei rasten die Clips aus.

Einbau

- Clips einsetzen und Verkleidung andrücken.
- Rücksitzlehne einbauen, siehe entsprechendes Kapitel.

Untere Verkleidung der B-Säule aus- und einbauen

Ausbau

- Vordersitz ausbauen, siehe Seite 263.
- Einstiegleiste ausbauen, siehe entsprechendes Kapitel.

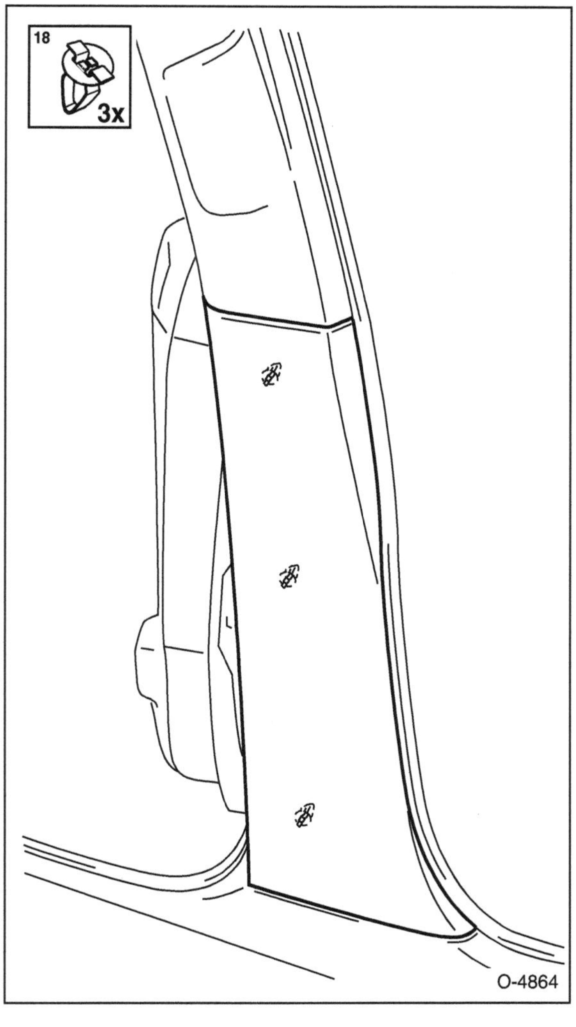

- Verkleidung der B-Säule abziehen, dabei rasten die Clips aus.

Einbau

- Clips einsetzen und Verkleidung der B-Säule andrücken.
- Einstiegleiste einbauen, siehe entsprechendes Kapitel.
- Vordersitz einbauen, siehe Seite 263.

Heckklappen-Innenverkleidung aus- und einbauen

Schrägheck

Ausbau

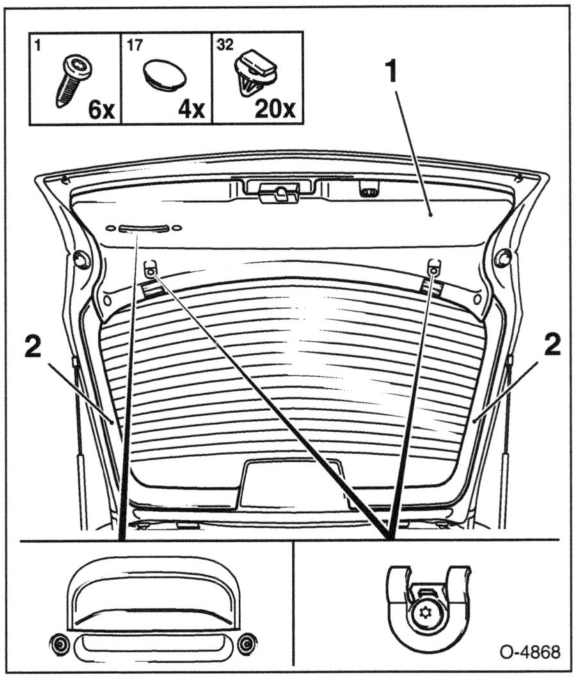

- Verkleidung –1– am Innengriff und an der Oberkante abschrauben, siehe Abbildung.
- Verkleidung –2– im Heckfensterbereich ausclipsen.
- Kabel für mittleres Bremslicht an der Verkleidung ausclipsen.

Einbau

- Der Einbau erfolgt in umgekehrter Ausbaureihenfolge.

Caravan

Ausbau

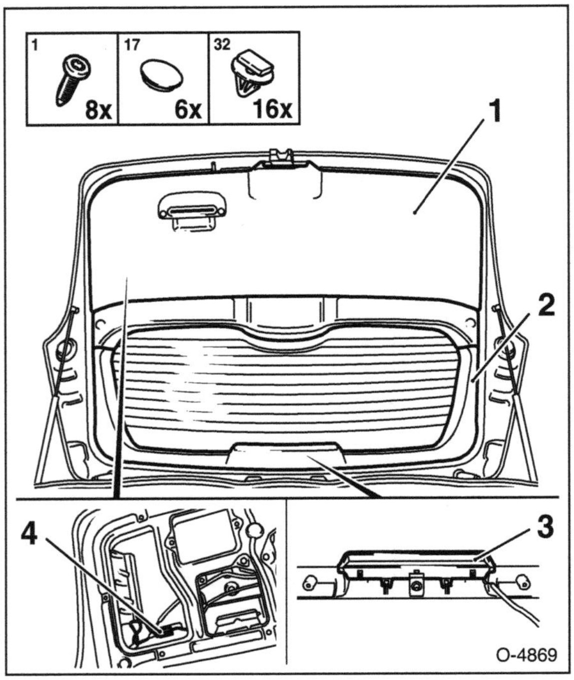

- Verkleidung –1– ausclipsen.
- Kabelstecker –4– für mittleres Bremslicht trennen.
- Verkleidung –2– im Heckfensterbereich ausclipsen.
- Mittleres Bremslicht –3– an der Verkleidung ausclipsen.

Einbau

- Der Einbau erfolgt in umgekehrter Ausbaureihenfolge.

ZAFIRA

Ausbau

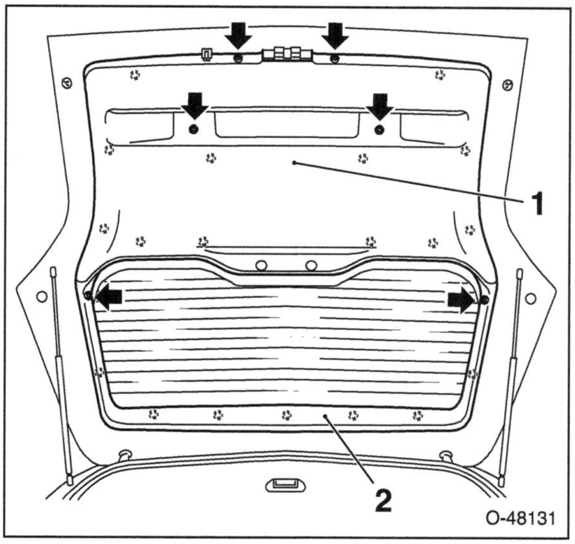

- Verkleidung –2– (Oberteil) ausclipsen und abnehmen.
- Verkleidung –1– (Unterteil) ausclipsen und abnehmen.

Einbau

- Der Einbau erfolgt in umgekehrter Ausbaureihenfolge.

Dach-Abschlußleiste aus- und einbauen

Ausbau

- Gummidichtung oben vom Ausschnitt für die Heckklappe abziehen.

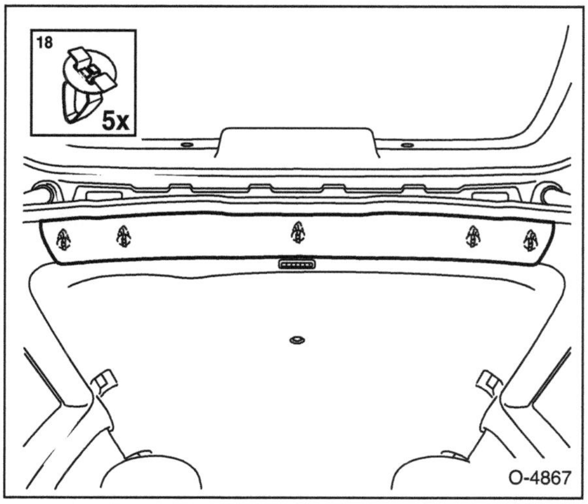

- Verkleidung aus den Clips ausrasten.

Einbau

- Der Einbau erfolgt in umgekehrter Ausbaureihenfolge.

Verkleidung für Schloßträger der Heckklappe aus- und einbauen

Ausbau

- Gummidichtung unten vom Ausschnitt für die Heckklappe abziehen.

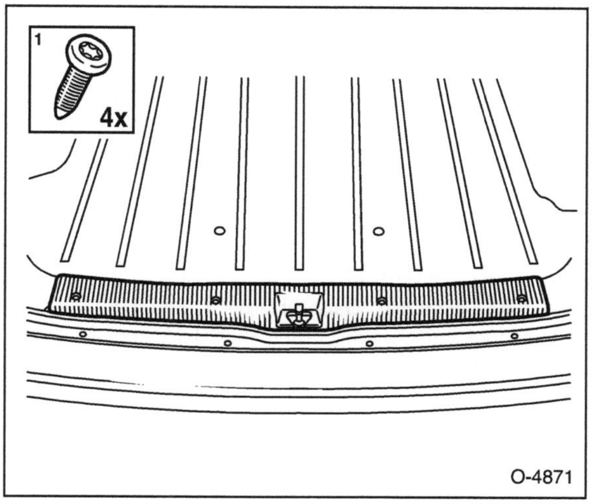

- Verkleidung abschrauben. **Hinweis:** Die Abbildung zeigt die Verkleidung der Caravan-Ausführung.

Einbau

- Der Einbau erfolgt in umgekehrter Ausbaureihenfolge.

Karosserie außen

Aus dem Inhalt:

- Kotflügel
- Windlauf-Abdeckung
- Stoßfänger
- Frontträger
- Motorhaube
- Heckklappe
- Tür zerlegen
- Außenspiegel

Die Karosserie des OPEL ASTRA/ZAFIRA ist selbsttragend. Bodengruppe, Seitenteile, Dach und die hinteren Kotflügel sind miteinander verschweißt. Front- und Heckscheibe sind eingeklebt. Die Reparatur größerer Karosserieschäden sowie das Auswechseln der geklebten Scheiben sollten der Fachwerkstatt vorbehalten bleiben.

Motorhaube, Heckklappe, Türen und die vorderen Kotflügel sind angeschraubt und lassen sich leicht auswechseln. Beim Einbau ist dann unbedingt das richtige Luftspaltmaß (Breite der Fugen) einzuhalten, sonst klappert beispielsweise die Tür, oder es können erhöhte Windgeräusche während der Fahrt auftreten. Der Luftspalt muß auf jeden Fall parallel verlaufen, das heißt, der Abstand zwischen den Karosserieteilen muß auf der gesamten Länge des Spaltes gleich groß sein. Abweichungen bis zu 1 mm sind zulässig.

Beim ASTRA/ZAFIRA sind alle Karosserieteile gegen Durchrostung beidseitig verzinkt. Um den Karosserieschutz zusätzlich zu erhöhen, werden alle Karosserie-Hohlräume mit Heißwachs besprüht und auf die Bodengruppe wird ein Unterbodenschutz aufgetragen.

Da viele Karosserieteile mit Torxschrauben verbunden sind, wird ein Torx-Schraubendrehersatz benötigt.

Achtung: Wenn im Rahmen von Arbeiten an der Karosserie auch Arbeiten an der elektrischen Anlage durchgeführt werden, **grundsätzlich** das Batterie-Massekabel (–) abklemmen. Dazu Hinweise im Kapitel »Batterie aus- und einbauen« durchlesen. Als Arbeit an der elektrischen Anlage ist dabei schon zu betrachten, wenn eine elektrische Leitung vom Anschluß abgezogen beziehungsweise abgeklemmt wird.

Sicherheitshinweise bei Karosseriearbeiten

Muß an der Karosserie geschweißt werden, soll dies grundsätzlich durch Widerstandspunktschweißen (RP) durchgeführt werden. Nur wenn sich die Schweißzange nicht ansetzen läßt, ist das Schutzgas-Schweißverfahren anzuwenden. Da die Karosserie vollverzinkt ist, sind folgende Punkte zu beachten:

- Soweit Schweißarbeiten oder andere funkenerzeugende Arbeiten durchgeführt werden, grundsätzlich die Batterie komplett abklemmen (Plus- und Minuskabel) und beide Batterieklemmen (+) und (–) sorgfältig isolieren. Bei Arbeiten in Batterienähe muß die Batterie ausgebaut werden. **Achtung:** Dadurch werden elektronische Speicher gelöscht, wie zum Beispiel der Radiocode. Ohne Code kann das Radio nur vom Radiohersteller freigeschaltet werden, beziehungsweise beim OPEL-Radio von einer OPEL-Werkstatt. Deshalb Hinweise im Kapitel »Batterie aus- und einbauen« durchlesen.

Sicherheitshinweis
Beim Schweißen von verzinkten Stahlblechen entsteht giftiges Zinkoxid, daher für eine gute Arbeitsplatzbelüftung sorgen.

- Schweißstrom (Ampere) um 10 % bis max. 30 % erhöhen.
- Hartkupfer-Elektroden mit hoher Warmfestigkeit (größer als +400° C) verwenden.
- Elektroden häufig säubern, bzw. Kontaktflächendurchmesser auf 4 mm ∅ seitlich nacharbeiten.
- Elektroden-Anpreßkraft erhöhen.
- Schweißzeit verlängern. Die Schweißzeit ist richtig gesetzt, wenn sich die Schweißpunkte ohne Spritzer setzen lassen.
- An Teilen der gefüllten Klimaanlage darf weder geschweißt noch hart- oder weichgelötet werden. Das gilt auch für Schweiß- und Lötarbeiten am Fahrzeug, wenn die Gefahr besteht, daß sich Teile der Klimaanlage erwärmen.

Sicherheitshinweis:
Der **Kältemittelkreislauf der Klimaanlage darf nicht geöffnet** werden, da das Kältemittel bei Hautberührung Erfrierungen hervorrufen kann.
Bei versehentlichem Hautkontakt, die Stelle sofort mindestens 15 Minuten lang mit kaltem Wasser spülen. Kältemittel ist farb- und geruchlos sowie schwerer als Luft. Bei austretendem Kältemittel besteht am Boden beziehungsweise in unteren Räumen Erstickungsgefahr (nicht wahrnehmbar).

- Im Rahmen einer Reparatur-Lackierung darf im Trockenofen oder in seiner Vorwärmzone das Fahrzeug bis maximal **+60° C** aufgeheizt werden. Sonst können elektronische Steuergeräte im Fahrzeug beschädigt werden.
- PVC-Unterbodenschutz an der Reparaturstelle mit rotierender Drahtbürste entfernen oder mit Heißluftgebläse auf maximal +180° C erwärmen und mit Spachtel ablösen. Durch Abbrennen bzw. Erwärmen von PVC-Material über +180° C entsteht stark korrosionsfördernde Salzsäure, außerdem werden gesundheitsschädliche Dämpfe frei.
- Beim Elektroschweißen Batterie grundsätzlich vom Bordnetz abklemmen. Massekabel des Schweißgerätes in unmittelbarer Nähe der Schweißstelle installieren.
- **Bei Hartlöt- und Schweißarbeiten an einer Vordertür muß zuvor der Sensor für Seitenairbag ausgebaut werden.**

Karosseriespaltmaße

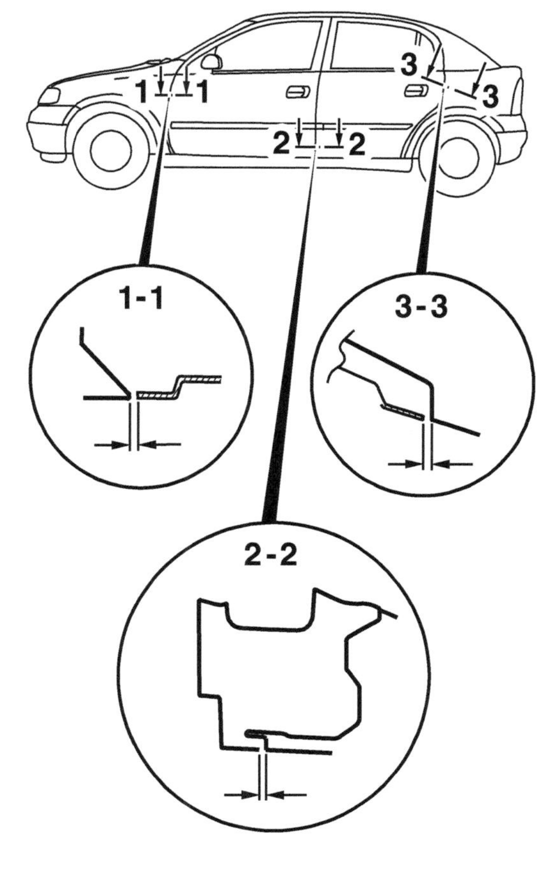

O-4872

- Die Spaltmaße der Türen an den angegebenen Stellen –1-1, 2-2, 3-3– mit Fühlerblattlehre prüfen. Die Spaltmaße sollen jeweils **4 mm** betragen. Eine Abweichung von ± 1 mm ist erlaubt.
- Auch die seitlichen Spaltmaße von Motorhaube und Heckklappe sollen **4 mm** ± 1 mm betragen.
- Sind die Spaltmaße ungleichmäßig oder außerhalb des Sollwerts, Tür beziehungsweise Klappe einstellen, siehe entsprechende Kapitel.

Windlauf-Abdeckung aus- und einbauen

ASTRA

Ausbau

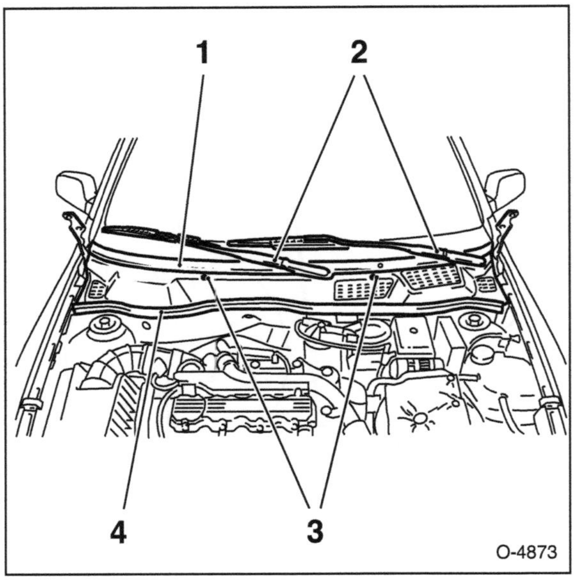

- Scheibenwischerarme –2– ausbauen, siehe Seite 84.
- Dichtgummi –4– an der Spritzwand nach oben abziehen.
- Dichtung –1– an der Frontscheibe nach unten abziehen.
- Windlauf-Abdeckung abnehmen.
- Spritzdüsen –3– aus der Windlauf-Abdeckung ausrasten, siehe Seite 82.

Einbau

- Spritzdüsen in die Windlauf-Abdeckung einsetzen.
- Windlauf-Abdeckung in das Fahrzeug einsetzen.
- Dichtgummi an der Spritzwand aufschieben.
- Dichtung an der Frontscheibe aufdrücken.
- Scheibenwischerarme einbauen, siehe Seite 84.

ZAFIRA

Ausbau

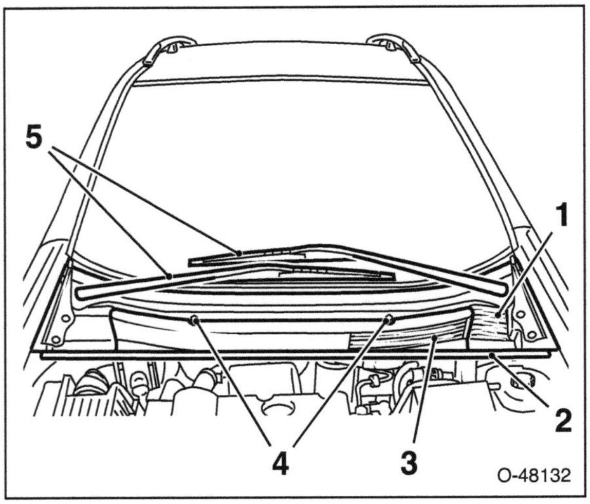

- Scheibenwischerarme –5– ausbauen, siehe Seite 84.
- Spritzdüsen –4– nach unten herausdrücken.
- Motorraum-Abdichtung –2– abziehen.
- Abdeckung –3– abnehmen.
- Kunststoffmuttern abschrauben und Windlaufabdeckung –1– abnehmen.

Einbau

- Spritzdüsen in die Windlaufabdeckung einrasten.
- Windlaufabdeckung einsetzen und mit Kunststoffmuttern befestigen.
- Motorraum-Abdichtung aufdrücken.
- Scheibenwischerarme einbauen, siehe Seite 84.

Frontträger aus- und einbauen

Ausbau

- Stoßfänger vorn ausbauen, siehe entsprechendes Kapitel.
- Beide vorderen Innenkotflügel ausbauen, siehe entsprechendes Kapitel.

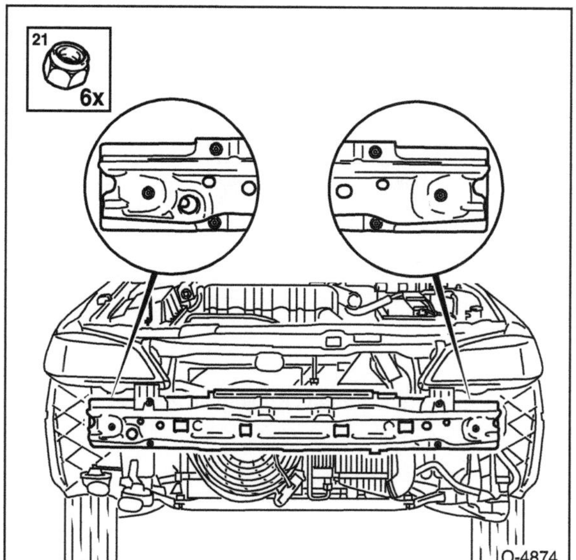

O-4874

- Frontträger links und rechts mit je 3 Schrauben abschrauben.

Einbau

- Frontträger mit je 3 Schrauben anschrauben.
- Innenkotflügel und Stoßfänger vorn einbauen, siehe entsprechendes Kapitel.

Frontverkleidung aus- und einbauen

Ausbau

- Beide vorderen Innenkotflügel ausbauen, siehe entsprechendes Kapitel.

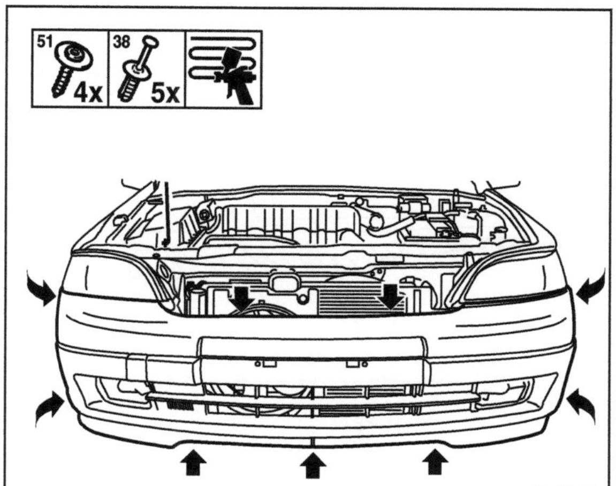

O-4875

- Stoßfänger oben im Bereich des Kühlergrills mit 2 Schrauben abschrauben.
- Spreiznieten an Unterkante vom Stoßfänger vorn herausziehen. In den Spreiznieten befinden sich kleine Bolzen, die zuvor mit einem geeigneten Dorn durchgedrückt werden müssen. Bolzen und Nieten können wieder verwendet werden.
- Stoßfänger abnehmen.

Einbau

- Stoßfänger ansetzen.
- Stoßfänger oben anschrauben.
- Spreiznieten am Frontträger einsetzen und mit Bolzen sichern.
- Innenkotflügel einbauen, siehe entsprechendes Kapitel.

Spoilerlippe für Frontverkleidung aus- und einbauen

Ausbau

- Stoßfänger vorn ausbauen.

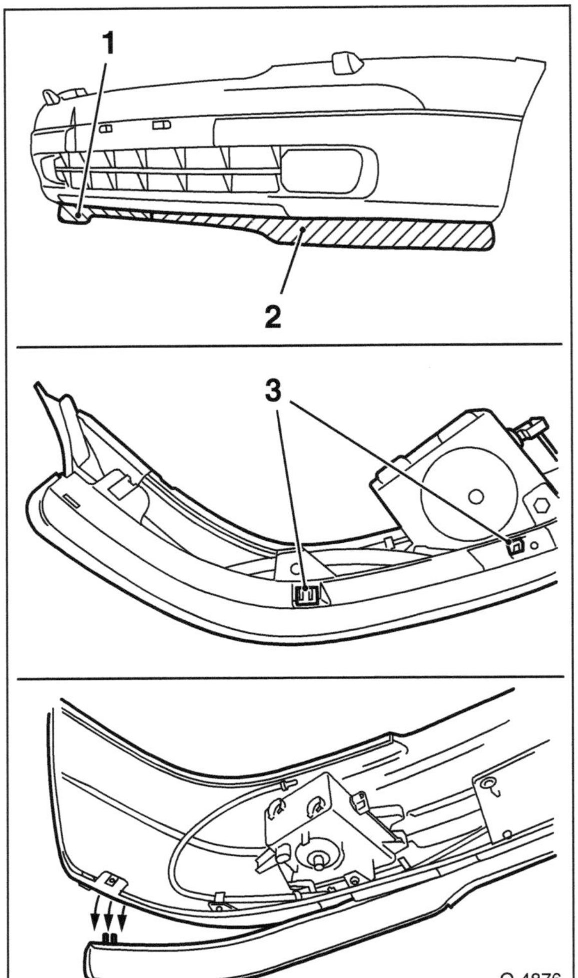

O-4876

- 4 Halteklammern mit Schraubendreher abdrücken. 8 Rastnasen –3– eindrücken und Spoilerlippe –1– und –2– vom Stoßfänger abziehen.
- **ASTRA OPC:** Torxschrauben herausdrehen. 7 Spreizclips herausziehen, dazu Spreizstifte je nach Modell mit geeigneten Dorn durchdrücken oder herausziehen. Anschließend Clips herausziehen. Spoilerlippe abnehmen.

Einbau

- Spoilerlippe am Stoßfänger aufschieben und in die Rastnasen eindrücken. 4 Halteklammern aufdrücken.
- **ASTRA OPC:** Spoilerlippe am Stoßfänger aufschieben und anschrauben. Spreizclips eindrücken und mit Spreizstiften sichern.
- Stoßfänger vorn einbauen, siehe entsprechendes Kapitel.

Kühlergrill aus- und einbauen

Ausbau

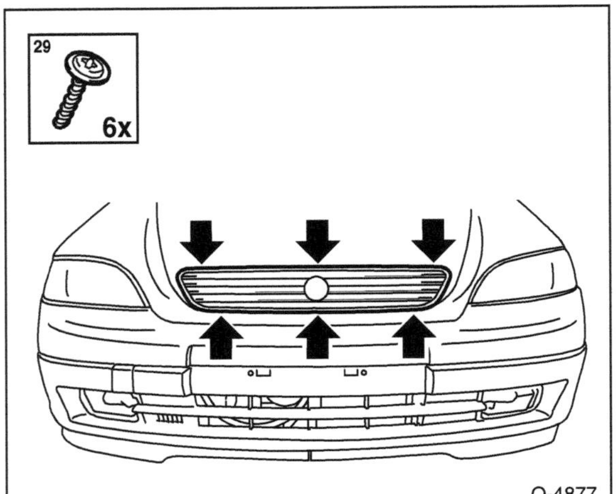

O-4877

- 6 Schrauben herausdrehen. Kühlergrill aus der Motorhaube herausziehen.

Einbau

- Bei neuem Kühlergrill, OPEL-Emblem auf den Kühlergrill aufdrücken. Bei einigen Modellen, Chromzierleiste einrasten.
- Kühlergrill einsetzen und anschrauben.

Seitenschutzleisten aus- und einbauen

Ausbau

- Türverkleidung ausbauen, siehe Seite 282.

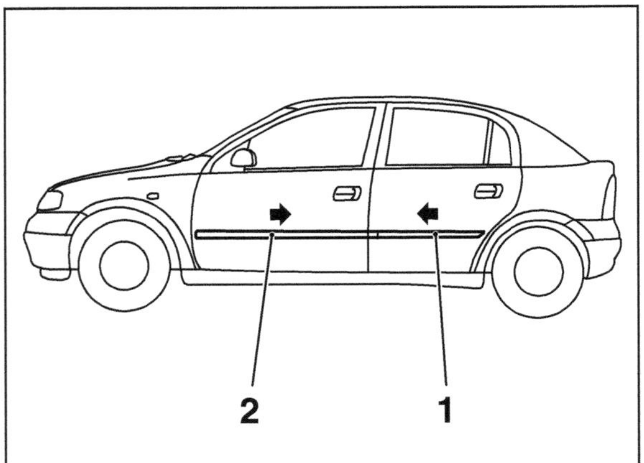

O-48101

- Vordere Seitenschutzleiste –2– nach hinten schieben und abziehen.
- Hintere Seitenschutzleiste –1– nach vorn schieben und abziehen. Beim 2türigen Modell, hintere Seitenschutzleiste nicht nach vorn verschieben, sondern nur abziehen.

Einbau

- Seitenschutzleiste in umgekehrter Ausbaureihenfolge aufschieben.
- Gebrauchte Türdichtfolie mit doppelseitigem Klebeband ankleben und Türverkleidung einbauen.

Wichtig: Beschädigte Türfolie/Türverkleidung unbedingt erneuern, sonst kann der Seitenairbag ausfallen, siehe Seite 282.

Stoßfänger hinten aus- und einbauen

Ausbau

- Beide Heckleuchten ausbauen, siehe Seite 97.

ASTRA

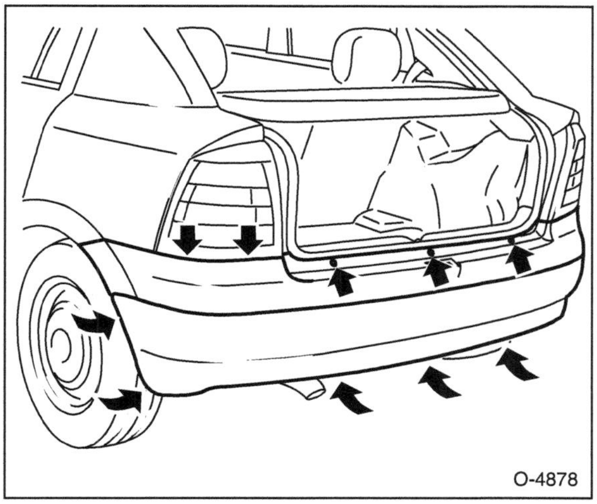

O-4878

ZAFIRA

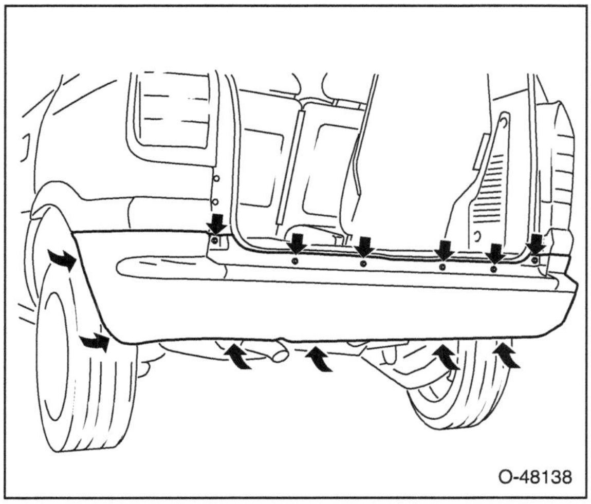

O-48138

- Links und rechts den Stoßfänger an der Radhaus-Innenverkleidung abschrauben.
- Stoßfänger oben und unten abschrauben, die –Pfeile– zeigen die Lage der Schrauben an. **Hinweis:** Die Abbildung zeigt das Schrägheck-Modell. Bei Caravan- und Stufenheck-Modellen in entsprechender Weise vorgehen.
- Stoßfänger mit Helfer nach hinten etwas abziehen und Stecker an der Kennzeichenleuchte abziehen.

Einbau

- Stoßfänger mit Helfer vorsichtig ansetzen und Stecker an der Kennzeichenleuchte aufstecken.
- Stoßfänger anschrauben.
- Heckleuchten einbauen, siehe Seite 97.

Innenkotflügel vorn aus- und einbauen

Ausbau

- Stellung der Vorderräder zur Radnabe mit Farbe kennzeichnen. Dadurch kann das ausgewuchtete Rad wieder in derselben Position montiert werden. Radschrauben lösen, dabei muß das Fahrzeug auf dem Boden stehen. Fahrzeug vorn aufbocken und Vorderräder abnehmen.

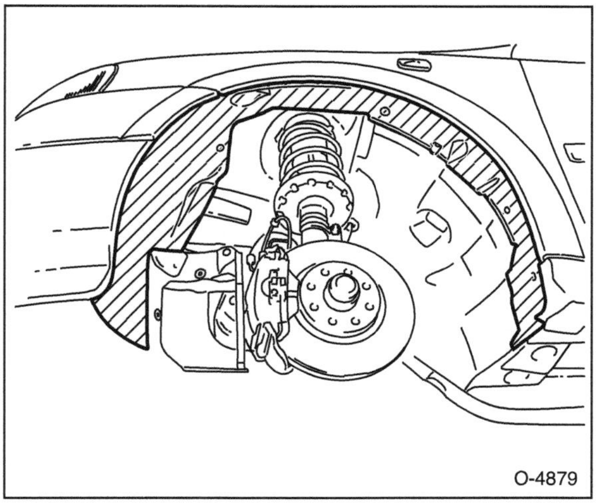

O-4879

- Befestigungen für Innenkotflügel lösen:
  5 Spreiznieten, 2 Schrauben.

Hinweis: In den Spreiznieten befinden sich kleine Bolzen, die zuvor mit einem geeigneten Dorn durchgedrückt werden müssen. Bolzen und Nieten können wieder verwendet werden.

- Innenkotflügel aus dem Radhaus herausnehmen.

Einbau

- Innenkotflügel ansetzen. Spreiznieten einsetzen und durch Eindrücken der Bolzen befestigen.
- Vorderräder so ansetzen, daß die beim Ausbau angebrachten Markierungen übereinstimmen. Vorher Zentriersitz der Felge an der Radnabe mit Wälzlagerfett dünn einfetten. Radschrauben nur an der Kopf-Anlagefläche zur Felge, nicht am Gewinde fetten. Korrodierte Radschrauben erneuern. Räder anschrauben. Fahrzeug ablassen und Radschrauben über Kreuz mit **110 Nm** festziehen.

Kotflügel aus- und einbauen

Ausbau

- Innenkotflügel ausbauen, siehe entsprechendes Kapitel.
- Stoßfänger vorn ausbauen, siehe entsprechendes Kapitel.
- Seitliche Blinkleuchte ausbauen, siehe Seite 87.
- Schwellerverkleidung seitlich ausbauen, siehe entsprechendes Kapitel.

ASTRA

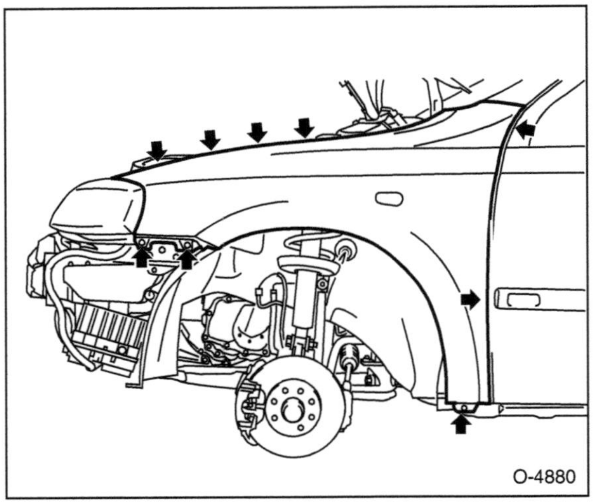

ZAFIRA

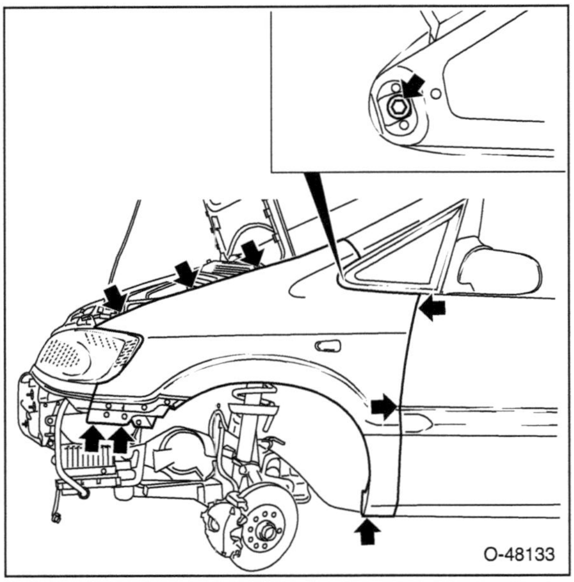

- Schrauben für Kotflügel herausdrehen, die –Pfeile– zeigen die Lage der Schrauben an.
- Kotflügel abdrücken und von der Karosserie abnehmen. Dabei Dichtungsmasse mit einem scharfen Messer trennen oder mit einem Fön erwärmen.
- Dichtmasse von der Karosserie abschaben. Dabei darauf achten, daß der Lack nicht beschädigt wird.

Einbau

- Neuen Kotflügel vor dem Einbau an den später unzugänglichen Stellen lackieren.
- Anlageflächen des Kotflügels reinigen, gegebenenfalls ausrichten.
- Kotflügel montieren, ausrichten und wieder abbauen.
- Auf den Anlageflächen handelsübliches Kotflügelabdichtband auflegen oder Dichtmasse auftragen.

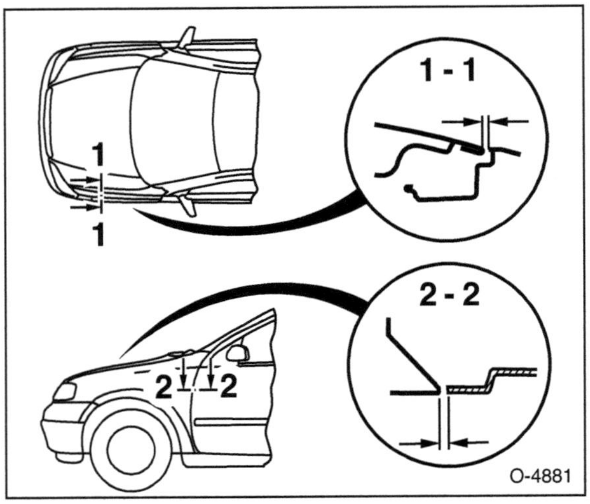

- Kotflügel zu den angrenzenden Teilen ausrichten und festschrauben. Die Abstände zu Motorhaube –1-1– und Tür –2-2– sollen 4 ± 1 mm betragen. Der jeweilige Spalt muß auf der gesamten Länge parallel sein.
- Schutzwachs auf die Kotflügel-Innenseite aufspritzen.
- Stoßfänger vorn einbauen, siehe entsprechendes Kapitel.
- Innenkotflügel einbauen, siehe entsprechendes Kapitel.
- Seitliche Blinkleuchte einbauen, siehe Seite 87.
- Seitliche Schwellerverkleidung einbauen, siehe entsprechendes Kapitel.

Spiegelmotor aus- und einbauen

Ausbau

- Spiegelglas ausbauen, siehe entsprechendes Kapitel.
- Außenspiegel ausbauen, siehe entsprechendes Kapitel.

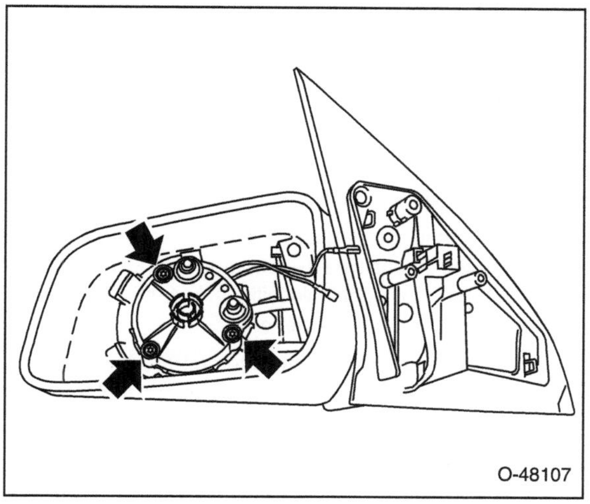

- Spiegelmotor mit 3 Schrauben abschrauben.
- Kabelstecker für Spiegelmotor trennen.

Einbau

- Kabelstecker für Spiegelmotor verbinden, er muß einrasten.
- Spiegelmotor mit 3 Schrauben anschrauben.
- Außenspiegel und Spiegelglas einbauen, siehe entsprechendes Kapitel.
- Außenspiegel einstellen.

Schwellerverkleidung seitlich aus- und einbauen

Ausbau

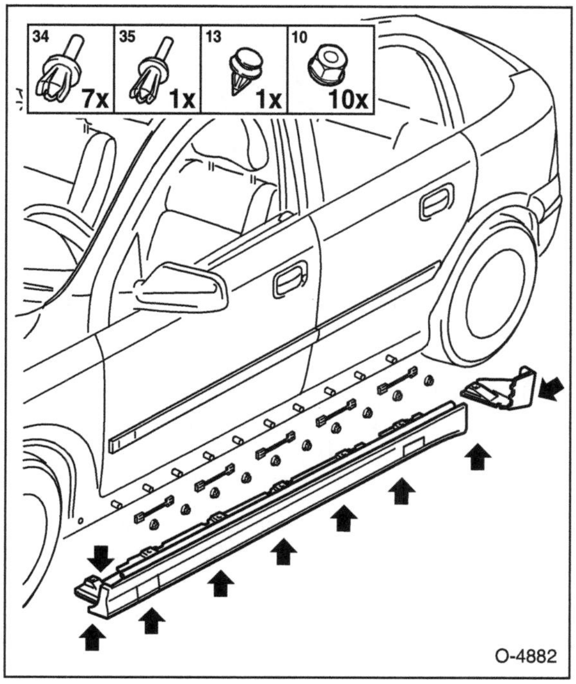

- Türen öffnen. Spreiznieten an den mit –Pfeilen– bezeichneten Stellen herausziehen. In den Spreiznieten befinden sich kleine Bolzen, die zuvor mit einem geeigneten Dorn durchgedrückt werden müssen. Bolzen und Nieten können wieder verwendet werden.
- Von vorne beginnend die Schwellerverkleidung abziehen.
- Gegebenenfalls Halterungen mit Muttern abschrauben.

Einbau

- Der Einbau erfolgt in umgekehrter Ausbaureihenfolge.

Kofferraumklappe aus- und einbauen

Stufenheck

Ausbau

- Steckverbindungen am Stellmotor für Zentralverriegelung und Schloß trennen.
- Elektrische Leitungen herausziehen.
- Umliegenden Lack mit Decken gegen Kratzer schützen.

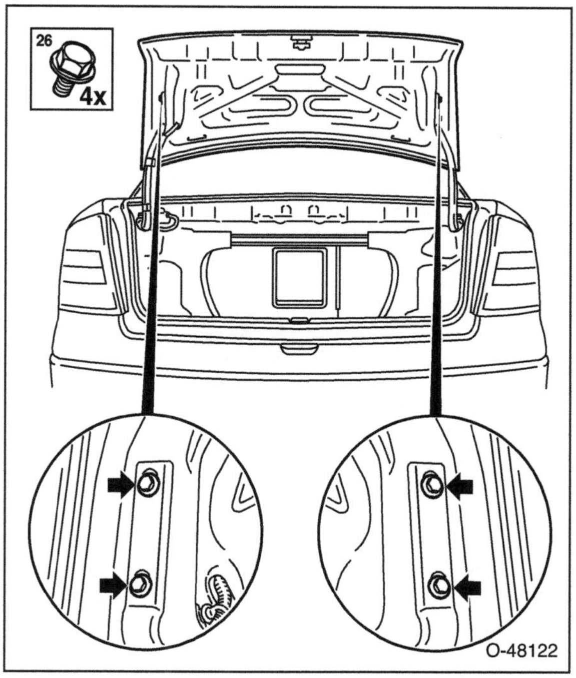

- Scharnierschrauben –Pfeile– abschrauben und Klappe mit Helfer abnehmen.

Einbau

- Bei neuer Heckklappe, Anbauteile von alter auf neue Klappe umbauen.
- Heckklappe mit Helfer so ausrichten, daß zu den umliegenden Teilen ein gleich großer und paralleler Spalt von **4 ± 1 mm** vorhanden ist. Schrauben mit **20 Nm** festziehen.
- Elektrische Leitungen einziehen.
- Mehrfachstecker am Stellmotor für Zentralverriegelung und Schloß verbinden.

Motorhaube aus- und einbauen/ einrichten

Ausbau

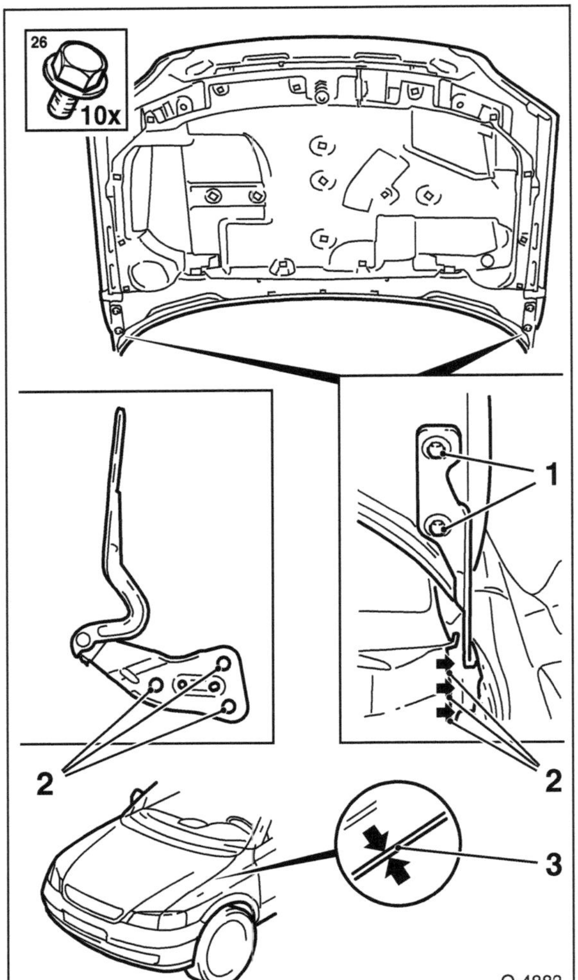

O-4883

- Kotflügel mit Decken schützen. Scharnierschrauben mit Filzstift umkreisen, dies erleichtert den späteren Einbau. Motorhaube von den Scharnieren mit je 2 Schrauben –1– abschrauben. Motorhaube mit Helfer abnehmen.
- Gegebenenfalls auch Scharnier mit Schrauben –2– abschrauben. Dazu muß vorher die Windlaufabdeckung ausgebaut werden, siehe entsprechendes Kapitel.

Einbau

- Motorhaube mit Helfer einsetzen und an den Scharnieren anschrauben. Dabei Motorhaube so ausrichten, daß die Scharnierschrauben in den beim Ausbau angebrachten Markierungen liegen.

Motorhaube einrichten/Einbau einer neuen Haube

- 2 Gummipuffer vorn an der Motorhaube einschrauben. Durch Herausdrehen der Gummipuffer Höhe der Motorhaube vorn gegenüber den Kotflügeln einstellen. Etwas Knetmasse drauflegen, um festzustellen, ob die Puffer schon Kontakt zur geschlossenen Motorhaube haben.
- Motorhaube ohne Schließhaken durch Verschieben in den Scharnierschrauben –1– so ausrichten, daß der Spalt –3– zum Kotflügel beidseitig 4 ± 1 mm beträgt. Scharnierschrauben –1– festziehen.
- Höhenverstellung der Haube im hinteren Bereich vornehmen. Dazu Scharnierschrauben –2– lösen und Motorhaube verschieben. Scharnierschrauben –2– festziehen.

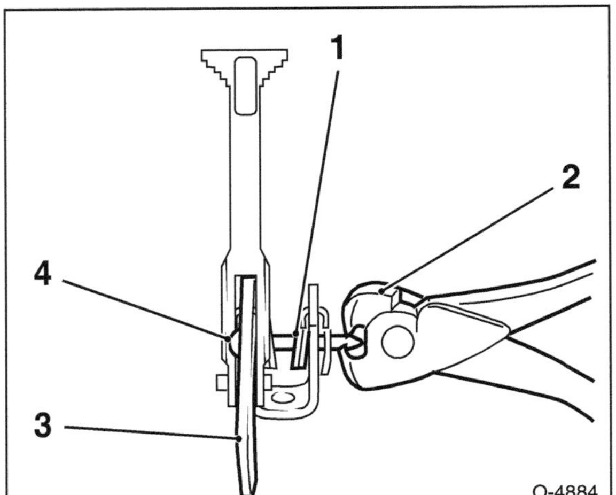

O-4884

- Schließhaken –3– mit Feder –1– und Niet –4– einbauen, dabei Nietenden mit Zange –2– aufweiten.

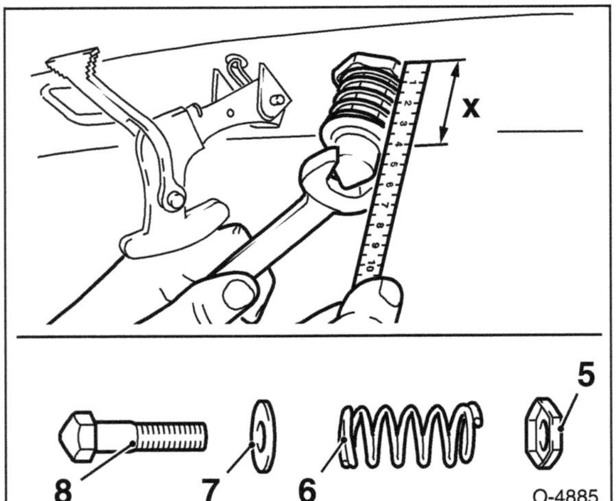

O-4885

- Schließzapfen –8– mit kleiner Scheibe –7–, Spiralfeder –6– und großer Scheibenmutter –5– in die Haube einschrauben und auf das Abstandsmaß **X = 40 – 45 mm** einstellen. Das Maß –X– wird vom Haubenblech bis zum Rand der Scheibe –7– gemessen. Anschließend Schließzapfen mit Gabelschlüssel SW 19 festhalten und Scheibenmutter –5– mit Gabelschlüssel gegen das Haubenblech drehen. Dadurch wird der Schließzapfen gekontert.

- Schließzapfen mit Mehrzweckfett bestreichen.
- Motorhaube schließen und einwandfreie Passung und Schließfunktion prüfen, gegebenenfalls nochmals einstellen.

Heckklappe aus- und einbauen/ Gasdruckfeder aus- und einbauen

Schrägheck/Caravan

Hinweis: Damit die elektrischen Leitungen oder Wasserschläuche leichter wieder in die alte Heckklappe eingebaut werden können, vor dem Ausbau an das Ende eine Schnur anbinden. Die Schnur verbleibt anschließend in der ausgebauten Heckklappe. Beim Einbau können mit Hilfe der Schnur die elektrischen Leitungen und Wasserschläuche leichter eingezogen werden.

Ausbau

- Batterie-Massekabel (–) bei ausgeschalteter Zündung abklemmen. **Achtung:** Dadurch werden elektronische Speicher gelöscht, wie zum Beispiel der Radiocode. Ohne Code kann das Radio nur vom Radiohersteller freigeschaltet werden, beziehungsweise beim OPEL-Radio von einer OPEL-Werkstatt. Deshalb Hinweise im Kapitel »Batterie aus- und einbauen« durchlesen.
- Heckklappen-Innenverkleidung ausbauen, siehe Seite 268.
- Steckverbindungen am Heckscheibenwischer und Schloß trennen. Stecker vom Stellmotor für Zentralverriegelung abziehen.
- Schnur anbinden, elektrische Leitungen herausziehen. Die Schnur verbleibt in der Heckklappe als Hilfe zum Einfädeln der Leitungen.
- Heckklappe von Helfer abstützen lassen. Umliegenden Lack mit Decken gegen Kratzer schützen.

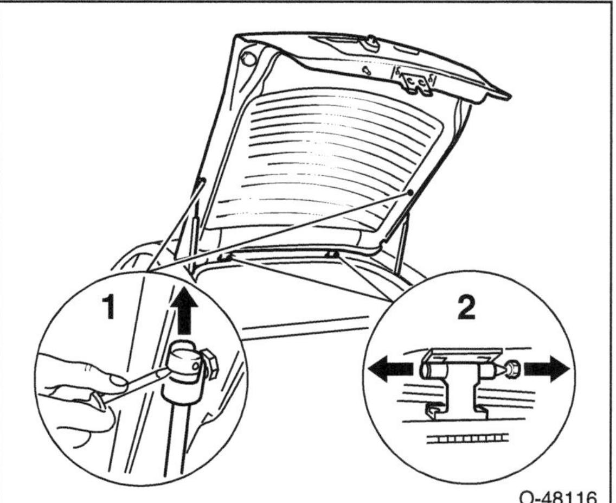

O-48116

- Gasdruckfeder vom Kugelkopf an der Heckklappe abziehen. Dazu Sicherungsklammer –1– mit Schraubendreher an der Kugelpfanne abhebeln. Soll die Gasdruckfeder ganz ausgebaut werden, Sicherungsklammer am anderen Ende der Gasdruckfeder in gleicher Weise abhebeln.
- Sicherungsklammern abziehen, Scharnierbolzen –2– für Heckklappe herausziehen oder mit Hammer und Durchschlag heraustreiben. Heckklappe mit Helfer abnehmen.

Einbau

- Bei neuer Heckklappe, Anbauteile von alter auf neue Klappe umbauen.
- Heckklappe mit Helfer an die Scharniere ansetzen und Bolzen an den Scharnieren durchschieben. Sicherungs-Blechklammern aufschieben.
- Gasdruckfeder am Kugelkopf aufdrücken. Sicherungsklammer am Kugelkopf einsetzen und aufdrücken. **Achtung:** War die Gasdruckfeder komplett ausgebaut, Einbaurichtung beachten. Die Druckstange zeigt in Einbaulage nach oben.
- Elektrische Leitungen bei der alten Klappe mit Hilfe der eingezogenen Schnüre einziehen, bei neuer Klappe nach Vorlage der alten Klappe einziehen.
- Steckverbindungen am Heckscheibenwischer und Schloß aufstecken. Stecker auf Stellmotor für Zentralverriegelung aufstecken.

Heckklappe einrichten/Einbau einer neuen Klappe

- Heckklappenschloß ausbauen, siehe Seite 291.
- Heckklappe ohne Schloß schließen und Einstellung prüfen. Gegebenenfalls Scharnierschrauben lockern und Klappe so ausrichten, daß zu den umliegenden Teilen ein gleich großer und paralleler Spalt von **4 ± 1 mm** vorhanden ist. Schrauben mit **20 Nm** festziehen.
- **Caravan:** In Höhe des Heckklappenfensters muß seitlich ein Spalt von **6 ± 1 mm** zum Karosserieausschnitt vorhanden sein. Zum Erreichen der Scharnierschrauben im Dach muß die Dach-Abschlußleiste ausgebaut werden.
- Anschließend Heckklappenschloß einbauen und einstellen, siehe entsprechendes Kapitel.
- **Caravan:** Gummipuffer an beiden Seiten so weit herausdrehen, daß die Heckklappe in geschlossenem Zustand spannungsfrei auf den Puffern aufliegt. Etwas Knetmasse drauflegen, um festzustellen, ob die Puffer schon Kontakt zur geschlossenen Heckklappe haben.

- Heckklappen-Innenverkleidung einbauen, siehe Seite 268.
- Batterie-Massekabel (–) anklemmen. **Achtung:** Hoch-/Tieflaufautomatik für elektrische Fensterheber aktivieren sowie Zeituhr stellen und Radiocode eingeben, siehe Kapitel »Batterie aus- und einbauen«.

Heckklappe aus- und einbauen

ZAFIRA

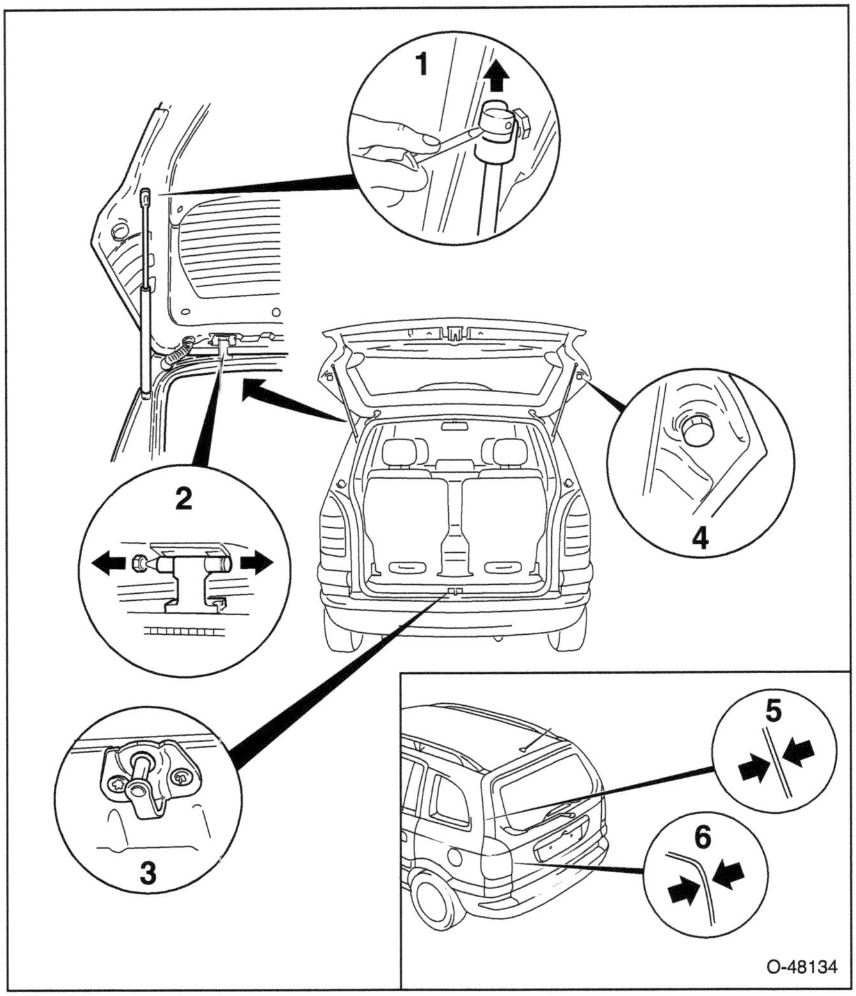

ZAFIRA

Ausbau

Der Aus- und Einbau sowie das Einrichten der Heckklappe beim ZAFIRA erfolgt prinzipiell auf die gleiche Weise wie beim ASTRA Schrägheck/Caravan. Entsprechend vorgehen.

- Innenverkleidung für Heckklappe ausbauen, siehe Seite 268.
- Schlauch für Heckscheiben-Waschanlage abziehen.
- Sicherungsklammer an den Gasdruckfedern links und rechts anheben –1– und vom Kugelkopf abdrücken.
- Scharnierbolzen auf beiden Seiten entsichern –2– und herausziehen.
- Heckklappe mit Helfer abnehmen.

Einbau

- Der Einbau erfolgt sinngemäß in umgekehrter Ausbaureihenfolge.
- Gegebenenfalls neue Heckklappe einrichten.

Tür aus- und einbauen/ einrichten

Ausbau

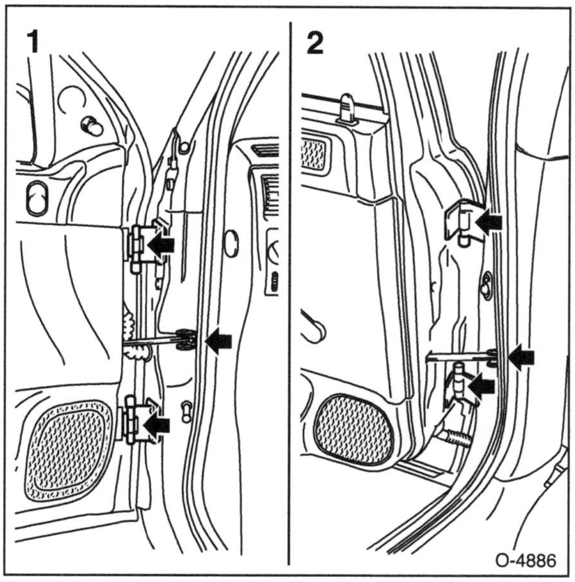

1 – Vordertür-Scharniere
2 – Hintertür-Scharniere

- Befestigungsschraube für Türhalteband herausdrehen.
- Elektrische Steckverbindung zur Tür trennen. Dazu Rändelmutter um 90° nach links drehen und Stecker abziehen.
- Gummikappen von den Scharnierbolzen an beiden Türscharnieren abnehmen. Bolzen zu der Seite herausschlagen, auf der die Kappe saß. Dabei Tür von Helfer halten lassen. Zum leichteren Ausbau der Scharnierbolzen gibt es ein spezielles Schlag-Ausziehgerät, zum Beispiel HAZET Nr. 1970 (OPEL-Nr. KM-298).

Einbau

- Tür einsetzen und Scharnierbolzen vorsichtig einschlagen.
- Mehrfachstecker aufschieben und durch Rechtsdrehen der Rändelmutter sichern.
- Stift für Türbremse von oben einsetzen und anschrauben.
- Tür einstellen.
- Gummikappen auf die Scharnierbolzen aufsetzen.
- Falls ausgebaut, Türschloß einbauen.

Tür einrichten/Einbau einer neuen Tür

- Türschloß ausbauen, siehe entsprechendes Kapitel.
- Die Einstellung erfolgt durch Ausrichten (Verbiegen) der Scharniere. Dies erfordert einige Erfahrung, daher im Zweifelsfall Fachwerkstatt aufsuchen. Spezielle Biegewerkzeuge werden im Handel angeboten, zum Beispiel HAZET 1931.
- Zum Einstellen der Fugenmaße Scharniere so verbiegen, daß sich zu den umliegenden Karosserieteilen ein paralleler und jeweils gleich großer Spalt ergibt.
  Sollwerte: Der vordere und hintere Spalt muß ca. 4 ± 1 mm betragen.
- Tür an die Karosseriekontur anpassen: Schließt die Tür in geschlossenem Zustand vorn nicht bündig mit der umliegenden Karosserie ab, Scharniere entsprechend nach außen oder innen ziehen. Die hintere Tür darf vorn maximal 1 mm weiter innen stehen als die Vordertür.
- Türschloß einbauen, siehe entsprechendes Kapitel.

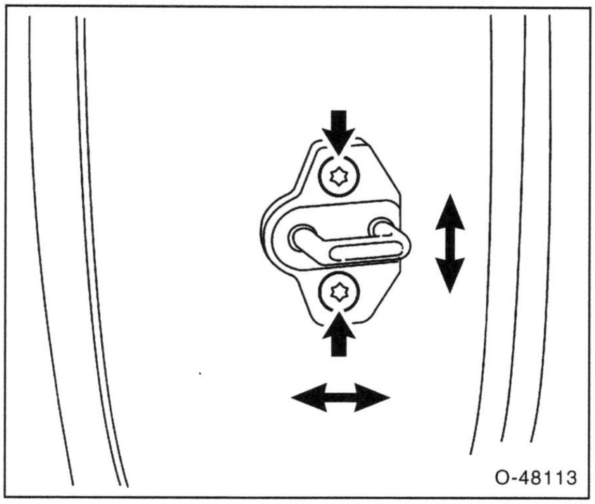

- Im hinteren Bereich der Tür ist die Einstellung an der Schließplatte vorzunehmen. Um das Verschieben besser kontrollieren zu können, Schließplatte vor dem Lösen der Schrauben mit Filzstift umranden.
- Schließplatte soweit lösen, daß sie mit leichten Schlägen mit dem Gummihammer verschoben werden kann.
- Tür schließen und ausrichten, dadurch wird auch die Schließplatte ausgerichtet. Anschließend Tür vorsichtig öffnen und Schrauben für Schließplatte festziehen.
- Falls erforderlich, die durch das Verbiegen der Scharniere entstandenen Lackschäden beheben.

Türverkleidung/Innenbetätigung aus- und einbauen

Es wird der Ausbau der vorderen Türverkleidung beschrieben. Der Arbeitsablauf beim Ausbau der hinteren Türverkleidung ist fast identisch, auf Abweichungen wird hingewiesen.

Sicherheitshinweis
In beiden Vordersitzen sind **Seiten-Airbags** eingebaut. Der Sensor zum Auslösen befindet sich im Inneren der Tür und reagiert auf den Luftdruckanstieg bei einem Seitenaufprall. Daher muß nach Arbeiten an den Vordertüren sichergestellt sein, daß die gesamte Türdichtfolie (Wasserabweisfolie) unbeschädigt ist und ohne Unterbrechungen im Randbereich verklebt wird. Die Türverkleidung darf nicht beschädigt sein (Clips abgebrochen usw.), außerdem darf sie nicht verändert werden, beispielsweise durch zusätzliche Bohrungen oder nachträglich angebrachtes Zubehör. Nur dann ist ein einwandfreies Auslösen des Seitenairbags sichergestellt. **Wichtig:** Airbag-Sicherheitsmaßnahmen beachten, siehe Seite 144.

ASTRA

Ausbau

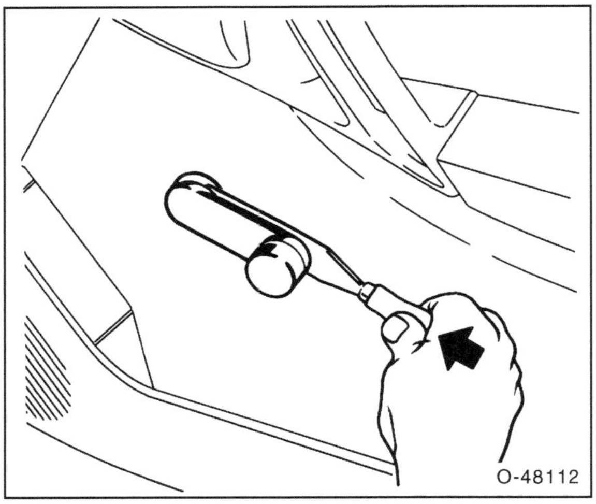

- Falls vorhanden, Fensterkurbel ausbauen. Dazu mit OPEL-Werkzeug KM-317-A die Drahtklammer wie in der Abbildung gezeigt abdrücken. **Hinweis:** Es kann auch die HAZET-Zange 799 verwendet werden.

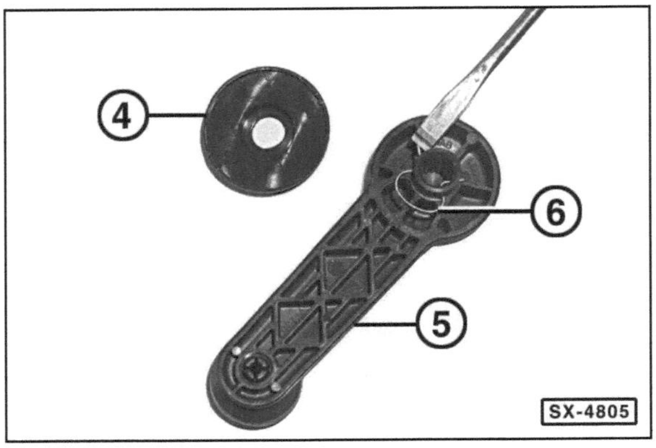

- Stehen beide Werkzeuge nicht zur Verfügung, Feder –6– mit einem schmalen Schraubendreher abdrücken. Kurbel –5– von der Achse abziehen. Falls beim Ausbau die Feder ganz aus der Fensterkurbel herausgedrückt wurde, Feder wieder in die Nut der Kurbel eindrücken. Kunststoffscheibe –4– abnehmen.

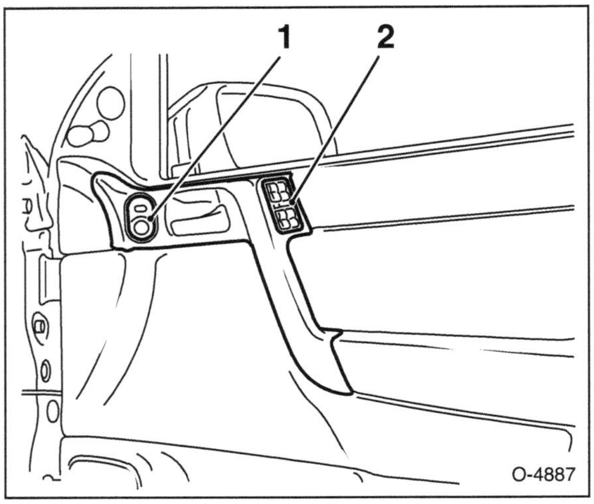

- **Vordertür:** Wo vorhanden, Schalter –1– für elektrische Spiegelverstellung und Schalter –2– für elektrischen Fensterheber mit schmalen Schraubendreher am Rahmen aushebeln und Stecker abziehen.
- Blende für Haltegriff abclipsen, dabei Oberfläche nicht beschädigen.
- Abdeckung für Außenspiegelbefestigung abziehen.

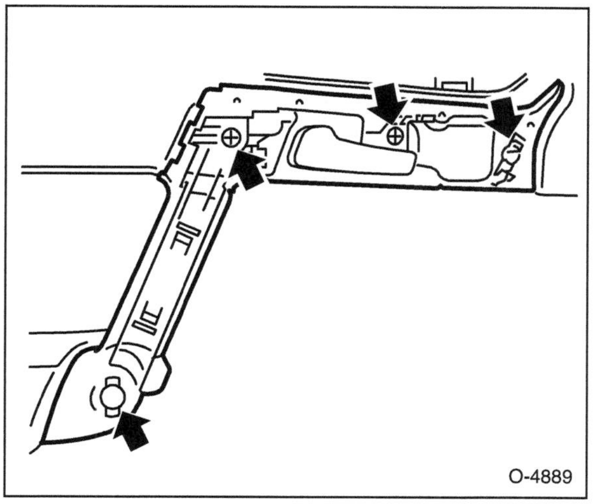

- Haltegriff abschrauben –Pfeile–.

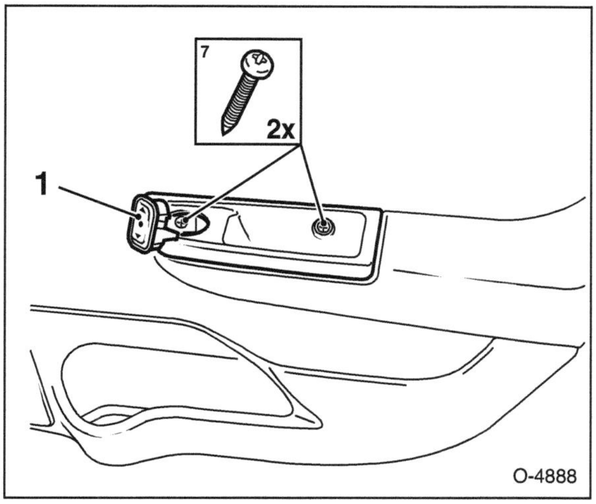

- **Hintertür:** Wo vorhanden, Schalter –1– für elektrischen Fensterheber aushebeln und Stecker abziehen. Haltegriff abschrauben, siehe Abbildung.
- Schraube aus der Griffschale für Innenbetätigung ausschrauben.

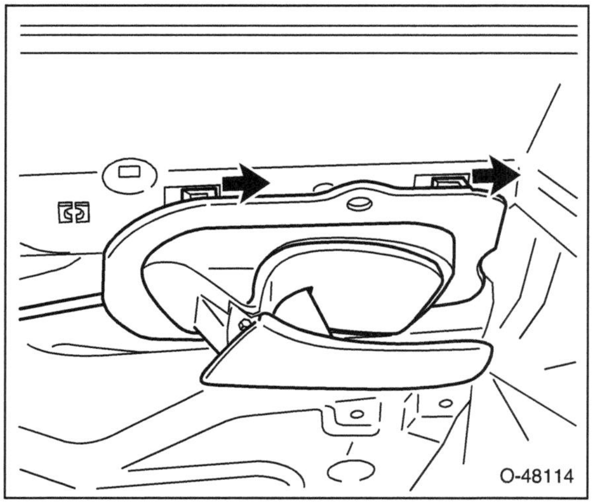

- Innenbetätigung nach vorn drücken und herausziehen. Bowdenzug an der Rückseite aushängen.

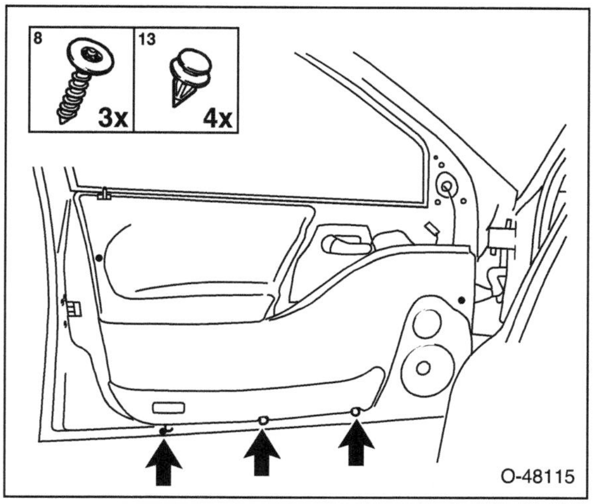

- **Vordertür:** Schrauben an Unterkante der Verkleidung herausdrehen. **Hinweis:** Die abgebildeten Teile stammen nicht vom OPEL ASTRA.
- Türverkleidung vorn, hinten und unten mit breitem Kunststoffspachtel von Tür abdrücken, dabei rasten die Clipse aus. Türverkleidung abnehmen.
- Türdichtfolie abziehen. **Achtung:** Darauf achten, daß die Folie möglichst nicht einreißt.

Einbau

- Gebrauchte Türdichtfolie mit doppelseitigem Klebeband ankleben. Eingerissene Türdichtfolie **auf jeden Fall erneuern**, siehe Sicherheitshinweis auf Seite 282.
- Türverkleidung ansetzen und im Bereich der Clipse andrücken. Beschädigte Clips unbedingt erneuern.
- Vordere Türverkleidung unten anschrauben.
- Bowdenzug an der Türinnenbetätigung einhängen. Türinnenbetätigung einsetzen und nach hinten einrasten.
- Schraube in die Griffschale für Innenbetätigung einschrauben.
- Haltegriff anschrauben, siehe Abbildungen unter »Ausbau«.
- Stecker für elektrische Spiegelverstellung beziehungsweise für elektrischen Fensterheber verbinden und Schalter einclipsen.
- Blende für Türhaltegriff einclipsen.
- Kunststoffscheibe für mechanischen Fensterheber mit der erhöhten Seite zur Türverkleidung auf die Kurbelachse schieben.
- Fensterkurbel auf die Achse schieben und mit dem Handballen aufschlagen, dabei muß die Spannfeder in die Nut der Achse einrasten. Die Kurbel soll bei geschlossener Scheibe nach unten zeigen. Gegebenenfalls Türverkleidung etwas eindrücken und Kunststoffscheibe ausrichten.
- Abdeckung für Außenspiegelbefestigung aufdrücken.

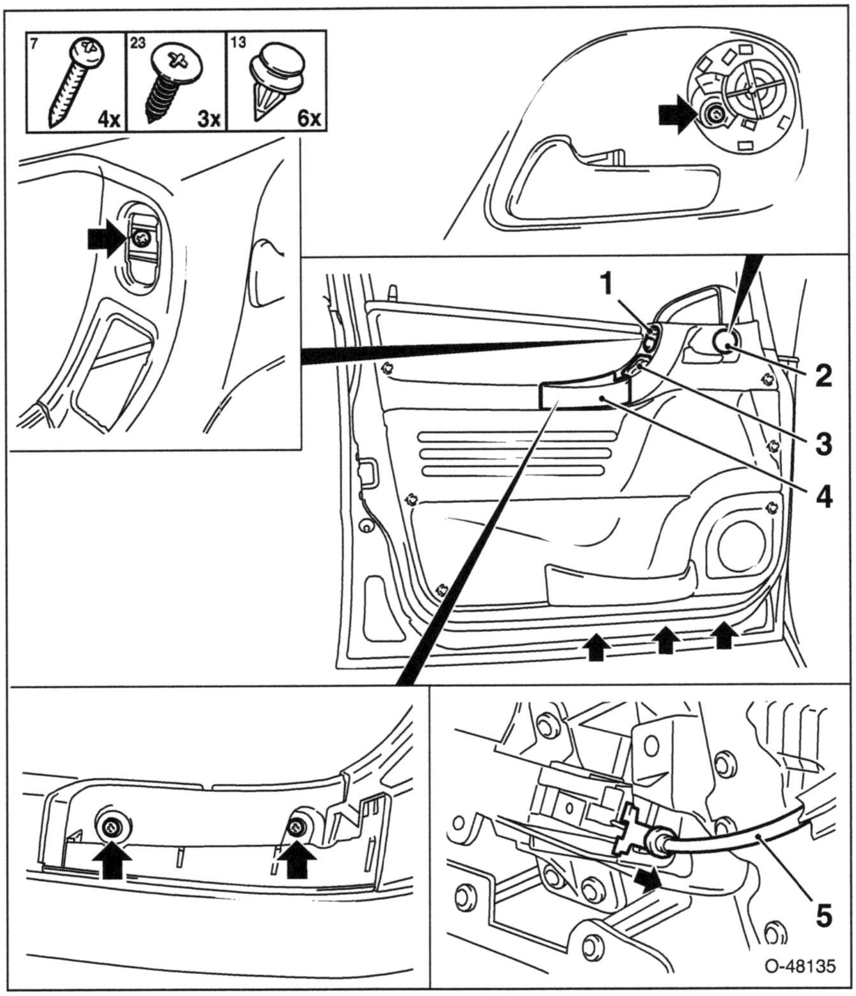

Ausbau

- Abdeckkappe für Schraube unten im Haltegriff –4– abheben. Schraube herausdrehen und Haltegriff –4– herausnehmen.
- Fahrzeuge mit manuellen Fensterhebern: Fensterkurbel ausbauen, siehe Abschnitt über den ASTRA.
- Fahrzeuge mit elektrischen Fensterhebern: Schalter ausclipsen –3–. Stecker am Schalter entriegeln und abziehen.
- Schalter für elektrische Außenspiegel ausclipsen –1–. Stecker für elektrische Außenspiegel entriegeln und abziehen.
- Abdeckung für Hochtonlautsprecher –2– ausclipsen und abnehmen.
- Innenverkleidung für Vordertür lösen.
- Stecker am Hochtonlautsprecher abziehen.
- Bowdenzug am Türgriff abbauen –5–.
- Innenverkleidung abnehmen.

Einbau

- Der Einbau erfolgt in umgekehrter Ausbaureihenfolge.

Sensor für Seitenairbag aus- und einbauen

Der Sensor muß beispielsweise vor Schweiß- oder Lötarbeiten an der Vordertür ausgebaut werden und auch vor Demontage des Fensterhebers.

Sicherheitshinweis
In beiden Vordersitzen sind **Seiten-Airbags** eingebaut. Der Sensor zum Auslösen befindet sich im Inneren der Tür und reagiert auf den Luftdruckanstieg bei einem Seitenaufprall. Daher muß nach Arbeiten an den Vordertüren sichergestellt sein, daß die gesamte Türdichtfolie (Wasserabweisfolie) unbeschädigt ist und ohne Unterbrechungen im Randbereich verklebt wird. Die Türverkleidung darf nicht beschädigt sein (Clips abgebrochen usw.), außerdem darf sie nicht verändert werden, beispielsweise durch zusätzliche Bohrungen oder nachträglich angebrachtes Zubehör. Nur dann ist ein einwandfreies Auslösen des Seitenairbags sichergestellt. **Wichtig:** Airbag-Sicherheitsmaßnahmen beachten, siehe Seite 144.

ASTRA

Ausbau

- Massekabel (–) und Pluskabel (+) von der Batterie abklemmen. Kontakte an der Batterie isolieren. Nach Abklemmen des Massekabels (–) mindestens **1 Minute warten** bis sich der Kondensator entladen hat. **Achtung:** Vor dem Abklemmen der Batterie sollten auch die Hinweise im Kapitel »Batterie aus- und einbauen« durchgelesen werden.
- Türverkleidung und Türdichtfolie an der Vordertür ausbauen, siehe Seite 282.

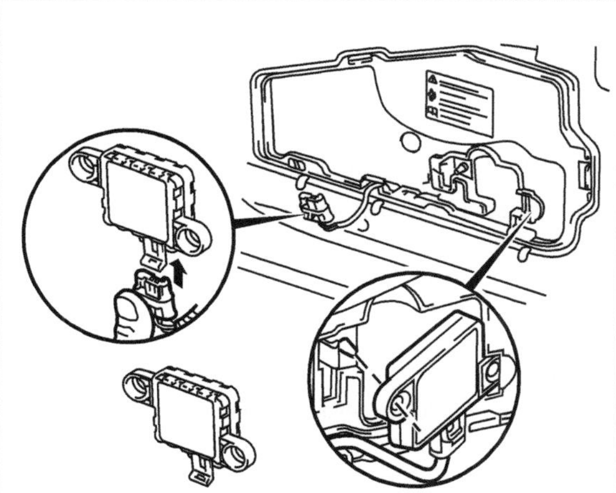

O-4890

- Anschlußstecker am Sensor für Seitenairbag abziehen.

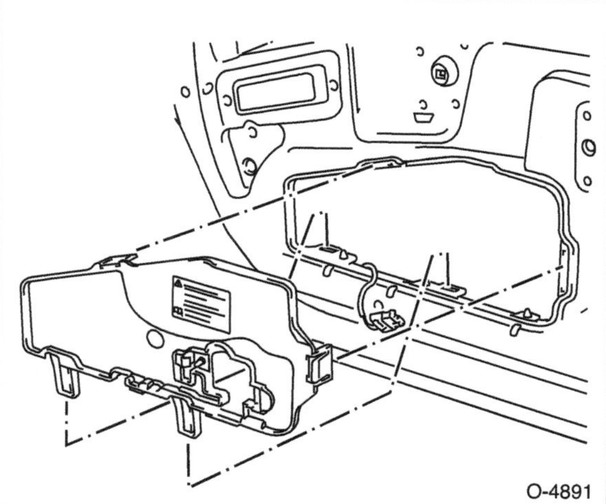

O-4891

- Halter für Sensor mit 4 Schrauben am Türgrundkörper abschrauben.

Einbau

- Halter für Sensor mit 4 Schrauben am Türgrundkörper anschrauben.
- **Achtung:** Es werden Sensoren unterschiedlicher Ausführung in den ASTRA eingebaut. Wird ein neuer Sensor für Seitenairbag eingebaut, darauf achten, daß die gleiche Ausführung verwendet wird.
- Sensor für Seitenairbag mit 2 Schrauben am Halter anschrauben.
- Anschlußstecker am Sensor für Seitenairbag aufstecken.
- Gebrauchte Türdichtfolie mit doppelseitigem Klebeband ankleben und Türverkleidung einbauen.

Wichtig: Beschädigte Türfolie/Türverkleidung unbedingt erneuern, sonst kann der Seitenairbag ausfallen, siehe Seite 282.

Sicherheitshinweis
Während des Anklemmens der Batterie dürfen sich keine Personen im Fahrzeug aufhalten.

- Batterie anklemmen, zuerst Pluskabel (+), dann Massekabel (–). **Achtung:** Hoch-/Tieflaufautomatik für elektrische Fensterheber aktivieren sowie Zeituhr stellen und Radiocode eingeben, siehe Kapitel »Batterie aus- und einbauen«.

ZAFIRA

Ausbau

- Massekabel (–) und Pluskabel (+) von der Batterie abklemmen. Kontakte an der Batterie isolieren. Nach Abklemmen des Massekabels (–) mindestens **1 Minute warten** bis sich der Kondensator entladen hat. **Achtung:** Vor dem Abklemmen der Batterie sollten auch die Hinweise im Kapitel »Batterie aus- und einbauen« durchgelesen werden.
- Innenverkleidung ausbauen, siehe entsprechendes Kapitel.

- Türdichtfolie vorsichtig entfernen, siehe dazu auch die Sicherheitshinweise auf Seite 285.

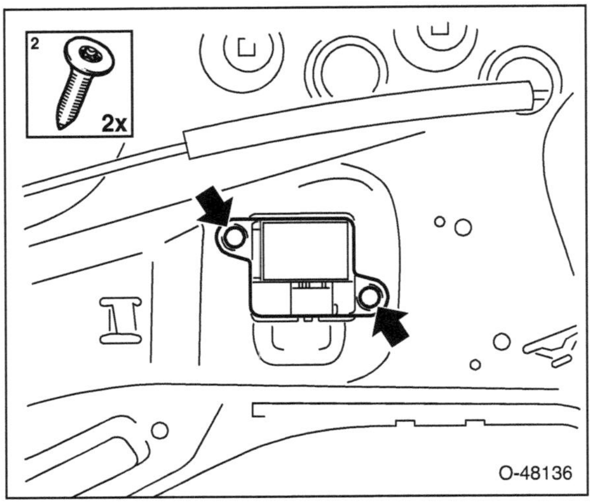

- Stecker am Sensor entriegeln und abziehen.
- Sensor für Seitenairbag abschrauben –Pfeile– und abnehmen.

Einbau

- Stecker am Sensor für Seitenairbag aufschieben.
- Sensor anschrauben –Pfeile–.
- Gebrauchte Türdichtfolie mit doppelseitigem Klebeband ankleben und Türverkleidung einbauen.

Wichtig: Beschädigte Türfolie/Türverkleidung unbedingt erneuern, sonst kann der Seitenairbag ausfallen, siehe Seite 282.

Sicherheitshinweis
Während des Anklemmens der Batterie dürfen sich keine Personen im Fahrzeug aufhalten.

- Batterie anklemmen, zuerst Pluskabel (+), dann Massekabel (–). **Achtung:** Hoch-/Tieflaufautomatik für elektrische Fensterheber aktivieren sowie Zeituhr stellen und Radiocode eingeben, siehe Kapitel »Batterie aus- und einbauen«.

Türfenster vorn aus- und einbauen

Ausbau

- Türfenster halb öffnen.
- Sensor für Seitenairbag mit Halter ausbauen, siehe entsprechendes Kapitel.

Wichtig: Airbag-Sicherheitshinweise unbedingt beachten, siehe Seite 282.

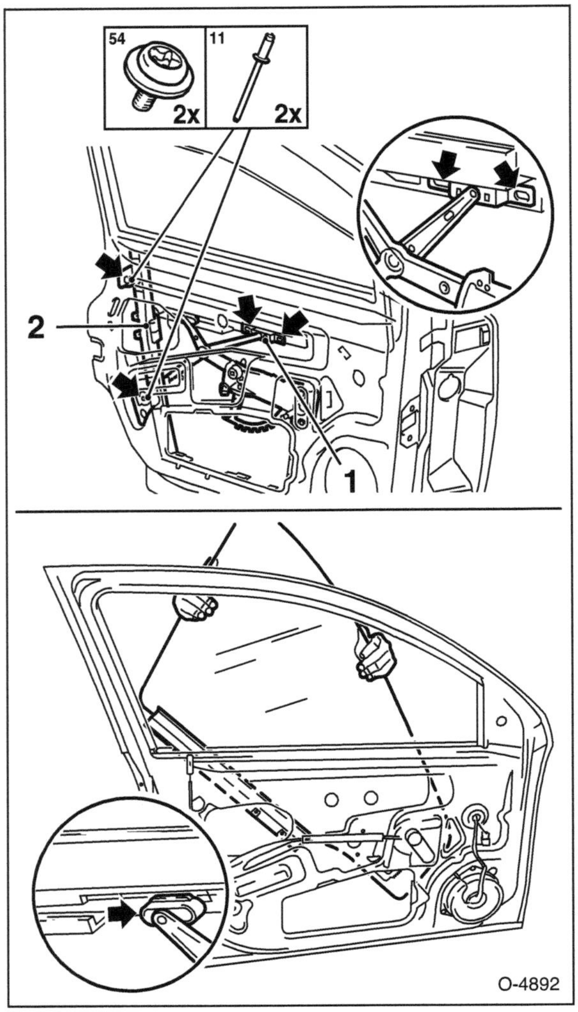

- 2 Nieten für die hintere Fenster-Führungsschiene –2– ausbohren. Dabei nur den Rand der Nieten abbohren. Anschließend die Nieten mit einem Hammer und Durchschlag nach innen austreiben.
- Fenster-Führungsschiene und Nietreste herausnehmen.
- Fensterführung –1– abschrauben.
- Fenster nach vorn kippen und nach oben aus dem Türschacht herausheben. Dabei gleitet die Führungsschiene aus dem Fensterheber, siehe unteren Teil der Abbildung.

Einbau

- Fensterscheibe von oben in den Türschacht einführen und dabei die Führungsschiene in den Fensterheber einsetzen.
- Hintere Führungsschiene einsetzen und anstelle der Nieten mit Schrauben und Muttern befestigen. Schrauben handfest anschrauben, erst nach Einstellung des Fensters ganz festziehen.
- Sensor für Seitenairbag mit Halter einbauen, siehe entsprechendes Kapitel. Türverkleidung noch nicht einbauen.

- Fenster einstellen. Dazu Fensterscheibe runter- und hochfahren. Bei Schwergängigkeit oder schlechter Passung hintere Führungsschiene in den Bohrungen entsprechend verschieben. Anschließend Schrauben für Führungsschiene festziehen.
- Gebrauchte Türdichtfolie mit doppelseitigem Klebeband ankleben und Türverkleidung einbauen.

Wichtig: Beschädigte Türfolie/Türverkleidung unbedingt erneuern, sonst kann der Seitenairbag ausfallen, siehe Seite 282.

Türfenster hinten aus- und einbauen

Ausbau

- Türfenster ganz nach unten fahren.
- Türverkleidung und Dichtfolie an der hinteren Tür ausbauen, siehe entsprechendes Kapitel.
- Äußere Fensterschachtabdichtung mit Kunststoffkeil nach oben vom Türkörper abhebeln.

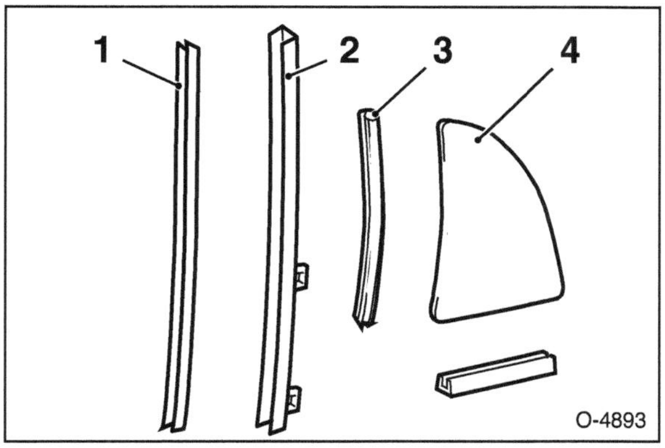

O-4893

- Feststehendes Dreieckfenster –4– der hinteren Tür ausbauen. Dazu bewegliches Fenster aus der Führungsschiene –2– herausziehen. Führungsschiene –2– im Türkörper abschrauben und herausnehmen. Dreieckfenster –4– mit Dichtung –3– abnehmen. 1 – Dichtung für Fensterscheibe.

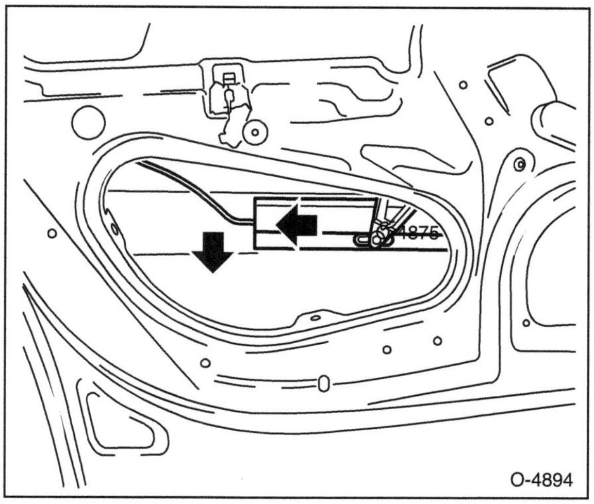
O-4894

- Türfenster in halb geöffnete Stellung fahren. Fenster leicht nach vorn kippen und nach oben aus dem Fensterheber herausziehen –Pfeile–.

Einbau

- Dreieckfenster mit Dichtungen einsetzen. Die Dichtung –3– zeigt mit der dickeren Dichtlippe zum Fahrzeuginnenraum, siehe Abbildung O-4893.
- Führungsschiene –2– einsetzen und anschrauben.
- Dichtung –1– in Führungsschiene –2– einschieben. Die große Dichtlippe zeigt nach außen.
- Fensterscheibe von oben in den Türschacht einführen und dabei die Führungsschiene in den Fensterheber einsetzen.
- Äußere Fensterschachtabdichtung auf den Türkörper aufdrücken.
- Gebrauchte Türdichtfolie mit doppelseitigem Klebeband ankleben und Türverkleidung einbauen.

Wichtig: Beschädigte Türfolie/Türverkleidung unbedingt erneuern, sonst kann der Seitenairbag ausfallen, siehe Seite 282.

Fensterheber/Fensterhebermotor vorn aus- und einbauen

Es wird der Ausbau des elektrisch betätigten Fensterhebers beschrieben. Manuell betätigte und elektrische Fensterheber haben die gleichen Befestigungspunkte.

Ausbau

- Sensor für Seitenairbag mit Halter ausbauen, siehe entsprechendes Kapitel.

Wichtig: Airbag-Sicherheitshinweise unbedingt beachten, siehe Seite 282.

- Türfenster vorn ausbauen, siehe entsprechendes Kapitel.

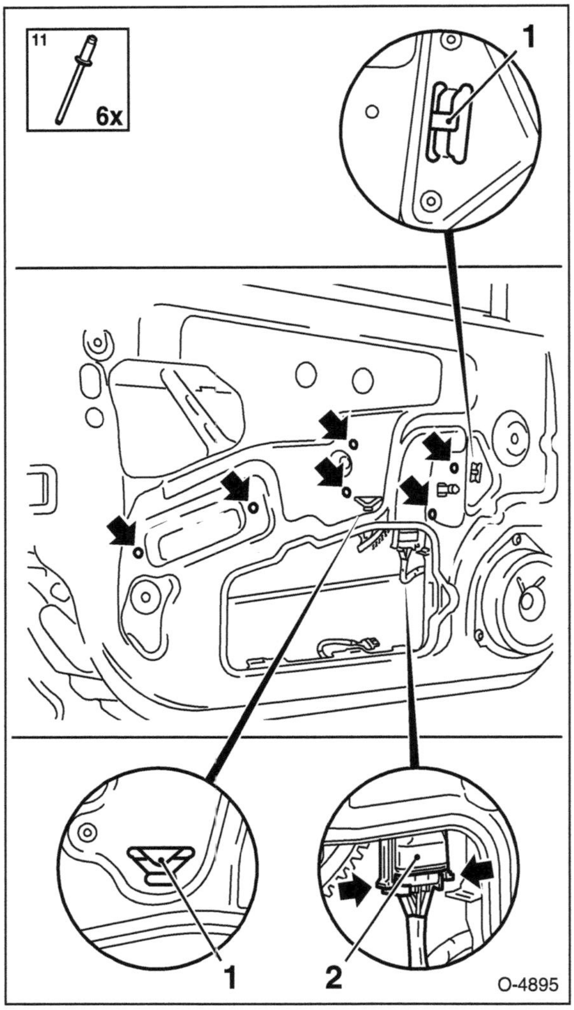

- Kabelstecker –2– am Fensterheber abziehen.
- Nieten –Pfeile– ausbohren. Dabei nur den Rand der Nieten abbohren. Anschließend die Nieten mit einem Hammer und Durchschlag nach innen austreiben.
- Fensterheber nach oben aus den Arretierungen –1– aushängen, dann herausnehmen.
- Gegebenenfalls Fensterhebermotor vom Fensterheber mit 3 Schrauben abschrauben.

Einbau

- Falls ausgebaut, Fensterhebermotor am Fensterheber mit 3 Schrauben anschrauben.
- Fensterheber einsetzen und in die Arretierungen –1– einhängen.
- Fensterheber anstelle der Nieten mit Schrauben und Muttern befestigen. Stattdessen können auch handelsübliche Popnieten verwendet werden, zum Befestigen ist dann allerdings eine spezielle Nietzange erforderlich.
- Kabelstecker –2– am Fensterheber aufstecken.
- Türfenster vorn einbauen, siehe entsprechendes Kapitel.
- Sensor für Seitenairbag mit Halter einbauen, siehe Seite 285.
- Gebrauchte Türdichtfolie mit doppelseitigem Klebeband ankleben und Türverkleidung einbauen.

Wichtig: Beschädigte Türfolie/Türverkleidung unbedingt erneuern, sonst kann der Seitenairbag ausfallen, siehe Seite 282.

Fensterheber hinten aus- und einbauen

Hinweis: Der Ausbau des elektrischen Fensterhebers der Hintertür entspricht dem Ausbau des vorderen Fensterhebers.

Ausbau/manuell betätigter Fensterheber

- Türfenster hinten ausbauen, siehe entsprechendes Kapitel.

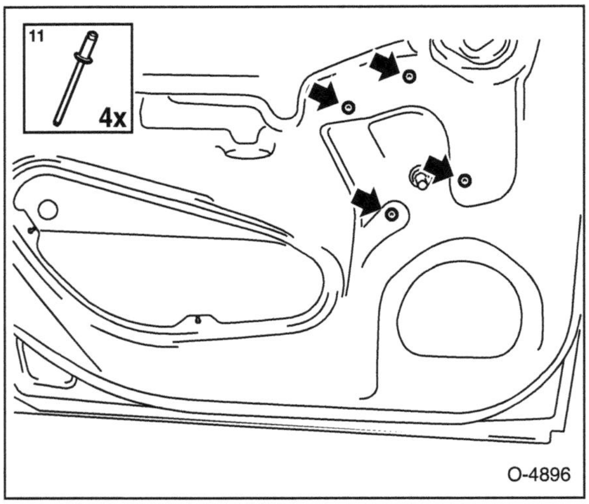

- Nieten –Pfeile– ausbohren. Dabei nur den Rand der Nieten abbohren. Anschließend die Nieten mit einem Hammer und Durchschlag nach innen austreiben.
- Fensterheber herausnehmen.

Einbau

- Fensterheber anstelle der Nieten mit Schrauben und Muttern befestigen. Stattdessen können auch handelsübliche Popnieten verwendet werden, zum Befestigen ist dann allerdings eine spezielle Nietzange erforderlich.
- Türfenster hinten einbauen, siehe entsprechendes Kapitel.
- Gebrauchte Türdichtfolie mit doppelseitigem Klebeband ankleben und Türverkleidung einbauen.

Wichtig: Beschädigte Türfolie/Türverkleidung unbedingt erneuern, sonst kann der Seitenairbag ausfallen, siehe Seite 282.

Türgriff aus- und einbauen

Ausbau

- Türverkleidung und Türdichtfolie ausbauen.

Wichtig: Airbag-Sicherheitshinweise unbedingt beachten, siehe Seite 282.

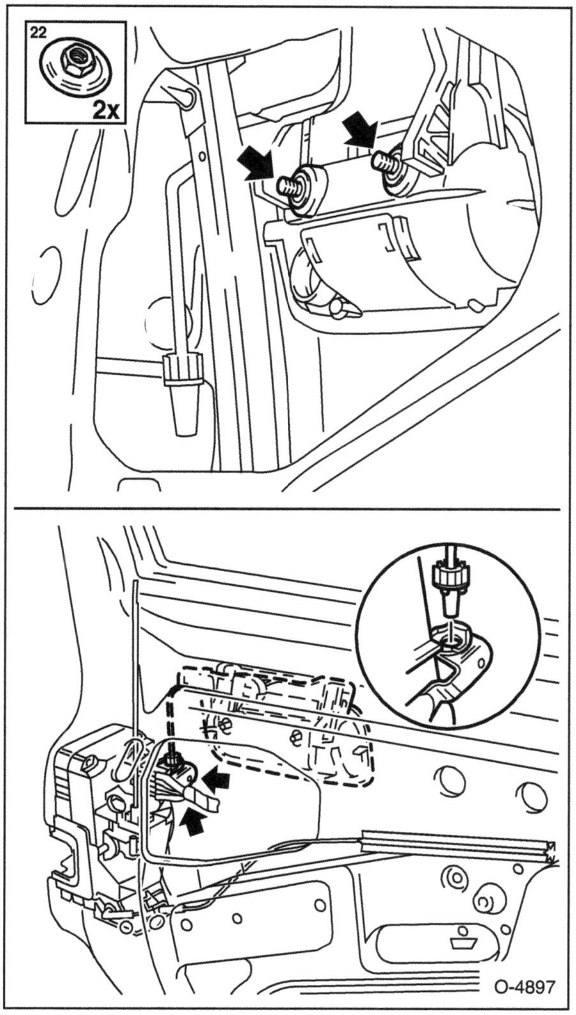

- Griffschale von der Türinnenseite her abschrauben, siehe –Pfeile– im oberen Teil der Abbildung.

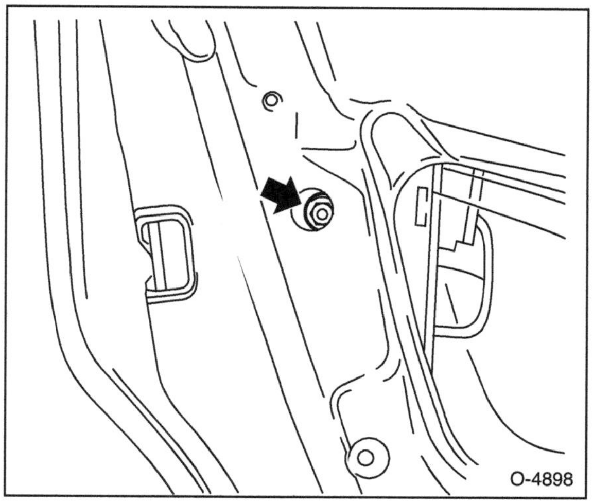

- **Hintertür:** Zusätzlich Schraube in Höhe des Griffs in der Aussparung der Tür-Stirnseite abschrauben.
- Außengriff nach außen ziehen und Gestänge zum Türschloß aushängen.

Einbau

- Türgriff einsetzen und Betätigungsstange einhängen.
- Türgriff festschrauben, siehe Abbildungen unter »Ausbau«.
- Gestänge einstellen, dazu Rändelmutter soweit herunterdrehen bis das Gestänge spielfrei ist. Die Rändelmutter ist im runden Ausschnitt in Abbildung O-4897 zu sehen.
- Funktion des Türgriffs prüfen.
- Dichtfolie auf Tür mit doppelseitigem Klebeband ankleben und Türverkleidung einbauen.

Wichtig: Beschädigte Türfolie/Türverkleidung unbedingt erneuern, sonst kann der Seitenairbag ausfallen, siehe Seite 282.

Schließzylinder an Vordertür aus- und einbauen

Ausbau

- Türgriff ausbauen, siehe entsprechendes Kapitel.

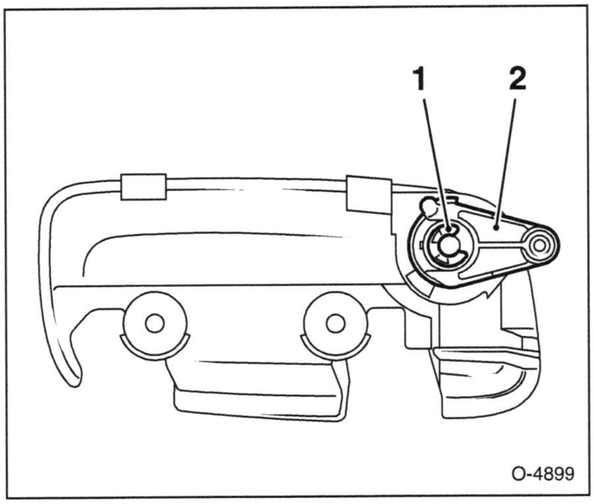

- Schlüssel in den Schließzylinder stecken. Sicherungsring –1– abhebeln, Betätigungshebel –2– abnehmen.
- Schließzylinder zusammen mit dem Schlüssel herausziehen.

Achtung: Bevor der Türschlüssel aus dem Schließzylinder herausgezogen wird, Schließzylinder mit Tesafilm umwickeln, damit die Schließplatten nicht herausfallen können.

Einbau

- Schließzylinder mit eingestecktem Schlüssel einsetzen, Betätigungshebel mit Sicherungsring befestigen.
- Türgriff einbauen, siehe entsprechendes Kapitel.
- Dichtfolie auf Tür mit doppelseitigem Klebeband ankleben und Türverkleidung einbauen.

Wichtig: Beschädigte Türfolie/Türverkleidung unbedingt erneuern, sonst kann der Seitenairbag ausfallen, siehe Seite 282.

Türschloß aus- und einbauen

Ausbau

- Türverkleidung ausbauen, siehe entsprechendes Kapitel.
- Stecker für Zentralverriegelung am Türschloß abziehen.

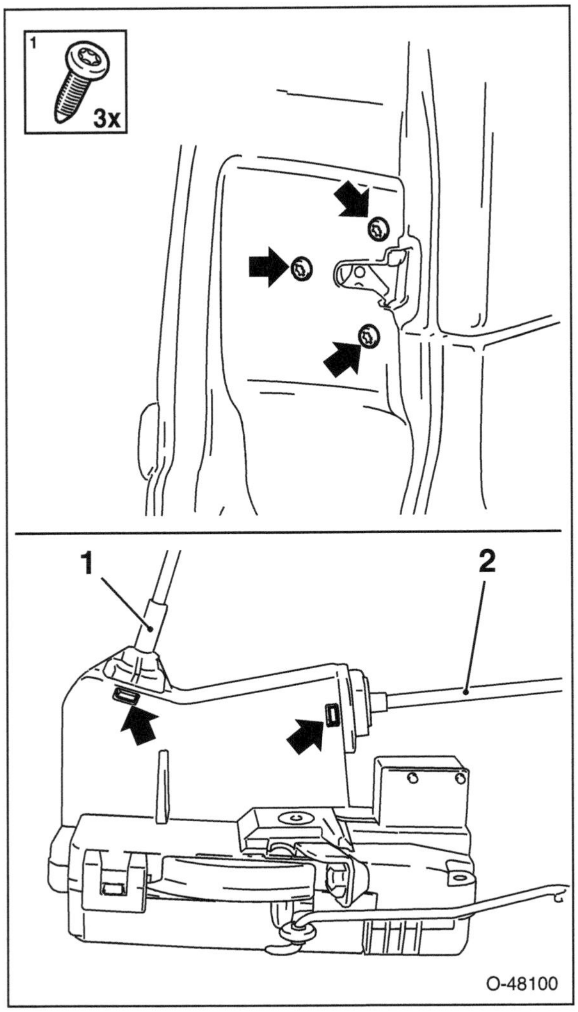

- Türschloß von der Tür abschrauben. Dazu wird ein Steckschlüsseleinsatz für Innentorxschrauben T40 benötigt.
- Schloßgestänge zum Türaußengriff am Türschloß aushängen.
- Türschloß herausziehen und Bowdenzug –1– zum Türinnengriff sowie zum Verriegelungsknopf –2– ausclipsen –Pfeile–.

Einbau

- Bowdenzug –1– zum Türinnengriff sowie zum Verriegelungsknopf –2– am Türschloß einclipsen.
- Türschloß einsetzen und Gestänge zum Türaußengriff einhängen.
- Türschloß festschrauben.
- Gestänge zum Türaußengriff einstellen, dazu Rändelmutter soweit herunterdrehen bis das Gestänge spielfrei ist, siehe auch Kapitel »Türgriff aus- und einbauen«.
- Stecker für Zentralverriegelung am Türschloß aufstecken und einrasten.
- Dichtfolie auf Tür mit doppelseitigem Klebeband ankleben und Türverkleidung einbauen, siehe entsprechendes Kapitel.

Wichtig: Beschädigte Türfolie/Türverkleidung unbedingt erneuern, sonst kann der Seitenairbag ausfallen, siehe Seite 282.

Schloß für Heckklappe aus- und einbauen

Ausbau

- Heckklappen-Innenverkleidung unten ausbauen, siehe Seite 268.

- Schloß mit 3 Schrauben –Pfeile– abschrauben.
- Gestänge für Zentralverriegelung und Außengriff am Schloß aushängen.

Einbau

- Gestänge für Zentralverriegelung und Außengriff am Schloß einhängen.
- Schloß anschrauben.
- Funktion prüfen, dazu Heckklappe schließen, verriegeln und wieder öffnen.
- Heckklappen-Innenverkleidung einbauen.

Außengriff/Schließzylinder für Heckklappe aus- und einbauen

Ausbau

- Heckklappe öffnen und Innenverkleidung abclipsen, siehe Seite 268.

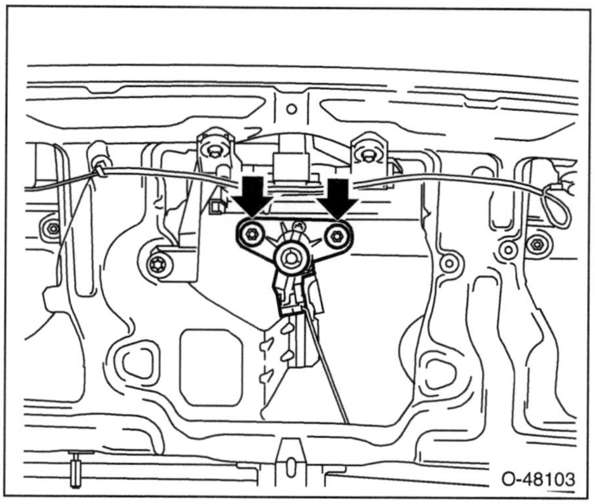

- Gestänge für Schloß am Schließzylinder aushängen. Dazu Kunststoffclip zur Seite schwenken.
- Schließzylinder mit 2 Schrauben –Pfeile– abschrauben und abnehmen.

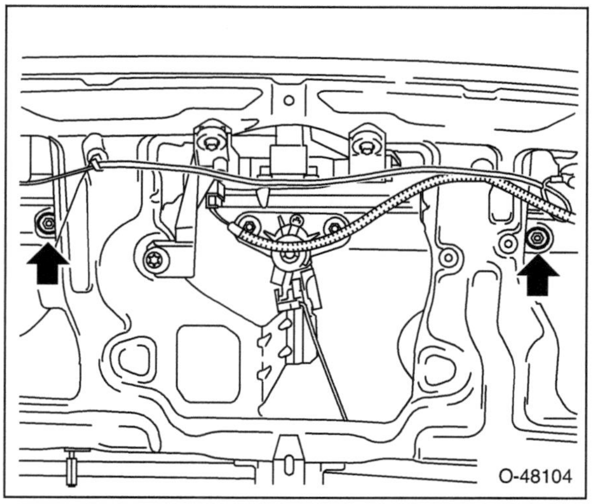

- Außengriff von Innenseite her mit 2 Schrauben abschrauben.

Einbau

- Außengriff anschrauben.
- Schließzylinder anschrauben. Gestänge für Schloß am Schließzylinder einhängen und mit Clip sichern.
- Heckklappen-Innenverkleidung einbauen.

Schlösser und Dichtungen frostsicher machen

- Schließzylinder mit einer Einwegspritze nachfetten. Hierzu werden benötigt: Spezialfett (OPEL-ET-Nr. 90018813), ein ca. 8 cm langer Schlauch zwischen Schließzylinder und Einwegspritze (OPEL-ET-Nr. 90020227) sowie eine handelsübliche Einwegspritze (5 ml). Die Spritze ist in Apotheken erhältlich. Außerdem werden etwas Glyzerin oder handelsübliche Vaseline benötigt.

Achtung: Beim Nachfetten muß der Schließzylinder trocken sein, gegebenenfalls mit Preßluft trocknen.

- Schlauch auf den Ausgang der Einwegspritze aufschieben. Dazu Schlauch auf der einen Seite mit einem Fön oder in heißem Wasser erwärmen und mit einem Dorn dem Spritzanschluß anpassen.
- Aufgesteckten Schlauch auf der anderen Seite ca. 35 mm lang in einen Schraubstock spannen und etwas flachdrücken.
- Spritze mit Spezialfett füllen und ca. 35 mm in den Schließzylinder einführen.
- Spezialfett bis zum Austritt aus der Staubkappe in den Schließzylinder einpressen.
- Nach dem Fetten Schlüssel mehrmals einführen und Schließvorgang ausführen. Anschließend Schlüssel mit einem Lappen abwischen, um spätere Verschmutzungen zu vermeiden.
- Fenster-, Tür- und Kofferraumdichtungen in trockenem Zustand dünn mit Glyzerin oder Vaseline bestreichen.

Außenspiegel aus- und einbauen

Ausbau

- Von innen die Abdeckung für Außenspiegelbefestigung im Türdreieck abhebeln.

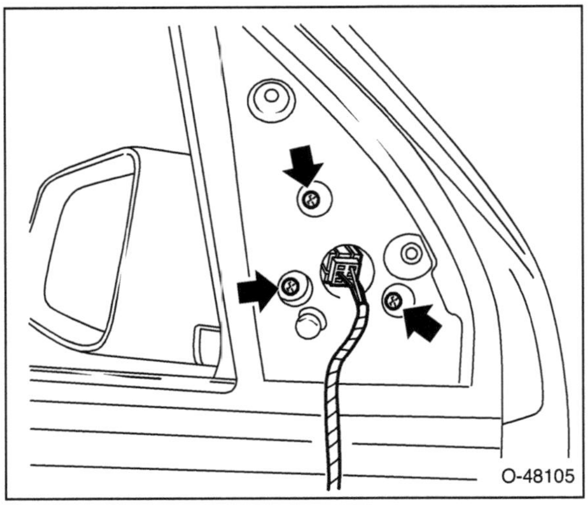

O-48105

- Kabelstecker für Außenspiegel trennen.
- Außenspiegel von innen abschrauben –Pfeile–, dabei Spiegel mit der Hand von außen festhalten.

Einbau

- Spiegel ansetzen und festschrauben.
- Kabelstecker für Außenspiegel verbinden.
- Abdeckung für Außenspiegelbefestigung aufdrücken.

Spiegelglas aus- und einbauen

Ausbau

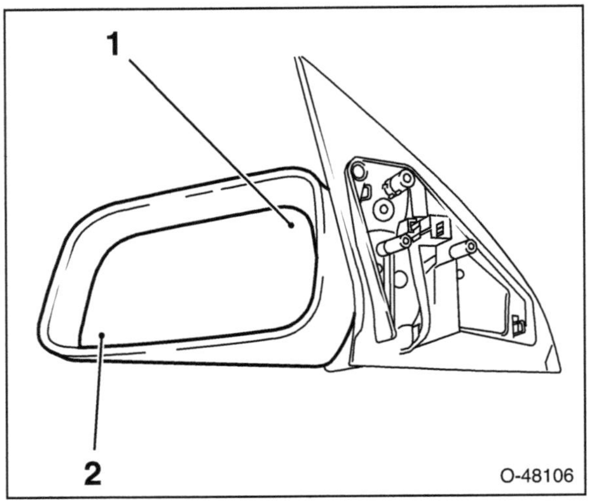

O-48106

- Spiegelglas an der oberen Ecke –1– bis zum Anschlag ins Spiegelgehäuse drücken. Dadurch tritt die diagonal gegenüberliegende Seite –2– soweit hervor, daß man das Spiegelglas fassen kann.
- Glas mit den Fingern an der äußeren Spiegelkante herausziehen und ausclipsen.
- Beim elektrisch beheizbaren Außenspiegel beide Anschlußkabel von der Spiegelglas-Rückseite abziehen. Dabei die angenieteten Kontaktzungen festhalten, um Beschädigungen zu vermeiden.

Einbau

- Beim elektrisch beheizbaren Außenspiegel das Anschlußkabel am Spiegelglas aufstecken.

Sicherheitshinweis
Beim Aufdrücken des Spiegelglases unbedingt Handschuhe anziehen oder sauberen Lappen unterlegen. Bruch- und Verletzungsgefahr!

- Spiegelglas ansetzen, aufdrücken und einrasten. Durch Hin- und Herbewegen des Spiegelglases festen Sitz in der Halterung prüfen.
- Außenspiegel einstellen.

Stromlaufpläne

Aus dem Inhalt:

- **Zeichenerklärung**
- **Stromlaufplan-Übersicht**
- **Einzelpläne**

Der Umgang mit dem Stromlaufplan

In einem Personenwagen werden bis zu 1.000 Meter Leitungen verlegt, um alle elektrischen Verbraucher (Scheinwerfer, Radio usw.) mit Strom zu versorgen.

Will man einen Fehler in der elektrischen Anlage aufspüren oder nachträglich ein elektrisches Zubehör montieren, kommt man nicht ohne Stromlaufplan aus; anhand dessen der Stromverlauf und damit die Kabelverbindungen aufgezeigt werden. Grundsätzlich muß der betreffende Stromkreis geschlossen sein, sonst kann der elektrische Strom nicht fließen. Es reicht beispielsweise nicht aus, daß an der Plusklemme eines Scheinwerfers Spannung anliegt, wenn nicht gleichzeitig über den Masseanschluß der Stromkreis geschlossen ist.

Deshalb ist auch das Massekabel von der Batterie mit der Karosserie verbunden. Mitunter reicht diese Masseverbindung jedoch nicht aus, und der betreffende Verbraucher bekommt eine direkte Masseleitung, deren Isolierung in der Regel braun eingefärbt ist. In den einzelnen Stromkreisen können Schalter, Relais, Sicherungen, Meßgeräte, elektrische Motoren oder andere elektrische Bauteile integriert sein. Damit diese Bauteile richtig angeschlossen werden können, haben die einzelnen Kontakte entsprechende Klemmenbezeichnungen.

Um das Kabelgewirr zumindest auf dem Stromlaufplan übersichtlich zu ordnen, sind die einzelnen Strompfade senkrecht nebeneinander angeordnet und durchnumeriert.

Die senkrechten Linien münden oben in Rechtecken, die die plusseitigen Anschlüsse des Stromkreises symbolisieren. Es handelt sich dabei um die Klemmen 30 und 15. Die Ziffern in den Rechtecken weisen auf die weiterführenden Strompfade zum Batterie-Pluspol beziehungsweise Zündschloß hin. Unten mündet der Stromkreis auf einer waagerechten Linie, die den Masseanschluß symbolisiert. Die Masseverbindung wird normalerweise direkt über die Karosserie hergestellt oder aber über eine zusätzliche Leitung von einem an der Karosserie angebrachten Massepunkt.

Die wichtigsten Klemmenbezeichnungen sind:

Klemme 15 wird über das Zündschloß gespeist. Die Leitungen führen nur bei eingeschalteter Zündung Strom. Die Kabel sind meist schwarz oder schwarz mit farbigem Streifen.

Klemme 30. An dieser Klemme liegt immer die Batteriespannung an. Die Kabel sind meist rot oder rot mit farbigem Streifen.

Klemme 31 führt zur Masse. Die Masse-Leitungen sind in der Regel braun.

Wenn der Stromkreis durch ein Quadrat unterbrochen wird, in dem eine Zahl steht, weist die Ziffer auf den Strompfad hin, in dem der Stromkreis weitergeführt wird.

Im Stromlaufplan sind in den einzelnen Leitungen Buchstabenkombinationen und Ziffern eingefügt.

Beispiel: **DGNWH 0,35**

Die Buchstaben weisen auf die Leitungsfarben hin. Besteht die Kennzeichnung aus zwei Buchstabengruppen wie im Beispiel, dann nennt die erste Buchstabenfolge die Leitungsgrundfarbe: DGN = dunkelgrün und die zweite: WH = weiß – die Zusatzfarbe. Die Ziffern 0,35 geben an, welchen Leitungsquerschnitt in mm^2 die Leitung hat. Leitungen ohne Querschnittsangabe haben 0,75 mm^2 Querschnitt.

Schlüssel für Leitungsfarben

BN = braun	GY = grau	PK = rosa
BU = blau	LBU = hellblau	RD = rot
DBU = dunkelblau	LGN = hellgrün	BK = schwarz
DGN = dunkelgrün	OC = ocker	WH = weiß
YE = gelb	OG = orange	VT = violett
GN = grün	PU = purpur	

Zuordnung der Stromlaufpläne

OPEL ASTRA-G/OPEL ZAFIRA, ab Modelljahr 2001

Wegen des großen Umfangs können nicht alle Stromlaufpläne aus jedem Modelljahr berücksichtigt werden. Jedoch kann man sich auch an den vorliegenden Stromlaufplänen orientieren, wenn das eigene Fahrzeug einem anderen Modelljahr angehört, da die Änderungen in der Regel nur Teilbereiche betreffen.

Gebrauchsanleitung für Stromlaufpläne

Hinweis: Alle Schalter und Kontakte sind in mechanischer Ruhestellung gezeichnet.

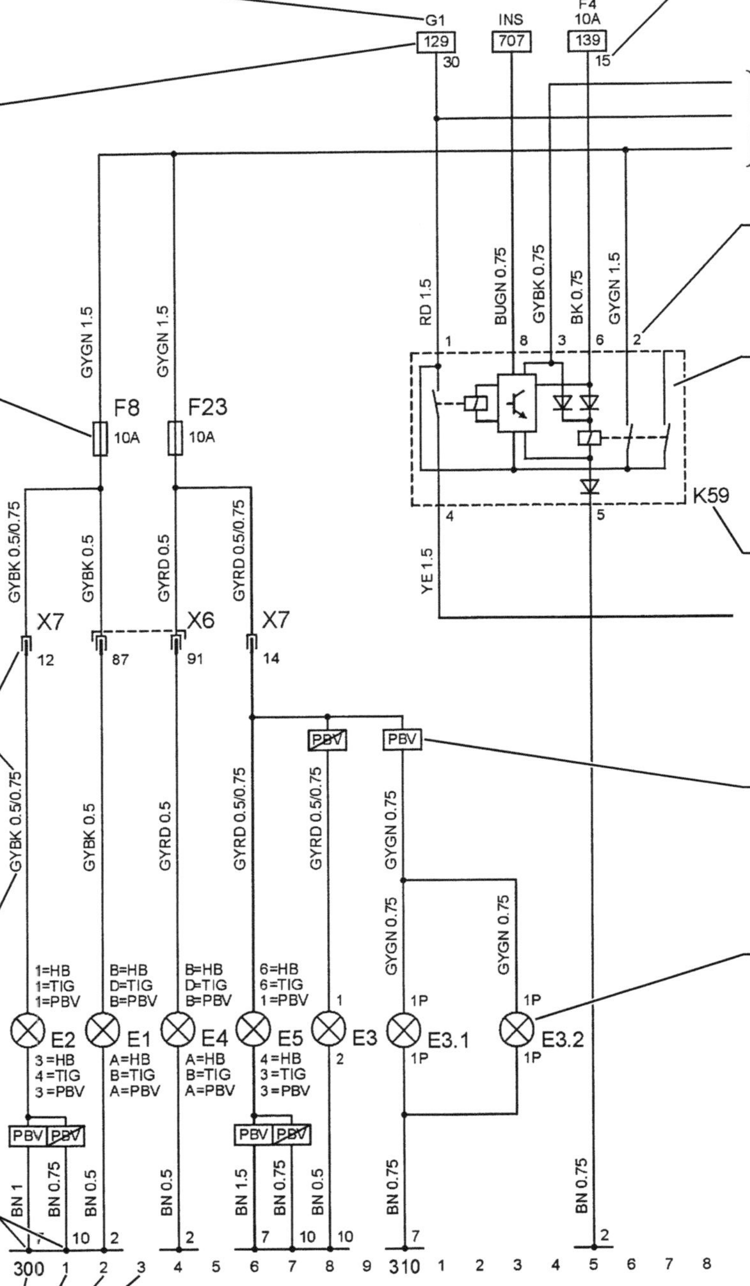

O-7009

Weiterführendes Bauteil
Hier: G1 = Batterie

Weiterführender Strompfad
Hier: 129
Hinweis: Aus Platzgründen können nicht alle Strompfade abgedruckt werden.

Sicherung
Hier: Nr. 8 mit einer Stärke von 10 Ampere.

Steckverbindung

Leitungsquerschnitt
in mm^2

Leitungsfarbe
Entspricht der Leitungsfarbe im Auto.
Hier:
GYBK = grau/schwarz

Masseanschlüsse
Klemme 31

Strompfadnummern
300, 301, 302, 303 usw.
Strompfad
ist die Bezeichnung für eine gedachte senkrechte Linie über der Strompfadnummer.

Klemmenbezeichnung
15 – bei eingeschalteter Zündung liegt Batteriespannung an.

Plusseitige Anschlüsse
Klemme 30 und 15

Klemmenbezeichnung
Hier: Klemme 2 am Relais für Tagesfahrlicht.

Schaltzeichen
Hier: Relais für Tagesfahrlicht.

Teilebezeichnung
Damit findet man in der Legende, wie das als Schaltzeichen dargestellte Bauteil heißt.
Hier: K59 = Relais für Tagesfahrlicht.

Abkürzung
Beispiel:
PBV = OPEL COMBO

Schaltzeichen
Hier: Kennzeichenleuchte rechts.

Relaisbelegung

Im Sicherungskasten, Innenraum

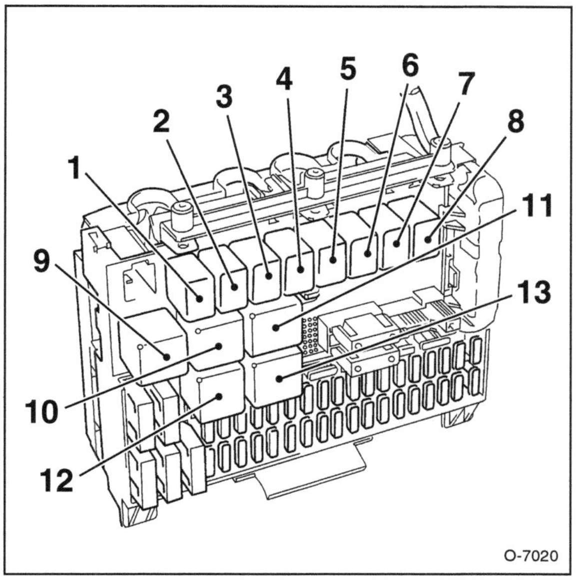

Nr. in Abbildung	Relais für Stromkreis	Bauteil-Bezeichnung
1	Fanfare	K12
2	Fernlicht	K2
3	Heckscheibenwischer	K6
4	Spiegelheizung	K7
5	Nebelscheinwerfer	K4
6	Nebelschlußleuchte	K5
7	Blinklicht rechts	K9
8	Blinklicht links	K8
7+8	Kombirelais für Blinklicht links und rechts	K48
9	Überträger	T2
10	Signal-Umsetzermodul für Fahrzeuggeschwindigkeit	U1
11	Frontscheibenwischer Stufe 1/Intervall	K10
12	Verzögerte Verbraucher-abschaltung	K155
13	Heckscheibenheizung	K3

Hinweis: Je nach Baujahr können 2 einzelne oder ein Kombi-Blinkrelais eingebaut sein. Das Kombi-Blinkrelais nimmt dann den Platz der beiden Einzelrelais ein.

Relaiskasten im Motorraum

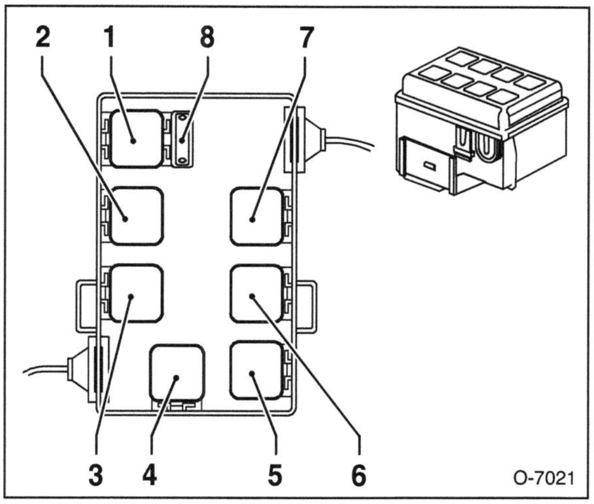

Nr. in Abbildung	Relais/Sicherung für Stromkreis	Bauteil-Bezeichnung
1	Motorsteuerung	K18
2	Kühlergebläse	K13
3	Filterheizung	K17
4	Regensensor – Stufe 1	K98
5	Kühlergebläse	K14
6	Überlaufventil	K66
7	Zeitrelais für Scheinwerfer-Waschpumpe	K11
8	Sicherung	F8.56

Hinweis: Die abgedruckte Legende für die Belegung des Sicherungskastens ist nur eine von 10 möglichen Belegungsvarianten. Statt den in der Legende angegebenen Bauteilen können auch folgende Relais und/oder Sicherungen eingebaut sein:

Relais/Sicherung für Stromkreis	Bauteil-Bezeichnung
Kraftstoffpumpe	K16
Zusätzliche Kühlmittelpumpe	K82
Ausschalter für Außentemperatursensor	K97
Druckerdgas	K112
Motor-Hauptsicherung	F62
Sicherung für Spannungsverteilung	F3.51
Sicherung für Motorkühlung	F4.52
Sicherung für Diesel-Steuergerät	F6.53

Abkürzungen

'98 1/2 . . . . Modelljahr '98 1/2 (ca. 4/98)
'99– . . . . . ab Modelljahr 1999 (ab ca. 10/98)
–'99 . . . . . bis Modelljahr 2000 (bis ca. 9/99)
'00– . . . . . ab Modelljahr 2000 (ab ca. 10/99)
13P 13-polig
15P 15-polig
AB . . . . . . Airbag
ABS. . . . . . Antiblockiersystem
AC . . . . . . Klimaanlage
AH . . . . . . Standheizung, fernbedient
ASP. . . . . . Außenspiegel
AT . . . . . . Automatikgetriebe
ATS. . . . . . Schalter für Automatikgetriebe
AZV. . . . . . Anhängerzugvorrichtung
CC . . . . . . Check-Control
CD . . . . . . CD-Wechsler
CH . . . . . . Schweiz
CID . . . . . . Color-Info-Display
CLS. . . . . . Kupplungsschalter
CP . . . . . . Coupé
CRC . . . . . Geschwindigkeitsregler
CRP . . . . . Carphone
CV . . . . . . Cabrio
D . . . . Diesel
DIAG . . . . . Diagnosestecker
DWA . . . . . Diebstahlwarnanlage
EH . . . . . . Elektrische Zuheizer
EHPS . . . . . Elektrohydrauliche Hilfskraftlenkung
EMP . . . . . Radio
ESP. . . . . . Elektronisches Stabilitätsprogramm
FF. . . . . . . Fanfare
FH . . . . . . Fensterheber
FI . . . . Benzin
GB . . . . . . Großbritannien
GID . . . . . . Graphic-Info-Display
GPS . . . . . Globales Positionssystem
HB . . . . . . Schrägheck
HRL. . . . . . Gepäckraumleuchte
HSH . . . . . Heckscheibenheizung
ID . . . . Info-Display
IMO. . . . . . Wegfahrsperre
INS . . . . . . Instrument
IRL . . . . . . Innenbeleuchtung
KSP. . . . . . Kraftstoffpumpe
KW . . . . . . Caravan
KZL . . . . . . Kennzeichenleuchten
LHD. . . . . . Linkslenker
LIF . . . . . . Lieferwagen
LSW . . . . . Lichtschalter
LWR . . . . . Leuchtweitenregulierung
MID . . . . . . Multi-Info-Display
MK . . . . . . Motorkühlung
MKM . . . . . Motorkühlungsmodul
MT . . . . . . Schaltgetriebe
MUT . . . . . Multitimer
NAV. . . . . . Navigationssystem
NB . . . . . . Stufenheck
NSL. . . . . . Nebelschlußleuchte
PP . . . . . . Parkpilot
RC . . . . . . Fernbedienung
RFS. . . . . . Rückfahrscheinwerfer
RHD . . . . . Rechtslenker
SBL. . . . . . Schalter für Rückfahrscheinwerfer
SD . . . . . . Schiebedach
SL. . . . . . . Bremsleuchten
SLS. . . . . . Bremslichtschalter
SPK. . . . . . Lautsprecher
SRA. . . . . . Scheinwerferreinigungsanlage
ST . . . . . . Soft Top
STA. . . . . . Anlassen und Laden
TEL. . . . . . Telefon
TID . . . . . . Triple Info Display
TKS. . . . . . Türkontaktschalter
TL. . . . . . . Blinkleuchten
TM . . . . . . Telematik
TVC. . . . . . Telefon/Voice Control
WEG . . . . . Fahrzeuggeschwindigkeitssignal
WL . . . . . . Warnblinkleuchten
ZV . . . . . . Zentralverriegelung

Beleuchtung: Abblendlicht , Leuchtweitenregulierung, Tagesfahrlicht, Lichtschalter, Parklicht

Stromkreis	Strompfad
Abblendlicht	403 – 410
Leuchtweitenregulierung	412 – 422
Tagesfahrlicht	425 – 431
Lichtschalter	426 – 448
Parklicht	433 – 441

Massepunkte

1 Verteilung, Motorraum
3 A-Säule

Gerätebezeichnungen

E1 Standlicht links
E2 Standlicht rechts
E6 Abblendlicht rechts
E7 Abblendlicht links
Fx.x Sicherung
K1 Relais Tagesfahrlicht
S2 Lichtschaltereinheit
S2.1 Lichtschalter
S2.2 Dimmer für Instrumentenbeleuchtung
S2.3 Schalter für Leuchtweitenregulierung
S2.4 Schalter für Innenraumbeleuchtung
S2.5 Schalter für Nebelscheinwerfer
S2.6 Schalter für Nebelschlußleuchte
X1 Armaturentafel & Karosserie hinten
X2 Armaturentafel & Karosserie vorn
Y14 Leuchtweitenregulierung links
Y15 Leuchtweitenregulierung rechts

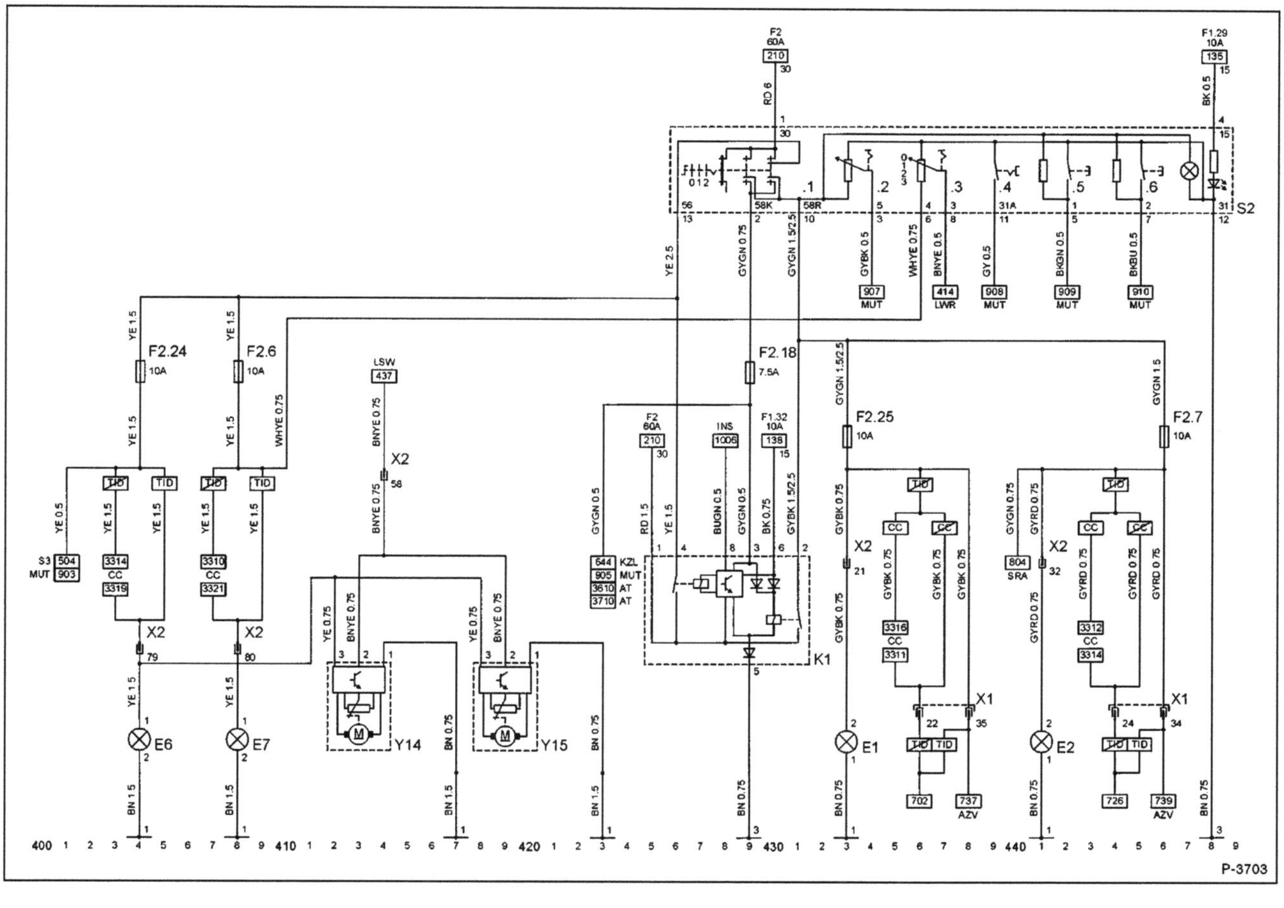

Beleuchtung: Fernlicht, Geschwindigkeitsregler, Bremsleuchten, Kupplungsschalter

Stromkreis	Strompfad
Fernlicht	501 – 507
Geschwindigkeitsregler	510 – 513
Bremsleuchten	518 – 540
Kupplungsschalter	545 – 548

Massepunkte

1 Verteilung, Motorraum
3 A-Säule
6 Blech hinten

Gerätebezeichnungen

E8	Fernlicht links
E9	Fernlicht rechts
E24	Bremslicht mitte
Fx.x	Sicherung
K2	Relais für Fernlicht
S3	Schaltereinheit Lenksäule
S3.1	Schalter für Fernlicht
S3.2	Schalter für Blinklicht
S3.2	Schalter für Lichthupe
S3.4	Schalter für Geschwindigkeitsregler
S28	Schalter für Kupplung, Geschwindigkeitsregler
S43	Schalter für Bremslicht, zweifach
X1	Armaturentafel & Karosserie hinten
X2	Armaturentafel & Karosserie vorn
X5	Karosserie hinten & Bremslicht
X24	Karosserie hinten & Heckklappe
X25	Karosserie hinten & Gepäckraumdeckel
X40	Armaturentafel & Schaltereinheit Lenksäule
X41	Armaturentafel & Schaltereinheit Lenksäule

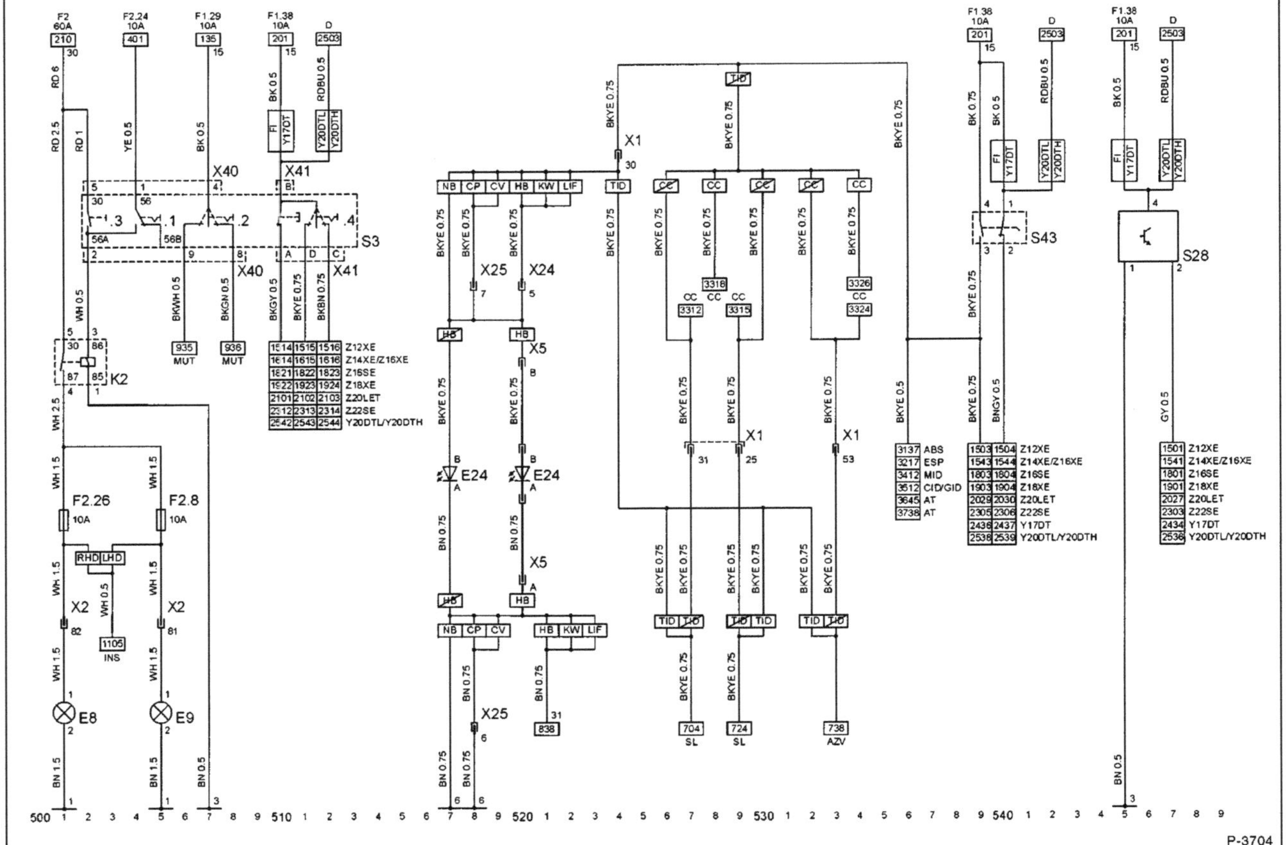

P-3704

Beleuchtung: Rückfahrscheinwerfer, Blinkleuchten, Nebelscheinwerfer, Kennzeichenleuchten

Stromkreis	Strompfad
Rückfahrscheinwerfer . . .	603 – 614
Blinkleuchten	618 – 630
Nebelscheinwerfer.	634 – 637
Kennzeichenleuchten . . .	642 – 649

Massepunkte

1	Verteilung, Motorraum
3	A-Säule
6	Blech hinten
12	Hecktür/Heckklappe

Gerätebezeichnungen

E5	Kennzeichenleuchte
E10	Kennzeichenleuchte links
E11	Kennzeichenleuchte rechts
E18	Nebelscheinwerfer links
E19	Nebelscheinwerfer rechts
H2	Blinklicht vorn, links
H3	Blinklicht vorn, rechts
H6	Blinklicht seitlich, links
H7	Blinklicht seitlich, rechts
K4	Relais für Nebelscheinwerfer
K48	Relais für Blinklicht abgeschirmt
K48.1	Relais für Blinklicht links
K48.2	Relais für Blinklicht rechts
S31	Schalter für Rückfahrscheinwerfer
X1	Armaturentafel & Karosserie hinten
X2	Armaturentafel & Karosserie vorn
X14	Heckklappe & Schalter für Gepäckraumbeleuchtung
X16	Karosserie vorn & Batterieplus
X24	Karosserie hinten & Heckklappe

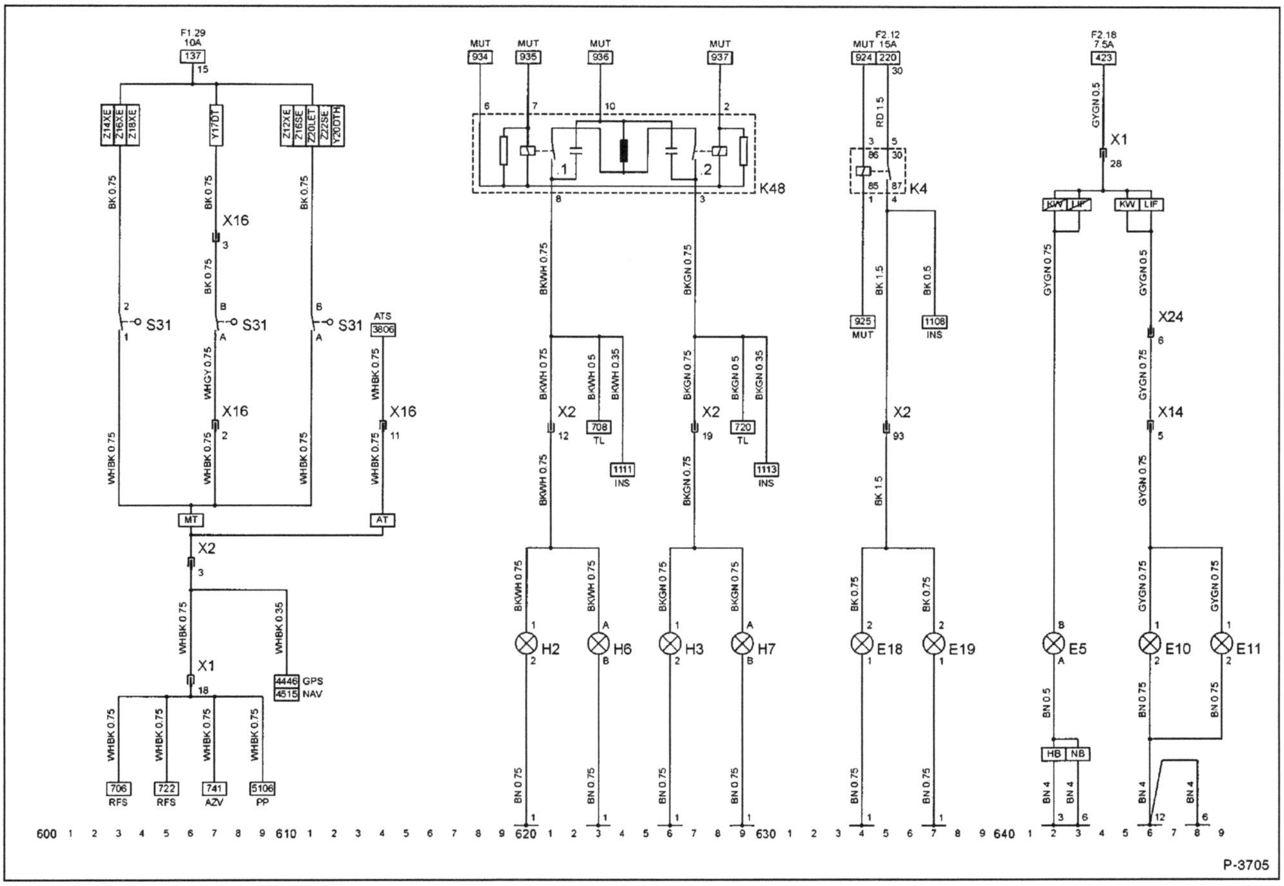

Beleuchtung: Rückleuchten, Anhängerzugvorrichtung

Stromkreis	Strompfad
Rückleuchte links	702 – 711
Rückleuchte rechts	718 – 727
Anhängerzugvorrichtung. .	733 – 746

Massepunkte

6 Blech hinten

Gerätebezeichnungen

E3 Heckleuchteneinheit links
E3.1 Schlußlicht links
E3.2 Bremslicht links
E3.3 Rückfahrscheinwerfer links
E3.4 Blinklicht hinten, links
E3.5 Nebelschlußleuchte links
E4 Heckleuchteneinheit rechts
E4.1 Schlußlicht rechts
E4.2 Bremslicht rechts
E4.3 Rückfahrscheinwerfer rechts
E4.4 Blinklicht hinten, rechts
E4.5 Nebelschlußleuchte rechts
S23 Schalter für Nebelschlußleuchte, Anhängersteckdose
X1 Armaturentafel & Karosserie hinten
X26 Karosserie hinten & Anhängersteckdose
X27 Anhängersteckdose

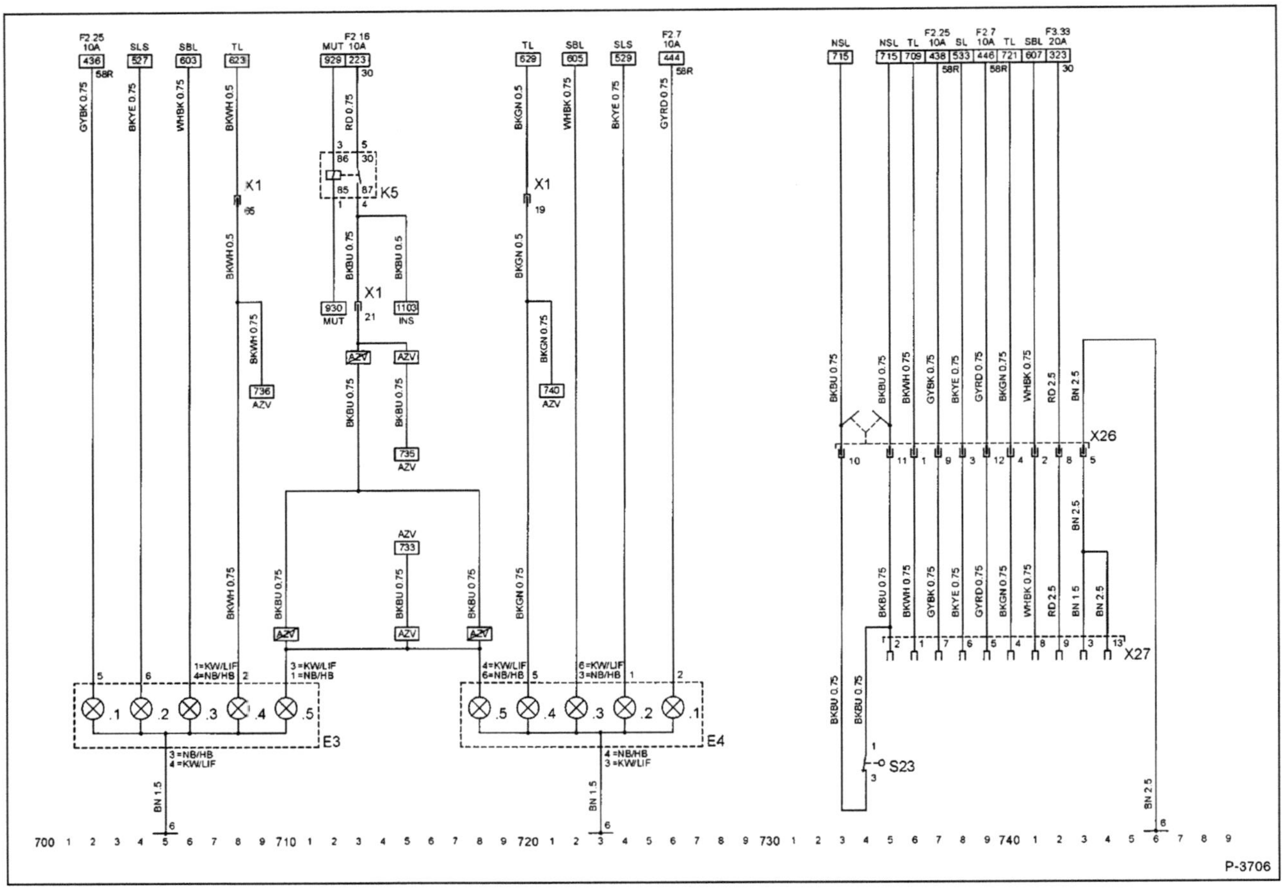

Scheibenwischanlage: Scheinwerferwaschanlage, Frontscheibenwischer, Heckscheibenwischer

Stromkreis	Strompfad
Scheinwerferwaschanlage	804 – 807
Frontscheibenwischer	815 – 835
Heckscheibenwischer	822

Massepunkte

1 Verteilung, Motorraum
3 A-Säule
6 Blech hinten
12 Hecktür/Heckklappe

Gerätebezeichnungen

K6 Relais für Heckscheibenwischer
K10 Relais für Frontscheibenwischer (Stufe 1/Intervall)
K11 Zeitrelais für Scheinwerferwascherpumpe
M16 Motor für Frontscheibenwischer
M17 Motor für Hechscheibenwischer
M23 Scheinwerfer-Waschpumpe
S22 Schalter für Wischeranlage
S22.1 Schalter für Frontscheibenwischer
S22.2 Schalter für Wisch/Wasch-Anlage Heckscheibe
S22.8 Schalter für Info-Display
X1 Armaturentafel & Karosserie hinten
X2 Armaturentafel & Karosserie vorn
X24 Karosserie hinten & Heckklappe
X42 Armaturentafel & Schalter für Wischereinheit
X43 Armaturentafel & Schalter für Wischereinheit

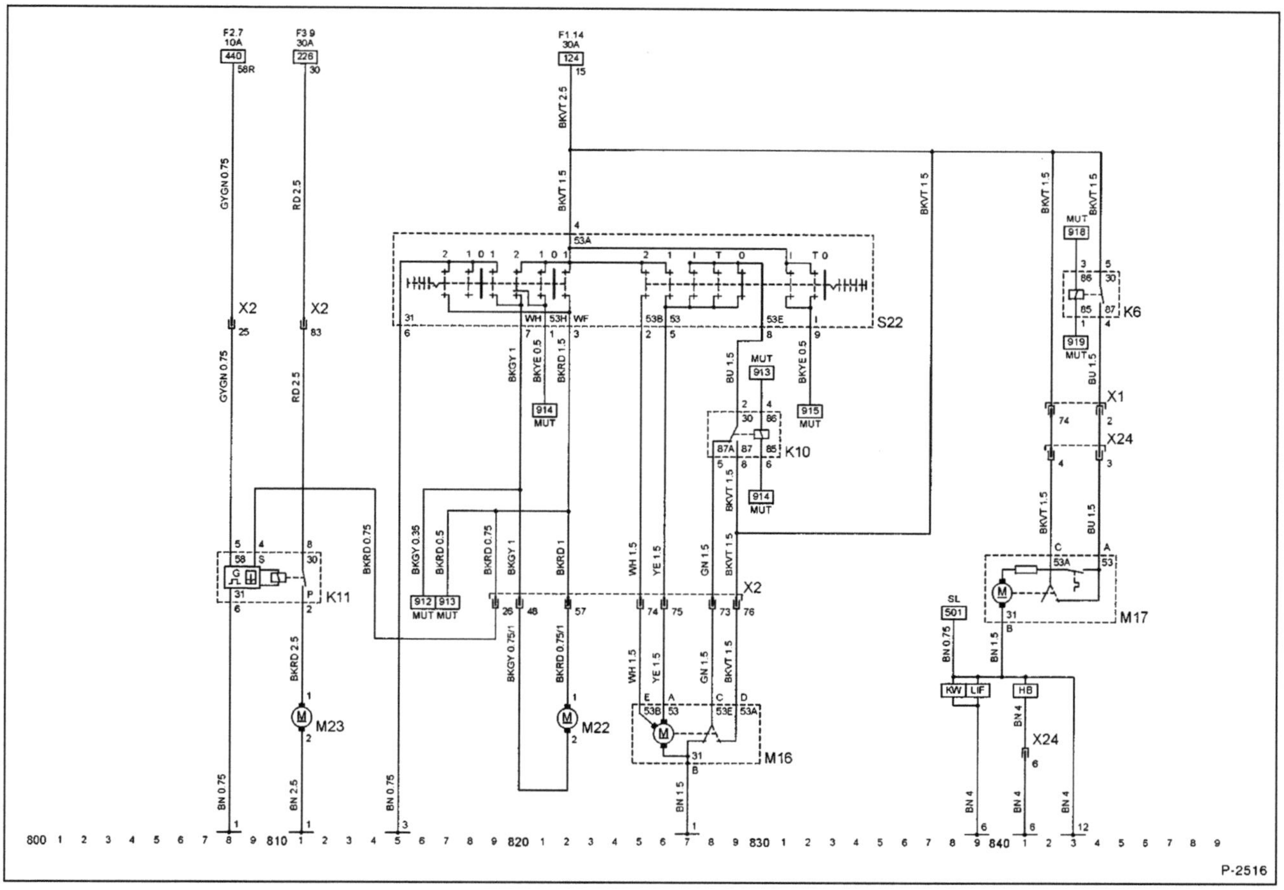

Beleuchtung: Innenraumbeleuchtung, Handschuhfachbeleuchtung, Kofferraumleuchte, Sonnenblendenlampen

Stromkreis	Strompfad
Innenraumbeleuchtung	1201 – 1239
Handschuhfach-beleuchtung	1205
Kofferraumleuchte	1217 – 1222
Sonnenblendenlampen	1244 – 1249

Massepunkte

3 A-Säule

Gerätebezeichnungen

- E14 Kofferraumleuchte
- E16 Innenraumleuchte zeitverzögert
- E16.1 Innenraumleuchte
- E16.2 Leseleuchte
- E16.3 Sensor für Diebstahlwarnanlage, Innenraum
- E16.4 Mikrofon
- E16.5 Anzeige für Beifahrerairbag
- E27 Handschuhfachleuchte
- E29 Leseleuchte hinten, links
- E30 Leseleuchte hinten, rechts
- E73 Sonnenblendenlampe links
- E74 Sonnenblendenlampe rechts
- K155 Relais für Verbraucherabschalter zeitverzögert
- S13 Schalter für Kofferraumleuchte
- V18 Diode für Lastschalter aus, Leseleuchte
- X1 Armaturentafel & Karosserie hinten
- X24 Karosserie hinten & Heckklappe
- X25 Karosserie hinten & Kofferraumdeckel
- X67 Karosserie hinten & Innenraumlampeneinheit
- X68 Karosserie hinten & Mikrofon

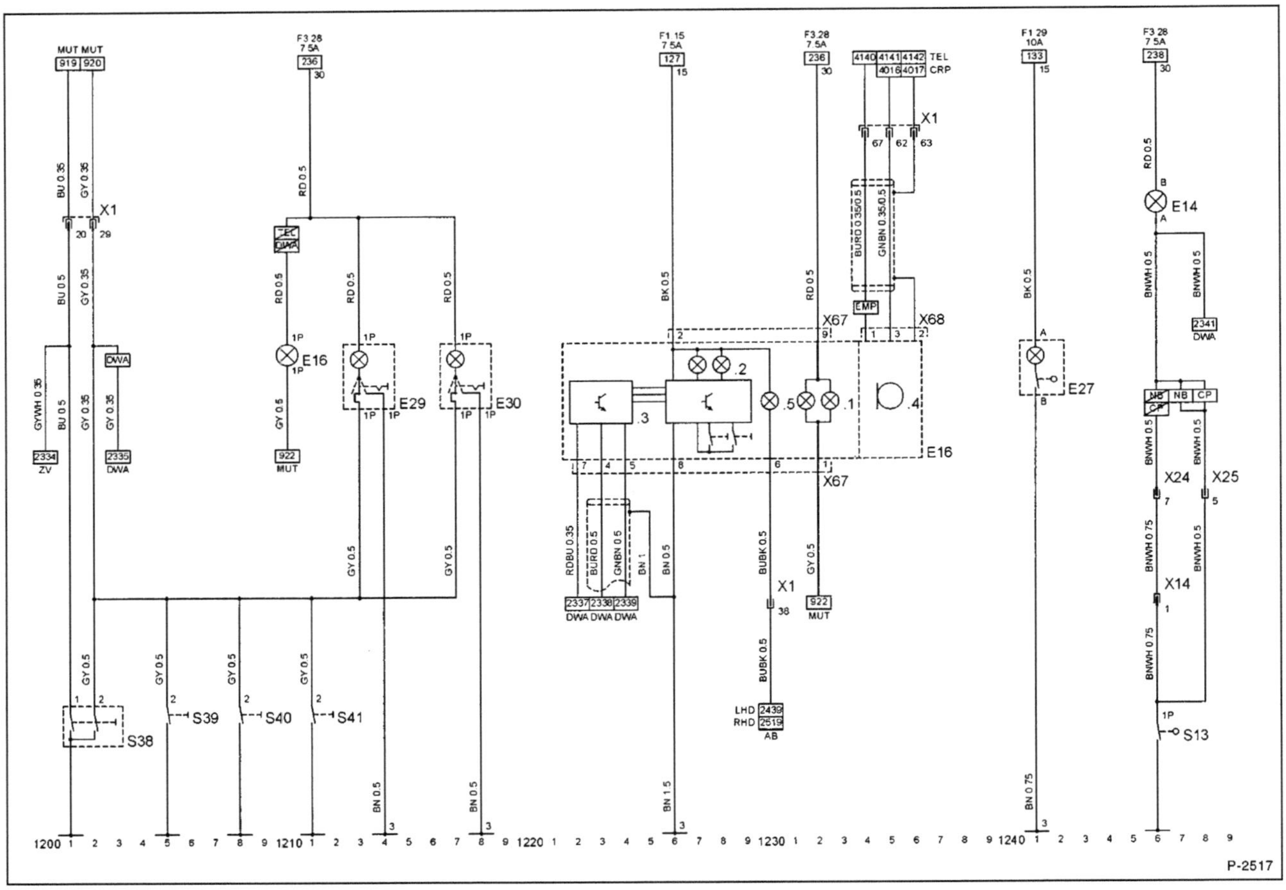

Motor: Heizung (Delphi), Heizung (Behr), Kraftstoffpumpe

Stromkreis	Strompfad
Heizung (Delphi)	1302 – 1316
Heizung (Behr)	1322 – 1340
Kraftstoffpumpe	1346

Massepunkte

3 A-Säule

Gerätebezeichnungen

E17 Bediengerät für Heizung
E17.1 Schalter für Heizgebläse
E17.2 Schalter für Umluftklappe
E17.3 Endschalter für Entfrostung
E17.4 Schalter für heizbare Heckscheibe
E17.5 Beleuchtung für Bediengerät, Heizung
E17.6 Kontrolleuchte für Umluftklappe
E17.7 Kontrolleuchte für Heckscheibe beheizt
M12 Motor für Heizgebläse
M21 Kraftstoffpumpe
X1 Armaturentafel & Karosserie hinten
X2 Armaturentafel & Karosserie vorn
X6 Armaturentafel & Gebläse
X11 Karosserie hinten & Kraftstoffbehälter
X50 Kraftsoffbehälter & Kraftstoffpumpensensor
Y2 Stellglied für Umluftklappe

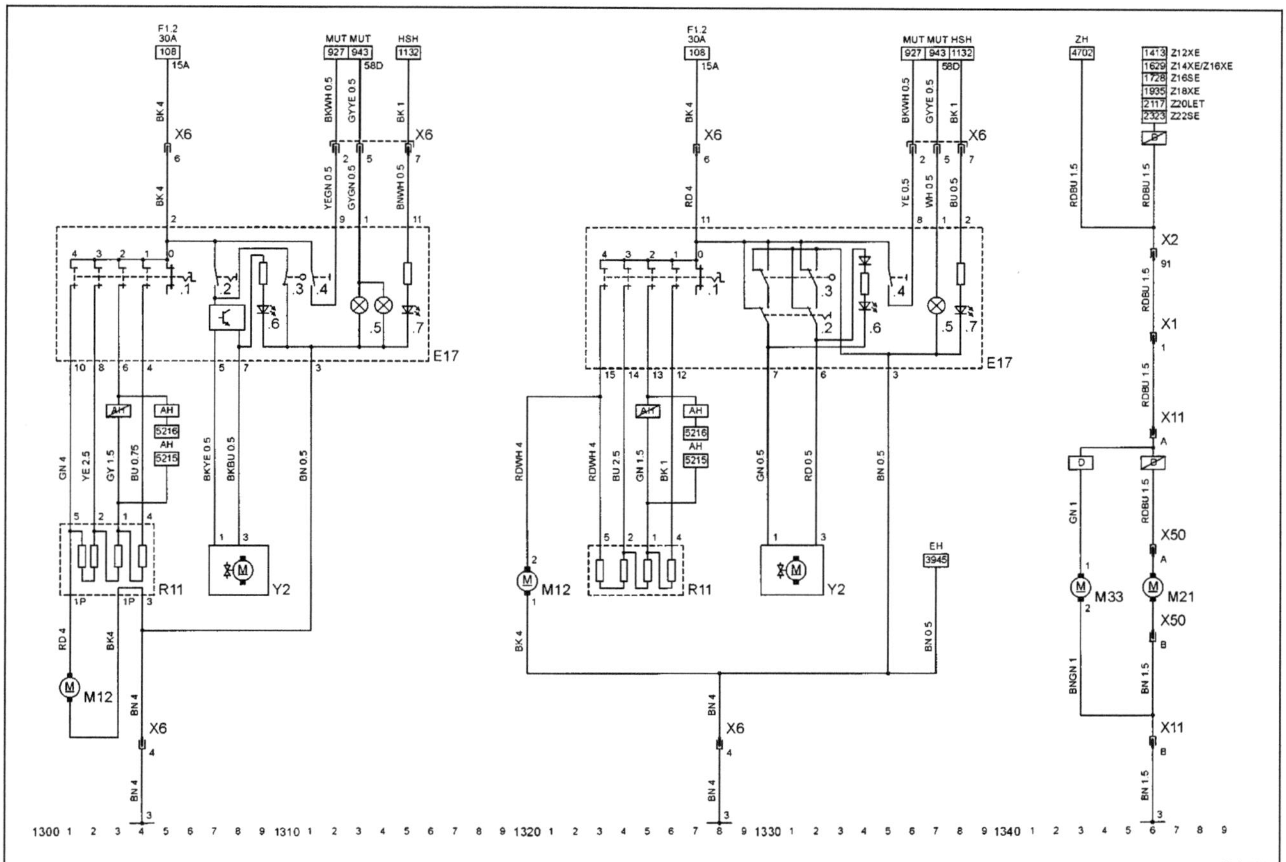

P-3712

Motor: Z12XE (Teil 1)

Stromkreis	Strompfad
Motor Z12XE	1400 – 1517

Massepunkte

10 Lambdasonde/Zündspule

Gerätebezeichnungen

- A5 Steuergerät für Motronic
- B12 Sensor für Kühlmitteltemperatur
- B30 Klopfsensor 1
- B34 Kurbelwellen-Impulsgeber
- B35 Nockenwellen-Sensor
- B46 Luftmassenmesser
- B117 Lambdasonde, Gemischregelung beheizt
- B118 Lamdasonde, Katalysatorkontrolle
- C1 Kondensator für Zündspule
- K16 Kraftstoffpumenrelais
- K18 Motorsteuerungsrelais
- T1 Zündspule für Direktzündung
- X2 Armaturentafel & Karosserie vorn
- X22 Karosserie vorn & Motor-Elektronik
- X79 Karosserie vorn & Motronic-Steuergerät
- X80 Motor-Elektronik & Motronic-Steuergerät
- Y4 Magnetventil für Abgasrückführung
- Y5 Magnetventil für Tankentlüftung
- Y9 Kraftstoff-Einspritzventile
- Y9.1 Einspritzventil für Zylinder 1
- Y9.2 Einspritzventil für Zylinder 2
- Y9.3 Einspritzventil für Zylinder 3
- Y9.4 Einspritzventil für Zylinder 4

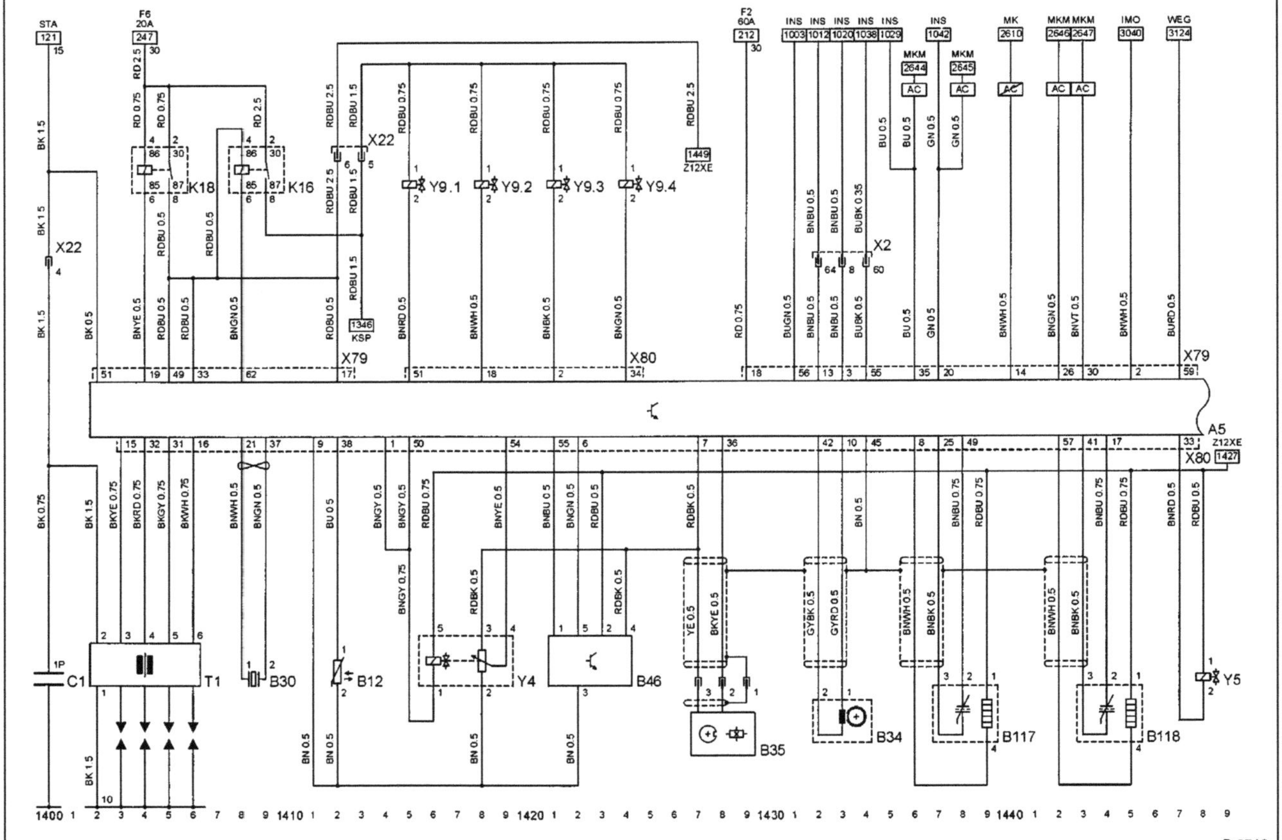

P-3713

Motor: Z12XE (Teil 2), Z14XE (Teil 1), Z16XE (Teil 1)

Stromkreis	Strompfad
Motor Z12XE	1400 – 1517
Motor Z14XE	1522 – 1649
Motor Z16XE	1522 – 1649

Massepunkte

9 Motor-Elektronik

Gerätebezeichnungen

A4 Multec-Steuergerät
A5 Steuergerät für Motronic
B19 Sensor für Pedalstellung
B21 Sensor für Saugrohrunterdruck
B34 Impulsgeber für Kurbelwelle
C1 Kondensator für Zündspule
T1 Zündspule für Direktzündung
X2 Armaturentafel & Karosserie vorn
X22 Karosserie vorn & Motor-Elektronik
X71 Karosserie vorn & Multec-Steuergerät
X72 Motor-Elektronik & Multec-Steuergerät
X79 Karosserie vorn & Motronic-Steuergerät
X80 Motor-Elektronik & Motronic-Steuergerät
Y11 Drosselklappensteller

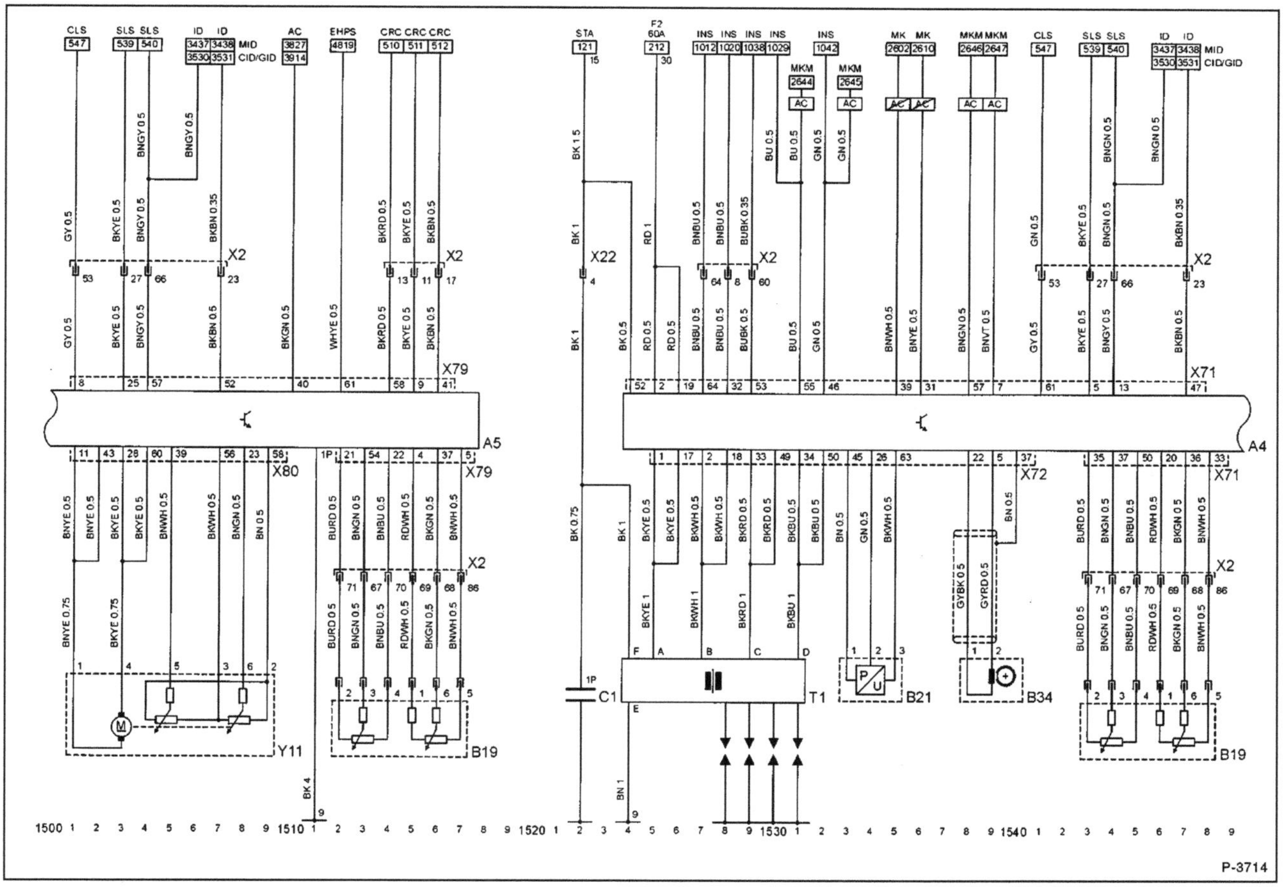

P-3714

Motor: Z14XE (Teil 2), Z16XE (Teil 2)

Stromkreis	Strompfad
Motor Z14XE	1522 – 1649
Motor Z16XE	1522 – 1649

Gerätebezeichnungen

- A4 Multec-Steuergerät
- B12 Kühlmitteltemperatur-Sensor
- B13 Ansauglufttemperatur-Sensor
- B30 Klopfsensor 1
- B35 Nockenwellen-Sensor
- B117 Lambdasonde, Gemischregelung beheizt
- B118 Lamdasonde, Katalysatorkontrolle
- K16 Kraftstoffpumenrelais
- K18 Motorsteuerungsrelais
- X2 Armaturentafel & Karosserie vorn
- X22 Karosserie vorn & Motor-Elektronik
- X71 Karosserie vorn & Multec-Steuergerät
- X72 Motor-Elektronik & Multec-Steuergerät
- Y4 Magnetventil für Abgasrückführung
- Y5 Magnetventil für Tankentlüftung
- Y9 Einspritzventille
- Y9.1 Einspritzventil für Zylinder 1
- Y9.2 Einspritzventil für Zylinder 2
- Y9.3 Einspritzventil für Zylinder 3
- Y9.4 Einspritzventil für Zylinder 4
- Y29 Drosselklappenansteller

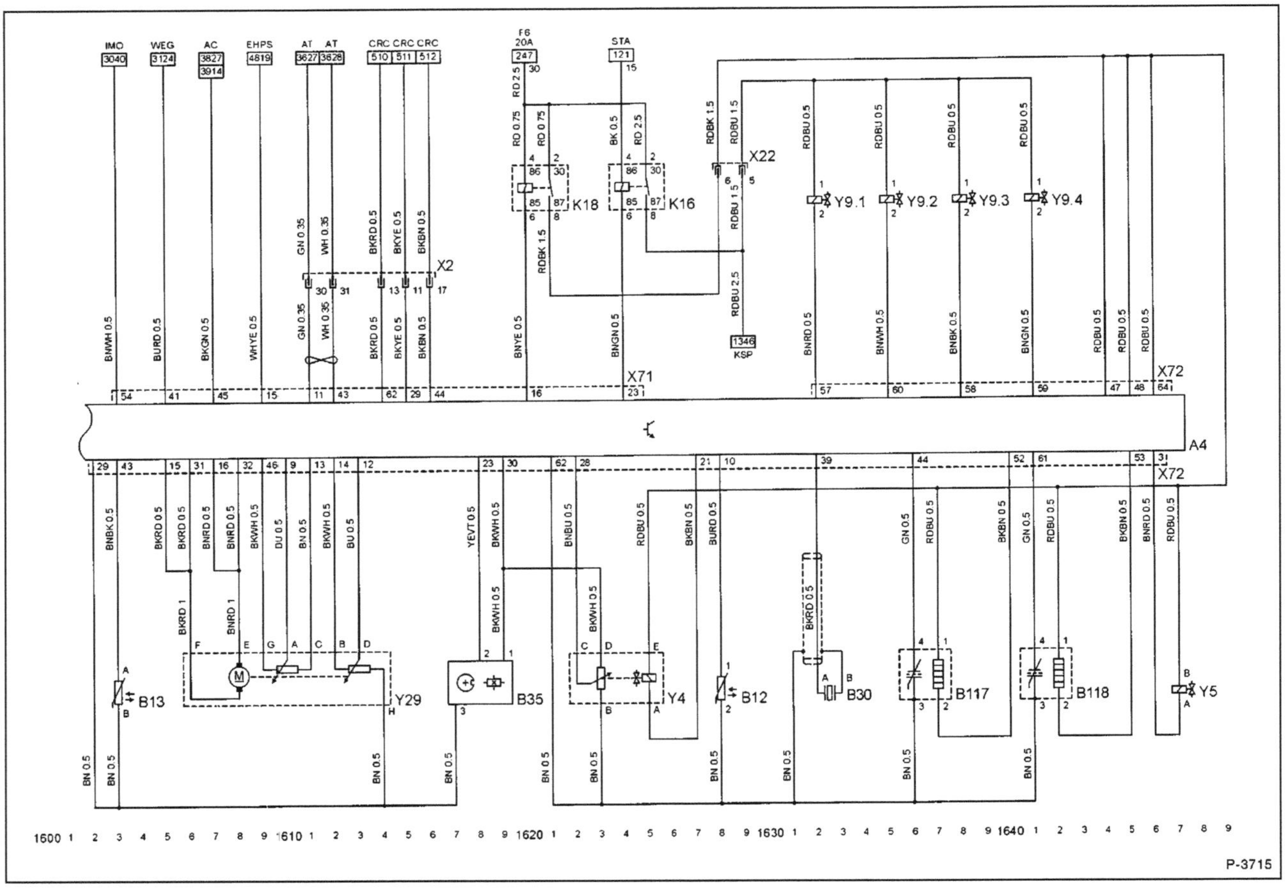

Motorkühlung: Benzinmotor

Stromkreis | **Strompfad**

Motorkühlsystem (Benziner ohne Klimaanlage . . . . . 2602 – 2612

Motorkühlmodul (Benziner mit Klimaanlage . . . . . 2631 – 2649

Massepunkte

1 Verteilung, Motorraum
3 A-Säule
7 Gebläse

Gerätebezeichnungen

A19 Steuergerät für Motorkühlungsmodul
A19.1 Relais für Kühlerlüfter
A19.2 Relais für Kühlerlüfter
A19.3 Relais für Kühlerlüfter
A19.4 Relais für Kühlerlüfter
A19.5 Relais für Kühlerlüfter
A19.6 Relais für Vorwiderstand Kühlerlüfter
B29 Drucksensor für Klimaanlage
K13 Relais für Kühlerlüfter
K14 Relais für Kühlerlüfter
M19 Motor für Kühlerlüfter
M20 Motor für Kühlerlüfter
R9 Vorwiderstand für Kühlerlüfter
X63 Karosserie vorn & Steuergerät für Motorkühlungsmodul
X64 Karosserie vorn & Steuergerät für Motorkühlungsmodul
Y10 Kupplung für Kompressor, Klimaanlage

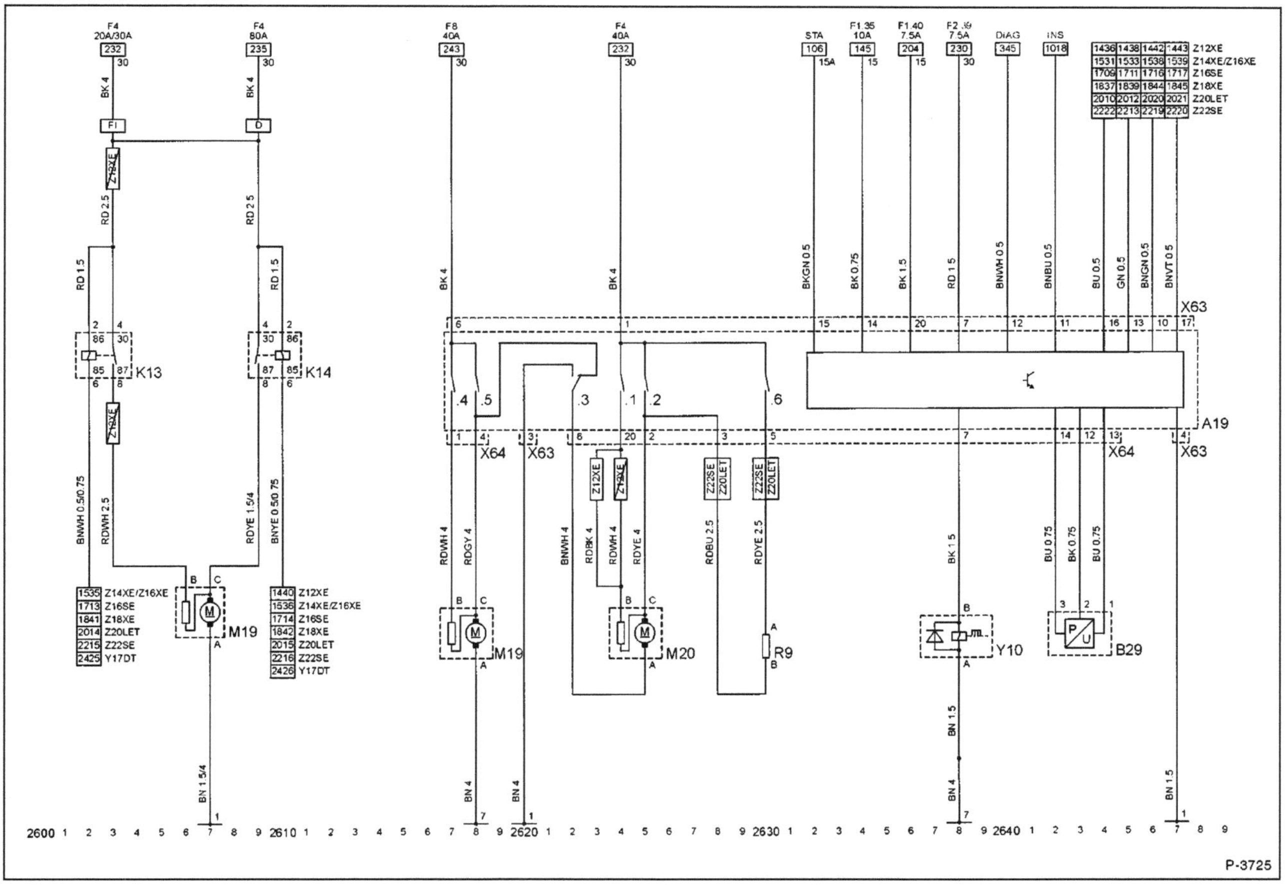

Motorkühlung: Dieselmotor

Stromkreis | **Strompfad**

Filterheizung . . . . . . 2704 – 2706
Motorkühlungsmodul . . 2717 – 2746
Motorkühlmodul (Y17DT & Klimaanlage) . . . . 2717 – 2746

Massepunkte

1 Verteilung, Motorraum
7 Gebläse
9 Motor-Elektronik
11 Batterie

Gerätebezeichnungen

A19 Steuergerät für Motorkühlungsmodul
A19.1 Relais für Kühlerlüfter
A19.2 Relais für Kühlerlüfter
A19.3 Relais für Kühlerlüfter
A19.4 Relais für Kühlerlüfter
A19.5 Relais für Kühlerlüfter
A19.6 Relais für Vorwiderstand Kühlerlüfter
B29 Drucksensor für Klimaanlage
K17 Relais für Filterheizung
M19 Motor für Kühlerlüfter
M20 Motor für Kühlerlüfter
R7 Filterheizung
R9 Vorwiderstand für Kühlerlüfter
X63 Karosserie vorn & Steuergerät für Motorkühlungsmodul
X64 Karosserie vorn & Steuergerät für Motorkühlungsmodul
Y10 Kupplung für Kompressor, Klimaanlage

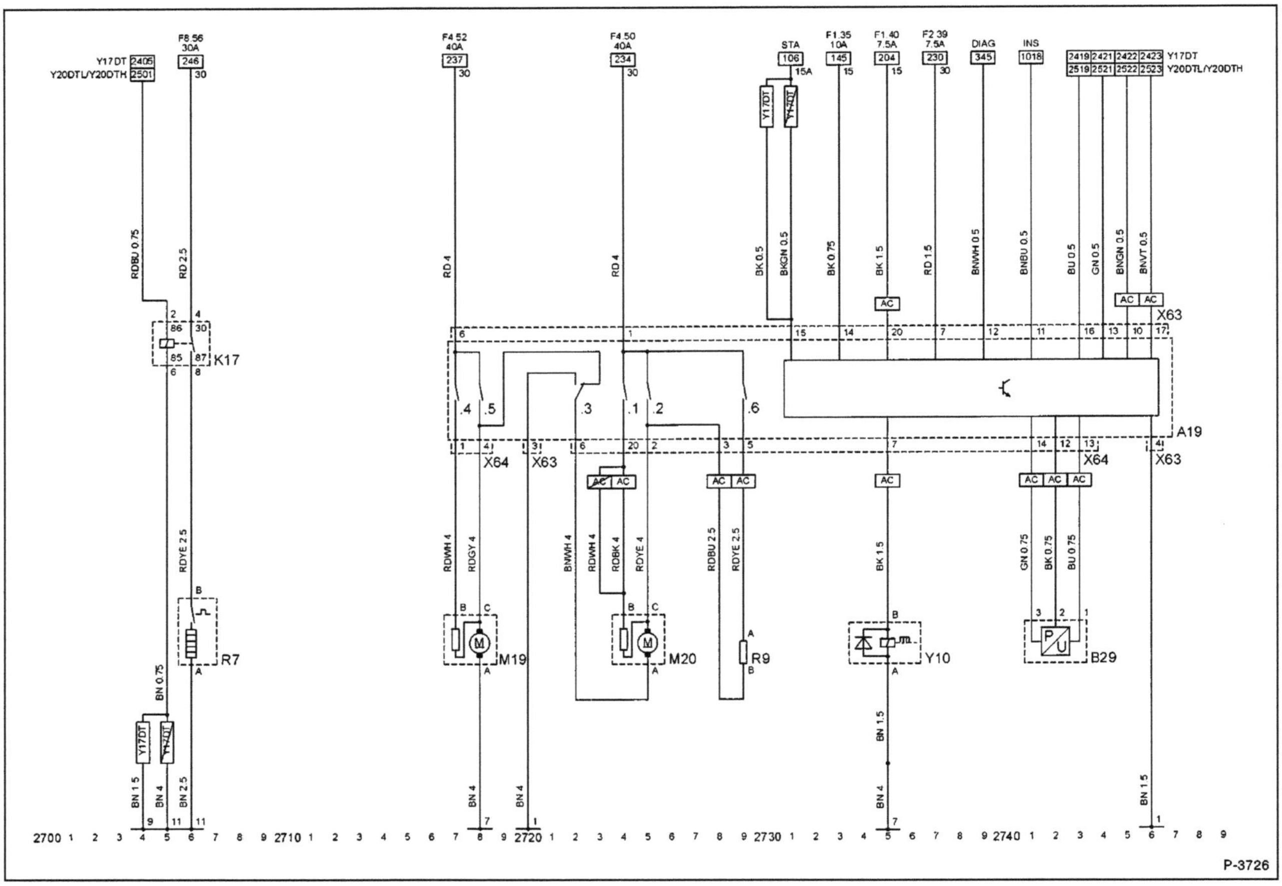

P-3726

Elektrische Anlage: Zentralverriegelung

Stromkreis	**Strompfad**
Diebstahlwarnanlage . .	2801 – 2847
Zentralverriegelung . . .	2801 – 2847

Massepunkte

1 Verteilung, Motorraum
6 Blech hinten
8 Zentralverriegelung
12 Hecktür/Heckklappe

Gerätebezeichnungen

A12 Steuergerät für Zentralverriegelung
A13 Steuergerät für Diebstahlwarnanlage
M2 Motor für Zentralverriegelung Fahrertür
M2.1 Motor für Zentralverriegelung
M2.2 Schalter für Zentralverriegelung
M3 Motor für Zentralverriegelung Beifahrertür
M4 Motor für Zentralverriegelung Hintertür links
M5 Motor für Zentralverriegelung Hintertür rechts
M6 Motor für Zentralverriegelung Kofferraumdeckel
M7 Motor für Zentralverriegelung Tankklappe
S15 Schalter für Kofferraum, Diebstahlwarnanlage
S16 Schalter für Motorhaube, Diebstahlwarnanlage
X1 Armaturentafel & Karosserie hinten
X2 Armaturentafel & Karosserie vorn
X3 Karosserie hinten & Fahrertür
X4 Karosserie hinten & Beifahrertür
X9 Karosserie hinten & Tür hinten, links
X10 Karosserie hinten & Tür hinten, rechts
X14 Heckklappe & Schalter für Kofferraumbeleuchtung
X15 Karosserie hinten & Heckklappe
X24 Karosserie hinten & Heckklappe
X25 Karosserie hinten & Kofferraumdeckel
X61 Karosserie hinten & Steuergerät für Diebstahlwarnanlage & Zentralverriegelung
X62 Karosserie hinten & Steuergerät für Diebstahlwarnanlage & Zentralverriegelung

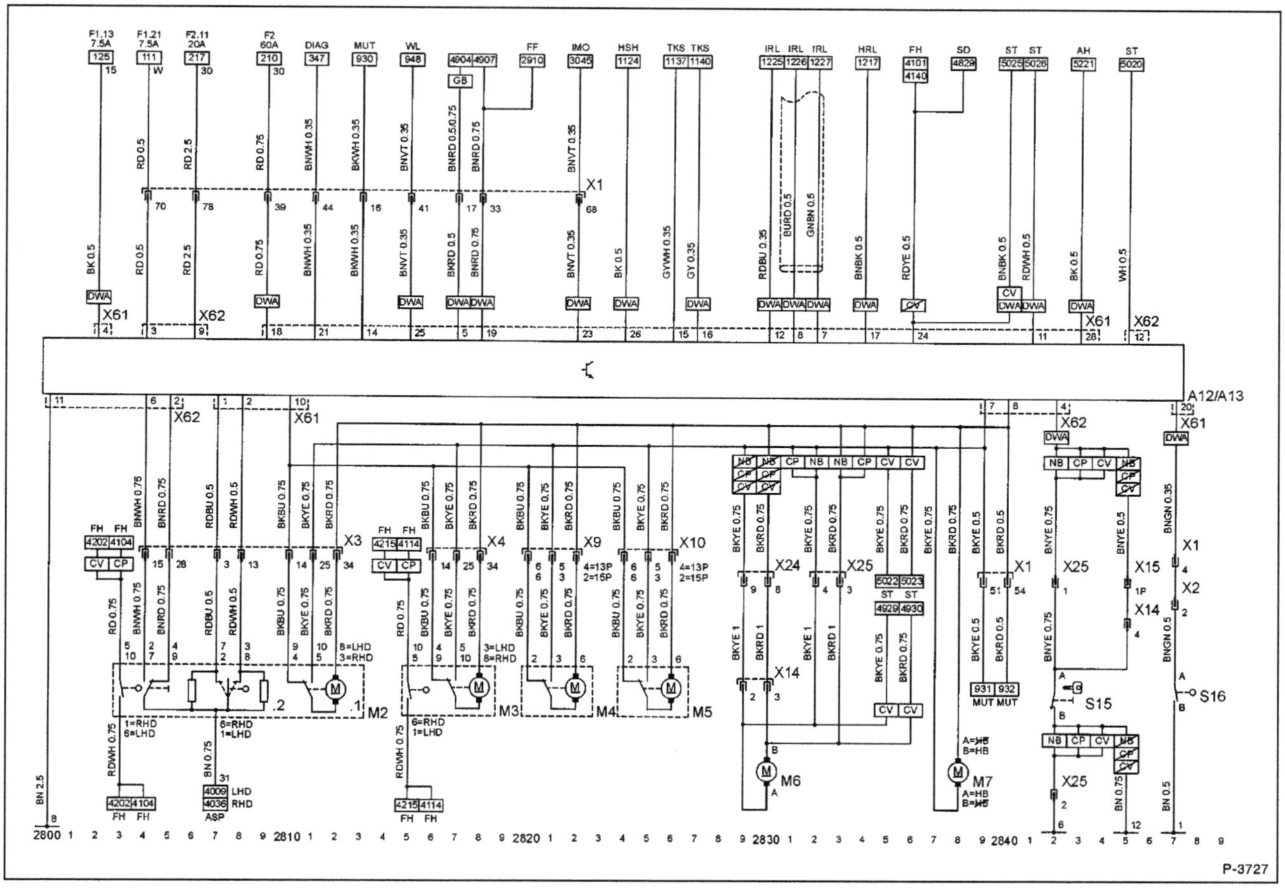

P-3727

Elektrische Anlage: Außenspiegel, Sitzheizung (ZAFIRA)

Stromkreis	Strompfad
Außenspiegel (Linkslenker)	3400 – 3412
Außenspiegel (Rechtslenker)	3414 – 3426
Sitzheizung	3428 – 3449

Massepunkte

3 A-Säule

Gerätebezeichnungen

B14 Temperatur-Sensor für Sitzheizung links
B15 Temperatur-Sensor für Sitzheizung rechts
E12 Sitzheizung vorn, links
E13 Sitzheizung vorn, rechts
K7 Relais für Spiegelheizung
M14 Motor für Außenspiegel, Fahrertür
M15 Motor für Außenspiegel, Beifahrertür
N1 Regler für Sitzheizung vorn, links
N2 Regler für Sitzheizung vorn, rechts
S7 Schalter für Sitzheizung links
S8 Schalter für Sitzheizung rechts
S21 Schalter für Außenspiegel
S21.1 Schalter für Außenspiegel Einstellung
S21.2 Schalter für Außenspiegel links/rechts
X1 Armaturentafel & Karosserie hinten
X3 Karosserie hinten & Fahrertür
X4 Karosserie hinten & Beifahrertür
X36 Karosserie hinten & Sitzeinheit links
X36.2 Sitz links & Sitzheizung
X36.3 Sitz links & Sitzheizung
X37 Karosserie hinten & Sitzeinheit rechts
X37.2 Sitz rechts & Sitzheizung
X37.3 Sitz rechts & Sitzheizung

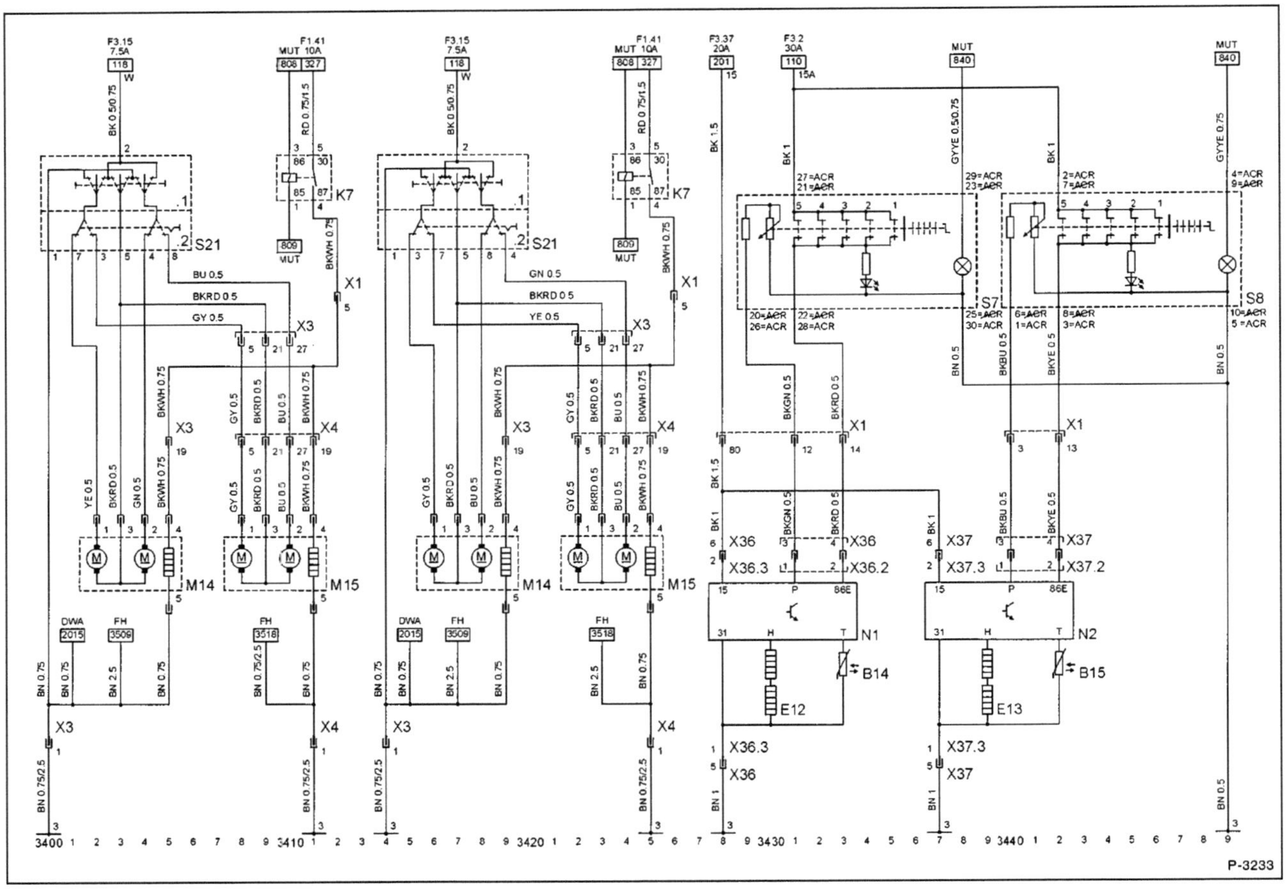

Elektrische Anlage: Fensterheber (ZAFIRA)

Stromkreis — **Strompfad**

Fensterheber . . . . . . 3502 – 3547

Massepunkte

3 A-Säule

Gerätebezeichnungen

M8 Motor für Fensterheber Fahrertür

M9 Motor für Fensterheber Beifahrertür

M10 Motor für Fensterheber Hintertür links

M11 Motor für Fensterheber Hintertür rechts

S17 Schalter für Fensterheber

S17.1 Schalter für Fensterheber,Fahrertür

S17.2 Schalter für Fensterheber,Beifahrertür

S17.3 Schalter für Fensterheber Hintertür links

S17.4 Schalter für Fensterheber Hintertür rechts

S17.5 Sicherheitsschalter

S18 Schalter für Fensterheber,Beifahrertür

S19 Schalter für Fensterheber Hintertür links

S20 Schalter für Fensterheber Hintertür rechts

X1 Armaturentafel & Karosserie hinten

X3 Karosserie hinten & Fahrertür

X4 Karosserie hinten & Beifahrertür

X9 Karosserie hinten & Tür hinten links

X10 Karosserie hinten & Tür hinten rechts

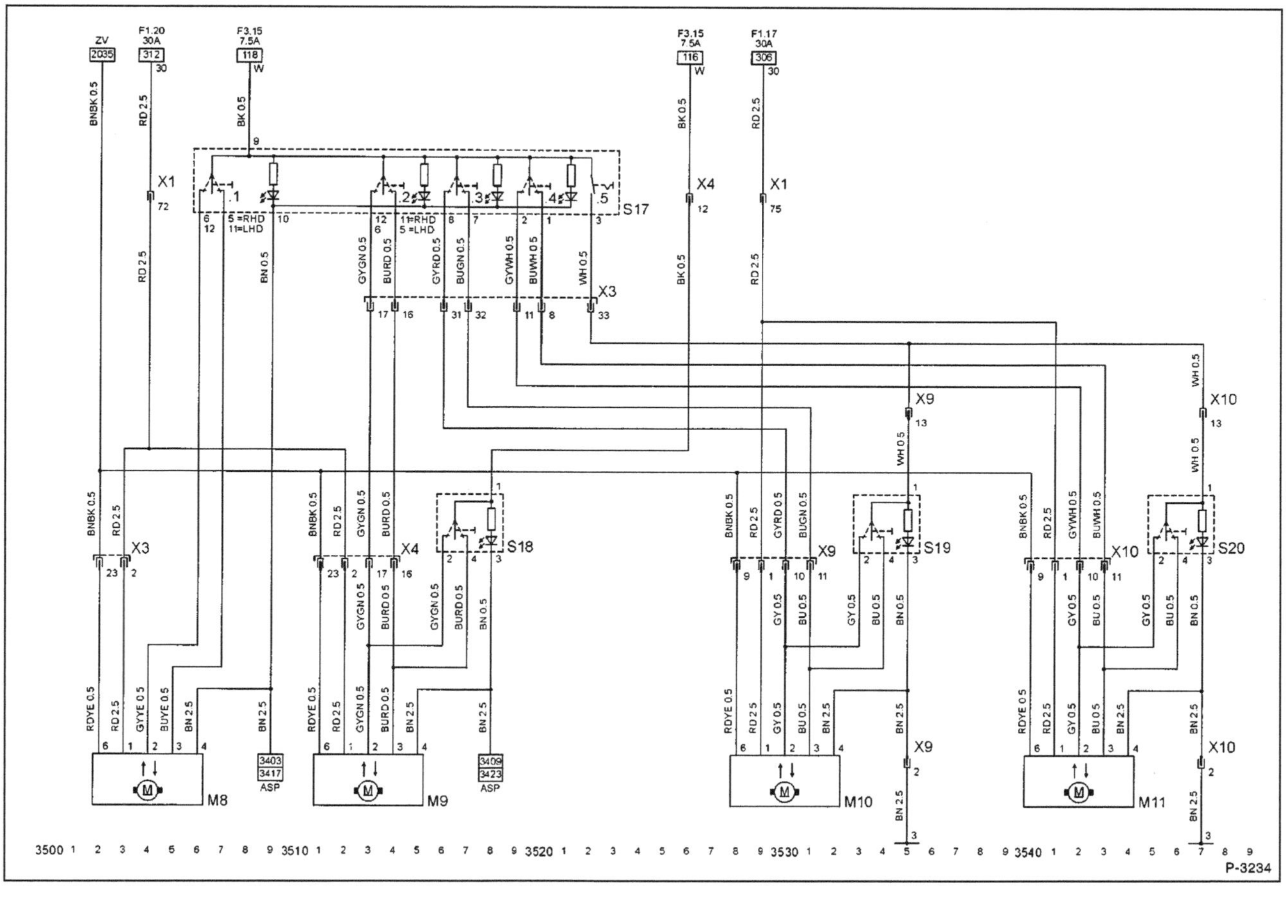

Radioanlage: Radio, CD-Wechsler

Stromkreis	Strompfad
Radio	4300 – 4331
CD-Wechsler	4336 – 4346

Massepunkte

4 Halterung Lenksäule/Querträger

Gerätebezeichnungen

A14 Radio
A15 CD - Wechsler
N3 Verstärker fur Dachantenne
X1 Armaturentafel & Karosserie hinten

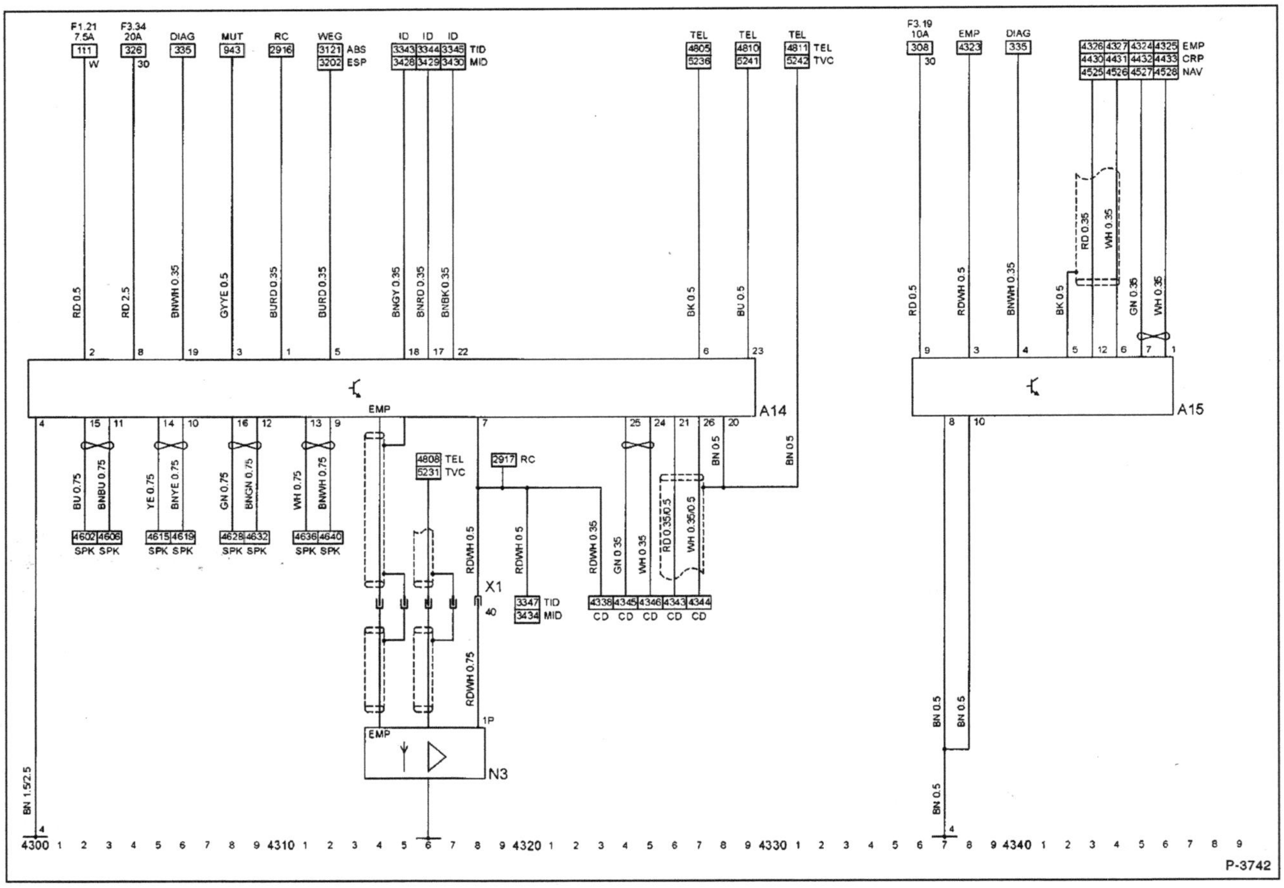

P-3742